国家科学技术学术著作出版基金资助出版

随机平均法及其应用

(上册)

Stochastic Averaging Method and Its Applications(I)

朱位秋　邓茂林　蔡国强　著

U0178867

科学出版社

北京

内 容 简 介

　　随机平均法是研究非线性随机动力学最有效且应用最广泛的近似解析方法之一。本书是国内外首本专门论述随机平均法的著作，介绍了随机平均法的基本原理，给出了多种随机激励（高斯白噪声、高斯和泊松白噪声、分数高斯噪声、色噪声、谐和与宽带噪声等）下多种类型非线性系统（拟哈密顿系统、拟广义哈密顿系统、含遗传效应力系统等）的随机平均法以及在自然科学和技术科学中的若干应用，主要是近 30 年来浙江大学朱位秋院士团队与美国佛罗里达大西洋大学 Y.K. Lin 院士和蔡国强教授关于随机平均法的研究成果的系统总结。本书论述深入浅出，同时提供了必要的预备知识与众多算例，以利读者理解与掌握本书内容。

　　本书可供自然科学与技术科学众多学科，如物理学、化学、生物学、生态学、力学，以及航空航天、海洋、土木、机械、电力等工程领域的高校师生和科技人员阅读。

图书在版编目（CIP）数据

随机平均法及其应用. 上册 / 朱位秋，邓茂林，蔡国强著. —北京：科学出版社，2023.10
ISBN 978-7-03-074301-5

Ⅰ. ①随⋯　Ⅱ. ①朱⋯　②邓⋯　③蔡⋯　Ⅲ. ①非线性科学–动力学　Ⅳ. ①O316

中国版本图书馆 CIP 数据核字（2022）第 240357 号

责任编辑：赵敬伟　赵　颖 / 责任校对：彭珍珍
责任印制：张　伟 / 封面设计：无极书装

科 学 出 版 社 出版
北京东黄城根北街 16 号
邮政编码：100717
http://www.sciencep.com

北京中石油彩色印刷有限责任公司 印刷
科学出版社发行　各地新华书店经销

*

2023 年 10 月第 一 版　开本：720×1000　B5
2024 年 1 月第二次印刷　印张：24 1/2
字数：496 000

定价：129.00 元
（如有印装质量问题，我社负责调换）

前　言

　　非线性随机动力学系统广泛存在于自然科学、技术科学及社会科学中，对非线性随机动力学的研究始于 20 世纪 60 年代初，迄今正好一甲子，提出与发展了精确解法与多种近似解析方法及数值方法. 唯一的精确解法乃基于马尔可夫过程特别是扩散过程理论，通过建立与求解 Fokker-Planck-Kolmogrov（FPK）方程获得系统响应的概率与统计量. 鉴于求解 FPK 方程的困难，该法实际应用有限. 近似解析方法包括等效（统计）线性化、等效非线性系统法、矩方法及其截断方案、随机平均法等，数值方法包括 Monte Carlo 数值模拟、胞映射、路径积分等，这些方法各有优缺点. 相对来说，随机平均法是一种很有效且应用相当广泛的近似解析方法，该法以随机平均原理为其数学依据，不仅能简化系统、降低系统的维数，还能保留非线性系统的基本特性. 物理上，随机平均将对非线性随机系统的研究变成对系统或其子系统的振幅或（广义）能量的研究，而且关于振幅或能量的研究结果还可以反转为系统最关心的响应量的概率与统计结果. 随机平均法不仅可用于研究系统的响应，还可用于研究系统的稳定性和可靠性. 随机平均法与随机动态规划相结合用来研究非线性随机最优控制更具有许多优点.

　　本人于 1961～1964 年间在西北工业大学季文美教授指导下学习非线性振动，对博戈留波夫-米特罗波尔斯基的渐近法特别感兴趣，20 世纪 80 年代开始研究非线性随机振动，很自然地对斯特拉托诺维奇提出与哈斯敏斯基给出数学依据的随机平均法特别感兴趣. 本人在 1981～1983 年访问麻省理工学院(MIT)的 S.H. Crandall 院士期间，去 Frankfurt Oder 参加国际理论与应用力学联合会(IUTAM)关于随机振动与可靠性讨论会，发表的生平第一篇论文就是近 Lyapunov(即 Hamilton)系统的能量包线随机平均法. 1988 年与 1996 年两次应邀在美国机械工程师协会(ASME) *Applied Mechanics Reviews* 发表了关于随机平均法的综述论文. 20 世纪 80 年代中期本人曾与蔡国强教授合作研究随机平均法，90 年代初开始，本人提出并与合作者及学生一起发展拟哈密顿系统随机平均法，并推广应用于拟广义哈密顿系统与非高斯、非白噪声激励等. 与此同时，美国佛罗里达大西洋大学应用随机学研究中心 Y.K. Lin 院士与蔡国强教授重新推导了非光滑与光滑型随机平均方程，并应用于许多单自由度与二维非线性随机系统，特别是生态系统. 虽然上述研究成果都已经以论文形式发表, 但为便于读者系统全面了解与掌握随机平均法的原理及应用步骤, 并进一步发展随机平均法, 本人提议将 20 世纪 90 年代以来上述关于随机平均法的研究成果整理成册, 以飨读者. 书中第 2、3、4、11 章由蔡国强教授起草, 其余除绪论外各章由邓茂林副教授起草, 本人修改定稿. 本书分为上下两个分册. 第 1～7 章放入上册, 第 8～13 章放入下册.

在本书即将出版之际, 本人感谢国家自然科学基金多年来对我们研究工作的资助, 感谢蔡国强教授、杨勇勤博士、黄志龙教授、应祖光教授、刘中华教授、陈林聪教授、宦荣华教授、邓茂林副教授、王永副教授、曾岩副教授、贾万涛副教授、吴勇军副研究员、吕强锋副研究员等在随机平均法及其应用研究中作出的贡献. 感谢黄志龙教授、徐伟教授、刘先斌教授阅读了本书全部手稿并提出宝贵的意见与建议. 感谢科学出版社的大力支持和帮助. 感谢国家科学技术学术著作出版基金和浙江大学力学学科为本书出版提供资助.

欢迎读者提出宝贵意见和建议.

朱位秋 于 杭州

2022 年 11 月

目　　录

第1章 绪 论

　　非线性随机动力学已研究了一甲子,理论上已较成熟,但仍有不少难题.非线性随机动力学的进步在很大程度上是基于数学中关于马尔可夫过程与相应随机微分方程的研究成果.非线性随机动力学中唯一可精确求解的情形是激励为白噪声,非线性动力学系统的响应是马尔可夫过程,其转移概率密度服从福克-普朗克-柯尔莫哥洛夫(Fokker-Planck-Kolmogrov, FPK)方程.给定白噪声激励的非线性动力学系统,建立与求解 FPK 方程,得到响应的概率分布与统计量,就是精确解法.然而白噪声与马尔可夫过程都只是数学概念,现实中并不存在.现实中的随机激励都是色噪声,问题是什么条件下色噪声可以近似为白噪声,从而可用上述精确解法? 另外,高维 FPK 方程求解十分困难,问题是能否与如何降低所要求解的 FPK 方程的维数,从而降低求解 FPK 方程的难度或减少计算量? 随机平均法给出了上述两方面问题的一种解答,指出当激励色噪声的相关时间远小于系统的松弛时间时,该色噪声可用当量的白噪声代替;当系统的响应同时包含慢变过程与快变过程时,该系统可用慢变过程的时间平均近似,而当该系统的退化保守系统在某个子流形上遍历时,时间平均可代之以对快变过程的空间平均,从而消除系统中的快变过程,降低了所要求解的 FPK 方程的维数.正如本书前言所述,随机平均法是非线性随机动力学中一种强有力的近似解析方法,有许多优点,也已获得相当广泛的应用.

　　随机平均法最先由斯特拉托诺维奇(Stratonovich, 1963;1967)基于物理考虑提出,并应用于通信系统中的噪声问题,其后,哈斯敏斯基(Khasminskii, 1966)提供了严格的数学提法与证明. Papanicolaou 和 Kohler(Papanicolaou and Kohler, 1974)作了引申, Blankenship 和 Papanicolaou(1978)进一步证明,在时间趋于无穷时平均方程仍近似于原系统.哈斯敏斯基(Khasminskii, 1968)又提出了同时含慢变和快变过程的伊藤随机微分方程的平均原理. 20 世纪七八十年代,随机平均法被 S.T. Ariaratnam、M.F. Dimentberg、J.B. Roberts、P.D. Spanos 等众多学者应用于研究单、多自由度拟线性和单自由度强非线性随机振动系统的响应、稳定性及可靠性,他们的研究成果已总结在评述论文(Roberts and Spanos, 1986;Zhu, 1988;1996)与专著(Dimentberg, 1988;朱位秋, 1992;Lin and Cai, 1995)等中.

　　20 世纪 90 年代中期, Lin 和 Cai(1995)推导了一般非线性随机系统的随机平均方程,明确地区分了随机平均和时间平均及其条件,给出了非光滑型和光滑型平均方程，并将随机平均法应用于多种单自由度和二维非线性随机动力学系统，特别是对生态系统进行了系统的研究(Cai and Lin，2007). 与此同时，朱位秋提出(朱位秋，2003；Zhu，2006)并与合作者及学生发展了高斯白噪声激励的拟哈密顿系统随机平均法，后又推广于拟广义哈密顿系统与含遗传效应力的拟可积哈密顿系统，推广于高斯与泊松白噪声共同激励、分数高斯噪声激励、色噪声激励的拟哈密顿系统. 本书就是 20 世纪 90 年代以来上述两个团队关于随机平均法及其应用研究成果的系统总结.

本书内容可分成三部分，第一部分包括第 2、3 章，为本书的预备知识；第二部分包括第 4～10 章，为本书的主体，论述各种随机激励下各类非线性动力学系统的随机平均法；第三部分包括第 11～13 章，介绍随机平均法在自然科学和技术科学中的若干应用. 以下介绍各章主要内容和要点.

第 2 章中介绍本书所涉及的随机过程与相应的随机微分方程及微分规则，包括高斯白噪声、扩散过程、维纳过程与相应的伊藤随机微分方程、伊藤微分规则及 FPK 方程；泊松白噪声、马尔可夫过程与相应的含复合泊松过程的随机微分方程，和该随机微分方程等价的含泊松随机测度的随机微分积分方程及 Di Paola-Falsone 微分规则；分数高斯噪声与相应的分数随机微分方程及分数随机微分规则.

第 3 章中介绍本书所涉及的非线性随机动力学系统的三种数学模型，即一般表达式、随机激励的耗散的拉格朗日方程、随机激励的耗散的哈密顿方程. 鉴于第三种表达式在本书中用得最多，且多数读者可能不太熟悉，特意简述了哈密顿系统与广义哈密顿系统的定义、基本性质以及它们按可积性和共振性的分类，即分成不可积、(完全)可积非共振、(完全)可积共振、部分可积非共振、部分可积共振五类，特别指出了五类哈密顿系统在其子流形上的遍历性，为后面以空间平均代替时间平均提供依据. 最后介绍了含遗传效应力，包括滞迟恢复力、黏弹性力及分数阶导数阻尼力的数学模型.

第 4 章中首先介绍了随机平均原理，推导了一般随机动力学系统的非光滑型和光滑型随机平均方程，指出随机平均法中通常涉及随机平均和时间平均. 随机平均就是当随机激励的相关时间远小于系统松弛时间时可用当量的高斯白噪声代替随机激励，时间平均可用于系统含周期性系数时，也可用于系统同时含快变过程和慢变过程时，用慢变过程的时间平均方程近似原系统，从而降低系统的维数，接着详细推导了分别在高斯白噪声、宽带噪声、宽带噪声加谐和、泊松白噪声、分数高斯噪声等激励下的单自由度非线性动力学方程的幅值包线和能量包线随机平均方程及相应 FPK 方程，并指出黏弹性力如何解耦为弹性恢复力和黏性阻尼力，以便应用上述随机平均法. 最后，对具有双势阱势能的随机动力学系统，指出鞍点和同宿轨道为非周期轨道，对它们不能应用上述随机平均法. 因此，必须分区进行随机平均. 第 4 章包含了随机平均法的大部分要点，论述和推导都较详尽，并都用例子加以说明，还用数值模拟结果加以验证. 建议初学随机平均法的读者仔细阅读，深刻领会并掌握该章内容，为阅读后续各章打下良好基础.

从第 5 章开始论述多自由度非线性、特别是强非线性系统在多种随机激励下的随机平均法. 鉴于用哈密顿提法才能讲清楚多自由度强非线性系统各自由度之间的全局关系，因此，第 5~10 章中分别论述各种随机激励下拟(广义)哈密顿系统的随机平均法，按相应(广义)哈密顿系统的可积性和共振性，分成不可积、(完全)可积非共振、(完全)可积共振、部分可积非共振、部分可积共振五种情形进行表述. 第 5 章是高斯白噪声激励，不需要作随机平均，只需分五种情形找出慢变随机过程，推导它们的伊藤随机微分方程，再对它们的漂移和扩散系数作时间平均. 此处关键之一是，如何利用五种情形哈密顿系统在某个子流形上的遍历性，以对快变过程的空间平均代替时间平均，从而达到系统降维的目的. 关键之二是，每种情形如何从求解平均 FPK 方程所得之平稳概率密度导出原系统的近似概率密度. 特别值得一提的是，对任何有限自由度的拟不可积哈密顿系统，平均方程都是一维的，可得统一的平稳概率密度表达式，如同所有线性系统功率谱密度表达式一样简单得令人称奇，但也要付出代价，即对高于两个自由度的拟不可积哈密顿系统，要完成平均方程系数中的多重域积分是相当困难的. 为此，书中介绍了将$(2n-1)$维域积分化为 n 重积分的两步广义椭圆坐标变换方法. 5.4 节用一个二自由度碰撞振动系统例子说明，应按系统非线性(不可积性)强度的不同，选取拟可积或拟不可积哈密顿系统随机平均法. 作为一个推广，最后一节(5.5 节)则介绍了含马尔可夫跳变参数的拟不可积哈密顿系统的随机平均法.

作为连续与跳跃随机激励的一个典型，第 6 章论述了高斯与泊松白噪声共同激励下拟哈密顿系统随机平均法. 类似于第 5 章，仍按哈密顿系统的可积性与共振性，分五种情形表述，不需作随机平均，只需对慢变过程作时间平均，且同样根据哈密顿系统在子流形上的遍历性，用对快变过程的空间平均代替时间平均，由平均系统的概率密度转换为原系统的概率密度的公式也一样. 第 6 章与第 5 章不同之处在于，泊松白噪声是一种非高斯白噪声，可看作是复合泊松过程的导数过程，在高斯与泊松白噪声共同激励下的拟哈密顿系统在转换成伊藤随机微分积分方程时将同时有 Wong-Zakai 修正项和 Di Paola-Falsone 修正项. 该方程还可改写成等价的含泊松随机积分的随机微分积分方程. 在推导慢变过程的随机微分积分方程时需用到跳跃-扩散过程的链式法则. 最后导出的平均 FPK 方程是无穷阶的，为求解该方程必须截断. 第 6 章中都在四阶处截断，并用摄动法求解平均 FPK 方程，书中数例的平均法结果都得到了原系统数值模拟结果的验证，并对比了高斯白噪声和泊松白噪声对同一系统的效应. 第 6 章的一个特点是公式冗长，有些推导与计算尚需查阅有关文献，需要读者十分耐心.

分数高斯噪声，虽然它本质上是一种色噪声，但它可看成分数布朗运动的导数过程, 分数高斯噪声激励的拟哈密顿系统可转换成分数随机微分方程, 因此, 第 7 章中专门论述分数高斯噪声激励下拟哈密顿系统随机平均法. 虽然分数高斯噪声不是白噪声, 但仍有多处与第 5、6 章相同, 不需作随机平均, 只需分五种情形作时间平均, 并可用对快变过程的空间平均代替时间平均, 由平均方程得到的概率密度转换成原系统的平稳概率密度公式也一样. 所不同的是, 分数高斯噪声激励的拟哈密顿系统在转换成分数随机微分方程时没有修正项, 得到的平均分数随机微分方程所支配的随机过程不是马尔可夫过程, 只能用数值模拟得到平均方程所支配过程的概率密度和统计量. 其优点是, 比从原系统作数值模拟得到同样的概率密度和统计量省不少时间, 而且两者结果相当接近.

实际的随机激励都是色噪声, 色噪声可以是宽带噪声, 也可以是窄带噪声, 也可以在某个频域上是宽带噪声, 在另外频域上是窄带噪声. 第 8 章中论述了宽带与窄带噪声激励的拟可积哈密顿系统随机平均法. 8.1 节中论述宽带噪声激励的拟可积哈密顿系统随机平均法, 可以看作是宽带噪声激励的拟线性系统随机平均法向多自由度强非线性系统的一个推广. 此时, 需要同时作随机平均和时间平均. 与第 5~7 章不同的是, 此处需假设可积哈密顿系统做广义谐和运动, 拟可积哈密顿系统做随机周期运动, 然后按非内共振与内共振两种情形分离慢变过程和快变过程, 对慢变过程作随机平均和时间平均, 导出支配慢变过程的平均伊藤微分方程和相应的 FPK 方程. 时间平均同样可用对快变过程的空间平均代替, 慢变过程的平稳概率密度与原系统的概率密度之间的关系与第 5~7 章中的一样.

对于分数高斯噪声激励的拟可积哈密顿系统, 当相应的哈密顿系统的频率高于一定值时, 分数高斯噪声在此频域可视为宽带噪声, 于是可应用 8.1 节陈述的随机平均法. 8.2 节中正是按这一想法处理分数高斯噪声激励的拟可积哈密顿系统, 数值模拟结果证实在很大的赫斯特指数和频率范围内这一想法的正确性.

8.3 节论述谐和与平稳宽带噪声共同激励的拟可积哈密顿系统随机平均法, 同样需假定拟可积哈密顿做随机周期运动, 因谐和激励只在外共振时才起重要作用, 因此分仅有外共振和同时有内外共振情形. 推导慢变过程的伊藤随机微分方程, 作随机平均和时间平均, 建立和求解平均 FPK 方程. 谐和加宽带随机激励相当于窄带随机激励, 在此激励下杜芬振子可发生随机跳跃及其分岔, 本节中用例子加以说明. 本节方法也适用于谐和与高斯白噪声共同激励的拟可积哈密顿系统.

随机化谐和过程可以是宽带, 也可以是窄带, 8.4 节中用它作窄带随机过程激励拟可积哈密顿系统, 同样需假定系统做随机周期运动, 只考虑仅有外共振和同时有内外共振情形, 幅值或能量方程是确定性的, 只有角变量组合的平均方程是随机微分方程, 但两者是耦合的, 仅需时间平均, 仍需求解高维平均 FPK 方程, 因为激励是窄带过程, 杜芬型振子在其激励下可发生随机跳跃及其分岔.

　　在拟哈密顿系统中，恢复力与阻尼力都是非耦合的，但在现实中，有一些力有遗传效应，同时有恢复力和阻尼力的效应，如滞迟恢复力、黏弹性力、分数阶导数阻尼力、时滞力，在对含有遗传效应力的拟可积哈密顿系统应用随机平均法之前，需要将这些含有遗传效应力解耦为弹性恢复力与黏性阻尼力，因此，第 9 章论述含遗传效应非保守力的拟哈密顿系统随机平均法中，重点是陈述如何将这些含遗传效应的力解耦为弹性恢复力与黏性阻尼力，一个统一的办法是广义谐波平衡技术，它同时适用于上述四种含遗传效应的力. 对滞迟恢复力则还有一种通过计算滞迟环的势能与耗散能确定弹性恢复力和黏性阻尼力的办法，解耦后，含遗传效应力的拟可积哈密顿系统变成含依赖于幅值或能量弹性恢复力和黏性阻尼力的拟可积哈密顿系统，可以在多种随机激励下按照第 5~8 章中方法进行随机平均.

　　拟哈密顿系统是偶数维的. 为研究奇数维系统的随机平均法，特别引入了拟广义哈密顿系统. 广义哈密顿系统与哈密顿系统的最大区别在于前者有所谓 Casimir 函数，它相当于一阶的首次积分. 第 10 章论述高斯白噪声激励的拟广义哈密顿系统随机平均法，与第 5 章基本上类似，所不同的只是每种情形下都多出 Casimir 过程的平均方程，使平均 FPK 方程维数增高，求解更困难，而平均系统的平稳概率密度转换成原系统的概率密度的公式中增加了以原始变量变换成 Casimir 函数的雅可比行列式.

　　作为具有首次积分的二维动态系统中的随机平均法，第 11 章中论述了对捕食者-食饵生态系统的随机平均法的系统研究成果，给出了经典 Lotka-Volterra 模型及其修正模型. 在捕食者饱和、捕食者竞争、时滞、复杂环境等多种情形下，在高斯白噪声与多种色噪声激励下的动力学性态与概率和统计量，每种情形都得到了数值模拟结果的验证，是随机平均法成功应用的一个范例.

　　在物理学、化学及生物等自然科学中广泛存在非线性随机动力学系统. 第 12 章中较详细地论述了在活性布朗粒子运动、反应速率理论、费米共振、DNA 分子的热变性、生物大分子的构象变换五个问题上应用拟哈密顿系统随机平均法的研究成果，与数值模拟结果的比较表明，结果相当满意.

　　许多人造工程结构都受到各种随机扰动，因此技术科学中也有大量的非线性随机动力学系统，已有很多研究中用了随机平均法. 第 13 章中论述了随机平均法在风工程中涡激振动、多机电力系统、船舶滚转和倾覆、随机稳定性及非线性随机最优控制问题中应用的研究成果，希望为随机平均法的更多应用起到抛砖引玉的作用.

　　最后应说明，虽然本书内容已相当丰富，论述了多种随机激励下多种非线性动力学系统的随机平均法及其在自然科学和技术科学中的多个应用，但随机平均法本身尚待进一步发展，随机平均法的应用也有更大的发展空间. 本书作者热切盼望随机平均法及其应用的进一步发展与推广.

参 考 文 献

朱位秋. 1992. 随机振动. 北京: 科学出版社.

朱位秋. 2003. 非线性随机动力学与控制——Hamilton 理论体系框架. 北京: 科学出版社.

Blankenship G, Papanicolaou G C. 1978. Stability and control of stochastic systems with wide-band noise disturbances. SIAM Journal of Applied Mathematics, 34(3): 437-476.

Gai G Q, Lin Y K. 2007. Stochastic analysis of Predator-prey type ecosystems. Ecological Complexity, 4: 241-249.

Dimentberg M F. 1988. Statistical Dynamics of Nonlinear and Time-Varying Systems. Taunton: Research Studies Press.

Khasminskii R Z. 1966. A limit theorem for the solution of differential equations with random right hand sides. Theory of Probability and Application, 11(3): 390-405.

Khasminskii R Z. 1968. On the averaging principle for Itô stochastic differential equations. Kibernetika, 3(4): 260-279. (in Russian)

Lin Y K, Cai G Q. 1995. Probabilistic Structural Dynamics: Advanced Theory and Applications. New York: McGraw-Hill.

Papanicolaou G C, Kohler W. 1974. Asymptotic theory of mixing stochastic ordinary differential equations. Communication on Pure and Applied Mathematics, 27: 641-668.

Roberts J B, Spanos P D. 1986. Stochastic averaging: an approximate method of solving random vibration problems. International Journal of Non-Linear Mechanics, 21: 111-134.

Stratonovich R L. 1963. Topics in the Theory of Random Noise, Vol. 1. New York: Gordon and Breach.

Stratonovich R L. 1967. Topics in the Theory of Random Noise, Vol. 2. New York: Gordon and Breach.

Zhu W Q. 1988. Stochastic averaging methods in random vibration. ASME Applied Mechanics Reviews, 41(5): 189-199.

Zhu W Q. 1996. Recent developments and applications of the stochastic averaging method in random vibration. ASME Applied Mechanics Reviews, 49(10): s72-s80.

Zhu W Q. 2006. Nonlinear stochastic dynamics and control in Hamiltonian formulation. ASME Applied Mechanics Reviews, 59(4): 230-248.

第2章 随 机 过 程

随机平均法是非线性随机动力学系统的响应预测、稳定性与分岔的判别、可靠性估计及最优控制的强有力技术. 随机动力学系统的激励与响应都是随机过程. 作为预备，本章简要介绍本书中用到的随机过程及相关随机微分方程等的基本知识. 2.1 节给出了随机过程的定义、近似描述、平稳性、遍历性及谱分析. 2.2 节描述了高斯随机过程. 2.3 节描述了马尔可夫扩散过程及与其相关的福克-普朗克-柯尔莫哥洛夫(FPK)方程及伊藤随机微分方程. 2.4 节描述泊松白噪声、随机微分积分方程及相应的 FPK 方程. 2.5 节描述分数高斯噪声与分数布朗运动，以及相关的分数布朗运动的随机积分与分数随机微分方程；2.6 节描述了线性和非线性滤波产生的色噪声和随机化谐和噪声.

2.1　随机过程基础

考虑一个随时间随机演化的物理现象，例如地震中建筑物的振动、海面上船舶的运动. 以 $X(t)$ 记所研究随机现象的物理量，不同时刻的物理量 $X(t_1)$、$X(t_2)$ 称为随机变量. 随机物理量随时间的变化可用随机过程来研究. 随机过程 $X(t)$ 定义为以属于指标集合 T 的 t 为参数的随机变量族，记为 $\{X(t),\ t \in T\}$. 虽然指标集合可有各种类型，本书中只考虑指标集合为时间的随机过程，在参数 t 为空间变量的情形时，$X(t)$ 称为随机场，本书并不涉及此种情形.

严格地说，随机过程是两个变量的函数，$\{X(t,\ \omega);\ t \in T,\ \omega \in \Omega\}$，其中 Ω 是样本空间. 对固定时刻 t，$X(t,\ \omega)$ 是定义在样本空间上的随机变量；对固定 ω，关于时间 t 的函数 $X(t,\ \omega)$ 称为样本函数. 一般地说，样本空间 Ω 可以是离散或连续的，例如，连续的随机过程意味着具有连续样本函数的随机过程. 除特殊情形外，本书只考虑连续随机过程. 图 2.1.1 中示出了一个随机过程的三个样本函数. 在特定时刻，如 t_1 或 t_2 上，样本函数的值构成了随机变量.

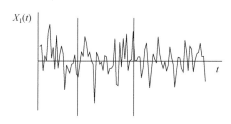

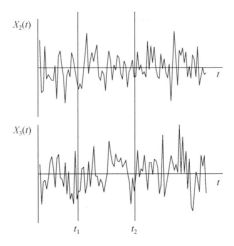

图 2.1.1　随机过程的样本函数示例

2.1.1　随机过程的描述

按定义，随机过程是随机变量族，从而可用联合分布的随机变量来描述随机过程. 只有在非常有限的情况下才对随机过程作完全描述，在各种应用中，如工程、生物学、生态学、金融等，只用一些最重要的特征量描述随机过程，虽不完备，却已足够.

考虑一个随机过程 $X(t)$，一阶、二阶直至 n 阶概率密度函数分别记为

$$p(x,t),\quad p(x_1,t_1;x_2,t_2),\quad \cdots,\quad p(x_1,t_1;x_2,t_2;\cdots;x_n,t_n) \tag{2.1.1}$$

式中 x 是随机过程 $X(t)$ 的状态变量，即 $X(t)$ 的可能值，x_i 是随机变量 $X(t_i)$ 的状态变量. 习惯上，用大写字母表示随机量，比如随机变量或随机过程，用小写字母表示相应的状态变量，本书也遵循此习惯.

由于低阶概率密度可以从高阶概率密度积分得到，高阶概率密度比低阶概率密度包含更多的信息.

随机过程也可用下列矩函数来描述

$$E[X(t)] = \int x p(x,t)\mathrm{d}x$$

$$E[X(t_1)X(t_2)] = \iint x_1 x_2 p(x_1,t_1;x_2,t_2)\mathrm{d}x_1\mathrm{d}x_2$$

$$\vdots \tag{2.1.2}$$

$$E[X(t_1)X(t_2)\cdots X(t_n)]$$

$$= \int\cdots\int x_1 x_2 \cdots x_n p(x_1,t_1;x_2,t_2;\cdots;x_n,t_n)\mathrm{d}x_1\mathrm{d}x_2\cdots\mathrm{d}x_n$$

前一、二阶矩分别称为均值函数与自相关函数

$$\mu_X(t) = E[X(t)], \quad R_{XX}(t_1, t_2) = E[X(t_1)X(t_2)] \tag{2.1.3}$$

自相关函数是非负定的, 即它满足

$$R_{XX}(t_1, t_2)h(t_1)h^*(t_2) \geqslant 0, \ \text{对任意} \ t_1 \ \text{和} \ t_2 \tag{2.1.4}$$

式中 $h(t)$ 是任意函数, 星号 "$*$" 表示复共轭, 证明见(Lin, 1967).

自协方差函数定义为二阶中心矩函数, 即

$$\kappa_{XX}(t_1, t_2) = E\left\{[X(t_1) - \mu_X(t_1)][X(t_2) - \mu_X(t_2)]\right\}$$
$$= R_{XX}(t_1, t_2) - \mu_X(t_1)\mu_X(t_2) \tag{2.1.5}$$

方差函数是自协方差函数在 $t_1 = t_2$ 时的特殊情形, 即

$$\sigma_X^2(t) = E\left\{[X(t) - \mu_X(t)]^2\right\} \tag{2.1.6}$$

自相关系数函数定义为

$$\rho_{XX}(t_1, t_2) = \frac{\kappa_{XX}(t_1, t_2)}{\sigma_X(t_1)\sigma_X(t_2)} \tag{2.1.7}$$

由于它实际上是两个随机变量 $X(t_1)$ 与 $X(t_2)$ 的相关系数, 可知对任意 t_1 与 t_2, $\rho_{XX}(t_1, t_2) \leqslant 1$(朱位秋和蔡国强, 2017).

自相关函数或自协方差函数是一个随机过程在两个不同时刻上相关性的度量, 一个较大的自相关函数值表示该过程在这两个不同时刻关系更紧密. 均值函数与方差函数是随机过程的一阶统计量, 因为它们只涉及一阶概率密度和一个时刻. 自相关函数、自协方差函数、自相关系数函数则是涉及两个时刻 t_1 和 t_2 的二阶统计量, 虽然它们不是一个随机过程的完全描述, 但在实际应用中是最重要的性质.

考虑两个随机过程 $X_1(t)$ 和 $X_2(t)$, 类似于单个随机过程情形, 互相关函数、互协方差函数及互相关系数函数描述两个随机过程之间的关系, 它们是

$$R_{X_1X_2}(t_1, t_2) = E[X_1(t_1)X_2(t_2)] \tag{2.1.8}$$

$$\kappa_{X_1X_2}(t_1, t_2) = E\left\{[X_1(t_1) - \mu_{X_1}(t_1)][X_2(t_2) - \mu_{X_2}(t_2)]\right\}$$
$$= R_{X_1X_2}(t_1, t_2) - \mu_{X_1}(t_1)\mu_{X_2}(t_2) \tag{2.1.9}$$

$$\rho_{X_1X_2}(t_1, t_2) = \frac{\kappa_{X_1X_2}(t_1, t_2)}{\sigma_{X_1}(t_1)\sigma_{X_2}(t_2)} \tag{2.1.10}$$

自相关函数和互相关函数具有某种对称性质, 即

$$R_{XX}(t_1, t_2) = R_{XX}(t_2, t_1), \quad R_{X_1X_2}(t_1, t_2) = R_{X_2X_1}(t_2, t_1) \tag{2.1.11}$$

导数过程 $\dot{X}(t)$ 的统计性质可以从原随机过程 $X(t)$ 的性质得到, 比如均值函数

$$\mu_{\dot{X}}(t) = E[\dot{X}(t)] = E\left[\underset{\Delta t \to 0}{\text{l.i.m.}} \frac{X(t + \Delta t) - X(t)}{\Delta t}\right]$$

$$= \lim_{\Delta t \to 0} \frac{E[X(t + \Delta t)] - E[X(t)]}{\Delta t} = \frac{\mathrm{d}\mu_X(t)}{\mathrm{d}t} = \dot{\mu}_X(t) \qquad (2.1.12)$$

式中 l.i.m. 表示均方极限(Lin and Cai，1995). 在式(2.1.12)的推导中，用到了期望与极限运算的可交换性.

类似地，还有

$$R_{\dot{X}X}(t_1, t_2) = E[\dot{X}(t_1)X(t_2)] = \frac{\partial}{\partial t_1}R_{XX}(t_1, t_2) \qquad (2.1.13)$$

$$R_{\dot{X}\dot{X}}(t_1, t_2) = E[\dot{X}(t_1)\dot{X}(t_2)] = \frac{\partial^2}{\partial t_1 \partial t_2}R_{XX}(t_1, t_2) \qquad (2.1.14)$$

更一般地，有

$$\mu_{X^{(n)}}(t) = E[X^{(n)}(t)] = \frac{\mathrm{d}^n \mu_X(t)}{\mathrm{d}t^n} \qquad (2.1.15)$$

$$R_{X^{(n)}X^{(m)}}(t_1, t_2) = E[X^{(n)}(t_1)X^{(m)}(t_2)] = \frac{\partial^{n+m}}{\partial t_1^n \partial t_2^m}R_{XX}(t_1, t_2) \qquad (2.1.16)$$

2.1.2 平稳性和遍历性

随机过程可根据不同的准则进行分类. 一种分类就是根据其概率和统计性质是否不随时间的平移 $t \to t + \tau$ 而变. 一个随机过程称为强平稳或严格意义上的平稳，若它的全部概率结构在时间平移下不变，即对于任意的时差 τ，下式成立

$$p(x_1, t_1; x_2, t_2; \cdots; x_n, t_n) = p(x_1, t_1 + \tau; x_2, t_2 + \tau; \cdots; x_n, t_n + \tau), \quad n = 1, 2, \cdots \qquad (2.1.17)$$

式(2.1.17)意味着一维概率密度与时间无关，即 $p(x, t + \tau) = p(x, t) = p(x)$，高阶概率密度仅依赖于时差. 若式(2.1.17)仅在 $n = 1$ 与 2 时成立，则称该随机过程在弱平稳、广义或弱意义上平稳. 在大多数实际问题中，只涉及弱平稳，为简单起见，常省略"弱"字.

对弱平稳随机过程，一阶性质与时间无关，因此有 $E[X^n(t)] = E[X^n]$、$\mu_X(t) = \mu_X$ 和 $\sigma_X^2(t) = \sigma_X^2$，二阶性质仅依赖于时差，即

$$R_{XX}(t_1, t_2) = R_{XX}(\tau), \quad \kappa_{XX}(t_1, t_2) = \kappa_{XX}(\tau)$$

$$\rho_{XX}(\tau) = \frac{\kappa_{XX}(\tau)}{\sigma_X^2}; \quad \tau = t_2 - t_1 \qquad (2.1.18)$$

$$R_{XX}(0) = E[X^2(t)] = E[X^2], \quad \kappa_{XX}(0) = \sigma_X^2 \qquad (2.1.19)$$

对平稳随机过程, 自相关函数或自协方差函数的物理意义更明显. 给定时差, 更大的自相关函数值意味着该过程在两个不同时刻上的关系更紧密. 反之, 较小的自相关函数值意味着该过程更快地随机变化. 随着时差增加, 自相关函数值一般变小. 两个随机过程称为联合平稳, 若各自平稳, 且对任意 t_1 和 t_2, 下式成立

$$R_{X_1 X_2}(t_1, t_2) = R_{X_1 X_2}(t_2 - t_1) = R_{X_1 X_2}(\tau) \tag{2.1.20}$$

根据自相关与互相关的定义, 又可得到

$$R_{XX}(\tau) = R_{XX}(-\tau), \quad R_{X_1 X_2}(\tau) = R_{X_2 X_1}(-\tau) \tag{2.1.21}$$

利用下列不等式

$$E\left\{ \left[\frac{X_1(t_1)}{\sqrt{R_{X_1 X_1}(0)}} \pm \frac{X_2(t_2)}{\sqrt{R_{X_2 X_2}(0)}} \right]^2 \right\} = 2 \pm 2 \frac{R_{X_1 X_2}(\tau)}{\sqrt{R_{X_1 X_1}(0) R_{X_2 X_2}(0)}} \geqslant 0 \tag{2.1.22}$$

可得

$$\left| R_{X_1 X_2}(\tau) \right| \leqslant \sqrt{R_{X_1 X_1}(0) R_{X_2 X_2}(0)} = \sqrt{E[X_1^2] E[X_2^2]} \tag{2.1.23}$$

$$\left| R_{XX}(\tau) \right| \leqslant R_{XX}(0) = E[X^2] \tag{2.1.24}$$

不等式(2.1.24)表明, 自相关函数在时差 $\tau = 0$ 上达到最大值. 直观上这是显然的, 因为随机变量与它自身的相关性当然是最大的. 自协方差函数和互协方差函数也有类似性质

$$\left| \kappa_{X_1 X_2}(\tau) \right| \leqslant \sqrt{\kappa_{X_1 X_1}(0) \kappa_{X_2 X_2}(0)} = \sigma_{X_1} \sigma_{X_2}, \quad \left| \kappa_{XX}(\tau) \right| \leqslant \sigma_X^2 \tag{2.1.25}$$

作为平稳随机过程相关性的定量度量,定义如下相关时间(朱位秋和蔡国强, 2017; Cai and Zhu, 2016)

$$\tau_0 = \int_0^\infty \left| \rho_{XX}(\tau) \right| \mathrm{d}\tau \tag{2.1.26}$$

式中 $\rho_{XX}(\tau)$ 是式(2.1.18)中给出的相关系数函数. 当过程完全不相关时, $\rho_{XX}(0) = 1$, $\rho_{XX}(\tau \neq 0) = 0$, 相关时间 $\tau_0 = 0$, 无论两个时刻有多么接近, 其对应的过程值都是不相关的. 若 $\tau \to \infty$, $\rho_{XX}(\tau) \neq 0$, 则 τ_0 是无穷大, 表明相关时间无限长.

对平稳随机过程的导数过程的性质, 由式(2.1.12)、式(2.1.13)、式(2.1.14)可得

$$\mu_{\dot{X}}(t) = \frac{\mathrm{d}\mu_X(t)}{\mathrm{d}t} = 0 \tag{2.1.27}$$

$$R_{X\dot{X}}(t_1, t_2) = R_{X\dot{X}}(\tau) = -\frac{\mathrm{d}}{\mathrm{d}\tau} R_{XX}(\tau), \quad \tau = t_2 - t_1 \tag{2.1.28}$$

$$R_{\dot{X}\dot{X}}(t_1,t_2) = R_{\dot{X}\dot{X}}(\tau) = -\frac{\mathrm{d}^2}{\mathrm{d}\tau^2}R_{XX}(\tau), \quad \tau = t_2 - t_1 \tag{2.1.29}$$

由于 $R_{XX}(\tau)$ 是偶函数，由式(2.1.28)得

$$R_{\dot{X}X}(0) = E[\dot{X}(t)X(t)] = -\frac{\mathrm{d}}{\mathrm{d}\tau}R_{XX}(\tau)\bigg|_{\tau=0} = 0 \tag{2.1.30}$$

式(2.1.30)表明，平稳随机过程 $X(t)$ 和它的导数过程 $\dot{X}(t)$ 是不相关的. 在实际应用中，要模型化与分析一个随机过程，就要得到它的统计特性，至少需要求得它的均值函数和相关函数. 若已从测量中得到了 N 个样本 $x_i(t)$ ($i = 1, 2, \cdots, N$)，则均值函数和相关函数可从如下集合平均算得

$$\mu_X(t) = E[X(t)] = \frac{1}{N}\sum_{i=1}^{N} x_i(t) \tag{2.1.31}$$

$$R_{XX}(t_1,t_2) = E[X(t_1)X(t_2)] = \frac{1}{N}\sum_{i=1}^{N} x_i(t_1)x_i(t_2) \tag{2.1.32}$$

以上估计的精度取决于样本函数的数量，样本函数数量越大，估计越可靠. 但是对许多物理随机过程，从测量中得到的样本函数数目往往不足以提供可靠的估计.

对一阶性质与时间无关、高阶性质仅依赖于时差的平稳过程，上述困难可以克服. 对这样一个过程，只要时间足够长，单个样本即可得到随机过程的统计特性. 考虑随机过程 $X(t)$ 在时段$[0, T]$(T 足够大)的一个记录(样本函数)$x(t)$，$X(t)$ 的时间平均定义为

$$\langle X(t)\rangle_t = \lim_{T\to\infty}\frac{1}{T}\int_0^T x(t)\mathrm{d}t \tag{2.1.33}$$

若对所有样本，时间平均相同，且与集合平均相同，即 $\langle X(t)\rangle_t = E[X(t)] = \mu_X$，就称该过程在均值意义上遍历. 随机过程的遍历性可在不同意义上定义，一个随机过程称为在均方意义上遍历，如果它满足下式

$$\langle X^2(t)\rangle_t = \lim_{T\to\infty}\frac{1}{T}\int_0^T x^2(t)\mathrm{d}t = E[X^2(t)] \tag{2.1.34}$$

在相关意义上遍历则定义为

$$\langle X(t)X(t+\tau)\rangle_t = \lim_{T\to\infty}\frac{1}{T}\int_0^T x(t)x(t+\tau)\mathrm{d}t = E[X(t)X(t+\tau)] = R_{XX}(\tau) \tag{2.1.35}$$

它等价于下列在协方差意义上的遍历

$$\begin{aligned}\langle[X(t)-\mu_X][X(t+\tau)-\mu_X]\rangle_t &= \lim_{T\to\infty}\frac{1}{T}\int_0^T x(t)x(t+\tau)\mathrm{d}t - [\langle X(t)\rangle_t]^2 \\ &= E\{[X(t)-\mu_X][X(t+\tau)-\mu_X]\} = \kappa_{XX}(\tau)\end{aligned} \tag{2.1.36}$$

显然，在高阶统计意义上遍历意味着在低阶统计意义上遍历，在相关与协方差意义上遍历意味着弱平稳. 然而，这个结论的逆过程未必成立.

对物理平稳过程常假设它在相关意义上遍历，从而均值、均方值和相关函数可以分别按式(2.1.33)、式(2.1.34)和式(2.1.35)，对一个样本函数作很长的时间平均做出估计，这大大地减少了解析与数值研究的时间与精力.

2.1.3 谱分析

自相关函数是随机过程的二阶统计性质，因为它涉及两个不同时刻，与二阶概率密度相关. 与自相关函数等价的另一个二阶统计量是功率谱密度，实践中它是随机过程最重要的特征之一. 本节只考虑零均值平稳随机过程，此时，自相关函数等同于自协方差函数，两者都只依赖于时差.

考虑零均值的平稳随机过程 $X(t)$，它的功率谱密度函数定义为自相关函数的傅里叶变换，即

$$S_{XX}(\omega) = \frac{1}{2\pi}\int_{-\infty}^{\infty} R_{XX}(\tau)\mathrm{e}^{-\mathrm{i}\omega\tau}\mathrm{d}\tau \tag{2.1.37}$$

如式(2.1.4)所示，$R_{XX}(\tau)$是非负函数，按 Bochner(1959)，其傅里叶变换 $S_{XX}(\omega)$ 也是非负的，式(2.1.37)的逆为

$$R_{XX}(\tau) = \int_{-\infty}^{\infty} S_{XX}(\omega)\mathrm{e}^{\mathrm{i}\omega\tau}\mathrm{d}\omega \tag{2.1.38}$$

式(2.1.37)和式(2.1.38)中的傅里叶变换对即是著名的维纳-欣钦(Wiener-Khinchine)定理.

为了揭示功率谱密度的物理意义，令式(2.1.38)中 $\tau = 0$，得

$$R_{XX}(0) = E[X^2(t)] = \int_{-\infty}^{\infty} S_{XX}(\omega)\mathrm{d}\omega \tag{2.1.39}$$

式(2.1.39)表明，$S_{XX}(\omega)$ 描述了均方值在整个频域上的分布，所以称为均方谱密度函数. 在很多情形下，均方值是能量的度量，例如，若 $X(t)$ 是机械系统的位移，则 $X^2(t)$ 就正比于势能，$S_{XX}(\omega)$ 表示 $X(t)$ 的能量在频域上的分布，因此称它为功率谱密度函数.

对两个联合平稳的随机过程 $X_1(t)$ 和 $X_2(t)$，互功率谱密度函数定义为互相关函数的傅里叶变换，即

$$S_{X_1X_2}(\omega) = \frac{1}{2\pi}\int_{-\infty}^{\infty} R_{X_1X_2}(\tau)\mathrm{e}^{-\mathrm{i}\omega\tau}\mathrm{d}\tau \tag{2.1.40}$$

$$R_{X_1X_2}(\tau) = \int_{-\infty}^{\infty} S_{X_1X_2}(\omega)\mathrm{e}^{\mathrm{i}\omega\tau}\mathrm{d}\omega \tag{2.1.41}$$

利用式(2.1.21)中所示的自相关与互相关函数的对称性，可得

$$S_{XX}(-\omega) = S_{XX}(\omega) \geqslant 0$$
$$S_{X_1X_2}(\omega) = S_{X_2X_1}^*(\omega), \quad S_{X_1X_2}(-\omega) = S_{X_1X_2}^*(\omega) \tag{2.1.42}$$

式(2.1.42)表明，功率谱密度函数是实的、非负的偶函数，而互功率谱密度函数通常是复函数，其实部为偶函数，虚部为奇函数.

由式(2.1.38)可得

$$\frac{\mathrm{d}^n}{\mathrm{d}\tau^n} R_{XX}(\tau) = \mathrm{i}^n \int_{-\infty}^{\infty} \omega^n S_{XX}(\omega) \mathrm{e}^{\mathrm{i}\omega\tau} \mathrm{d}\omega \tag{2.1.43}$$

利用式(2.1.43)，可由式(2.1.13)和式(2.1.14)导得

$$R_{\dot{X}X}(\tau) = -\frac{\mathrm{d}}{\mathrm{d}\tau} R_{XX}(\tau) = \int_{-\infty}^{\infty} (-\mathrm{i}\omega) S_{XX}(\omega) \mathrm{e}^{\mathrm{i}\omega\tau} \mathrm{d}\omega \tag{2.1.44}$$

$$R_{\dot{X}\dot{X}}(\tau) = -\frac{\mathrm{d}^2}{\mathrm{d}\tau^2} R_{XX}(\tau) = \int_{-\infty}^{\infty} \omega^2 S_{XX}(\omega) \mathrm{e}^{\mathrm{i}\omega\tau} \mathrm{d}\omega \tag{2.1.45}$$

式(2.1.44)和式(2.1.45)意味着

$$S_{\dot{X}X}(\omega) = (-\mathrm{i}\omega) S_{XX}(\omega), \quad S_{\dot{X}\dot{X}}(\omega) = \omega^2 S_{XX}(\omega) \tag{2.1.46}$$

更一般地，有

$$S_{X^{(m)}X^{(n)}}(\omega) = (-1)^m \mathrm{i}^{m+n} \omega^{m+n} S_{XX}(\omega) \tag{2.1.47}$$

因此，平稳过程及其导数过程的功率谱密度函数可以互相导出，这一结论是非常有用的，例如，对于位移过程、速度过程和加速度过程，已知其中任一过程的功率谱密度函数，就可以导得其余两过程的功率谱密度函数.

能量在整个频域上的分布是随机过程的一个重要特性. 某些过程的能量集中在一个窄的频带内，称为窄带过程. 反之，若一个过程的功率谱密度在一个宽的频带上有显著值，则称为宽带过程. 图 2.1.2 示出了窄带过程与宽带过程的相关函数和功率谱密度函数，图 2.1.3 示出了三个窄带过程的样本，图 2.1.4 示出了三个宽带过程的样本.

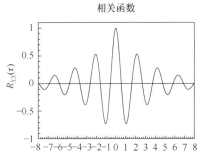
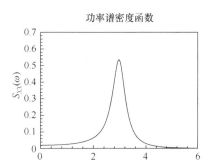

(a) 窄带过程

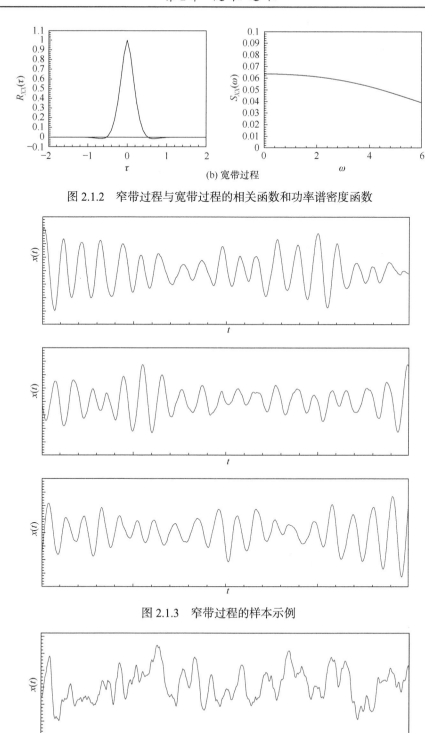

(b) 宽带过程

图 2.1.2 窄带过程与宽带过程的相关函数和功率谱密度函数

图 2.1.3 窄带过程的样本示例

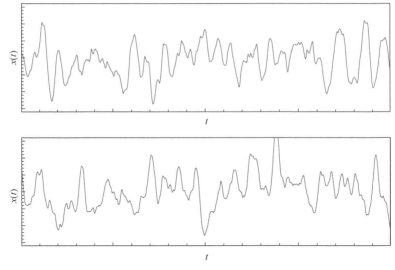

图 2.1.4   宽带过程的样本示例

例 2.1.1   高斯白噪声.

一个平稳随机过程，若它呈高斯分布，零均值，在全频域$(-\infty, \infty)$上功率谱密度为常数，则称它为高斯白噪声. 以 $W_g(t)$ 表示高斯白噪声，它的功率谱密度与自相关函数分别为

$$S_{WW}(\omega) = K, \quad R_{WW}(\tau) = 2\pi K \delta(\tau) \tag{2.1.48}$$

$2\pi K$ 称为高斯白噪声强度，有时也记为 $2D$. 式(2.1.48)表明，$\sigma_W^2 = R_{WW}(0) = \infty$，对任意的 $\tau \neq 0$，有 $R_{WW}(\tau) = 0$. $R_W^2 = \infty$ 表明高斯白噪声有无穷大的能量，对 $\tau \neq 0$，$R_{WW}(\tau) = 0$ 表明噪声变化无限快. 显然，现实中并不存在这样的噪声. 尽管如此，高斯白噪声常用于近似许多有着很宽频带的物理过程，这是因为高斯白噪声数学处理简单，同时，系统对白噪声的响应在高频范围内迅速衰减.

例 2.1.2   限带白噪声.

为了使白噪声过程更加实用，引入限带白噪声，其功率谱密度(ω正域)

$$S_{XX}(\omega) = \begin{cases} S_0, & \omega_0 - \dfrac{B}{2} \leqslant |\omega| \leqslant \omega_0 + \dfrac{B}{2}, \ 0 < B \leqslant 2\omega_0 \\ 0, & \text{其他频率上} \end{cases} \tag{2.1.49}$$

对应的相关函数为

$$R_{XX}(\tau) = \frac{4S_0}{\tau} \cos(\omega_0 \tau) \sin\left(\frac{1}{2} B\tau\right) \tag{2.1.50}$$

图 2.1.5 示出了在 $\omega_0 = 1$，三个不同带宽参数 B(0.05、0.1 和 0.5)时的限带白噪声的

功率谱密度函数相关函数. 由图可见，频带较宽时，例如 $B = 0.5$ 时，相关函数在 $\tau = 0$ 附近具有较大的值，并且会较快下降.

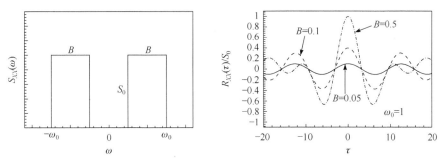

图 2.1.5 限带白噪声的功率谱密度函数和相关函数

例 2.1.3 考虑具有下列功率谱密度函数和相关函数的平稳随机过程 $X(t)$，

$$S_{XX}(\omega) = \frac{\sigma_X^2 \alpha}{\pi(\omega^2 + \alpha^2)}, \quad R_{XX}(\tau) = \sigma_X^2 e^{-\alpha|\tau|} \tag{2.1.51}$$

图 2.1.6 示出了三个不同 α 值的功率谱密度函数和相关函数，较大的 α 值对应于较宽的频谱. 由于中心频率为零，这些过程称为低通过程.

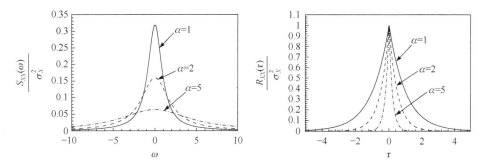

图 2.1.6 低通过程的功率谱密度函数和相关函数

对非平稳过程，如式(2.1.3)和式(2.1.8)所示，相关函数取决于两个时刻，而不仅仅是它们的差. 有两种不同的方法进行谱分析. 一种方法是将自功率谱密度函数和互功率谱密度函数定义为

$$S_{XX}(\omega_1, \omega_2) = \frac{1}{(2\pi)^2} \int_{-\infty}^{\infty} \int_{-\infty}^{\infty} R_{XX}(t_1, t_2) e^{-i(\omega_1 t_1 - \omega_2 t_2)} dt_1 dt_2 \tag{2.1.52}$$

$$S_{X_1 X_2}(\omega_1, \omega_2) = \frac{1}{(2\pi)^2} \int_{-\infty}^{\infty} \int_{-\infty}^{\infty} R_{X_1 X_2}(t_1, t_2) e^{-i(\omega_1 t_1 - \omega_2 t_2)} dt_1 dt_2 \tag{2.1.53}$$

与两个时刻 t_1 和 t_2 相对应，用两个频率 ω_1 和 ω_2 来规定随机过程的频域特性.

自功率谱密度函数和互功率谱密度函数也可以定义为

$$S_{XX}(\omega,t) = \frac{1}{2\pi} \int_{-\infty}^{\infty} R_{XX}(t,t+\tau) \mathrm{e}^{-\mathrm{i}\omega\tau} \mathrm{d}\tau \qquad (2.1.54)$$

$$S_{X_1 X_2}(\omega,t) = \frac{1}{2\pi} \int_{-\infty}^{\infty} R_{X_1 X_2}(t,t+\tau) \mathrm{e}^{-\mathrm{i}\omega\tau} \mathrm{d}\tau \qquad (2.1.55)$$

直觉上，定义式(2.1.54)和式(2.1.55)有更清晰的物理含义，它描述了频率域上能量分布随时间的变化. 式(2.1.52)～式(2.1.55)中定义的谱密度称为广义谱密度(Lin，1967).

2.2　高斯随机过程

随机过程 $X(t)$ 是一组依赖于时间 t 的随机变量. 若随机过程 $X(t)$ 在所有不同时刻上的随机变量是联合高斯分布的，则称该随机过程是高斯随机过程. 高斯随机过程的一阶概率密度函数是

$$p(x,t) = \frac{1}{\sqrt{2\pi}\,\sigma_X(t)} \exp\left\{ -\frac{[x-\mu_X(t)]^2}{2\sigma_X^2(t)} \right\} \qquad (2.2.1)$$

二阶概率密度函数是

$$p(x_1,t_1;x_2,t_2) = \frac{1}{2\pi\sigma_1\sigma_2\sqrt{1-\rho^2}}$$

$$\times \exp\left[-\frac{\sigma_2^2(x_1-\mu_1)^2 - 2\sigma_1\sigma_2\rho(x_1-\mu_1)(x_2-\mu_2) + \sigma_1^2(x_2-\mu_2)^2}{2\sigma_1^2\sigma_2^2(1-\rho^2)} \right]$$

$$(2.2.2)$$

式中 $\mu_1 = \mu_X(t_1)$，$\mu_2 = \mu_X(t_2)$，$\sigma_1 = \sigma_X(t_1)$，$\sigma_2 = \sigma_X(t_2)$，$\rho = \rho_{XX}(t_1,t_2)$.

如果高斯随机过程是弱平稳的，其均值函数 $\mu_X(t)$ 是一个常数，协方差函数 $\kappa_{XX}(t_1,t_2)$ 只取决于时差 $\tau = t_2 - t_1$. 由于高斯随机过程完全取决于均值函数和协方差函数，弱平稳意味着强平稳.

与高斯随机变量情形类似，高斯随机过程的线性组合产生另一个高斯随机过程. 这个结论可以推广到微分和积分的非代数线性运算(Lin，1967).

2.3　马尔可夫过程

一类称为马尔可夫过程的随机过程，在随机动力学中特别重要. 因为①它可作为许多实际随机过程的模型，②可以将马尔可夫过程的现有数学理论应用于不同领域的各种随机问题，③便于生成和模拟马尔可夫过程.

设 $X(t)$ 表示马尔可夫过程, 若该过程 X 和参数 t 的值都是离散的, 则称为马尔可夫链. 若 X 值是连续的, 但参数 t 值是离散的, 则称为马尔可夫级数. 在许多应用中, X 值和参数 t 值都是连续的, 通常称它为马尔可夫过程, 本书只涉及马尔可夫过程.

2.3.1 马尔可夫过程和查普曼-柯尔莫哥洛夫-斯莫卢霍夫斯基(CKS)方程

当随机过程与记忆时间短的系统相关联时, 现时刻的过程可能只受最近时刻历史的影响, 这种过程属于马尔可夫过程. 一个随机过程 $X(t)$ 称为马尔可夫过程, 若它的条件概率密度函数满足

$$\text{Prob}[X(t_n) \leqslant x_n \mid X(t_{n-1}) \leqslant x_{n-1}, \cdots, X(t_1) \leqslant x_1]$$
$$= \text{Prob}[X(t_n) \leqslant x_n \mid X(t_{n-1}) \leqslant x_{n-1}] \tag{2.3.1}$$

式中 $t_1 < t_2 < \cdots < t_n$, $\text{Prob}[\cdot|\cdot]$ 表示条件概率. 随机过程 $X(t)$ 为马尔可夫过程的一个充分条件是, 在任意两个非重叠时间区间上过程的增量独立, 即对 $t_1 < t_2 \leqslant t_3 < t_4$, $X(t_2) - X(t_1)$ 和 $X(t_4) - X(t_3)$ 独立. 如果 $X(t)$ 同时是高斯过程, 那么充分条件变成

$$E\{[X(t_2) - X(t_1)][X(t_4) - X(t_3)]\} = 0, \quad t_1 < t_2 \leqslant t_3 < t_4 \tag{2.3.2}$$

显然, 马尔可夫过程是一个真实随机过程的数学理想化. 虽然如此, 大量的随机过程都可用马尔可夫过程来表示. 物理学中的布朗运动是一个马尔可夫过程. 工程、通信、生态学、生物学等各个领域中的许多噪声和信号过程经常模型化为马尔可夫过程或借助于马尔可夫过程.

马尔可夫过程的定义式(2.3.1)可用概率密度函数来表示, 即

$$p(x_n, t_n \mid x_{n-1}, t_{n-1}; \cdots; x_1, t_1) = p(x_n, t_n \mid x_{n-1}, t_{n-1}) \tag{2.3.3}$$

应用式(2.3.3)和条件概率密度的特性, 可得

$$p(x_1, t_1; x_2, t_2; \cdots; x_n, t_n) = p(x_n, t_n \mid x_{n-1}, t_{n-1}) p(x_{n-1}, t_{n-1} \mid x_{n-2}, t_{n-2}) \cdots p(x_1, t_1) \tag{2.3.4}$$

这表明, 高阶概率密度函数可以从初始概率密度和条件概率密度函数获取. 换言之, 马尔可夫过程完全取决于其条件概率密度函数和初始概率密度函数. 后者包括初始状态固定, 即初始概率密度函数为 Dirac delta 函数的特殊情形. 因此, 条件概率密度函数 $p(x_k, t_k \mid x_j, t_j)$ 对于量化马尔可夫过程 $X(t)$ 是最重要的. 它在文献中也称为转移概率密度函数. 马尔可夫过程是平稳的, 如果它的转移概率密度函数不随时间变化, 即对于任何 Δt, 有

$$p(x_k, t_k \mid x_j, t_j) = p(x_k, t_k + \Delta t \mid x_j, t_j + \Delta t) = p(x_\tau, \tau \mid x_0, 0) \tag{2.3.5}$$

式中 $\tau = t_k - t_j$, x_τ 和 x_0 分别是 $X(\tau)$ 和 $X(0)$ 的状态变量. 此时, 平稳概率密度函数可以通过让转移时间区间趋向于无穷长来获得, 即

$$p(x) = \lim_{\tau \to \infty} p(x, \tau \mid x_0) \tag{2.3.6}$$

上述标量马尔可夫过程的定义很容易推广于矢量马尔可夫过程. 令 $\boldsymbol{X}(t) = [X_1(t),$ $X_2(t), \cdots, X_n(t)]^\mathrm{T}$ 是 n 维矢量马尔可夫过程. 它满足

$$p(\boldsymbol{x}_n, t_n \mid \boldsymbol{x}_{n-1}, t_{n-1}, \cdots, \boldsymbol{x}_1, t_1) = p(\boldsymbol{x}_n, t_n \mid \boldsymbol{x}_{n-1}, t_{n-1}) \tag{2.3.7}$$

特别要注意, 矢量马尔可夫过程的分量可以是也可以不是标量马尔可夫过程.

考虑三个时刻 $t_1 < t < t_2$, 式(2.3.7)意味着

$$p(\boldsymbol{x}_2, t_2; \boldsymbol{y}, t \mid \boldsymbol{x}_1, t_1) = p(\boldsymbol{x}_2, t_2 \mid \boldsymbol{y}, t) p(\boldsymbol{y}, t \mid \boldsymbol{x}_1, t_1) \tag{2.3.8}$$

式(2.3.8)对 $\boldsymbol{y}$ 积分, 得

$$p(\boldsymbol{x}_2, t_2 \mid \boldsymbol{x}_1, t_1) = \int p(\boldsymbol{x}_2, t_2 \mid \boldsymbol{y}, t) p(\boldsymbol{y}, t \mid \boldsymbol{x}_1, t_1) \mathrm{d}\boldsymbol{y} \tag{2.3.9}$$

式(2.3.9)称为查普曼-柯尔莫哥洛夫-斯莫卢霍夫斯基方程, 是支配转移概率密度函数的积分方程.

2.3.2　马尔可夫扩散过程和福克-普朗克-柯尔莫哥洛夫(FPK)方程

为了分析方便, 积分方程(2.3.9)宜转换为以下称为福克-普朗克-柯尔莫哥洛夫(FPK)方程的等效偏微分方程

$$\frac{\partial}{\partial t} p + \sum_{j=1}^{n} \frac{\partial}{\partial x_j}(a_j p) - \frac{1}{2} \sum_{j,k=1}^{n} \frac{\partial^2}{\partial x_j \partial x_k}(b_{jk} p)$$

$$+ \frac{1}{3!} \sum_{j,k,l=1}^{n} \frac{\partial^3}{\partial x_j \partial x_k \partial x_l}(c_{jkl} p) - \cdots = 0 \tag{2.3.10}$$

式中 $p = p(\boldsymbol{x}, t \mid \boldsymbol{x}_0, t_0)$ 为转移概率密度函数

$$a_j = a_j(\boldsymbol{x}, t) = \lim_{\Delta t \to 0} \frac{1}{\Delta t} E[X_j(t + \Delta t) - X_j(t) \mid \boldsymbol{X}(t) = \boldsymbol{x}]$$

$$b_{jk} = b_{jk}(\boldsymbol{x}, t)$$
$$= \lim_{\Delta t \to 0} \frac{1}{\Delta t} E\{[X_j(t + \Delta t) - X_j(t)][X_k(t + \Delta t) - X_k(t)] \mid \boldsymbol{X}(t) = \boldsymbol{x}\} \tag{2.3.11}$$

$$c_{jkl} = c_{jkl}(\boldsymbol{x}, t) = \lim_{\Delta t \to 0} \frac{1}{\Delta t} E\{[X_j(t + \Delta t) - X_j(t)]$$
$$\times [X_k(t + \Delta t) - X_k(t)][X_l(t + \Delta t) - X_l(t)] \mid \boldsymbol{X}(t) = \boldsymbol{x}\}$$
$$\vdots$$

函数 a_j, b_{jk}, c_{jkl}, $\cdots$分别称为一、二、三阶导数矩, 描述在条件 $\boldsymbol{X}(t) = \boldsymbol{x}$ 下, $\boldsymbol{X}(t)$ 的各阶增量矩的变化率. 从查普曼-柯尔莫哥洛夫-斯莫卢霍夫斯基方程(2.3.9)推导 FPK 方程(2.3.10)的细节见(Lin and Cai, 1995).

在许多实际问题中, 高于二阶的导数矩消失或者可以忽略, 于是式(2.3.10)退

化为

$$\frac{\partial}{\partial t}p+\sum_{j=1}^{n}\frac{\partial}{\partial x_j}(a_j p)-\frac{1}{2}\sum_{j,k=1}^{n}\frac{\partial^2}{\partial x_j\partial x_k}(b_{jk}p)=0 \tag{2.3.12}$$

通常,FPK 方程是指式(2.3.12). 此时,FPK 方程描述的系统响应 $X(t)$ 称为马尔可夫扩散过程,或简称为扩散过程.

FPK 方程(2.3.12)可以重写为

$$\frac{\partial}{\partial t}p+\sum_{j=1}^{n}\frac{\partial}{\partial x_j}G_j=0 \tag{2.3.13}$$

式中

$$G_j=a_j p-\frac{1}{2}\sum_{k=1}^{n}\frac{\partial}{\partial x_k}(b_{jk}p) \tag{2.3.14}$$

类似于流体力学中关于流体流动中质量守恒的连续性方程,式(2.3.13)可解释为概率守恒方程,而 G_j 可解释为概率流矢量 $G(x,t\,|\,x_0,t_0)$ 的第 j 个分量.

式(2.3.12)是一个线性二阶偏微分方程,包含对时间 t 的一阶导数,对状态变量 x 的一阶和二阶导数. 对于实际问题,可从系统运动方程确定导数矩 $a_j(x,t)$ 和 $b_{jk}(x,t)$. 为了求解 FPK 方程,需要适当的初始条件和边界条件,它们可根据具体的物理问题来确定. 在许多实际问题中,初始状态是固定的,即

$$p(x,t_0\,|\,x_0,t_0)=\delta(x-x_0)=\prod_{j=1}^{n}\delta(x_j-x_{j0}) \tag{2.3.15}$$

边界条件取决于系统的样本行为. 对于不在无穷远的边界,有几个典型情形:反射边界、吸收边界及周期性边界. 对许多工程问题,无穷远处的边界很重要. 在无穷远处边界,概率流必须消失,即

$$\lim_{x_j\to\pm\infty}G(x,t\,|\,x_0,t_0)=0 \tag{2.3.16}$$

此外,由于总概率是有限的,还应满足

$$\lim_{x_j\to\pm\infty}p(x,t\,|\,x_0,t_0)=0 \tag{2.3.17}$$

它至少以 $|x_j|^{-\alpha}$ 速度趋近于零,其中 $\alpha>1$,取决于具体的系统.

如果马尔可夫扩散过程达到平稳状态,其平稳概率密度函数是转移概率密度的极限,如式(2.3.6)所示. 此时式(2.3.12)中对时间 t 的导数项消失,得到所谓简化或平稳 FPK 方程

$$\sum_{j=1}^{n}\frac{\partial}{\partial x_j}(a_j p)-\frac{1}{2}\sum_{j,k=1}^{n}\frac{\partial^2}{\partial x_j\partial x_k}(b_{jk}p)=0 \tag{2.3.18}$$

式中 $p = p(\boldsymbol{x})$ 是平稳概率密度函数, a_j 和 b_{jk} 与 t 无关. 式(2.3.18)也可写成

$$\sum_{j=1}^{n} \frac{\partial}{\partial x_j} G_j = 0, \quad G_j = a_j p - \frac{1}{2} \sum_{k=1}^{n} \frac{\partial}{\partial x_k} (b_{jk} p) \tag{2.3.19}$$

2.3.3　维纳过程和高斯白噪声

最简单的马尔可夫扩散过程是维纳过程, 也称为布朗运动过程, 以 $B(t)$ 表示. 随机过程 $B(t)$ 称为维纳过程, 若它满足: ① $B(t)$ 是高斯过程, ② $B(0) = 0$, ③ $E[B(t)] = 0$, ④

$$E[B(t_1)B(t_2)] = \sigma^2 \min(t_1, t_2) \tag{2.3.20}$$

式中 σ^2 是维纳过程的强度. 式(2.3.20)表明维纳过程不是一个平稳过程. 令 $t_1 < t_2 \leqslant t_3 < t_4$, 由式(2.3.20)可得

$$\begin{aligned}
&E\{[B(t_2) - B(t_1)][B(t_4) - B(t_3)]\} \\
&= E[B(t_2)B(t_4) - B(t_1)B(t_4) - B(t_2)B(t_3) + B(t_1)B(t_3)] \\
&= \sigma^2(t_2 - t_1 - t_2 + t_1) = 0
\end{aligned} \tag{2.3.21}$$

根据充分条件(2.3.2), $B(t)$ 是一个马尔可夫过程.

可推导维纳过程的其他特性. 首先, 它在 L_2 意义上是连续的(朱位秋和蔡国强, 2017), 因为它的相关函数在对角线 $t_1 = t_2$ 上是连续的, 如式(2.3.20)所示. 此外, 应用式(2.1.14)可得 $\dot{B}(t)$ 的相关函数

$$\begin{aligned}
E[\dot{B}(t_1)\dot{B}(t_2)] &= \frac{\partial^2}{\partial t_1 \partial t_2} E[B(t_1)B(t_2)] = \sigma^2 \frac{\partial^2}{\partial t_1 \partial t_2} \min(t_1, t_2) \\
&= \sigma^2 \frac{\partial H(t_2 - t_1)}{\partial t_2} = \sigma^2 \delta(t_2 - t_1)
\end{aligned} \tag{2.3.22}$$

式中 $H(t)$ 是 Heaviside 单位阶跃函数

$$H(t) = \begin{cases} 1, & t > 0 \\ 0, & t < 0 \end{cases} \tag{2.3.23}$$

推导式(2.3.22)中用到了

$$\frac{\partial}{\partial t_1} \min(t_1, t_2) = H(t_2 - t_1) = \begin{cases} 1, & t_1 < t_2 \\ 0, & t_1 > t_2 \end{cases} \tag{2.3.24}$$

式(2.3.22)表明, $B(t)$ 在 L_2 意义上不可微, 因为它的相关函数的混合二阶偏导数在 $t_1 = t_2$ 上无界(Lin and Cai, 1995).

记 $B(t)$ 的微增量为

$$dB(t) = B(t + dt) - B(t) \tag{2.3.25}$$

应用式(2.3.20)，得

$$E[\mathrm{d}B(t_1)\mathrm{d}B(t_2)] = \begin{cases} \sigma^2\mathrm{d}t, & t_1 = t_2 \\ 0, & t_1 \neq t_2 \end{cases} \tag{2.3.26}$$

因此，

$$E[B(t+\mathrm{d}t) - B(t)] = 0, \quad E\{[B(t+\mathrm{d}t) - B(t)]^2\} = \sigma^2\mathrm{d}t \tag{2.3.27}$$

按式(2.3.11)，一阶和二阶导数矩为

$$a = 0, \quad b = \sigma^2 \tag{2.3.28}$$

由于维纳过程 $B(t)$ 是高斯的，可以证明，所有高于二阶的导数矩都为零. 因此，它是一个扩散过程，其 FPK 方程为

$$\frac{\partial}{\partial t}p - \frac{1}{2}\sigma^2\frac{\partial^2 p}{\partial z^2} = 0 \tag{2.3.29}$$

式中 z 是 $B(t)$ 的状态变量，$p = p(z,t\,|\,z_0,t_0)$ 是转移概率密度函数. 初始条件和边界条件如下

$$\lim_{t \to t_0} p(z,t\,|\,z_0,t_0) = \delta(z - z_0)$$
$$\lim_{z \to \pm\infty} \frac{\partial}{\partial z}p(z,t\,|\,z_0,t_0) = 0 \tag{2.3.30}$$

方程(2.3.29)的解是

$$p(z,t\,|\,z_0,t_0) = \frac{1}{\sqrt{2\pi(t-t_0)}\,\sigma}\exp\left[-\frac{(z-z_0)^2}{2\sigma^2(t-t_0)}\right] \tag{2.3.31}$$

正如所料，$B(t)$ 是一个具有均值 z_0 和标准偏差 $\sigma\sqrt{t-t_0}$ 的高斯过程.

已证(朱位秋和蔡国强，2017)

$$\mathrm{d}B(t_1)\mathrm{d}B(t_2) = \begin{cases} \sigma^2\mathrm{d}t, & t_1 = t_2 \\ 0, & t_1 \neq t_2 \end{cases} \tag{2.3.32}$$

这是比式(2.3.26)更强的陈述. 式(2.3.32)表明，$\mathrm{d}B(t)$ 具有 $(\mathrm{d}t)^{1/2}$ 的阶次. 因此，再次证明当 $\mathrm{d}t \to 0$ 时，$\mathrm{d}B(t)/\mathrm{d}t$ 无界，过程 $B(t)$ 是不可微的.

除了 $B(t)$ 不可微外，还可证明 $B(t)$ 在任何有限时间区间上都有无界变化. 因此，维纳过程只是物理过程的一种数学理想化.

考虑以下方程

$$\frac{\mathrm{d}X(t)}{\mathrm{d}t} = W_{\mathrm{g}}(t), \quad X(0) = 0 \tag{2.3.33}$$

式中 $W_g(t)$ 是具有功率谱密度 K 的高斯白噪声，即

$$E[W_g(t)] = 0, \quad E[W_g(t)W_g(t+\tau)] = 2\pi K \delta(\tau) \tag{2.3.34}$$

对于式(2.3.33)，$X(t)$ 可表示为

$$X(t) = \int_0^t W_g(u)\mathrm{d}u \tag{2.3.35}$$

因此，我们有

$$E[X(t)] = \int_0^t E[W_g(u)]\mathrm{d}u = 0 \tag{2.3.36}$$

$$E[X(t_1)X(t_2)] = \int_0^{t_1}\int_0^{t_2} E[W_g(u)W_g(v)]\mathrm{d}u\mathrm{d}v = 2\pi K \int_0^{t_1}\int_0^{t_2}\delta(u-v)\mathrm{d}u\mathrm{d}v$$

$$\tag{2.3.37}$$

不失一般性，假设 $t_1 < t_2$，式(2.3.37)中的最后一个积分可计算如下

$$\int_0^{t_1}\int_0^{t_2}\delta(u-v)\mathrm{d}u\mathrm{d}v = \int_0^{t_1}\int_0^{t_1}\delta(u-v)\mathrm{d}u\mathrm{d}v + \int_0^{t_1}\int_{t_1}^{t_2}\delta(u-v)\mathrm{d}u\mathrm{d}v = \int_0^{t_1}\mathrm{d}v = t_1$$

$$\tag{2.3.38}$$

因此，可得

$$E[X(t_1)X(t_2)] = 2\pi K \min(t_1, t_2) \tag{2.3.39}$$

根据维纳过程的定义，$X(t)$ 是一个维纳过程，可以写出

$$\frac{\mathrm{d}B(t)}{\mathrm{d}t} = W_g(t) \tag{2.3.40}$$

维纳过程的强度 σ^2 和高斯白噪声的强度相同，与谱密度 K 之间的关系为

$$\sigma^2 = 2\pi K \tag{2.3.41}$$

注意，关系式(2.3.40)只是形式上的，因为维纳过程 $B(t)$ 是不可微的.

式(2.3.40)的有效性还可以通过比较式(2.3.22)和式(2.1.48)来证实，它们表明 $\dot{B}(t)$ 和高斯白噪声 $W_g(t)$ 的相关函数都是 δ 函数.

2.3.4 伊藤随机微分方程

作为最简单的马尔可夫扩散过程的维纳过程，$B(t)$ 可通过随机微分方程用于构建其他马尔可夫扩散过程. 按伊藤(Itô，1951a)，标量马尔可夫扩散过程 $X(t)$ 可由下列随机微分方程产生

$$\mathrm{d}X(t) = m(X,t)\mathrm{d}t + \sigma(X,t)\mathrm{d}B(t) \tag{2.3.42}$$

式中 $B(t)$ 是单位维纳过程，即

$$E[B(t_1)B(t_2)] = \min(t_1, t_2), \quad E[\mathrm{d}B(t_1)\mathrm{d}B(t_2)] = \begin{cases} 0, & t_1 \neq t_2 \\ \mathrm{d}t, & t_1 = t_2 = t \end{cases} \quad (2.3.43)$$

在式(2.3.42)中，函数 m 和 σ 可依赖于 $X(t)$，也可明显依赖于时间 t. 式(2.3.42)有形式解

$$X(t) = X(0) + \int_0^t m(X, \tau)\mathrm{d}\tau + \int_0^t \sigma(X, \tau)\mathrm{d}B(\tau) \quad (2.3.44)$$

式(2.3.44)的最后一项是斯蒂尔切斯积分(朱位秋和蔡国强，2017)，即

$$\int_0^t \sigma[X(\tau), \tau]\mathrm{d}B(\tau) = \mathop{\mathrm{l.i.m.}}_{\substack{n \to \infty \\ \Delta_n \to 0}} \sum_{j=1}^n \sigma[X(\tau_j'), \tau_j'][B(\tau_{j+1}) - B(\tau_j)] \quad (2.3.45)$$

式中 $0 = \tau_1 < \tau_2 < \cdots < \tau_n < \tau_{n+1} = t$，$\Delta_n = \max(\tau_{j+1} - \tau_j)$ 和 $\tau_j \leqslant \tau_j' \leqslant \tau_{j+1}$. 由于 $B(t)$ 是一个不寻常的随机过程，它不可微，在任何有限的时间区间内有无界变化，斯蒂尔切斯积分必须作恰当的解释. 关键是 τ_j' 的选择，有两种不同的选择，一种是伊藤型，另一种是斯特拉托诺维奇型.

伊藤积分选择 $\tau_j' = \tau_j$，斯蒂尔切斯积分式(2.3.45)变为

$$\int_0^t \sigma[X(\tau), \tau]\mathrm{d}B(\tau) = \mathop{\mathrm{l.i.m.}}_{\substack{n \to \infty \\ \Delta_n \to 0}} \sum_{j=1}^n \sigma[X(\tau_j), \tau_j][B(\tau_{j+1}) - B(\tau_j)] \quad (2.3.46)$$

鉴于伊藤积分，微分方程(2.3.42)称为伊藤随机微分方程(Itô, 1951a). 随机过程 $X(t)$ 是一个扩散过程，式(2.3.42)中的函数 m 和 σ^2 分别称为漂移系数和扩散系数. 在伊藤积分式(2.3.46)中，差值 $B(\tau_{j+1}) - B(\tau_j)$ 在时刻 τ_j 之后得到，$\sigma[X(\tau_j), \tau_j]$ 函数在时刻 τ_j 取值，这就确保了式(2.3.42)中的 $\mathrm{d}B(t)$ 独立于 $X(t)$.

为获得一阶和二阶导数矩，考虑一个非常小 Δt 上 $X(t)$ 的增量

$$\begin{aligned} X(t + \Delta t) - X(t) &= \int_t^{t+\Delta t} m[X(\tau), \tau]\mathrm{d}\tau + \int_t^{t+\Delta t} \sigma[X(\tau), \tau]\mathrm{d}B(\tau) \\ &\approx m[X(t), t]\Delta t + \sigma[X(t), t][B(t + \Delta t) - B(t)] \end{aligned} \quad (2.3.47)$$

按式(2.3.11)可得

$$a(x, t) = \lim_{\Delta t \to 0} \frac{1}{\Delta t} E[X(t + \Delta t) - X(t) \mid X(t) = x] = m(x, t) \quad (2.3.48)$$

$$b(x, t) = \lim_{\Delta t \to 0} \frac{1}{\Delta t} E\{[X(t + \Delta t) - X(t)]^2 \mid X(t) = x\} = \sigma^2(x, t) \quad (2.3.49)$$

因此，FPK 方程中的一阶和二阶导数矩可分别从伊藤随机微分方程的漂移系数和扩散系数直接获得. 然而，要注意的是，一阶和二阶导数矩是状态变量 x 的函数，而漂移系数和扩散系数是随机过程 $X(t)$ 的函数.

上述分析可推广到 n 维情形. n 维矢量扩散过程可由下列一组伊藤随机微分方程产生

$$\mathrm{d}X_j(t) = m_j(\boldsymbol{X},t)\mathrm{d}t + \sum_{l=1}^{m}\sigma_{jl}(\boldsymbol{X},t)\mathrm{d}B_l(t), \quad j=1,2,\cdots,n \tag{2.3.50}$$

式中 $B_l(t)$, $l=1,2,\cdots,m$ 为独立的单位维纳过程. 可得相应 FPK 方程的一阶和二阶导数矩

$$a_j(\boldsymbol{x},t) = m_j(\boldsymbol{X},t)\Big|_{\boldsymbol{X}=\boldsymbol{x}}, \quad b_{jk}(\boldsymbol{x},t) = \sum_{l=1}^{m}\sigma_{jl}(\boldsymbol{X},t)\sigma_{kl}(\boldsymbol{X},t)\Big|_{\boldsymbol{X}=\boldsymbol{x}} \tag{2.3.51}$$

上式可以写成矢量与矩阵形式

$$\boldsymbol{a}(\boldsymbol{x},t) = \boldsymbol{m}(\boldsymbol{X},t)\Big|_{\boldsymbol{X}=\boldsymbol{x}}, \quad \boldsymbol{b}(\boldsymbol{x},t) = \boldsymbol{\sigma}(\boldsymbol{X},t)\boldsymbol{\sigma}^{\mathrm{T}}(\boldsymbol{X},t)\Big|_{\boldsymbol{X}=\boldsymbol{x}} \tag{2.3.52}$$

式中上标 T 表示矩阵转置.

考虑矢量扩散过程 $\boldsymbol{X}(t)$, 函数 $F(\boldsymbol{X},t)$ 对 t 可微且对 $\boldsymbol{X}(t)$ 两次可微, 则 $F(\boldsymbol{X},t)$ 的微分为

$$\mathrm{d}F(\boldsymbol{X},t) = \frac{\partial F}{\partial t}\mathrm{d}t + \sum_{j=1}^{n}\frac{\partial F}{\partial X_j}\mathrm{d}X_j + \frac{1}{2}\sum_{j,k=1}^{n}\frac{\partial^2 F}{\partial X_j \partial X_k}\mathrm{d}X_j\mathrm{d}X_k + \cdots \tag{2.3.53}$$

将式(2.3.50)中的 $\mathrm{d}X_j$ 代入式(2.3.53), 利用维纳过程的特性式(2.3.32), 并保留 $\mathrm{d}t$ 和 $\mathrm{d}B_l(t)$ 阶次的项, 得

$$\mathrm{d}F(\boldsymbol{X},t) = \left(\frac{\partial F}{\partial t} + \sum_{j=1}^{n}m_j\frac{\partial F}{\partial X_j} + \frac{1}{2}\sum_{j,k=1}^{n}\sum_{l=1}^{m}\sigma_{jl}\sigma_{kl}\frac{\partial^2 F}{\partial X_j \partial X_k}\right)\mathrm{d}t$$
$$+ \sum_{j=1}^{n}\sum_{l=1}^{m}\sigma_{jl}\frac{\partial F}{\partial X_j}\mathrm{d}B_l(t) \tag{2.3.54}$$

式(2.3.54)称为伊藤微分规则或伊藤引理(Itô, 1951b). 对于受一个维纳过程激励的一维系统, 式(2.3.54)退化为

$$\mathrm{d}F(X,t) = \left(\frac{\partial F}{\partial t} + m\frac{\partial F}{\partial X} + \frac{1}{2}\sigma^2\frac{\partial^2 F}{\partial X^2}\right)\mathrm{d}t + \sigma\frac{\partial F}{\partial X}\mathrm{d}B(t) \tag{2.3.55}$$

伊藤引理表明, 马尔可夫扩散过程函数的伊藤方程可以非常直接而简单地导出. 这是使用伊藤随机微分方程描述马尔可夫扩散过程的一个优势.

例 2.3.1 考虑伊藤随机微分方程

$$\mathrm{d}X(t) = KX(t)\mathrm{d}B(t) \tag{2.3.56}$$

式中 K 是常数, $B(t)$ 是单位维纳过程. 令 $Y(t) = \ln X(t)$. 根据伊藤微分规则(2.3.55),

可得

$$dY(t) = -\frac{1}{2}K^2 dt + K dB(t) \tag{2.3.57}$$

式(2.3.57)是 $Y(t)$ 的伊藤随机微分方程.

2.3.5 高斯白噪声激励系统的 FPK 方程

在许多科学与工程系统中,激励是高斯分布且具有较宽频带的谱密度,可以模型化为高斯白噪声. 最简单的这类系统是由下式支配的一维系统

$$\frac{d}{dt}X(t) = f(X,t) + g(X,t)W_g(t) \tag{2.3.58}$$

式中 f 和 g 是确定性函数,而 $W_g(t)$ 是具有谱密度 K 的高斯白噪声,即 $E[W_g(t)W_g(t+\tau)] = 2\pi K\delta(\tau)$. 从式(2.3.58)可得

$$X(t+\Delta t) - X(t) = \int_t^{t+\Delta t} f[X(u),u]du + \int_t^{t+\Delta t} g[X(u),u]W_g(u)du \tag{2.3.59}$$

在 $u=t$ 处展开 $f[X(u),u]$ 和 $g[X(u),u]$

$$f[X(u),u] = f[X(t),t] + (u-t)\frac{\partial}{\partial t}f[X(t),t]$$
$$+ [X(u)-X(t)]\frac{\partial}{\partial X}f[X(t),t] + \cdots \tag{2.3.60}$$

$$g[X(u),u] = g[X(t),t] + (u-t)\frac{\partial}{\partial t}g[X(t),t]$$
$$+ [X(u)-X(t)]\frac{\partial}{\partial X}g[X(t),t] + \cdots \tag{2.3.61}$$

在式(2.3.60)和式(2.3.61)中,用式(2.3.59)取代 $X(u) - X(t)$,即

$$X(u) - X(t) = \int_t^u f[X(v),v]dv + \int_t^u g[X(v),v]W_g(v)dv \tag{2.3.62}$$

结合式(2.3.59)~式(2.3.62),只保留领先项,得

$$X(t+\Delta t) - X(t) = f[X(t),t]\Delta t + g[X(t),t]\int_t^{t+\Delta t} W_g(u)du$$
$$+ \left[\frac{\partial}{\partial t}g[X(t),t]\right]\int_t^{t+\Delta t}(u-t)W_g(u)du$$
$$+ \left[\frac{\partial}{\partial X}g[X(t),t]\right]\int_t^{t+\Delta t} W_g(u)du\int_t^u g[X(v),v]W_g(v)dv + \cdots \tag{2.3.63}$$

由于 $E[W_g(t)] = 0$,$E[W_g(t)W_g(t+\tau)] = 2\pi K\delta(\tau)$,式(2.3.63)变为

$$\lim_{\Delta t \to 0} \frac{1}{\Delta t} E[X(t+\Delta t) - X(t)]$$

$$= f[X(t),t] + \frac{2\pi K}{\Delta t} \left\{ \frac{\partial}{\partial X} g[X(t),t] \right\} \int_t^{t+\Delta t} \mathrm{d}u \int_t^u g[X(v),v]\delta(u-v)\mathrm{d}v + O(\Delta t) \quad (2.3.64)$$

计算式(2.3.64)中的积分，令 $\tau = u - v$，并改变双重积分的顺序，得

$$\int_t^{t+\Delta t} \mathrm{d}u \int_t^u g[X(v),v]\delta(u-v)\mathrm{d}v = \int_0^{\Delta t} \delta(\tau)\mathrm{d}\tau \int_{t+\tau}^{t+\Delta t} g[X(u-\tau),u-\tau]\mathrm{d}u \quad (2.3.65)$$

将式(2.3.65)代入式(2.3.64)，并考虑①$\tau \neq 0$ 时，$\delta(\tau)=0$；② $\int_0^{\Delta t}\delta(\tau)\mathrm{d}\tau=1/2$，式 (2.3.64)化为

$$\lim_{\Delta t \to 0} \frac{1}{\Delta t} E[X(t+\Delta t) - X(t)] = f(X,t) + \pi K g(X,t)\frac{\partial}{\partial X}g(X,t) \quad (2.3.66)$$

再次应用式(2.3.59)，得

$$\lim_{\Delta t \to 0} \frac{1}{\Delta t} E\left\{[X(t+\Delta t) - X(t)]^2\right\}$$

$$= \lim_{\Delta t \to 0} \frac{1}{\Delta t} \int_t^{t+\Delta t}\mathrm{d}u \int_t^{t+\Delta t} g[X(u),u]g[X(v),v]E[W_g(u)W_g(v)]\mathrm{d}v$$

$$= 2\pi K \lim_{\Delta t \to 0} \frac{1}{\Delta t} \int_t^{t+\Delta t}\mathrm{d}u \int_t^{t+\Delta t} g[X(u),u]g[X(v),v]\delta(u-v)\mathrm{d}v$$

$$= 2\pi K g^2(X,t) \quad (2.3.67)$$

将式(2.3.66)和式(2.3.67)代入式(2.3.11)，得一阶和二阶导数矩

$$a = f(x,t) + \pi K g(x,t)\frac{\partial}{\partial x}g(x,t), \quad b = 2\pi K g^2(x,t) \quad (2.3.68)$$

最后得伊藤方程

$$\mathrm{d}X(t) = \left[f(X,t) + \pi K g(X,t)\frac{\partial}{\partial X}g(X,t) \right]\mathrm{d}t + \sqrt{2\pi K}g(X,t)\mathrm{d}B(t) \quad (2.3.69)$$

和 FPK 方程

$$\frac{\partial}{\partial t}p + \frac{\partial}{\partial x}\left[\left(f + \pi K g\frac{\partial g}{\partial x}\right)p\right] - \pi K \frac{\partial^2}{\partial x^2}(g^2 p) = 0 \quad (2.3.70)$$

上述分析可推广到多维情形. 考虑矢量随机过程 $\boldsymbol{X}(t) = [X_1(t), X_1(t), \cdots, X_n(t)]^{\mathrm{T}}$，它由如下方程支配

$$\frac{\mathrm{d}}{\mathrm{d}t}X_j(t) = f_j(\boldsymbol{X},t) + \sum_{l=1}^m g_{jl}(\boldsymbol{X},t)W_{gl}(t), \quad j=1,2,\cdots,n \quad (2.3.71)$$

式中 $W_{gl}(t)$ $(l = 1, 2, \cdots, m)$ 是高斯白噪声，其相关函数为

$$E[W_{gl}(t)W_{gs}(t + \tau)] = 2\pi K_{ls}\delta(\tau) \tag{2.3.72}$$

与式(2.3.71)对应的 FPK 方程为

$$\frac{\partial}{\partial t}p + \sum_{j=1}^{n}\frac{\partial}{\partial x_j}(a_j p) - \frac{1}{2}\sum_{j,k=1}^{n}\frac{\partial^2}{\partial x_j \partial x_k}(b_{jk}p) = 0 \tag{2.3.73}$$

其一阶和二阶导数矩为

$$a_j(\boldsymbol{x},t) = f_j(\boldsymbol{x},t) + \pi\sum_{r=1}^{n}\sum_{l,s=1}^{m}K_{ls}g_{rs}(\boldsymbol{x},t)\frac{\partial}{\partial x_r}g_{jl}(\boldsymbol{x},t) \tag{2.3.74}$$

$$b_{jk}(\boldsymbol{x},t) = 2\pi\sum_{l,s=1}^{m}K_{ls}g_{jl}(\boldsymbol{x},t)g_{ks}(\boldsymbol{x},t) \tag{2.3.75}$$

式(2.3.75)表明，与物理系统(2.3.71)对应的伊藤方程(2.3.50)不是唯一的，只要扩散系数 σ_{jl} 满足方程(2.3.75)就行. 这些伊藤方程在产生相同 FPK 方程的意义上是等价的.

例 2.3.2 考虑一个随机激励的单自由度振子，由下列方程支配

$$\ddot{X} + h(X, \dot{X}) = XW_{g1}(t) + \dot{X}W_{g2}(t) + W_{g3}(t) \tag{2.3.76}$$

式中 $h(X, \dot{X})$ 代表阻尼力和恢复力，$W_{gl}(t)$ $(l = 1, 2, 3)$ 是独立的高斯白噪声，其相关函数为

$$E[W_{gl}(t)W_{gs}(t + \tau)] = 2\pi K_{ls}\delta_{ls}\delta(\tau) \tag{2.3.77}$$

δ_{ls} 是 Kronecker δ 函数，即若 $l = s$，则 $\delta_{ls} = 1$；若 $l \neq s$，则 $\delta_{ls} = 0$. 令 $X_1 = X$ 和 $X_2 = \dot{X}$，式(2.3.76)可转换为状态空间中的两个一阶方程

$$\begin{aligned}
\dot{X}_1 &= X_2 \\
\dot{X}_2 &= -h(X_1, X_2) + X_1 W_{g1}(t) + X_2 W_{g2}(t) + W_{g3}(t)
\end{aligned} \tag{2.3.78}$$

应用式(2.3.74)和式(2.3.75)，可得一阶和二阶导数矩

$$\begin{aligned}
&a_1 = x_2, \quad a_2 = -h(x_1, x_2) + \pi K_{22}x_2 \\
&b_{11} = 0, \quad b_{12} = 0, \quad b_{21} = 0, \quad b_{22} = 2\pi K_{11}x_1^2 + 2\pi K_{22}x_2^2 + 2\pi K_{33}
\end{aligned} \tag{2.3.79}$$

因此，FPK 方程为

$$\frac{\partial}{\partial t}p + \frac{\partial}{\partial x_1}(x_2 p) + \frac{\partial}{\partial x_2}\left\{[-h(x_1, x_2) + \pi K_{22}x_2]p\right\}$$

$$-\pi\frac{\partial^2}{\partial x_2^2}[(K_{11}x_1^2 + K_{22}x_2^2 + K_{33})p] = 0 \tag{2.3.80}$$

相应的伊藤方程可以从式(2.3.79)和式(2.3.75)中得到

$$
\begin{aligned}
\mathrm{d}X_1 &= X_2 \mathrm{d}t \\
\mathrm{d}X_2 &= [-h(X_1, X_2) + \pi K_{22} X_2]\mathrm{d}t \\
&\quad + \sqrt{2\pi K_{11}} X_1 \mathrm{d}B_1(t) + \sqrt{2\pi K_{22}} X_2 \mathrm{d}B_2(t) + \sqrt{2\pi K_{33}} \mathrm{d}B_3(t)
\end{aligned}
\tag{2.3.81}
$$

或

$$
\begin{aligned}
\mathrm{d}X_1 &= X_2 \mathrm{d}t \\
\mathrm{d}X_2 &= [-h(X_1, X_2) + \pi K_{22} X_2]\mathrm{d}t + \sqrt{2\pi(K_{11} X_1^2 + K_{22} X_2^2)}\mathrm{d}B_1(t) \\
&\quad + \sqrt{2\pi K_{33}} \mathrm{d}B_2(t)
\end{aligned}
\tag{2.3.82}
$$

或

$$
\begin{aligned}
\mathrm{d}X_1 &= X_2 \mathrm{d}t \\
\mathrm{d}X_2 &= [-h(X_1, X_2) + \pi K_{22} X_2]\mathrm{d}t + \sqrt{2\pi(K_{11} X_1^2 + K_{22} X_2^2 + K_{33})}\mathrm{d}B(t)
\end{aligned}
\tag{2.3.83}
$$

虽然式(2.3.81)、式(2.3.82)和式(2.3.83)有不同的形式，但它们在产生相同 FPK 方程(2.3.80)的意义上是等价的. FPK 方程的求解方法参考(朱位秋和蔡国强，2017).

2.4 泊松白噪声

泊松白噪声可应用于模型化海浪的冲击力、桥梁所受车辆载荷、地震等.

2.4.1 泊松计数过程

用离散随机变量的泊松分布来描述随机事件的发生概率，可表示为

$$
P_X(n) = \mathrm{Prob}[N = n] = \frac{\mu^n}{n!}\mathrm{e}^{-\mu}, \quad n = 0, 1, 2, \cdots
\tag{2.4.1}
$$

式中随机变量 N 定义在非负整数域；μ 是参数.

在实际问题中，常用计数过程来记录重复且随机发生的事件的次数，比如到达机场或车站的旅客人数，或海浪冲击次数. 此处定义泊松计数过程 $N(t)$，表示在时间区间[0, t)内到达(或发生)的次数，$P_N(n,t)$ 表示事件 $N(t) = n$ 的概率，$N(t)$ 称为齐次泊松计数过程，或具有平稳增量的泊松计数过程，若以下条件满足：

(1) 独立到达. 事件每次到达都独立于以前的到达.

(2) 平稳到达. 在时间区间(t, $t+\mathrm{d}t$)内，一次到达的概率等于 $\lambda \mathrm{d}t$，仅依赖于区间长度 $\mathrm{d}t$. λ 是正常数，称为平均到达率.

(3) 孤立到达. 在无穷小时间区间(t, $t+\mathrm{d}t$)内，只考虑以概率 $\lambda \mathrm{d}t$ 的一次到达，两次或多次到达的概率忽略不计.

已知泊松计数过程的概率为(Lin，1967)

$$P_N(n,t) = \frac{(\lambda t)^n}{n!} e^{-\lambda t} \qquad (2.4.2)$$

对比式(2.4.2)和式(2.4.1)发现，式(2.4.2)是均值为 $\mu_N(t) = E[N(t)] = \lambda t$ 、方差为 $\sigma_N^2(t) = E[N^2(t)] - \lambda^2 t^2 = \lambda t$ 的泊松分布. 泊松计数过程的相关函数和协方差函数为(Sun，2006)

$$R_N(t_1,t_2) = \lambda \min(t_1,t_2) + \lambda^2 t_1 t_2, \quad \kappa_N(t_1,t_2) = \lambda \min(t_1,t_2) \qquad (2.4.3)$$

泊松计数过程的均值随时间增长，相关函数依赖于两个时刻，因此，虽然具有平稳增量，泊松计数过程是一个非平稳过程.

2.4.2 泊松白噪声

泊松计数过程可用来构造一类称为脉冲噪声的随机过程，即

$$W_p(t) = \sum_{j=1}^{N(t)} Y_j \delta\left(t - \tau_j\right) \qquad (2.4.4)$$

式中 $N(t)$ 是泊松计数过程，Y_j，$j = 1, 2, \cdots$ 是零均值同分布的独立随机变量，$N(t)$ 与 Y_j 独立，$W_p(t)$ 的第 m 阶累积量函数为(Lin，1967)

$$\kappa_m[W_p(t_1), W_p(t_2), \cdots, W_p(t_m)] = D_m \delta(t_2 - t_1) \delta(t_3 - t_1) \cdots \delta(t_m - t_1) \qquad (2.4.5)$$

式中

$$D_m = \lambda E[Y^m] \qquad (2.4.6)$$

可见脉冲噪声 $W_p(t)$ 是一个平稳过程，其相关函数可从式(2.4.5)获得(朱位秋和蔡国强，2017)

$$R_p(\tau) = \kappa_2[W_p(t_1), W_p(t_2)] = D_2 \delta(\tau), \quad \tau = t_2 - t_1 \qquad (2.4.7)$$

功率谱密度为

$$S_p(\omega) = K = \frac{D_2}{2\pi} = \frac{1}{2\pi} \lambda E[Y^2] \qquad (2.4.8)$$

式(2.4.7)与式(2.4.8)表明，该脉冲噪声是白噪声，因此也称为泊松白噪声. 由于谱密度必须是有限值，即 $D_2 = \lambda E[Y^2]$ 有界. 考虑泊松计数过程 $N(t)$ 的平均达到率 λ 趋于无穷的情形，$E[Y^2]$ 与 λ^{-1} 同阶，$E[Y^m]$ 最多与 $\lambda^{-m/2}$ 同阶，所有的 D_m ($m \geqslant 3$) 都趋近于零. 在这种情况下，高于 2 阶的累积量为零，$W_p(t)$ 为高斯白噪声. 另外，如果 λ 值小，那么 $W_p(t)$ 是非高斯白噪声.

脉冲噪声过程(2.4.4)是脉冲持续时间远小于所研究的动力学系统的特征时

间，或松弛时间的真实随机过程的理想化数学模型(朱位秋和蔡国强，2017；Cai and Zhu，2016).

泊松白噪声 $W_{\mathrm{p}}(t)$ 形式上可写成复合泊松过程 $C(t)$ 的导数过程，即

$$W_{\mathrm{p}}(t) = \frac{\mathrm{d}}{\mathrm{d}t}C(t), \quad C(t) = \sum_{j=1}^{N(t)} Y_j U(t - \tau_j) \tag{2.4.9}$$

式中 $U(t)$ 是单位阶跃函数，即

$$U(t) = \begin{cases} 1, & t \geqslant 0 \\ 0, & t < 0 \end{cases} \tag{2.4.10}$$

可证

$$E[(\mathrm{d}C)^n] = D_n \mathrm{d}t = \lambda E[Y^n]\mathrm{d}t \tag{2.4.11}$$

复合泊松过程是独立增量过程，它的增量过程 $\mathrm{d}C(t) = C(t + \mathrm{d}t) - C(t)$ 的 r 阶相关函数为

$$R^{(r)}[\mathrm{d}C(t_1), \mathrm{d}C(t_2), \cdots, \mathrm{d}C(t_r)] = \lambda E[Y_1^r]\delta(t_2 - t_1)\cdots\delta(t_r - t_1)\mathrm{d}t_1\mathrm{d}t_2\cdots\mathrm{d}t_r \tag{2.4.12}$$

考虑随机过程的相关函数和矩函数之间的关系，当略去高于 $\mathrm{d}t$ 阶次的小量之后，可以得到如下复合泊松过程增量的 r 阶矩函数

$$E[(\mathrm{d}C(t))^r] = \lambda E[Y_1^r]\mathrm{d}t \tag{2.4.13}$$

对 r 维矢量复合泊松过程 $\boldsymbol{C}(t) = [C_1(t), C_2(t), \cdots, C_r(t)]^{\mathrm{T}}$，若各分量过程 $C_1(t), C_2(t), \cdots, C_r(t)$ 相互独立，则按式(2.4.12)和式(2.4.13)，在略去高于 $\mathrm{d}t$ 阶次的小量之后，当且仅当 $k_1 = k_2 = \cdots = k_s$ 时，s 阶联合矩在 $\mathrm{d}t$ 阶次上非零项为

$$E[\mathrm{d}C_{k_1}(t)\mathrm{d}C_{k_2}(t)\cdots\mathrm{d}C_{k_s}(t)] = \lambda_{k_1}E[Y_{k_1}^s]\mathrm{d}t \tag{2.4.14}$$

而其余情况下，s 阶联合矩在 $\mathrm{d}t$ 阶次上都为零. 亦即在统计意义上，对于一组相互独立的复合泊松过程 $C_1(t), C_2(t), \cdots, C_r(t)$，其增量过程之积 $\mathrm{d}C_{k_1}(t)\mathrm{d}C_{k_2}(t)\cdots\mathrm{d}C_{k_s}(t)$，仅当 $k_1 = k_2 = \cdots = k_s$ 时才可能有 $\mathrm{d}t$ 阶次上的非零项，而在其他情况下都是高于 $\mathrm{d}t$ 阶次的小量. 这一结果可用于对泊松白噪声激励下伊藤随机微分方程的简化.

式(2.4.9)中的复合泊松过程也可以通过泊松随机测度写成如下积分形式(Hanson，2007；Di Paola and Vasta，1997)

$$C(t) = \int_0^t \int_{\mathcal{Y}} Y\mathcal{P}(\mathrm{d}t, \mathrm{d}Y) \tag{2.4.15}$$

式中 $\mathcal{P}(\mathrm{d}t, \mathrm{d}Y) = \mathcal{P}\{(t, t+\mathrm{d}t], (Y, Y+\mathrm{d}Y)\}$ 为泊松随机测度；积分域 $\mathcal{Y}$ 为泊松符号空间. 此时，泊松计数过程 $N(t)$ 可以表示为

$$N(t) = \int_0^t \int_{\mathcal{Y}} \mathcal{P}(\mathrm{d}t, \mathrm{d}Y) \tag{2.4.16}$$

泊松随机测度增量是独立的(Hanson，2007). 对于不相交的时间、空间间隔 $(t_i, t_i + \Delta t_i]$、$(Y_k, Y_k + \Delta Y_k]$ 与 $(t_j, t_j + \Delta t_j]$、$(Y_l, Y_l + \Delta Y_l]$，有 $\mathcal{P}(\mathrm{d}t_i, \mathrm{d}Y_k)$ 与 $\mathcal{P}(\mathrm{d}t_j, \mathrm{d}Y_l)$ 相互独立. 泊松随机测度的期望与协方差分别表示为

$$E[\mathcal{P}(\mathrm{d}t, \mathrm{d}Y)] = p_Y(y)\lambda \mathrm{d}y\mathrm{d}t \tag{2.4.17}$$

$$\mathrm{Cov}\big[\mathcal{P}(\mathrm{d}s_1, \mathrm{d}Y_1), \mathcal{P}(\mathrm{d}s_2, \mathrm{d}Y_2)\big] = \lambda\delta(s_2 - s_1)\mathrm{d}s_1\mathrm{d}s_2\, p_Y(y_1)\delta(y_1 - y_2)\mathrm{d}y_1\mathrm{d}y_2 \tag{2.4.18}$$

式中 $p_Y(y)$ 表示 Y 的概率密度.

考虑到随机变量 Y_k 的独立性，齐次复合泊松过程的微分形式可以表示为

$$\big(\mathrm{d}C(t)\big)^j = \int_{\mathcal{Y}} Y^j \mathcal{P}(\mathrm{d}t, \mathrm{d}Y), \quad j = 1, 2, \cdots \tag{2.4.19}$$

根据泊松随机测度的期望与方差可得有关 $\big(\mathrm{d}C(t)\big)^j$ 的期望为

$$E\Big[\big(\mathrm{d}C(t)\big)^j\Big] = \int_{\mathcal{Y}} Y^j E\big[\mathcal{P}(\mathrm{d}t, \mathrm{d}Y)\big] = \lambda E\big[Y^j\big]\mathrm{d}t \tag{2.4.20}$$

从式(2.4.13)与式(2.4.20)可以看出，用微分形式所得到的矩与通过泊松随机测度用积分形式所得到矩一致(Di Paola and Vasta，1997).

2.4.3 随机微分积分方程与 FPK 方程

泊松白噪声是一种脉冲幅值与脉冲到达时间都是随机的随机脉冲. 在研究泊松白噪声激励的随机动力学系统之前，有必要先找出与之相应的随机微分法则. 20 世纪 90 年代开始，出现了两种截然不同的、针对泊松白噪声的随机微分法则: Di Paola 和 Falsone(1993a；1993b)给出了针对包括泊松白噪声在内的非高斯 δ 相关随机激励的随机微分法则，肯定了随机参激下 Wong-Zakai 修正项的存在；而 Hu(1993；1994；1995)和 Grigoriu(1998)分别给出针对泊松白噪声激励的另一套随机微分法则，认为随机参激与随机外激一样，不存在 Wong-Zakai 修正项. Gough(1999)和 Zygadlo(2003)已验证了 Di Paola 和 Falsone 的随机微分法则的正确性. 本书将采用 Di Paola 和 Falsone 的随机微分法则，第 6 章的结果会证实该法则的正确性.

高斯白噪声与泊松白噪声共同激励下的系统可以表示成如下 n 维微分方程组 (贾万涛，2014)

$$\dot{\boldsymbol{X}} = \boldsymbol{f}(\boldsymbol{X}, t) + \boldsymbol{g}(\boldsymbol{X}, t)\boldsymbol{W}_{\mathrm{g}}(t) + \boldsymbol{h}(\boldsymbol{X}, t)\boldsymbol{W}_{\mathrm{p}}(t) \tag{2.4.21}$$

其中 $\boldsymbol{X} = [X_1, X_2, \cdots, X_n]^{\mathrm{T}}$ 为 n 维矢量随机响应过程；$\boldsymbol{f} = [f_1, f_2, \cdots, f_n]^{\mathrm{T}}$；$\boldsymbol{g} = [g_{ij}]_{n \times n_{\mathrm{g}}}$ 为 $n \times n_{\mathrm{g}}$ 维矩阵；$\boldsymbol{h} = [h_{ij}]_{n \times n_{\mathrm{p}}}$ 为 $n \times n_{\mathrm{p}}$ 维矩阵；$\boldsymbol{W}_{\mathrm{g}}(t) = [W_{\mathrm{g}1}, W_{\mathrm{g}2}, \cdots,$

$W_{gn_g}]^T$ 为 n_g 维矢量高斯白噪声，满足

$$E[W_{gk}(t)] = 0, \quad E[W_{gk}(t)W_{gl}(t+\tau)] = 2D_{kl}\delta(\tau) \tag{2.4.22}$$

$\boldsymbol{W}_p(t) = [W_{p1}, W_{p2}, \cdots, W_{pn_p}]^T$ 为 n_p 维矢量泊松白噪声，且各分量泊松白噪声 $W_{p1}(t), W_{p2}(t), \cdots, W_{pn_p}(t)$ 相互独立.

式(2.4.21)可转化为以下斯特拉托诺维奇随机微分方程

$$d\boldsymbol{X} = \boldsymbol{f}(\boldsymbol{X}, t)dt + \boldsymbol{\sigma}(\boldsymbol{X}, t)d°\boldsymbol{B}(t) + \boldsymbol{h}(\boldsymbol{X}, t)d°\boldsymbol{C}(t) \tag{2.4.23}$$

其中 $\sigma_{ik} = [\boldsymbol{gL}]_{ik}$ ；$\boldsymbol{LL}^T = 2\boldsymbol{D}$ ；符号 "d°" 表示根据斯特拉托诺维奇微分法则进行微分运算；$\boldsymbol{C}(t)$ 是与 $\boldsymbol{W}_p(t)$ 相应的 n_p 维矢量齐次复合泊松过程. 式(2.4.23)的分量形式为

$$dX_i = f_i(\boldsymbol{X}, t)dt + \sum_{k=1}^{n_g} \sigma_{ik}(\boldsymbol{X}, t)d°B_k(t) + \sum_{l=1}^{n_p} h_{il}(\boldsymbol{X}, t)d°C_l(t) \tag{2.4.24}$$

在增加高斯与泊松白噪声所对应的修正项之后(Wong and Zakai，1965；Di Paola and Falsone，1993a；1993b)，式(2.4.24)可以被写成伊藤随机微分方程

$$dX_i = m_i(\boldsymbol{X}, t)dt + \sum_{k=1}^{n_g} \sigma_{ik}(\boldsymbol{X}, t)dB_k(t) + \sum_{l=1}^{n_p}\sum_{j=1}^{\infty} \left[\frac{1}{j!} H_{il}^{(j)}(\boldsymbol{X}, t)(dC_l(t))^j \right] \tag{2.4.25}$$

式中 $B_k(t)$ $(k = 1, 2, \cdots, n_g)$ 为独立单位维纳过程，$C_l(t)$ $(l = 1, 2, \cdots, n_p)$ 为独立复合泊松过程.

$$m_i(\boldsymbol{X}, t) = f_i(\boldsymbol{X}, t) + \frac{1}{2}\sum_{j=1}^{n}\sum_{k=1}^{n_g} \sigma_{jk}(\boldsymbol{X}, t)\frac{\partial \sigma_{ik}}{\partial X_j}(\boldsymbol{X}, t) \tag{2.4.26}$$

$$H_{il}^{(j)}(\boldsymbol{X}, t) = \sum_{s=1}^{n} H_{sl}(\boldsymbol{X}, t)\frac{\partial H_{il}^{(j-1)}}{\partial X_s}(\boldsymbol{X}, t), \quad H_{il}^{(1)}(\boldsymbol{X}, t) = h_{il}(\boldsymbol{X}, t) \tag{2.4.27}$$

与式(2.4.24)相比，在式(2.4.25)中的 $\frac{1}{2}\sum_{j=1}^{n}\sum_{k=1}^{n_g} \sigma_{jk}(\partial \sigma_{ik}/\partial X_j)$ 为 Wong-Zakai 修正项，$\sum_{l=1}^{n_p}\sum_{j=2}^{\infty} H_{il}^{(j)}(dC_l(t))^j / j!$ 为泊松白噪声所对应的修正项.

借助式(2.4.15)中复合泊松过程的积分形式，方程(2.4.25)可以进一步写成如下的随机微分积分方程

$$dX_i = m_i(\boldsymbol{X}, t)dt + \sum_{k=1}^{n_g} \sigma_{ik}(\boldsymbol{X}, t)dB_k(t) + \sum_{l=1}^{n_p} \int_{\mathcal{Y}} \gamma(\boldsymbol{X}, Y_l, t)\mathcal{P}_l(dt, dY_l) \tag{2.4.28}$$

式中 $\boldsymbol{\gamma}(\boldsymbol{X}, Y_l, t) = [\gamma_{il}]_{n \times n_p}$，$\gamma_{il} = \sum\limits_{j=1}^{\infty} \dfrac{1}{j!} H_{il}^{(j)}(\boldsymbol{X}, t) Y_l^j$；$\mathcal{P}_l$ 为与复合泊松 C_l 所对应的独立的泊松随机测度（$l = 1, 2, \cdots, n_p$），满足式(2.4.17)~式(2.4.20)中的性质．式(2.4.28)为斯特拉托诺维奇随机微分方程(2.4.24)所对应的伊藤意义下的微分积分方程，其函数过程满足相应的跳跃扩散过程随机链式法则(Hanson，2007；Di Paola and Vasta，1997)．

对于 $\boldsymbol{X}(t)$ 的函数 $F(\boldsymbol{X}(t), t)$，根据随机跳跃与扩散链式法则(Hanson，2007)，可从 $\boldsymbol{X}(t)$ 的随机微分积分方程(2.4.28)导出 $F(\boldsymbol{X}(t), t)$ 的随机微分积分方程

$$
\begin{aligned}
\mathrm{d}F(\boldsymbol{X}(t), t) = & \left(\frac{\partial}{\partial t} F + \sum_{j=1}^{n} f_j \frac{\partial F}{\partial X_j} + \frac{1}{2} \sum_{j=1}^{n} \sum_{k=1}^{n} \sum_{l=1}^{n_g} \sigma_{kl} \sigma_{jl} \frac{\partial^2 F}{\partial X_j \partial X_k} \right) \mathrm{d}t \\
& + \sum_{j=1}^{n} \sum_{l=1}^{n_g} \sigma_{jl} \frac{\partial F}{\partial X_j} \mathrm{d}B_l(t) \\
& + \sum_{l=1}^{n_p} \int_{\mathcal{Y}_l} \left[F(\boldsymbol{X}(t) + \hat{\boldsymbol{\gamma}}_l, t) - F(\boldsymbol{X}(t), t) \right] \mathcal{P}_l(\mathrm{d}t, \mathrm{d}Y_l) \quad (2.4.29)
\end{aligned}
$$

式中 $\hat{\boldsymbol{\gamma}}_l$ 是矩阵 $\boldsymbol{\gamma}$ 的第 l 列．可以看出，相较于高斯白噪声激励下随机微分方程的链式法则(2.3.54)，式(2.4.29)增加了跳跃项，即积分项．

由(Hanson，2007；曾岩，2010)可知，与随机微分积分方程(2.4.28)相应的支配 $\boldsymbol{X}(t)$ 概率密度函数的 FPK 方程为

$$
\frac{\partial p(\boldsymbol{x}, t)}{\partial t} = \sum_{k=1}^{\infty} (-1)^k \sum_{\substack{s_1 + s_2 + \cdots + s_n = k \\ s_i \in \mathbb{N}, i = 1, 2, \cdots, n}} \left[\prod_{j=1}^{n} \frac{1}{s_j!} \frac{\partial^{s_j}}{\partial x_j^{s_j}} \right] \left[A_{s_1, s_2, \cdots, s_n}(\boldsymbol{x}, t) p(\boldsymbol{x}, t) \right] \quad (2.4.30)
$$

式中

$$
\begin{aligned}
A_{s_1, s_2, \cdots, s_n}(\boldsymbol{x}, t) &= \lim_{\Delta t \to 0} \frac{1}{\Delta t} E\left[\prod_{j=1}^{n} \left[X_i(t + \Delta t) - X_i(t) \right]^{s_j} \,\middle|\, \boldsymbol{X}(t) = \boldsymbol{x}_0 \right] \\
&= \frac{1}{\mathrm{d}t} E\left[\prod_{j=1}^{n} (\mathrm{d}X_i)^{s_j} \,\middle|\, \boldsymbol{X}(t) = \boldsymbol{x}_0 \right] \quad (2.4.31)
\end{aligned}
$$

且 $\mathbb{N}$ 为自然数集；$p(\boldsymbol{x}, t)$ 可为概率密度，也可以是转移概率密度．

例 2.4.1　推导如下受泊松白噪声激励的一维系统响应的 FPK 方程．

$$
\frac{\mathrm{d}}{\mathrm{d}t} X(t) = f(X, t) + h(X, t) W_p(t) \quad (2.4.32)
$$

式中 f 和 h 是确定性函数，$W_p(t)$ 是式(2.4.4)定义的泊松白噪声，累积量函数由

式(2.4.5)给出为

$$\kappa_m[W_p(t_1), W_p(t_2), \cdots, W_p(t_m)] = D_m \delta(t_2 - t_1)\delta(t_3 - t_1)\cdots\delta(t_m - t_1) \qquad (2.4.33)$$

按式(2.4.6)，$D_m = \lambda E[Y^m]$.

用式(2.4.9)定义的复合泊松过程 $C(t)$，式(2.4.32)可先化为斯特拉托诺维奇随机微分方程

$$\mathrm{d}X(t) = f(X,t)\mathrm{d}t + h(X,t)\mathrm{d}^\circ C(t) \qquad (2.4.34)$$

然后根据 Di Paola 和 Falsone 随机微分法则，进而转化为如下伊藤随机微分方程

$$\mathrm{d}X = f(X,t)\mathrm{d}t + h(X,t)\mathrm{d}C(t) + \sum_{k=2}^{\infty} \frac{1}{k!} H_k(X,t)[\mathrm{d}C(t)]^k \qquad (2.4.35)$$

式中

$$H_k(X,t) = \frac{\partial H_{k-1}(X,t)}{\partial X} h(X,t), \quad H_1(X,t) = h(X,t) \qquad (2.4.36)$$

从式(2.4.36)得

$$H_2(X,t) = h\frac{\partial h}{\partial X}, \quad H_3(X,t) = h^2 \frac{\partial^2 h}{\partial X^2} + h\left(\frac{\partial h}{\partial X}\right)^2$$

$$H_4(X,t) = h^3 \frac{\partial^3 h}{\partial X^3} + 4h^2 \frac{\partial h}{\partial X}\frac{\partial^2 h}{\partial X^2} + h\left(\frac{\partial h}{\partial X}\right)^3, \quad \cdots \qquad (2.4.37)$$

于是式(2.4.35)可写成

$$\mathrm{d}X(t) = f\mathrm{d}t + h\mathrm{d}C(t) + \frac{1}{2}h\frac{\partial h}{\partial X}[\mathrm{d}C(t)]^2 + \frac{1}{3!}\left[h^2 \frac{\partial^2 h}{\partial X^2} + h\left(\frac{\partial h}{\partial X}\right)^2\right][\mathrm{d}C(t)]^3$$

$$+ \frac{1}{4!}\left[h^3 \frac{\partial^3 h}{\partial X^3} + 4h^2 \frac{\partial h}{\partial X}\frac{\partial^2 h}{\partial X^2} + h\left(\frac{\partial h}{\partial X}\right)^3\right][\mathrm{d}C(t)]^4 + \cdots \qquad (2.4.38)$$

假定跳跃幅值 Y 的概率分布是对称的，那么 $k =$ 奇数时，$E[C^k(t)] = 0$，注意到由式(2.4.11)得 $E\{[\mathrm{d}C(t)]^n\} = D_n \mathrm{d}t$，当 $n > 4$ 时，可忽略 D_n，从而可从式(2.4.38)得到前 4 阶导数矩

$$a = \lim_{\Delta t \to 0} \frac{1}{\Delta t} E[X(t + \Delta t) - X(t) \mid X(t) = x]$$

$$= f + \frac{D_2}{2} h\frac{\partial h}{\partial x} + \frac{D_4}{4!}\left[h^3 \frac{\partial^3 h}{\partial x^3} + 4h^2 \frac{\partial h}{\partial x}\frac{\partial^2 h}{\partial x^2} + h\left(\frac{\partial h}{\partial x}\right)^3\right] \qquad (2.4.39)$$

$$b = \lim_{\Delta t \to 0} \frac{1}{\Delta t} E\{[X(t+\Delta t) - X(t)]^2 \mid X(t) = x\}$$

$$= D_2 h^2 + D_4 \left[\frac{1}{3} h^3 \frac{\partial^2 h}{\partial x^2} + \frac{7}{12} h^2 \left(\frac{\partial h}{\partial x} \right)^2 \right] \tag{2.4.40}$$

$$c = \lim_{\Delta t \to 0} \frac{1}{\Delta t} E\{[X(t+\Delta t) - X(t)]^3 \mid X(t) = x\} = \frac{3D_4}{2} h^3 \frac{\partial h}{\partial x} \tag{2.4.41}$$

$$d = \lim_{\Delta t \to 0} \frac{1}{\Delta t} E\{[X(t+\Delta t) - X(t)]^4 \mid X(t) = x\} = D_4 h^4 \tag{2.4.42}$$

于是 FPK 方程为

$$\frac{\partial}{\partial t} p + \frac{\partial}{\partial x} \left\{ \left(f + \frac{D_2}{2} h \frac{\partial}{\partial x} h + \frac{D_4}{4!} \left[h^3 \frac{\partial^3 h}{\partial x^3} + 4h^2 \frac{\partial h}{\partial x} \frac{\partial^2 h}{\partial x^2} + h \left(\frac{\partial h}{\partial x} \right)^3 \right] \right) p \right\}$$

$$- \frac{1}{2!} \frac{\partial^2}{\partial x^2} \left\{ \left(D_2 h^2 + D_4 \left[\frac{1}{3} h^3 \frac{\partial^2 h}{\partial x^2} + \frac{7}{12} h^2 \left(\frac{\partial h}{\partial x} \right)^2 \right] \right) p \right\}$$

$$+ \frac{1}{3!} D_4 \frac{\partial^3}{\partial x^3} \left(\frac{3}{2} h^3 \frac{\partial h}{\partial x} p \right) - \frac{1}{4!} D_4 \frac{\partial^4}{\partial x^4} \left(h^4 p \right) + \cdots = 0 \tag{2.4.43}$$

(1) 考虑系统(2.4.32)中 $h(X, t) = 1$，即只有外激情形

$$\frac{\mathrm{d}}{\mathrm{d}t} X(t) = f(X) + W_p(t) \tag{2.4.44}$$

相应的随机微分方程为

$$\mathrm{d}X(t) = f(X)\mathrm{d}t + \mathrm{d}C(t) \tag{2.4.45}$$

前 4 阶导数矩为

$$a = f, \quad b = D_2, \quad c = 0, \quad d = D_4 \tag{2.4.46}$$

(2) 考虑系统(2.4.32)中 $h(X, t) = X$，即只有参激情形

$$\frac{\mathrm{d}}{\mathrm{d}t} X(t) = f(X) + XW_p(t) \tag{2.4.47}$$

相应的伊藤随机微分方程为

$$\mathrm{d}X(t) = f(X)\mathrm{d}t + X\mathrm{d}C(t) + \frac{1}{2!} X[\mathrm{d}C(t)]^2 + \frac{1}{3!} X[\mathrm{d}C(t)]^3 + \frac{1}{4!} X[\mathrm{d}C(t)]^4 + \cdots \tag{2.4.48}$$

前 4 阶导数矩为

$$a = f + \left(\frac{D_2}{2} + \frac{D_4}{24}\right)x, \quad b = \left(D_2 + \frac{7D_4}{12}\right)x^2, \quad c = \frac{3D_4}{2}x^3, \quad d = D_4 x^4 \quad (2.4.49)$$

类似于高斯白噪声激励情形，上述分析可推广到多维情形.

例 2.4.2 考虑受泊松白噪声激励的单自由度振动系统

$$\ddot{X} + f(X, \dot{X}) = h(X, \dot{X})W_p(t) \quad (2.4.50)$$

式中 $f(X, \dot{X})$ 表示阻尼力和恢复力，$W_p(t)$ 是零均值泊松白噪声，令 $X_1 = X$，$X_2 = \dot{X}$，式(2.4.50)可转化为如下两个一阶方程

$$\begin{aligned}\dot{X}_1 &= X_2 \\ \dot{X}_2 &= -f(X_1, X_2) + h(X_1, X_2)W_p(t)\end{aligned} \quad (2.4.51)$$

按式(2.4.38)可得伊藤随机微分方程

$$\mathrm{d}X_1 = X_2 \mathrm{d}t$$

$$\begin{aligned}\mathrm{d}X_2 = &-f\mathrm{d}t + h\mathrm{d}C(t) + \frac{1}{2}h\frac{\partial h}{\partial X_2}[\mathrm{d}C(t)]^2 \\ &+ \frac{1}{3!}\left[h^2\frac{\partial^2 h}{\partial X_2^2} + h\left(\frac{\partial h}{\partial X_2}\right)^2\right][\mathrm{d}C(t)]^3 \\ &+ \frac{1}{4!}\left[h^3\frac{\partial^3 h}{\partial X_2^3} + 4h^2\frac{\partial h}{\partial X_2}\frac{\partial^2 h}{\partial X_2^2} + h\left(\frac{\partial h}{\partial X_2}\right)^3\right][\mathrm{d}C(t)]^4 + \cdots\end{aligned} \quad (2.4.52)$$

按式(2.3.11)，忽略 $n > 4$ 时的 D_n，前 4 阶导数矩为

$$a_1 = x_2$$

$$a_2 = -f + \frac{D_2}{2}h\frac{\partial h}{\partial x_2} + \frac{D_4}{4!}\left[h^3\frac{\partial^3 h}{\partial x_2^3} + 4h^2\frac{\partial h}{\partial x_2}\frac{\partial^2 h}{\partial x_2^2} + h\left(\frac{\partial h}{\partial x_2}\right)^3\right] \quad (2.4.53)$$

$$b_{22} = D_2 h^2 + D_4\left[\frac{1}{3}h^3\frac{\partial^2 h}{\partial x_2^2} + \frac{7}{12}h^2\left(\frac{\partial h}{\partial x_2}\right)^2\right] \quad (2.4.54)$$

$$c_{222} = \frac{3D_4}{2}h^3\frac{\partial h}{\partial x_2}, \quad d_{2222} = D_4 h^4 \quad (2.4.55)$$

其他的 b_{ij}、c_{ijk} 和 d_{ijkl} 都为零. 因此，FPK 方程为

$$\frac{\partial}{\partial t}p + \frac{\partial}{\partial x_1}(x_2 p) + \frac{\partial}{\partial x_2}\left\{\left(-f + \frac{D_2}{2}h\frac{\partial h}{\partial x_2}\right.\right.$$

$$\left.\left. + \frac{D_4}{4!}\left[h^3\frac{\partial^3 h}{\partial x_2^3} + 4h^2\frac{\partial h}{\partial x_2}\frac{\partial^2 h}{\partial x_2^2} + h\left(\frac{\partial h}{\partial x_2}\right)^3\right]\right)p\right\}$$

$$-\frac{1}{2!}\frac{\partial^2}{\partial x_2^2}\left\{\left(D_2 h^2 + D_4\left[\frac{1}{3}h^3\frac{\partial^2 h}{\partial x_2^2} + \frac{7}{12}h^2\left(\frac{\partial h}{\partial x_2}\right)^2\right]\right)p\right\}$$

$$+\frac{1}{3!}D_4\frac{\partial^3}{\partial x_2^3}\left(\frac{3}{2}h^3\frac{\partial h}{\partial x_2}p\right) - \frac{1}{4!}D_4\frac{\partial^4}{\partial x_2^4}\left(h^4 p\right) + \cdots = 0 \tag{2.4.56}$$

2.5 分数高斯噪声

2.5.1 分数阶微积分

分数阶微积分指任意正实数阶的微分与积分,是对传统正整数阶微分和积分的推广. 令 n 为正整数,n 阶导数系列为

$$\frac{\mathrm{d}f(t)}{\mathrm{d}t}, \quad \frac{\mathrm{d}^2 f(t)}{\mathrm{d}t^2}, \quad \cdots, \quad \frac{\mathrm{d}^n f(t)}{\mathrm{d}t^n} \tag{2.5.1}$$

n 阶系列积分为

$$\int_a^t f(\tau)\mathrm{d}\tau$$

$$\int_a^t \mathrm{d}\tau_1\int_a^{\tau_1} f(\tau_2)\mathrm{d}\tau_2 = \int_a^t (t-\tau)f(\tau)\mathrm{d}\tau$$

$$\int_a^t \mathrm{d}\tau_1\int_a^{\tau_1}\mathrm{d}\tau_2\int_a^{\tau_2} f(\tau_3)\mathrm{d}\tau_3 = \frac{1}{2}\int_a^t (t-\tau)^2 f(\tau)\mathrm{d}\tau \tag{2.5.2}$$

$$\vdots$$

$$\int_a^t \mathrm{d}\tau_1\int_a^{\tau_1}\mathrm{d}\tau_2\cdots\int_a^{\tau_{n-1}} f(\tau_n)\mathrm{d}\tau_n = \frac{1}{(n-1)!}\int_a^t (t-\tau)^{n-1} f(\tau)\mathrm{d}\tau$$

任意 β 阶分数积分记为 $_aI_t^\beta f(t)$,$\beta > 0$,它定义为

$$_aI_t^\beta f(t) = \frac{1}{\Gamma(\beta)}\int_a^t (t-\tau)^{\beta-1} f(\tau)\mathrm{d}\tau \tag{2.5.3}$$

式中 $\Gamma(\cdot)$ 是 Gamma 函数. 上述定义与正整数阶积分定义式(2.5.2)是一致的,对比式(2.5.3)与式(2.5.2)中最后一式并注意 $\Gamma(n) = (n-1)!$ 就可以验证.

任意 β 阶导数可类似地表示为 $_aD_t^{\beta}f(t)$ ， $\beta>0$ ，它定义为

$$_aD_t^{\beta}f(t) = \frac{\mathrm{d}^n}{\mathrm{d}t^n}\left[\,_aI_t^{n-\beta}f(t)\right]$$

$$= \frac{1}{\Gamma(n-\beta)}\frac{\mathrm{d}^n}{\mathrm{d}t^n}\int_a^t (t-\tau)^{n-\beta-1}f(\tau)\mathrm{d}\tau, \quad n-1\leqslant\beta<n \qquad (2.5.4)$$

如果 β 是整数，用 k 表示，上式变成

$$_aD_t^k f(t) = \frac{1}{\Gamma(1)}\frac{\mathrm{d}^{k+1}}{\mathrm{d}t^{k+1}}\int_a^t f(\tau)\mathrm{d}\tau = \frac{\mathrm{d}^k}{\mathrm{d}t^k}f(t) \qquad (2.5.5)$$

可见，式(2.5.4)也与整数阶导数定义一致.

注意，式(2.5.3)中的分数积分容易计算，而式(2.5.4)中的分数阶导数不易计算. 需先确定一个整数 n，然后再做积分和求导，例如，

$$_0D_t^{1/2}t = \frac{1}{\Gamma(1/2)}\frac{\mathrm{d}}{\mathrm{d}t}\int_0^t (t-\tau)^{-1/2}\tau\mathrm{d}\tau = 2\sqrt{\frac{t}{\pi}} \qquad (2.5.6)$$

式(2.5.3)中定义的分数阶积分和式(2.5.4)中定义的导数是著名的 Riemann-Liouville 型分数阶微积分，另外还有其他类型等价的分数阶微积分定义. 许多专著如(Uchaikin 2012a；2012b)阐述了分数阶微积分的理论及其应用.

2.5.2　分数布朗运动

2.3.3 节中已指出布朗运动过程可以表示为高斯白噪声的积分过程，即

$$B(t) = \int_0^t \mathrm{d}B(\tau) = \,_0I_t^1 W_g(t) = \int_0^t W_g(\tau)\mathrm{d}\tau \qquad (2.5.7)$$

也曾用了表达式 $\mathrm{d}B(t) = W_g(t)\mathrm{d}t$. 按 Riemann-Liouville(Lévy，1953)定义，分数布朗运动很自然地也可用高斯白噪声的分数阶积分来表示，即

$$_0I_t^{\beta}W_g(t) = \frac{1}{\Gamma(\beta)}\int_0^t (t-\tau)^{\beta-1}W_g(\tau)\mathrm{d}\tau = \frac{1}{\Gamma(\beta)}\int_0^t (t-\tau)^{\beta-1}\mathrm{d}B(\tau) \qquad (2.5.8)$$

令赫斯特指数 $\mathcal{H}=\beta-1/2$，式(2.5.8)可写成如下形式

$$B_{\mathcal{H}}(t) = \,_0I_t^{\mathcal{H}+1/2}W_g(t) = \frac{1}{\Gamma(\mathcal{H}+1/2)}\int_0^t (t-\tau)^{\mathcal{H}-1/2}\mathrm{d}B(\tau) \qquad (2.5.9)$$

$B_{\mathrm{H}}(t)$ 称为赫斯特指数为 $\mathcal{H}$ 的分数布朗运动(FBM). 一种应用更广泛的表达式是 (Mandelbrot and van Ness，1968)

$$B_{\mathrm{H}}(t) = C_{\mathrm{H}}\left[\int_{-\infty}^{t}(t-\tau)^{\mathcal{H}-1/2}\,\mathrm{d}B(\tau) - \int_{-\infty}^{0}(-\tau)^{\mathcal{H}-1/2}\,\mathrm{d}B(\tau)\right], \quad t > 0 \qquad (2.5.10)$$

赫斯特指数限定在 $0 < \mathcal{H} < 1$，C_{H} 是规一化常数. 限定 $0 < \mathcal{H} < 1$ 有两个原因: 一个是, 在此条件下, $B_{\mathrm{H}}(t)$ 的增量是平稳的, 见随后的式(2.5.16)和式(2.5.20); 另一个是 $B_{\mathrm{H}}(t)$ 是 $\mathcal{H}$ 自相似的, $a^{\mathcal{H}}B_{\mathrm{H}}(t)$ 和 $B_{\mathrm{H}}(at)$ 有着相同的概率分布(Uchaikin, 2012a), 这两个属性在许多应用中是非常根本的.

已知按式(2.5.10)定义的分数布朗运动 $B_{\mathrm{H}}(t)$ 是高斯过程, 它具有以下性质(Mishura, 2008)

  (i) $B_{\mathrm{H}}(0) = 0$,

  (ii) $E[B_{\mathrm{H}}(t)] = 0$, $t \geqslant 0$

  (iii) $E[B_{\mathrm{H}}(t)B_{\mathrm{H}}(s)] = \dfrac{1}{2}\left(t^{2\mathcal{H}} + s^{2\mathcal{H}} - |t-s|^{2\mathcal{H}}\right)$, $t, s \geqslant 0$ (2.5.11)

根据式(2.5.11), 规一化常数 C_{H} 为

$$C_{\mathrm{H}} = \frac{\sqrt{2\mathcal{H}\,\varGamma(2H)\sin(\mathcal{H}\pi)}}{\varGamma(\mathcal{H}+1/2)} \qquad (2.5.12)$$

当 $\mathcal{H} = 1/2$ 时, 式(2.5.11)退化为

$$E[B_{\mathrm{H}}(t)B_{\mathrm{H}}(s)] = \min(t,s), \quad \mathcal{H} = 1/2 \qquad (2.5.13)$$

对比式(2.5.13)与式(2.3.20)可知, $B_{\mathrm{H}}(t)$ ($\mathcal{H} = 1/2$) 是单位强度的标准布朗运动 $B(t)$.

从式(2.5.11)还可知

$$E[B_{\mathrm{H}}^2(t)] = t^{2\mathcal{H}} \qquad (2.5.14)$$

上式表明, $B_{\mathrm{H}}(t)$ 可有非正常的扩散行为, 当 $0 < \mathcal{H} < 1/2$ 时为亚扩散, 当 $\mathcal{H} = 1/2$ 时为正常扩散, 当 $1/2 < \mathcal{H} < 1$ 时为超扩散, 当 $\mathcal{H} = 1$ 时为轨道扩散.

可证 $B_{\mathrm{H}}(t)$ 的增量

$$\Delta B_{\mathrm{H}}(t) = B_{\mathrm{H}}(t+\Delta t) - B_{\mathrm{H}}(t) \qquad (2.5.15)$$

具有以下性质(Mishura, 2008)

$$E\left[\left|\Delta B_{\mathrm{H}}(t)\right|^n\right] = \frac{2^{n/2}}{\sqrt{\pi}}\varGamma\left(\frac{n+1}{2}\right)|\Delta t|^{n\mathcal{H}}, \quad n \geqslant 1 \qquad (2.5.16)$$

因此, 增量过程是平稳的. 当 $n = 2$ 时, 式(2.5.16)变成

$$E\left[\left|\Delta B_{\mathrm{H}}(t)\right|^2\right]=\left|\Delta t\right|^{2\mathcal{H}}, \quad E\left[\left|\mathrm{d}B_{\mathrm{H}}(t)\right|^2\right]=\left|\mathrm{d}t\right|^{2\mathcal{H}} \tag{2.5.17}$$

目前，分数布朗运动已经在通信、物理、金融和生物工程等领域都有着广泛的应用 (Bassingthwaighte and Raymond, 1995; Rangarajan and Ding, 2003; Dieker, 2004; Mishura, 2008, Biagini et al., 2008)

2.5.3 分数高斯噪声

类似于布朗运动与高斯白噪声之间的关系，分数高斯噪声 $W_{\mathrm{H}}(t)$ 也定义为分数布朗运动 $B_{\mathrm{H}}(t)$ 的导数过程，即

$$W_{\mathrm{H}}(t)=\frac{\mathrm{d}B_{\mathrm{H}}(t)}{\mathrm{d}t}, \quad B_{\mathrm{H}}(t)=\int_0^t W_{\mathrm{H}}(t)\mathrm{d}t \tag{2.5.18}$$

因为 $B_{\mathrm{H}}(t)$ 的增量过程是平稳的，所以分数高斯过程 $W_{\mathrm{H}}(t)$ 也是平稳的. 限定 $0<\mathcal{H}<1$，令 $t=s$，得

$$E[W_{\mathrm{H}}(t)W_{\mathrm{H}}(t)]=E\left\{\left[\lim_{\Delta t\to 0}\frac{B_{\mathrm{H}}(t+\Delta t)-B_{\mathrm{H}}(t)}{\Delta t}\right]^2\right\}=\lim_{\Delta t\to 0}(\Delta t)^{2\mathcal{H}-2}=\infty \tag{2.5.19}$$

令 $t\neq s$，可从式(2.5.11)得到

$$E[W_{\mathrm{H}}(t)W_{\mathrm{H}}(s)]=\frac{\partial^2 E[B_{\mathrm{H}}(t)B_{\mathrm{H}}(s)]}{\partial t\partial s}=\frac{1}{2}\frac{\partial^2}{\partial t\partial s}\left(t^{2\mathcal{H}}+s^{2\mathcal{H}}-\left|t-s\right|^{2\mathcal{H}}\right)$$

$$=-\frac{1}{2}\frac{\partial^2}{\partial t\partial s}\left|t-s\right|^{2\mathcal{H}}=\mathcal{H}(2\mathcal{H}-1)\left|t-s\right|^{2\mathcal{H}-2} \tag{2.5.20}$$

联立式(2.5.19)和式(2.5.20)，得到单位分数高斯噪声 $W_{\mathrm{H}}(t)$ 的相关函数

$$R(\tau)=E[W_{\mathrm{H}}(t+\tau)W_{\mathrm{H}}(t)]=\begin{cases}\mathcal{H}(2\mathcal{H}-1)\left|\tau\right|^{2\mathcal{H}-2}, & \tau\neq 0\\ \infty, & \tau=0\end{cases} \tag{2.5.21}$$

可见 $W_{\mathrm{H}}(t)$ $(0<\mathcal{H}<1)$ 的均方值为无穷大. 因此，类似于高斯白噪声，它也不是现实的噪声.

引进长程依赖这一重要概念以度量随机过程的相关性. 长程依赖系数 μ 定义如下

$$\lim_{\tau\to\infty}\frac{R(\tau)}{\tau^{-\mu}}=C, \quad C>0, 0<\mu<1 \tag{2.5.22}$$

式中 C 是常数. 满足式(2.5.22)，就说该过程具有长程依赖性或长记忆性. 式(2.5.22)表明，相关函数 $R(\tau)$ 的衰减率与 $\tau^{-\mu}$ 的衰减率同阶. μ 值越小，相关函数衰

减得越慢. 由式(2.5.21)可证, 当 $1/2 < \mathcal{H} < 1$, $0 < \mu = 2-2\mathcal{H} < 1$ 时, 过程有长程依赖. 对高斯白噪声来说, $\mathcal{H} = 1/2$, $\mu = 1$, 过程没有长程依赖. 事实上, 高斯白噪声在时差 $\tau \neq 0$ 时, $R(\tau) = 0$, 没有依赖性.

当 $\mathcal{H} \in (0, 1/2)$ 时, 功率谱密度不存在, 当 $\mathcal{H} \in (1/2, 1)$ 时, 可以得到单位强度分数高斯噪声 $W_{\mathrm{H}}(t)$ 的功率谱密度(Rangarajan and Ding, 2003; Uchaikin, 2012a)

$$S(\omega) = \frac{1}{2\pi} \int_{-\infty}^{\infty} R(\tau) \mathrm{e}^{-\mathrm{i}\omega\tau} \mathrm{d}\tau = \frac{1}{\pi} \mathcal{H}\Gamma(2\mathcal{H}) \sin(\mathcal{H}\pi) |\omega|^{1-2\mathcal{H}} \qquad (2.5.23)$$

当 $\mathcal{H} = 1/2$ 时, $W_{\mathrm{H}}(t)$ 是具有下列相关函数与功率谱密度的单位高斯白噪声 $W(t)$

$$R(\tau) = E[W(t+\tau)W(t)] = \delta(\tau), \quad S(\omega) = \frac{1}{2\pi}, \quad \mathcal{H} = \frac{1}{2} \qquad (2.5.24)$$

当 $\mathcal{H} \to 1$ 时, 注意到 $\lim_{\mathcal{H} \to 1} S(\omega) = \delta(\omega)/2$, 可知 $W_{\mathrm{H}}(t)$ 是高斯分布的随机变量. $\mathcal{H} \in (1/2, 1)$ 的 $W_{\mathrm{H}}(t)$ 则是处于高斯白噪声和高斯随机变量之间的色噪声.

图 2.5.1 和图 2.5.2 描述了三个不同赫斯特指数 $\mathcal{H}$ 值的分数高斯噪声的相关函数和功率谱密度函数. 在图 2.5.1 中可观察到分数高斯噪声的长程依赖性, 从图 2.5.2 可见, 除了低频范围外, 分数高斯噪声有宽带过程特性.

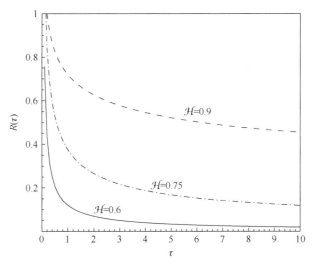

图 2.5.1　分数高斯噪声的相关函数

已经清楚, 只有当 $\mathcal{H} \in (1/2, 1)$ 时, 分数布朗运动过程和分数高斯噪声才有实际应用意义, 如果没有特别说明, 本书中所述分数布朗运动与分数高斯噪声的赫斯特指数将限定在此范围内.

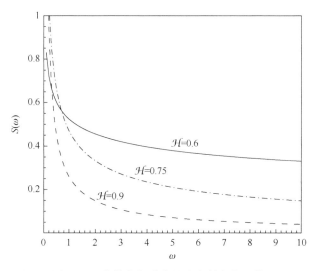

图 2.5.2   分数高斯噪声的功率谱密度函数

2.5.4   分数布朗运动的随机积分与分数随机微分方程

关于分数布朗运动的随机积分可用不同的方式定义，其中路径积分最简单而自然，有着广泛的应用(Biagini et al.，2008). 该积分定义如下

$$\int_{t_0}^{t} f(s)\mathrm{d}B_{\mathrm{H}}(s) = \lim_{n \to \infty} \sum_{i=1}^{n} f(t_i')[B_{\mathrm{H}}(t_i) - B_{\mathrm{H}}(t_{i-1})] \tag{2.5.25}$$

式中 $t_i = i\Delta t$，$\Delta t = (t - t_0)/n$，$t_{i-1} \leqslant t_i' \leqslant t_i$. 根据 t_i' 取值不同，有三种积分. $t_i' = t_{i-1}$ 时称为前向积分；$t_i' = (t_i + t_{i-1})/2$ 时称为对称积分；$t_i' = t_i$ 时称为后向积分. 当 $\mathcal{H} = 1/2$ 时，前向积分退化为伊藤积分，对称积分退化为斯特拉托诺维奇积分.

考虑如下分数随机微分方程

$$\mathrm{d}X(t) = \alpha(X,t)\mathrm{d}t + \beta(X,t)\mathrm{d}^-B_{\mathrm{H}}(t) \tag{2.5.26}$$

如同伊藤随机微分方程，在建立分数随机微分方程(2.5.26)时，必须定义对应的随机积分. 此处，方程(2.5.26)右边最后一项中的符号 "d^-" 表示采用前向积分定义. 注意，虽然式(2.5.26)形同伊藤随机微分方程，但 $X(t)$ 并非为马尔可夫过程. 分数随机微分方程随积分定义不同而有所差别，考虑对称积分与前向积分之差

$$\int_{t_0}^{t} \beta[X(s),s]\mathrm{d}^\circ B_{\mathrm{H}}(s) - \int_{t_0}^{t} \beta[X(s),s]\mathrm{d}^- B_{\mathrm{H}}(s)$$

$$= \begin{cases} \dfrac{1}{2}\displaystyle\int_{t_0}^{t} \dfrac{\partial \beta[x(s),s]}{\partial x}\beta[x(s),s]\mathrm{d}s, & \mathcal{H} = 1/2 \\ 0, & \mathcal{H} > 1/2 \end{cases} \tag{2.5.27}$$

式中符号"d°"表示对称积分. 可见, 当 $\mathcal{H} = 1/2$ 时, 差项即是 Wong-Zakai 修正项; 当 $\mathcal{H} > 1/2$ 时, 差项为零, 意味着在分数随机微分方程中, 前向积分和对称积分是等价的.

本书涉及的分数随机微分方程都采用前向积分定义, 为方便计, 符号"d⁻"都简化为"d".

类似于伊藤微分规则, 也可以建立 $X(t)$ 的函数 $Y = F[X(t), t]$ 的随机微分方程

$$dY = \frac{\partial F}{\partial t}dt + \frac{\partial F}{\partial X}dX + \frac{1}{2}\frac{\partial^2 F}{\partial X^2}(dX)^2 + \cdots$$

$$= \left[\frac{\partial F}{\partial t} + \frac{\partial F}{\partial X}\alpha(X,t)\right]dt + \frac{\partial F}{\partial X}\beta(X,t)dB_H(t) + \cdots \quad (2.5.28)$$

由式(2.5.16)知, $[dB_H(t)]^n (n \geqslant 2)$ 与 $(dt)^{n\mathcal{H}}$ 同阶, 在 $\mathcal{H} > 1/2$ 和 $n \geqslant 2$ 时比 dt 阶数更高, 因此, 所有含有 $(dX)^n (n \geqslant 2)$ 的项都可略去不计. 这与维纳过程的伊藤微分规则式(2.3.55)不同, 后者因为 $[dB(t)]^2$ 与 dt 同阶, 所以含 d^2F/dX^2 的项.

下面考虑 n 维分数随机微分方程

$$dX = \alpha(X,t)dt + \beta(X,t)dB_H(t) \quad (2.5.29)$$

式中

$$X = [X_1, X_2, \cdots, X_n]^T, \qquad \alpha = [\alpha_1(X,t), \alpha_2(X,t), \cdots, \alpha_n(X,t)]^T$$

$$\beta = \begin{bmatrix} \beta_{11}(X,t) & \beta_{12}(X,t) & \cdots & \beta_{1m}(X,t) \\ \beta_{21}(X,t) & \beta_{22}(X,t) & \cdots & \beta_{2m}(X,t) \\ \vdots & \vdots & & \vdots \\ \beta_{n1}(X,t) & \beta_{n2}(X,t) & \cdots & \beta_{nm}(X,t) \end{bmatrix}, \quad dB_H = \begin{bmatrix} dB_{H_1}(t) \\ dB_{H_2}(t) \\ \vdots \\ dB_{H_m}(t) \end{bmatrix} \quad (2.5.30)$$

注意, 各分数布朗运动可有不同的赫斯特指数. 函数 $Y = F[X(t), t]$ 的随机微分方程为

$$dY = \frac{\partial F}{\partial t}dt + (F_X)^T dX = \left[\frac{\partial F}{\partial t} + (F_X)^T \alpha\right]dt + (F_X)^T \beta dB_H \quad (2.5.31)$$

式中

$$F_X = \left[\frac{\partial F}{\partial X_1}, \frac{\partial F}{\partial X_2}, \cdots, \frac{\partial F}{\partial X_n}\right]^T \quad (2.5.32)$$

在推导式(2.5.31)的过程中, 忽略了阶数高于 dt 的项, 方程(2.5.31)可写成标量形式

$$dY = \left[\frac{\partial F}{\partial t} + \sum_{i=1}^{n} \alpha_i \frac{\partial F}{\partial X_i} \right] dt + \sum_{i=1}^{n} \sum_{j=1}^{m} \beta_{ij} \frac{\partial F}{\partial X_i} dB_{H_j} \qquad (2.5.33)$$

注意，一对增量 dB_{H_i} 和 dB_{H_j} $(i \neq j)$ 之间的相关性不影响方程(2.5.33).

需要再次说明的是，式(2.5.28)、式(2.5.31)和式(2.5.33)中所有赫斯特指数都假设处于范围 $\mathcal{H}_1, \mathcal{H}_2, \cdots, \mathcal{H}_m \in (1/2, 1)$.

2.5.5 分数高斯噪声激励的线性系统响应

分数高斯噪声 $W_H(t)$ 激励的线性系统响应为高斯过程，可用相关分析或谱分析获取系统响应的相关函数与功率谱密度函数.

考虑受分数高斯噪声激励的 n 自由度线性振动系统

$$M\ddot{X} + C\dot{X} + KX = RW_H(t) \qquad (2.5.34)$$

其中，$X = [X_1, X_2, \cdots, X_n]^T$ 为系统的位移矢量；M、C、K 分别为 $n \times n$ 维质量矩阵、阻尼矩阵与刚度矩阵；$W_H(t) = [W_{H_1}(t), W_{H_2}(t), \cdots, W_{H_m}(t)]^T$ 是 m 个赫斯特指数 $\mathcal{H}_1, \mathcal{H}_2, \cdots, \mathcal{H}_m \in (1/2, 1)$ 的独立单位分数高斯噪声组成的矢量；R 是 $n \times m$ 维激励幅值矩阵. 应用谱分析方法，可得 $n \times n$ 维位移功率谱密度矩阵

$$S_X(\omega) = \bar{H}(\omega) S_W(\omega) H^T(\omega) \qquad (2.5.35)$$

式中，$S_W(\omega)$ 是激励矢量 $W_H(t)$ 的 $m \times m$ 维功率谱密度矩阵；$H(\omega)$ 是系统(2.5.34)的 $n \times m$ 维频率响应矩阵

$$H(\omega) = (-\omega^2 M + i\omega C + K)^{-1} R \qquad (2.5.36)$$

$\bar{H}(\omega)$ 是 $H(\omega)$ 的复共轭矩阵. 位移和速度的均方响应矩阵可从式(2.5.35)积分得到

$$E[XX^T] = \int_{-\infty}^{\infty} S_X(\omega) d\omega, \quad E[\dot{X}\dot{X}^T] = \int_{-\infty}^{\infty} \omega^2 S_X(\omega) d\omega \qquad (2.5.37)$$

考虑下列 n 维线性分数随机微分方程

$$dX(t) = AX(t)dt + QdB_H(t), \quad X(0) = X_0 \qquad (2.5.38)$$

方程中 $B_H(t) = [B_{H_1}(t), \cdots, B_{H_m}(t)]^T$ 是赫斯特指数为 $\mathcal{H}_1, \mathcal{H}_2, \cdots, \mathcal{H}_m \in (1/2, 1)$ 的 m 个独立的单位分数布朗运动组成的矢量过程；A 是 $n \times n$ 维常系数矩阵；Q 是 $n \times m$ 维激励幅值矩阵.

引入矢量函数 $Y(t) = e^{-At} X(t)$，运用分数随机微分规则(2.5.31)，得

$$dY(t) = -Ae^{-At} X(t)dt + e^{-At} dX(t) \qquad (2.5.39)$$

式中 e^{-At} 是指数矩阵. 将式(2.5.38)代入式(2.5.39)，完成两边积分，得随机微分方程(2.5.38)的解

$$X(t) = e^{At}X_0 + \int_0^t e^{A(t-s)}Q\mathrm{d}B_H(s) \qquad (2.5.40)$$

式中 $e^{At}X_0$ 是瞬态项，对耗散的振动系统，随时间增大而趋于零，得平稳响应的样本解

$$X(t) = \int_{-\infty}^t e^{A(t-s)}Q\mathrm{d}B_H(s) \qquad (2.5.41)$$

例 2.5.1 考虑受分数高斯噪声激励的二自由度线性系统

$$\ddot{X} + C\dot{X} + KX = W_H(t) \qquad (2.5.42)$$

式中

$$X = \begin{bmatrix} X_1 \\ X_2 \end{bmatrix}, \quad C = \begin{bmatrix} \gamma & 0 \\ 0 & 0 \end{bmatrix}, \quad K = \begin{bmatrix} k_1 & -k_s \\ -k_s & k_2 \end{bmatrix}, \quad W_H(t) = \begin{bmatrix} \sqrt{2D}W_H(t) \\ 0 \end{bmatrix} \qquad (2.5.43)$$

按式(2.5.35)式(2.5.36)，可得位移响应的功率谱密度矩阵

$$S_X(\omega) = \frac{2DS_W(\omega)}{Z}\begin{bmatrix} (k_2-\omega^2)^2 & k_2(k_2-\omega^2) \\ k_2(k_2-\omega^2) & k_s^2 \end{bmatrix}$$

$$Z = (k_1k_2-k_s^2)^2 + [k_2(2k_s^2-2k_1^2+k_2\gamma^2)-2k_1(k_2^2-k_s^2)]\omega^2 \qquad (2.5.44)$$
$$+ [(k_1+k_2)^2+2k_2(k_1-\gamma^2)-2k_s^2]\omega^4 + [\gamma^2-2(k_1+k_2)]\omega^6 + \omega^8$$

式中 $S_W(\omega)$ 为式(2.5.23)中给出的单位强度分数高斯噪声的功率谱密度. 按式(2.5.37)，可得系统(2.5.42)的位移均方值

$$E[X_1^2] = \int_{-\infty}^{\infty}\frac{2D(k_2-\omega^2)^2 S_W(\omega)}{Z}\mathrm{d}\omega, \quad E[X_2^2] = \int_{-\infty}^{\infty}\frac{2Dk_s^2 S_W(\omega)}{Z}\mathrm{d}\omega \qquad (2.5.45)$$

例 2.5.2 考虑受分数高斯噪声激励的单自由度线性系统

$$\ddot{X} + \gamma\dot{X} + kX = \sqrt{2D}W_H(t) \qquad (2.5.46)$$

根据均方响应表达式(2.5.37)和 $W_H(t)$ 功率谱(2.5.23)，可得位移的均方值

$$E[X^2] = \frac{2D\mathcal{H}\Gamma(2\mathcal{H})\sin(\mathcal{H}\pi)}{\pi}\int_{-\infty}^{\infty}\frac{|\omega|^{1-2\mathcal{H}}}{(k-\omega^2)^2+\gamma^2\omega^2}\mathrm{d}\omega \qquad (2.5.47)$$

经系列推导(Deng and Zhu，2015)，可得 $E[X^2]$ 的解析式

$$E[X^2] = \frac{D\Gamma(1+2\mathcal{H})\sin[\mathcal{H}\pi-\mathcal{H}\arccos(1-2\zeta^2)]}{2k^{\mathcal{H}+1}\zeta\sqrt{1-\zeta^2}} \qquad (2.5.48)$$

式中 $\zeta = \gamma/(2\sqrt{k})$ 是阻尼比. 式(2.5.48)适用于阻尼比 $0<\zeta<\infty$ 的情形. 当 $\zeta \geqslant 1$ 时, 只需要在复数域上进行运算即可.

令阻尼比 $\zeta \to \infty$, 可得式(2.5.48)的渐近解

$$E[X^2] \to \frac{2D}{\gamma^2} \mathcal{H}\Gamma(2\mathcal{H})\left(\frac{k}{\gamma}\right)^{-2\mathcal{H}}, \quad \text{当} \zeta \to \infty \text{ 时} \tag{2.5.49}$$

式(2.5.49)与分数高斯噪声激励的 Ornstein-Uhlenbeck 系统响应的解析解完全一致 (Kaarakka and Salminen, 2011).

应用解析解(2.5.48)还可以对随机系统(2.5.46)作更多的分析, 比如动能占总能量的比例 r_K 为

$$r_K = \frac{1}{2} - \zeta \frac{[\pi - \arccos(1-2\zeta^2)]}{2\sqrt{1-\zeta^2}}\left(\mathcal{H} - \frac{1}{2}\right) - \zeta \frac{[\pi - \arccos(1-2\zeta^2)]^3}{6\sqrt{1-\zeta^2}}\left(\mathcal{H} - \frac{1}{2}\right)^3 + \cdots$$

$$\tag{2.5.50}$$

在 $\mathcal{H} = 1/2$ 时, $W_H(t)$ 为高斯白噪声, 动能占总能量的 1/2, 另外 1/2 为势能. 图 2.5.3 示出了动能占总能量的比值随 $\mathcal{H}$ 的变化, 图中曲线表示解析结果, □ △ ○ 表示蒙特卡罗模拟结果, 两者相符甚好, 表明解析解有效. 图2.5.3还表明, $\mathcal{H} \to 1$ 时, 系统动能为零, 因为此时 $W_H(t)$ 为高斯随机变量, 即随机静载荷.

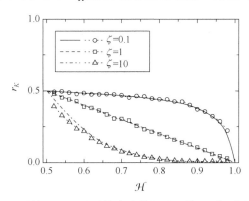

图 2.5.3　系统(2.5.46)的动能占总能量的比值 r_K 随 $\mathcal{H}$ 的变化

分数高斯噪声激励下的系统响应不是马尔可夫过程, 位移过程 $X(t)$ 具有长程依赖性, 可由式(2.5.22)定义的长程依赖系数 μ 进行度量. 由式(2.5.41)可得式(2.5.46)平稳响应的样本解

$$X(t) = \sqrt{\frac{D}{2k(\zeta^2-1)}} \int_{-\infty}^{t} (e^{\alpha(s-t)} - e^{\beta(s-t)}) \, dB_H(s) \tag{2.5.51}$$

进而可得 $X(t)$ 的相关函数

$$R_X(\tau) = E[X(t)X(t+\tau)] = E[X(0)X(\tau)]$$

$$= \frac{D}{2k(\zeta^2-1)} E\left[\int_{-\infty}^{0}(\mathrm{e}^{\alpha u}-\mathrm{e}^{\beta u})\mathrm{d}B_H(u)\int_{-\infty}^{t}(\mathrm{e}^{\alpha(v-t)}-\mathrm{e}^{\beta(v-t)})\mathrm{d}B_H(v)\right] \quad (2.5.52)$$

经推导(Deng and Zhu，2015)，得该相关函数的渐近解析式为

$$R_X(\tau) = \frac{2D\mathcal{H}(2\mathcal{H}-1)}{k^2}\tau^{-(2-2\mathcal{H})}, \quad \tau \to \infty \quad (2.5.53)$$

图 2.5.4 示出了相关函数的渐近式和数值模拟结果，比较表明渐近式的有效性.

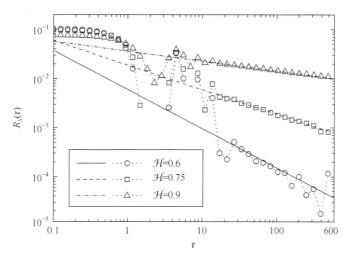

图 2.5.4　对数坐标下系统(2.5.46)位移响应的相关函数 $R_X(\tau)$

按长程依赖性的定义式(2.5.22)，可知位移响应 $X(t)$ 的长程依赖系数为 $\mu = 2-2\mathcal{H}$，与激励 $W_H(t)$ 的长程依赖系数相同，表明位移响应 $X(t)$ 本质上也是一种分数高斯噪声，更多的研究表明(Deng and Zhu，2015)，$W_H(t)$ 激励下系统(2.5.46)速度响应 $\dot{X}(t)$ 的长程依赖系数为 $\mu = 4-2\mathcal{H} > 1$，不再有长程依赖性.

2.6　色　噪　声

众所周知，白噪声的谱密度在整个频带上是一个常数，均方值为无穷大，表明白噪声具有无限大能量. 它的相关函数是 δ 函数，意味着它变化无限快. 因此，它只是一种理想化的数学噪声，在现实中并不存在. 任何真实的随机过程必然有一个有限的带宽，称为色噪声. 在本节中，对几种类型的色噪声进行建模. 这些色噪声的一个共同优点是，它们可以用数学表达式(如代数方程或微分方程)解析地

建模，便于分析.

2.6.1　线性滤波产生的噪声

一种色噪声可模型化为常系数线性微分方程对高斯白噪声激励的响应，这种色噪声称为线性滤波噪声，其概率分布仍然是高斯的，但谱密度不再是常数，而是随着频率的增加而快速衰减. 依据不同的线性系统性质，滤波后的噪声可有不同的谱特性. 最常用的滤波是一阶和二阶线性滤波.

一阶线性滤波方程是

$$\dot{X} + \alpha X = W_g(t) \tag{2.6.1}$$

式中 $W_g(t)$ 是具有谱密度 K 的高斯白噪声. $X(t)$ 的谱密度和相关函数分别是

$$S(\omega) = \frac{K}{\omega^2 + \alpha^2} \tag{2.6.2}$$

$$R(\tau) = \pi K e^{-\alpha|\tau|} \tag{2.6.3}$$

式(2.6.2)和式(2.6.3)与式(2.1.51)相同，因为 $\sigma_X^2 = \pi K/\alpha$. 较大的 K 表示更强的过程强度，而较大的 α 表示较宽的频带或等效的较短的相关时间. 这个过程称为低通噪声，因为频谱峰在频率为零处 $(\omega = 0)$. 图 2.1.6 描绘了具有三种不同 α 值的低通过程的功率谱密度和相关函数. 当参数 α 较大时，低通过程是宽带过程.

现在考虑二阶线性滤波，由下列方程支配

$$\ddot{X} + 2\zeta\omega_0\dot{X} + \omega_0^2 X = W_g(t) \tag{2.6.4}$$

$X(t)$ 和 $\dot{X}(t)$ 的谱密度分别为

$$S_{XX}(\omega) = \frac{K}{(\omega^2 - \omega_0^2)^2 + 4\zeta^2\omega_0^2\omega^2} \tag{2.6.5}$$

$$S_{\dot{X}\dot{X}}(\omega) = \frac{K\omega^2}{(\omega^2 - \omega_0^2)^2 + 4\zeta^2\omega_0^2\omega^2} \tag{2.6.6}$$

在式(2.6.5)和式(2.6.6)中，谱密度函数都具有单峰. 参数 ζ 控制带宽，ω_0 决定谱峰的位置，K 决定峰的幅值. 如果阻尼较弱，峰值接近 ω_0 处，且带宽较窄. 两个谱密度的差异在于它们在极低频段的不同值，如方程(2.6.6)所示. $\dot{X}(t)$ 的频谱值在低频下非常小，因此它可以用来有效地模拟船舶上的随机波激励(Chai el al., 2015, 2016). 图 2.6.1 和图 2.6.2 中显示了几组 ω_0 和 ζ 值下的谱密度. 注意到 $\sigma_X^2 = \pi K/(2\zeta\omega_0^3)$ 和 $\sigma_{\dot{X}}^2 = \pi K/(2\zeta\omega_0)$. 可以看出阻尼比 ζ 控制带宽，而 ω_0 决定了谱峰的位置.

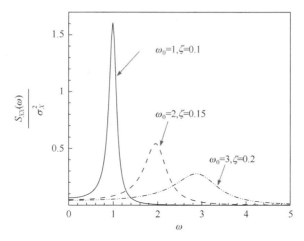

图 2.6.1　二阶线性滤波后 $X(t)$ 的谱密度函数

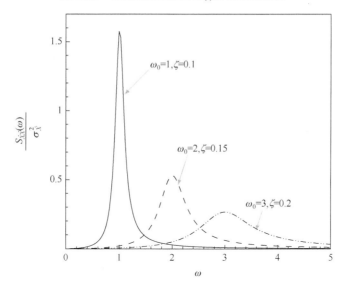

图 2.6.2　二阶线性滤波后 $\dot{X}(t)$ 的谱密度函数

许多实际的随机过程可以表示为通过一阶和二阶滤波产生的噪声过程，由于滤波器是线性的，因此数学处理很方便.

如果随机过程具有多个谱峰，则可能需要一个更高阶的滤波器，但需要确定更多的滤波参数.

2.6.2　非线性滤波产生的噪声

线性滤波产生的噪声具有高斯分布和无限幅值范围 $(-\infty, \infty)$. 为了产生在有限或无限幅值范围内的非高斯噪声，可以用非线性滤波. 考虑定义在 x_l 和 x_r 之间

由下列伊藤随机微分方程支配的扩散过程 $X(t)$

$$\mathrm{d}X = -\alpha X \mathrm{d}t + D(X)\mathrm{d}B(t) \tag{2.6.7}$$

式中 α 是一个正常数，$B(t)$ 是一个单位维纳过程. 不失一般性，假设 $X(t)$ 具有零均值，因此，$x_l < 0$，$x_r > 0$. 式(2.6.7)表示的是一阶非线性滤波，函数 $D(X)$ 不是常数.

式(2.6.7)等式两侧乘以 $X(t-\tau)$，并取集合平均，可得

$$\frac{\mathrm{d}}{\mathrm{d}t}R_{XX}(\tau) = -\alpha R_{XX}(\tau) \tag{2.6.8}$$

式中 $R_{XX}(\tau)$ 是相关函数，即 $R_{XX}(\tau) = E[X(t-\tau)X(t)]$. 在推导式(2.6.8)中，应用了伊藤方程的特性，即 $\mathrm{d}B(t)$ 独立于 $X(t)$ 和 $X(t-\tau)$. 式(2.6.8) 的初始条件是

$$R_{XX}(0) = \sigma_X^2 \tag{2.6.9}$$

式中 σ_X^2 是 $X(t)$ 的均方值. 然后从式(2.6.8)求解得到相关函数

$$R_{XX}(\tau) = \sigma_X^2 \exp(-\alpha|\tau|) \tag{2.6.10}$$

$X(t)$ 的谱密度是式(2.6.10)的傅里叶变换

$$S_{XX}(\omega) = \frac{\alpha \sigma_X^2}{\pi(\omega^2 + \alpha^2)} \tag{2.6.11}$$

相关函数和谱密度与 2.6.1 节中一阶线性滤波产生的噪声完全相同. 需要注意的是，式(2.6.7)中的扩散系数 $D(X)$ 不会直接影响谱密度.

$X(t)$ 的平稳概率密度受下列简化 FPK 方程支配

$$\frac{\mathrm{d}}{\mathrm{d}x}G = -\frac{\mathrm{d}}{\mathrm{d}x}\left\{\alpha x p(x) + \frac{1}{2}\frac{\mathrm{d}}{\mathrm{d}x}[D^2(x)p(x)]\right\} = 0 \tag{2.6.12}$$

式中 G 是概率流. 对于目前的一维情形，G 必须在两个边界处为零，从而必须处处为零. 于是式(2.6.12)退化为

$$\alpha x p(x) + \frac{1}{2}\frac{\mathrm{d}}{\mathrm{d}x}[D^2(x)p(x)] = 0 \tag{2.6.13}$$

对式(2.6.13)积分得到

$$D^2(x)p(x) = -2\alpha \int_{x_l}^{x} u p(u)\mathrm{d}u + C \tag{2.6.14}$$

式中 C 是积分常数. 经证明，$C = 0$ (Cai and Zhu，2016). 式(2.6.14)退化为

$$D^2(x) = -\frac{2\alpha}{p(x)} \int_{x_l}^{x} u p(u)\mathrm{d}u \tag{2.6.15}$$

式(2.6.15)中函数 $D^2(x)$ 是非负的，因为 $p(x) \geqslant 0$ 和 $X(t)$ 的均值为零. 式(2.6.15)

表明，对于任何有效的概率密度 $p(x)$，就可以相应地确定扩散系数 $D(X)$. 因此，伊藤方程(2.6.7)可用于产生具有低通谱密度(2.6.11)和任意概率密度的随机过程.

例 2.6.1 设 $X(t)$均匀分布，即

$$p(x) = \frac{1}{2\Delta}, \quad -\Delta \leqslant x \leqslant \Delta \tag{2.6.16}$$

按式(2.6.15)与式(2.6.7)，有

$$D^2(x) = \alpha(\Delta^2 - x^2), \quad dX = -\alpha X dt + \sqrt{\alpha(\Delta^2 - X^2)}dB(t) \tag{2.6.17}$$

例 2.6.2 设 $X(t)$具有以下分布，即

$$p(x) = C(\Delta^2 - x^2)^\delta, \quad -\Delta \leqslant x \leqslant \Delta \text{ 对 } \delta \geqslant 0 \quad \text{或} \quad -\Delta < x < \Delta \text{ 对 } -1 < \delta < 0 \tag{2.6.18}$$

式中 C 是归一化常数. 按式(2.6.15)与式(2.6.7)，有

$$D^2(x) = \frac{\alpha}{\delta+1}(\Delta^2 - x^2), \quad dX = -\alpha X dt + \sqrt{\frac{\alpha}{\delta+1}(\Delta^2 - X^2)}dB(t) \tag{2.6.19}$$

图 2.6.3 中描绘了 5 个 δ 值的概率密度函数(2.6.18). 可见，概率密度的形状因δ值不同而不同. $\delta=0$ 对应于均匀分布. 对于固定 α 值和不同 δ 值，这些过程具有不同的概率分布，但它们可以有相同的谱密度(2.6.11).

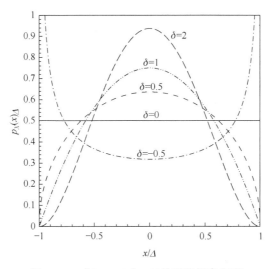

图 2.6.3 式(2.6.18)中 $X(t)$的平稳概率密度

例 2.6.3 令 $X(t)$指数分布

$$p(x) = \lambda \exp(-\lambda x), \quad \lambda > 0, 0 \leqslant x < \infty \tag{2.6.20}$$

其均值为 $1/\lambda$, 定义中心化过程 $Y(t) = X(t) - 1/\lambda$, $Y(t)$ 的概率密度函数为

$$p(y) = \lambda \exp\left[-\lambda\left(y + \frac{1}{\lambda}\right)\right], \qquad -\frac{1}{\lambda} \leqslant y < \infty \qquad (2.6.21)$$

由式(2.6.15)得

$$D^2(y) = \frac{2\alpha}{\lambda}\left(y + \frac{1}{\lambda}\right) \qquad (2.6.22)$$

按式(2.6.7), $Y(t)$ 的伊藤随机微分方程是

$$dY = -\alpha Y dt + \frac{1}{\lambda}\sqrt{2\alpha(\lambda Y + 1)}dB(t) \qquad (2.6.23)$$

$X(t)$ 的伊藤随机微分方程为

$$dX = -\alpha\left(X - \frac{1}{\lambda}\right)dt + \sqrt{\frac{2\alpha}{\lambda}X}dB(t) \qquad (2.6.24)$$

注意, 由于具有非零均值 $1/\lambda$, $X(t)$ 的谱密度包含一个 δ 函数 $(1/\lambda^2)\delta(\omega)$.

上述例子表明, 一阶滤波可以生成有限或无限幅值区间内任意概率分布的低通随机过程.

考虑使用二阶滤波器生成的色噪声. 将式(2.6.7)从一维扩展到二维, 即

$$\begin{aligned} dX_1 &= (-a_{11}X_1 - a_{12}X_2)dt + D_1(X_1, X_2)dB_1(t) \\ dX_2 &= (-a_{21}X_1 - a_{22}X_2)dt + D_2(X_1, X_2)dB_2(t) \end{aligned} \qquad (2.6.25)$$

式中 a_{ij} 是参数, $B_1(t)$ 和 $B_2(t)$ 是独立单位维纳过程. 式(2.6.25)中两个等式两边分别乘以 $X_1(t - \tau)$, 取集合平均, 令 $R_{ij}(\tau) = E[X_i(t-\tau)X_j(t)]$, 可得

$$\begin{aligned} \frac{d}{d\tau}R_{11}(\tau) &= -a_{11}R_{11}(\tau) - a_{12}R_{12}(\tau) \\ \frac{d}{d\tau}R_{12}(\tau) &= -a_{21}R_{11}(\tau) - a_{22}R_{12}(\tau) \end{aligned} \qquad (2.6.26)$$

式中初始条件为

$$R_{11}(0) = E[X_1^2] = \sigma^2, \quad R_{12}(0) = E[X_1 X_2] \qquad (2.6.27)$$

可用方程组(2.6.26)求解相关函数. 在建模随机过程时, 通常令人感兴趣的是谱密度. 它可从相关函数的傅里叶变换得到, 但也可用以下方法直接得到(Cai and Zhu, 2016). 定义以下积分变换

$$\bar{S}_{ij}(\omega) = \Im[R_{ij}(\tau)] = \frac{1}{\pi}\int_0^\infty R_{ij}(\tau)e^{-i\omega\tau}d\tau \qquad (2.6.28)$$

可推导得到以 $\bar{S}_{ij}(\omega)$ 形式的谱密度函数

$$S_{ii}(\omega) = S_{X_i X_i}(\omega) = \mathrm{Re}[\overline{S}_{ii}(\omega)]$$

$$S_{ij}(\omega) = S_{X_i X_j}(\omega) = \frac{1}{2}[\overline{S}_{ij}(\omega) + \overline{S}_{ji}^{*}(\omega)]$$

(2.6.29)

由于 $\tau \to \infty$ 时，$R_{ij}(\tau) \to 0$，它可以通过使用分部积分来表示

$$\Im\left[\frac{\mathrm{d}R_{ij}(\tau)}{\mathrm{d}\tau}\right] = \mathrm{i}\omega\Im[R_{ij}(\tau)] - \frac{1}{\pi}R_{ij}(0) = \mathrm{i}\omega\overline{S}_{ij}(\omega) - \frac{1}{\pi}m_{ij}$$

(2.6.30)

应用式(2.6.28)和式(2.6.30)，式(2.6.26)可转换为

$$\mathrm{i}\omega\overline{S}_{11} - \frac{1}{\pi}E[X_1^2] = -a_{11}\overline{S}_{11} - a_{12}\overline{S}_{12}$$

$$\mathrm{i}\omega\overline{S}_{12} - \frac{1}{\pi}E[X_1 X_2] = -a_{21}\overline{S}_{11} - a_{22}\overline{S}_{12}$$

(2.6.31)

其解很容易从复线性代数方程组(2.6.31)得到

$$S_{11}(\omega) = \frac{(a_{11}\omega^2 + A_2 a_{22})E[X_1^2] + a_{12}(\omega^2 - A_2)E[X_1 X_2]}{\pi[(A_2 - \omega^2)^2 + A_1^2 \omega^2]}$$

(2.6.32)

式中 $A_1 = a_{11} + a_{22}$，$A_2 = a_{11}a_{22} - a_{12}a_{21}$。 通过调整参数 a_{ij}，式(2.6.32)可以表示指定谱峰位置和带宽的谱密度.

式(2.6.25)对应的 $X_1(t)$ 和 $X_2(t)$ 的联合平稳概率密度 $p_{X_1 X_2}(x_1, x_2)$ 由下列 FPK 方程支配

$$\frac{\partial}{\partial x_1}\big[(-a_{11}x_1 - a_{12}x_2)p\big] + \frac{\partial}{\partial x_2}\big[(-a_{21}x_1 - a_{22}x_2)p\big]$$

$$-\frac{1}{2}\frac{\partial^2}{\partial x_1^2}\big[D_1^2(x_1, x_2)p\big] - \frac{1}{2}\frac{\partial^2}{\partial x_2^2}\big[D_2^2(x_1, x_2)p\big] = 0$$

(2.6.33)

如果满足以下三个条件，则必满足方程(2.6.33)，

$$-a_{12}x_2\frac{\partial p}{\partial x_1} - a_{21}x_1\frac{\partial p}{\partial x_2} = 0$$

(2.6.34)

$$-a_{11}x_1 p - \frac{1}{2}\frac{\partial}{\partial x_1}\big[D_1^2(x_1, x_2)p\big] = 0$$

(2.6.35)

$$-a_{22}x_2 p - \frac{1}{2}\frac{\partial}{\partial x_2}\big[D_2^2(x_1, x_2)p\big] = 0$$

(2.6.36)

表明该系统属于详细平衡的情形(Lin and Cai，1995). 式(2.6.34)的一般解是

$$p(x_1, x_2) = \rho(\lambda), \quad \lambda = k_1 x_1^2 + k_2 x_2^2$$

(2.6.37)

式中 ρ 是 λ 的任意函数，k_1 和 k_2 是符合以下条件的正常数

$$k_1 a_{12} + k_2 a_{21} = 0 \tag{2.6.38}$$

将式(2.6.37)代入式(2.6.35)和式(2.6.36)，得

$$D_1^2(x_1, x_2) = -\frac{2a_{11}}{p_{X_1 X_2}(x_1, x_2)} \int_{x_{1l}}^{x_1} u\, p_{X_1 X_2}(u, x_2)\, \mathrm{d}u = \frac{a_{11}}{k_1 \rho(\lambda)} \int_{\lambda}^{\lambda_1} \rho(\lambda)\, \mathrm{d}\lambda \tag{2.6.39}$$

$$D_2^2(x_1, x_2) = -\frac{2a_{22}}{p_{X_1 X_2}(x_1, x_2)} \int_{x_{2l}}^{x_2} v\, p_{X_1 X_2}(x_1, v)\, \mathrm{d}v = \frac{a_{22}}{k_2 \rho(\lambda)} \int_{\lambda}^{\lambda_2} \rho(\lambda)\, \mathrm{d}\lambda \tag{2.6.40}$$

式中λ_1是x_2固定，当$x_1 = x_{1l}$时的λ值；λ_2是x_1固定，当$x_2 = x_{2l}$时的λ值. 式(2.6.37)表明，如果随机过程$X_1(t)$的概率密度函数是$p(x_1) = p(x_1^2)$的形式，则可以构建函数$\rho(\lambda)$，$D_1(x_1, x_2)$和$D_2(x_1, x_2)$两个函数可以从式(2.6.39)和式(2.6.40)计算得到，从而式(2.6.25)可用于生成随机过程$X_1(t)$. 二阶滤波(2.6.25)可用于生成幅值为无限域$(-\infty, \infty)$或有限域$(-\Delta, \Delta)$的随机过程$X_1(t)$.

例2.6.4 考虑x_1和x_2受约束的情形

$$k_1 x_1^2 + k_2 x_2^2 \leqslant k_1 \Delta^2 \tag{2.6.41}$$

且

$$\rho(\lambda) = C(k_1 \Delta^2 - \lambda)^{\delta - \frac{1}{2}}, \quad \delta > -\frac{1}{2} \tag{2.6.42}$$

联合平稳概率密度为

$$p_{X_1 X_2}(x_1, x_2) = C(k_1 \Delta^2 - k_1 x_1^2 - k_2 x_2^2)^{\delta - \frac{1}{2}} \tag{2.6.43}$$

然后获得X_1的边缘概率密度

$$p_{X_1}(x_1) = 2\int_0^{\sqrt{k_1(\Delta^2 - x_1^2)/k_2}} p_{X_1 X_2}(x_1, x_2)\mathrm{d}x_2 = C_1(\Delta^2 - x_1^2)^{\delta} \tag{2.6.44}$$

式中C_1是归一化常数. 将式(2.6.43)代入式(2.6.39)和式(2.6.40)，得

$$D_1^2(x_1, x_2) = \frac{2a_{11}}{k_1(2\delta + 1)}(k_1 \Delta^2 - k_1 x_1^2 - k_2 x_2^2) \tag{2.6.45}$$

$$D_2^2(x_1, x_2) = \frac{2a_{22}}{k_2(2\delta + 1)}(k_1 \Delta^2 - k_1 x_1^2 - k_2 x_2^2) \tag{2.6.46}$$

概率密度函数(2.6.44)的形式与式(2.6.18)相同，但由于联合平稳密度(2.6.43)的有效性和式(2.6.45)与式(2.6.46)为正的要求，参数δ的范围限制更严. 因此，方程组(2.6.25)连同式(2.6.45)和式(2.6.46)给出的$D_1(X_1, X_2)$和$D_2(X_1, X_2)$，可以产生谱密度为式(2.6.32)和概率密度函数(2.6.44)的随机过程$X_1(t)$. 参数a_{ij} $(i, j = 1, 2)$用于调整谱密度，Δ由过程$X_1(t)$的取值范围确定，δ用于匹配其概率

密度的形状.

作为一种特殊情况，令系统(2.6.25)中的参数为

$$a_{11}=0, \quad a_{12}=-1, \quad a_{21}=\omega_0^2, \quad a_{22}=2\zeta\omega_0$$

$$D_1^2 = 0, \quad D_2^2 = \frac{4\zeta\omega_0^3}{2\delta+1}\left(\Delta^2 - X_1^2 - \frac{1}{\omega_0^2}X_2^2\right) \tag{2.6.47}$$

从式(2.6.32)可得谱密度

$$S_{XX}(\omega) = \frac{2\zeta\omega_0^3\sigma_{XX}^2}{\pi[(\omega^2-\omega_0^2)^2 + 4\zeta^2\omega_0^2\omega^2]} \tag{2.6.48}$$

注意到 $\sigma_{XX}^2 = \pi K/(2\zeta\omega_0^3)$，式(2.6.48)与式(2.6.5)相同.

另一个特例是令系统(2.6.25)中的参数为

$$a_{11} = 2\zeta\omega_0, \quad a_{12} = \omega_0^2, \quad a_{21} = -1, \quad a_{22} = 0$$

$$D_1^2 = \frac{4\zeta\omega_0}{2\delta+1}(\Delta^2 - X_1^2 - \omega_0^2 X_2^2), \quad D_2^2 = 0 \tag{2.6.49}$$

从式(2.6.32)可得谱密度

$$S_{XX}(\omega) = \frac{2\zeta\omega_0\omega^2\sigma_{XX}^2}{\pi[(\omega^2-\omega_0^2)^2 + 4\zeta^2\omega_0^2\omega^2]} \tag{2.6.50}$$

在这种情形下，式(2.6.25)中的 $X(t)$ 等同于系统(2.6.4)中的导数过程，由于 $\sigma_{X\dot{X}}^2 = \pi K/(2\zeta\omega_0)$，式(2.6.50)与式(2.6.6)相同.

上述两种情况，ζ 和 ω_0 可用于调整谱密度，Δ 和 δ 用于匹配概率密度.

2.6.3 随机化谐和噪声

有一种随机过程称为随机化谐和噪声或有界噪声，其数学表达式为

$$X(t) = A\sin[\omega_0 t + \sigma B(t) + U] \tag{2.6.51}$$

式中 A 是一个正常数，表示随机过程的幅值. ω_0 和 σ 也是正常数，分别表示平均频率和相位随机性的大小. $B(t)$ 是单位维纳过程，U 是一个在$[0，2\pi]$上均匀分布并独立于 $B(t)$ 的随机变量. 物理上，在式(2.6.51)中引入随机变量 U 意味着初始相位是随机的. 这种随机化谐和噪声由 Dimentberg 和 Wedig 分别独立提出(Dimentberg，1988；Wedig，1989)，并已用于各种工程问题(Naess et al.，2008).

考虑到 $X(t)$ 关于 U 的周期性，有

$$E[X(t)] = \int_{-\infty}^{\infty} p_B(b)\mathrm{d}b \int_0^{2\pi} \frac{A}{2\pi} \sin(\omega_0 t + \sigma b + u)\mathrm{d}u = 0 \qquad (2.6.52)$$

$$E[X^2(t)] = \int_{-\infty}^{\infty} p_B(b)\mathrm{d}b \int_0^{2\pi} \frac{A^2}{2\pi} \sin^2(\omega_0 t + \sigma b + u)\mathrm{d}u = \frac{1}{2}A^2 \qquad (2.6.53)$$

$$E[X(t_1)X(t_2)] = A^2 E\left\{\sin[\omega_0 t_1 + \sigma B(t_1) + U]\sin[\omega_0 t_2 + \sigma B(t_2) + U]\right\}$$

$$= \frac{A^2}{2} E\left\{\cos[\omega_0(t_2 - t_1) + \sigma B(t_2) - \sigma B(t_1)]\right\} \qquad (2.6.54)$$

将 $B(t)$ 的增量表示为

$$Z = B(t_2) - B(t_1) \qquad (2.6.55)$$

类似于式(2.3.27)，其均值和方差是

$$E[Z(t_1,t_2)] = 0, \quad E[Z^2(t_1,t_2)] = E\left\{[B(t_2) - B(t_1)]^2\right\} = t_2 - t_1, \quad t_2 \geqslant t_1 \quad (2.6.56)$$

由于维纳过程 $B(t)$ 是高斯分布，其增量过程 Z 也是高斯分布，其概率密度函数为

$$p_Z(z) = \frac{1}{\sqrt{2\pi(t_2 - t_1)}} \exp\left[-\frac{z^2}{2(t_2 - t_1)}\right] \qquad (2.6.57)$$

继续运算式(2.6.54)，有

$$E[X(t_1)X(t_2)]$$

$$= \frac{A^2}{2} E\left\{\cos[\omega_0(t_2 - t_1)]\cos(\sigma Z) - \sin[\omega_0(t_2 - t_1)]\sin(\sigma Z)\right\}$$

$$= \frac{1}{2}A^2 \cos[\omega_0(t_2 - t_1)]\int_{-\infty}^{\infty} \frac{\cos(\sigma z)}{\sqrt{2\pi(t_2 - t_1)}} \exp\left[-\frac{z^2}{2(t_2 - t_1)}\right]\mathrm{d}z$$

$$= \frac{1}{2}A^2 \cos(\omega_0 \tau)\exp\left(-\frac{1}{2}\sigma^2 \tau\right), \qquad \tau = t_2 - t_1 \geqslant 0 \qquad (2.6.58)$$

式(2.6.58)表明，$X(t)$ 是一个弱平稳过程，其相关函数为

$$R_{XX}(\tau) = \frac{1}{2}A^2 \cos(\omega_0 \tau)\exp\left(-\frac{1}{2}\sigma^2 |\tau|\right) \qquad (2.6.59)$$

相应的功率谱密度函数为

$$S_{XX}(\omega) = \frac{A^2 \sigma^2 (\omega^2 + \omega_0^2 + \sigma^4/4)}{4\pi[(\omega^2 - \omega_0^2 - \sigma^4/4)^2 + \sigma^4 \omega^2]} \qquad (2.6.60)$$

图 2.6.4 中描绘了 $\omega_0 = 3$ 和不同 σ 值时正 ω 域上的谱密度函数. 可以看到谱密度峰靠近 $\omega = \omega_0$，对不同的 σ 值有不同的带宽. 趋势表明，$\sigma \to 0$ 时，随机过程

$X(t)$趋近于具有随机初始相位的纯谐和过程. σ小时, $X(t)$为窄带随机化谐和噪声. 随着σ 的增加, 随机过程的带宽变宽, 表明随机性增加.

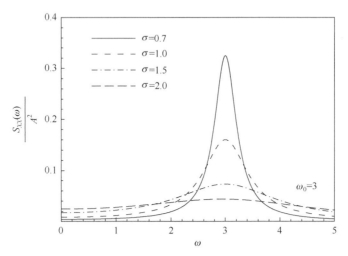

图 2.6.4 $\omega_0 = 3$ 和不同σ 值时正ω 域上的谱密度函数

在$\omega_0 = 0$ 的特殊情形, 相关函数和谱密度分别为

$$R_{XX}(\tau) = \frac{1}{2} A^2 \exp\left(-\frac{1}{2} \sigma^2 |\tau| \right) \tag{2.6.61}$$

$$S_{XX}(\omega) = \frac{A^2 \sigma^2}{4\pi(\omega^2 + \sigma^4 / 4)} \tag{2.6.62}$$

注意, 式(2.6.61)和式(2.6.62)分别与式(2.6.3)和式(2.6.2)形式相同, 都是低通过程. 但随机化谐和噪声的概率密度与线性或非线性滤波生成的不同, 它是(Cai and Zhu, 2016)

$$p_X(x) = p_{\Theta_1}(\theta_1)\left|\frac{\mathrm{d}\theta_1}{\mathrm{d}x}\right| = \frac{1}{\pi\sqrt{A^2 - x^2}}, \quad -A < x < A \tag{2.6.63}$$

图 2.6.5 示出了 $X(t)$ 的概率密度. 它在两个边界附近有非常大的值. 注意, 概率分布仅取决于 A, 它由背景现象的物理边界来确定. 参数 ω_0 和σ 对概率分布没有影响, 但可以调整它们, 使之与要建模的 $X(t)$ 的谱密度相匹配.

用随机化谐和噪声(2.6.51)来模拟实际的随机过程有两个优点: ①它有界, 更符合实际; ②可以通过调整参数ω_0 和σ, 使谱密度的峰值、峰值位置及带宽与实际的或所要的相匹配.

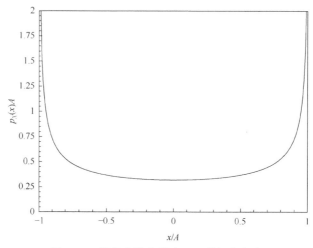

图 2.6.5　随机化谐和噪声 $X(t)$ 的概率密度.

参 考 文 献

曾岩. 2010. 非高斯随机激励下非线性系统的随机平均法. 杭州: 浙江大学博士学位论文.

贾万涛. 2014. 高斯与泊松白噪声共同激励下拟哈密顿系统随机平均法. 西安: 西北工业大学博士学位论文.

朱位秋, 蔡国强. 2017. 随机动力学引论. 北京: 科学出版社.

Bassingthwaighte J B, Raymond G M. 1995. Evaluation of the dispersional analysis method for fractional time series. Annals of Biomedical Engineering, 23: 491-505.

Biagini F, Hu Y, Øksendal B,et al. 2008. Stochastic Calculus for Fractional Brownian Motion and Applications. London: Springer-Verlag.

Bochner S. 1959. Lectures on Fourier Integrals. Princeton, New Jersey: Princeton University Press.

Cai G Q, Zhu W Q. 2016. Elements of Stochastic Dynamics. Singapore: World Scientific Publisher.

Chai W, Naess A, Leira B J. 2015. Filter models for prediction of stochastic ship roll response. Probabilistic Engineering Mechanics, 41: 104-114.

Chai W, Naess A, Leira B J. 2016. Stochastic nonlinear ship rolling in random beam seas by path integration method. Probabilistic Engineering Mechanics, 44: 43-52.

Deng M L, Zhu W Q. 2015. Responses of linear and nonlinear oscillators to fractional Gaussian noise with Hurst index between 1/2 and 1. ASME Journal of Applied Mechanics, 82(10): 101008.

Di Paola M, Falsone G. 1993a. Itô and Stratonovich integrals for delta-correlated processes. Probabilistic Engineering Mechanics, 8(3): 197-208.

Di Paola M, Falsone G. 1993b. Stochastic dynamics of nonlinear systems driven by non-normal delta-correlated processes. ASME Journal of Applied Mechanics, 60(1): 141-148.

Di Paola M, Vasta M. 1997. Stochastic integro-differential and differential equations of non-linear systems excited by parametric Poisson pulses. International Journal of Non-Linear Mechanics, 32(5): 855-862.

Dieker T. 2004. Simulation of Fractional Brownian Motion. Enschede: University of Twente.

Dimentberg M F. 1988. Statistical Dynamics of Nonlinear and Time-Varying Systems. England Wiley:

Research Studies Press.

Gough J. 1999. Asymptotic stochastic transformations for nonlinear quantum dynamical systems. Reports on Mathematical Physics, 44(3): 313-338.

Grigoriu M. 1998. Simulation of stationary non-Gaussian translation processes. ASCEJournal of Engineering Mechanics, 124(2): 121-126.

Hanson F B. 2007. Applied Stochastic Processes and Control for Jump-Diffusions: Modeling, Analysis, and Computation. Philadelphia: Siam.

Hu S L J. 1993. Responses of dynamic-systems excited by non-Gaussian pulse processes. ASCE Journal of Engineering Mechanics, 119(9): 1818-1827.

Hu S L J. 1994. Responses of dynamic-systems excited by non-Gaussian pulse processes-closure. ASCE Journal of Engineering Mechanics, 120(11): 2473-2474.

Hu S L J. 1995. Parametric random vibrations under non-Gaussian delta-correlated processes. ASCE Journal of Engineering Mechanics, 121(12): 1366-1371.

Itô K. 1951a. On stochastic differential equations. Memoirs of the American Mathematical Society, 4: 289-302.

Itô K. 1951b. On a formula concerning stochastic differentials. Nagoya Mathematical Journal, 3: 55-65.

Kaarakka T, Salminen P. 2011. On fractional Ornstein-Uhlenbeck processes. Communications on Stochastic Analysis, 5(1): 121-133.

Lévy P. 1953. Random functions: General theory with special reference to Laplacian random functions. University California Publications in Statistics, 1: 331-390.

Lin Y K. 1967. Probabilistic Theory of Structural Dynamics. New York: McGraw Hill.

Lin Y K, Cai G Q. 1995. Probabilistic Structural Dynamics: Advanced Theory and Applications. New York: McGraw-Hill.

Mandelbrot B B, van Ness J W. 1968. Fractional Brownian motions, fractional noises and applications. SIAM Review, 10(4): 422-437.

Mishura Y S. 2008. Stochasic Calculus for Fractional Brownian Motion and Related Processes. Berlin: Springer-Verlag.

Naess A, Dimentberg M F, Gaidai O. 2008. Lotka-Volterra systems in environments with randomly disordered temporal periodicity. Physical Review E, 78: 021126.

Rangarajan G, Ding M. 2003. Processes with Long Range Correlations: Theory and Applications. Berlin: Springer-Verlag.

Sun J Q. 2006. Stochastic Dynamics and Control. Netherlands: Elsevier.

Uchaikin V V. 2012a. Fractional Derivatives for Physicists and Engineers: Vol. I, Background and Theory. Berlin: Springer-Verlag.

Uchaikin V V. 2012b. Fractional Derivatives for Physicists and Engineers: Vol. II, Applications. Berlin: Springer-Verlag.

Wedig W V. 1989. Analysis and simulation of nonlinear stochastic systems. Nonlinear Dynamics in Engineering Systems, 337-344, IUTAM Symposium, Berlin: Spring-Verlag.

Wong E, Zakai M. 1965. On the relation between ordinary and stochastic equations. International Journal of Engineering Sciences, 47(1): 150-154.

Zygadlo R. 2003. Martingale integrals over Poissonian processes and the Itô-type equations with white shot noise. Physical Review E, 68(4): 046117.

第3章 非线性随机动力学系统

作为另一项预备，本章介绍本书中用到的非线性随机动力学系统的数学表达式. 3.1 节描述非线性随机动力学中常用的三种数学表达式：最一般的数学表达式，力学、机械及结构中常用的随机激励的耗散的拉格朗日方程，近来为研究多自由度强非线性系统随机动力学与控制而提出的随机激励的耗散的哈密顿系统. 3.2 节描述了与最后一种表达式相关的哈密顿系统及其按可积性与共振性的分类. 3.3 节描述广义哈密顿系统及其按可积性与共振性的分类. 在上述系统中，恢复力与耗散力都是分离的. 实际系统中还可能存在两者非线性耦合的所谓含遗传效应力，包括滞迟恢复力、黏弹性力、含分数阶导数的阻尼力及时滞控制力. 3.4 节描述其中三种力的数学模型.

3.1 随机动力学系统模型

一个随机动态系统可用下列随机微分方程组描述

$$\frac{\mathrm{d}}{\mathrm{d}t}X_j(t) = f_j[\boldsymbol{X}(t),t] + \sum_{l=1}^{m} g_{jl}[\boldsymbol{X}(t),t]\xi_l(t), \quad j=1,2,\cdots,n \tag{3.1.1}$$

其中，$\boldsymbol{X}(t) = [X_1(t),X_2(t),\cdots,X_n(t)]^{\mathrm{T}}$ 是系统响应列矢量，也称为状态矢量；$\xi_l(t)$ 是激励，并且至少其中一个是随机过程. 注意式(3.1.1)中状态矢量用大写字母表示意味着它们是随机矢量. f_j 和 g_{jl} 表示系统的性质可以是也可以不是时间的显函数. 对于含有 $\xi_l(t)$ 的一个激励项，如果与之相联系的函数 g_{jl} 依赖于 $\boldsymbol{X}$，那么这个激励就称为参数(乘性)激励；否则称为外(加性)激励.

如果所有的函数 f_j 都是 $\boldsymbol{X}$ 的线性函数并且所有 g_{jl} 都是常数，系统就是线性的. 如果所有的 f_j 和 g_{jl} 都是 $\boldsymbol{X}$ 的线性函数，叠加原理不适用，系统本质上是非线性的，称为参数激励的线性系统. 如果在函数 f_j 和 g_{jl} 中至少有一个是非线性的，该系统就是非线性系统. 在 $n=1$ 的情形，它是一个一维系统，否则称为多维系统. 一个偏微分方程支配的连续系统可用有限元等方法离散化为一个多维系统.

随机性可源于系统的属性，此时，函数 f_j 和 g_{jl} 中的某些参数不能事先准确知道，它们可模型化为随机变量或慢变随机过程. 随机性也可源于激励，也就是方程(3.1.1)中的一些激励是随机过程. 本书主要考虑后一种情况，由 f_j 和 g_{jl} 表示的系统性质认为是确定性的.

许多机械和结构系统的运动方程通常是根据其物理性质应用牛顿第二定律或者拉格朗日方程建立. 支配方程通常为如下形式:

$$\ddot{Z}_j + h_j(\boldsymbol{Z}, \dot{\boldsymbol{Z}}) + u_j(\boldsymbol{Z}) = \sum_{l=1}^{m} g_{jl}(\boldsymbol{Z}, \dot{\boldsymbol{Z}})\xi_l(t), \quad j=1,2,\cdots,n \qquad (3.1.2)$$

其中 $\boldsymbol{Z} = [Z_1, Z_2, \cdots, Z_n]^{\mathrm{T}}$ 与 $\dot{\boldsymbol{Z}} = [\dot{Z}_1, \dot{Z}_2, \cdots, \dot{Z}_n]^{\mathrm{T}}$ 分别是位移和速度的列矢量;$h_j(\boldsymbol{Z}, \dot{\boldsymbol{Z}})$ 和 $u_j(\boldsymbol{Z})$ 分别表示阻尼力和恢复力. 令 $X_{2j-1} = Z_j$, $X_{2j} = \dot{Z}_j$, $\boldsymbol{X} = [X_1, X_2, \cdots, X_{2n}]^{\mathrm{T}}$, 系统(3.1.2)变为

$$\dot{X}_{2j-1} = X_{2j}$$
$$\dot{X}_{2j} = -h_j(\boldsymbol{X}) - u_j(\boldsymbol{X}) + \sum_{l=1}^{m} g_{jl}(\boldsymbol{X})\xi_l(t) \qquad (3.1.3)$$

比较式(3.1.3)和式(3.1.1)可以看出式(3.1.3)是式(3.1.1)的特殊情况. 按照惯例, 系统(3.1.2)被称为 n 自由度系统, 它和 $2n$ 维系统(3.1.3)是等价的. 这两个专业术语将贯穿全书, 也就是说, 术语"自由度"用于二阶系统, 而"维度"用于一阶系统. 比如, 一个单自由度系统是一个二维系统, 一个 n 自由度系统是一个 $2n$ 维系统.

一个随机动态系统也可以表示成随机激励的耗散的哈密顿系统, 其支配方程为

$$\dot{Q}_j = \frac{\partial H}{\partial P_j}$$
$$\dot{P}_j = -\frac{\partial H}{\partial Q_j} - \sum_{k=1}^{n} c_{jk}(\boldsymbol{Q}, \boldsymbol{P})\frac{\partial H}{\partial P_k} + \sum_{l=1}^{m} g_{jl}(\boldsymbol{Q}, \boldsymbol{P})\xi_l(t) \qquad (3.1.4)$$

方程中 Q_j 和 P_j 分别称为广义位移和广义动量, $H = H(\boldsymbol{Q}, \boldsymbol{P})$ 是哈密顿函数. 方程(3.1.2)可通过勒让德变换转换为式(3.1.4)的形式. 可以看出随机激励耗散的哈密顿系统(3.1.4)也是系统(3.1.1)的一种特殊情形.

从数学上看, 式(3.1.1)的运动方程比式(3.1.2)和式(3.1.4)更具一般性, 因为后两个方程可以转化成前一方程. 然而, 对于许多工程系统, 方程(3.1.2)是从拉格朗日方程推导出来的, 然后转化成式(3.1.4). 它们描述了不同自由度之间的关系, 并且具有更丰富而明确的物理含义. 因而, 本书中的方法和步骤尽管也适用于系统(3.1.1), 但是更适合于系统(3.1.2)和(3.1.4).

系统(3.1.1)中的矢量 $\boldsymbol{X}(t) = [X_1(t), X_2(t), \cdots, X_n(t)]^{\mathrm{T}}$, 系统(3.1.2)中的 $\boldsymbol{Z} = [Z_1, Z_2, \cdots, Z_n]^{\mathrm{T}}$ 和 $\dot{\boldsymbol{Z}} = [\dot{Z}_1, \dot{Z}_2, \cdots, \dot{Z}_n]^{\mathrm{T}}$, 以及系统(3.1.4)中的 $\boldsymbol{Q} = [Q_1, Q_2, \cdots, Q_n]^{\mathrm{T}}$ 和 $\boldsymbol{P} =$

$[P_1, P_2, \cdots, P_n]^T$ 就是我们所称的系统响应. 另外, 它们的函数, 比如系统的哈密顿函数, 某个响应的幅值, 系统总能量等, 也属于系统响应. 尽管本书考虑的系统是确定性的, 但由于激励是随机的, 所以响应也是随机的, 如图 3.1.1 所示.

图 3.1.1   系统激励与响应

3.2   哈密顿系统及其分类

3.2.1   哈密顿方程

限制动态系统的构形和运动的约束分别称为几何约束和运动约束. 如果一个动态系统只有几何约束并且它的运动约束可以转化为几何约束, 就称它为完整系统. 描述一个完整系统所需要的最少独立变量数称为自由度数. 比如, 三维空间中由 k 个粒子构成的系统, 如含有 s 个完整约束, 其自由度数是 $n=3k-s$. 描述该系统的独立变量称为广义坐标或者广义位移(比如线性位移、角位移等). 对于完整系统, 广义坐标或者广义位移数目等于自由度数.

令 $q_i (i = 1, 2, \cdots, n)$ 表示一个完整动态系统的广义位移. 对于只含有势力的保守系统, 下列拉格朗日方程可以从表示广义有势力与广义惯性力之和为零的普适动力学方程导出

$$\frac{\mathrm{d}}{\mathrm{d}t}\left(\frac{\partial T}{\partial \dot{q}_i}\right) - \frac{\partial T}{\partial q_i} + \frac{\partial U}{\partial q_i} = 0, \quad i = 1, 2, \cdots, n \tag{3.2.1}$$

其中 $T = T(\boldsymbol{q}, \dot{\boldsymbol{q}})$ 和 $U = U(\boldsymbol{q})$ 分别表示动能和势能; $\boldsymbol{q}$ 和 $\dot{\boldsymbol{q}}$ 分别是广义位移矢量和广义速度矢量; n 是自由度数.

引入拉格朗日函数

$$L = T - U \tag{3.2.2}$$

方程(3.2.1)变成

$$\frac{\mathrm{d}}{\mathrm{d}t}\left(\frac{\partial L}{\partial \dot{q}_i}\right) - \frac{\partial L}{\partial q_i} = 0, \quad i = 1, 2, \cdots, n \tag{3.2.3}$$

方程(3.2.3)也可由下列哈密顿原理导出

$$\delta \int_{t_1}^{t_2} L(\boldsymbol{q}, \dot{\boldsymbol{q}}, t)\,\mathrm{d}t = 0 \tag{3.2.4}$$

方程(3.2.3)的解是 n 维构形空间的相轨迹. 因为可以有无穷多条轨线通过构形空间中的任何一点, 所以应用拉格朗日方程(3.2.3)进行动态系统的理论研究是不方便的. 在广义位移之外可引入广义速度作为独立变量, 将式(3.2.3)转化成状态方程. 广义位移和广义速度构成了相空间, 则上述情形就可以避免. 然而, 更好的做法是引入广义动量作为广义位移之外的独立变量, 它们一起构成相空间, 将式(3.2.3)转化成哈密顿方程具有一系列的优点.

广义动量定义为

$$p_i = \frac{\partial L}{\partial \dot{q}_i}, \quad i = 1, 2, \cdots, n \tag{3.2.5}$$

这是拉格朗日函数 L 的勒让德变换. 假设 L 对 $\dot{q}_i$ 的 Hesse 矩阵不为零, 即

$$\det\left[\frac{\partial^2 L}{\partial \dot{q}_i \partial \dot{q}_j}\right] \neq 0, \quad i, j = 1, 2, \cdots, n \tag{3.2.6}$$

那么变换(3.2.5) 是非奇异的, 从而可逆, 其逆变换也是勒让德变换. 根据勒让德逆变换定理, 变换(3.2.5)的逆勒让德变换的生成函数是

$$\sum_{i=1}^{n}(p_i \dot{q}_i - L)_{\dot{q}_i \to p_i} = H(\boldsymbol{q}, \boldsymbol{p}, t) \tag{3.2.7}$$

$\boldsymbol{p} = [p_1, p_2, \cdots, p_n]^{\mathrm{T}}$. 方程(3.2.5)的逆勒让德变换是

$$\dot{q}_i = \frac{\partial H}{\partial p_i}, \quad i = 1, 2, \cdots, n \tag{3.2.8}$$

正勒让德变换的生成函数与其逆变换的生成函数之间有如下关系

$$\frac{\partial H}{\partial q_i} = -\frac{\partial L}{\partial q_i}, \quad i = 1, 2, \cdots, n \tag{3.2.9}$$

从式(3.2.3)、式(3.2.5)和式(3.2.9)可得到下列方程

$$\dot{p}_i = -\frac{\partial H}{\partial q_i}, \quad i = 1, 2, \cdots, n \tag{3.2.10}$$

最后, 以 $q_i, p_i (i = 1, 2, \cdots, n)$ 为独立变量的哈密顿方程可由联合式(3.2.8)和式(3.2.10)得到

$$\dot{q}_i = \frac{\partial H}{\partial p_i}, \quad \dot{p}_i = -\frac{\partial H}{\partial q_i}; \quad i = 1, 2, \cdots, n \tag{3.2.11}$$

方程(3.2.11)和方程(3.2.3)是等价的. $q_i, p_i (i=1,2,\cdots,n)$ 称为正则坐标. q_i, p_i 形成的状态空间称为正则相空间. $H(\boldsymbol{q}, \boldsymbol{p}, t)$ 称为哈密顿函数或者哈密顿量，方程(3.2.11)支配的动态系统称为哈密顿系统.

令 $\boldsymbol{z} = [\boldsymbol{q}^{\mathrm{T}} \boldsymbol{p}^{\mathrm{T}}]^{\mathrm{T}}$ 表示 $2n$ 维正则矢量，$H(\boldsymbol{z}, t)$ 表示哈密顿量，$\boldsymbol{D} = \left[\dfrac{\partial}{\partial z_1} \dfrac{\partial}{\partial z_2} \cdots \dfrac{\partial}{\partial z_{2n}}\right]^{\mathrm{T}}$ 是梯度算子矢量. 哈密顿方程(3.2.11)可改写成

$$\dot{\boldsymbol{z}} = \boldsymbol{J} \boldsymbol{D} H(\boldsymbol{z}, t) \tag{3.2.12}$$

式中

$$\boldsymbol{J} = \begin{bmatrix} 0 & \boldsymbol{I}_n \\ -\boldsymbol{I}_n & 0 \end{bmatrix} \tag{3.2.13}$$

是辛矩阵，$\boldsymbol{I}_n$ 是 $n \times n$ 的单位矩阵. 可以证明辛矩阵 $\boldsymbol{J}$ 有如下性质

$$\boldsymbol{J}^T = \boldsymbol{J}^{-1} = -\boldsymbol{J}, \quad |\boldsymbol{J}| = 1 \tag{3.2.14}$$

方程 (3.2.11) 和 (3.2.12) 的对偶性使得哈密顿系统具有辛结构.

例 3.2.1 作为一个例子，考虑一个挂在振动质量块上的单摆，如图 3.2.1 所示. 分别记质量块的位移和单摆的角度为 q_1 和 q_2.

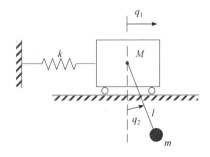

图 3.2.1 振动质量块与单摆耦合系统

系统的动能和势能是

$$T = \frac{1}{2}(M+m)\dot{q}_1^2 + ml\dot{q}_1\dot{q}_2\cos q_2 + \frac{1}{2}ml^2\dot{q}_2^2 \tag{3.2.15}$$

$$U = \frac{1}{2}kq_1^2 + mgl(1-\cos q_2) \tag{3.2.16}$$

按式(3.2.2)，系统的拉格朗日函数为

$$L = T - U = \frac{1}{2}(M+m)\dot{q}_1^2 + ml\dot{q}_1\dot{q}_2\cos q_2 + \frac{1}{2}ml^2\dot{q}_2^2 - \frac{1}{2}kq_1^2 - mgl(1-\cos q_2) \tag{3.2.17}$$

将式(3.2.17)代入方程(3.2.3)，得拉格朗日方程

$$
(M+m)\ddot{q}_1 + ml(\ddot{q}_2\cos q_2 - \dot{q}_2^2\sin q_2) + kq_1 = 0
$$
$$
ml^2\ddot{q}_2 + ml\ddot{q}_1\cos q_2 + mgl\sin q_2 = 0
$$

(3.2.18)

按式(3.2.5)，系统的广义动量是

$$
p_1 = \frac{\partial L}{\partial \dot{q}_1} = (M+m)\dot{q}_1 + ml\dot{q}_2\cos q_2
$$
$$
p_2 = \frac{\partial L}{\partial \dot{q}_2} = ml\dot{q}_1\cos q_2 + ml^2\dot{q}_2
$$

(3.2.19)

注意 L 对 $\dot{q}_i (i=1,2)$ 的 Hesse 矩阵不为零，即

$$
\begin{vmatrix} M+m & ml\cos q_2 \\ ml\cos q_2 & ml^2 \end{vmatrix} \neq 0
$$

(3.2.20)

方程(3.2.19)的逆勒让德变换存在，它们是

$$
\dot{q}_1 = \frac{lp_1 - p_2\cos q_2}{l(M+m\sin^2 q_2)}
$$
$$
\dot{q}_2 = \frac{(M+m)p_2 - mlp_1\cos q_2}{ml^2(M+m\sin^2 q_2)}
$$

(3.2.21)

将方程(3.2.21) 代入方程(3.2.17)，再代入方程 (3.2.7)，可得到系统的哈密顿量

$$
H = (p_1\dot{q}_1 + p_2\dot{q}_2 - L)\big|_{\dot{q}_1,\dot{q}_2 \to p_1,p_2}
$$
$$
= Ap_1^2 + Bp_1p_2 + Cp_2^2 + \frac{1}{2}kq_1^2 + mgl(1-\cos q_2)
$$

(3.2.22)

式中

$$
A = \frac{1}{2(M+m\sin^2 q_2)}, \quad B = -\frac{\cos q_2}{l(M+m\sin^2 q_2)}, \quad C = \frac{M+m}{2ml^2(M+m\sin^2 q_2)}
$$

(3.2.23)

将式(3.2.22)代入式(3.2.11)得到如下系统的哈密顿方程

$$
\dot{q}_1 = 2Ap_1 + Bp_2
$$
$$
\dot{p}_1 = -kq_1
$$
$$
\dot{q}_2 = Bp_1 + 2Cp_2
$$
$$
\dot{p}_2 = -mgl\sin q_2 + A'p_1^2 - B'p_1p_2 + C'p_2^2
$$

(3.2.24)

式中

$$A' = \frac{m\sin 2q_2}{2(M+m\sin^2 q_2)^2}, \quad B' = \frac{\left[M+m\left(2-\sin^2 q_2\right)\right]\sin q_2}{l(M+m\sin^2 q_2)^2}, \quad C' = \frac{(M+m)\sin 2q_2}{2l^2(M+m\sin^2 q_2)^2}$$

$$(3.2.25)$$

从方程(3.2.24)可以看出，图 3.2.1 所示的哈密顿系统是非线性的. 令 $A' = B' = C' = 0$，即摆的角度非常小时，在平衡点 $q_1 = q_2 = p_1 = p_2 = 0$ 附近可将系统线性化.

3.2.2 泊松括号

设 $F = F(\boldsymbol{q}, \boldsymbol{p}, t)$ 与 $G = G(\boldsymbol{q}, \boldsymbol{p}, t)$ 是定义在正则相空间 $(\boldsymbol{q}, \boldsymbol{p})$ 上的连续可微的动力学量. F 和 G 的泊松括号定义为

$$[F,G] = \sum_{i=1}^{n}\left(\frac{\partial F}{\partial p_i}\frac{\partial G}{\partial q_i} - \frac{\partial F}{\partial q_i}\frac{\partial G}{\partial p_i}\right) \tag{3.2.26}$$

可证泊松括号有以下性质:

(1) 反对称性.

(2) 双线性性

$$[F,G] = -[G,F] \tag{3.2.27}$$

$$[aF+bG,K] = a[F,K] + b[G,K] \tag{3.2.28}$$

式中 K 是一个动力学量，而 a, b 为常数.

(3) 莱布尼茨法则

$$[F\cdot G,K] = F[G,K] + G[F,K] \tag{3.2.29}$$

式中"·"表示点乘.

(4) 雅可比恒等式

$$\left[F,[G,K]\right] + \left[G,[K,F]\right] + \left[K,[F,G]\right] = 0 \tag{3.2.30}$$

(5) 非退化性　若 $\boldsymbol{z} = [\boldsymbol{q}^{\mathrm{T}}\ \boldsymbol{p}^{\mathrm{T}}]^{\mathrm{T}}$ 不是 F 的临界点，即 $\boldsymbol{D}F(\boldsymbol{z}) \neq 0$，则存在连续可微函数 G，使 $[F,G]F(\boldsymbol{z}) \neq 0$. 换言之，若 F 使得 $[F,G] = 0$ 对一切连续可微的函数 G 都成立，则 F 必是运动常数，即在哈密顿系统的整个运动过程中 F 保持守恒.

应用泊松括号，哈密顿方程(3.2.11)可以写成如下形式

$$\dot{q}_i = [q_i, H], \dot{p}_i = [p_i, H], \quad i = 1, 2, \cdots, n \tag{3.2.31}$$

一个哈密顿系统的动力学量 $F(\boldsymbol{q}, \boldsymbol{p}, t)$ 对时间的变化率可写成

$$\mathrm{d}F/\mathrm{d}t = [F,H] + \partial F/\partial t \tag{3.2.32}$$

若 F 不显含时间 t ，则

$$\mathrm{d}F / \mathrm{d}t = [F, H] \tag{3.2.33}$$

对于自治的哈密顿系统，若

$$[F, H] = 0 \tag{3.2.34}$$

则 F 称为首次积分(运动常数或者守恒量). 特别地，

$$[H, H] = 0 \tag{3.2.35}$$

这表明自治哈密顿系统是保守系统，在运动过程中，系统总能量始终不变.

3.2.3　相流

对于 $2n$ 维自治的哈密顿系统，方程

$$\dot{z} = f(z) = JDH(z) = \left[(\partial H / \partial p)^{\mathrm{T}} \left(-\partial H / \partial q \right)^{\mathrm{T}} \right]^{\mathrm{T}} \tag{3.2.36}$$

定义了 $f(z)$ 在 $2n$ 维正则相空间的一个矢量场. 假设方程 (3.2.36)的解可以延拓到整个时间轴 $(-\infty, \infty)$ 上. 记方程(3.2.36) 在初始条件 $(q(0), p(0))$ 下的解为 $(q(t), p(t))$. 哈密顿系统在 $2n$ 维相空间中的相流可定义为

$$g' : (q(0), p(0)) | \rightarrow (q(t), p(t)) \tag{3.2.37}$$

矢量场 $f(z)$ 的散度是

$$\mathrm{div} f(z) = \frac{\partial \dot{q}_i}{\partial q_i} + \frac{\partial \dot{p}_i}{\partial p_i} = \frac{\partial}{\partial q_i} \left(\frac{\partial H}{\partial p_i} \right) + \frac{\partial}{\partial p_i} \left(-\frac{\partial H}{\partial q_i} \right) = 0 \tag{3.2.38}$$

这表明哈密顿相流是不可压缩的. 换言之，哈密顿相流的体积是个常数，即

$$\iint_D \mathrm{d}q \mathrm{d}p = \iint_{g'D} \mathrm{d}q \mathrm{d}p \tag{3.2.39}$$

这称为 Liouville 定理.

Liouville 定理的一个推论是，哈密顿系统的平衡状态可以是中心、鞍点、简单闭曲线、同宿轨道和异宿轨道，不能是焦点.

3.2.4　正则变换

一个相空间中的一组正则坐标到另一个相同维数的相空间中的一组正则坐标的变换称为正则变换或者辛变换. 设

$$Q_i = Q_i(q, p, t), \quad P_i = P_i(q, p, t), \quad i, = 1, 2, \cdots, n \tag{3.2.40}$$

是从正则坐标 q_i, p_i 到正则坐标 Q_i, P_i 的正则变换，可以证明下述正则变换的性质.

(1) 对所有连续可微的函数 F 和 G ,

$$[F, G]_{Q, P} = [F, G]_{q, p} \tag{3.2.41}$$

式中方程的左边和右边分别是在正则坐标 Q, P 和 q, p 下的泊松括号.

(2) 正则变换的雅可比矩阵 $T = \dfrac{\partial(Q, P)}{\partial(q, p)}$ 满足如下关系

$$T^{\mathrm{T}} J T = J \tag{3.2.42}$$

$$T J^{-1} T^{\mathrm{T}} = J^{-1} \tag{3.2.43}$$

$$T J T^{\mathrm{T}} = J \tag{3.2.44}$$

其中 J 是式(3.2.13)中定义的辛矩阵.

(3) 正则变换下, 相空间的体积保持不变, 即

$$\int_{TD} \mathrm{d}Q \mathrm{d}P = \iint_{D} \mathrm{d}q \mathrm{d}p \tag{3.2.45}$$

这是正则变换的 Liouville 定理. 于是, 正则变换的雅可比行列式为 1, 即

$$\det(T) = \det(T^{-1}) = 1 \tag{3.2.46}$$

(4) 正则变换后, 哈密顿方程的形式保持不变. 哈密顿系统(3.2.11)在正则坐标 Q, P 下的方程是

$$\dot{Q}_i = \frac{\partial K}{\partial P_i}, \quad \dot{P}_i = -\frac{\partial K}{\partial Q_i}, \quad i = 1, 2, \cdots, n \tag{3.2.47}$$

其中 K 是正则坐标 Q, P 下的哈密顿量. 注意, 这个性质不能用来作为正则变换的定义. 比如, 变换 $Q = q, P = 2p$ 不会改变哈密顿系统的形式, 然而实际上它不是一个正则变换. 后面将看到, 对于完全可积哈密顿系统, 从笛卡儿坐标系到极坐标系的变换就不是一个正则变换, 但从笛卡儿坐标系到作用量-角变量的变换则是正则的.

3.2.5 完全可积哈密顿系统

Liouville 证明了一个 n 自由度的哈密顿系统是完全可积的, 若存在 n 个独立且对合的首次积分 $H_1, H_2, \cdots, H_n$. 这里, 独立是指 $\mathrm{d}H_1, \mathrm{d}H_2, \cdots, \mathrm{d}H_n$ 线性无关, 对合是指任意两个首次积分的泊松括号为零, 即

$$[H_i, H_j] = 0, \quad i, j = 1, 2, \cdots, n \tag{3.2.48}$$

完全可积就意味着哈密顿系统的积分解可以通过对已知函数进行有限次代数和积分运算得到.

对于完全可积的自治哈密顿系统, 可引入如下的正则变换

$$I_i = I_i(\boldsymbol{q},\boldsymbol{p}), \quad \theta_i = \theta_i(\boldsymbol{q},\boldsymbol{p}), \quad i=1,2,\cdots,n \tag{3.2.49}$$

将哈密顿方程(3.2.11)变为

$$\frac{\mathrm{d}I_i}{\mathrm{d}t}=0, \quad \frac{\mathrm{d}\theta_i}{\mathrm{d}t}=\omega_i(\boldsymbol{I}), \quad i=1,2,\cdots,n \tag{3.2.50}$$

其中 I_i 和 θ_i 分别称为作用量和角变量. 它们组成了一组正则坐标. $\omega_i(\boldsymbol{I})$ 是系统的频率. 方程(3.2.50)的解为

$$I_i(t)=I_i(0), \quad \theta_i(t)=\omega_i(\boldsymbol{I}(0))t+\theta_i(0), \quad i=1,2,\cdots,n \tag{3.2.51}$$

其中 $I_i(0),\theta_i(0)$ 是 $t=0$ 时的作用量与角变量.

任何一个完全可积的自治哈密顿系统的动力学量 $f(\boldsymbol{I},\boldsymbol{\theta})$ 都可以用下列多重傅里叶级数表示

$$f(\boldsymbol{I},\boldsymbol{\theta})=f_0(\boldsymbol{I})+\sum_{r=1}^{\infty}\sum_{|\boldsymbol{k}|=r}[f_k^c(\boldsymbol{I})\cos(\boldsymbol{k},\boldsymbol{\theta})+f_k^s(\boldsymbol{I})\sin(\boldsymbol{k},\boldsymbol{\theta})], \quad i=1,2,\cdots,n$$

$$\tag{3.2.52}$$

其中 $\boldsymbol{k}=[k_1\,k_2\cdots k_n]^{\mathrm{T}}$ 是整数矢量，$|\boldsymbol{k}|=\sum_{i=1}^{n}|k_i|$，$(\boldsymbol{k},\boldsymbol{\theta})=\sum_{i=1}^{n}k_i\theta_i$. 对于给定初始作用量 $\boldsymbol{I}(0)$，系统的所有轨道都将在一个 n 维的环面 T^n 上.

若 $\boldsymbol{\omega}=[\omega_1,\omega_2,\cdots,\omega_n]^{\mathrm{T}}$ 满足如下的非共振条件

$$(\boldsymbol{k},\boldsymbol{\omega})\neq 0, \quad \boldsymbol{k}\in \boldsymbol{Z}^n\setminus\{0\} \tag{3.2.53}$$

式中 $\boldsymbol{Z}^n$ 是 n 维整数矢量，则完全可积自治哈密顿系统是非共振的，其运动是概周期的.

对于 T^n 上的任意黎曼可积函数 f，

$$\bar{f}=\frac{1}{(2\pi)^n}\int_0^{2\pi}f(\boldsymbol{\theta})\mathrm{d}\boldsymbol{\theta} \tag{3.2.54}$$

称为 f 在 T^n 上的空间平均，而

$$f^*(\boldsymbol{\theta}_0)=\lim_{T\to\infty}\frac{1}{T}\int_0^{T}f(\boldsymbol{\theta}_0+\boldsymbol{\omega}t)\mathrm{d}t \tag{3.2.55}$$

称为时间平均. 将式(3.2.52)代入式(3.2.54)和式(3.2.55)就很容易证明

$$\bar{f}=f^* \tag{3.2.56}$$

也就是说，空间平均等于时间平均，这称为平均定理. 换句话说，完全可积的非共振哈密顿系统在 n 维环面 T^n 上是遍历的，任意一条轨线将均匀地覆盖环面 T^n.

如果 $\boldsymbol{\omega}$ 满足如下的共振条件

$$(\boldsymbol{k}^u,\boldsymbol{\omega})=0 \text{ 或 } \sum_{i=1}^n k_i^u \omega_i=0, \quad \boldsymbol{k}^u\in\boldsymbol{Z}^n\setminus\{0\}, \quad u=1,2,\cdots,\alpha \quad (3.2.57)$$

则该完全可积哈密顿系统是共振的. 注意, 这是多自由度系统的内共振. 物理上, 内共振意味着系统不同自由度之间有能量交换. $\left|\boldsymbol{k}^u\right|=\sum_{i=1}^n\left|k_i^u\right|$ 被称为共振的阶. 对于 n 自由度的完全可积系统, 最多可有 $n-1$ 个共振关系, 此时, 系统称为完全共振, 系统的轨线在环面 T^n 上是闭合的. 若 $1\le\alpha<n-1$, 则系统称为部分共振, 有 $(n-\alpha)$ 个频率是独立的, 系统的轨线在 $(\alpha+1)$ 维子环面 $T^{\alpha+1}$ 上是闭合的.

对完全可积共振哈密顿系统, 引入角变量组合

$$\varPsi_u=\sum_{i=1}^n k_i^u\theta_i=\sum_{i=1}^n k_i^u\theta_i(0), \quad u=1,2,\cdots,\alpha \quad (3.2.58)$$

运动方程(3.2.50)变成

$$\frac{\mathrm{d}\boldsymbol{I}}{\mathrm{d}t}=0, \quad \frac{\mathrm{d}\varPsi_u}{\mathrm{d}t}=0, \quad \frac{\mathrm{d}\theta_j}{\mathrm{d}t}=\omega_j(\boldsymbol{I}), \quad u=1,2,\cdots,\alpha; j=\alpha+1,\cdots,n \quad (3.2.59)$$

相应的解为

$$\boldsymbol{I}(t)=\boldsymbol{I}(0), \quad \varPsi_u(t)=\varPsi_u(0), \quad \theta_j(t)=\omega_j(\boldsymbol{I})t+\theta_j(0), \quad u=1,2,\cdots,\alpha; j=\alpha+1,\cdots,n$$
$$(3.2.60)$$

显然, 这种情况下有 $(n+\alpha)$ 个运动常数.

对二自由度完全可积哈密顿系统, 两个频率之比

$$\mu=\frac{\omega_1}{\omega_2} \quad (3.2.61)$$

称为转动数. 当 μ 为有理数时, 即 $\mu=r/s$, r,s 为互质的整数时, 系统共振, 系统的运动是周期的, 轨线在 2 维的环面 T^2 上是闭合的.

对 n 自由度的完全可积哈密顿系统, 若其 n 维的频率矢量 $\boldsymbol{\omega}$ 满足下列条件

$$\det\left(\frac{\partial\boldsymbol{\omega}(\boldsymbol{I})}{\partial\boldsymbol{I}}\right)=\det\left(\frac{\partial^2 H(\boldsymbol{I})}{\partial\boldsymbol{I}^2}\right)\ne 0 \quad (3.2.62)$$

则该系统称为非退化的. 对于非退化系统, 对应于不同的环面 T^n, 频率 $\boldsymbol{\omega}$ 有不同的值, 即系统是非线性的. 随着 $\boldsymbol{I}$ 变化, 有无穷多个环面, 其中一些环面被周期轨线或者部分周期轨线覆盖, 称为共振环面, 其余环面被非周期轨线覆盖, 称为非共振环面. 共振环面的测度为零, 而非共振环面的测度为 1. 也就是说, 对于非线性完全可积哈密顿系统, 几乎所有的环面都是非共振的. 若完全可积哈密顿系

统满足下列关系

$$\det\left(\frac{\partial \boldsymbol{\omega}(\boldsymbol{I})}{\partial \boldsymbol{I}}\right) = \det\left(\frac{\partial^2 H(\boldsymbol{I})}{\partial \boldsymbol{I}^2}\right) = 0 \tag{3.2.63}$$

那么系统称为固有退化的，例如线性哈密顿系统.

对给定的哈密顿系统，尽管在过去的一个世纪中提出了一些方法，还是很难找到除哈密顿量之外的首次积分. 下面给出一些完全可积哈密顿系统的例子.

(1) 两个耦合的杜芬振子的哈密顿量为

$$H = \frac{1}{2}\left(p_1^2 + p_2^2 + Aq_1^2 + Bq_2^2\right) + \frac{1}{4}\left(q_1^4 + \sigma q_2^4 + 2\rho q_1^2 q_2^2\right) \tag{3.2.64}$$

除了平凡可积情形 $\rho = 0$ 之外，该系统在下面两种情况下是完全可积的.

情形 1. $A = B, \sigma = \rho = 1$. 令 $q_1 = r\cos\varphi, q_2 = r\sin\varphi$. 那么 H 是独立于 φ 的，而 φ 是一个循环坐标. 角动量 $r^2\dot{\varphi}$ 是一个常数. 从 H 中消去 $\dot{\varphi}$ 后，系统变为单自由度的，因而是可积的.

情形 2. $A = B, \sigma = 1, \rho = 3$. 在这种情况下，第二个首次积分是

$$H_2 = p_1 p_2 + Aq_1 q_2 + q_1 q_2\left(q_1^2 + q_2^2\right) \tag{3.2.65}$$

它与哈密顿量独立对合. 引入如下变换

$$\begin{aligned} Q_1 &= q_1 + q_2, \quad Q_2 = q_1 - q_2 \\ P_1 &= p_1, \quad P_2 = p_2 \end{aligned} \tag{3.2.66}$$

H 就是可分离的，即

$$\begin{aligned} H &= H_1 + H_2 \\ H_1 &= \frac{1}{2}P_1^2 + \frac{1}{4}AQ_1^2 + \frac{1}{8}Q_1^4 \\ H_2 &= \frac{1}{2}P_2^2 + \frac{1}{4}AQ_2^2 + \frac{1}{8}Q_2^4 \end{aligned} \tag{3.2.67}$$

因此，在坐标 $\boldsymbol{Q}, \boldsymbol{P}$ 下，系统是完全可积和可分离的.

(2) 两个非线性扩散耦合振子的哈密顿量

$$H = \frac{1}{2}\left(p_1^2 + p_2^2 + Aq_1^2 + Aq_2^2\right) + \frac{1}{2}\left(q_1 - q_2\right)^2 + \frac{1}{4}D\left(q_1 - q_2\right)^4 \tag{3.2.68}$$

引入变换(3.2.66)，哈密顿量可分离，即

$$\begin{aligned} H &= H_1 + H_2 \\ H_1 &= \frac{1}{2}P_1^2 + \frac{1}{4}AQ_1^2 \\ H_2 &= \frac{1}{2}P_2^2 + \frac{1}{4}AQ_2^2 + \frac{1}{2}CQ_2^2 + \frac{1}{4}DQ_2^4 \end{aligned} \tag{3.2.69}$$

因此，系统在坐标 Q, P 下是完全可积和可分离的.

(3) 具有可调系数的 Hénon-Heiles 振子的哈密顿量是

$$H = \frac{1}{2}\left(p_1^2 + p_2^2 + Aq_1^2 + Bq_2^2\right) + Cq_1^2 q_2 - \frac{1}{3}Dq_2^3 \tag{3.2.70}$$

在下列四种情形下，该系统是完全可积的.

情形 1. $C = 0$. 哈密顿量可分离.

情形 2. $A = B, C/D = -1$. 引入变换(3.2.66)，哈密顿量可分离

$$H = H_1 + H_2$$
$$H_1 = \frac{1}{2}P_1^2 + \frac{1}{4}AQ_1^2 + \frac{1}{6}CQ_1^3 \tag{3.2.71}$$
$$H_2 = \frac{1}{2}P_2^2 + \frac{1}{4}AQ_2^2 - \frac{1}{6}CQ_2^3$$

情形 3. $C/D = -1/6$. 在这种情况下，与哈密顿量独立对合的首次积分是

$$H_2 = q_1^4 + 4q_1^2 q_2^2 + 4p_1\left(p_1 q_2 - p_2 q_1\right) - 4Aq_1^2 q_2 + \left(4A - B\right)\left(p_1^2 + Aq_1^2\right) \tag{3.2.72}$$

运动方程在抛物线坐标中可分离.

情形 4. $B = 16A, D = -16C$. 在此情况下，与哈密顿量独立对合的首次积分是

$$H_2 = \frac{1}{4}p_1^4 + \left(\frac{1}{2}q_1^2 + 4q_1^2 q_2\right)p_1^2 - \frac{4}{3}q_1^3 p_1 p_2 + \frac{1}{4}q_1^4 - \frac{4}{3}q_1^4 q_2 - \frac{8}{9}q_1^6 - \frac{16}{3}q_1^4 q_2^2 \tag{3.2.73}$$

因此，系统是完全可积的.

3.2.6 不可积哈密顿系统

一个 $n(n \geqslant 2)$ 自由度的哈密顿系统称为不可积的，除了哈密顿量之外，没有和哈密顿量独立对合的首次积分. 直接研究不可积哈密顿系统是非常困难的. 在非线性科学中，通常只研究近可积哈密顿系统，即研究小的不可积哈密顿扰动对可积哈密顿系统的影响. 历史上，这项研究导致了正则扰动理论的产生，该理论的基本想法是，将可积部分的精确解与不可积部分小的修正解之和作为系统的近似解. 然而，该理论的进一步发展遇到了小分母的困难，该问题在 20 世纪 60 年代得到解决，就是 KAM(Колмогоров-Арнольд-Moser)定理.

令 I, θ 为未扰可积哈密顿系统的作用矢量和角矢量，系统的哈密顿量为 $H_0(I)$. 系统的方程是

$$\dot{I} = 0, \quad \dot{\theta} = \omega(I_0) = \left.\frac{\partial H_0(I)}{\partial I}\right|_{I = I_0} \tag{3.2.74}$$

假设系统受到小的不可积哈密顿扰动 $\varepsilon H_1(\boldsymbol{\theta}, \boldsymbol{I})$，其中 H_1 是以 2π 为周期的周期函数. 受扰哈密顿系统的方程为

$$\dot{\boldsymbol{I}} = -\varepsilon \frac{\partial H_1}{\partial \boldsymbol{\theta}}, \quad \dot{\boldsymbol{\theta}} = \boldsymbol{\omega}(\boldsymbol{I}) + \varepsilon \frac{\partial H_1}{\partial \boldsymbol{I}} \tag{3.2.75}$$

其中 $\boldsymbol{I}$ 和 $\boldsymbol{\theta}$ 分别为慢变量和快变量. KAM 定理表明，如果哈密顿量 $H(\boldsymbol{\theta}, \boldsymbol{I}) = H_0(\boldsymbol{I}) + \varepsilon H_1(\boldsymbol{\theta}, \boldsymbol{I})$ 是一个光滑的解析函数，未扰哈密顿系统非退化且不满足共振或者近似共振条件，那么，在小的不可积哈密顿扰动下，未扰哈密顿系统的非共振环面仍然存在，只有小的变形，这些不变的环面称为 KAM 环面. 然而，在不可积哈密顿扰动下，未扰哈密顿系统的共振环面将被破坏，破坏的环面将成为不可积哈密顿系统混沌运动的种子. 随着不可积哈密顿系统扰动的增大，受扰哈密顿系统将从规则运动(周期或者概周期)变为不规则运动，这可从下面的例子看出.

3.2.5 节例子(3)中的 Hénon-Heiles 振子，其哈密顿量方程(3.2.70)，且 $A = B = C = D = 1$，是一个二自由度的不可积哈密顿系统. 若势函数 $U(q_1, q_2) \leqslant 1/6$，则系统的运动是有界的. Hénon 和 Heiles 计算了 q_2, p_2 平面上的庞加莱(Poincaré)截面，如图 3.2.2 所示.

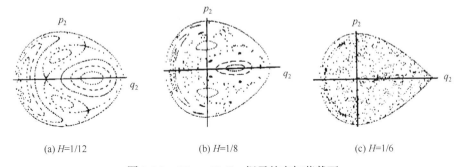

(a) $H=1/12$　　　　　　　(b) $H=1/8$　　　　　　　(c) $H=1/6$

图 3.2.2　Hénon-Heiles 振子的庞加莱截面

当 $H \leqslant 1/12$ 时，系统基本上可积，所有初始条件导致曲线，其中自相交曲线为分界线. 当 $H = 1/8$ 时，一些曲线保留着，其余则已破裂. 自相交曲线消失了，变成了随机分布的点，这意味着混沌现象发生了. 当 $H = 1/6$ 时，所有的曲线消失，成了分布的点. 由单一轨线产生的点充满了大部分等能量面，系统的运动基本上是混沌的. 可见，随着系统能量的增大，系统从可积逐渐变成不可积，其运动从规则逐渐变成混沌.

下面，为了简单起见，就认为不可积哈密顿系统的运动是混沌的，系统的状态以相等概率分布在等能量面上，即在等能量面上遍历.

3.2.7 部分可积哈密顿系统

一个 n $(n > 3)$ 自由度的哈密顿系统具有 $r(1 < r < n)$ 个独立对合的首次积分就称为部分可积哈密顿系统. 哈密顿力学中没有部分可积这个概念, 因为此时可以用 $r-1$ 个除能量以外的首次积分将原来的系统化为 $(n-r+1)$ 自由度的不可积哈密顿系统. 然而本书将要研究随机激励的耗散的哈密顿系统(见 3.2.9 节), 就无法作这种简化, 所以引入了部分可积哈密顿系统的概念.

从理论上来讲, 总可以通过正则变换将一个部分可积哈密顿系统分成一个完全可积的哈密顿子系统和一个不可积的哈密顿子系统. 若完全可积的哈密顿子系统是可分离的, 则部分可积哈密顿系统的哈密顿量将有如下形式

$$H = \sum_{\eta=1}^{r-1} H_{\eta}(q_{\eta}, p_{\eta}) + H_r(q_r, \cdots, q_n; p_r, \cdots, p_n) \tag{3.2.76}$$

或者

$$H = \sum_{\eta=1}^{r-1} H_{\eta}(I_{\eta}) + H_r(q_r, \cdots, q_n; p_r, \cdots, p_n) \tag{3.2.77}$$

其中 H_{η} 是除能量之外的 $r-1$ 个独立对合的首次积分. 由于完全可积哈密顿子系统可以是非共振或者共振的, 部分可积哈密顿系统也可以是非共振或者共振的, 取决于其可积哈密顿子系统的角频率是否有形如式(3.2.57)的共振关系. 在共振情形下, 也可引入形如式(3.2.58)的角变量组合. 一个部分可积哈密顿系统包含了规则运动(周期运动或者概周期运动)和混沌运动.

3.2.8 哈密顿系统的遍历性

令 z 是一个状态矢量, g' 表示系统相流, $f(z)$ 为动力学量. 与式(3.2.54)和式(3.2.55)相似,

$$f^*(z_0) = \lim_{T \to \infty} \frac{1}{T} \int_0^T f(g'(z_0)) \mathrm{d}t \tag{3.2.78}$$

称为 f 的时间平均, 而

$$\bar{f} = \int_{\Omega} f(z) \mathrm{d}\mu, \quad \mathrm{d}\mu = p(z) \mathrm{d}z \tag{3.2.79}$$

称为 f 的空间平均. Ω 可以是相空间或者相空间的子流形. μ 是不变测度, p 是不变测度的密度. 对于哈密顿系统, $p(z) = 1$. 系统称为在 Ω 上遍历的, 若

$$f^*(z_0) = \bar{f} \tag{3.2.80}$$

对几乎所有的 z_0 成立. 也就是说, 对于遍历哈密顿系统, 时间平均与初始值无关.

既然初始值可以任意取, 那么只有当系统的相轨线可以到达相空间或者它的子流形的任意一点时, 系统才可能是遍历的.

从上述定义可知, 系统的遍历性与相空间或者它的子流形有关. 对于单自由度自治哈密顿系统, 等能量面和环面都是一维流形, 并且系统在等能量面和环面上都是遍历的. 完全可积多自由度哈密顿系统在等能量面上非遍历, 因为除了能量积分外, $n-1$ 个独立、对合的首次积分使得系统的相轨迹不能到达等能量面的所有部分. 系统在非共振环面上是遍历的, 而在共振环面上是非遍历的. 对于拟不可积哈密顿系统, 当 KAM 环面存在时, 它在 KAM 环面上是遍历的; 当 KAM 环面消失后, 在等能量面上遍历. 在经典统计力学中有遍历性假设: 一般的非线性哈密顿系统在等能量面上是遍历的, 即系统的相轨线以等概率达到等能量面上的任意一点. 显然, 如果哈密顿系统不可积且哈密顿量足够大, 这个假设是成立的(见图 3.2.2). 对部分可积非共振哈密顿系统, 可积子系统在 $r-1$ 维环面遍历, 不可积子系统在 H_r 为常数的曲面上遍历, 对部分可积共振哈密顿系统, 可积子系统在 $r-1-\beta$ 维子环面上遍历, β 为共振关系数目, 不可积子系统在 H_r 为常数的曲面上遍历.

注意, 在发展拟哈密顿系统的随机平均法过程中, 哈密顿系统的遍历性是一个十分重要的概念, 利用它可将时间平均转化为空间平均, 详见第 5~9 章中平均方程的推导.

3.2.9 随机激励的耗散的哈密顿系统

在推导保守系统的拉格朗日方程(3.2.3)时, 只计及有势力(保守力)和广义惯性力. 若计及非保守广义力, 则拉格朗日方程将具有如下形式

$$\frac{\mathrm{d}}{\mathrm{d}t}\frac{\partial L}{\partial \dot{q}_i} - \frac{\partial L}{\partial q_i} = \overline{F}_i, \quad i = 1, 2, \cdots, n \tag{3.2.81}$$

其中 $\overline{F}_i = F_i(\boldsymbol{q}, \dot{\boldsymbol{q}}, t)$ 是非保守广义力. 通过勒让德变换(3.2.5), 方程(3.2.81)将化为如下的哈密顿方程

$$\dot{q}_i = \frac{\partial H}{\partial p_i}, \quad \dot{p}_i = -\frac{\partial H}{\partial q_i} + F_i, \quad i = 1, 2, \cdots, n \tag{3.2.82}$$

其中

$$F_i = F_i(\boldsymbol{q}, \boldsymbol{p}, t) = \overline{F}_i(\boldsymbol{q}, \dot{\boldsymbol{q}}, t)|_{\dot{\boldsymbol{q}} \to \boldsymbol{p}} \tag{3.2.83}$$

是非保守力, 包括耗散力 F_i^d 和激励力 F_i^e.

假设耗散力具有如下形式

$$F_i^d = \sum_{j=1}^n F_{ij}^d = -\sum_{j=1}^n c_{ij}(\boldsymbol{q}, \boldsymbol{p}) \frac{\partial H}{\partial p_j} \tag{3.2.84}$$

若 c_{ij} 是常数, 则 F_{ij}^d 是线性阻尼力. 若 c_{ij} 是 $\boldsymbol{q}, \boldsymbol{p}$ 的函数, 则 F_{ij}^d 是一个拟线性(非线性)阻尼力. 表达式(3.2.84)具有普遍性, 它几乎涵盖了迄今为止动力学中所用的所有线性和非线性阻尼力.

假设激励力有如下形式

$$F_i^e = \sum_{k=1}^m F_{ik}^e = \sum_{k=1}^m f_{ik}(\boldsymbol{q}, \boldsymbol{p})\xi_k(t) \tag{3.2.85}$$

其中 $\xi_k(t)$ 是随机过程, 比如高斯白噪声、泊松白噪声、分数高斯噪声、宽带过程、窄带过程等. 有些 $\xi_k(t)$ 可以是周期的或者谐和函数. 若 f_{ik} 是一个常数, 则 F_{ik}^e 称为外激励或者加性激励. 若 f_{ik} 是 $\boldsymbol{q}, \boldsymbol{p}$ 的函数, 则 F_{ik}^e 称为参数激励或者乘性激励.

令

$$F_i = F_i^d + F_i^e, \quad i = 1, 2, \cdots, n \tag{3.2.86}$$

那么方程(3.2.82)变为

$$\begin{aligned}
\dot{Q}_i &= \frac{\partial H}{\partial P_i}, \\
\dot{P}_i &= -\frac{\partial H}{\partial Q_i} - \sum_{j=1}^n c_{ij}(\boldsymbol{Q}, \boldsymbol{P}) \frac{\partial H}{\partial P_j} + \sum_{k=1}^m f_{ik}(\boldsymbol{Q}, \boldsymbol{P})\xi_k(t),
\end{aligned} \qquad i = 1, 2, \cdots, n \tag{3.2.87}$$

其中大写字母 $\boldsymbol{Q}, \boldsymbol{P}$ 表示随机的系统状态. 若 $\xi_k(t)$ 为随机过程, 则方程(3.2.87)描述的系统称为随机激励的耗散的哈密顿系统.

需要强调指出的是, 方程(3.2.87)所描述的系统是非保守的, 因为 m 个随机激励将能量输入系统, 而 n^2 个阻尼力则耗散系统能量. 相比于系统本身的能量, 当激励输入系统的能量与阻尼耗散的能量之差较小时, 称随机激励的耗散的哈密顿系统为拟哈密顿系统. 下面将看到, 拟哈密顿系统随机平均方程的形式和维数, 将取决于相应哈密顿系统的可积性和共振性.

3.3 广义哈密顿系统及其分类

3.2 节介绍的哈密顿系统是定义在偶数维相空间上的经典哈密顿系统, 实际系统相空间的维数可能是奇数维的, 例如自由刚体定点转动的欧拉方程, 基本变量是三个角动量, 相空间是三维的. 因此, 需推广经典哈密顿系统至广义哈密顿系统(李继彬等，2007；van Moerbeke，1988；Oliver，1986). 下面简单介绍与本书有关的广义哈密顿系统的定义、性质及其分类.

不同于经典哈密顿系统的相空间必须是偶数维，广义哈密顿系统的相空间可以是奇数维甚至无穷维，本书仅考虑有限维情形. 广义哈密顿系统可用广义泊松括号定义，广义泊松括号就是去掉非退化条件限制的 3.2.2 节中定义的泊松括号. 设广义哈密顿系统的局部坐标为 $\boldsymbol{x} = [x_1, x_2, \cdots, x_m]^{\mathrm{T}}$，则广义泊松括号 $[F, G]$ 定义为

$$[F, G] = \sum_{i,j=1}^{m} J_{ij}(\boldsymbol{x}) \frac{\partial F}{\partial x_i} \frac{\partial G}{\partial x_j} \tag{3.3.1}$$

式中 $\boldsymbol{J}(\boldsymbol{x}) = [J_{ij}(\boldsymbol{x})]_{m \times m}$ 称为广义泊松括号的结构矩阵，它是 $m \times m$ 阶反对称矩阵，其元素为局部坐标 x_i 的函数. 对于给定函数矩阵 $\boldsymbol{J}(\boldsymbol{x})$，它能成为广义泊松括号的结构矩阵的充分必要条件为

$$J_{ij}(\boldsymbol{x}) = -J_{ji}(\boldsymbol{x}), \quad i, j = 1, 2, \cdots, m$$
$$\sum_{l=1}^{m} \left(J_{il} \frac{\partial J_{jk}}{\partial x_l} + J_{jl} \frac{\partial J_{ki}}{\partial x_l} + J_{kl} \frac{\partial J_{ij}}{\partial x_l} \right) = 0, \quad i, j, k = 1, 2, \cdots, m \tag{3.3.2}$$

式(3.3.2)的第二个条件实际上是雅可比恒等式(3.2.30)的等价表示.

显然，任何反对称常数矩阵满足条件(3.3.2)，特别地，当 $\boldsymbol{J}(\boldsymbol{x}) = \begin{bmatrix} 0 & \boldsymbol{I}_n \\ -\boldsymbol{I}_n & 0 \end{bmatrix}$ 时，

$\boldsymbol{I}_n$ 是 $n \times n$ 阶单位矩阵，广义泊松括号的结构矩阵退化为辛矩阵(3.2.13)，此时广义泊松括号退化为泊松括号. 从而由泊松括号定义的经典哈密顿系统是由广义泊松括号定义的广义哈密顿系统的一个子类. 基于广义泊松括号及结构矩阵，在局部坐标系 $x_1, x_2, \cdots, x_m$ 上定义的广义哈密顿系统的运动方程为

$$\frac{\mathrm{d}x_i}{\mathrm{d}t} = [x_i, H] = \sum_{j=1}^{m} J_{ij}(\boldsymbol{x}) \frac{\partial H(\boldsymbol{x})}{\partial x_j}, \quad i = 1, 2, \cdots, m \tag{3.3.3}$$

其中 $H(\boldsymbol{x}, t)$ 为广义哈密顿函数，$J_{ij}(\boldsymbol{x})$ 为广义泊松括号结构矩阵的元素.

例如，考虑三维空间中刚体的定点转动，建立固定在刚体质心上的直角坐标系，刚体运动的欧拉方程为

$$\frac{\mathrm{d}m_1}{\mathrm{d}t} = \frac{I_2 - I_3}{I_2 I_3} m_2 m_3$$
$$\frac{\mathrm{d}m_2}{\mathrm{d}t} = \frac{I_3 - I_1}{I_3 I_1} m_3 m_1 \tag{3.3.4}$$
$$\frac{\mathrm{d}m_3}{\mathrm{d}t} = \frac{I_1 - I_2}{I_1 I_2} m_1 m_2$$

式中 $m_i (i=1,2,3)$ 为角动量；$I_i (i=1,2,3)$ 是主惯性矩. 记 $\boldsymbol{m}=[m_1, m_2, m_3]^{\mathrm{T}}$，可定义如下泊松括号

$$[F,G]=-\boldsymbol{m}\cdot(\nabla_m F \times \nabla_m G) \qquad (3.3.5)$$

式中 $\nabla_m F=[\partial F/\partial m_1, \partial F/\partial m_2, \partial F/\partial m_3]^{\mathrm{T}}$；$\nabla_m G=[\partial G/\partial m_1, \partial G/\partial m_2, \partial G/\partial m_3]^{\mathrm{T}}$；$\cdot$ 与 $\times$ 分别表示矢量点积与叉积. 总能量 $H(\boldsymbol{m})=\sum_{i=1}^{3}\dfrac{1}{2I_i}m_i^2$ 即为其广义哈密顿函数，可将式(3.3.4)改写成

$$\frac{\mathrm{d}m_i}{\mathrm{d}t}=[m_i, H], \quad i=1,2,3 \qquad (3.3.6)$$

可知，刚体定点转动的欧拉方程是一个三维的广义哈密顿系统.

若变换 $x_i \to y_i=\varphi_i(\boldsymbol{x})$ 保持泊松结构不变，则称该变换为广义正则变换. 如同经典哈密顿系统一样，广义哈密顿方程的相流是一个广义正则变换.

与经典哈密顿系统不同，本节定义的广义哈密顿系统有一个特殊的性质，即存在 Casimir 函数. 设式(3.3.3)中结构矩阵 $\boldsymbol{J}(\boldsymbol{x})$ 任一点的秩为常数 $r=2n<m$，余秩 $M=m-2n$，则存在 M 个独立的 Casimir 函数 $C_v(\boldsymbol{x}), v=1,2,\cdots,M$，它们不恒等于常数，对一切连续可微函数 F，满足

$$[C_v, F]\equiv 0, \quad v=1,2,\cdots,M \qquad (3.3.7)$$

设 $\boldsymbol{C}(\boldsymbol{x})=[C_1,\cdots,C_M]^{\mathrm{T}}$ 是 M 个 Casimir 函数组成的矢量，则任意复合函数 $\Phi(\boldsymbol{C})$ 也是 Casimir 函数，上述关于 Casimir 函数的结论一般是局部的，若 Casimir 函数 $C_1(\boldsymbol{x}),\cdots,C_M(\boldsymbol{x})$ 对全局任一点都成立，则该结论是全局的，本节仅考虑后一种情形.

类似于式(3.2.32)和式(3.2.34)，对任一连续可微的实值函数 $F(\boldsymbol{x},t)$，其全导数为

$$\frac{\mathrm{d}F}{\mathrm{d}t}=\frac{\partial F}{\partial t}+[F,H] \qquad (3.3.8)$$

若 $\mathrm{d}F/\mathrm{d}t=0$，则称 F 为广义哈密顿系统的首次积分，若 F 不显含时间 t，则 F 是首次积分的充要条件为

$$[F,H]=0 \qquad (3.3.9)$$

由 Casimir 函数的定义式(3.3.7)知，M 个 Casimir 函数 $C_1(\boldsymbol{x}),\cdots,C_M(\boldsymbol{x})$ 必定是首次积分，由式(3.3.9)知，当广义哈密顿函数 $H(\boldsymbol{x})$ 不显含时间 t 时，它也必定是一个首次积分.

与经典的哈密顿系统一样，广义哈密顿系统也有可积和不可积之分，对于一个代数完全可积的广义哈密顿系统(van Moerbeke，1988)，除了 M 个 Casimir 函

数外, 还存在 $n=(m-M)/2$ 个独立、两两对合(见式(3.2.48))的首次积分 $H_1,\cdots,H_n$, 则称它为完全可积的. 若同时存在作用矢量 $\boldsymbol{I}=[I_1,\cdots,I_n]^{\mathrm{T}}$ 与角矢量 $\boldsymbol{\theta}=[\theta_1,\cdots,\theta_n]^{\mathrm{T}}$, 使得函数 $H_1,\cdots,H_n$ 仅依赖于 $\boldsymbol{I}$ 和 $\boldsymbol{C}$, 并在 $\boldsymbol{I},\boldsymbol{\theta},\boldsymbol{C}$ 坐标下, 有

$$[I_i,I_j]=[\theta_i,\theta_j]=[I_i,C_{v_1}]=[\theta_i,C_{v_1}]=[C_{v_2},C_{v_1}]=0$$
$$[I_i,\theta_j]=-\delta_{ij}, \quad i,j=1,2,\cdots,n; \quad v_1,v_2=1,2,\cdots,M \tag{3.3.10}$$

相应的广义哈密顿方程为

$$\frac{\mathrm{d}I_i}{\mathrm{d}t}=[I_i,\hat{H}(\boldsymbol{I},\boldsymbol{C})]=0,$$

$$\frac{\mathrm{d}\theta_i}{\mathrm{d}t}=[\theta_i,\hat{H}(\boldsymbol{I},\boldsymbol{C})]=\frac{\partial\hat{H}}{\partial I_i}=\omega_i(\boldsymbol{I},\boldsymbol{C}), \quad i=1,2,\cdots,n; \quad v=1,2,\cdots,M \tag{3.3.11}$$

$$\frac{\mathrm{d}C_v}{\mathrm{d}t}=[C_v,\hat{H}(\boldsymbol{I},\boldsymbol{C})]=0,$$

式中 $\hat{H}(\boldsymbol{I},\boldsymbol{C})$ 是在新坐标下的广义哈密顿函数, $\boldsymbol{\omega}=[\omega_1,\omega_2,\cdots,\omega_n]^{\mathrm{T}}$ 为角频率矢量. 从 $\boldsymbol{x}$ 到 $\boldsymbol{I},\boldsymbol{\theta},\boldsymbol{C}$ 的变换是一个广义正则变换.

由式(3.3.11)知, $\boldsymbol{I}$ 是首次积分矢量, 当频率 $\omega_1,\omega_2,\cdots,\omega_n$ 不存在类似于(3.2.57)以整数为系数的线性相关时, 称该广义哈密顿系统是完全可积非共振的, 此时系统存在 $n+M$ 个首次积分 $I_1,\cdots,I_n,C_1,\cdots,C_M$, 设 $F_1=F_1(I_1,\cdots,I_n,C_1,\cdots,C_M)$ 是任意连续可微的函数, 则它与广义哈密顿函数对合, 即

$$[F_1,\hat{H}]=\sum_{i=1}^{n}\frac{\partial F_1}{\partial I_i}[I_i,\hat{H}]+\sum_{l=1}^{M}\frac{\partial F_1}{\partial C_l}[C_l,\hat{H}]=0 \tag{3.3.12}$$

反之, 对完全可积非共振的广义哈密顿系统, 如果一个状态变量的函数 F_1 满足式(3.3.12), 则 F_1 是作用量 $I_1,\cdots,I_n$ 及 Casimir 函数 $C_1,\cdots,C_M$ 的任意函数. 如同 n 自由度完全可积非共振哈密顿系统在 n 维环面上遍历, 此处假设 n 维广义哈密顿系统在 $I_1,\cdots,I_n,C_1,\cdots,C_M$ 为常数的子流形上遍历.

当式(3.3.11)中的角频率满足如下共振关系

$$\sum_{i=1}^{n}k_i^u\omega_i=0, \quad u=1,2,\cdots,\alpha \tag{3.3.13}$$

时, 则称该完全可积广义哈密顿系统是共振的. 其中 k_i^u 为整数, 且对给定 u, k_i^u 不全为零, $\sum_{i=1}^{n}\left|k_i^u\right|$ 称为共振阶数. 当 $\alpha=n-1$ 时, 称为完全共振; 当 $1\leqslant\alpha<n-1$ 时, 称为部分共振. 引入角变量组合

$$\psi_u = \sum_{i=1}^{n} k_i^u \theta_i, \quad u = 1, 2, \cdots, \alpha \qquad (3.3.14)$$

ψ_u 的运动方程为

$$\frac{\mathrm{d}\psi_u}{\mathrm{d}t} = \sum_{i=1}^{n} k_i^u \frac{\mathrm{d}\theta_i}{\mathrm{d}t} = \sum_{i=1}^{n} k_i^u \omega_i = 0, \quad u = 1, 2, \cdots, \alpha \qquad (3.3.15)$$

因此，$\boldsymbol{\Psi} = [\psi_1, \psi_2, \cdots, \psi_\alpha]^{\mathrm{T}}$ 也是一个首次积分矢量，此时完全可积共振广义哈密顿系统共存在 $(n+M+\alpha)$ 个首次积分 $I_1, \cdots, I_n, \psi_1, \cdots, \psi_\alpha, C_1, \cdots, C_M$.

设 $F_2 = F_2(I_1, \cdots, I_n, \psi_1, \cdots, \psi_\alpha, C_1, \cdots, C_M)$ 是任意连续可微函数，则

$$[F_2, \hat{H}] = \sum_{i=1}^{n} \frac{\partial F_2}{\partial I_i}[I_i, \hat{H}] + \sum_{u=1}^{\alpha} \frac{\partial F_2}{\partial \psi_u}[\psi_u, \hat{H}] + \sum_{l=1}^{M} \frac{\partial F_2}{\partial C_l}[C_l, \hat{H}] = 0 \qquad (3.3.16)$$

反之，对完全可积共振的广义哈密顿系统，如果一个状态变量的函数 F_2 满足式 (3.3.16)，则 F_2 是作用量 $I_1, \cdots, I_n$ 和角变量组合 $\psi_1, \cdots, \psi_\alpha$ 及 Casimir 函数 $C_1, \cdots, C_M$ 的任意函数. 如同 n 自由度完全可积共振哈密顿系统在 $n-\alpha$ (α 为共振关系数目) 子环面上遍历，此处假设 n 维广义哈密顿系统在 $I_1, \cdots, I_n, \psi_1, \cdots, \psi_\alpha, C_1, \cdots, C_M$ 为常数的子流形上遍历.

设广义哈密顿系统除 M 个 Casimir 函数 $C_1, \cdots, C_M$ 外，仅有广义哈密顿函数 H 本身一个首次积分，则称该广义哈密顿系统是完全不可积的. 设 $F_3 = F_3(H, C_1, \cdots, C_M)$ 是任意连续可微的函数，则它与广义哈密顿函数对合，即

$$[F_3, H] = \frac{\partial F_3}{\partial H}[H, H] + \sum_{l=1}^{M} \frac{\partial F_3}{\partial C_l}[C_l, H] = 0 \qquad (3.3.17)$$

反之，对完全不可积广义哈密顿系统，如果一个状态变量的函数 F_3 满足条件 (3.3.17)，则 F_3 是广义哈密顿函数 H 与 Casimir 函数 $C_1, \cdots, C_M$ 的任意函数. 如同不可积哈密顿系统在 H 为常数的子空间上遍历，此处假设不可积广义哈密顿系统在 $H, C_1, \cdots, C_M$ 为常数的子流形上遍历.

完全可积与完全不可积广义哈密顿系统是广义哈密顿系统的两种特殊情形，更多情形下广义哈密顿系统是部分可积，即除了 M 个 Casimir 函数外，还存在 r ($1 < r < n$) 个独立、两两对合的首次积分 $H_1, H_2, \cdots, H_r$. 假设 r 个首次积分满足形如式 (3.2.76) 与式 (3.2.77) 中的关系，那么前 $r-1$ 个首次积分与 M 个 Casimir 函数组成可积广义哈密顿子系统，H_r 为不可积哈密顿子系统.

现考虑部分可积广义哈密顿系统的一个可分离的特殊情形，即设 $\boldsymbol{x} = [\boldsymbol{x}_1, \boldsymbol{x}_2, \boldsymbol{x}_3]$，$\boldsymbol{x}_1$ 为 $2n_1$ 维矢量；$\boldsymbol{x}_2$ 为 $2n_2$ 维矢量；$\boldsymbol{x}_3$ 为 M 维矢量；$\bar{H}_1(\boldsymbol{x}_1) = \bar{H}_1(\boldsymbol{q}_1, \boldsymbol{p}_1)$，$\boldsymbol{q}_1, \boldsymbol{p}_1$ 分别为 n_1 维矢量；$\bar{H}_2(\boldsymbol{x}_2) = \bar{H}_2(\boldsymbol{q}_2, \boldsymbol{p}_2)$，$\boldsymbol{q}_2, \boldsymbol{p}_2$ 分别为 n_2 维矢量；$\boldsymbol{C} = C(\boldsymbol{x}_3)$. 以 $\bar{H}_1$ 为哈密顿函数的哈密顿子系统完全可积，并可得作用矢量 $\bar{\boldsymbol{I}} = [I_1(\boldsymbol{x}_1), \cdots,$

$I_{n_1}(\boldsymbol{x}_1)]^{\mathrm{T}}$ 与角矢量 $\overline{\boldsymbol{\theta}} = [\theta_1(\boldsymbol{x}_1), \cdots, \theta_{n_1}(\boldsymbol{x}_1)]^{\mathrm{T}}$，$\overline{H}_2$ 为不可积哈密顿子系统的哈密顿函数. 如同式(3.3.11)，可积广义哈密顿子系统满足如下运动方程

$$\frac{\mathrm{d}I_i}{\mathrm{d}t} = [I_i, \hat{\overline{H}}_1] = 0,$$

$$\frac{\mathrm{d}\theta_i}{\mathrm{d}t} = [\theta_i, \hat{\overline{H}}_1] = \frac{\partial \hat{\overline{H}}_1}{\partial I_i} = \omega_i(\overline{\boldsymbol{I}}, \overline{\boldsymbol{C}}), \quad i = 1, 2, \cdots, n_1; \quad v = 1, 2, \cdots, M_1 \quad (3.3.18)$$

$$\frac{\mathrm{d}C_v}{\mathrm{d}t} = [C_v, \hat{\overline{H}}_1] = 0,$$

式中 $\hat{\overline{H}}_1 = \hat{\overline{H}}_1(\overline{\boldsymbol{I}}, \overline{\boldsymbol{\theta}})$ 为 $\boldsymbol{x}_1$ 变换为 $\overline{\boldsymbol{I}}, \overline{\boldsymbol{\theta}}$ 后的 $\overline{H}_1$，ω_i 为角频率.

当式(3.3.18)中的 ω_i 不存在以整数为系数的线性相关时，该可积广义哈密顿子系统是非共振的，原广义哈密顿系统称为部分可积非共振的，有 $(n_1 + M + 1)$ 个首次积分 $I_1, \cdots, I_{n_1}$，$\overline{H}_2, C_1, \cdots, C_M$，设 $F_4 = F_4(\overline{\boldsymbol{I}}, \overline{H}_2, \boldsymbol{C})$ 是任意连续可微函数，则它与广义哈密顿函数 H 对合，即

$$[F_4, H] = \sum_{i=1}^{n_1} \frac{\partial F_4}{\partial I_i} [I_i, H] + \frac{\partial F_4}{\partial \overline{H}_2} [\overline{H}_2, H] + \sum_{v=1}^{M} \frac{\partial F_4}{\partial C_v} [C_v, H]$$

$$= \sum_{i=1}^{n_1} \frac{\partial F_4}{\partial I_i} [I_i, \hat{\overline{H}}_1] + \frac{\partial F_4}{\partial \overline{H}_2} [\overline{H}_2, \overline{H}_2] + \sum_{v=1}^{M} \frac{\partial F_4}{\partial C_v} [C_v, H] = 0 \quad (3.3.19)$$

反之，对于部分可积非共振的广义哈密顿系统，F_4 满足条件(3.3.19)时，则 F_4 是 $\overline{\boldsymbol{I}}, \overline{H}_2, \boldsymbol{C}$ 的任意函数.

对部分可积非共振广义哈密顿系统如同部分可积非共振哈密顿系统，可积广义哈密顿子系统在 $I_1, \cdots, I_{n_1}, C_1, \cdots, C_M$ 为常数的子流形上遍历，而不可积广义哈密顿子系统在 $\overline{H}_2$ 为常数的子流形上遍历.

当式(3.3.18)中角频率满足如下共振关系

$$\sum_{i=1}^{n_1} k_i^u \omega_i = 0, \quad u = 1, 2, \cdots, \alpha_1 \quad (3.3.20)$$

时，称该部分可积广义哈密顿系统是共振的. 式中 k_i^u 的意义与式(3.3.13)中的 k_i^u 相同. 引入角变量组合

$$\psi_u = \sum_{i=1}^{n_1} k_i^u \theta_i, \quad u = 1, 2, \cdots, \alpha_1 \quad (3.3.21)$$

如同式(3.3.15)，ψ_u 也是该部分可积广义哈密顿系统的首次积分. 此时，部分可积共振的广义哈密顿系统有 $(n_1 + \alpha_1 + M + 1)$ 个首次积分 $\overline{\boldsymbol{I}}, \overline{\boldsymbol{\Psi}} = [\psi_1, \cdots, \psi_{\alpha_1}]^{\mathrm{T}}, \overline{H}_2, \boldsymbol{C}$.

设 $F_5 = F_5(\overline{\boldsymbol{I}}, \overline{\boldsymbol{\Psi}}, \overline{H}_2, \boldsymbol{C})$ 是任意连续可微函数，则它与广义哈密顿函数 H 对合，即

$$[F_5, H] = \sum_{i=1}^{n_1} \frac{\partial F_5}{\partial I_i}[I_i, H] + \sum_{u=1}^{\alpha_1} \frac{\partial F_5}{\partial \psi_u}[\psi_u, H]$$

$$+ \frac{\partial F_5}{\partial \overline{H}_2}[\overline{H}_2, H] + \sum_{v=1}^{M} \frac{\partial F_5}{\partial C_v}[C_v, H] = 0 \qquad (3.3.22)$$

反之，若函数 F_5 满足条件(3.3.22)，则 F_5 必是 $\overline{\boldsymbol{I}}, \overline{\boldsymbol{\Psi}}, \overline{H}_2, \boldsymbol{C}$ 的任意函数.

对部分可积共振广义哈密顿系统如同部分可积共振哈密顿系统，可积哈密顿子系统在 $n_1 - \alpha_1$ 维以 $\overline{\boldsymbol{I}}, \overline{\boldsymbol{\Psi}}, \boldsymbol{C}$ 为常数的子流形上遍历，而不可积哈密顿子系统在 $\overline{H}_2$ 为常数的曲面上遍历.

关于广义哈密顿系统的更详细论述参见(李继彬等，2007).

3.4 有遗传效应的力

在 3.2.9 节中，非保守力包括激励力与耗散力. 假定耗散力是同一时刻系统状态变量的函数，不受系统运动历史的影响. 然而，在现实中存在一类力，它不仅取决于系统当时的运动状态，还与系统运动历史有关，此处称这类力为有遗传效应的力，包括滞迟恢复力、时滞力、黏弹性力及分数阶导数阻尼力. 于是，在随机激励的耗散的哈密顿系统(3.2.87)中，还可能加上有遗传效应的力，称这类系统为含遗传效应力的随机激励的耗散的哈密顿系统. 下面介绍滞迟恢复力、黏弹性力及分数阶导数阻尼力的数学模型.

3.4.1 滞迟恢复力

机械与结构系统在承受严重动载荷时常呈现滞迟性态，结构控制中应用愈来愈广泛的智能材料，如压电陶瓷、形状记忆合金、电流变或磁流变阻尼器等，也常呈现出滞迟特性. 滞迟恢复力的特点是，恢复力不仅依赖于当时的变形或位移，而且依赖于变形的历史. 目前已有多种表示滞迟本构关系的解析模型，常用的有双线性滞迟模型、Bouc-Wen 滞迟模型、Duhem 滞迟模型及 Preisach 滞迟模型.

1. 双线性滞迟模型

双线性滞迟模型是较为简单且直观的模型，如图 3.4.1 所示，双线性滞迟模型由若干分段线性函数组成. 根据双线性滞迟模型，滞迟恢复力可表示为

$$f(x,\dot{x}) = \begin{cases} x, & \text{当} a \leqslant 1 \text{时} \\ \alpha x - (1-\alpha), & \text{当} a > 1, \ \dot{x} < 0, \ -a \leqslant x < a-2 \text{时} \\ x - (1-\alpha)(a-1), & \text{当} a > 1, \ \dot{x} < 0, \ a-2 \leqslant x \leqslant a \text{时} \\ x + (1-\alpha)(a-1), & \text{当} a > 1, \ \dot{x} > 0, \ -a \leqslant x < 2-a \text{时} \\ \alpha x + (1-\alpha), & \text{当} a > 1, \ \dot{x} > 0, \ 2-a \leqslant x \leqslant a \text{时} \end{cases} \tag{3.4.1}$$

图 3.4.1 显示滞迟恢复力随位移变化的曲线,封闭回路面积表示每一次往复运动所损失的能量 A_r ,振幅为 a 时 A_r 为

$$A_r = \begin{cases} 0, & \text{当} a \leqslant 1 \text{时} \\ 4(1-\alpha)(a-1), & \text{当} a > 1 \text{时} \end{cases} \tag{3.4.2}$$

双线性滞迟模型可用一个线性弹簧元件和一个 Jenkin 元件并联表示,后者由一个库仑阻尼与一个线性弹簧串联而成,如图 3.4.2 所示.

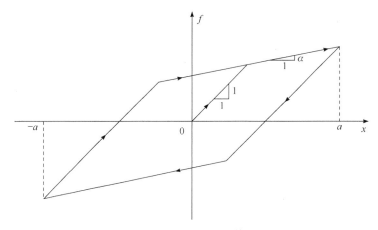

图 3.4.1　双线性滞迟模型

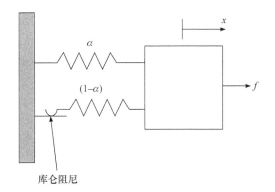

图 3.4.2　双线性滞迟模型元件结构示意图

2. Bouc-Wen 滞迟模型

图 3.4.1 所示双线性滞迟模型中的斜率突变是不切实际的. 为了解决这个问题, 先由 Bouc(1967)提出, 后由 Wen(1976)发展了一个光滑滞迟模型. 根据该模型, 可将方程(3.4.1)中的滞迟恢复力表示为

$$f(x,\dot{x}) = \alpha x + (1-\alpha)z(x,\dot{x}), \quad 0 \leqslant \alpha \leqslant 1 \tag{3.4.3}$$

式中 α 为常数; αx 为线性恢复力; $z(x,\dot{x})$ 为滞迟力, 可用以下一阶微分方程来描述

$$\dot{z} = -\gamma |\dot{x}| z |z|^{n-1} - \beta \dot{x} |z|^n + A_1 \dot{x} \tag{3.4.4}$$

图 3.4.3 示出了 Bouc-Wen 滞迟模型中恢复力与位移 x 的关系. 力-位移曲线的光滑程度由数值 n 控制, 曲线的总斜率是由数值 $\gamma+\beta$ 控制, 滞迟环的宽窄由 γ 控制. 通过选取不同的参数 γ、β、n 和 A_1 的值, 可以很好地拟合实际滞迟系统的性态(Baber and Wen, 1979).

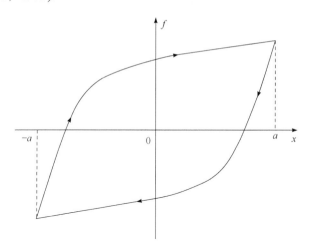

图 3.4.3 Bouc-Wen 滞迟模型

式(3.4.4)可积分给出 z 与 x 之间的函数关系(Cai and Lin, 1990), 例如, 当 $A_1 = n = 1$ 且 $\beta \neq \gamma$ 时, 可得

$$z(x) = \begin{cases} \left[e^{(\gamma+\beta)(x-x_0)} - 1 \right] / (\gamma+\beta), & \text{当} \dot{x} < 0, \ -a \leqslant x < x_0 \text{时} \\ \left[e^{(\gamma-\beta)(x-x_0)} - 1 \right] / (\gamma-\beta), & \text{当} \dot{x} < 0, \ x_0 \leqslant x \leqslant a \text{时} \\ \left[1 - e^{-(\gamma-\beta)(x+x_0)} \right] / (\gamma-\beta), & \text{当} \dot{x} \geqslant 0, \ -a \leqslant x < -x_0 \text{时} \\ \left[1 - e^{-(\gamma+\beta)(x+x_0)} \right] / (\gamma+\beta), & \text{当} \dot{x} \geqslant 0, \ -x_0 \leqslant x \leqslant a \text{时} \end{cases} \tag{3.4.5}$$

式中的 x_0 可由给定振幅 a 后解方程 $z(-x_0) = 0 \ (\dot{x} \geqslant 0)$ 或 $z(x_0) = 0 \ (\dot{x} < 0)$ 唯一地确

定. 据此, 式(3.4.3)中滞迟恢复力在一个周期内所损失的能量 A_r 可由下式得到

$$A_r = 2(1-\alpha) \int_{-a}^{a} z(x) \mathrm{d}x \tag{3.4.6}$$

3. Duhem 滞迟模型

一个更加灵活多变的 Duhem 滞迟模型乃由(Krasnoselskii and Pokrovskii, 1989; Mayergoyz, 1991; Visintin, 1994)提出. 滞迟恢复力 f 由下列方程支配

$$\dot{f} = g[x, f, \mathrm{sgn}(\dot{x})]\dot{x} = \begin{cases} g_1(x,f)\dot{x}, & \dot{x} > 0 \\ g_2(x,f)\dot{x}, & \dot{x} < 0 \end{cases} \tag{3.4.7}$$

模型(3.4.7)的滞迟环由上升段 $f_1(t)$ ($\dot{x} > 0$) 和下降段 $f_2(t)$ ($\dot{x} < 0$)组成. 滞迟环回路的面积为

$$A_r = \int_{-a_1}^{a_2} f_1(t)\mathrm{d}x + \int_{a_2}^{-a_1} f_2(t)\mathrm{d}x \tag{3.4.8}$$

式中 a_1, a_2 分别是位移在负方向和正方向的幅值. 模型(3.4.7)允许上升段 $f_1(t)$ 和下降段 $f_2(t)$ 非对称. 而大部分现有的滞迟模型, 这两部分是反对称的, 即 $g_2(x,f) = g_1(-x,-f)$. 例如(Ying et al., 2002)中考虑的一个非线性弹性与反对称 Duhem 滞迟模型为

$$g_1 = k_1 + 3k_3 x^2 + \frac{\gamma}{\beta}\left[\alpha - \beta\left(f - k_1 x - k_3 x^3\right)\right] \tag{3.4.9}$$

式中 k_1 和 k_3 分别是线性与非线性刚度, α, β, γ 为滞迟参数. 在反对称时, 滞迟恢复力 f 包括弹性力和滞迟力两部分. 滞迟恢复力上下分支为

$$\begin{aligned} f_1 &= k_1 x + k_3 x^3 + \frac{1}{\beta}[1 - \mathrm{e}^{-\gamma(x+x_0)}], \quad \dot{x} > 0 \\ f_2 &= k_1 x + k_3 x^3 - \frac{1}{\beta}[1 - \mathrm{e}^{\gamma(x-x_0)}], \quad \dot{x} < 0 \end{aligned} \tag{3.4.10}$$

式中 x_0 可由幅值 a 确定为

$$x_0 = -a + \frac{1}{\gamma}\ln\left(\frac{1 + \mathrm{e}^{2a\gamma}}{2}\right) \tag{3.4.11}$$

由式(3.4.8)计算得滞迟环回路的面积为

$$A_r = 4[(1+a\gamma) - \mathrm{e}^{\gamma(a-x_0)}]/(\beta\gamma) \tag{3.4.12}$$

图 3.4.4 描述了硬刚度 $k_3 = 0.03 > 0$ 和软刚度 $k_3 = -0.03 < 0$ 两种情形的滞迟恢

复力.

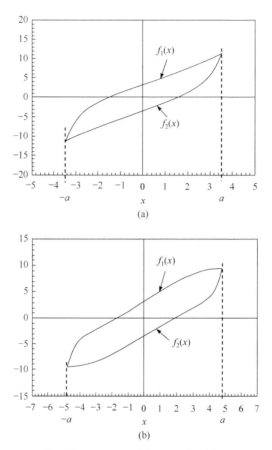

图 3.4.4　Duhem 滞迟模型：(a) 硬刚度；(b) 软刚度 (Ying et al.，2002)

4. Preisach 滞迟模型

Preisach 滞迟模型是较为复杂的滞迟恢复力模型，其特点是它能够描述具有非局部记忆的滞迟特性. 它可表示成如下积分形式

$$f(x,\dot{x}) = \iint_{\alpha \geqslant \beta} \mu(\alpha,\beta)\gamma_{\alpha\beta}(x(t))\mathrm{d}\alpha\mathrm{d}\beta \qquad (3.4.13)$$

式中 $\mu(\alpha,\beta)$ 是权函数，也称为 Preisach 函数，它定义在 (α,β) 平面上的一个三角形 D 上，这个三角形以直线 $\alpha = \beta$ 为斜边，而以 $(\alpha_\mathrm{p},\beta_\mathrm{p} = -\alpha_\mathrm{p})$ 为顶点，这个在半平面 $\alpha \geqslant \beta$ 上的三角形也称为 Preisach 平面(图 3.4.5)；$\mu(\alpha,\beta)$ 在三角形 D 以外的区域等于 0. 图 3.4.6 所示 $\gamma_{\alpha\beta}(x)$ 称为中继滞迟算子，该算子取值+1 或−1，分别对应于中继算子的开和关，表达式为

$$\gamma_{\alpha\beta}(x) = \begin{cases} +1, & x > \alpha \ \text{或}\ x > \beta\ \text{且处于负向运动} \\ -1, & x < \beta \ \text{或}\ x < \alpha\ \text{且处于正向运动} \end{cases} \tag{3.4.14}$$

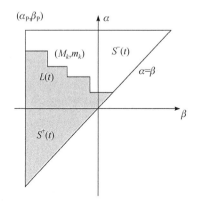

图 3.4.5　Preisach 平面(Wang et al.，2009)

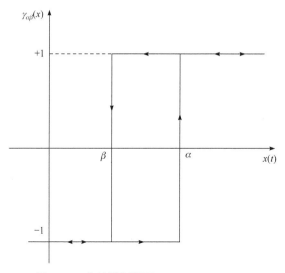

图 3.4.6　中继滞迟算子(Wang et al.，2009)

Preisach 滞迟模型由图 3.4.6 中基本矩形环的加权叠加而成，可以解释为复杂滞迟本构律的简单中继滞迟算子的谱分解. Preisach 滞迟行为完全由权函数 $\mu(\alpha,\beta)$ 决定. 对任意输入 $x(t)$，滞迟恢复力 $f(t)$ 由权函数和阶梯线 $L(t)$ 确定 (图 3.4.5)，该阶梯线将 Preisach 平面分成两个部分 $S^+(t)$ 和 $S^-(t)$，分别对应于中继算子的开和关. 阶梯线的各个角点对应于过去位移的局部极大 M_k 和局部极小 m_k. 因此，Preisach 滞迟力不仅依赖于当前的位移而且按选择记忆与非局部的位移历史有关，即具有非局部记忆特性. 滞迟恢复力可以等价地表示为

$$f(t) = \iint_{S^+(t)} \mu(\alpha,\beta)\mathrm{d}\alpha\mathrm{d}\beta - \iint_{S^-(t)} \mu(\alpha,\beta)\mathrm{d}\alpha\mathrm{d}\beta$$

$$= 2\iint_{S^+(t)} \mu(\alpha,\beta)\mathrm{d}\alpha\mathrm{d}\beta - \iint_{D} \mu(\alpha,\beta)\mathrm{d}\alpha\mathrm{d}\beta \tag{3.4.15}$$

式中积分区域 D 为图 3.4.5 中的三角形区域.

给定实验数据,Preisach 函数可以通过一阶转换曲线得到. Lubarda 等(Lubarda et al., 1993)应用这一方程得到了某类经典流变模型的封闭形式的 Preisach 函数. 对于 Iwan-Jenkins 模型，Preisach 函数表示为

$$\mu(\alpha,\beta) = \frac{k_J}{2}\left\{\delta(\alpha-\beta) - \frac{k_J}{2}\frac{1}{f_{y,\max}-f_{y,\min}}\left[H\left(\alpha-\beta-2\frac{f_{y,\min}}{k_J}\right) - H\left(\alpha-\beta-2\frac{f_{y,\max}}{k_J}\right)\right]\right\}$$

$$\tag{3.4.16}$$

式中 $\delta(\cdot)$ 和 $H(\cdot)$ 分别为 δ 函数和 Heaviside 函数；k_J 表示单个 Jenkins 单元的线性刚度；f_y 是屈服力，并且 $f_{y,\min} \leqslant f_y \leqslant f_{y,\max}$；权函数定义在域 A 上(图 3.4.7). 应用式(3.4.14)，相应的滞迟恢复力表示为

$$f(t) = \frac{k_J}{2}\left[\int_{-\alpha_P}^{\alpha_P} \gamma_{\alpha,\alpha}(x)\mathrm{d}\alpha - \frac{k_J}{2}\frac{1}{f_{y,\max}-f_{y,\min}}\iint_A \gamma_{\alpha\beta}(x)\mathrm{d}\alpha\mathrm{d}\beta\right] \tag{3.4.17}$$

应用式(3.4.16)，滞迟恢复力进一步表示为

$$f(t) = k_J x(t) - \frac{k_J^2}{4}\frac{1}{f_{y,\max}-f_{y,\min}}\left(2\iint_{S_A^+(t)}\mathrm{d}\alpha\mathrm{d}\beta - \iint_A \mathrm{d}\alpha\mathrm{d}\beta\right) \tag{3.4.18}$$

设置 $\alpha_P = -\beta_P = f_{y,\max}/k_J$，阴影面积 A 是一个由直线 $\alpha=\alpha_P, \beta=\beta_P$ 和 $\alpha-\beta = 2f_{y,\min}/k_J$ 定义的三角形. 域 A 最初被分为两个相等的部分以保证 $f(0)=0$. 引进一个新的函数 $F(\alpha_i,\beta_i)$

$$F(\alpha_i,\beta_i) = \frac{[2f_{y,\min}+k_J(\beta_j-\alpha_j)]^2}{2k_J^2} \tag{3.4.19}$$

显然，$F(\alpha_i,\beta_i)$ 是由直线 $\alpha=\alpha_i, \beta=\beta_i$ 和 $\alpha-\beta = 2f_{y,\min}/k_J$ 定义的三角形的面积(图 3.4.8).

考虑幅值随时间慢变的振动. 当前振动幅值 $\bar{a} \geqslant f_{y,\min}/k_J$ 时(Spanos et al., 2004)(图 3.4.9)，相应于上升阶段的滞迟恢复力为

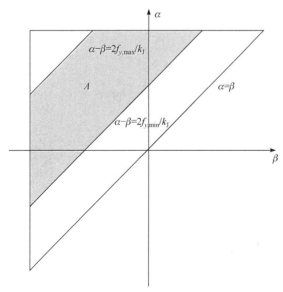

图 3.4.7　Iwan-Jenkins 模型权函数的定义域(Wang et al.，2009)

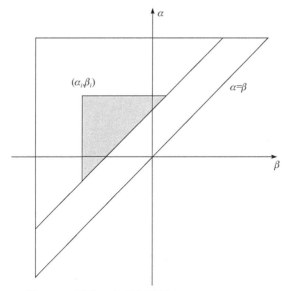

图 3.4.8　函数 F 的几何描述(Wang et al.，2009)

$$f(t) = k_J x(t) - \frac{k_J^2}{4} \frac{1}{f_{y,\max} - f_{y,\min}} \left[4 \left(F\left(\frac{f_{y,\min}}{k_J}, \beta_P \right) - F\left(\frac{f_{y,\min}}{k_J}, \beta_1 \right) \right) \right.$$

$$\left. + 2H\left(x(t) - \beta_{n-1} - \frac{2f_{y,\min}}{k_J} \right) F(x(t), \beta_{n-1}) + 2\sum_{j=2}^{n-1} (F(\alpha_j, \beta_{j-1}) - F(\alpha_j, \beta_j)) - F(\alpha_P, \beta_P) \right]$$

$$(3.4.20)$$

相应于下降阶段的滞迟恢复力为

$$f(t) = k_J x(t) - \frac{k_J{}^2}{4} \frac{1}{f_{y,\max} - f_{y,\min}} \left[4 \left(F \left(\frac{f_{y,\min}}{k_J}, \beta_P \right) - F \left(\frac{f_{y,\min}}{k_J}, \beta_1 \right) \right) + 2F(\alpha_n, \beta_{n-1}) \right.$$

$$\left. - 2H \left(\alpha_n - \frac{2f_{y,\min}}{k_J} - x(t) \right) F(\alpha_n, x(t)) + 2 \sum_{j=2}^{n-1} (F(\alpha_j, \beta_{j-1}) - F(\alpha_j, \beta_j)) - F(\alpha_P, \beta_P) \right]$$

$$(3.4.21)$$

当前振动幅值 $\bar{a} < f_{y,\min}/k_J$ 时(图 3.4.10),无论对于上升还是下降阶段,滞迟恢复力均表示为

$$f(t) = k_J x(t) - k_J{}^2 \frac{1}{f_{y,\max} - f_{y,\min}} \left(F \left(\frac{f_{y,\min}}{k_J}, \beta_P \right) - F \left(\frac{f_{y,\min}}{k_J}, \beta_1 \right) \right)$$

$$- \frac{k_J{}^2}{4} \frac{1}{f_{y,\max} - f_{y,\min}} \left[2 \sum_{j=2}^{s} (F(\alpha_j, \beta_{j-1}) - F(\alpha_j, \beta_j)) - F(\alpha_P, \beta_P) \right] \quad (3.4.22)$$

在式(3.4.20)~式(3.4.22)中,α_i, β_i 分别为位移 $x(t)$ 的局部极大和局部极小. 应该注意到:小于 $f_{y,\min}/k_J$ 的极大、极小不会成为局部极大和局部极小. 对于当前振动幅值 $\bar{a} < f_{y,\min}/k_J$ 的情况,局部极大的极小值 α_s 和局部极小的极大值 β_s 分别近似等于 $f_{y,\min}/k_J$ 和 $-f_{y,\min}/k_J$.

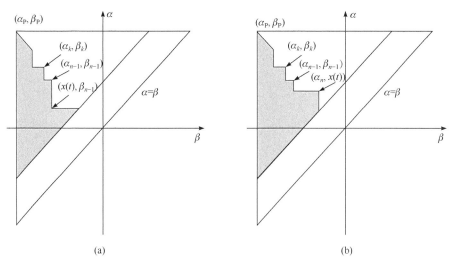

图 3.4.9 (a) 当 $\bar{a} \geqslant f_{y,\min}/k_J$ 时,Preisach 滞迟恢复力在上升阶段的几何描述; (b) 当 $\bar{a} \geqslant f_{y,\min}/k_J$ 时,Preisach 滞迟恢复力在下降阶段的几何描述(Wang et al.,2009)

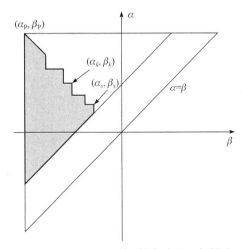

图 3.4.10　当 $\bar{a} < f_{y,\min}/k_{\mathrm{J}}$ 时，Preisach 滞迟恢复力的几何描述(Wang et al.，2009)

3.4.2　黏弹性力

经典理论在处理固体材料时，认为它具有完全弹性性质，在外力作用下，材料发生变形，外力撤除后，材料的变形可完全恢复，称为弹性材料. 在处理流体材料时，认为它在剪力作用下仅具有流动性质，在剪力消失后，材料完全不会有恢复性的流动，称为黏性材料. 而实际工程中的一些材料，如塑料和橡胶等高分子聚合物、混凝土和岩石等土木工程材料，以及血液和肌肉等生物组织，同时表现出弹性与黏性两种性质，称为黏弹性材料. 黏弹性材料在应力作用下，同时发生变形和流动. 松弛和蠕变是黏弹性材料的典型现象，松弛是指在恒定应变条件下材料应力逐渐减小的现象，蠕变是指在恒定应力作用下材料应变逐渐变大的现象. 图 3.4.11 和图 3.4.12 分别给出了黏弹性材料的松弛和蠕变行为的示意图.

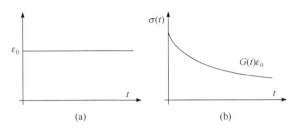

图 3.4.11　黏弹性材料松弛示意图：(a) 加载恒定应变；(b) 随时间变化的应力

研究材料的力学行为，关键问题是描述其力学本构关系，也即应力应变关系. 线弹性材料的应力应变关系为 $\sigma = E\varepsilon$，牛顿流体的应力应变关系为 $\sigma = \eta\dot{\varepsilon}$. 而黏弹性材料由于种类多、本构关系复杂，目前尚没有统一的理论方法进行描述. 虽

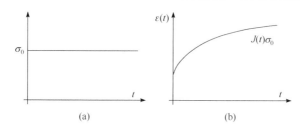

图 3.4.12　黏弹性材料蠕变示意图：(a) 加载恒定应力；(b) 随时间变化的应变

然可以用一般形式 $\sigma = f(\varepsilon, t)$ 来表示黏弹性材料的应力应变关系，但是进一步的处理较为困难，理论研究将应力应变关系假定为 $\sigma = f(t)\varepsilon$ 的形式，称为线性黏弹性. 对应于应力松弛现象，如图 3.4.11 所示，线性黏弹性材料的应力 $\sigma(t)$ 与恒定加载的应变 ε_0 之间的关系为

$$\sigma(t) = G(t)\varepsilon_0 \tag{3.4.23}$$

式中 $G(t)$ 称为松弛模量，它是随时间变化的单调减函数. 对应于蠕变现象，如图 3.4.12 所示，线性黏弹性材料的应变 $\varepsilon(t)$ 与恒定加载的应力 σ_0 之间的关系为

$$\varepsilon(t) = J(t)\sigma_0 \tag{3.4.24}$$

式中 $J(t)$ 称为蠕变柔量，它是随时间变化的单调增函数. 图 3.4.11 和图 3.4.12，以及式(3.4.23)和式(3.4.24)都表明，黏弹性材料的应力和应变响应都是时间的函数，松弛模量 $G(t)$ 和蠕变柔量 $J(t)$ 是反映黏弹性行为的重要函数，它们从不同的角度揭示了材料的黏弹性性质，两函数之间有着某种联系. 获取 $G(t)$ 和 $J(t)$ 必须基于一定的理论和方程，目前对黏弹性材料本构关系的描述方程可分为微分型方程和积分型方程两大类(张淳源，1994).

　　根据黏弹性材料性质同时具有弹性和黏性的特点，简单直观的力学模型即是通过连接弹性元件和黏性元件来构造的元件模型. 常用的元件模型有：

　　(1) 开尔文-沃伊特(Kelvin-Voigt)模型，其构造如图 3.4.13(a)所示. 根据弹性元件本构关系 $\sigma = E\varepsilon$ 和黏性元件本构关系 $\sigma = \eta\dot{\varepsilon}$，可得其描述黏弹性的本构方程为

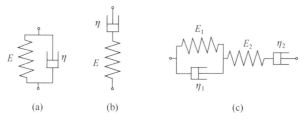

图 3.4.13　黏弹性材料本构关系的元件模型：(a) 开尔文-沃伊特模型；

(b) 麦克斯韦模型；(c) 伯格斯模型

$$\eta\dot{\sigma} + E\sigma = E\eta\dot{\varepsilon} \tag{3.4.25}$$

(2) 麦克斯韦(Maxwell)模型，其构造如图 3.4.13(b)所示，其描述黏弹性的本构方程为

$$\eta\dot{\varepsilon} + E\varepsilon = \sigma \tag{3.4.26}$$

(3) 伯格斯(Burgers)模型，其构造如图 3.4.13(c)所示，其描述黏弹性的本构方程为

$$E_1 E_2 \sigma + (\eta_1 E_2 + \eta_1 E_1 + \eta_2 E_1)\dot{\sigma} + \eta_1\eta_2\ddot{\sigma} = \eta_1 E_1 E_2\dot{\varepsilon} + \eta_1\eta_2 E_1\ddot{\varepsilon} \tag{3.4.27}$$

更多的元件模型则通过把弹性元件和黏性元件做更复杂的串联和并联组合构成. 要说明的是，元件模型不是表明黏弹性材料真的具有这样的物理结构，而是从模型导出的本构方程在一定程度上能与实验相吻合，不同的模型适合不同的材料. 由元件模型导出的本构方程都类似于式(3.4.25)～式(3.4.27)，本构方程由一系列材料参数和应力应变的各阶导数做线性组合而成，称为微分型黏弹性本构方程，方程具有如下一般形式

$$\sigma + p_1\dot{\sigma} + p_2\ddot{\sigma} + \cdots = q_0\varepsilon + q_1\dot{\varepsilon} + q_2\ddot{\varepsilon} + \cdots \tag{3.4.28}$$

虽然可以直接在时域上求解方程(3.4.28)，但是更简洁的处理方式是对方程(3.4.28)两边做拉普拉斯变换，得到

$$\bar{\sigma}(s) = \frac{q_0 + q_1 s + q_2 s^2 + \cdots}{1 + p_1 s + p_2 s^2 + \cdots}\bar{\varepsilon}(s) \tag{3.4.29}$$

其中 $\bar{\sigma}(s), \bar{\varepsilon}(s)$ 分别是应力 $\sigma(t)$ 和应变 $\varepsilon(t)$ 的拉普拉斯变换.

考虑施加恒定应变 $\varepsilon(t) = \varepsilon_0 H(t)$ ($H(t)$ 是式(2.4.10)中介绍的单位阶跃函数)时，其拉普拉斯变换 $\bar{\varepsilon}(s) = \varepsilon_0/s$ ，代入式(3.4.29)，并结合式(3.4.23)，可得松弛模量 $G(t)$ 的拉普拉斯变换为

$$\bar{G}(s) = \frac{q_0 + q_1 s + q_2 s^2 + \cdots}{s(1 + p_1 s + p_2 s^2 + \cdots)} \tag{3.4.30}$$

对 $\bar{G}(s)$ 做拉普拉斯逆变换，可得松弛模量 $G(t)$ ，它与直接求解微分方程(3.4.28)所得结果是一致的，可见拉普拉斯变换法是由微分型本构关系求取松弛模量的便捷方法，比如可以获得麦克斯韦模型的松弛模量为 $G(t) = E\exp(-Et/\eta)$.

联合式(3.4.29)和式(3.4.30)，可得到与原微分型本构关系(3.4.28)相对应的，在 s 域内用松弛模量表示的本构方程

$$\bar{\sigma}(s) = \bar{G}(s)s\bar{\varepsilon}(s) \tag{3.4.31}$$

类似地，可得到蠕变柔量 $J(t)$ 的拉普拉斯变换 $\bar{J}(s)$ 和在 s 域内用蠕变柔量表示的本构方程

$$\overline{J}(s) = \frac{1 + p_1 s + p_2 s^2 + \cdots}{s(q_0 + q_1 s + q_2 s^2 + \cdots)}, \quad \overline{\varepsilon}(s) = \overline{J}(s)s\overline{\sigma}(s) \tag{3.4.32}$$

对 $\overline{J}(s)$ 做拉普拉斯逆变换,可得到蠕变柔量 $J(t)$,比如可以获得开尔文-沃伊特模型和麦克斯韦模型的蠕变柔量分别为 $J(t) = [1 - \exp(-Et/\eta)]/E$ 和 $J(t) = t/\eta + 1/E$. 关于松弛模量和蠕变柔量之间的关系亦可获得(张淳源,1994)

$$\overline{J}(s)\overline{G}(s) = \frac{1}{s^2}$$
$$\int_0^t J(t-\tau)G(\tau)\mathrm{d}\tau = t \quad \text{或} \quad \int_0^t G(t-\tau)J(\tau)\mathrm{d}\tau = t \tag{3.4.33}$$

基于玻尔兹曼(Boltzmann)叠加原理,可建立描述黏弹性本构关系的积分型方程. 设应力 σ_1 单独加载于黏弹性体时,应变响应为 $\varepsilon_1(t)$,再设应力 σ_2 单独加载于黏弹性体时,应变响应为 $\varepsilon_2(t)$,玻尔兹曼叠加原理指出,总应力 $(\sigma_1 + \sigma_2)$ 加载于黏弹性体时,总应变响应为 $(\varepsilon_1(t) + \varepsilon_2(t))$. 可见玻尔兹曼叠加原理是线性叠加,既忽略了各应力之间的影响,也忽略了非线性高阶项,这给理论分析带来了方便,同时也近似符合许多非老化黏弹性材料的真实性质(Drozdov,1998).

考虑一般的应力加载时程 $\sigma(t)$,它可以看作是许多次应力加载的累积,而应变响应就是每次应变响应的叠加. 例如,在 τ_i 时刻加载应力 $\Delta\sigma_i$,根据式(3.4.24),可知在随后 $t > \tau_i$ 由此应力产生的应变响应为 $\Delta\varepsilon_i(t) = J(t-\tau_i)\Delta\sigma_i$. 因此,从初始应力 σ_0 开始,根据玻尔兹曼叠加原理,可得应力加载时程 $\sigma(t)$ 所产生的应变响应为

$$\varepsilon(t) = J(t)\sigma_0 + \sum_{i=1}^n J(t-\tau_i)\Delta\sigma_i \tag{3.4.34}$$

考虑上式中的 $n \to \infty$,得到如下用蠕变柔量 $J(t)$ 表示的黏弹性本构关系的积分型方程

$$\varepsilon(t) = J(t)\sigma_0 + \int_0^t J(t-\tau)\mathrm{d}\sigma(\tau) \tag{3.4.35}$$

上式中的积分项体现了黏弹性材料应力应变关系的记忆效应,应变量与应力加载的历史有关. 对式(3.4.35)做分部积分,可得到积分型方程的等价形式

$$\varepsilon(t) = J(0)\sigma(t) - \int_0^t \frac{\partial J(t-\tau)}{\mathrm{d}\tau}\sigma(\tau)\mathrm{d}\tau \tag{3.4.36}$$

类似地,考虑应变加载 $\varepsilon(t)$,仍然可应用玻尔兹曼叠加原理,得到用松弛模量 $G(t)$ 表示的黏弹性本构关系的积分型方程

$$\sigma(t) = G(t)\varepsilon_0 + \int_0^t G(t-\tau)\mathrm{d}\varepsilon(\tau) \quad \text{或} \quad \sigma(t) = G(0)\varepsilon(t) - \int_0^t \frac{\partial G(t-\tau)}{\partial\tau}\varepsilon(\tau)\mathrm{d}\tau \tag{3.4.37}$$

积分型方程(3.4.35)～(3.4.37)表明, 蠕变柔量 $J(t)$ 和松弛模量 $G(t)$ 是反映黏弹性行为的重要函数. 在实际应用中, 给定这两个函数的具体形式才可以应用式(3.4.35)～式(3.4.37)来描述黏弹性性质. Drozdov (1998)提出, 任意非老化黏弹性材料的松弛模量 $G(t)$ 可用多个麦克斯韦模型松弛模量之和来逼近, 即

$$G(t) = \sum_{i=1}^{M} (\beta_i e^{-t/\lambda_i}), \quad \sum_{i=1}^{M} \beta_i = G(0) \tag{3.4.38}$$

式中 λ_i 称为第 i 个黏弹性分量的松弛时间.

3.4.3　分数阶导数阻尼力

注意到线弹性材料的应力应变关系可理解为 $\sigma(t) \sim \mathrm{d}^0 \varepsilon(t) / \mathrm{d}t^0$, 黏性流体的应力应变关系为 $\sigma(t) \sim \mathrm{d}^1 \varepsilon(t) / \mathrm{d}t^1$, 有学者认为, 既然已知黏弹性材料力学性质介于两者之间, 那么其应力应变关系可以表示为 $\sigma(t) \sim \mathrm{d}^\beta \varepsilon(t) / \mathrm{d}t^\beta \ (0 \leqslant \beta \leqslant 1)$, 通过引入分数阶微积分, 有望建立黏弹性材料的分数阶本构方程. Bagley 和 Torvik (Bagley and Torvik, 1983)已经用实验说明了很多聚合物的应力松弛和蠕变现象可以用分数阶导数型本构关系来描述. 把原有的黏性元件改成分数阶黏性, 应力应变本构关系设为

$$\sigma(t) = \eta \frac{\mathrm{d}^\beta \varepsilon(t)}{\mathrm{d}t^\beta}, \quad 0 \leqslant \beta \leqslant 1 \tag{3.4.39}$$

即构成了阿贝尔(Abel)黏壶(Kempfle et al., 2002). 如图 3.4.14(a)所示, 无须连接其他元件, 阿贝尔黏壶本身就是一种黏弹性材料的模型. 为了得到阿贝尔黏壶的蠕变柔量 $J(t)$, 令式(3.4.39)中的 $\sigma(t) = \sigma_0$, 再对两边做 β 阶积分, 根据式(2.5.3)给出的 Riemann-Liouville 分数阶积分定义, 可以得到阿贝尔黏壶的蠕变柔量

$$J(t) = \frac{t^\beta}{\eta \Gamma(1+\beta)}, \quad 0 \leqslant \beta \leqslant 1 \tag{3.4.40}$$

类似地, 令 $\varepsilon(t) = \varepsilon_0$, 可得到阿贝尔黏壶的松弛模量 $G(t)$ 为

$$G(t) = \frac{t^{-\beta}}{\eta \Gamma(1-\beta)}, \quad 0 \leqslant \beta \leqslant 1 \tag{3.4.41}$$

通过将阿贝尔黏壶与其他元件相连接, 可以建立黏弹性材料的分数阶元件模型(陈林聪和朱位秋, 2010), 比如, 如图 3.4.14(b)与(c)所示的分数阶开尔文-沃伊特模型和分数阶麦克斯韦模型. 分数阶元件模型能够弥补传统整数阶元件模型不能模拟某些黏弹性材料的缺点, 同时又具有元件少和参数少的优点. 引入分数阶导数后, 式(3.4.28)中关于黏弹性材料的微分型本构方程可以改造为

$$\frac{\mathrm{d}^{\alpha_0}\sigma(t)}{\mathrm{d}t^{\alpha_0}} + p_1\frac{\mathrm{d}^{\alpha_1}\sigma(t)}{\mathrm{d}t^{\alpha_1}} + p_2\frac{\mathrm{d}^{\alpha_2}\sigma(t)}{\mathrm{d}t^{\alpha_2}} + \cdots = q_0\frac{\mathrm{d}^{\beta_0}\varepsilon(t)}{\mathrm{d}t^{\beta_0}} + q_1\frac{\mathrm{d}^{\beta_1}\varepsilon(t)}{\mathrm{d}t^{\beta_1}} + q_2\frac{\mathrm{d}^{\beta_2}\varepsilon(t)}{\mathrm{d}t^{\beta_2}} + \cdots$$

$$(3.4.42)$$

仍然可以采用 3.4.2 节所述的拉普拉斯变换做类似的处理，比如可以得到松弛模量 $G(t)$ 和蠕变柔量 $J(t)$ 的拉普拉斯变换

$$\bar{G}(s) = \frac{q_0 s^{\beta_0} + q_1 s^{\beta_1} + q_2 s^{\beta_2} + \cdots}{s(s^{\alpha_0} + p_1 s^{\alpha_1} + p_2 s^{\alpha_2} + \cdots)}, \quad \bar{J}(s) = \frac{s^{\alpha_0} + p_1 s^{\alpha_1} + p_2 s^{\alpha_2} + \cdots}{s(q_0 s^{\beta_0} + q_1 s^{\beta_1} + q_2 s^{\beta_2} + \cdots)} \qquad (3.4.43)$$

以及通过做拉普拉斯逆变换得到松弛模量 $G(t)$ 和蠕变柔量 $J(t)$. 在 s 域内，用松弛模量和蠕变柔量表示的分数阶黏弹性本构方程与式(3.4.31)和式(3.4.32)相同，分数阶积分型本构方程与式(3.4.35)~式(3.4.38)相同.

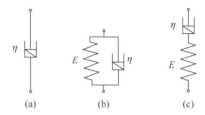

图 3.4.14　分数阶元件模型：(a) 阿贝尔黏壶；(b) 分数阶开尔文-沃伊特模型；(c) 分数阶麦克斯韦模型

参 考 文 献

陈林聪, 朱位秋. 2010. 随机扰动下简单电力系统的可靠度反馈最大化. 动力学与控制学报, 8(1): 19-23.

李继彬, 赵晓华, 刘正荣. 2007. 广义哈密顿系统理论及其应用. 北京: 科学出版社.

张淳源. 1994. 粘弹性断裂力学. 武汉: 华中理工大学出版社.

Baber T T, Wen Y K. 1979. Stochastic equivalent linearization for hysteretic degrading, multistory structures. Civil Engineering Studies, Structural Research Series, No. 471, University of llinois at Urbana-Champagn.

Bagley R L, Torvik P J. 1983. A theoretical basis for the application of fractional calculus to viscoelasticity. Journal of Rheology, 27(3): 201-210.

Bouc R. 1967. Forced vibration of mechanical system with hysteresis. Proceedings of the 4th Conference on Nonlinear Oscillations, (abstract), Prague, Czechoslovakia.

Cai G Q, Lin Y K. 1990. On randomly excited hysteretic structures. ASME Journal of Applied Mechanics, 57: 442-448.

Drozdov A D. 1998. Viscoelastic Structures: Mechanics of Growth and Aging. San Diego: Academic Press .

Kempfle S, Schafer I, Beyer H. 2002. Fractional calculus via functional calculus: theory and application. Nonlinear Dynamics, 29(1): 99-127.

Krasnoselskii M A, Pokrovskii A V. 1989. Systems with Hysteresis. Berlin: Springer.

Lubarda V, Sumarac D, Krajcinovic D. 1993. Hysteretic response of ductile materials. European Journal of Mechanics. A-Solids, 12(4): 445-470.

Mayergoyz I D. 1991. Mathematical Models of Hysteresis. New York: Springer-Verlag.

Oliver P J. 1986. Application of Lie Groups to Differential Equations. New York: Springer-Verlag.

Spanos P D, Cacciola P, Muscolino G. 2004. Stochastic averaging of Preisach hysteretic systems. ASCE Journal of Engineering Mechanics, 130(11): 1257-1267.

van Moerbeke P. 1988. The geometry of the Painleve analysis, Proceedings of the Workshop on Finite Dimensional Integrable Nonlinear Dynamical Systems. Singapore: Word Scientific: 1-33.

Visintin A. 1994. Differential Models of Hysteresis. Berlin: Springer-Verlag.

Wang Y, Ying Z G, Zhu W Q. 2009. Stochastic averaging of energy envelope of Preisach hysteretic systems. Journal of Sound and Vibration, 321: 976-993.

Wen Y K. 1976. Method for random vibration of hysteretic systems. ASCE Journal of Engineering Mechanics, 103: 249-263.

Ying Z G, Zhu W Q, Ni Y Q, et al. 2002. Stochastic averaging of Duhem hysteretic systems. Journal of Sound and Vibration, 254: 91-104.

第4章 单自由度系统的随机平均法

从第 2 章知道，为了获得非线性系统的精确解，激励须为高斯白噪声，使得系统的响应是马尔可夫扩散过程(朱位秋和蔡国强, 2017). 然而，白噪声只是一个理想化的数学概念，其相关函数是 δ 函数，在所有频率上功率谱密度为常数，具有无穷大能量，实际的随机过程不能实现. 随机平均法的一个目的是在一定条件下用白噪声来近似非白噪声，从而可用扩散过程的方法求非线性随机动力学系统的近似解.

随机平均法的另一种考虑是，基于系统响应过程的不同时间尺度降低系统的维数. 许多系统中，响应可分为快变和慢变过程. 通过时间平均，消去快变响应过程从而剩下慢变响应过程. 由于系统响应量随时随机变化，很难完成时间平均. 然而可利用系统在某个流形上的遍历性，以对快变量的空间平均代替时间平均，从而减少系统方程的维数.

本章首先在 4.1 节给出了随机平均法的原理和数学基础，然后在 4.2 节中将该方法应用于含线性恢复力和强非线性恢复力的单自由度随机动力学系统，并详细描述幅值包线和能量包线两种随机平均法. 两种随机平均的步骤取决于激励的性质. 如果激励是高斯白噪声，则只需要时间平均，步骤也相对简单，这将在 4.3 节给出. 然而，如果激励是宽带过程，随机平均步骤将会复杂一些，4.4 节将给出几种处理宽带激励的方法. 尽管 4.1～4.4 节给出了通常单自由度随机动力学系统的随机平均的基本原理和方法，但是处理一些特殊系统时尚需要某种特别的技巧，比如黏弹性系统和双势阱系统. 4.5 节和 4.6 节分别叙述如何将随机平均法应用于这两类系统. 随机平均法也适用于受到如下激励的系统：宽带噪声与谐和共同激励，泊松白噪声及分数高斯噪声激励，将分别在 4.7 节、 4.8 节和 4.9 节给出具体的处理步骤.

4.1 随机平均原理

随机平均法由斯特拉托诺维奇(Stratonovich，1963)首次提出，哈斯敏斯基(Khasminskii，1966)用极限定理给出了它的理论基础，该定理简述如下.

考虑如下所谓标准随机微分方程

$$\frac{\mathrm{d}}{\mathrm{d}t}\boldsymbol{X} = \varepsilon\,\boldsymbol{f}(\boldsymbol{X},t) + \varepsilon^{1/2}\,\boldsymbol{g}[\boldsymbol{X},\boldsymbol{\xi}(t),t] \tag{4.1.1}$$

式中 ε 是一个小参数， $\boldsymbol{X}$ 是一个 n 维的状态矢量， $\boldsymbol{\xi}(t)$ 是一个 m 维的矢量随机过程. 若 $\boldsymbol{\xi}(t)$ 是零均值的联合平稳宽带随机过程，且函数 $\boldsymbol{f}$ 和 $\boldsymbol{g}$ 足够光滑，则当 $\varepsilon \to 0$ 时，系统的响应 $\boldsymbol{X}(t)$ 弱收敛于马尔可夫扩散过程，该过程由下列伊藤方程支配

$$\mathrm{d}\boldsymbol{X}(t) = \varepsilon\,\boldsymbol{m}[\boldsymbol{X}(t)]\mathrm{d}t + \varepsilon^{1/2}\,\boldsymbol{\sigma}[\boldsymbol{X}(t)]\mathrm{d}\boldsymbol{B}(t) \tag{4.1.2}$$

式中 $\boldsymbol{B}(t)$ 为 m 维矢量维纳过程，其元素为独立单位维纳过程. 漂移矢量 $\boldsymbol{m}$ 和扩散矩阵 $\boldsymbol{\sigma}$ 为

$$\boldsymbol{m} = \left\langle E[\boldsymbol{f}(\boldsymbol{X},t)]\right\rangle_t + \left\langle \int_{-\infty}^{0} E\left\{\left[\frac{\partial}{\partial\boldsymbol{X}}\boldsymbol{g}(\boldsymbol{X}_t,\boldsymbol{\xi}(t),t)\right]\boldsymbol{g}(\boldsymbol{X}_{t+\tau},\boldsymbol{\xi}(t+\tau),t+\tau)\right\}\mathrm{d}\tau \right\rangle_t \tag{4.1.3}$$

$$\boldsymbol{\sigma\sigma}^{\mathrm{T}} = \left\langle \int_{-\infty}^{\infty} E\left[\boldsymbol{g}(\boldsymbol{X}_t,\boldsymbol{\xi}(t),t)\boldsymbol{g}^{\mathrm{T}}(\boldsymbol{X}_{t+\tau},\boldsymbol{\xi}(t+\tau),t+\tau)\right]\mathrm{d}\tau \right\rangle_t \tag{4.1.4}$$

式中 $\boldsymbol{X}_t$ 是 $\boldsymbol{X}(t)$ 的缩写，$E[\cdot]$ 表示集合平均，而 $\langle[\cdot]\rangle_t$ 表示时间平均

$$\langle[\cdot]\rangle_t = \lim_{T\to\infty}\frac{1}{T}\int_{t_0}^{t_0+T}[\cdot]\mathrm{d}t \tag{4.1.5}$$

式(4.1.3)中的导数矩阵为

$$\frac{\partial\boldsymbol{g}}{\partial\boldsymbol{X}} = \begin{bmatrix} \dfrac{\partial g_1}{\partial X_1} & \dfrac{\partial g_1}{\partial X_2} & \cdots & \dfrac{\partial g_1}{\partial X_n} \\[2mm] \dfrac{\partial g_2}{\partial X_1} & \dfrac{\partial g_2}{\partial X_2} & \cdots & \dfrac{\partial g_2}{\partial X_n} \\[2mm] \vdots & \vdots & & \vdots \\[2mm] \dfrac{\partial g_n}{\partial X_1} & \dfrac{\partial g_n}{\partial X_2} & \cdots & \dfrac{\partial g_n}{\partial X_n} \end{bmatrix} \tag{4.1.6}$$

在计算式(4.1.3)和式(4.1.4)时，$\boldsymbol{X}(t)$ 的元素被当作常数，因为方程(4.1.2)的右边是小量，$\boldsymbol{X}(t)$ 是慢变矢量响应过程.

系统方程 (4.1.1) 和 (4.1.2) 中，引入小参数 $\varepsilon \ll 1$ 以表明右边的第一项和第二项的阶次分别为 ε 和 $\varepsilon^{1/2}$. 以后将会看到，这两项对系统的贡献是同阶的.

在上述步骤里，有两个条件很关键：①随机激励是宽带过程，这样可用高斯白噪声来近似，响应也就近似为马尔可夫扩散过程；②方程(4.1.1)的右边是小量，这表明响应是慢变过程. 下面将讨论这两个条件的基本原理与含义.

考虑如下系统

$$\frac{\mathrm{d}}{\mathrm{d}t}X_j(t) = f_j(\boldsymbol{X},t) + \sum_{l=1}^{m} g_{jl}(\boldsymbol{X},t)\xi_l(t), \quad j=1,2,\cdots,n \tag{4.1.7}$$

式中 $\xi_l(t)$ 是零均值的联合平稳随机过程，具有如下的相关函数

$$E[\xi_l(u)\xi_s(v)] = R_{ls}(\tau), \quad \tau = v - u \tag{4.1.8}$$

$\xi_l(t)$ 和 $\xi_s(t)$ 的相关时间定义如下(朱位秋和蔡国强，2017)

$$\tau_{ls} = \frac{1}{\sqrt{R_{ll}(0)R_{ss}(0)}} \int_{-\infty}^{0^-} |R_{ls}(\tau)| \mathrm{d}\tau \tag{4.1.9}$$

它是当前 $\xi_l(t)$ 对过去 $\xi_l(t-\tau)$ 的"记忆"时间的度量. 对于白噪声来说，相关时间为零. 相关时间越短，随机过程的带宽就越宽. 如果所有的激励都可以近似为白噪声，系统的响应 $\boldsymbol{X}(t)$ 就是一个矢量马尔可夫扩散过程，受以下伊藤随机微分方程支配

$$\mathrm{d}X_j(t) = m_j(\boldsymbol{X},t)\mathrm{d}t + \sum_{l=1}^{m} \sigma_{jl}(\boldsymbol{X},t)\mathrm{d}B_l(t), \quad j=1,2,\cdots,n \tag{4.1.10}$$

式中 $B_l(t)$ 为独立单位维纳过程. 已知系统响应 $\boldsymbol{X}(t)$ 的概率密度满足 FPK 方程，那么近似的主要目的就是确定伊藤方程的扩散系数 m_j 和漂移系数 $\sigma_{il}\sigma_{jl}$ ，或者 FPK 的一阶和二阶导数矩. 记两个相邻测量时刻的间隔为 Δt. 根据方程(2.3.50)，可计算出增量如下

$$X_j(t+\Delta t) - X_j(t) = \int_t^{t+\Delta t} f_j(\boldsymbol{X}_u,u)\mathrm{d}u + \sum_{l=1}^{m} \int_t^{t+\Delta t} g_{jl}(\boldsymbol{X}_u,u)\xi_l(u)\mathrm{d}u \tag{4.1.11}$$

将表达式(4.1.11)中的 f_j 和 g_{jl} 在时刻 t 上展开

$$f_j(\boldsymbol{X}_u,u) = f_j(\boldsymbol{X}_t,t) + (u-t)\frac{\partial}{\partial t}f_j(\boldsymbol{X}_t,t) + \sum_{r=1}^{n}[X_r(u)-X_r(t)]\frac{\partial}{\partial X_r}f_j(\boldsymbol{X}_t,t) + \cdots$$

$$\tag{4.1.12}$$

$$g_{jl}(\boldsymbol{X}_u,u) = g_{jl}(\boldsymbol{X}_t,t) + (u-t)\frac{\partial}{\partial t}g_{jl}(\boldsymbol{X}_t,t) + \sum_{r=1}^{n}[X_r(u)-X_r(t)]\frac{\partial}{\partial X_r}g_{jl}(\boldsymbol{X}_t,t) + \cdots$$

$$\tag{4.1.13}$$

再把式(4.1.12)和式(4.1.13)中的 $X_r(u) - X_r(t)$ 换成如下表达式

$$X_r(u) - X_r(t) = \int_t^u f_r(\boldsymbol{X}_v,v)\mathrm{d}v + \sum_{s=1}^{m} \int_t^u g_{rs}(\boldsymbol{X}_v,v)\xi_s(v)\mathrm{d}v \tag{4.1.14}$$

结合式(4.1.11)~式(4.1.14)，保留主要项，得到

$$X_j(t+\Delta t) - X_j(t) = \int_t^{t+\Delta t} f_j(\boldsymbol{X}_t,t)\mathrm{d}u + \sum_{l=1}^m \int_t^{t+\Delta t} g_{jl}(\boldsymbol{X}_t,t)\xi_l(u)\mathrm{d}u$$

$$+ \sum_{l=1}^m \int_t^{t+\Delta t}(u-t)\left[\frac{\partial}{\partial t}g_{jl}(\boldsymbol{X}_t,t)\right]\xi_l(u)\mathrm{d}u$$

$$+ \sum_{l,s=1}^m \int_t^{t+\Delta t}\xi_l(u)\mathrm{d}u\sum_{r=1}^n \frac{\partial}{\partial X_r}g_{jl}(\boldsymbol{X}_t,t)\int_t^u g_{rs}(\boldsymbol{X}_v,v)\xi_s(v)\mathrm{d}u$$

$$(4.1.15)$$

将式(4.1.15)代入式(2.3.11)得到

$$a_j(\boldsymbol{x}_t,t) = f_j(\boldsymbol{x}_t,t) + \frac{1}{\Delta t}\sum_{l,s=1}^m \sum_{r=1}^n \int_t^{t+\Delta t}\mathrm{d}u\int_t^u \left[\frac{\partial}{\partial x_r}g_{jl}(\boldsymbol{x}_t,t)\right]$$

$$\times g_{rs}(\boldsymbol{x}_v,v)E[\xi_l(u)\xi_s(v)]\mathrm{d}v + O(\Delta t) \qquad (4.1.16)$$

式中 $O(\Delta t)$ 表示 Δt 阶的余项. 在导出式(4.1.16)的过程中，由于 $\boldsymbol{X}(t)$ 是慢变量，假设在时间区间 Δt 内，f_j 和 g_{jl} 函数的变化并没有受到 $\boldsymbol{X}(t)$ 中随机性的显著影响，所以它们不在集合平均之中. 将式(4.1.8)代入式(4.1.16)，并把积分变量 v 变换为 $\tau = v - u$，得到一阶矩

$$a_j(\boldsymbol{x}_t,t) = f_j(\boldsymbol{x}_t,t) + \frac{1}{\Delta t}\sum_{l,s=1}^m \sum_{r=1}^n \int_t^{t+\Delta t}\mathrm{d}u\int_{t-u}^0 \left[\frac{\partial}{\partial x_r}g_{jl}(\boldsymbol{x}_t,t)\right]$$

$$\times g_{rs}(\boldsymbol{x}_{u+\tau},u+\tau)R_{ls}(\tau)\mathrm{d}\tau + O(\Delta t) \qquad (4.1.17)$$

如果 Δt 远比相关时间 τ_{ls} 大，即对于 $\tau > \Delta t$ 有 $R_{ls}(\tau)\approx 0$，那么改变一下积分次序，即先对 u 积分，式(4.1.17)可写成

$$a_j(\boldsymbol{x}_t,t) = f_j(\boldsymbol{x}_t,t) + \sum_{l,s=1}^m \sum_{r=1}^n \int_{-\Delta t}^0 \left[\frac{\partial}{\partial x_r}g_{jl}(x_t,t)\right]g_{rs}(x_{t+\tau},t+\tau)R_{ls}(\tau)\mathrm{d}\tau \quad (4.1.18)$$

对于二阶矩，将式(4.1.11)代入式(2.3.11)，运用相似的步骤得到

$$b_{jk}(\boldsymbol{x}_t,t) = \sum_{l,s=1}^m \int_{-\Delta t}^{\Delta t} g_{jl}(\boldsymbol{x}_t,t)g_{ks}(x_{t+\tau},t+\tau)R_{ls}(\tau)\mathrm{d}\tau \qquad (4.1.19)$$

上述推导中，假设函数 f_j 和 g_{jl} 在时间区间 Δt 内是慢变量. 为了满足这个条件，需要 Δt 不能比系统的松弛时间大. 松弛时间是无激励系统运动变化率的度量(朱位秋和蔡国强，2017). 松弛时间记为 τ_{rel}，对振荡系统与非振荡系统都已分别给出了定义. 对于一个振荡系统，τ_{rel} 是幅值降至原来 e^{-1} 所需的时间，或者幅值增大到原来 e 倍所需的时间. 对于非振荡情形，幅值由运动本身替代. 如果 Δt 接近或者大于 τ_{rel}，函数 f_j 和 g_{jl} 可能有不可忽略的变化，就会丢失太多细节.

由式(4.1.18)和式(4.1.19)的推导可见，时间区间 Δt 应当远大于激励相关时间

而且又小于系统松弛时间. 因此, 式(4.1.18)和式(4.1.19)适用的条件是所有激励的相关时间远小于系统的松弛时间. 在此条件下, 系统的响应可近似为马尔可夫扩散过程.

由于Δt 远大于激励相关时间, 而相关函数只在点$\tau = 0$ 的一个小邻域内不为零, 所以式(4.1.18)和式(4.1.19)中的积分下限可延伸至 $-\infty$, 式(4.1.19)的积分上限可延伸至∞, 即

$$a_j(\boldsymbol{x}_t, t) = f_j(\boldsymbol{x}_t, t) + \sum_{l,s=1}^{m} \sum_{r=1}^{n} \int_{-\infty}^{0} \left[\frac{\partial}{\partial x_r} g_{jl}(\boldsymbol{x}_t, t) \right] g_{rs}(\boldsymbol{x}_{t+\tau}, t+\tau) R_{ls}(\tau) \mathrm{d}\tau \quad (4.1.20)$$

$$b_{jk}(\boldsymbol{x}_t, t) = \sum_{l,s=1}^{m} \int_{-\infty}^{\infty} g_{jl}(\boldsymbol{x}_t, t) g_{ks}(\boldsymbol{x}_{t+\tau}, t+\tau) R_{ls}(\tau) \mathrm{d}\tau \quad (4.1.21)$$

这两个式子可用来计算 FPK 方程的一阶和二阶导数矩, 连同按式(2.3.52)导出的伊藤方程的漂移系数和扩散系数, 即 $m_j(\boldsymbol{X}, t) = a_j(\boldsymbol{X}, t)$, $[\boldsymbol{\sigma}(\boldsymbol{X}, t)\boldsymbol{\sigma}^{\mathrm{T}}(\boldsymbol{X}, t)]_{jk} = b_{jk}(\boldsymbol{X}, t)$. 它们将用于不同版本的随机平均, 将非白噪声近似为白噪声, 将系统响应近似为矢量马尔可夫扩散过程.

注意, 方程(4.1.7)不同于方程(4.1.1), 它没有小参数ε. 这表明, 只要激励的带宽足够大, 满足上述条件, 激励就可近似为高斯白噪声, 响应就可近似为马尔可夫扩散过程.

当激励为高斯白噪声时, 即

$$E[\xi_l(u)\xi_s(v)] = 2\pi K_{ls} \delta(v - u) \quad (4.1.22)$$

式中K_{ls} 为常数功率谱密度, 式(4.1.20)和式(4.1.21)简化为

$$a_j(\boldsymbol{x}_t, t) = f_j(\boldsymbol{x}_t, t) + \sum_{l,s=1}^{m} \sum_{r=1}^{n} \pi K_{ls} \left[\frac{\partial}{\partial x_r} g_{jl}(\boldsymbol{x}_t, t) \right] g_{rs}(\boldsymbol{x}_t, t) \quad (4.1.23)$$

$$b_{jk}(\boldsymbol{x}_t, t) = \sum_{l,s=1}^{m} 2\pi K_{ls} g_{jl}(\boldsymbol{x}_t, t) g_{ks}(\boldsymbol{x}_t, t) \quad (4.1.24)$$

式(4.1.23)右边第二项为 Wong-Zakai 修正项.

正如方程(4.1.3)和(4.1.4)所示, 随机平均法中用的另一个方案是时间平均, 它用于系统变量可分为快变量和慢变量的情形. 不失一般性, 假设式(4.1.7)中的前n_1 ($n_1 \leqslant n$)个状态变量是慢变量, 其余是快变量. 式(4.1.1)中$n_1 = n$ 为上述情况的特例, 即所有变量都是慢变量. 那么, 可以写出前面 n_1 个如下方程

$$\frac{\mathrm{d}}{\mathrm{d}t} X_j(t) = \varepsilon f_j(\boldsymbol{X}, t) + \varepsilon^{1/2} \sum_{l=1}^{m} g_{jl}(\boldsymbol{X}, t) \xi_l(t), \quad j = 1, \cdots, n_1 \quad (4.1.25)$$

上述方程代替系统(4.1.7)中前 n_1 个方程. 运用随机平均和时间平均, 得到了

式(4.1.25)中变量 $X_j(t)(j = 1, 2, \cdots, n_1)$满足的形如式(4.1.2)的平均伊藤随机微分方程

$$dX_j(t) = m_j(\tilde{X})dt + \sum_{l=1}^{m} \sigma_{jl}(\tilde{X})dB_l(t) \tag{4.1.26}$$

式中 $B_l(t)$ 为独立单位维纳过程，$\tilde{X} = [X_1, X_2, \cdots, X_{n_1}]^{\mathrm{T}}$，按式(4.1.3)和式(4.1.4)，

$$m_j(\tilde{X}) = \varepsilon \left\{ \left\langle f_j(\boldsymbol{X}_t, t) \right\rangle_t + \sum_{l,s=1}^{m} \sum_{r=1}^{n} \int_{-\infty}^{0} \left\langle g_{rs}(\boldsymbol{X}_{t+\tau}, t+\tau) \right. \right.$$
$$\left. \left. \times \frac{\partial}{\partial X_r} g_{jl}(\boldsymbol{X}_t, t) \right\rangle_t R_{ls}(\tau)d\tau \right\} \tag{4.1.27}$$

$$\left(\boldsymbol{\sigma}\boldsymbol{\sigma}^{\mathrm{T}}\right)_{jk} = \sum_{l=1}^{m} \sigma_{jl}(\tilde{X})\sigma_{kl}(\tilde{X})$$
$$= \varepsilon \sum_{l,s=1}^{m} \int_{-\infty}^{\infty} \left\langle g_{jl}(\boldsymbol{X}_t, t) g_{ks}(\boldsymbol{X}_{t+\tau}, t+\tau) \right\rangle_t R_{ls}(\tau)d\tau \tag{4.1.28}$$

在式(4.1.27)和式(4.1.28)中，$j, k = 1, 2, \cdots, n$. 作时间平均时，慢变量当作常数，只将快变量平均掉；因此，只有慢变量保留下来了，慢变量构成一个马尔可夫扩散过程. FPK 方程的一阶和二阶导数矩可按式(2.3.52)从式(4.1.27)和式(4.1.28)得到. 慢变过程可以反映系统运动的整体趋势. 因此，系统的维数就减少为慢变过程的维数，问题得到简化. 得到式(4.1.26)~式(4.1.28)的步骤称为含快慢变量的伊藤方程的随机平均原理，最先由哈斯敏斯基(Khasminskii, 1968)提出. 在高斯白噪声激励情形，式(4.1.27)和式(4.1.28)简化为

$$m_j(\tilde{X}) = \varepsilon \left\langle f_j(\boldsymbol{X}_t, t) \right\rangle_t + \sum_{l,s=1}^{m} \sum_{r=1}^{n} \pi K_{ls} \left\langle g_{rs}(\boldsymbol{X}_t, t) \frac{\partial}{\partial X_r} g_{jl}(\boldsymbol{X}_t, t) \right\rangle_t \tag{4.1.29}$$

$$\left(\boldsymbol{\sigma}\boldsymbol{\sigma}^{\mathrm{T}}\right)_{jk} = \sum_{l=1}^{m} \sigma_{jl}(\tilde{X})\sigma_{kl}(\tilde{X}) = \varepsilon \sum_{l,s=1}^{m} 2\pi K_{ls} \left\langle g_{jl}(\boldsymbol{X}_t, t) g_{ks}(\boldsymbol{X}_t, t) \right\rangle_t \tag{4.1.30}$$

若快变量是周期为 T_0 的时间的周期函数，则时间平均可在一个周期内完成，即

$$\left\langle [\cdot] \right\rangle_t = \lim_{T \to \infty} \frac{1}{T} \int_t^{t+T} [\cdot]dt = \frac{1}{T_0} \int_0^{T_0} [\cdot]dt \tag{4.1.31}$$

若快变量不是周期函数，则可利用系统在某个流形上的遍历性，将时间平均代之以对快变量的空间平均(详见第 5 章).

上述分析可见，随机平均可包括两个步骤. 第一步是将宽带过程近似为高斯白噪声，系统的响应近似为马尔可夫扩散过程. 得到的方程 (4.1.10)、(4.1.20)、

(4.1.21)、(4.1.23)和(4.1.24)，称为非光滑型，所有的状态变量都保留下来了. 第二个步骤就是作时间平均，消去快变量，减少了系统的维数，得到式(4.1.26)~式(4.1.30)，这称为光滑型的随机平均法. 随机平均法可以指式(4.1.10)、式(4.1.20)及式(4.1.21)、(4.1.23)、(4.1.24)的非光滑型，也可以指式(4.1.26)~式(4.1.30)的光滑型.

在式(4.1.27)和式(4.1.28)及式(4.1.29)和式(4.1.30)中，平均后的漂移系数和扩散系数是光滑的，不再显含时间. 有可能发生这样的情况，即单个响应(或者一个响应矢量的子矢量)在时间平均后构成了一个扩散过程(矢量扩散过程). 在这种情况下，系统被降维了. 如下列各节所示，随机平均可用于各种不同的情形.

4.2 随机平均法

如上所述，随机平均法的主要优点是，当系统含有慢变量和快变量时，可以通过时间平均给系统降维. 这种情形一般不适用于原始状态变量，比如振动系统中的位移和速度，或者哈密顿系统中的广义位移和广义动量，它们都是快变量. 然而，若可识别系统中的慢变量，就可以通过变换将系统方程变成同时包含慢变量和快变量的方程. 对于不同的情况，这种变换是不同的，下面通过单自由度系统情形对此进行阐述.

4.2.1 幅值包线随机平均法

考虑如下具有线性刚度、弱非线性阻尼和弱随机激励的单自由度系统

$$\ddot{X} + \varepsilon h(X, \dot{X}) + \omega_0^2 X = \varepsilon^{1/2} \sum_{l=1}^{m} g_l(X, \dot{X}) \xi_l(t) \tag{4.2.1}$$

显然，X 和 $\dot{X}$ 不是慢变量. 令

$$X = A(t)\cos\Phi, \quad \dot{X} = -A(t)\omega_0 \sin\Phi, \quad \Phi = \omega_0 t + \Theta(t) \tag{4.2.2}$$

其中 $A(t)$ 是幅值过程. 对式(4.2.2)的第一个方程进行求导得到

$$\dot{X} = \dot{A}\cos\Phi - A(\omega_0 + \dot{\Theta})\sin\Phi \tag{4.2.3}$$

结合式(4.2.3)和式(4.2.2)的第二个方程，得到

$$\dot{A}\cos\Phi - A\dot{\Theta}\sin\Phi = 0 \tag{4.2.4}$$

对式(4.2.2)第二个方程求导得到

$$\ddot{X} = -\dot{A}\omega_0 \sin\Phi - A\omega_0(\omega_0 + \dot{\Theta})\cos\Phi \tag{4.2.5}$$

将方程 (4.2.1)中的 $\ddot{X}$ 表达式代入式(4.2.5)，得到

$$\dot{A}\sin\Phi + A\dot{\Theta}\cos\Phi = \frac{1}{\omega_0}\varepsilon h(A\cos\Phi, -A\omega_0\sin\Phi)$$

$$-\frac{1}{\omega_0}\varepsilon^{1/2}\sum_{l=1}^{m}g_l(A\cos\Phi, -A\omega_0\sin\Phi)\xi_l(t) \qquad (4.2.6)$$

从式(4.2.4)和式(4.2.6)解出 $\dot{X}$ 和 $\dot{\Theta}$，有

$$\dot{A} = \frac{\sin\Phi}{\omega_0}\left[\varepsilon h(A\cos\Phi, -A\omega_0\sin\Phi) - \varepsilon^{1/2}\sum_{l=1}^{m}g_l(A\cos\Phi, -A\omega_0\sin\Phi)\xi_l(t)\right] \quad (4.2.7)$$

$$\dot{\Theta} = \frac{\cos\Phi}{\omega_0 A}\left[\varepsilon h(A\cos\Phi, -A\omega_0\sin\Phi) - \varepsilon^{1/2}\sum_{l=1}^{m}g_l(A\cos\Phi, -A\omega_0\sin\Phi)\xi_l(t)\right] \quad (4.2.8)$$

式(4.2.7)和式(4.2.8)右边都是小量，这表明 $A(t)$ 和 $\Theta(t)$ 都是慢变量. 其物理意义是，一个拟线性系统的幅值和相位受到了小阻尼和弱激励的扰动.

将 $A(t)$ 当作 $X_1(t)$，$\Theta(t)$ 当作 $X_2(t)$，用标准形式(4.1.25)来对比式(4.2.7)和式(4.2.8)，有

$$f_1(A,\Phi) = \frac{\sin\Phi}{\omega_0}h(A\cos\Phi, -A\omega_0\sin\Phi)$$

$$f_2(A,\Phi) = \frac{\cos\Phi}{\omega_0 A}h(A\cos\Phi, -A\omega_0\sin\Phi) \qquad (4.2.9)$$

$$g_{1l} = -\frac{\sin\Phi}{\omega_0}g_l(A\cos\Phi, -A\omega_0\sin\Phi)$$

$$g_{2l} = -\frac{\cos\Phi}{\omega_0 A}g_l(A\cos\Phi, -A\omega_0\sin\Phi) \qquad (4.2.10)$$

由于系统是拟线性的，其运动是拟周期的，平均周期为 $2\pi/\omega_0$. 时间平均 (4.1.31) 可在一个周期上进行，即

$$\langle[\cdot]\rangle_t = \frac{1}{2\pi}\int_0^{2\pi}[\cdot]\mathrm{d}\Phi \qquad (4.2.11)$$

漂移系数和扩散系数可由式(4.1.27)和式(4.1.28)得到

$$m(A) = m_1 = \varepsilon\langle f_1(A,\Phi)\rangle_t$$

$$+ \varepsilon\sum_{l,s=1}^{m}\int_{-\infty}^{0}\left\langle g_{1l}[A,\Phi(t)]\frac{\partial}{\partial A}g_{1s}[A,\Phi(t+\tau)]\right\rangle_t R_{ls}(\tau)\mathrm{d}\tau$$

$$+ \varepsilon\sum_{l,s=1}^{m}\int_{-\infty}^{0}\left\langle g_{2l}[A,\Phi(t)]\frac{\partial}{\partial\theta}g_{1s}[A,\Phi(t+\tau)]\right\rangle_t R_{ls}(\tau)\mathrm{d}\tau \qquad (4.2.12)$$

$$\sigma^2(A) = \left(\boldsymbol{\sigma\sigma}^{\mathrm{T}}\right)_{11} = \varepsilon \sum_{l,s=1}^{m} \int_{-\infty}^{\infty} \left\langle g_{1l}[A,\boldsymbol{\Phi}(t)]g_{1s}[A,\boldsymbol{\Phi}(t+\tau)]\right\rangle_t R_{ls}(\tau)\mathrm{d}\tau \quad (4.2.13)$$

可见光滑化的幅值过程 $A(t)$ 的平均方程不含相位 $\boldsymbol{\Theta}(t)$，$A(t)$ 本身是一个由下列伊藤随机微分方程支配的马尔可夫扩散过程

$$\mathrm{d}A = m(A)\mathrm{d}t + \sigma(A)\mathrm{d}B(t) \quad (4.2.14)$$

给定了函数 h 和 g_l，漂移系数 $m(A)$ 和扩散系数 $\sigma^2(A)$ 就可以确定. 式(4.2.14)是一个一维伊藤随机微分方程，对它的分析要简单得多，参见(朱位秋和蔡国强，2017).

通过求解与伊藤方程(4.2.14)相应的 FPK 方程，可得如下平稳概率密度

$$p(a) = \frac{C}{\sigma^2(a)}\exp\left[\int \frac{2m(a)}{\sigma^2(a)}\mathrm{d}a\right] \quad (4.2.15)$$

尽管幅值过程是系统运动的一个重要表征，而 $X(t)$ 和 $\dot{X}(t)$ 的联合概率密度，以及它们各自的边缘概率密度，对于系统的分析更为必要，下面将给予推导. 联合分布函数 $F_{XA}(x,a)$ 可写成

$$\begin{aligned} F_{XA}(x,a) &= \mathrm{Prob}[(X \leqslant x)\bigcap(A \leqslant a)] \\ &= \mathrm{Prob}[(X \leqslant x)\bigcap(\sqrt{X^2 + \dot{X}^2/\omega_0^2} \leqslant a)] \\ &= \mathrm{Prob}[(X \leqslant x)\bigcap(-y \leqslant \dot{X} \leqslant y)] \\ &= \mathrm{Prob}[(X \leqslant x)\bigcap(\dot{X} \leqslant y)] - \mathrm{Prob}[(X \leqslant x)\bigcap(\dot{X} \leqslant -y)] \\ &= F_{X\dot{X}}(x,y) - F_{X\dot{X}}(x,-y) \end{aligned} \quad (4.2.16)$$

式中

$$y = \omega_0\sqrt{a^2 - x^2} \quad (4.2.17)$$

据此，从式(4.2.16)得到

$$\begin{aligned} p_{XA}(x,a) &= \frac{\partial^2}{\partial x\partial a}F_{XA}(x,a) \\ &= \left[\frac{\partial^2}{\partial x\partial y}F_{X\dot{X}}(x,y)\right]\frac{\partial y}{\partial a} - \left[\frac{\partial^2}{\partial x\partial y}F_{X\dot{X}}(x,-y)\right]\frac{\partial(-y)}{\partial a} \\ &= p_{X\dot{X}}(x,\dot{x})\frac{2\omega_0 a}{\sqrt{a^2 - x^2}} \end{aligned} \quad (4.2.18)$$

在导出式(4.2.18)的过程中，用到了 $\dot{X}$ 的对称性，即 $p_{X\dot{X}}(x,-\dot{x}) = p_{X\dot{X}}(x,\dot{x})$. 省略下标，式(4.2.18)可写成

$$p(x,\dot{x}) = \frac{\sqrt{a^2 - x^2}}{2\omega_0 a}p(x,a) = \frac{\sqrt{a^2 - x^2}}{2\omega_0 a}p(x\,|\,a)p(a) \quad (4.2.19)$$

其中 $p(x|a)$ 是条件概率密度. 对于一个固定的幅值 a, $X(t)$ 在 x 附近的概率反比于其速度. 因此, $p(x|a)$ 可表为

$$p(x \mid a) = \frac{C}{|\dot{x}|} = \frac{C}{\omega_0 \sqrt{a^2 - x^2}} \tag{4.2.20}$$

式(4.2.20)两边对 x 从 $-a$ 到 a 积分, 得到

$$C = \left[\int_{-a}^{a} \frac{\mathrm{d}x}{\omega_0 \sqrt{a^2 - x^2}} \right]^{-1} = \frac{\omega_0}{\pi} \tag{4.2.21}$$

将式(4.2.21)代入式(4.2.20), 再代入式(4.2.19), 得到

$$p(x, \dot{x}) = \frac{1}{2\pi\omega_0 a} p(a); \quad a = \sqrt{x^2 + \frac{\dot{x}^2}{\omega_0^2}} \tag{4.2.22}$$

边缘概率密度函数 $p(x)$ 或者 $p(\dot{x})$ 可从(4.2.22)分别对 $\dot{x}$ 或 x 积分得到.

4.2.2　能量包线随机平均法

考虑如下方程支配的系统

$$\ddot{X} + \varepsilon h(X, \dot{X}) + u(X) = \varepsilon^{1/2} \sum_{l=1}^{m} g_l(X, \dot{X}) \xi_l(t) \tag{4.2.23}$$

式中 $u(X)$ 表示强非线性恢复力, 假设它是 X 的奇函数. 此时变换 (4.2.2)并不适用, 因为非线性系统无阻尼自由振动的频率是随着幅值变化的.

首先研究无阻尼自由振动系统

$$\ddot{x} + u(x) = 0 \tag{4.2.24}$$

由于 $\ddot{x} = \dfrac{\mathrm{d}\dot{x}}{\mathrm{d}t} = \dfrac{\mathrm{d}\dot{x}}{\mathrm{d}x} \dfrac{\mathrm{d}x}{\mathrm{d}t} = \dot{x} \dfrac{\mathrm{d}\dot{x}}{\mathrm{d}x}$, 方程(4.2.24)可重新写成

$$\dot{x} \frac{\mathrm{d}\dot{x}}{\mathrm{d}x} + u(x) = 0 \tag{4.2.25}$$

积分(4.2.25)得到

$$\frac{1}{2} \dot{x}^2 + U(x) = \Lambda \tag{4.2.26}$$

其中

$$U(x) = \int u(x)\mathrm{d}x = \int_0^x u(z)\mathrm{d}z \tag{4.2.27}$$

$U(x)$ 是系统(4.2.23)的势能, Λ 是总能量. 对给定了初始条件的无阻尼自由振动系

统，总能量是个常数. 假设在 $x > 0$ 或 $x < 0$ 的范围内 $u(x)$ 是对称的单调函数，那么动能为零时振动幅值达到最大，此时总能量全部为势能，即

$$\Lambda = U(A) \quad 或 \quad A = U^{-1}(\Lambda) \tag{4.2.28}$$

自由振动的周期可计算如下

$$T = 4T_{1/4} = 4\int_0^A \frac{1}{\sqrt{2\Lambda - 2U(x)}}\mathrm{d}x \tag{4.2.29}$$

由此可见，自由振动的周期取决于能量水平. 令

$$\begin{aligned}
\operatorname{sgn} X\sqrt{U(X)} &= \sqrt{\Lambda}\cos\Phi \\
\dot{X} &= -\sqrt{2\Lambda}\sin\Phi
\end{aligned} \tag{4.2.30}$$

将式(4.2.30)看成从 $X, \dot{X}$ 到 Λ, Φ 的变换，式(4.2.24)变换成如下表达式

$$\begin{aligned}
\dot{\Lambda} &= 0 \\
\dot{\Phi} &= \frac{u}{\sqrt{2\Lambda}\cos\Phi}
\end{aligned} \tag{4.2.31}$$

式(4.2.31)中的第一个式子表明能量是一个守恒量. 如果恢复力 u 是一个线性函数，第二个式子右边是一个常数，即自由振动的固有频率. 由此，方程可重新写成如下形式

$$\omega(\Lambda, \Phi) = \dot{\Phi} = \frac{u}{\sqrt{2\Lambda}\cos\Phi} \tag{4.2.32}$$

此为该非线性系统瞬时频率的定义. 相角可写为

$$\Phi(t) = \int_0^t \omega(\Lambda, s)\mathrm{d}s \tag{4.2.33}$$

$\omega(\Lambda, \Phi)$ 在一个周期内的平均值记为 ω_Λ，它由下式给出

$$\omega_\Lambda = \frac{1}{T}\int_0^T \omega(\Lambda, \Phi)\mathrm{d}t = \frac{1}{T}\int_0^{2\pi}\mathrm{d}\Phi = \frac{2\pi}{T} \tag{4.2.34}$$

上述分析表明，无阻尼自由振动是一个周期运动，其周期 T 取决于能量 Λ，而且运动是非谐和的，频率 $\omega(t)$ 依赖于时间.

现在回到系统(4.2.23). 对式(4.2.26)进行求导，并运用式(4.2.23)，得到

$$\dot{\Lambda} = -\varepsilon\dot{X}h(X, \dot{X}) + \varepsilon^{1/2}\dot{X}\sum_{l=1}^m g_l(X, \dot{X})\xi_l(t) \tag{4.2.35}$$

将 $\Lambda(t)$ 作为一个状态变量，另一个状态变量是位移过程 $X(t)$，它的运动方程是

$$\dot{X} = \pm\sqrt{2\Lambda - 2U(X)} \tag{4.2.36}$$

其中正负号分别对应于 X 的增大和减小. 式(4.2.35)和式(4.2.36)构成了系统的支配方程, 取代了最初的运动方程(4.2.23). 式(4.2.35)表明, 若阻尼和激励都较小, 则总能量 $\Lambda(t)$ 是慢变的, 而位移过程 $X(t)$ 是快变的. 视 $\Lambda(t)$ 为 $X_1(t)$、$X(t)$ 为 $X_2(t)$, 用标准形式(4.1.25)来对比式(4.2.35)和式(4.2.36), 有

$$f_1(\Lambda, X) = -\dot{X}h(X, \dot{X})$$
$$f_2(\Lambda, X) = \pm\sqrt{2\Lambda - 2U(X)} \tag{4.2.37}$$

$$g_{1l} = \dot{X}g_l(X, \dot{X}), \quad g_{2l} = 0 \tag{4.2.38}$$

式(4.2.36), 式(4.2.37)和式(4.2.38)中的 $\dot{X}$ 是 Λ 和 X 的函数. 式(4.1.27)和式(4.1.28)变成

$$m(\Lambda) = m_1 = \varepsilon \left\{ \left\langle f_1(\Lambda, X) \right\rangle_t + \sum_{l,s=1}^m \int_{-\infty}^0 \left\langle g_{1l}[\Lambda, X(t)] \right. \right.$$
$$\left. \left. \times \frac{\partial}{\partial \Lambda} g_{1s}[\Lambda, X(t+\tau)] \right\rangle_t R_{ls}(\tau)\mathrm{d}\tau \right\} \tag{4.2.39}$$

$$\sigma^2(\Lambda) = \left(\boldsymbol{\sigma\sigma}^{\mathrm{T}}\right)_{11} = \varepsilon \sum_{l,s=1}^m \int_{-\infty}^\infty \left\langle g_{1l}[\Lambda, X(t)]g_{1s}[\Lambda, X(t+\tau)] \right\rangle_t R_{ls}(\tau)\mathrm{d}\tau \tag{4.2.40}$$

时间平均算子为

$$\left\langle [\cdot] \right\rangle_t = \frac{1}{T}\int_0^T [\cdot]\mathrm{d}t = \frac{1}{T}\int_0^T \frac{[\cdot]}{\dot{x}}\mathrm{d}x = \frac{1}{T_{1/4}}\int_0^A \frac{[\cdot]_{\dot{x}=\sqrt{2\Lambda-2U(x)}}}{\sqrt{2\Lambda-2U(x)}}\mathrm{d}x \tag{4.2.41}$$

计算积分时, 按式(4.2.28), 积分上限 A 是能量 Λ 的函数. 若给定了特定的函数 h 和 g_l, 式(4.2.39)和式(4.2.40)可解析计算或者数值计算.

以上的能量包线随机平均步骤也称为拟保守平均法(Landa and Stratonovich, 1962; Khasminskii, 1964).

随机平均后, $\Lambda(t)$ 是一维马尔可夫扩散过程, 它的平稳概率密度可从求解相应 FPK 方程得到

$$p(\lambda) = \frac{C}{\sigma^2(\lambda)}\exp\left[\int \frac{2m(\lambda)}{\sigma^2(\lambda)}\mathrm{d}\lambda\right] \tag{4.2.42}$$

$X(t)$ 和 $\dot{X}(t)$ 的联合平稳概率密度可按 4.2.1 节的类似步骤得到. 对于当前的情形, 表达式(4.2.19)就是

$$p(x, \dot{x}) = \frac{1}{2}\sqrt{2\lambda - 2U(x)}\,p(x, \lambda) = \frac{1}{2}\sqrt{2\lambda - 2U(x)}\,p(x|\lambda)p(\lambda) \tag{4.2.43}$$

其中 $p(x|\lambda)$ 是条件概率密度. 对于给定了的能量 λ, $X(t)$ 在 x 附近的概率反比于其

速度. 因此, $p(x|\lambda)$可写成

$$p(x \mid \lambda) = \frac{C}{|\dot{x}|} = \frac{C}{\sqrt{2\lambda - 2U(x)}} \tag{4.2.44}$$

式(4.2.44)两边同时对 x 从 $-a$ 到 a 积分, 得到

$$C(\lambda) = \left[\int_{-a}^{a} \frac{\mathrm{d}x}{\sqrt{2\lambda - 2U(x)}} \right]^{-1} = \frac{2}{T(\lambda)} \tag{4.2.45}$$

将式(4.2.45)代入式(4.2.44), 再代入式(4.2.43), 得

$$p(x, \dot{x}) = \frac{p(\lambda)}{T(\lambda)}; \quad \lambda = \frac{1}{2}\dot{x}^2 + U(x) \tag{4.2.46}$$

4.3 高斯白噪声激励的系统

在高斯白噪声激励情形, 随机平均的第一个步骤, 即将宽带激励近似为高斯白噪声不再需要了, 只需作时间平均使系统降维. 注意, 高斯白噪声 $W_{gl}(t)$ 的相关函数是 δ 函数, 即

$$E[W_{gl}(u)W_{gs}(v)] = R_{ls}(v - u) = 2\pi K_{ls}\delta(v - u) \tag{4.3.1}$$

4.3.1 线性恢复力

设系统(4.2.1)中的激励 $\xi_l(t)$ 代之以高斯白噪声 $W_{gl}(t)$, 将式(4.3.1)、式(4.2.9)及式(4.2.10)代入式(4.2.12)和式(4.2.13), 得

$$m(A) = m_1 = \varepsilon \left\{ \left\langle f_1(A, \Phi) \right\rangle_t + \pi \sum_{l,s=1}^{m} K_{ls} \left\langle g_{1l}(A, \Phi)\frac{\partial}{\partial A} g_{1s}(A, \Phi) \right.\right.$$
$$\left.\left. + g_{2l}(A, \Phi)\frac{\partial}{\partial \Phi} g_{1s}(A, \Phi) \right\rangle_t \right\} \tag{4.3.2}$$

$$\sigma^2(A) = \varepsilon 2\pi \sum_{l,s=1}^{m} K_{ls} \left\langle g_{1l}(A, \Phi)g_{1s}(A, \Phi) \right\rangle_t \tag{4.3.3}$$

式(4.3.2)右边第二项是著名的 Wong-Zakai 修正项.

对于高斯白噪声, 可用另一种方式推导幅值 $A(t)$ 的平均伊藤方程. 依据 2.3.5 节的步骤, 可导出系统 (4.2.1)的如下等效伊藤随机微分方程

$$\mathrm{d}X_1 = X_2 \mathrm{d}t$$

$$\mathrm{d}X_2 = \left\{ -\varepsilon h(X_1, X_2) - \omega_0^2 X_1 + \varepsilon\pi \sum_{l,s=1}^{m} K_{ls} g_l(X_1, X_2) \frac{\partial}{\partial x_2} g_s(X_1, X_2) \right\} \mathrm{d}t \quad (4.3.4)$$

$$+ \varepsilon^{1/2} \sqrt{2\pi \sum_{l,s=1}^{m} K_{ls} g_l(X_1, X_2) g_s(X_1, X_2)}\ \ \mathrm{d}B(t)$$

$A(t)$可表为

$$A(t) = \sqrt{X_1^2 + \frac{X_2^2}{\omega_0^2}} \quad (4.3.5)$$

对式(4.3.5)应用伊藤微分规则(2.3.54)，幅值 $A(t)$ 的伊藤随机微分方程可推导如下

$$\mathrm{d}A = \frac{\partial A}{\partial X_1} \mathrm{d}X_1 + \frac{\partial A}{\partial X_2} \mathrm{d}X_2 + \frac{1}{2} \frac{\partial^2 A}{\partial X_2^2} (\mathrm{d}X_2)^2 \quad (4.3.6)$$

从变换(4.2.2)可得到下列偏微分表达式

$$\frac{\partial A}{\partial X_1} = \cos\varPhi, \quad \frac{\partial A}{\partial X_2} = -\frac{\sin\varPhi}{\omega_0}, \quad \frac{\partial^2 A}{\partial X_2^2} = \frac{\cos^2\varPhi}{A\omega_0^2} \quad (4.3.7)$$

将式(4.3.4)和式(4.3.7)代入式(4.3.6)，再将时间平均(4.2.11)应用于漂移系数和扩散系数，就得到 $A(t)$ 的光滑伊藤方程.

例 4.3.1　考虑非线性随机系统

$$\ddot{X} + \alpha\dot{X} + \beta X^2 \dot{X} + \gamma \dot{X}^3 + \omega_0^2 X = X W_{g1}(t) + \dot{X} W_{g2}(t) + W_{g3}(t) \quad (4.3.8)$$

其中 $W_{g1}(t)$、$W_{g2}(t)$ 和 $W_{g3}(t)$ 是独立的高斯白噪声，功率谱密度为 K_{ii} $(i = 1, 2, 3)$. 假设阻尼和激励都是小的，试运用上述两个步骤导出幅值 $A(t)$ 的光滑伊藤方程.

运用变换(4.2.2)，得到分别对应于式(4.2.7)和式(4.2.8)的 $A(t)$ 和 $\varTheta(t)$ 方程

$$\dot{A} = -\alpha A \sin^2\varPhi - \beta A^3 \cos^2\varPhi \sin^2\varPhi - \gamma\omega_0^2 A^3 \sin^4\varPhi$$

$$- \frac{1}{\omega_0} A \sin\varPhi\cos\varPhi W_{g1}(t) + A\sin^2\varPhi W_{g2}(t) - \frac{1}{\omega_0}\sin\varPhi W_{g3}(t) \quad (4.3.9)$$

$$\dot{\varTheta} = -\alpha\sin\varPhi\cos\varPhi - \beta A^2 \cos^3\varPhi\sin\varPhi - \gamma\omega_0^2 A^2 \sin^3\varPhi\cos\varPhi$$

$$- \frac{1}{\omega_0}\cos^2\varPhi W_{g1}(t) + \sin\varPhi\cos\varPhi W_{g2}(t) - \frac{1}{\omega_0 A}\cos\varPhi W_{g3}(t) \quad (4.3.10)$$

同样，按照式(4.2.9)和式(4.2.10)，有

$$f_1 = -\alpha A \sin^2 \Phi - \beta A^3 \cos^2 \Phi \sin^2 \Phi - \gamma \omega_0^2 A^3 \sin^4 \Phi$$

$$f_2 = -\alpha \sin \Phi \cos \Phi - \beta A^2 \cos^3 \Phi \sin \Phi - \gamma \omega_0^2 A^2 \sin^3 \Phi \cos \Phi$$

$$g_{11} = -\frac{1}{\omega_0} A \sin \Phi \cos \Phi, \quad g_{12} = A \sin^2 \Phi, \quad g_{13} = -\frac{1}{\omega_0} \sin \Phi \qquad (4.3.11)$$

$$g_{21} = -\frac{1}{\omega_0} \cos^2 \Phi, \quad g_{22} = \sin \Phi \cos \Phi, \quad g_{23} = -\frac{1}{A\omega_0} \cos \Phi$$

将式(4.3.11)代入式(4.3.2)和式(4.3.3)并完成时间平均，得

$$m(A) = \left(-\frac{\alpha}{2} + \frac{3\pi}{8\omega_0^2} K_{11} + \frac{5\pi}{8} K_{22} \right) A - \frac{1}{8} (\beta + 3\gamma \omega_0^2) A^3 + \frac{\pi}{2A\omega_0^2} K_{33} \quad (4.3.12)$$

$$\sigma^2(A) = \frac{\pi}{4\omega_0^2} (K_{11} + 3\omega_0^2 K_{22}) A^2 + \frac{\pi}{\omega_0^2} K_{33} \qquad (4.3.13)$$

在上述一个拟周期内的时间平均中，幅值 A 被认为是常数，光滑的漂移系数和扩散系数是幅值 A 的函数. 于是，幅值过程 $A(t)$ 自身就是一个马尔可夫扩散过程，它由下述伊藤随机微分方程支配

$$dA = \left[\left(-\frac{\alpha}{2} + \frac{3\pi}{8\omega_0^2} K_{11} + \frac{5\pi}{8} K_{22} \right) A - \frac{1}{8} (\beta + 3\gamma \omega_0^2) A^3 + \frac{\pi}{2A\omega_0^2} K_{33} \right] dt$$

$$+ \left[\frac{\pi}{4\omega_0^2} (K_{11} + 3\omega_0^2 K_{22}) A^2 + \frac{\pi}{\omega_0^2} K_{33} \right]^{1/2} dB(t) \qquad (4.3.14)$$

为了用另一个步骤，令 $X = X_1$, $\dot{X} = X_2$, 方程(4.3.8)可代之以下述两个一阶方程

$$\dot{X}_1 = X_2 \qquad (4.3.15)$$

$$\dot{X}_2 = -\omega_0^2 X_1 - \alpha X_2 - \beta X_1^2 X_2 - \gamma X_2^3 + X_1 W_{g1}(t) + X_2 W_{g2}(t) + W_{g3}(t) \quad (4.3.16)$$

它们可转化为伊藤方程

$$dX_1 = X_2 dt \qquad (4.3.17)$$

$$dX_2 = \left[-\omega_0^2 X_1 - \alpha X_2 - \beta X_1^2 X_2 - \gamma X_2^3 + \pi K_{22} X_2 \right] dt$$

$$+ \left[2\pi (K_{11} X_1^2 + K_{22} X_2^2 + K_{33}) \right]^{1/2} dB(t) \qquad (4.3.18)$$

先应用式(4.3.6)，再应用式(4.3.7)，得到了下述幅值 $A(t)$ 的伊藤方程

$$dA = m(A, \Phi) dt + \sigma(A, \Phi) dB(t) \qquad (4.3.19)$$

其中

$$m(A,\Phi) = -\alpha A\sin^2\Phi - \beta A^3\cos^2\Phi\sin^2\Phi - \gamma\omega_0^2 A^3\sin^4\Phi$$

$$+ \pi K_{22}A(\sin^2\Phi + \sin^2\Phi\cos^2\Phi)$$

$$+ \frac{1}{\omega_0^2}\pi K_{11}A\cos^4\Phi + \frac{1}{A\omega_0^2}\pi K_{33}\cos^2\Phi \tag{4.3.20}$$

$$\sigma^2(A,\Phi) = \frac{1}{\omega_0^2}\pi K_{11}A\cos^4\Phi + \pi K_{22}A\sin^2\Phi\cos^2\Phi + \frac{1}{A\omega_0^2}\pi K_{33}\cos^2\Phi \tag{4.3.21}$$

式(4.3.19)～式(4.3.21)是系统(4.3.8)的精确支配方程. 对式(4.3.20)和式(4.3.21)给出的漂移系数和扩散系数作时间平均，就得到了下述光滑伊藤方程

$$dA = m(A)dt + \sigma(A)dB(t) \tag{4.3.22}$$

其中 $m(A)$ 和 $\sigma^2(A)$ 分别与式(4.3.12)和式(4.3.13)中的一样. 注意式(4.3.22)是原始系统(4.3.8)的一个近似. 由它可得如下 $A(t)$ 的平稳概率密度(朱位秋和蔡国强，2017)

$$p(a) = \frac{C}{\sigma^2(a)}\exp\left[\int\frac{2m(a)}{\sigma^2(a)}da\right]$$

$$= Ca\left[(K_{11} + 3\omega_0^2 K_{22})a^2 + 4K_{33}\right]^\delta\exp\left[-\frac{\omega_0^2(\beta + 3\omega_0^2\gamma)}{2\pi(K_{11} + 3\omega_0^2 K_{22})}a^2\right] \tag{4.3.23}$$

式中

$$\delta = \frac{2\omega_0^2[K_{33}(\beta + 3\omega_0^2\gamma) - (\alpha + \pi K_{22})(K_{11} + 3\omega_0^2 K_{22})]}{\pi(K_{11} + 3\omega_0^2 K_{22})^2} \tag{4.3.24}$$

值得指出的一个有趣现象是，当响应很大时($a\to\infty$)，非线性阻尼大到足以使系统返回幅值较小的状态；另一方面，由于外激励作用，系统的运动会离开左边界 $a = 0$. 因此，存在非平凡的平稳概率密度. 然而，如果无外激励，线性阻尼在 $a = 0$ 附近起着关键作用. 如果该阻尼弱到满足如下条件

$$\alpha < \frac{\pi}{2}\left(\frac{K_{11}}{\omega_0^2} + K_{22}\right) \tag{4.3.25}$$

基于 $p(a)$ 的可积性或边界性质(Lin and Cai, 1995)可知，存在非平凡的平稳概率密度. 如果条件(4.3.25)不满足，就不存在非平凡的平稳概率密度.

$X_1(t)$ 和 $X_2(t)$ 的联合平稳概率密度可按式(4.2.22)，从式(4.3.23)得到

$$p(x_1,x_2) = C_1\left[(K_{11} + 3\omega_0^2 K_{22})\left(x_1^2 + \frac{x_2^2}{\omega_0^2}\right) + 4K_{33}\right]^\delta$$

$$\times\exp\left[-\frac{\omega_0^2(\beta + 3\omega_0^2\gamma)}{2\pi(K_{11} + 3K_{22})}\left(x_1^2 + \frac{x_2^2}{\omega_0^2}\right)\right] \tag{4.3.26}$$

本例中,激励都是高斯白噪声,因此省略了用白噪声近似非白噪声的步骤. 此处主要任务是识别慢变量与进行时间平均. 还需要对变换(4.2.2)作一个假设, 即系统的线性恢复力并不因 Wong-Zakai 修正项而改变. 如果 Wong-Zakai 修正项产生了一个额外恢复力,那么需要修正相应变换(4.2.2)中的 ω_0 (朱位秋和蔡国强, 2017).

4.3.2 非线性恢复力

考虑一个形如式(4.2.23)的系统, 激励 $\xi_l(t)$ 代之以高斯白噪声 $W_{gl}(t)$. 将式(4.3.1)、式(4.2.37)和式(4.2.38)代入式(4.2.39)式(4.2.40), 得到

$$m(\Lambda) = -\varepsilon \left\langle \dot{X} h(X,\dot{X}) \right\rangle_t + \varepsilon \pi \left\langle \sum_{l,s=1}^{m} K_{ls}[\dot{X} g_l(X,\dot{X})] \frac{\partial}{\partial \Lambda}[\dot{X} g_s(X,\dot{X})] \right\rangle_t \quad (4.3.27)$$

$$\sigma^2(\Lambda) = \varepsilon 2\pi \left\langle \sum_{l,s=1}^{m} K_{ls} \dot{X}^2 g_l(X,\dot{X}) g_s(X,\dot{X}) \right\rangle_t \quad (4.3.28)$$

式中时间平均按式(4.2.41)计算.

与 4.3.1 节类似, 可用伊藤微分规则导出能量的平均伊藤方程. 首先写出与 $\xi_l(t)=W_l(t)$ 时系统(4.2.23)对应的伊藤方程

$$dX_1 = X_2 dt$$

$$dX_2 = \left\{ -\varepsilon h(X_1,X_2) - u(X_1) + \pi \sum_{l,s=1}^{m} K_{ls} g_l(X_1,X_2) \frac{\partial}{\partial X_2} g_s(X_1,X_2) \right\} dt \quad (4.3.29)$$

$$+ \varepsilon^{1/2} \sqrt{2\pi \sum_{l,s=1}^{m} K_{ls} g_l(X_1,X_2) g_s(X_1,X_2)} \, dB(t)$$

对 $\Lambda(X_1,X_2)$, 运用伊藤规则, 得

$$d\Lambda = \frac{\partial \Lambda}{\partial X_1} dX_1 + \frac{\partial \Lambda}{\partial X_2} dX_2 + \frac{1}{2} \frac{\partial^2 \Lambda}{\partial X_2^2} (dX_2)^2 \quad (4.3.30)$$

从式(4.2.26)得到以下偏微分

$$\frac{\partial \Lambda}{\partial X_1} = u(X_1), \quad \frac{\partial \Lambda}{\partial X_2} = X_2, \quad \frac{\partial^2 \Lambda}{\partial X_2^2} = 1 \quad (4.3.31)$$

将式(4.3.29)和式(4.3.31)代入式(4.3.30), 得

$$d\Lambda = \varepsilon \left[-X_2 h + \pi X_2 \sum_{l,s=1}^{m} K_{ls} g_l \frac{\partial g_s}{\partial X_2} + \sum_{l,s=1}^{m} \pi K_{ls} g_l g_s \right] dt$$

$$+ \varepsilon^{1/2} X_2 \sqrt{\sum_{l,s=1}^{m} 2\pi K_{ls} g_l g_s} \, dB(t) \quad (4.3.32)$$

由于

$$\frac{\partial(X_2 g_s)}{\partial \Lambda} = \frac{1}{X_2} \frac{\partial(X_2 g_s)}{\partial X_2} = \frac{1}{X_2} g_s + \frac{\partial g_s}{\partial X_2} \tag{4.3.33}$$

方程(4.3.32)与方程(4.3.27)和(4.3.28)一致. 按式(4.2.41)对漂移系数和扩散系数作时间平均, 就得到了光滑的伊藤方程.

例 4.3.2　考虑非线性随机系统

$$\ddot{X} + \alpha \dot{X} + \beta \dot{X}^3 + \delta X^3 = W_g(t), \quad \beta, \delta > 0 \tag{4.3.34}$$

该系统的无阻尼自由振动方程是

$$\ddot{x} + \delta x^3 = 0 \tag{4.3.35}$$

相应的势能和总能量是

$$U = \frac{1}{4}\delta x^4, \quad \Lambda = \frac{1}{2}\dot{x}^2 + \frac{1}{4}\delta x^4 \tag{4.3.36}$$

周期为

$$T = 4T_{1/4} = 4\int_0^A \frac{\mathrm{d}x}{\sqrt{2\Lambda - \frac{1}{2}\delta x^4}} \tag{4.3.37}$$

其中积分上限为 $A = (4\Lambda/\delta)^{1/4}$. 按下式改变积分变量

$$x = \left(\frac{4\Lambda}{\delta}\sin^2\theta\right)^{1/4} \tag{4.3.38}$$

有

$$T_{1/4} = \frac{1}{4}\delta^{-1/4}\Lambda^{-1/4}\mathrm{B}\left(\frac{1}{4}, \frac{1}{2}\right) \tag{4.3.39}$$

式中 $\mathrm{B}(\cdot, \cdot)$ 是 Beta 函数. 积分时用到了下述公式(Gradshteyn and Ryzhik, 1980)

$$\int_0^{\pi/2}\sin^{m-1}\theta\cos^{n-1}\theta\mathrm{d}\theta = \frac{1}{2}\mathrm{B}\left(\frac{m}{2}, \frac{n}{2}\right) \tag{4.3.40}$$

按式(4.3.27)和式(4.3.28), 得到

$$m(\Lambda) = -\alpha\left\langle \dot{X}^2 \right\rangle_t - \beta\left\langle \dot{X}^4 \right\rangle_t + \pi K\left\langle \dot{X}\frac{\partial \dot{X}}{\partial \Lambda} \right\rangle_t \tag{4.3.41}$$

$$\sigma^2(\Lambda) = 2\pi K\left\langle \dot{X}^2 \right\rangle_t \tag{4.3.42}$$

按(4.2.41)对(4.3.41)和(4.3.42)作时间平均, 并注意由式(4.3.31)可导得 $\partial \dot{X}/\partial \Lambda = 1/\dot{X}$, 有

$$\left\langle \dot{X}^2 \right\rangle_t = \frac{1}{T_{1/4}} \int_0^A [2\varLambda - \frac{1}{2}\delta X^4]^{1/2} \mathrm{d}X = \frac{4}{3}\varLambda \tag{4.3.43}$$

$$\left\langle \dot{X}^4 \right\rangle_t = \frac{1}{T_{1/4}} \int_0^A [2\varLambda - \frac{1}{2}\delta X^4]^{3/2} \mathrm{d}X = \frac{32}{7}\varLambda^2 \tag{4.3.44}$$

$$\left\langle \dot{X}\frac{\partial \dot{X}}{\partial \varLambda} \right\rangle_t = \frac{1}{T_{1/4}} \int_0^A [2\varLambda - \frac{1}{2}\delta X^4]^{-1/2} \mathrm{d}X = 1 \tag{4.3.45}$$

于是，能量过程$\varLambda(t)$的光滑伊藤方程为

$$\mathrm{d}\varLambda = \left(-\frac{4}{3}\alpha\varLambda - \frac{32}{7}\beta\varLambda^2 + \pi K \right)\mathrm{d}t + \sqrt{\frac{8\pi K}{3}}\varLambda \mathrm{d}B(t) \tag{4.3.46}$$

由式(4.2.42)得$\varLambda(t)$的平稳概率密度

$$p(\lambda) = C\lambda^{-1/4} \exp\left[-\frac{1}{\pi K}\left(\alpha\lambda + \frac{12}{7}\beta\lambda^2 \right) \right] \tag{4.3.47}$$

应用关系式(4.2.46)，得到如下平稳概率密度

$$p(x,\dot{x}) = \frac{p(\lambda)}{T(\lambda)} = C\exp\left\{ -\frac{1}{2\pi K}\left[\alpha\left(\frac{1}{2}\delta x^4 + \dot{x}^2 \right) + \frac{6\beta}{7}\left(\frac{1}{2}\delta x^4 + \dot{x}^2 \right)^2 \right] \right\} \tag{4.3.48}$$

4.4 宽带噪声激励的系统

当激励不是高斯白噪声而是宽带过程时，随机平均的两个步骤都要用，即将宽带过程近似为高斯白噪声再作时间平均. 慢变过程的光滑伊藤方程(4.1.26)中的漂移系数和扩散系数由式(4.1.27)和式(4.1.28)确定，运算较为复杂. 如果系统的恢复力是线性的，正如 4.2.1 节所描述的，幅值包线随机平均是最有效的. 该法可用于 4.4.2 节的主次系统. 然而，若恢复力是非线性的，随机平均不是直截了当的. 针对不同类型的系统已提出了若干不同的步骤(Cai，1995；Cai and Lin，2001b；Dimentberg et al.，1995；Zhu，et al.，2001)，这将在 4.4.3~4.4.5 节及 8.1 节描述.

4.4.1 线性恢复力

若恢复力是线性的，4.2.1 节描述的幅值包线随机平均就可以应用，具体步骤可见如下例子.

例 4.4.1 考虑如下方程支配的系统

$$\ddot{X} + 2\zeta\omega_0\dot{X} + \omega_0^2[1+\xi_1(t)]X = \xi_2(t) \tag{4.4.1}$$

式中$\xi_1(t)$和$\xi_2(t)$是两个宽带过程，功率谱密度为$S_{ij}(\omega)$，$i,j=1,2$. 方程(4.4.1)可用

来描述受到轴向和横向随机激励的柱体的一阶模态运动(Lin and Cai, 1995). 应用变换(4.2.2)，即

$$X = A\cos\Phi, \quad \dot{X} = -A\omega_0\sin\Phi, \quad \Phi = \omega_0 t + \Theta \tag{4.4.2}$$

按式(4.2.7)和式(4.2.8)，得到如下 $A(t)$ 和 $\Theta(t)$ 的方程

$$\dot{A} = -2\zeta\omega_0 A\sin^2\Phi + \omega_0 A\sin\Phi\cos\Phi\xi_1(t) - \frac{1}{\omega_0}\sin\Phi\xi_2(t) \tag{4.4.3}$$

$$\dot{\Theta} = -2\zeta\omega_0\sin\Phi\cos\Phi + \omega_0\cos^2\Phi\xi_1(t) - \frac{1}{A\omega_0}\cos\Phi\xi_2(t) \tag{4.4.4}$$

假设 $\xi_1(t)$ 和 $\xi_2(t)$ 的相关时间远小于系统的松弛时间，后者的阶数为 $(\zeta\omega_0)^{-1}$. 再进一步假设阻尼是小的，激励是弱的. 在上述假设下，$A(t)$ 和 $\Theta(t)$ 是慢变量，可运用随机平均法.

完成式(4.4.3)和(4.4.4)的右边代入式(4.2.12)和(4.2.13)并完成时间平均，得

$$m(A) = -\zeta\omega_0 A + \int_{-\infty}^{0}\left[\frac{3}{8}\omega_0^2 A\cos(2\omega_0\tau)R_{11}(\tau) + \frac{1}{2\omega_0^2 A}\cos(\omega_0\tau)R_{22}(\tau)\right]\mathrm{d}\tau$$

$$= -\left[\zeta\omega_0 - \frac{3\pi}{8}\omega_0^2 S_{11}(2\omega_0)\right]A + \frac{\pi}{2\omega_0^2 A}S_{22}(\omega_0) \tag{4.4.5}$$

$$\sigma^2(A) = \int_{-\infty}^{\infty}\left[\frac{1}{8}\omega_0^2 A^2\cos(2\omega_0\tau)R_{11}(\tau) + \frac{1}{2\omega_0^2}\cos(\omega_0\tau)R_{22}(\tau)\right]\mathrm{d}\tau$$

$$= \frac{\pi}{4}\omega_0^2 S_{11}(2\omega_0)A^2 + \frac{\pi}{\omega_0^2}S_{22}(\omega_0) \tag{4.4.6}$$

运算中用到了相关函数和谱密度函数的如下关系式

$$\int_{-\infty}^{\infty}R_{ij}(\tau)\mathrm{e}^{-\mathrm{i}\omega\tau}\mathrm{d}\tau = 2\pi S_{ij}(\omega) \tag{4.4.7}$$

在上述一个拟周期的时间平均中，幅值 A 被认为是常数，光滑的漂移系数和扩散系数是幅值的函数. 幅值过程 $A(t)$ 自身是马尔可夫扩散过程，由下列伊藤方程支配

$$\mathrm{d}A = \left\{\left[-\zeta\omega_0 + \frac{3\pi}{8}\omega_0^2 S_{11}(2\omega_0)\right]A + \frac{\pi}{2\omega_0^2 A}S_{22}(\omega_0)\right\}\mathrm{d}t$$

$$+ \left[\frac{\pi}{4}\omega_0^2 S_{11}(2\omega_0)A^2 + \frac{\pi}{\omega_0^2}S_{22}(\omega_0)\right]^{1/2}\mathrm{d}B(t) \tag{4.4.8}$$

式(4.4.8)表明，系统的性态取决于参数激励 $\xi_1(t)$ 的谱密度在固有频率 $2\omega_0$ 处的值

与外激励 $\xi_2(t)$ 的谱密度在频率 ω_0 处的值. 注意，$\xi_1(t)$ 和 $\xi_2(t)$ 之间的相关性对随机系统响应没有影响.

可以得到平稳概率密度

$$p(a) = \frac{C}{\sigma^2(a)} \exp\left[\int \frac{2m(a)}{\sigma^2(a)} da\right] = Ca(a^2 + D)^{-\delta} \tag{4.4.9}$$

式中

$$D = \frac{4S_{22}(\omega_0)}{\omega_0^4 S_{11}(2\omega_0)}, \quad \delta = \frac{4\zeta}{\pi \omega_0 S_{11}(2\omega_0)}, \quad C = 2(\delta - 1)D^{\delta - 1} \tag{4.4.10}$$

概率密度 $p(a)$ 的可积性要求 $\delta > 1$，即

$$\zeta > \frac{\pi}{4} \omega_0 S_{11}(2\omega_0) \tag{4.4.11}$$

$X(t)$ 和 $\dot{X}(t)$ 的联合概率密度可按式(4.2.22)得到.

注意，系统的响应仅取决于外激励 $\xi_2(t)$ 的谱密度函数在固有频率 ω_0 处的值与参数激励 $\xi_1(t)$ 的谱密度函数在 $2\omega_0$ 处的值. 这可以通过随机平均的本性来理解. 该步骤要求激励的相关时间远小于系统的松弛时间，谱的范围远宽于 ω_0. 因此，功率谱的值在 ω_0 和 $2\omega_0$ 附近几乎保持不变，而 $S_{11}(2\omega_0)$ 与 $S_{22}(\omega_0)$ 分别是功率谱密度在 $2\omega_0$ 和 ω_0 的值. $S_{22}(\omega_0)$ 的重要性显而易见，由于阻尼较小，系统的响应函数在 ω_0 附近会有一个尖峰. $S_{11}(2\omega_0)$ 的重要性也和确定性分析一致，即如果随机激励 $\xi_1(t)$ 代之以确定性的正弦激励，系统方程将成为有阻尼的 Mathieu 方程，这时 $2\omega_0$ 将是主共振频率(Lin and Cai，1995).

顺便说一下，若随机参数激励是与速度 $\dot{X}$ 相乘而不是与位移 X 相乘，则功率谱密度在 $\omega = 0$ 处的值也会出现在结果中(朱位秋和蔡国强，2017).

如果没有参数激励，那么可以得到如下平稳概率密度

$$p(a) = \frac{2\zeta \omega_0^3}{\pi S_{22}(\omega_0)} a \exp\left[-\frac{\zeta \omega_0^3}{\pi S_{22}(\omega_0)} a^2\right] \tag{4.4.12}$$

$$p(x, \dot{x}) = \frac{\zeta \omega_0^2}{\pi^2 S_{22}(\omega_0)} \exp\left[-\frac{\zeta \omega_0^3}{\pi S_{22}(\omega_0)}\left(x^2 + \frac{\dot{x}^2}{\omega_0^2}\right)\right] \tag{4.4.13}$$

上式表明，对宽带外激励下的线性振子，幅值 $A(t)$ 按瑞利分布，位移 X 和速度 $\dot{X}$ 为联合高斯分布，这是众所周知的结论.

如果 $D = 0$，没有外激励 $\xi_2(t)$，从概率密度(4.4.9)的不可积就知道不存在非平凡的平稳概率密度. 在此情况下，如果阻尼较强，响应将会收缩到零；如果阻尼不够强，响应将会无界地增长.

4.4.2 主次系统

4.4.1 节的步骤将用于称为主次系统的特殊系统. 主系统是主要的, 受到宽带随机激励, 与之相连的另一个系统不直接受到随机激励, 称为次系统, 例如吸振器. 图 4.4.1 示出了这样一个主次系统, 只有主系统的阻尼是非线性的, 相应的支配方程为

$$m_1\ddot{X} + g(X,\dot{X}) + c_2\dot{X} + (k_1 + k_2)X - c_2\dot{Y} - k_2Y = F(t) \tag{4.4.14}$$

$$m_2\ddot{Y} + c_2\dot{Y} + k_2Y - c_2\dot{X} - k_2X = 0 \tag{4.4.15}$$

式中 $g(X,\dot{X})$ 是非线性阻尼力, $F(t)$ 是宽带激励. 令

$$\omega_1^2 = \frac{k_1}{m_1}, \quad \omega_2^2 = \frac{k_2}{m_2}, \quad h_1(X,\dot{X}) = \frac{g(X,\dot{X})}{m_1}$$

$$\zeta_2 = \frac{c_2}{2m_2\omega_2}, \quad \eta = \frac{m_2}{m_1}, \quad \xi_1(t) = \frac{F(t)}{m_1} \tag{4.4.16}$$

方程(4.4.14)和(4.4.15)可重写为

$$\ddot{X} + h_1(X,\dot{X}) + 2\eta\zeta_2\omega_2\dot{X} + (\omega_1^2 + \eta\omega_2^2)X - 2\eta\zeta_2\omega_2\dot{Y} - \eta\omega_2^2Y = \xi_1(t) \tag{4.4.17}$$

$$\ddot{Y} + 2\zeta_2\omega_2\dot{Y} + \omega_2^2Y - 2\zeta_2\omega_2\dot{X} - \omega_2^2X = 0 \tag{4.4.18}$$

注意, 如果主次系统不耦合, 那么 ω_1 和 ω_2 分别是它们的固有频率. 在一个好的设计中, ω_1 和 ω_2 离得比较远, 以避免共振. 此时, 主系统的运动主要由单个频率支配, 由于次系统的影响, 这个频率值可能与 ω_1 大不相同.

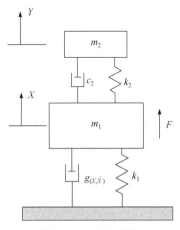

图 4.4.1 主次系统

应用方程(4.4.18), 方程 (4.4.17)可重写成如下的形式

$$\ddot{X} + h_1(X, \dot{X}) + \omega_1^2 X + \eta \ddot{Y} = \xi_1(t) \tag{4.4.19}$$

次系统的影响主要集中在方程(4.4.19)中的 $\eta \ddot{Y}$ 项，该项可对主系统的质量、阻尼及刚度进行修正. 为了分别考虑上述影响，将方程(4.4.19)重新写成如下形式

$$\ddot{X} + h(X, \dot{X}) + \omega_0^2 X = \xi(t) \tag{4.4.20}$$

其中 $h(X, \dot{X})$ 是总的阻尼力，ω_0 是修正后的频率，$\xi(t)$ 是受质量影响而调整的激励. 由方程(4.4.20)可见，对恢复力的影响假定是线性的. 现在假设阻尼力和激励都比较弱，适用随机平均法. 将变换式(4.4.2)代入式(4.4.18)得

$$\ddot{Y} + 2\zeta_2 \omega_2 \dot{Y} + \omega_2^2 Y = -2\zeta_2 \omega_2 A \omega_0 \sin \Phi + \omega_2^2 A \cos \Phi \tag{4.4.21}$$

将上式右边的项当作谐和力，忽略幅值 A 随时间的变化，式(4.4.21)的平稳解是

$$Y = \frac{1}{D} A \omega_2^2 (\omega_2^2 - \omega_0^2 + 4\zeta_2^2 \omega_0^2) \cos \Phi + \frac{2}{D} A \zeta_2 \omega_2 \omega_0^3 \sin \Phi \tag{4.4.22}$$

式中

$$D = (\omega_2^2 - \omega_0^2)^2 + 4\zeta_2^2 \omega_2^2 \omega_0^2 \tag{4.4.23}$$

对式(4.4.22)微分两次，得

$$\ddot{Y} = -\frac{1}{D} A \omega_2^2 \omega_0^2 (\omega_2^2 - \omega_0^2 + 4\zeta_2^2 \omega_0^2) \cos \Phi - \frac{2}{D} A \zeta_2 \omega_2 \omega_0^5 \sin \Phi \tag{4.4.24}$$

式(4.4.24)右边含 $\sin \Phi$ 的项表示对主系统的阻尼效应，而含 $\cos \Phi$ 的项则表示对质量和刚度的效应. 为了分离质量和刚度效应，考虑两种极端情形. 一种情形是 ω_2 非常大，意味着两个质量块刚性连接. 在这种情况下，刚度和阻尼的效应消失，由式(4.4.24)得 $\ddot{Y} = -A \omega_0^2 \cos \Phi = \ddot{X}$. 另一种情形是 ω_1 非常大，从而 ω_0 非常大，意味着两个质量块之间的连接比较弱，次系统的质量影响可以忽略不计，即 $\ddot{Y} = \omega_2^2 A \cos \Phi + 2\zeta_2 \omega_2 (-A \omega_0 \sin \Phi) = \omega_2^2 X + 2\zeta_2 \omega_2 \dot{X}$. 为了让这两种极端情形成为特例，方程(4.4.24)可重写为

$$\begin{aligned} \ddot{Y} &= \frac{1}{D} \omega_2^2 (\omega_2^2 + 4\zeta_2^2 \omega_0^2)(-A \omega_0^2 \cos \Phi) + \frac{1}{D} \omega_2^2 \omega_0^4 (A \cos \Phi) \\ &\quad + \frac{2}{D} \zeta_2 \omega_2 \omega_0^4 (-A \omega_0 \sin \Phi) \\ &= \frac{1}{D} \omega_2^2 (\omega_2^2 + 4\zeta_2^2 \omega_0^2) \ddot{X} + \frac{1}{D} \omega_2^2 \omega_0^4 X + \frac{2}{D} \zeta_2 \omega_2 \omega_0^4 \dot{X} \end{aligned} \tag{4.4.25}$$

将式(4.4.25)代入式(4.4.19)，并与式(4.4.20)作比较，得

$$\omega_0^2 = \frac{\omega_1^2 + \dfrac{1}{D}\eta\omega_2^2\omega_0^2}{1 + \dfrac{1}{D}\eta\omega_2^2(\omega_2^2 + 4\zeta_2^2\omega_0^2)} \tag{4.4.26}$$

$$h(X,\dot{X}) = \frac{h_1(X,\dot{X}) + \dfrac{2}{D}\eta\zeta_2\omega_2\omega_0^4}{1 + \dfrac{1}{D}\eta\omega_2^2(\omega_2^2 + 4\zeta_2^2\omega_0^2)}\dot{X} \tag{4.4.27}$$

$$\xi(t) = \frac{1}{1 + \dfrac{1}{D}\eta\omega_2^2(\omega_2^2 + 4\zeta_2^2\omega_0^2)}\xi_1(t) \tag{4.4.28}$$

式(4.4.26)是 ω_0 的非线性方程. 式(4.4.27)给出了总的阻尼力, 而式(4.4.28)是计及次系统的质量效应而调整的激励. 在上述两种极端情形, 有如下精确结果

$$h(X,\dot{X}) = \frac{h_1(X,\dot{X})}{1+\eta}, \quad \omega_0^2 = \frac{\omega_1^2}{1+\eta}, \quad \xi(t) = \frac{\xi_1(t)}{1+\eta}; \quad \omega_2 \to \infty \tag{4.4.29}$$

$$h(X,\dot{X}) = h_1(X,\dot{X}) + 2\eta\xi_2\omega_2\dot{X}, \quad \omega_0^2 = \omega_1^2 + \eta\omega_2^2, \quad \xi(t) = \xi_1(t); \quad \omega_1 \to \infty \tag{4.4.30}$$

应用变换 (4.4.2)对系统(4.4.20)进行随机平均, 得到幅值随机过程 $A(t)$的漂移系数和扩散系数

$$m(A) = \frac{1}{\omega_0}q(A) + \frac{\pi}{2\omega_0^2 A}S(\omega_0) \tag{4.4.31}$$

$$\sigma^2(A) = \frac{\pi}{\omega_0^2}S(\omega_0) \tag{4.4.32}$$

式中 $S(\omega_0)$是 $\xi(t)$在频率 ω_0 处的功率谱密度之值, 而

$$q(A) = \frac{1}{2\pi}\int_0^{2\pi} h(A\cos\theta, -A\omega_0\sin\theta)\sin\theta\,\mathrm{d}\theta \tag{4.4.33}$$

$A(t)$的平稳概率密度由下式给出

$$p(a) = Ca\exp\left[\frac{2\omega_0}{S(\omega_0)}\int q(a)\mathrm{d}a\right] \tag{4.4.34}$$

$A(t)$的统计矩由下述方程支配

$$\frac{\mathrm{d}E[A^n]}{\mathrm{d}t} = \frac{n}{\omega_0}E[A^{n-1}q(A)] + \frac{\pi n^2}{2\omega_0^2}S(\omega_0)E[A^{n-2}], \quad n \geqslant 2 \tag{4.4.35}$$

为证明该步骤的精度, 对该主次系统进行了数值计算. 先设一个线性阻尼, 即在方程(4.4.19)中, $h_1(X,\dot{X}) = 2\zeta_1\omega_1\dot{X}$. 再设 $\xi_1(t)$是一个具有功率谱密度 S 的高

斯白噪声. 于是由方程 (4.4.14)和(4.4.15)支配的原始系统与简化系统(4.4.20)都可精确求解. 系统的参数选为 $\eta = 0.1$，$\zeta_1 = \zeta_2 = 0.05$，$\omega_1 = 6$，$S = 0.5$. 图 4.4.2 和图 4.4.3 分别给出了 $\omega_2 = 3$ 和 $\omega_2 = 9$ 两个次系统情形主系统响应 X 和 $\dot{X}$ 的瞬时均方值. 图中，精确解是由原主次系统得到的，而近似解是按方程(4.4.2)，运用 $E[X^2] = E[A^2]/2$ 和 $E[\dot{X}^2] = \omega_0^2 E[A^2]/2$ 后，从简化系统(4.4.20)得到的. 由图可见，近似解相当精确.

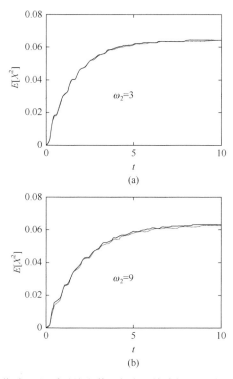

图 4.4.2　线性主系统位移 X 的瞬时均方值. 实线：精确解；虚线：近似解(Cai and Lin, 2001a)

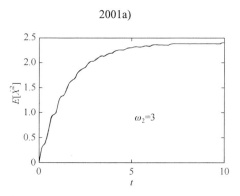

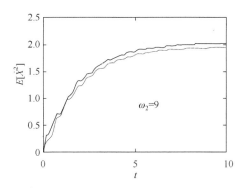

图 4.4.3　线性主系统速度 $\dot{X}$ 的均方值. 实线：精确解；虚线：近似解(Cai and Lin，2001a)

对方程(4.4.19)中有非线性阻尼 $h_1(X,\dot{X}) = 2\zeta_1\omega_1\dot{X} + \beta\dot{X}^3$ 的情形进行了数值计算. X 的平稳均方值作为非线性参数 β 的函数示于图 4.4.4，图中也绘出了原系

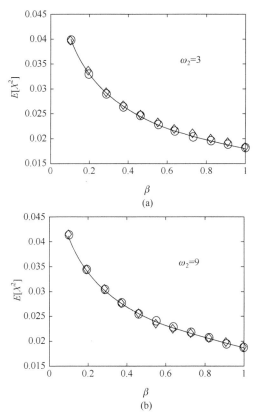

图 4.4.4　非线性主系统响应 X 的平稳均方值. 实线：近似解；菱形：原系统的模拟结果；圆圈：简化系统的模拟结果(Cai and Lin，2001a)

统(4.4.14)和(4.4.15)与简化系统(4.4.20)的蒙特卡罗模拟结果. 可见, 即使在强非线性情形, 近似步骤的结果也是精确的.

4.4.3 依赖于能量的白噪声近似

从 4.4.1 节与 4.4.2 节可知, 对于具有线性恢复力 $\omega_0^2 X$ 的系统, 无阻尼自由振动的频率是 ω_0, 也是小阻尼和弱激励情况下系统的主要频率. 因此, 可运用变换(4.4.2)和幅值包线随机平均法, 然而, 如果恢复力是非线性的, 无阻尼自由振动的频率并非固定, 而是随着能量的变化而变化. 因此, 就该用能量包线随机平均法. 考虑一个由如下方程支配的仅有一个外激励的系统

$$\ddot{X} + h(X, \dot{X}) + u(X) = \xi(t) \tag{4.4.36}$$

式中 $\xi(t)$ 是一个平稳的宽带过程, 相关函数为 $R(\tau)$. 假设阻尼和激励都是小的, 总能量随时间是慢变的, 随机平均法适用. 能量过程由下式定义

$$\varLambda = \frac{1}{2}\dot{X}^2 + U(X), \quad U(X) = \int_0^X u(z)\mathrm{d}z \tag{4.4.37}$$

它可近似为一个马尔可夫扩散过程, 受下列伊藤随机微分方程支配

$$\mathrm{d}\varLambda = m(\varLambda)\mathrm{d}t + \sigma(\varLambda)\mathrm{d}B(t) \tag{4.4.38}$$

式中 $m(\varLambda)$ 和 $\sigma(\varLambda)$ 可按式(4.2.39)和式(4.2.40)导出如下

$$m(\varLambda) = \left\langle \dot{X} h(X, \dot{X}) \right\rangle_t + \int_{-\infty}^0 \left\langle \dot{X}(t)\frac{\partial}{\partial \varLambda}\dot{X}(t+\tau) \right\rangle_t R(\tau)\mathrm{d}\tau \tag{4.4.39}$$

$$\sigma^2(\varLambda) = \int_{-\infty}^\infty \left\langle \dot{X}(t)\dot{X}(t+\tau) \right\rangle_t R(\tau)\mathrm{d}\tau \tag{4.4.40}$$

由于 $\xi(t)$ 是宽带过程, 它可近似为一个高斯白噪声, 该白噪声的强度依赖于能量, 即

$$\xi(t) = \sqrt{2\pi S(\omega_\varLambda)}W_\mathrm{g}(t) \tag{4.4.41}$$

式中 $S(\omega_\varLambda)$ 是 $\xi(t)$ 的功率谱密度. 按式(4.2.34), $\omega_\varLambda$ 是给定能量 $\varLambda$ 的平均圆频率, 而 $W_\mathrm{g}(t)$ 是一个高斯白噪声, 其相关函数为

$$E[W_\mathrm{g}(t)W_\mathrm{g}(t+\tau)] = \delta(\tau) \tag{4.4.42}$$

于是 $\xi(t)$ 的相关函数可近似为

$$R(\tau) = 2\pi S(\omega_\varLambda)\delta(t) \tag{4.4.43}$$

式(4.4.41)表明, 激励 $\xi(t)$ 是高斯白噪声, 但其强度随振动频率变化, 从而也随时间变化, 因此称为依赖于能量的白噪声. 将式(4.4.43)代入式(4.4.39)和式(4.4.40), 作式(4.2.41)那样的时间平均, 得

$$m(\Lambda) = -\frac{1}{T_{1/4}} \int_0^A h\left[X, \sqrt{2\Lambda - 2U(X)} \right] \mathrm{d}X + \pi S(\omega_\Lambda) \tag{4.4.44}$$

$$\sigma^2(\Lambda) = \frac{1}{T_{1/4}} 2\pi S(\omega_\Lambda) \int_0^A \sqrt{2\Lambda - 2U(X)} \mathrm{d}X \tag{4.4.45}$$

式中 A 是由式(4.2.28)给定的幅值，即 $A = U^{-1}(\Lambda)$，而 $T_{1/4}$ 是由式(4.2.29)计算出来的四分之一周期. 由于 A、ω_Λ 和 $T_{1/4}$ 依赖于能量 Λ 的水平，式(4.4.44)和式(4.4.45)的右边是能量 Λ 的函数.

通过求解相应 FPK 方程，可以得到能量过程 $\Lambda(t)$ 的平稳概率密度

$$
\begin{aligned}
p(\lambda) &= \frac{C}{\sigma^2(\lambda)} \exp\left[\int \frac{2m(\lambda)}{\sigma^2(\lambda)} \mathrm{d}\lambda \right] \\
&= C_1 \frac{T_{1/4}}{S(\omega_\Lambda)} \exp\left\{ -\int \frac{\int_0^a h\left[x, \sqrt{2\lambda - 2U(x)} \right] \mathrm{d}x}{\pi S(\omega_\Lambda) \int_0^a \sqrt{2\lambda - 2U(x)} \mathrm{d}x} \mathrm{d}\lambda \right\}
\end{aligned}
\tag{4.4.46}
$$

通过依赖于能量的白噪声代替宽带激励的方式对其进行近似，意味着从激励输入系统的主要能量来自频率 ω_Λ 附近的功率谱密度值. 这种近似只在激励是外激励时才适用.

4.4.4　傅里叶展开方案

现考虑一个更一般的系统，它具有强非线性恢复力，同时受到外激励和参数激励，其支配方程为

$$\ddot{X} + h(X, \dot{X}) + u(X) = \sum_{l=1}^m g_l(X, \dot{X}) \xi_l(t) \tag{4.4.47}$$

再假设阻尼和激励是小的，运用变换(4.2.30)，即

$$
\begin{aligned}
&\mathrm{sgn}\, X \sqrt{U(X)} = \sqrt{\Lambda} \cos\Phi \\
&\dot{X} = -\sqrt{2\Lambda} \sin\Phi
\end{aligned}
\tag{4.4.48}
$$

系统(4.4.47)转换成如下两个关于能量过程 $\Lambda(t)$ 和相位过程 $\Phi(t)$ 的一阶方程

$$\dot{\Lambda} = \sqrt{2\Lambda} h(\Lambda, \Phi) \sin\Phi + \sum_{l=1}^m g_{1l}(\Lambda, \Phi) \xi_l(t) \tag{4.4.49}$$

$$\dot{\Phi} = \frac{1}{\sqrt{2\Lambda}} \left[h(\Lambda, \Phi) \cos\Phi + \frac{u(\Lambda, \Phi)}{\cos\Phi} \right] + \sum_{l=1}^m g_{2l}(\Lambda, \Phi) \xi_l(t) \tag{4.4.50}$$

式中

$$g_{1l}(\varLambda, \varPhi) = -\sqrt{2\varLambda}\, g_l(\varLambda, \varPhi)\sin\varPhi$$

$$g_{2l}(\varLambda, \varPhi) = -\frac{1}{\sqrt{2\varLambda}} g_l(\varLambda, \varPhi)\cos\varPhi \tag{4.4.51}$$

在式(4.4.49)～式(4.4.51)中，$h(\varLambda, \varPhi)$、$u(\varLambda, \varPhi)$ 和 $g_l(\varLambda, \varPhi)$ 分别来自 $h(X, \dot{X})$、$u(X)$ 和 $g_l(X, \dot{X})$，按变换(4.4.48)将 X 和 $\dot{X}$ 变成 $\varLambda$ 和 $\varPhi$. 方程(4.4.49)和(4.4.50)表明能量过程 $\varLambda(t)$ 是慢变的，而相位过程 $\varPhi(t)$ 不是慢变的. 运用随机平均，能量过程近似为马尔可夫扩散过程，其漂移系数和扩散系数为

$$m(\varLambda) = \left\langle \sqrt{2\varLambda}\, h(\varLambda, \varPhi)\sin\varPhi \right\rangle_t + \sum_{l,s=1}^{m} \int_{-\infty}^{0} \left\langle g_{1l}(t+\tau)\frac{\partial}{\partial\varLambda} g_{1s}(t) \right\rangle_t R_{ls}(\tau)\mathrm{d}\tau$$

$$+ \sum_{l,s=1}^{m} \int_{-\infty}^{0} \left\langle g_{2l}(t+\tau)\frac{\partial}{\partial\varPhi} g_{1s}(t) \right\rangle_t R_{ls}(\tau)\mathrm{d}\tau \tag{4.4.52}$$

$$\sigma^2(\varLambda) = \sum_{l,s=1}^{m} \int_{-\infty}^{\infty} \left\langle g_{1l}(t+\tau)g_{1s}(t) \right\rangle_t R_{ls}(\tau)\mathrm{d}\tau \tag{4.4.53}$$

式中 $R_{ls}(\tau)$ 是 $\xi_l(t)$ 和 $x_s(t)$ 的相关函数，即

$$R_{ls}(\tau) = E[\xi_l(t)\xi_s(t+\tau)] \tag{4.4.54}$$

式(4.4.52)右边的第一项表示单位时间内阻尼耗散的能量，如同式(4.4.44)右边的第一项一样，可以按式(4.2.41)的时间平均直接计算. 然而，式(4.4.52)中第二项和第三项及式(4.4.53)中的项的运算并不简单. 下面给出一个基于傅里叶级数展开的方案.

已知对于给定了能量 $\varLambda$ 的无阻尼自由系统，其振动是非谐和的，而是具有平均频率 $\omega_\varLambda$ 的周期运动. 由于时间平均乃基于无阻尼自由振动，式(4.4.52)和式(4.4.53)中的函数 $g_{ls}(t)$ 及其导数可展开成基本频率为 $\omega_\varLambda$ 的傅里叶级数，其系数可基于无阻尼自由振动来计算. 然后就可作时间平均消去快变量，即含有 $\sin(n\omega_\varLambda t)$ 和 $\cos(n\omega_\varLambda t)$ 的项. 在计算中，常作如下近似

$$\int_{-\infty}^{0} R_{ls}(\tau)\sin(n\omega_\varLambda\tau)\mathrm{d}\tau \approx 0, \quad \int_{-\infty}^{\infty} R_{ls}(\tau)\sin(n\omega_\varLambda\tau)\mathrm{d}\tau \approx 0 \tag{4.4.55}$$

这些近似是以宽带激励的相关时间很短为基础作出的.

下面通过例子来说明依赖于能量的白噪声近似和傅里叶展开方案.

例 **4.4.2**　作为一个例子，考虑如下系统(Cai and Lin, 2001b)

$$\ddot{X} + 2\zeta\omega_0\dot{X} + \omega_0^2(1+\alpha X^2)X = \xi(t) \tag{4.4.56}$$

由于只有一个外激，依赖于能量的白噪声近似和傅里叶展开方案都适用.

将式(4.4.56)和系统一般形式(4.4.47)作比较，可知

$$h(X,\dot{X}) = 2\zeta\omega_0\dot{X}, \quad u(X) = \omega_0^2(1+\alpha X^2)X, \quad g_1(X,\dot{X}) = 1 \tag{4.4.57}$$

作变换(4.4.48)后，按式(4.4.51)，

$$g_{11}(\Lambda,\Phi) = -\sqrt{2\Lambda}\sin\Phi, \quad g_{21}(\Lambda,\Phi) = -\frac{1}{\sqrt{2\Lambda}}\cos\Phi \tag{4.4.58}$$

按依赖于能量的白噪声近似，由式(4.4.46)导出

$$p(\lambda) = C_1\frac{T_{1/4}}{S(\omega_\Lambda)}\exp\left\{-\frac{2\zeta\omega_0\lambda}{\pi S(\omega_\Lambda)}\right\} \tag{4.4.59}$$

按傅里叶展开方案，将式(4.4.58)代入式(4.4.52)和式(4.4.53)，得

$$m(\Lambda) = 2\zeta\omega_0\left\langle \dot{X}^2\right\rangle_t + \int_{-\infty}^0 \left\langle \sin\Phi(t+\tau)\sin\Phi(t)\right.$$
$$\left. + \cos\Phi(t+\tau)\cos\Phi(t)\right\rangle_t R(\tau)\mathrm{d}\tau \tag{4.4.60}$$

$$\sigma^2(\Lambda) = 2\Lambda\int_{-\infty}^{\infty}\left\langle \sin\Phi(t+\tau)\sin\Phi(t)\right\rangle_t R(\tau)\mathrm{d}\tau \tag{4.4.61}$$

对于一个给定的Λ，基于无阻尼自由振动，X 和 $\dot{X}$ 当作时间 t 的周期函数. 因此，$\sin\Phi$和$\cos\Phi$，作为 X 和 $\dot{X}$ 的函数，可展开成如下的傅里叶级数

$$\sin\Phi(t) = \sum_{n=1}^{\infty} a_n\sin(n\omega_\Lambda t), \quad \cos\Phi(t) = \sum_{n=1}^{\infty} b_n\cos(n\omega_\Lambda t) \tag{4.4.62}$$

式中

$$a_n = \frac{2}{T}\int_0^T \sin\Phi(t)\sin(n\omega_\Lambda t)\mathrm{d}t = \frac{2}{\sqrt{2\Lambda}T_{1/4}}\int_0^{T_{1/4}}\dot{X}(t)\sin(n\omega_\Lambda t)\mathrm{d}t \tag{4.4.63}$$

$$b_n = \frac{2}{T}\int_0^T \cos\Phi(t)\cos(n\omega_\Lambda t)\mathrm{d}t = \frac{2}{\sqrt{\Lambda}T_{1/4}}\int_0^{T_{1/4}}\sqrt{U[X(t)]}\cos(n\omega_\Lambda t)\mathrm{d}t \tag{4.4.64}$$

将(4.4.62)代入式(4.4.60)和式(4.4.61)，作时间平均得

$$m(\Lambda) = \frac{2\zeta\omega_0}{T_{1/4}}\int_0^{T_{1/4}}\dot{X}^2(t)\mathrm{d}t + \frac{\pi}{2}\sum_{n=1}^{\infty}(a_n^2+b_n^2)S(n\omega_\Lambda) \tag{4.4.65}$$

$$\sigma^2(\Lambda) = 2\pi\Lambda\sum_{n=1}^{\infty}a_n^2 S(n\omega_\Lambda) \tag{4.4.66}$$

为了确定 $m(\Lambda)$和$\sigma(\Lambda)$，一般需要数值计算. 为此，先基于无阻尼自由振动，对一给定Λ值，确定函数 $X(t)$ 和 $\dot{X}(t)$ 在四分之一周期内的值. 然后按式(4.4.63)和式(4.4.64)确定傅里叶展开的系数，再按式(4.4.65)和式(4.4.66)确定漂移系数$m(\Lambda)$和扩散系数$\sigma^2(\Lambda)$. 据此，可算出能量$\Lambda(t)$的平稳概率密度. 另外，$X(t)$和$\dot{X}(t)$的联合概率密度连同 $X(t)$和$\dot{X}(t)$ 的边缘概率密度，都可以用 4.2.2 节中的

步骤计算出来.

曾对系统 (4.4.56)进行了数值计算. 系统中的激励 $\xi(t)$是一个通过二阶线性滤波得到的噪声(参见 2.6.1 节), 其功率谱密度由下式给出

$$S(\omega) = \frac{K}{(\omega^2 - \omega_1^2)^2 + 4\zeta_1^2 \omega_1^2 \omega^2} \tag{4.4.67}$$

考虑了两组参数：① $\zeta_1 = 0.5$, $\omega_1 = 5$, $K = 30$ 和 ② $\zeta_1 = 0.3$, $\omega_1 = 2$, $K = 0.5$. 两种情形的激励功率谱密度示于图 4.4.5. 第一种情形中, 激励具有较宽的频谱: $0 < \omega < 5$, 第二种情形中, 频谱并不宽, 在 $\omega = 2$ 附近有一个尖峰.

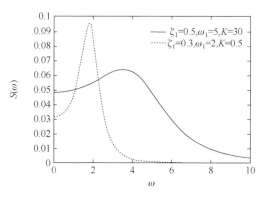

图 4.4.5 激励功率谱密度

针对 $\zeta = 0.02$, $\omega_0 = 1$, 两种非线性强度 $\alpha = 0.1$ 和 1, 以及上述两种激励, 计算了能量过程 $\Lambda(t)$的平稳概率密度 $p(\lambda)$. 分别用了依赖于能量的白噪声近似和傅里叶展开方案. 由第一组激励参数 $\zeta_1 = 0.5$, $\omega_1 = 5$, $K = 30$ 得到的结果示于图 4.4.6, 由第二组激励参数 $\zeta_1 = 0.3$, $\omega_1 = 2$, $K = 0.5$ 得到的结果示于图 4.4.7. 蒙特卡罗模拟结果也一并示出以作对比. 如所预期, 对激励的功率谱密度在 $\omega < 5$ 频率上变化

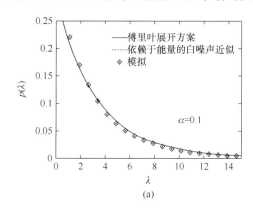

(a)

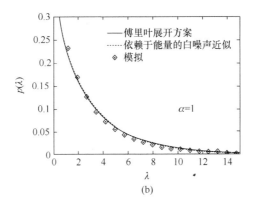

图 4.4.6　$\Lambda(t)$的平稳概率密度，$\zeta_1 = 0.5$，$\omega_1 = 5$，$K = 30$(Cai and Lin，2001b)

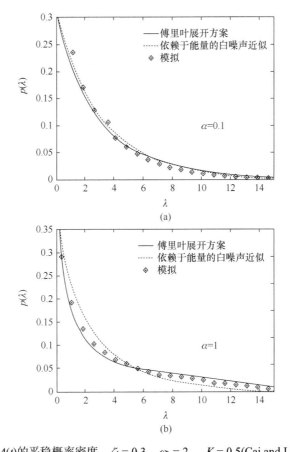

图 4.4.7　$\Lambda(t)$的平稳概率密度，$\zeta_1 = 0.3$，$\omega_1 = 2$，$K = 0.5$(Cai and Lin，2001b)

缓慢的情形①，两种方法给出了几乎相同精度的$\Lambda(t)$的平稳概率密度. 情形②中，激励谱并非严格宽带，两种方法导致了稍微不同的结果.

计算过程中发现，系数 a_n 和 b_n 随着 n 的增加而迅速减小，即使对强非线性恢复力也是如此. 据此建议，只保留傅里叶展开式的前两项或者三项即可.

4.4.5 残差相位步骤

对与系统(4.4.47)相应的无阻尼自由振动，如式(4.2.32)所示，频率随时间变化，式(4.2.31)中的相位角按照式(4.2.33)给出. 重复上述方程如下

$$\omega(t) = \dot{\Phi}(t) = \frac{u}{\sqrt{2\Lambda}\cos\Phi}, \quad \Phi(t) = \int_0^t \omega(s)\mathrm{d}s \tag{4.4.68}$$

在小阻尼和弱激励情形，相位角可简化为

$$\Phi(t) = \int_0^t \omega(s)\mathrm{d}s + \Theta(t) \tag{4.4.69}$$

下面，分别称 $\Phi(t)$ 和 $\Theta(t)$ 为总相位和残差相位. 有了式(4.4.69)给出的 $\Phi(t)$，再令

$$\mathrm{sgn}\, X\sqrt{U(X)} = \sqrt{\Lambda}\cos\Phi$$
$$\dot{X} = -\sqrt{2\Lambda}\sin\Phi \tag{4.4.70}$$

方程(4.4.47)转换为

$$\dot{\Lambda} = \sqrt{2\Lambda}h(\Lambda,\Phi)\sin\Phi + \sum_{l=1}^m g_{1l}(\Lambda,\Phi)\xi_l(t) \tag{4.4.71}$$

$$\dot{\Theta} = \frac{1}{\sqrt{2\Lambda}}h(\Lambda,\Phi)\cos\Phi + \sum_{l=1}^m g_{2l}(\Lambda,\Phi)\xi_l(t) \tag{4.4.72}$$

式中 g_{1l} 和 g_{2l} 由式(4.4.51)给出. 现在，$\Lambda(t)$ 和 $\Theta(t)$ 都是慢变量. 作随机平均后，$\Lambda(t)$ 近似为一个马尔可夫扩散过程，其漂移系数和扩散系数分别由式(4.4.52)和式(4.4.53)确定. 然而，考虑到残差相位是一个慢变量，它有如下近似

$$\Phi(t+\tau) = \int_0^{t+\tau}\omega(s)\mathrm{d}s = \int_0^t\omega(s)\mathrm{d}s + \int_0^{t+\tau}\omega(s)\mathrm{d}s \approx \Phi_t + \omega_\Lambda\tau \tag{4.4.73}$$

$$X(t+\tau) = X(t) + \int_t^{t+\tau}\dot{X}(s)\mathrm{d}s \approx X(t) + \frac{\sqrt{2\Lambda}}{\omega_\Lambda}\{\cos[\Phi(t)+\omega_\Lambda\tau] - \cos\Phi(t)\}$$
$$= X_t + \frac{\mathrm{sgn}(X_t)\sqrt{2U_t}}{\omega_\Lambda}(\cos\omega_\Lambda\tau - 1) + \frac{\dot{X}_t}{\omega_\Lambda}\sin\omega_\Lambda\tau \tag{4.4.74}$$

$$\dot{X}(t+\tau) = -\sqrt{2\Lambda}\sin\Phi(t+\tau) \approx -\sqrt{2\Lambda}\sin[\Phi(t)+\omega_\Lambda\tau]$$
$$= \dot{X}_t\cos\omega_\Lambda\tau - \mathrm{sgn}(X_t)\sqrt{2U_t}\sin\omega_\Lambda\tau \tag{4.4.75}$$

式中变量带有下标 t 表示该变量在 t 时刻的值. 运用式(4.4.73)～式(4.4.75)的近似式，可算出式(4.4.52)和式(4.4.53)中的各项. 下面用例子详细说明这个方法.

例 4.4.3　考虑如下系统(Cai and Lin，2001b)

$$\ddot{X} + 2\zeta\omega_0\dot{X} + \omega_0^2 X + \gamma X^3 = X\xi_1(t) + \xi_2(t) \tag{4.4.76}$$

其中的阻尼和激励都认为是小的. 相应的无阻尼自由振动系统是

$$\ddot{X} + \omega_0^2 X + \gamma X^3 = 0 \tag{4.4.77}$$

恢复力和势能分别是

$$u(X) = \omega_0^2 X + \gamma X^3, \quad U(X) = \frac{1}{2}\omega_0^2 X^2 + \frac{1}{4}\gamma X^4 \tag{4.4.78}$$

总能量是

$$\Lambda = \frac{1}{2}\dot{X}^2 + \frac{1}{2}\omega_0^2 X^2 + \frac{1}{4}\gamma X^4 = \frac{1}{2}\omega_0^2 A^2 + \frac{1}{4}\gamma A^4 \tag{4.4.79}$$

自由振动的周期为

$$T = 4T_{1/4} = 4\int_0^A \frac{\mathrm{d}x}{\sqrt{2\Lambda - (\omega_0^2 x^2 + \gamma x^4/2)}} \tag{4.4.80}$$

先运用傅里叶展开方案，将式(4.4.76)和式(4.4.47)作比较，得

$$h(X,\dot{X}) = 2\zeta\omega_0\dot{X}, \quad g_1(X,\dot{X}) = X, \quad g_2(X,\dot{X}) = 1 \tag{4.4.81}$$

由式(4.4.51)，有

$$g_{11}(\Lambda,\Phi) = -\sqrt{2\Lambda}X\sin\Phi, \quad g_{12}(\Lambda,\Phi) = -\sqrt{2\Lambda}\sin\Phi$$
$$g_{21}(\Lambda,\Phi) = -\frac{1}{\sqrt{2\Lambda}}X\cos\Phi, \quad g_{22}(\Lambda,\Phi) = -\frac{1}{\sqrt{2\Lambda}}\cos\Phi \tag{4.4.82}$$

相应的偏导数为

$$\frac{\partial g_{11}}{\partial \Lambda} = -\frac{1}{\sqrt{2\Lambda}}X\sin\Phi - \sqrt{2\Lambda}\sin\Phi\frac{\partial X}{\partial \Lambda}, \quad \frac{\partial g_{12}}{\partial \Lambda} = -\frac{1}{\sqrt{2\Lambda}}\sin\Phi$$
$$\frac{\partial g_{11}}{\partial \Phi} = -\sqrt{2\Lambda}X\cos\Phi - \sqrt{2\Lambda}\sin\Phi\frac{\partial X}{\partial \Phi}, \quad \frac{\partial g_{12}}{\partial \Lambda} = -\sqrt{2\Lambda}\cos\Phi \tag{4.4.83}$$

将式(4.4.82)和式(4.4.83)代入方程(4.4.52)和(4.4.53)，并考虑到式(4.4.52)和式(4.4.53)中各项的性质，发现需要如下的傅里叶展式

$$\sin\Phi(t) = \sum_{n=1}^{\infty} a_n\sin(n\omega_\Lambda t) \tag{4.4.84}$$

$$\cos\Phi(t) = \sum_{n=1}^{\infty} b_n\cos(n\omega_\Lambda t) \tag{4.4.85}$$

$$X(t)\sin\Phi(t) = \sum_{n=1}^{\infty} c_n\sin(n\omega_\Lambda t) \tag{4.4.86}$$

$$X(t)\cos\Phi(t) = \sum_{n=1}^{\infty} d_n\cos(n\omega_\Lambda t) \tag{4.4.87}$$

$$2\Lambda\sin\Phi(t)\frac{\partial X(t)}{\partial\Lambda} = \sum_{n=1}^{\infty} e_n\sin(n\omega_\Lambda t) \tag{4.4.88}$$

$$\sin\Phi(t)\frac{\partial X(t)}{\partial\Phi} = \sum_{n=1}^{\infty} f_n\cos(n\omega_\Lambda t) \tag{4.4.89}$$

其中系数 a_n 到 f_n 按下式计算

$$a_n = \frac{2}{T}\int_0^T \sin\Phi(t)\sin(n\omega_\Lambda t)\mathrm{d}t = \frac{2}{\sqrt{2\Lambda}T_{1/4}}\int_0^{T_{1/4}} \dot{X}(t)\sin(n\omega_\Lambda t)\mathrm{d}t \tag{4.4.90}$$

$$b_n = \frac{2}{T}\int_0^T \cos\Phi(t)\cos(n\omega_\Lambda t)\mathrm{d}t = \frac{1}{\sqrt{\Lambda}T_{1/4}}\int_0^{T_{1/4}} X(t)\sqrt{2\omega_0^2 + \gamma X^2(t)}\cos(n\omega_\Lambda t)\mathrm{d}t$$
$$\tag{4.4.91}$$

$$c_n = \frac{2}{T}\int_0^T X(t)\sin\Phi(t)\sin(n\omega_\Lambda t)\mathrm{d}t = -\frac{2}{\sqrt{2\Lambda}T_{1/4}}\int_0^{T_{1/4}} X(t)\dot{X}(t)\sin(n\omega_\Lambda t)\mathrm{d}t \tag{4.4.92}$$

$$d_n = \frac{2}{T}\int_0^T X(t)\cos\Phi(t)\cos(n\omega_\Lambda t)\mathrm{d}t$$
$$= \frac{1}{\sqrt{\Lambda}T_{1/4}}\int_0^{T_{1/4}} X^2(t)\sqrt{2\omega_0^2 + \gamma X^2(t)}\cos(n\omega_\Lambda t)\mathrm{d}t \tag{4.4.93}$$

$$e_n = \frac{2}{T}\int_0^T 2\Lambda\sin\Phi(t)\frac{\partial X(t)}{\partial\Lambda}\sin(n\omega_\Lambda t)\mathrm{d}t$$
$$= -\frac{1}{\sqrt{2\Lambda}T_{1/4}}\int_0^{T_{1/4}} \frac{X(t)\dot{X}(t)[2\omega_0^2 + \gamma X^2(t)]}{\omega_0^2 + \gamma X^2(t)}\sin(n\omega_\Lambda t)\mathrm{d}t \tag{4.4.94}$$

$$f_n = \frac{2}{T}\int_0^T \sin\Phi(t)\frac{\partial X(t)}{\partial\Phi}\cos(n\omega_\Lambda t)\mathrm{d}t$$
$$= -\frac{1}{\sqrt{\Lambda}T_{1/4}}\int_0^{T_{1/4}} \frac{\dot{X}^2(t)\sqrt{2\omega_0^2 + \gamma X^2(t)}}{\omega_0^2 + \gamma X^2(t)}\cos(n\omega_\Lambda t)\mathrm{d}t \tag{4.4.95}$$

完成式(4.4.52)和式(4.4.53)中的时间平均，并用式(4.4.84)~式(4.4.89)，得

$$m(\Lambda) = \frac{2\zeta\omega_0}{T_{1/4}}\int_0^{T_{1/4}} \dot{X}^2(t)\mathrm{d}t + \frac{\pi}{8}(d_0^2 + d_0 f_0)S_{11}(0)$$
$$+ \frac{\pi}{2}\sum_{n=1}^{\infty}(c_n^2 + c_n e_n + d_n^2 + d_n f_n)S_{11}(n\omega_\Lambda)$$
$$+ \frac{\pi}{2}\sum_{n=1}^{\infty}(a_n^2 + b_n^2)S_{22}(n\omega_\Lambda) \tag{4.4.96}$$

$$\sigma^2(\Lambda) = 2\pi\Lambda\sum_{n=1}^{\infty}[c_n^2 S_{11}(n\omega_\Lambda) + a_n^2 S_{22}(n\omega_\Lambda)] \tag{4.4.97}$$

如例 4.4.2 提到的，傅里叶展式系数随着 n 的增大而迅速减小，即使对强非线性恢复力的系统，也只需保留前几项.

再用残差相位步骤来解这个问题. 用式(4.4.73)~式(4.4.75)的近似关系，计算方程(4.4.52)和(4.4.53)中的下列各项

$$\left\langle [\dot{X}g_1(X,\dot{X})]_{t+\tau}\frac{\partial}{\partial\Lambda}[\dot{X}g_1(X,\dot{X})]_t \right\rangle_t$$
$$= \left\langle X^2 - \frac{X\,\mathrm{sgn}\,X\sqrt{2U(X)}}{\omega_\Lambda} \right\rangle_t \cos\omega_\Lambda\tau + \left\langle \frac{X\,\mathrm{sgn}\,X\sqrt{2U(X)}}{\omega_\Lambda} \right\rangle_t \cos 2\omega_\Lambda\tau \tag{4.4.98}$$

$$\left\langle [\dot{X}g_2(X,\dot{X})]_{t+\tau}\frac{\partial}{\partial\Lambda}[\dot{X}g_2(X,\dot{X})]_t \right\rangle_t = \cos\omega_\Lambda\tau \tag{4.4.99}$$

$$\left\langle [\dot{X}g_1(X,\dot{X})]_{t+\tau}\frac{\partial}{\partial\Lambda}[\dot{X}g_2(X,\dot{X})]_t \right\rangle_t$$
$$= \left\langle \dot{X}[g_2(X,\dot{X})]_{t+\tau}\frac{\partial}{\partial\Lambda}[\dot{X}g_1(X,\dot{X})]_t \right\rangle_t = 0 \tag{4.4.100}$$

$$\left\langle [\dot{X}g_1(X,\dot{X})]_{t+\tau}[\dot{X}g_1(X,\dot{X})]_t \right\rangle_t$$
$$= \left\langle X^2\dot{X}^2 - \frac{\dot{X}^2 X\,\mathrm{sgn}\,X\sqrt{2U(X)}}{\omega_\Lambda} \right\rangle_t \cos\omega_\Lambda\tau$$
$$+ \left\langle \frac{\dot{X}^2 X\,\mathrm{sgn}\,X\sqrt{2U(X)}}{\omega_\Lambda} \right\rangle_t \cos 2\omega_\Lambda\tau \tag{4.4.101}$$

$$\left\langle [\dot{X}g_2(X,\dot{X})]_{t+\tau}[\dot{X}g_2(X,\dot{X})]_t \right\rangle_t = \left\langle \dot{X}^2 \right\rangle_t \cos\omega_\Lambda\tau \tag{4.4.102}$$

$$\left\langle [\dot{X}g_1(X,\dot{X})]_{t+\tau}[\dot{X}g_2(X,\dot{X})]_t \right\rangle_t = \left\langle [\dot{X}g_2(X,\dot{X})]_{t+\tau}[\dot{X}g_1(X,\dot{X})]_t \right\rangle_t = 0 \tag{4.4.103}$$

将式(4.4.98)~式(4.4.100)代入式(4.4.52)，并将式(4.4.101)~式(4.4.103)代入式(4.4.53)，得

$$m(\Lambda) = -2\zeta\omega_0 u_2 + \pi(u_1 - u_3)S_{11}(\omega_\Lambda) + \pi u_3 S_{11}(2\omega_\Lambda) + \pi S_{22}(\omega_\Lambda) \tag{4.4.104}$$

$$\sigma^2(\Lambda) = 2\pi(u_4 - u_5)S_{11}(\omega_\Lambda) + 2\pi u_5 S_{11}(2\omega_\Lambda) + 2\pi u_2 S_{22}(\omega_\Lambda) \tag{4.4.105}$$

式中

$$u_1 = \left\langle X^2 \right\rangle_t = \frac{1}{T_{1/4}}\int_0^A \frac{x^2}{\sqrt{2\Lambda - 2U(x)}}\,\mathrm{d}x \tag{4.4.106}$$

$$u_2 = \left\langle \dot{X}^2 \right\rangle_t = \frac{1}{T_{1/4}} \int_0^A \sqrt{2\Lambda - 2U(x)} \, \mathrm{d}x \tag{4.4.107}$$

$$u_3 = \left\langle \frac{X \operatorname{sgn}(X) \sqrt{2U(X)}}{\omega_\Lambda} \right\rangle_t = \frac{2}{\pi} \int_0^A \frac{x \sqrt{2U(x)}}{\sqrt{2\Lambda - 2U(x)}} \, \mathrm{d}x \tag{4.4.108}$$

$$u_4 = \left\langle X^2 \dot{X}^2 \right\rangle_t = \frac{1}{T_{1/4}} \int_0^A x^2 \sqrt{2\Lambda - 2U(x)} \, \mathrm{d}x \tag{4.4.109}$$

$$u_5 = \left\langle \frac{X \dot{X}^2 \operatorname{sgn}(X) \sqrt{2U(X)}}{\omega_\Lambda} \right\rangle_t = \frac{4}{\pi} \int_0^A x \sqrt{U(x)[\Lambda - U(x)]} \, \mathrm{d}x \tag{4.4.110}$$

在推导式(4.4.104)和式(4.4.105)的过程中，用到了下列关系

$$2\int_{-\infty}^0 \cos(\omega\tau) R_{ii}(\tau) \mathrm{d}\tau = \int_{-\infty}^{\infty} \cos(\omega\tau) R_{ii}(\tau) \mathrm{d}\tau = 2\pi S_{ii}(\omega)$$

$$\int_{-\infty}^0 \sin(\omega\tau) R_{ii}(\tau) \mathrm{d}\tau \approx 0, \quad \int_{-\infty}^{\infty} \sin(\omega\tau) R_{ii}(\tau) \mathrm{d}\tau \approx 0 \tag{4.4.111}$$

下面指出两种特殊情形. 第一种情形是 $\xi_1(t)$ 和 $\xi_2(t)$ 都是高斯白噪声. 令 $S_{11}(\omega_\Lambda) = S_{11}(2\omega_\Lambda) = K_{11}$ 与 $S_{22}(\omega_\Lambda) = K_{22}$，傅里叶展开方案中的式(4.4.96)和式(4.4.97)简化为

$$m(\Lambda) = \frac{2\zeta\omega_0}{T_{1/4}} \int_0^{T_{1/4}} \dot{X}^2(t) \mathrm{d}t$$
$$+ \frac{\pi}{2} K_{11} \left[\frac{1}{4} \left(d_0^2 + d_0 f_0 + \sum_{n=1}^{\infty} \left(c_n^2 + c_n e_n + d_n^2 + d_n f_n \right) \right) \right]$$
$$+ \frac{\pi}{2} K_{22} \sum_{n=1}^{\infty} (a_n^2 + b_n^2) \tag{4.4.112}$$

$$\sigma^2(\Lambda) = 2\pi\Lambda \sum_{n=1}^{\infty} (c_n^2 K_{11} + a_n^2 K_{22}) \tag{4.4.113}$$

另一方面，残差相位步骤中的式(4.4.104)和式(4.4.105)简化为

$$m(\Lambda) = -2\zeta\omega_0 \left\langle \dot{X}^2 \right\rangle_t + \pi K_{11} \left\langle X^2 \right\rangle_t + \pi K_{22} \tag{4.4.114}$$

$$\sigma^2(\Lambda) = 2\pi K_{11} \left\langle X^2 \dot{X}^2 \right\rangle_t + 2\pi K_{22} \tag{4.4.115}$$

可证

$$\sum_{n=1}^{\infty} a_n^2 = \frac{u_2}{\Lambda}, \quad \sum_{n=1}^{\infty} c_n^2 = \frac{u_5}{\Lambda}, \quad \sum_{n=1}^{\infty} (a_n^2 + b_n^2) = 2$$

$$\frac{1}{4} d_0^2 + \sum_{n=1}^{\infty} (c_n^2 + d_n^2) = 2u_1, \quad \frac{1}{4} d_0 f_0 + \sum_{n=1}^{\infty} (c_n e_n + d_n f_n) = 0 \tag{4.4.116}$$

因此,式(4.4.112)和式(4.4.113)与式(4.4.114)和式(4.4.115)分别相同,傅里叶展开方案和残差相位步骤导致相同的结果. 还可证 4.3.2 节中的方法也导致相同的结果.

另一种特殊情形是线性恢复力系统($\gamma=0$). 此时,$\omega_A=\omega_0$,$X=\sqrt{2A}\cos\varPhi/\omega_0$ 且

$$a_1=b_1=1,\ c_1=d_0=d_1=e_1=f_1=\frac{\sqrt{A}}{\sqrt{2}\omega_0},\ f_0=-\frac{\sqrt{A}}{\sqrt{2}\omega_0} \tag{4.4.117}$$

其余

$$a_n=b_n=c_n=d_n=e_n=f_n=0$$

$$u_1=u_3=u_4=\frac{A}{\omega_0^2},\ u_2=A,\ u_5=u_6=\frac{A}{2\omega_0^2} \tag{4.4.118}$$

因此,傅里叶展开方案和残差相位步骤导致下列相同的漂移系数和扩散系数

$$m(A)=-2\zeta\omega_0 u_2+\frac{\pi}{\omega_0^2}S_{11}(2\omega_0)A+\pi S_{22}(\omega_0)$$

$$\sigma^2(A)=\frac{\pi}{\omega_0^2}S_{11}(2\omega_0)A^2+2\pi S_{22}(\omega_0)A \tag{4.4.119}$$

运用伊藤微分规则可以证明,在此情况下,漂移系数和扩散系数为式(4.4.119)的能量 $A(t)$ 的伊藤方程等价于幅值 $A(t)$ 的伊藤方程(4.4.8).

令参数 $\zeta=0.05$,$\omega_0=1$,曾分别用傅里叶展开和残差相位的方法对系统(4.4.76)进行了数值计算. $\xi_1(t)$ 和 $\xi_2(t)$ 的功率谱密度为下面的低通型

$$S_{ii}(\omega)=\frac{K_{ii}}{\alpha_i^2+\omega^2},\ i=1,2 \tag{4.4.120}$$

式中 α_i 和 K_{ii} 分别是带宽和强度参数. K_{ii} 的值越大,对应着越强的激励;α_i 的值越大,就意味着带宽越宽,相关时间越短. 每个 $\xi_i(t)$ 可用下式产生

$$\dot{\xi}_i+\alpha_i\xi_i=W_{gi}(t),\ i=1,2 \tag{4.4.121}$$

式中 $W_{gi}(t)$ 是一个具有谱密度 K_{ii} 的白噪声.

数值计算的步骤如下,① 对给定 A 的四分之一周期内,积分无阻尼振动方程(4.4.77),得到函数 $X(t)$ 和 $\dot{X}(t)$;② 对傅里叶展开方案,计算式(4.4.90)~式(4.4.95)中的傅里叶系数 a_n 至 f_n,或者对相位残差步骤,计算式(4.4.106)~式(4.4.110)中的 $u_1\sim u_5$;③ 用式(4.4.96)和式(4.4.97)或者式(4.4.104)和式(4.4.105)得到两种方法的 $m(A)$ 和 $\sigma(A)$;④ 按式(4.2.42)计算能量过程 $A(t)$ 的平稳概率密度,即

$$p(\lambda)=\frac{C}{\sigma^2(\lambda)}\exp\left[\int\frac{2m(\lambda)}{\sigma^2(\lambda)}\mathrm{d}\lambda\right] \tag{4.4.122}$$

图 4.4.8 和图 4.4.9 示出了两组不同参数下能量过程 $A(t)$ 的平稳概率密度. 图

4.4.8 中，$\alpha_1 = \alpha_2 = \alpha = 1.0$，$K_{11} = K_{22} = K = 0.1$；图 4.4.9 中，$\alpha_1 = \alpha_2 = \alpha = 1.5$，$K_{11} = K_{22} = K = 0.1$；每幅图中，都指出了两种不同程度的非线性水平，即 $\gamma = 0.1$ 和 1.0. 分别用傅里叶展开方案和残差相位步骤计算了数值结果，并将之与蒙特卡罗模拟结果作对比. 两种方法的解析结果与模拟结果吻合得颇好，即使在概率密度值较小的情况下也是如此. 正如所预期的，在较弱的非线性(γ 较小)和较短的激励相关时间(α 较大)情形，解析结果更精确.

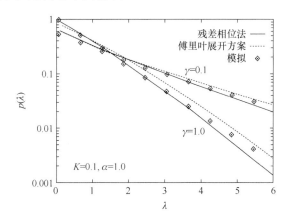

图 4.4.8　$\alpha = 1.0$，$K = 0.1$ 时能量过程 $\Lambda(t)$ 的平稳概率密度(Cai and Lin，2001b)

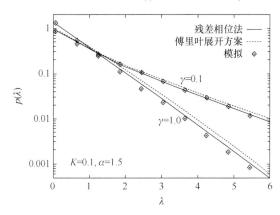

图 4.4.9　$\alpha = 1.5$，$K = 0.1$ 时能量过程 $\Lambda(t)$ 的平稳概率密度(Cai and Lin，2001b)

4.5　宽带噪声激励下的黏弹性系统

黏弹性现象出现在某些类型的材料中，比如金属和复合材料. 它描述了材料的性能，不仅可以利用弹性来储存势能，还可以像阻尼一样耗散能量. 已知黏弹性力不仅取决于当前状态，也取决于其历史. 随机激励下的黏弹性系统曾吸引许多研究者(Ariaratnam，1993；Cai et al.，1998；Huang and Xie，2008；Lin et al.，2011；Zhu and Cai，2011).

4.5.1 线性恢复力

首先考虑下列具有线性恢复力的黏弹性系统(Ariaratnam，1993)

$$\ddot{X} + f(X,\dot{X}) + \omega_0^2 X + \int_0^t h(t-\tau)\dot{X}(\tau)\mathrm{d}\tau = \sum_j g_j(X,\dot{X})\xi_j(t) \tag{4.5.1}$$

式中 $f(X,\dot{X})$ 是阻尼力积分项类似于(3.4.37)中的左边一式表示黏弹性力，$h(t)$ 为松弛模量，$\xi_j(t)$ 是零均值的宽带随机激励. 假设阻尼力 f、黏弹性力及激励 $\xi_j(t)$ 都小，使得随机平均法适用.

通常选麦克斯韦模型(Christensen，1982；Drozdov，1998)作为松弛模量 $h(t)$(见式(3.4.38))

$$h(t) = \sum_i \beta_i \exp(-\alpha_i t), \qquad \alpha_i > 0 \tag{4.5.2}$$

式(4.5.1)和式(4.5.2)表明，黏弹性力由多个分量组成. 在表达式(4.5.2)中，$1/\alpha_i$ 称为各个黏弹性分量的松弛时间，而 β_i 规定了它的大小，可为正或负. 这两个参数随具体问题确定. 由式(4.5.2)，式(4.5.1)可代之以下列方程

$$\ddot{X} + f(X,\dot{X}) + \omega_0^2 X + \sum_i Z_i = \sum_j g_j(X,\dot{X})\xi_j(t) \tag{4.5.3}$$

$$\dot{Z}_i = -\alpha_i Z_i + \beta_i \dot{X} \tag{4.5.4}$$

为了用幅值包线随机平均，作变换(4.2.2)，即

$$X = A_0(t)\cos\Phi_0, \quad \dot{X} = -A_0(t)\omega_0\sin\Phi_0, \quad \Phi_0 = \omega_0 t + \Theta_0(t) \tag{4.5.5}$$

将式(4.5.5)代入式(4.5.4)，可求得 Z_i 的平稳解

$$Z_i = \frac{\beta_i}{\alpha_i^2 + \omega_0^2}(\omega_0^2 A_0 \cos\Phi_0 - \alpha_i \omega_0 A_0 \sin\Phi_0)$$

$$= \frac{\beta_i}{\alpha_i^2 + \omega_0^2}(\omega_0^2 X + \alpha_i \dot{X}) \tag{4.5.6}$$

因为 A 和 Θ 变化缓慢，$\dot{A}$ 和 $\dot{\Theta}$ 是小量，所以略去了含有 $\dot{A}$ 和 $\dot{\Theta}$ 的项. 联合方程(4.5.3)和(4.5.6)，有

$$\ddot{X} + \left[f(X,\dot{X}) + \sum_i \frac{\beta_i \alpha_i}{\alpha_i^2 + \omega_0^2}\dot{X}\right] + \left[\omega_0^2 X + \sum_i \frac{\beta_i \omega_0^2}{\alpha_i^2 + \omega_0^2}X\right] = \sum_j g_j(X,\dot{X})\xi_j(t) \tag{4.5.7}$$

式(4.5.7)表明黏弹性力使系统的恢复力从 $\omega_0^2 X$ 变为 $\omega_1^2 X$，其中

$$\omega_1^2 = \omega_0^2 + \sum_i \frac{\beta_i \omega_0^2}{\alpha_i^2 + \omega_0^2} \qquad (4.5.8)$$

同时增加了阻尼力使得总阻尼力为

$$f_1(X, \dot{X}) = f(X, \dot{X}) + \sum_i \frac{\beta_i \alpha_i}{\alpha_i^2 + \omega_0^2} \dot{X} \qquad (4.5.9)$$

在松弛模量(4.5.2)中，α_i 必须为正，而在数学上 β_i 可正可负. 黏弹性材料应该为系统增加阻尼，因此式(4.5.9)中的 β_i 应该是正的.

注意，式(4.5.6)是式(4.5.4)在受到谐和激励 $\sin\theta_0$ 时的平稳解，忽略了衰减的瞬态项. 因此，式(4.5.8)和式(4.5.9)只对系统(4.5.1)的平稳解才有意义.

考虑到线性恢复力已改变，需要修改变换(4.5.5)为

$$X = A_1(t)\cos\Phi_1, \quad \dot{X} = -A_1(t)\omega_1\sin\Phi_1, \quad \Phi_1 = \omega_1 t + \Theta_1(t) \qquad (4.5.10)$$

式(4.5.8)和式(4.5.9)也修改为

$$\omega_1^2 = \omega_0^2 + \sum_i \frac{\beta_i \omega_1^2}{\alpha_i^2 + \omega_1^2} \qquad (4.5.11)$$

$$f_1(X, \dot{X}) = f(X, \dot{X}) + \sum_i \frac{\beta_i \alpha_i}{\alpha_i^2 + \omega_1^2} \dot{X} \qquad (4.5.12)$$

修正后的 ω_1 可从式(4.5.11)得到. 按式(4.2.7)和式(4.2.8)，由式(4.5.7)可得

$$\begin{aligned}
\dot{A}_1 = \frac{\sin\Phi_1}{\omega_0}\Bigg[& f(A_1\cos\Phi_1, -A_1\omega_1\sin\Phi_1) - \sum_i \frac{A_1\beta_i\alpha_i\omega_1\sin\Phi_1}{\alpha_i^2 + \omega_1^2} \\
& -\sum_{l=1}^m g_l(A_1\cos\Phi_1, -A_1\omega_1\sin\Phi_1)\xi_l(t) \Bigg]
\end{aligned} \qquad (4.5.13)$$

$$\begin{aligned}
\dot{\Theta}_1 = \frac{\cos\Phi_1}{\omega_0 A_1}\Bigg[& f(A_1\cos\Phi_1, -A_1\omega_1\sin\Phi_1) - \sum_i \frac{A_1\beta_i\alpha_i\omega_1\sin\Phi_1}{\alpha_i^2 + \omega_1^2} \\
& -\sum_{l=1}^m g_l(A_1\cos\Phi_1, -A_1\omega_1\sin\Phi_1)\xi_l(t) \Bigg]
\end{aligned} \qquad (4.5.14)$$

给定函数 f 和 g_l 的具体形式，以及 $\xi_j(t)$ 的谱密度，随机平均法可应用于式(4.5.13)和式(4.5.14).

例 4.5.1 考虑系统(Cai et al., 1998)

$$\ddot{X} + \omega_0^2 X + Z(t) = XW_{g1}(t) + W_{g2}(t) \qquad (4.5.15)$$

$$\dot{Z} = -\alpha Z + \beta\dot{X} \qquad (4.5.16)$$

其中 $W_{g1}(t)$ 和 $W_{g2}(t)$ 是两个高斯白噪声. 按照上述步骤, 得到如下幅值过程的漂移系数和扩散系数

$$m(A_1) = \left[-\frac{\beta\alpha}{2(\alpha^2 + \omega_1^2)} + \frac{3\pi}{8\omega_1^2}K_1 \right]A_1 + \frac{\pi}{2\omega_1^2 A_1}K_2 \tag{4.5.17}$$

$$\sigma^2(A_1) = \frac{\pi}{4\omega_1^2}K_1 A_1^2 + \frac{\pi}{\omega_1^2}K_2 \tag{4.5.18}$$

其中 K_1 与 K_2 分别是 $W_{g1}(t)$ 和 $W_{g2}(t)$ 的谱密度, 由式(4.5.11)确定 ω_1 如下

$$\omega_1^2 = \frac{1}{2}\left[\omega_0^2 + \beta - \alpha^2 + \sqrt{\left(\omega_0^2 + \beta - \alpha^2\right)^2 + 4\alpha^2\omega_0^2} \right] \tag{4.5.19}$$

可得系统的渐近概率稳定条件(朱位秋和蔡国强, 2017)

$$\frac{\alpha\beta\omega_1^2}{\alpha^2 + \omega_1^2} \geqslant \frac{1}{2}\pi K_1 \tag{4.5.20}$$

如果用原来的变换(4.5.5), 那么渐近概率稳定条件为

$$\frac{\alpha\beta\omega_0^2}{\alpha^2 + \omega_0^2} \geqslant \frac{1}{2}\pi K_1 \tag{4.5.21}$$

对 $\omega_0 = 1$ 的系统曾作了数值计算. 稳定性边界得自: ① 用原始变换所得的式(4.5.21); ② 用改进后的变换所得的式(4.5.20); ③蒙特卡罗模拟对 $\beta=1$ 和 2 的计算, 结果分别示于图 4.5.1 和图 4.5.2. 由图可见, 用改进后的变换得到的稳

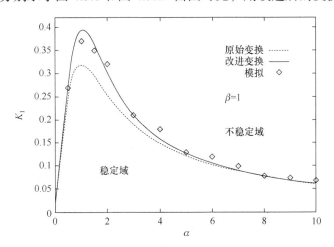

图 4.5.1　$\beta = 1$ 时的稳定性边界(Cai et al., 1998)

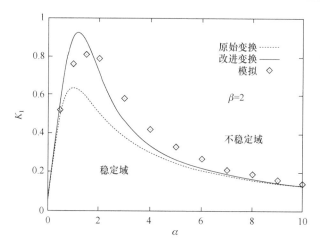

图 4.5.2　$\beta = 2$ 时的稳定性边界(Cai et al., 1998)

定性边界与模拟的结果吻合得很好. 由于未考虑黏弹性力的强化刚度效应，用原始变换所得的结果过于保守.

　　用原始变换与改进后的变换确定的幅值的近似均方值为

$$E[A_0^2] = \frac{2\pi K_2(\omega_0^2 + \alpha^2)}{\alpha\beta\omega_0^2 - \pi K_1(\alpha^2 + \omega_0^2)} \tag{4.5.22}$$

$$E[A_1^2] = \frac{2\pi K_2(\omega_1^2 + \alpha^2)}{\alpha\beta\omega_1^2 - \pi K_1(\alpha^2 + \omega_1^2)} \tag{4.5.23}$$

由于系统由式(4.5.15)支配，而式(4.5.16)是线性的，可以得到 X、$\dot{X}$ 和 Z 的精确均方值. A_0 和 A_1 的精确均方值可分别由式(4.5.5)和式(4.5.10)得到

$$E[A_0^2] = E[X^2] + E[\dot{X}^2]\big/\omega_0^2 = \frac{\pi K_2(2\omega_0^2 + 2\alpha^2 + \beta)}{\alpha\beta\omega_0^2 - \pi K_1(\alpha^2 + \omega_0^2)} \tag{4.5.24}$$

$$E[A_1^2] = E[X^2] + E[\dot{X}^2]\big/\omega_1^2 = \frac{\pi K_2\left[\alpha^2 + \omega_0^2 + \dfrac{\omega_0^2}{\omega_1^2}(\omega_0^2 + \alpha^2 + \beta)\right]}{\alpha\beta\omega_0^2 - \pi K_1(\alpha^2 + \omega_0^2)} \tag{4.5.25}$$

　　图 4.5.3 示出了 $\omega_0 = 1$、$K_1 = 0.01$ 及 $K_2 = 0.1$ 时由式(4.5.22)计算得到的近似 $E[A_0^2]$ 与精确解(4.5.24)的比较，两者相差很大. 相反，用改进后变换所得的式(4.5.23)与精确解(4.5.25)相比更精确，如图 4.5.4 所示.

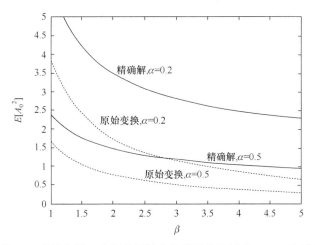

图 4.5.3   幅值 $A_0(t)$ 的均方值，分别是原始变换得到的近似式(4.5.22)和精确解(4.5.24)

(Cai et al.，1998)

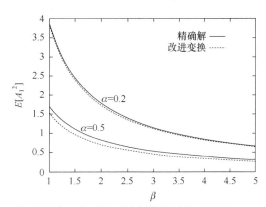

图 4.5.4   幅值 $A_1(t)$ 的均方值，分别是原始变换得到的近似式(4.5.23)和精确解(4.5.25)

(Cai et al.，1998)

4.5.2 非线性恢复力

如果恢复力是强非线性的，幅值包线方法不适用. 考虑如下系统

$$\ddot{X} + f(X,\dot{X}) + u(X) + \sum_i Z_i = \sum_j g_j(X,\dot{X})\xi_j(t) \qquad (4.5.26)$$

$$Z_i = \int_0^t h_i(t-\tau)X(\tau)\mathrm{d}\tau \qquad (4.5.27)$$

$$h_i(t) = \beta_i \exp(-t/\lambda_i), \quad \lambda_i > 0 \qquad (4.5.28)$$

注意，式(4.5.27)的黏弹性力模型与式(4.5.1)中的不同. 式(4.5.27)中的黏弹性力与位移 X 有关，而式(4.5.1)中的黏弹性力则与速度 $\dot{X}$ 有关. 此处 h_i 为松弛模量的导数，式(4.5.27)与式(3.4.37)的右边一式相似.

由 4.5.1 节可见，黏弹性力对刚度和阻尼都有贡献. 考虑到这一点，系统 (4.5.26)可由如下系统代替

$$\ddot{X} + f_1(X, \dot{X}) + u_1(X) = \sum_j g_j(X, \dot{X})\xi_j(t) \qquad (4.5.29)$$

其中黏弹性力的效应已并入 $f_1(X, \dot{X})$ 和 $u_1(X)$ 中. 对系统(4.5.29)，可运用能量包络随机平均法. 系统的势能 $U(X)$ 和的总能量为

$$U(X) = \int_0^X u_1(z)\mathrm{d}z, \quad \Lambda = \frac{1}{2}\dot{X}^2 + U(X) \qquad (4.5.30)$$

运用变换(4.4.48)，即

$$\begin{aligned}
\mathrm{sgn}\, X\sqrt{U(X)} &= \sqrt{\Lambda}\cos\Phi \\
\dot{X} &= -\sqrt{2\Lambda}\sin\Phi
\end{aligned} \qquad (4.5.31)$$

式中

$$\Phi(t) = \int_0^t \omega(s)\mathrm{d}s + \Theta(t); \quad \omega(t) = \frac{u_1(X)}{\sqrt{2\Lambda}\cos\Phi} \qquad (4.5.32)$$

已知 $\Phi(t)$、$\Theta(t)$ 和 $\omega(t)$ 分别是总相位、残差相位和瞬时频率. 平均频率 ω_Λ 是从方程(4.2.34)得到的.

式(4.5.27)和式(4.5.28)中的每个黏弹性分量可写成

$$Z_i = \int_0^t \beta_i \mathrm{e}^{-(t-\tau)/\lambda_i} X(\tau)\mathrm{d}\tau \qquad (4.5.33)$$

运用变换(4.5.31)，并令 $\Phi(t) \approx \omega_\Lambda t + \Theta$，忽略衰减的瞬态项，完成上述积分可得

$$Z_i = \frac{\beta_i \lambda_i}{1 + \omega_\Lambda^2 \lambda_i^2}(X - \lambda_i \dot{X}) \qquad (4.5.34)$$

考虑式(4.5.34)，式(4.5.29)中的函数 $f_1(X, \dot{X})$ 和 $u_1(X)$ 可导出如下

$$\begin{aligned}
f_1(X, \dot{X}) &= f(X, \dot{X}) - \sum_i \frac{\beta_i \lambda_i^2}{1 + \omega_\Lambda^2 \lambda_i^2}\dot{X} \\
u_1(X) &= u(X) + \sum_i \frac{\beta_i \lambda_i}{1 + \omega_\Lambda^2 \lambda_i^2}X
\end{aligned} \qquad (4.5.35)$$

为了确定平均频率 ω_Λ，联合式(4.2.34)和式(4.2.29)，得

$$\frac{\pi}{\omega_\Lambda} = 2\int_0^\Lambda \frac{\mathrm{d}X}{\sqrt{2\Lambda - 2U(X)}} \qquad (4.5.36)$$

$U(X)$是ω_Λ的函数,根据式(4.5.30)和式(4.5.35),式(4.5.36)是ω_Λ的非线性代数方程,给定Λ后,ω_Λ可数值求解.

式(4.5.35)中新增的刚度和阻尼项是黏弹性力的贡献. 可证,若系统是线性的,并且激励是谐和外激,此时系统的响应也是谐和的,则式(4.5.34)和式(4.5.35)是精确的. 注意,式(4.5.34)的推导忽略了衰减的瞬态项,这表明该步骤只适用于平稳状态的系统.

黏弹性力的刚度和阻尼效应取决于参数β_i和λ_i. 松弛时间λ_i必须为正,而β_i可正可负. 对于负值的β_i,黏弹性分量增加了阻尼而减小了刚度. 这是黏弹性材料的普遍情况,因为它的弹性模量远小于纯弹性材料,而且又多了阻尼. 由于式(4.5.1)和式(4.5.27)中的黏弹性模型不同,参数β_i的作用不同于 4.5.1 节中的β_i.

运动方程(4.5.29)将用作原始系统(4.5.26)的等效方程,傅里叶展开方案和残差相位步骤都可用来解决该问题.

例 4.5.2　考虑下面具有黏弹性力的杜芬振子(Zhu and Cai,2011)

$$\ddot{X} + 2\zeta\omega_0\dot{X} + \omega_0^2 X + \gamma X^3 + Z = X\xi_1(t) + \xi_2(t)$$
$$Z = \beta_1 \int_0^t e^{-(t-\tau)/\lambda_1} X(\tau)\,\mathrm{d}\tau \tag{4.5.37}$$

其中的阻尼力、黏弹性力,以及 $\xi_1(t)$ 和 $\xi_2(t)$ 都假设为小量. 按式(4.5.34)近似黏弹性力 Z,式(4.5.37)的等效系统形为

$$\ddot{X} + f_1(\dot{X}) + u_1(X) = X\xi_1(t) + \xi_2(t)$$
$$f_1(\dot{X}) = \left[2\xi\omega_0 - \frac{\beta_1\lambda_1^2}{1+\omega_\Lambda^2\lambda_1^2} \right]\dot{X}, \quad u_1(X) = \left[\omega_0^2 + \frac{\beta_1\lambda_1}{1+\omega_\Lambda^2\lambda_1^2} \right]X + \gamma X^3 \tag{4.5.38}$$

平均频率是由式(4.5.36)导出为

$$\frac{\pi}{\omega_\Lambda} = 2\int_0^{\pi/2} \frac{\mathrm{d}\phi}{\sqrt{\omega_0^2 + \dfrac{\beta_1\lambda_1}{1+\omega_\Lambda^2\lambda_1^2} + \dfrac{1}{2}\gamma A^2(1+\sin^2\phi)}} \tag{4.5.39}$$

给定了能量Λ或者幅值A,式(4.5.39)可数值求解. $\gamma = 0$ 时,可得到线性刚度的修正频率

$$\omega_\Lambda = \frac{1}{2\lambda_1^2} \left[\sqrt{(1+\omega_0^2\lambda_1^2)^2 + 4\beta_1\lambda_1^3} - (1-\omega_0^2\lambda_1^2) \right] \tag{4.5.40}$$

现在可以运用随机平均的残差相位步骤,也就是确定式(4.4.52)和式(4.4.53). 在作式(4.4.52)和式(4.4.53)中的时间平均和随机平均时,需要用到式(4.4.73)~

式(4.4.75)中的近似. 对本例, 有

$$m(\Lambda) = -\left[2\xi\omega_0 - \frac{\beta_1\lambda_1^2}{1+\omega_\Lambda^2\lambda_1^2}\right]u_2 + \pi(u_1-u_3)S_{11}(\omega_\Lambda)$$
$$+ \pi u_3 S_{11}(2\omega_\Lambda) + \pi S_{22}(\omega_\Lambda) \tag{4.5.41}$$

$$\sigma^2(\Lambda) = 2\pi(u_4-u_5)S_{11}(\omega_\Lambda) + 2\pi u_5 S_{11}(2\omega_\Lambda) + 2\pi u_2 S_{22}(\omega_\Lambda) \tag{4.5.42}$$

式中 u_k ($k = 1, 2, \cdots, 5$) 是 Λ 的函数, 由式(4.4.106)~式(4.4.110)给出, 其中 $u(X)$ 代之以式(4.5.38)中的 $u_1(X)$.

对参数 $\zeta = 0.05$ 和 $\omega_0 = 1$ 的系统(4.5.37)进行过数值计算. 取不同的系数 γ 值以表明该方法对强非线性刚度系统的适用性. 假设随机激励 $\xi_1(t)$ 和 $\xi_2(t)$ 的功率谱密度为如下低通型

$$S_{ii}(\omega) = \frac{K_{ii}}{\alpha_i^2+\omega^2}, \quad i = 1, 2 \tag{4.5.43}$$

计算中 $K_{11} = K_{22} = 0.01$, $\alpha_1 = \alpha_2 = 2$. 对黏弹性力, 取不同的松弛时间 λ_1 和幅值参数 β_1 值以考察它们对系统响应的影响.

用蒙特卡罗模拟评估该方法的精度. 为便于计算黏弹性力 Z, 用下面的一阶微分方程产生该力, 以代替式(4.5.37)中的积分

$$\dot{Z} + \frac{1}{\lambda_1}Z = \beta_1 X \tag{4.5.44}$$

有了式(4.5.43)给出的谱密度, 随机激励可由下列一阶滤波器产生

$$\dot{\xi}_i + \alpha_i \xi_i = W_{gi}(t), \quad i = 1, 2 \tag{4.5.45}$$

其中 $W_{gi}(t)$ 是谱密度为 K_{ii} 的白噪声.

对 $\beta_1 = -0.1$、$\gamma = 0.2$ 及三个不同松弛时间 λ_1, 图 4.5.5 给出了能量 $\Lambda(t)$ 的平稳概率密度. 为了表示更大范围上的概率密度, 特别是小概率, 纵坐标采用对数尺度. 按式(4.5.35), 负的 β_1 会导致阻尼增大并使刚度减小. 这两种效应对系统响应是相反的, 即阻尼增大减小响应, 而刚度减小又增大响应. 较大的 λ_1 对应于较大的阻尼和较低的刚度. 图 4.5.5 表明, 对大的 λ_1, 系统的响应较弱, 这说明阻尼效应超过了刚度效应. 实际上, 系统有了非线性刚度, 黏弹性力对刚度的影响并不重要. 图 4.5.6 描绘了 $\lambda_1 = 1$、$\gamma = 0.2$ 及三个不同 β_1 值时的平稳概率密度 $p(\lambda)$. 由于 β_1 是黏弹性力的幅值, 大的 $|\beta_1|$ 值会导致较大的阻尼和较小的刚度. 正如图 4.5.5 所示的情形, 阻尼效应更重要, 对较大的 β_1, 系统的响应较小. 为了考察强非线性刚度效应, 考虑了不同刚度系数 γ 值. 图 4.5.7 示出了 $\lambda_1 = 0.1$、$\beta_1 = -0.1$ 及

三个不同 γ 值时的概率密度函数 $p(\lambda)$. 可见，即使对于强非线性刚度，该法也是精确的.

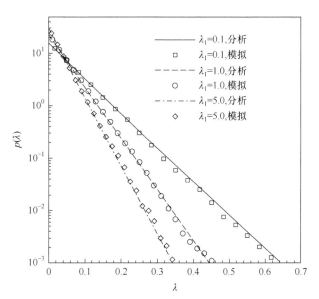

图 4.5.5　$\gamma = 0.2$、$\beta_1 = -0.1$ 及三个不同 λ_1 值时能量 $\Lambda(t)$ 的平稳概率密度(Zhu and Cai，2011)

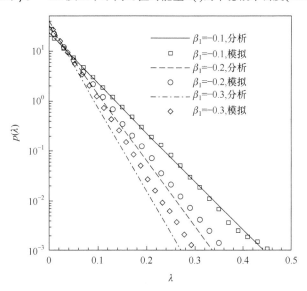

图 4.5.6　$\gamma = 0.2$、$\lambda_1 = 1$ 及三个不同 β_1 值时的能量 $\Lambda(t)$ 的平稳概率密度(Zhu and Cai，2011)

　　有了 $p(\lambda)$ 的结果，可按式(4.2.46)计算出状态过程 $X(t)$ 的平稳概率密度 $p(x)$. 对于不同参数 λ_1、β_1 和 γ 的值，不同的结果示于图 4.5.8、图 4.5.9 和图 4.5.10，

由于函数 $p(x)$关于 x 的对称性,只画出了正半轴上的概率密度. 正如所预期的,增加 λ_1、$|\beta_1|$ 或者 γ,都减小系统的响应.

　　所有图中,用解析方法得到的结果都与蒙特卡罗模拟结果相吻合. 图 4.5.6 中 $\beta_1 = -0.2$ 和 -0.3 时,误差似乎显著. 由于解法要求较弱的黏弹性力,正如所预期的,随着 β_1 值的增加,解析解的精度变差. 注意,$p(\lambda)$的纵坐标用了对数尺度,差异出现在概率较小的区域. 正如所有的图所示,在大概率区域,解析结果还是相当准确的. 由于很强的非线性恢复力会影响近似的精度,类似的情况也发生在 $\gamma = 2$ 和 5 时的图 4.5.7 中.

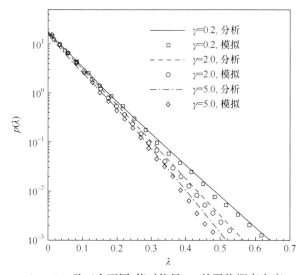

图 4.5.7　$\lambda_1 = 0.1$、$\beta_1 = -0.1$ 及三个不同 γ 值时能量 $\Lambda(t)$的平稳概率密度(Zhu and Cai,2011)

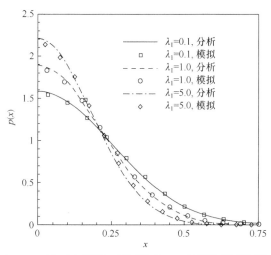

图 4.5.8　$\gamma = 0.2$、$\beta_1 = -0.1$ 及三个不同 λ_1 值时位移 $X(t)$的平稳概率密度(Zhu and Cai,2011)

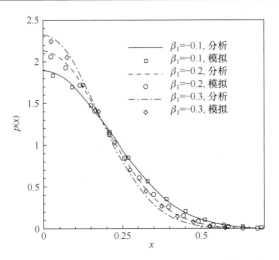

图 4.5.9 $\gamma = 0.2$、$\lambda_1 = 1$ 及三个不同 β_1 值时位移 $X(t)$ 的平稳概率密度(Zhu and Cai,2011)

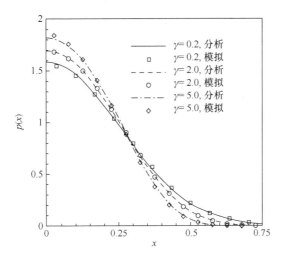

图 4.5.10 $\lambda_1 = 0.1$、$\beta_1 = -0.1$ 及三个不同 γ 值时位移 $X(t)$ 的平稳概率密度(Zhu and Cai,2011)

4.6 双势阱系统

前几节中假定所考虑的强非线性恢复力 $u(X)$ 是一个单调函数,即它对应的势能只有一个势阱. 如果势能有双势阱,恢复力不再是单调函数,那么系统的运动就会更复杂. 系统可能在一个势阱里运动,从一个势阱转移到另一个势阱,或者在两个势阱间来回运动. 因此,上述随机平均方案不再适用,而需要发展一个能恰当应用随机平均法的新方案.

4.6.1 双势阱的确定系统

一个具有双势阱的典型保守系统为

$$\ddot{x} - \alpha x + \beta x^3 = 0 \tag{4.6.1}$$

式中 α 和 β 是两个正常数. 系统的势能和总能量为

$$U(x) = -\frac{1}{2}\alpha x^2 + \frac{1}{4}\beta x^4 + \frac{\alpha^2}{4\beta} \tag{4.6.2}$$

$$\lambda(x, \dot{x}) = \frac{1}{2}\dot{x}^2 - \frac{1}{2}\alpha x^2 + \frac{1}{4}\beta x^4 + \frac{\alpha^2}{4\beta} \tag{4.6.3}$$

式中加入了常数 $\alpha^2/(4\beta)$ ，以确保势能和总能量为正. 图 4.6.1 给出了双势阱系统的势能曲线.

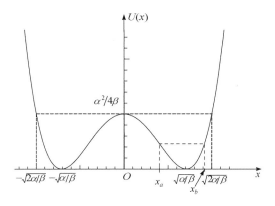

图 4.6.1 系统(4.6.1)的双势阱势能

令 $x_1 = x$、$x_2 = \dot{x}$，系统(4.6.1)的状态方程为

$$\dot{x}_1 = x_2$$
$$\dot{x}_2 = \alpha x_1 - \beta x_1^3 \tag{4.6.4}$$

该系统在相平面上有三个平衡点：鞍点$(0, 0)$、中心 $(-\sqrt{\alpha/\beta},\ 0)$ 和 $(\sqrt{\alpha/\beta},\ 0)$，通过鞍点有两条同宿轨道，它们将平面 (x_1, x_2) 分成三个区域(见图 4.6.2). 对于不在这三个点的初始条件，系统的运动是周期的. 根据不同的初始条件，周期运动可以在一个势阱内，也可以通过两个势阱. 图 4.6.2 给出了两种运动的示意图. 如果总能量小于 $\alpha^2/(4\beta)$，有两种可能的运动，即在相平面的左侧或右侧. 此时，对于一个给定的初始状态(x_{10}, x_{20})，周期轨线限制在相平面的一侧，在哪一侧取决于 x_{10} 的符号. 总能量越低，轨线越接近于一个平衡点 $(-\sqrt{\alpha/\beta},\ 0)$ 或 $(\sqrt{\alpha/\beta},\ 0)$. 总能量超过 $\alpha^2/(4\beta)$，对应于系统在整个相平面上运动，一条周期轨线对应于一个给

定的能量值. 总能量等于 $\alpha^2/(4\beta)$, 对应于同宿轨道, 它不是周期轨线, 随时间趋于无穷, 系统状态无限接近鞍点. 注意: ① 除非能量水平很低, 无论哪种情况下的周期运动都与谐和运动差别很大; ② 当 $\lambda < \alpha^2/(4\beta)$ 时, 离原点的幅值不再有意义.

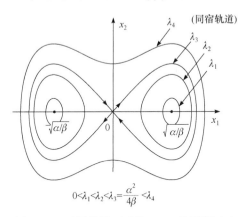

图 4.6.2　不同能量下系统(4.6.1)的周期运动

对于给定的能量 $\lambda < \alpha^2/(4\beta)$, 运动的固有周期可从下式算出

$$T(\lambda) = \oint \mathrm{d}t = \oint \frac{\mathrm{d}x}{\dot{x}} = 2\int_{x_a}^{x_b} \frac{\mathrm{d}x}{\sqrt{2\lambda - \dfrac{\alpha^2}{2\beta} + \alpha x^2 - \dfrac{\beta}{2}x^4}} \tag{4.6.5}$$

其中 x_a 和 x_b 分别是 x 的最小值和最大值(见图 4.6.1 中 x_a 和左侧 x_b), 由下式算出

$$x_a = \sqrt{\frac{1}{\beta}(\alpha - \sqrt{4\beta\lambda})}, \quad x_b = \sqrt{\frac{1}{\beta}(\alpha + \sqrt{4\beta\lambda})} \tag{4.6.6}$$

在推导式(4.6.5)时, 假设运动处于相平面的右侧, 即 x 是正的. 由于对称性, 若运动在左侧, 运动周期也是一样的. 此时, 无论 x_a 还是 x_b 都不是幅值.

如果能量 $\lambda > \alpha^2/(4\beta)$, 固有周期由下式算出

$$T(\lambda) = \oint \mathrm{d}t = \oint \frac{\mathrm{d}x}{\dot{x}} = 4\int_{0}^{x_b} \frac{\mathrm{d}x}{\sqrt{2\lambda - \dfrac{\alpha^2}{2\beta} + \alpha x^2 - \dfrac{\beta}{2}x^4}} \tag{4.6.7}$$

其中 x_b 也由式(4.6.6)给出(见图 4.6.1 中右侧 x_b), 称为该情况下运动的幅值. 图 4.6.3 示出了 $\alpha = 2$ 和 $\beta = 1$ 时, 固有周期和圆频率 $\omega = 2\pi/T$ 随能量的变化. 在 $\lambda = \alpha^2/(4\beta) = 1$ 上, 周期有一个两倍值的跳跃. 这是因为运动从相平面一侧的小轨线跳跃到整个相平面上的一个两倍大的轨线上. 当 $\lambda < \alpha^2/(4\beta) = 1$ 时, $-\alpha x$ 这项起主要作用, 随能量增加系统的刚度减小, 导致周期变大而频率变小. 能量在 $0 < \lambda < 1$ 时, 固有圆频率的范围为 $1 < \omega < 2$. 另一方面, 当 $\lambda > \alpha^2/(4\beta) = 1$ 时, βx^3 项主

要作用, 意味着刚度强化. 因此, 能量越大, 固有频率越大, 周期越短. 然而, 即使能量高达$\lambda=12$, 固有频率仍处在范围 $1<\omega<2$. 图 4.6.3 也表明双势阱系统的固有频率和周期性态与单势阱系统的大不相同.

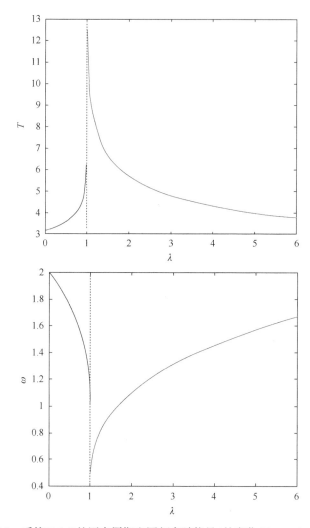

图 4.6.3　系统(4.6.1)的固有周期和圆频率随能量λ的变化(Zhu et al., 2013)

在$\lambda\to 0$的极限情况下, x趋于$\sqrt{\alpha/\beta}$或$-\sqrt{\alpha/\beta}$. 不失一般性, 假设它趋于$\sqrt{\alpha/\beta}$. 记

$$x_e = x - \sqrt{\frac{\alpha}{\beta}} \tag{4.6.8}$$

将式(4.6.8)代入式(4.6.1)，忽略高阶项后有

$$\ddot{x}_e + 2\alpha x_e = 0 \tag{4.6.9}$$

方程(4.6.9)表明，系统可以近似为平衡点 $(\sqrt{\alpha/\beta}, 0)$ 附近的线性系统，并有一个极限周期

$$\lim_{\lambda \to 0} T = \frac{\sqrt{2}\pi}{\sqrt{\alpha}} \tag{4.6.10}$$

4.6.2 随机平均

考虑下述具有双势阱的随机系统

$$\ddot{X} + h(X, \dot{X}) - \alpha X + \beta X^3 = \sum_{i=1}^{n} g_i(X, \dot{X})\xi_i(t) \tag{4.6.11}$$

式中 $h(X, \dot{X})$ 表示阻尼力, $\xi_i(t)$ 是均值为零相关函数为 $R_{ij}(\tau)$ 平稳宽带激励. 假设阻尼和激励都小，随机平均法适用.

由 $X(t)$ 和 $\Lambda(t)$，系统的运动方程(4.6.11)可用下列两个一阶方程代替

$$\dot{X} = \pm\sqrt{2\Lambda - \frac{\alpha^2}{2\beta} + \alpha X^2 - \frac{1}{2}\beta X^4}$$

$$\dot{\Lambda} = -\dot{X}h(X, \dot{X}) + \sum_{i=1}^{n} \dot{X}g_i(X, \dot{X})\xi_i(t) \tag{4.6.12}$$

按式(4.6.3)，上述第二个方程中的 $\dot{X}$ 为 X 和 Λ 的函数. 式(4.6.12)中的第二个方程表明，能量 $\Lambda(t)$ 是一个慢变过程，可近似为受下列伊藤随机微分方程支配的马尔可夫扩散过程

$$d\Lambda = m(\Lambda) + \sigma(\Lambda)dB(t) \tag{4.6.13}$$

式中 $m(\Lambda)$ 和 $\sigma(\Lambda)$ 可按式(4.4.52)和式(4.4.53)确定，注意时间平均按式(4.2.41)只适用于恢复力为单调函数的情形. 对本情形，一周内的时间平均应按能量 Λ 大小分两种情形计算. 对 $\Lambda < \alpha^2/(4\beta)$

$$\langle[\cdot]\rangle_t = \frac{1}{T}\int_0^T [\cdot]dt = \frac{2}{T}\int_{x_a}^{x_b} \frac{[\cdot]_{\dot{X}=\sqrt{2\Lambda-2U(X)}}}{\sqrt{2\Lambda - 2U(X)}}dX \tag{4.6.14}$$

式中 x_a 与 x_b 由式(4.6.6)给出. 对 $\Lambda > \alpha^2/(4\beta)$,

$$\langle[\cdot]\rangle_t = \frac{1}{T}\int_0^T [\cdot]dt = \frac{1}{T_{1/4}}\int_0^{x_b} \frac{[\cdot]_{\dot{X}=\sqrt{2\Lambda-2U(X)}}}{\sqrt{2\Lambda - 2U(X)}}dX \tag{4.6.15}$$

式中 x_b 为图 4.6.1 中右侧的 x_b，给定相关函数 $R_{ij}(\tau)$, $m(\Lambda)$ 和 $\sigma(\Lambda)$ 可作数值计算.

例 4.6.1　作为一个例子，考虑下列振子(Zhu et al.，2013)

$$\ddot{X} + \gamma \dot{X} - \alpha X + \beta X^3 = X\xi_1(t) + \xi_2(t) \tag{4.6.16}$$

能量过程 $\Lambda(t)$ 的漂移系数和扩散系数可按式(4.4.52)和式(4.4.53)得到如下

$$m(\Lambda) = -\gamma \left\langle \dot{X}^2 \right\rangle_t + \int_{-\infty}^{0} \left\langle \frac{X(t)X(t+\tau)\dot{X}(t+\tau)}{\dot{X}(t)} \right\rangle_t R_{11}(\tau)\mathrm{d}\tau$$

$$+ \int_{-\infty}^{0} \left\langle \frac{\dot{X}(t+\tau)}{\dot{X}(t)} \right\rangle_t R_{22}(\tau)\mathrm{d}\tau \tag{4.6.17}$$

$$\sigma^2(\Lambda) = \int_{-\infty}^{\infty} \left\langle X(t)\dot{X}(t)X(t+\tau)\dot{X}(t+\tau) \right\rangle_t R_{11}(\tau)\mathrm{d}\tau$$

$$+ \int_{-\infty}^{\infty} \left\langle \dot{X}(t)\dot{X}(t+\tau) \right\rangle_t R_{22}(\tau)\mathrm{d}\tau \tag{4.6.18}$$

漂移系数和扩散系数分别为式(4.6.17)和式(4.6.18)的伊藤方程(4.6.13)，其边界 $\Lambda = 0$ 和 $\Lambda = \infty$ 可按书(Lin and Cai，1995)中的理论进行分类.

当系统趋近左边界 $\Lambda = 0$ 时，$\dot{X}$ 趋于零，而 X 趋于 $\sqrt{\alpha/\beta}$ 或 $-\sqrt{\alpha/\beta}$. 假设在右边势阱内运动，定义

$$x_e = X - \sqrt{\alpha/\beta} \tag{4.6.19}$$

将式(4.6.19)代入式(4.6.16)，得 x_e 的运动方程

$$\ddot{X}_e + \gamma \dot{X}_e + 2\alpha X_e + 3\beta\sqrt{\frac{\alpha}{\beta}}X_e^2 + \beta X_e^3 = X_e\xi_1(t) + \sqrt{\frac{\alpha}{\beta}}\xi_1(t) + \xi_2(t) \tag{4.6.20}$$

可证

$$m(\Lambda) \to \pi\frac{\alpha}{\beta}S_{11}(\sqrt{2\alpha}) + \pi S_{22}(\sqrt{2\alpha}), \quad \text{当} \Lambda \to 0\text{时} \tag{4.6.21}$$

$$\sigma^2(\Lambda) \to 2\pi\Lambda\left[\frac{\alpha}{\beta}S_{11}(\sqrt{2\alpha}) + S_{22}(\sqrt{2\alpha})\right], \quad \text{当} \Lambda \to 0\text{时} \tag{4.6.22}$$

按书(Lin and Cai，1995)中理论，左边界 $\Lambda = 0$ 是第一类奇异边界，且是进入边界. 当概率流趋近此边界时，排斥力变大，迫使系统的运动返回其定义域.

当 $\Lambda(t)$ 趋于右边无穷远的边界时，难以得到 $m(\Lambda)$ 和 $\sigma^2(\Lambda)$ 的解析表达式，但它们的数量级可计算如下

$$m(\Lambda) \sim O(-\Lambda), \quad \sigma^2(\Lambda) \sim O(\Lambda^{3/2}), \quad \Lambda \to \infty \tag{4.6.23}$$

式中 $O(\cdot)$ 表示数值的阶. 因此，右边界 $\Lambda = \infty$ 是第二类奇异边界，为排斥自然边界(Lin and Cai，1995)，和进入边界类似，但要弱一些.

过程 $\Lambda(t)$ 的样本函数在趋近于边界时的性态示于图 4.6.4. 结论是 $\Lambda(t)$ 的平稳概率密度存在.

图 4.6.4 过程 $\Lambda(t)$ 的样本函数的边界性态

考虑随机激励 $\xi_1(t)$ 和 $\xi_2(t)$ 为低通随机过程情形，其相关函数为

$$R_{ii}(\tau) = D_i \mathrm{e}^{-\alpha_i|\tau|}, \quad i = 1, 2 \qquad (4.6.24)$$

功率谱密度为

$$S_{ii}(\omega) = \frac{D_i \alpha_i}{\pi(\omega^2 + \alpha_i^2)} \qquad (4.6.25)$$

式中 α_i 和 D_i 分别是带宽和强度参数. 图 4.6.5 示出了 $D_1 = 0.01$ 和三种不同 α_1 值时低通过程的功率谱密度. $\alpha_1 = 1$ 的情形对应着窄带，而 $\alpha_1 = 3$ 则是宽带.

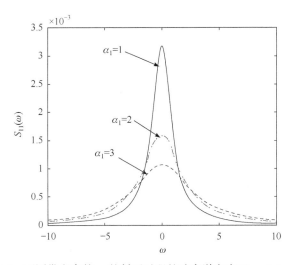

图 4.6.5 不同带宽参数 α_i 的低通过程的功率谱密度(Zhu et al., 2013)

遵照所提出的步骤，按式(4.6.17)和式(4.6.18)计算 $m(\lambda)$ 和 $\sigma^2(\lambda)$，然后按式(4.2.42)计算 $p(\lambda)$，再按式(4.2.46)计算 $p(x,\dot{x})$，对 $\dot{x}$ 积分得 $p(x)$. $x \geqslant 0$ 上位移的平稳概率密度 $p(x)$ 的数值结果示于图 4.6.6. 系统参数为 $\alpha = 2$，$\beta = 1$，$\gamma = 0.015$，激励强度为 $D_1 = D_2 = 0.01$. 图中采用了三个不同的带宽参数 $\alpha_1 = \alpha_2$ 值. $x \leqslant 0$ 上位移的概率密度与此对称.

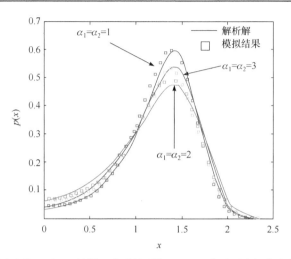

图 4.6.6　受不同带宽参数 α_1 和 α_2 的低通激励的系统 $x \geqslant 0$ 上位移平稳概率密度(Zhu et al., 2013)

为了计算方便, 激励 $\xi_i(t)$ 由下列一阶微分方程产生

$$\dot{\xi}_i + \alpha_i \xi_i = W_{gi}(t), \quad i = 1, 2 \tag{4.6.26}$$

式中 $W_{gi}(t)$ 是谱密度为 $K_i = D_i \alpha_i / \pi$ 的高斯白噪声. 图 4.6.6 显示了蒙特卡罗模拟在 $x \geqslant 0$ 上的结果, 证实了解析结果的精确性.

假设系统开始在一个势阱里. 有了随机激励后, 系统在该势阱中做随机振动. 当能量超过临界值 $\lambda_c = \alpha^2 / (4\beta)$ 时, 运动将会跃入另一个势阱或阱外区域. 平均跃迁时间记为 $\mu(\lambda_0)$, 是初始能量 λ_0 的函数, 受下列著名的庞特里亚金(Pontryagin)方程支配(Andrnov et al., 1933)

$$1 + m(\lambda_0) \frac{\mathrm{d}\mu}{\mathrm{d}\lambda_0} + \frac{1}{2} \sigma^2(\lambda_0) \frac{\mathrm{d}^2\mu}{\mathrm{d}\lambda_0^2} = 0 \tag{4.6.27}$$

式中 $m(\lambda_0)$ 和 $\sigma(\lambda_0)$ 由方程(4.6.17)和(4.6.18)给出, 只是 λ_0 取代了 Λ. 方程(4.6.27)的边界条件为

$$\mu(\lambda_c) = 0, \quad \left. \frac{\mathrm{d}\mu}{\mathrm{d}\lambda_0} \right|_{\lambda_0 = 0} = -\frac{1}{m(0)} \tag{4.6.28}$$

因为根据式(4.6.22)有 $\sigma^2(0) = 0$, 第二个条件可直接从式(4.6.27)得到. 满足两个边界条件的方程(4.6.27)的解可按(朱位秋和蔡国强, 2017)导出如下

$$\mu(\lambda_0) = -\int_{\lambda_0}^{\lambda_c} f(z) \mathrm{d}z \tag{4.6.29}$$

$$f(z) = \exp\left[-\int_0^z \frac{2m(u)}{\sigma^2(u)}\mathrm{d}u\right]\left\{-\int_0^z \frac{2}{\sigma^2(u)}\exp\left[\int_0^u \frac{2m(v)}{\sigma^2(v)}\mathrm{d}v\right]\mathrm{d}u - \frac{1}{m(0)}\right\} \quad (4.6.30)$$

平均跃迁时间可按式(4.6.29)和式(4.6.30)数值计算得到.

假设在受到随机激励之前, 系统的能量是 λ_0, 它小于临界值 $\lambda_c = \alpha^2/(4\beta)$, 系统处在某一势阱中, 随机激励加上去之后, 运动跃入另一个势阱或阱外区域是一个随机事件. 图 4.6.7 示出了从一个势阱进入另一个势阱或阱外区域所用平均时间的计算结果与模拟结果, 系统参数与图 4.6.6 相同. 要特别指出的是, 只有当时间远大于该平均时间后, 系统才可能达到平稳状态.

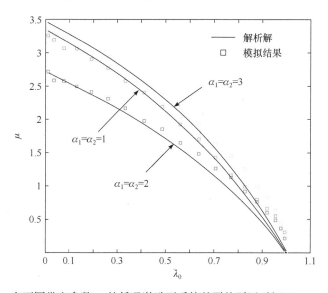

图 4.6.7　在不同带宽参数 α_i 的低通激励下系统的平均跃迁时间(Zhu et al., 2013)

图 4.6.6 和图 4.6.7 表明, 激励的带宽对系统的响应有显著影响. 注意, 在图 4.6.6 中, 参数为 $\alpha_1 = \alpha_2 = 3$ 情形下的曲线位于 $\alpha_1 = \alpha_2 = 1$ 和 $\alpha_1 = \alpha_2 = 2$ 之间, 这表明带宽的影响并不是单向的. 图 4.6.7 中也观察到了类似的现象. 因此, 带宽的影响也取决于系统的性质, 具体地说, 取决于系统固有频率的范围.

最后, 需要说明, 由于在鞍点和同宿轨道上保守系统(4.6.4)的运动不是周期的, 基于哈斯敏斯基定理(Khasminskii, 1966; 1968)的随机平均法不适用, 因此本节中采取分区平均的办法, 忽略了在同宿轨道上的平均. 对系统的概率分布来说, 鞍点和同宿轨道的影响很小, 因此, 本节所得概率与统计结果尚令人满意, 但数学上似不够完满. 基于鞅理论方法, Freidlin 等建立了随机扰动的哈密顿系统的数学理论, 对含鞍点和同(异)宿轨道的哈密顿系统的随机扰动提出了图(graph)上随机平均法, 指出在鞍点和同(异)宿轨道处需满足粘接条件(glueing condition).

近年来该法得到了发展和改善，有兴趣的读者可参阅下列文献(Brin and Freidlin，2000；Choi and Sri Namachchivaya，2006；Freidlin，2001；Freidlin and Sheu，2000；Freidlin and Weber，1998；1999；Freidlin and Wentzell，1994；2012；Skorokhod et al.，2002；Sowers，2003；2005；2007；Sowers and Sri Namachchivaya，2002；Sowers et al.，2001).

4.7　宽带噪声与谐和共同激励的系统

考虑下列单自由度非线性随机系统

$$\ddot{X} + \varepsilon h(X,\dot{X}) + \omega_0^2 X = \varepsilon f(X,\dot{X})\sin\Omega t + \varepsilon^{1/2} g(X,\dot{X})\xi(t) \tag{4.7.1}$$

式中$\xi(t)$是一个宽带过程. 在系统(4.7.1)中，恢复力是线性的，假设阻尼和激励都小. 方程中的小参数ε使得来自阻尼、谐和激励和随机激励的贡献有相同的量级. 在上述假设下，随机平均法可用.

考虑谐和外激的最简单情形，即$f(X,\dot{X}) = D$，其中D为一个常数. 应用幅值包线随机平均，即令

$$X = A(t)\cos\Phi, \quad \dot{X} = -A(t)\omega_0\sin\Phi, \quad \Phi = \omega_0 t + \Theta(t) \tag{4.7.2}$$

得到幅值方程

$$\dot{A} = \frac{\sin\Phi}{\omega_0}\left[\varepsilon h(A\cos\Phi,-A\omega_0\sin\Phi) - \varepsilon D\sin\Omega t - \varepsilon^{1/2}\sum_{l=1}^{m} g_l(A\cos\Phi,-A\omega_0\sin\Phi)\xi_l(t)\right] \tag{4.7.3}$$

谐和激励项的时间平均是$\langle\sin(\omega_0 t+\Theta)\sin\Omega t\rangle_t$. 如果$\Omega$不接近于$\omega_0$，则时间平均为零，谐和激励的影响可忽略. 若$\Omega$与$\omega_0$比较接近，例如$\Omega = \omega_0$精准调谐的极端情形

$$\langle\sin(\omega_0 t+\Theta)\sin\Omega t\rangle_t = \langle\sin(\omega_0 t+\Theta)\sin\omega_0 t\rangle_t = \cos\Theta \tag{4.7.4}$$

则两个慢变量$A(t)$和$\Theta(t)$的平均方程是耦合的，幅值$A(t)$不能作为一个一维扩散过程求解，于是有如下论断.

在谐和与随机的共同激励下，共振情形和非共振情形须做不同的处理. 对于非共振情形，谐和项可被忽略，可运用4.2~4.4节给出的随机平均法. 如果Ω接近共振频率，式(4.7.1)中的谐和激励对系统的响应有重要影响. 共振频率取决于与谐和激励$\sin\Omega t$相伴的函数$f(X,\dot{X})$. 例如，若$f(X,\dot{X})$为常数，共振频率为ω_0；若$f(X,\dot{X}) = aX$，则共振频率为$2\omega_0$. 本书所研究的非线性系统的共振，并不限于频率精准调谐情形. 为了更好地说明，只保留了一个随机外激，方程(4.7.1)

改为如下形式

$$\ddot{X} + 2\zeta\omega_0\dot{X} + h(X,\dot{X}) + \omega_0^2 X = f(X,\dot{X})\sin(j\nu t) + \xi(t) \tag{4.7.5}$$

式中 ν 是一个接近于 ω_0 的常数. 由式(4.7.1)知，$2\zeta\omega_0\dot{X}$、$h(X,\dot{X})$ 及 $f(X,\dot{X})$ 为 ε 阶，而 $\xi(t)$ 为 $\varepsilon^{1/2}$ 阶，为方便起见，省略小参数 ε.

下面的变换比幅值和相位更适合于运用随机平均法

$$\begin{aligned} X &= X_c\cos(\nu t) + X_s\sin(\nu t) \\ \dot{X} &= \nu[-X_c\sin(\nu t) + X_s\cos(\nu t)] \end{aligned} \tag{4.7.6}$$

上述变换曾被用于线性系统的稳定性分析(Ariaratnam and Tam，1976，1977；Dimentberg，1988；Zhu and Huang，1984). 用了变换(4.7.6)后，方程(4.7.5)变为新变量 X_c 和 X_s 的两个一阶微分方程

$$\begin{aligned} \dot{X}_c =\ & 2\zeta\omega_0\sin(\nu t)[-X_c\sin(\nu t)+X_s\cos(\nu t)] + \frac{1}{\nu}h(X_c,X_s)\sin(\nu t) \\ & -2\gamma\sin(\nu t)[X_c\cos(\nu t)+X_s\sin(\nu t)] \\ & -\frac{1}{\nu}f(X_c,X_s)\sin(\nu t)\sin(j\nu t) - \frac{1}{\nu}\sin(\nu t)\xi(t) \end{aligned} \tag{4.7.7}$$

$$\begin{aligned} \dot{X}_s =\ & -2\zeta\omega_0\cos(\nu t)[-X_c\sin(\nu t)+X_s\cos(\nu t)] - \frac{1}{\nu}h(X_c,X_s)\cos(\nu t) \\ & +2\gamma\cos(\nu t)[X_c\cos(\nu t)+X_s\sin(\nu t)] \\ & +\frac{1}{\nu}f(X_c,X_s)\cos(\nu t)\sin(j\nu t) + \frac{1}{\nu}\cos(\nu t)\xi(t) \end{aligned} \tag{4.7.8}$$

式中 $h(X_c,X_s)$ 和 $f(X_c,X_s)$ 分别得自 $h(X,\dot{X})$ 和 $f(X,\dot{X})$，需按式(4.7.6)将变量从 X 和 $\dot{X}$ 变为 X_c 和 X_s，以及

$$\gamma = \frac{\nu^2 - \omega_0^2}{2\nu} \tag{4.7.9}$$

对 $\nu \approx \omega_0$，

$$\gamma = \frac{\nu^2 - \omega_0^2}{2\nu} = \frac{(\nu+\omega_0)(\nu-\omega_0)}{2\nu} \approx \nu - \omega_0 \tag{4.7.10}$$

因此，γ 近似为 ν 和 ω_0 之差，称为失调参数. 在此情况下，失调参数 γ 是小的，式(4.7.7)和式(4.7.8)的右边都是小量，X_c 和 X_s 都是慢变量，可以运用随机平均法. 宽带激励 $\xi(t)$ 代之以白噪声，消去式(4.7.7)和式(4.7.8)中的快变量，就导出了下列平均伊藤方程

$$\mathrm{d}X_c = [-\zeta\omega_0 X_c - \gamma X_s + h_c(X_c,X_s)]\mathrm{d}t + \sqrt{2\pi K}\mathrm{d}B_1(t) \tag{4.7.11}$$

$$dX_s = [\gamma X_c - \zeta\omega_0 X_s + h_s(X_c, X_s)]dt + \sqrt{2\pi K}\,dB_2(t) \tag{4.7.12}$$

式中 $B_1(t)$ 和 $B_2(t)$ 是独立单位维纳过程，函数 $h_c(X_c, X_s)$ 和 $h_s(X_c, X_s)$ 可根据所研究具体问题中的函数 $h(X, \dot{X})$ 和 $f(X, \dot{X})$ 确定，且

$$K = \frac{S_{\xi\xi}(\nu)}{2\nu^2} \tag{4.7.13}$$

式(4.7.7)和式(4.7.8)表明，时间平均后谐和激励 $\sin(j\nu t)$ 是否有重要贡献取决于它的伴随函数 $f(X, \dot{X})$. 若谐和激励对系统响应有重要贡献，就说系统处于共振.

式(4.7.11)和式(4.7.12)表明，如果系统是稳定的，过程 $X_c(t)$ 和 $X_s(t)$ 将趋于平稳过程. 支配平稳概率密度 $p(x_c, x_s)$ 的简化的 FPK 方程为

$$\frac{\partial}{\partial x_c}\{[-\zeta\omega_0 x_c - \gamma x_s + h_c(x_c, x_s)]p\} + \frac{\partial}{\partial x_s}\{[\gamma x_c - \zeta\omega_0 x_s + h_s(x_c, x_s)]p\}$$

$$-\pi K \frac{\partial^2 p}{\partial x_c^2} - \pi K \frac{\partial^2 p}{\partial x_s^2} = 0 \tag{4.7.14}$$

二阶偏微分方程(4.7.14)可以解析地或者数值求解. 下面的两个例子将说明具体的做法.

例 4.7.1 考虑一个随机外激与谐和参激的线性系统(Lin and Cai，1995)，系统的运动方程为

$$\ddot{X} + 2\zeta\omega_0\dot{X} + \omega_0^2 X[1 + \lambda\sin(2\nu t)] = \xi(t) \tag{4.7.15}$$

式中 $\xi(t)$ 是一个谱密度为 $S(\omega)$ 的宽带过程. 比较式(4.7.15)和式(4.7.5)知，$h = 0$，$f = \lambda\omega_0^2 X$，并可求出 $h_c = \zeta\omega_0 r X_c$，$h_s = -\zeta\omega_0 r X_s$. 式(4.7.11)和式(4.7.12)可具体化为

$$dX_c = [-\zeta\omega_0(1-r)X_c - \gamma X_s]dt + \sqrt{2\pi K}\,dB_1(t) \tag{4.7.16}$$

$$dX_s = [\gamma X_c - \zeta\omega_0(1+r)X_s]dt + \sqrt{2\pi K}\,dB_2(t) \tag{4.7.17}$$

式中

$$\gamma = \frac{\nu^2 - \omega_0^2}{2\nu}, \quad r = \frac{\omega_0\lambda}{4\zeta\nu}, \quad K = \frac{S(\nu)}{2\nu^2} \tag{4.7.18}$$

注意，用于得到式(4.7.16)和式(4.7.17)的随机平均只适用于共振情形，即 $\nu \approx \omega_0$，失调参数 γ 是一个小量.

下面，将试图求解与式(4.7.16)和式(4.7.17)相应的简化 FPK 方程. 该方程可代之以下列充分条件

$$[-\zeta\omega_0(1-r)x_c - \gamma x_s]p - \pi K\frac{\partial p}{\partial x_c} - D\frac{\partial p}{\partial x_s} = 0 \qquad (4.7.19)$$

$$[\gamma x_c - \zeta\omega_0(1+r)x_s]p + D\frac{\partial p}{\partial x_c} - \pi K\frac{\partial p}{\partial x_s} = 0 \qquad (4.7.20)$$

令

$$p(x_c, x_s) = C\exp[-\phi(x_c, x_s)] \qquad (4.7.21)$$

式中 $\phi(x_c, x_s)$ 称为概率势(Lin and Cai，1995). 式(4.7.19)和式(4.7.20)变成

$$\pi K\frac{\partial \phi}{\partial x_c} + D\frac{\partial \phi}{\partial x_s} = \zeta\omega_0(1-r)x_c + \gamma x_s \qquad (4.7.22)$$

$$-D\frac{\partial \phi}{\partial x_c} + \pi K\frac{\partial \phi}{\partial x_s} = -\gamma x_c + \zeta\omega_0(1+r)x_s \qquad (4.7.23)$$

由式(4.7.22)和式(4.7.23)可解出

$$\frac{\partial \phi}{\partial x_c} = \frac{1}{\pi^2 K^2 + D^2}\{[\pi K\zeta\omega_0(1+r) + \gamma D]x_c + [\pi K\gamma - D\zeta\omega_0(1+r)]x_s\} \quad (4.7.24)$$

$$\frac{\partial \phi}{\partial x_s} = \frac{1}{\pi^2 K^2 + D^2}\{[D\zeta\omega_0(1-r) - \pi K\gamma]x_c + [D\gamma + \pi K\zeta\omega_0(1+r)]x_s\} \quad (4.7.25)$$

为了函数 $\phi(x_c, x_s)$ 的存在，须满足下列相容性条件

$$\frac{\partial}{\partial x_s}\left(\frac{\partial \phi}{\partial x_c}\right) = \frac{\partial}{\partial x_c}\left(\frac{\partial \phi}{\partial x_s}\right) \qquad (4.7.26)$$

将方程(4.7.24)和(4.7.25)代入式(4.7.26)得到

$$D = \pi K\eta, \quad \eta = \frac{\gamma}{\zeta\omega_0} \qquad (4.7.27)$$

有了式(4.7.27)给出的 D，概率势函数可从式(4.7.24)和式(4.7.25)解得为

$$\phi(x_c, x_s) = \frac{\zeta\omega_0}{2\pi K(1+\eta^2)}[(1-r+\eta^2)x_c^2 - 2r\eta x_c x_s + (1+r+\eta^2)x_s^2] \quad (4.7.28)$$

平稳概率密度为

$$p(x_c, x_s) = \frac{\zeta\omega_0\sqrt{1-\mu^2}}{2\pi^2 K}\exp\left\{-\frac{\zeta\omega_0}{2\pi K(1+\eta^2)}[(1-r+\eta^2)x_c^2 - 2r\eta x_c x_s + (1+r+\eta^2)x_s^2]\right\}$$

$$(4.7.29)$$

式中 $\mu = r\big/\sqrt{1+\eta^2}$. 式(4.7.29)为有效概率密度的条件是

$$\mu = \frac{r}{\sqrt{1+\eta^2}} < 1 \qquad (4.7.30)$$

式(4.7.29)中的概率密度是伊藤方程(4.7.16)和(4.7.17)所支配的平均系统的精确平稳解，并且平均系统属于平稳势类(Lin and Cai，1995). 然而，由于随机平均，式(4.7.29)是系统(4.7.15)的近似解. 式(4.7.29)表明，过程 $X_c(t)$ 和 $X_s(t)$ 是高斯分布的.

　　稳定性边界由 $\mu = 1$ 确定. 用原系统参数表示为

$$\lambda^2 = 4\left(\frac{v}{\omega_0}\right)^4 - 8(1-2\zeta^2)\left(\frac{v}{\omega_0}\right)^2 + 4 \qquad (4.7.31)$$

式(4.7.31)证实了已知的事实，即线性系统(4.7.15)的稳定性只取决于参数激励. 图 4.7.1 给出了不同阻尼比下参数平面(v/ω_0，λ)上的不稳定区. 可通过减小谐和激励的强度 λ，增加失调参数 γ 或者增加阻尼比 ζ 使这个系统更为稳定.

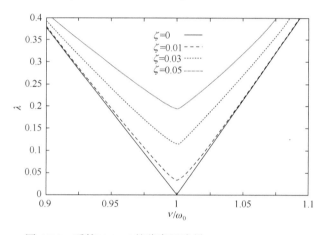

图 4.7.1　系统(4.7.15)的稳定区边界(Lin and Cai，1995)

　　$X(t)$ 和 $\dot{X}(t)$ 的联合概率密度可根据变换(4.7.6)由式(4.7.29)确定. 显然，虽然 $X_c(t)$ 和 $X_s(t)$ 是平稳的，但除了 $\lambda = 0$，即没有谐和激励，$X(t)$ 和 $\dot{X}(t)$ 并非平稳.

　　由于式(4.7.6)定义的 $X_c(t)$ 和 $X_s(t)$ 并没有明确的物理意义，将之变换为另一对变量

$$X_c = A\cos\Theta, \quad X_s = A\sin\Theta \qquad (4.7.32)$$

等价于

$$X = A\cos(vt - \Theta), \quad \dot{X} = -vA\sin(vt - \Theta) \qquad (4.7.33)$$

新的过程 $A(t)$ 和 $\Theta(t)$ 是窄带过程 $X(t)$ 的幅值和相位，它们为慢变量. 将式(4.7.29)代入下式可得到 A 和 Θ 的联合概率密度(朱位秋和蔡国强，2017)

$$p(a,\theta) = p[x_c(a,\theta), x_s(a,\theta)] \begin{vmatrix} \dfrac{\partial x_c}{\partial a} & \dfrac{\partial x_c}{\partial \theta} \\ \dfrac{\partial x_s}{\partial a} & \dfrac{\partial x_s}{\partial \theta} \end{vmatrix} \quad (4.7.34)$$

结果为

$$p(a,\theta) = \frac{\zeta\omega_0\sqrt{1-\mu^2}}{2\pi^2 K} a \exp\left\{ -\frac{\zeta\omega_0 a^2}{2\pi K(1+\eta^2)}[1 - \mu\cos(2\theta - 2\psi)] \right\} \quad (4.7.35)$$

式中 η 和 μ 分别由式(4.7.27)和式(4.7.30)给出，ψ 由下式确定

$$\cos(2\psi) = \frac{1}{\sqrt{1+\eta^2}}, \quad \sin(2\psi) = \frac{\eta}{\sqrt{1+\eta^2}} \quad (4.7.36)$$

A 和 Θ 的边缘概率密度可由式(4.7.35)分别对 θ 和 a 积分得到

$$p(a) = \frac{\zeta\omega_0\sqrt{1-\mu^2}}{\pi K} a I_0\left(\frac{\mu\zeta\omega_0 a^2}{2\pi K}\right) \exp\left(-\frac{\zeta\omega_0 a^2}{2\pi K}\right) \quad (4.7.37)$$

$$p(\theta) = \frac{\sqrt{1-\mu^2}}{2\pi[1 - \mu\cos(2\theta - 2\psi)]} \quad (4.7.38)$$

式中 $I_0(\cdot)$ 为零阶贝塞尔函数. 正如所预期的, 没有谐和激励的情形, 即 $\lambda = 0$, 进而 $\mu = 0$ 时, 幅值 A 为瑞利分布, 相位角 Θ 为均匀分布.

　　曾对参数 $\zeta = 0.05$、$\omega_0 = 10$、$\nu = 11$ 及 $S(\nu) = 10$ 时系统(4.7.15)的平稳概率密度进行计算. 图 4.7.2 中给出了参数为 $\lambda = 0.05$ 和 0.2 时解析解(4.7.37)和数值模拟的结果. 图 4.7.3 示出了不同谐和激励强度下 A 的均值与频率 ν 的关系. 解析结果与模拟结果吻合得很好. 如前面所述, 小误差来自随机平均.

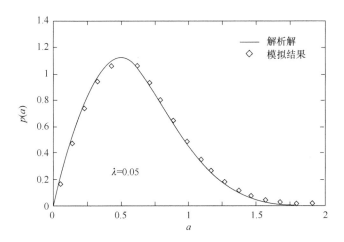

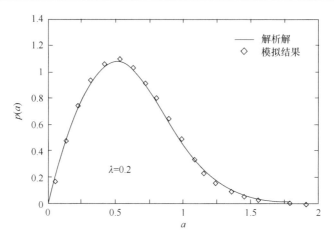

图 4.7.2   系统(4.7.15)响应幅值 A 的平稳概率密度(Lin and Cai，1995)

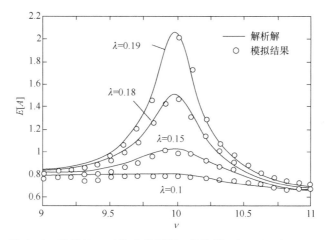

图 4.7.3   系统(4.7.15)的响应幅值 A 的均值(Lin and Cai，1995)

例 4.7.2   考虑如下受随机外激和谐和参激的非线性阻尼系统(Lin and Cai，1995)

$$\ddot{X} + 2\zeta\omega_0\dot{X} + \beta X^2\dot{X} + \omega_0^2 X[1 + \lambda\sin(2\nu t)] = \xi(t) \tag{4.7.39}$$

其中 $\xi(t)$ 是一个谱密度为 $S(\omega)$ 的宽带过程. 对比式(4.7.39)和式(4.7.5)知，$h = \beta X^2\dot{X}$，$f = \lambda\omega_0^2 X$，可求得式(4.7.11)和式(4.7.12)中的函数 h_c 和 h_s 为

$$h_c = \zeta\omega_0 r X_c - \frac{\beta}{8} X_c(X_c^2 + X_s^2)$$
$$h_s = -\zeta\omega_0 r X_s - \frac{\beta}{8} X_s(X_c^2 + X_s^2) \tag{4.7.40}$$

对于共振情形，即 $\nu \approx \omega_0$ 时，简化 FPK 方程(4.7.14)可代之以下列充分条件

$$[-\zeta\omega_0 x_c - \gamma x_s + h_c(x_c, x_s)]p - \pi K \frac{\partial p}{\partial x_c} - D \frac{\partial p}{\partial x_s} = 0 \tag{4.7.41}$$

$$[\gamma x_c - \zeta\omega_0 x_s + h_s(x_c, x_s)]p + D \frac{\partial p}{\partial x_c} - \pi K \frac{\partial p}{\partial x_s} = 0 \tag{4.7.42}$$

式中 γ、r 和 K 由式(4.7.18)给出. 借助于式(4.7.21)定义的概率势 $\phi(x_c, x_s)$, 式(4.7.41) 和式(4.7.42)变为

$$\pi K \frac{\partial \phi}{\partial x_c} + D \frac{\partial \phi}{\partial x_s} = \zeta\omega_0 x_c + \gamma x_s - h_c(x_c, x_s) \tag{4.7.43}$$

$$-D \frac{\partial \phi}{\partial x_c} + \pi K \frac{\partial \phi}{\partial x_s} = -\gamma x_c + \zeta\omega_0 x_s - h_s(x_c, x_s) \tag{4.7.44}$$

从式(4.7.43)和式(4.7.44)解出 $\partial\phi/\partial x_c$ 和 $\partial\phi/\partial x_s$, 并用相容性条件(4.7.26), 得

$$2\pi K\gamma - 2\zeta\omega_0 D - \frac{\beta}{2}D(x_c^2 + x_s^2) = 0 \tag{4.7.45}$$

由于 x_c 和 x_s 是变量, 只有当 $\gamma = 0$ 和 $D = 0$, 亦即精确调谐 $\nu = \omega_0$ 时, 条件(4.7.45) 才能满足, 此时有

$$\phi(x_c, x_s) = \frac{1}{2\pi K}\left[\zeta\omega_0(1-r)x_c^2 + \zeta\omega_0(1+r)x_s^2 + \frac{\beta}{16}(x_c^2 + x_s^2)^2\right] \tag{4.7.46}$$

按式(4.7.32)将坐标 X_c 和 X_s 变换为 A 和 Θ, 可得如下幅值 $A(t)$ 和相位角 $\Theta(t)$ 的联合概率密度

$$p(a, \theta) = Ca\exp\left\{-\frac{\zeta\omega_0 a^2}{2\pi K}[1 - \mu\cos(2\theta)] - \frac{\beta}{32\pi K}a^4\right\} \tag{4.7.47}$$

$A(t)$ 的平稳概率密度可由式(4.7.47)对 θ 的积分得到

$$p(a) = Ca\mathrm{I}_0\left(\frac{\mu\zeta\omega_0 a^2}{2\pi K}\right)\exp\left(-\frac{\zeta\omega_0 a^2}{2\pi K} - \frac{\beta a^4}{32\pi K}\right) \tag{4.7.48}$$

式(4.7.47)和式(4.7.48)中的概率密度只在 $\beta > 0$ 时才有效.

在非精准调谐的情形, 即 $\gamma \neq 0$ 时, 式(4.7.45)无法满足, 这时需要一个近似解法. 想法是将式(4.7.40)中的函数 h_c 和 h_s 作恰当的替换, 使得式(4.7.11)和式(4.7.12) 的平均化系统具有精确解, 它可作为具有 h_c 和 h_s 的原系统的近似解. 假设替代系统可表示为

$$dX_c = [-\zeta\omega_0 X_c - \gamma X_s + H_c(X_c, X_s)]dt + \sqrt{2\pi K}\,dB_1(t) \tag{4.7.49}$$

$$dX_s = [\gamma X_c - \zeta\omega_0 X_s + H_s(X_c, X_s)]dt + \sqrt{2\pi K}\,dB_2(t) \tag{4.7.50}$$

并假定系统(4.7.49)和(4.7.50)具有精确的概率密度和概率势函数

$$p(x_c, x_s) = C\exp[-\phi(x_c, x_s)]$$
$$\phi(x_c, x_s) = \phi_l(x_c, x_s) + c_1 x_c^4 + c_2 x_c^2 x_s^2 + c_3 x_s^4 \tag{4.7.51}$$

式中 $\phi_l(x_c, x_s)$ 是 $\beta = 0$ 时线性系统的势函数，由式(4.7.28)给出为

$$\phi_l(x_c, x_s) = \frac{\zeta \omega_0}{2\pi K(1+\eta^2)} \left[(1 - r + \eta^2)x_c^2 - 2r\eta x_c x_s + (1 + r + \eta^2)x_s^2 \right] \quad (4.7.52)$$

由于系统 (4.7.39)中非线性阻尼项，式(4.7.51)中增加了四次幂函数. 运用式 (4.7.43)和式(4.7.44)，发现函数 H_c 和 H_s 应该具有如下形式

$$H_c = \zeta \omega_0 r x_c - 4\pi K c_1 x_c^3 - 2D c_2 x_c^2 x_s - 2\pi K c_2 x_c x_s^2 - 4D c_3 x_s^3 \quad (4.7.53)$$

$$H_s = -\zeta \omega_0 r x_s + 4D c_1 x_c^3 - 2\pi K c_2 x_c^2 x_s + 2D c_2 x_c x_s^2 - 4\pi K c_3 x_s^3 \quad (4.7.54)$$

替换系统(4.7.49)和(4.7.50)的简化 FPK 方程为

$$\frac{\partial}{\partial x_c}\{[-\zeta \omega_0 x_c - \gamma x_s + H_c(x_c, x_s)]p\} + \frac{\partial}{\partial x_s}\{[\gamma x_c - \zeta \omega_0 x_s + H_s(x_c, x_s)]p\}$$

$$-\pi K \frac{\partial^2 p}{\partial x_c^2} - \pi K \frac{\partial^2 p}{\partial x_s^2} = 0 \quad (4.7.55)$$

原系统的简化 FPK 方程为式(4.7.14)，即

$$\frac{\partial}{\partial x_c}\{[-\zeta \omega_0 x_c - \gamma x_s + h_c(x_c, x_s)]p\} + \frac{\partial}{\partial x_s}\{[\gamma x_c - \zeta \omega_0 x_s + h_s(x_c, x_s)]p\}$$

$$-\pi K \frac{\partial^2 p}{\partial x_c^2} - \pi K \frac{\partial^2 p}{\partial x_s^2} = 0 \quad (4.7.56)$$

式中 h_c 和 h_s 由式(4.7.40)给出. 式(4.7.56)减去式(4.7.55)得残差

$$\delta = \frac{\partial}{\partial x_c}[(h_c - H_c)p] + \frac{\partial}{\partial x_s}[(h_s - H_s)p] \quad (4.7.57)$$

该残差应该按某准则尽量小. 此处，运用加权残差法(Lin and Cai，1995)得到

$$\Delta_M = \int M(x_c, x_s)\delta \mathrm{d}x_c \mathrm{d}x_s = E\left[(h_c - H_c)\frac{\partial M}{\partial x_c} + (h_s - H_s)\frac{\partial M}{\partial x_s} \right] = 0 \quad (4.7.58)$$

式中 M 是选定的权函数. 分别令 $M = x_c^2$、$x_c x_s$ 和 x_s^2，将式(4.7.40)中的 h_c 和 h_s 与式(4.7.53)和式(4.7.54)中的 H_c 和 H_s 代入式(4.7.58)，得

$$2\pi K m_{40} c_1 + (D m_{31} + \pi K m_{22})c_2 + 2D m_{13} c_3 = \frac{\beta}{16}(m_{40} + m_{22}) \quad (4.7.59)$$

$$2(-D m_{40} + \pi K m_{31})c_1 + \pi K(m_{31} + m_{13})c_2 + 2(\pi K m_{13} + D m_{04})c_3 = \frac{\beta}{8}(m_{31} + m_{13}) \quad (4.7.60)$$

$$-2D m_{31} c_1 + (\pi K m_{22} - D m_{13})c_2 + 2\pi K m_{04} c_3 = \frac{\beta}{16}(m_{22} + m_{04}) \quad (4.7.61)$$

式中 $m_{ij} = E[x_c^i x_s^j]$. 式(4.7.59)～式(4.7.61)是 c_1、c_2 和 c_3 的线性代数方程组，它们可以和方程(4.7.51)与(4.7.52)一起数值求解.

已对参数为 $\zeta = 0.05$，$\omega_0 = 10$，$\nu = 11$，$\lambda = 0.05$，$S(\nu) = 10$，以及不同的非线

性参数值 β 的系统(4.7.39)进行了数值计算. 对原系统(4.7.39)与由式(4.7.11)、式(4.7.12)和式(4.7.40)给出的平均系统进行了蒙特卡罗模拟. 由图 4.7.4 可见, 近似解析解与平均系统的模拟结果几乎不可区分. 误差来自于随机平均.

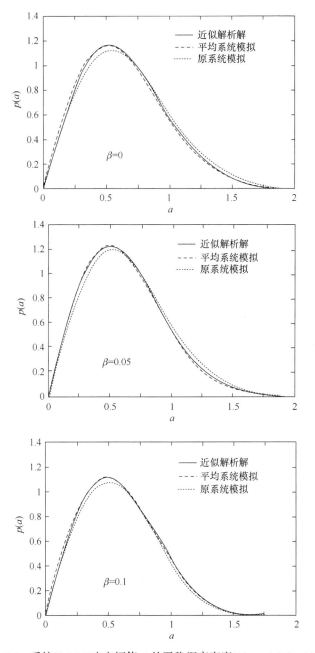

图 4.7.4　系统(4.7.39)响应幅值 A 的平稳概率密度(Lin and Cai, 1995)

4.8 泊松白噪声激励的系统

考虑下列 n 维一阶随机微分系统

$$\dot{X}_i = -f_i(\boldsymbol{X}) + h_i(\boldsymbol{X})W_{pi}(t), \quad i = 1, 2, \cdots, n \tag{4.8.1}$$

式中 $\boldsymbol{X} = [X_1, \ X_2, \ \cdots, \ X_n]^{\mathrm{T}}$，$W_{pi}(t) \ (i = 1, 2, \cdots, n)$ 为独立泊松白噪声. 借助于复合泊松过程 $(2.4.38)$，式 $(4.8.1)$ 等价于

$$dX_i = -f_i dt + h_i dC_i(t) + \frac{1}{2} h_i \frac{\partial h_i}{\partial X_i} [dC_i(t)]^2 + \frac{1}{3!}\left[h_i^2 \frac{\partial^2 h_i}{\partial X_i^2} + h_i \left(\frac{\partial h_i}{\partial X_i} \right)^2 \right] [dC_i(t)]^3$$

$$+ \frac{1}{4!}\left[h_i^3 \frac{\partial^3 h_i}{\partial X_i^3} + 4h_i^2 \frac{\partial h_i}{\partial X_i} \frac{\partial^2 h_i}{\partial X_i^2} + h_i \left(\frac{\partial h_i}{\partial X_i} \right)^3 \right] [dC_i(t)]^4 + \cdots \tag{4.8.2}$$

对函数 $F(\boldsymbol{X}, t)$，根据 $(2.3.53)$，有

$$dF(\boldsymbol{X},t) = \frac{\partial F}{\partial t} dt + \sum_{j=1}^{n} \frac{\partial F}{\partial X_i} dX_i + \frac{1}{2!} \sum_{i,j=1}^{n} \frac{\partial^2 F}{\partial X_i \partial X_j} dX_i dX_j$$

$$+ \frac{1}{3!} \sum_{i,j,k=1}^{n} \frac{\partial^3 F}{\partial X_i \partial X_j \partial X_k} dX_i dX_j dX_k + \cdots \tag{4.8.3}$$

4.8.1 幅值包线

现将上述理论应用于线性刚度、弱阻尼和弱激励的单自由度系统

$$\ddot{X} + f(X, \dot{X}) + \omega_0^2 X = h(X, \dot{X})W_p(t) \tag{4.8.4}$$

令 $X_1 = X$，$X_2 = \dot{X}$，借助于复合泊松过程，式 $(4.8.4)$ 等价于

$$dX_1 = X_2 dt$$

$$dX_2 = (-f - \omega_0^2 X_1)dt + h dC(t) + \frac{1}{2} h \frac{\partial h}{\partial X_2}[dC(t)]^2$$

$$+ \frac{1}{3!}\left[h^2 \frac{\partial^2 h}{\partial X_2^2} + h \left(\frac{\partial h}{\partial X_2} \right)^2 \right][dC(t)]^3 \tag{4.8.5}$$

$$+ \frac{1}{4!}\left[h^3 \frac{\partial^3 h}{\partial X_2^3} + 4h^2 \frac{\partial h}{\partial X_2} \frac{\partial^2 h}{\partial X_2^2} + h \left(\frac{\partial h}{\partial X_2} \right)^3 \right][dC(t)]^4 + \cdots$$

运用变换 $(4.2.2)$，幅值过程为

$$A = \left(X_1^2 + \frac{1}{\omega_0^2} X_2^2 \right)^{1/2} \tag{4.8.6}$$

由式(4.2.2)和式(4.8.5),得

$$\frac{\partial A}{\partial X_1} = \cos\Phi, \quad \frac{\partial A}{\partial X_2} = -\frac{\sin\Phi}{\omega_0}, \quad \frac{\partial^2 A}{\partial X_2^2} = \frac{\cos^2\Phi}{A\omega_0^2}$$

$$\frac{\partial^3 A}{\partial X_2^3} = \frac{3\cos^2\Phi\sin\Phi}{A^2\omega_0^3}, \quad \frac{\partial^4 A}{\partial X_2^4} = -\frac{3\cos^2\Phi(1-5\sin^2\Phi)}{A^3\omega_0^4} \tag{4.8.7}$$

应用式(4.8.3)于幅值过程 $A(t)$,有

$$\mathrm{d}A = -\omega_0 A\sin\Phi\cos\Phi\mathrm{d}t - \frac{\sin\Phi}{\omega_0}\mathrm{d}X_2 + \frac{\cos^2\Phi}{2A\omega_0^2}(\mathrm{d}X_2)^2$$

$$+ \frac{\cos^2\Phi\sin\Phi}{2A^2\omega_0^3}(\mathrm{d}X_2)^3 - \frac{\cos^2\Phi(1-5\sin^2\Phi)}{8A^3\omega_0^4}(\mathrm{d}X_2)^4 + \cdots \tag{4.8.8}$$

给定方程(4.8.4)中函数 $f(X,\dot{X})$ 和 $h(X,\dot{X})$ 的具体形式,式(4.8.8)即可计算出来. FPK 方程中的导数矩可从式(4.8.8)算出. 运用式(4.2.11)对 Φ 平均之后,算出的导数矩都只是幅值的函数. 由于对应的 FPK 方程有无穷项,需要用近似方法求解概率密度函数.

例 4.8.1 考虑下列线性随机系统

$$\ddot{X} + 2\xi\omega_0\dot{X} + \omega_0^2 X = W_\mathrm{p}(t) \tag{4.8.9}$$

式中 $W_\mathrm{p}(t)$ 是一个泊松白噪声. 注意只有一个外激,由复合泊松过程,方程(4.8.9)可写成

$$\mathrm{d}X_1 = X_2\mathrm{d}t$$

$$\mathrm{d}X_2 = (-2\xi\omega_0 X_2 - \omega_0^2 X_1)\mathrm{d}t + \mathrm{d}C(t) \tag{4.8.10}$$

由式(4.8.8)有

$$\mathrm{d}A = -2\xi\omega_0 A\sin^2\Phi\mathrm{d}t - \frac{\sin\Phi}{\omega_0}\mathrm{d}C(t) + \frac{\cos^2\Phi}{2A\omega_0^2}[\mathrm{d}C(t)]^2$$

$$+ \frac{\cos^2\Phi\sin\Phi}{2A^2\omega_0^3}[\mathrm{d}C(t)]^3 - \frac{\cos^2\Phi(1-5\sin^2\Phi)}{8A^3\omega_0^4}[\mathrm{d}C(t)]^4 + \cdots \tag{4.8.11}$$

完成时间平均,假设 $k=$ 奇数时, $E[C^k(t)] = 0$,且对于 $n > 4$,忽略 D_n,前四阶导数矩为

$$a_1(a) = -\xi\omega_0 a + \frac{D_2}{4a\omega_0^2} + \frac{D_4}{64a^3\omega_0^4}, \quad b_{11}(a) = \frac{D_2}{2\omega_0^2} - \frac{D_4}{32a^2\omega_0^4}$$

$$c_{111}(a) = \frac{3D_4}{16a\omega_0^4}, \quad d_{1111}(a) = \frac{3D_4}{8\omega_0^4} \tag{4.8.12}$$

幅值过程的简化 FPK 方程为

$$-\frac{\mathrm{d}}{\mathrm{d}a}(a_1 p) + \frac{1}{2!}\frac{\mathrm{d}^2}{\mathrm{d}a^2}(b_{11} p) - \frac{1}{3!}\frac{\mathrm{d}^3}{\mathrm{d}a^3}(c_{111} p) + \frac{1}{4!}\frac{\mathrm{d}^4}{\mathrm{d}a^4}(d_{1111} p) - \cdots = 0 \tag{4.8.13}$$

式(4.8.13)是一个具有无穷项的偏微分方程，无法精确求解，必须用近似方法. 此处提出一个近似求解的摄动方案.

注意到，当平均到达率$\lambda \to \infty$时，泊松白噪声趋于高斯白噪声的事实，记摄动参数为$\varepsilon = \lambda^{-1/2}$. 如 2.4 节所述，泊松白噪声的功率谱密度必须是有限值，即$\lambda E[Y^2]$有限. 当λ趋于无穷时，$E[Y^2]$为ε^2阶，$E[Y^k]$的最高阶数是$\lambda^{-k/2}$，即ε^k. 定义参数I_k为

$$\varepsilon^k I_k = \lambda E[Y^{k+2}] = D_{k+2}, \quad k = 0, 1, 2, \cdots \tag{4.8.14}$$

有了式(4.8.14)，式(4.8.12)中的前四阶导数矩可写为

$$a_1(a) = -\xi\omega_0 a + \frac{I_0}{4a\omega_0^2} + \varepsilon^2\frac{I_2}{64a^3\omega_0^4}, \quad b_{11}(a) = \frac{I_0}{2\omega_0^2} - \varepsilon^2\frac{I_2}{32a^2\omega_0^4}$$

$$c_{111}(a) = \varepsilon^2\frac{3I_2}{16a\omega_0^4}, \quad d_{1111}(a) = \varepsilon^2\frac{3I_2}{8\omega_0^4} \tag{4.8.15}$$

式(4.8.13)的解写为

$$p(a) = p_0(a) + \varepsilon p_1(a) + \varepsilon^2 p_2(a) + \cdots \tag{4.8.16}$$

将式(4.8.15)和式(4.8.16)代入式(4.8.13)，按ε同阶项分组，得到了一系列常微分方程. 前两个方程为

$$-\frac{\mathrm{d}}{\mathrm{d}a}\left[\left(-\xi\omega_0 a + \frac{I_0}{4a\omega_0^2}\right)p_0\right] + \frac{I_0}{4\omega_0^2}\frac{\mathrm{d}^2 p_0}{\mathrm{d}a^2} = 0 \tag{4.8.17}$$

$$-\frac{\mathrm{d}}{\mathrm{d}a}\left[\left(-\xi\omega_0 a + \frac{I_0}{4a\omega_0^2}\right)p_2\right] + \frac{I_0}{4\omega_0^2}\frac{\mathrm{d}^2 p_2}{\mathrm{d}a^2}$$

$$= \frac{\mathrm{d}}{\mathrm{d}a}\left(\frac{I_2}{64a^3\omega_0^4}p_0\right) + \frac{1}{2!}\frac{\mathrm{d}^2}{\mathrm{d}a^2}\left(\frac{I_2}{32a^2\omega_0^4}p_0\right)$$

$$+ \frac{1}{3!}\frac{\mathrm{d}^3}{\mathrm{d}a^3}\left(\frac{3I_2}{16a\omega_0^4}p_0\right) - \frac{1}{4!}\frac{\mathrm{d}^4}{\mathrm{d}a^4}\left(\frac{3I_2}{8\omega_0^4}p_0\right) \tag{4.8.18}$$

式(4.8.17)是高斯白噪声激励下的 FPK 方程，其解是著名的瑞利分布

$$p_0(a) = Ca\exp\left(-\frac{C}{2}a^2\right), \quad C = \frac{4\xi\omega_0^3}{I_0} \tag{4.8.19}$$

将 $p_0(a)$ 代入式(4.8.18)的右边，$p_2(a)$ 可解析地或数值求解.

例 4.8.2　考虑下列方程支配的系统

$$\ddot{X} + 2\xi\omega_0\dot{X} + \omega_0^2 X = XW_p(t) \tag{4.8.20}$$

式中 $W_p(t)$ 是一个泊松白噪声. 由复合泊松过程，方程(4.8.20)可写成

$$\begin{aligned}dX_1 &= X_2 dt\\ dX_2 &= (-2\xi\omega_0 X_2 - \omega_0^2 X_1)dt + X_1 dC(t)\end{aligned} \tag{4.8.21}$$

由式(4.8.6)和式(4.8.7)有

$$\begin{aligned}dA = &-2\xi\omega_0 A\sin^2\Phi dt - \frac{\sin\Phi\cos\Phi}{\omega_0}AdC(t) + \frac{\cos^4\Phi}{2\omega_0^2}A[dC(t)]^2\\ &+ \frac{\cos^5\Phi\sin\Phi}{2\omega_0^3}A[dC(t)]^3 - \frac{\cos^6\Phi(1-5\sin^2\Phi)}{8\omega_0^4}A[dC(t)]^4 + \cdots\end{aligned} \tag{4.8.22}$$

完成时间平均，假设 $k=$奇数时 $E[C^k(t)]=0$，且当 $n>4$ 时，略去 D_n，前四阶导数矩为

$$a_1(a) = \left(-\xi\omega_0 + \frac{3D_2}{16\omega_0^2} - \frac{15D_4}{1024\omega_0^4}\right)a, \quad b_{11}(a) = \left(\frac{D_2}{8\omega_0^2} + \frac{15D_4}{512\omega_0^4}\right)a^2$$

$$c_{111}(a) = \frac{15D_4}{256\omega_0^4}a^3, \quad d_{1111}(a) = \frac{3D_4}{128\omega_0^4}a^4 \tag{4.8.23}$$

例 4.8.1 中的摄动步骤可用于求解本问题的简化 FPK 方程.

例 4.8.3　考虑下列受泊松白噪声 $W_p(t)$ 激励的瑞利振子

$$\ddot{X} + \varepsilon(\beta X^2 - 1)\dot{X} + \omega_0^2 X = W_p(t) \tag{4.8.24}$$

令 $X_1 = X, X_2 = \dot{X}$，由复合泊松过程，系统可写成

$$\begin{aligned}dX_1 &= X_2 dt\\ dX_2 &= [\varepsilon(1-\beta X_1^2)X_2 - \omega_0^2 X_1]dt + dC(t)\end{aligned} \tag{4.8.25}$$

由式(4.8.6)和式(4.8.7)有

$$\begin{aligned}dA = &\,\varepsilon(1 - A^2\beta\cos^2\Phi)A\sin^2\Phi dt - \frac{\sin\Phi}{\omega_0}dC(t) + \frac{\cos^2\Phi}{2A\omega_0^2}[dC(t)]^2\\ &+ \frac{\cos^2\Phi\sin\Phi}{2A^2\omega_0^3}[dC(t)]^3 - \frac{\cos^2\Phi(1-5\sin^2\Phi)}{8A^3\omega_0^4}[dC(t)]^4 + \cdots\end{aligned} \tag{4.8.26}$$

完成时间平均, 假设 $k=$ 奇数时 $E[C^k(t)]=0$, 且当 $n>4$ 时, 略去 D_n, 前四阶导数矩为

$$a_1(a) = \frac{1}{2}\varepsilon a - \frac{1}{8}\varepsilon\beta a^3 + \frac{D_2}{4a\omega_0^2} + \frac{D_4}{64a^3\omega_0^4}, \quad b_{11}(a) = \frac{D_2}{2\omega_0^2} - \frac{D_4}{32a^2\omega_0^4}$$

$$c_{111}(a) = \frac{3D_4}{16a\omega_0^4}, \quad d_{1111}(a) = \frac{3D_4}{8\omega_0^4} \tag{4.8.27}$$

例 4.8.1 中的摄动步骤可用于求解本问题的简化 FPK 方程.

例 4.8.4　考虑下列受泊松白噪声 $W_{\mathrm{p}}(t)$ 激励的范德堡振子

$$\ddot{X} + \varepsilon(\dot{X}^2 - 1)\dot{X} + \omega_0^2 X = W_{\mathrm{p}}(t) \tag{4.8.28}$$

令 $X_1 = X, X_2 = \dot{X}$, 由复合泊松过程, 系统可写成

$$\begin{aligned} \mathrm{d}X_1 &= X_2\mathrm{d}t \\ \mathrm{d}X_2 &= [\varepsilon(1 - X_2^2)X_2 - \omega_0^2 X_1]\mathrm{d}t + \mathrm{d}C(t) \end{aligned} \tag{4.8.29}$$

由式(4.8.6)和式(4.8.7)有

$$\begin{aligned} \mathrm{d}A &= (\varepsilon A\sin^2\Phi - \varepsilon A^3\omega_0^2\sin^4\Phi)\mathrm{d}t - \frac{\sin\Phi}{\omega_0}\mathrm{d}C(t) + \frac{\cos^2\Phi}{2A\omega_0^2}[\mathrm{d}C(t)]^2 \\ &\quad + \frac{\cos^2\Phi\sin\Phi}{2A^2\omega_0^3}[\mathrm{d}C(t)]^3 - \frac{\cos^2\Phi(1 - 5\sin^2\Phi)}{8A^3\omega_0^4}[\mathrm{d}C(t)]^4 + \cdots \end{aligned} \tag{4.8.30}$$

完成时间平均, 假设 $k=$ 奇数时 $E[C^k(t)]=0$, 且当 $n>4$ 时, 略去 D_n, 前四阶导数矩为

$$a_1(a) = \frac{1}{2}\varepsilon a - \frac{3}{8}\varepsilon\omega_0^2 a^3 + \frac{D_2}{4a\omega_0^2} + \frac{D_4}{64a^3\omega_0^4}, \quad b_{11}(a) = \frac{D_2}{2\omega_0^2} - \frac{D_4}{32a^2\omega_0^4}$$

$$c_{111}(a) = \frac{3D_4}{16a\omega_0^4}, \quad d_{1111}(a) = \frac{3D_4}{8\omega_0^4} \tag{4.8.31}$$

例 4.8.1 中的摄动步骤可用于求解本问题的简化 FPK 方程.

例 4.8.5　考虑下列受泊松白噪声 $W_{\mathrm{p}}(t)$ 激励的能量依赖阻尼系统

$$\ddot{X} + \varepsilon[g(E) - 1]\dot{X} + \omega_0^2 X = W_{\mathrm{p}}(t) \tag{4.8.32}$$

式中 $E = (\dot{X}^2 + \omega_0^2 X^2)/2$ 是系统能量. 作为一个例子, 不妨取 $g(E) = 2E$.

令 $X_1 = X, X_2 = \dot{X}$, 由复合泊松过程, 系统可写成

$$\begin{aligned} \mathrm{d}X_1 &= X_2\mathrm{d}t \\ \mathrm{d}X_2 &= [\varepsilon(1 - 2E)X_2 - \omega_0^2 X_1]\mathrm{d}t + \mathrm{d}C(t) \end{aligned} \tag{4.8.33}$$

由式(4.8.6)和式(4.8.7)有

$$dA = \varepsilon(1-\omega_0^2 A^2)A\sin^2\Phi dt - \frac{\sin\Phi}{\omega_0}dC(t) + \frac{\cos^2\Phi}{2A\omega_0^2}[dC(t)]^2$$

$$+ \frac{\cos^2\Phi\sin\Phi}{2A^2\omega_0^3}[dC(t)]^3 - \frac{\cos^2\Phi(1-5\sin^2\Phi)}{8A^3\omega_0^4}[dC(t)]^4 + \cdots \quad (4.8.34)$$

完成时间平均，假设 k=奇数时 $E[C^k(t)]=0$，且当 $n>4$ 时，略去 D_n，前四阶导数矩为

$$a_1(a) = \frac{1}{2}\varepsilon a - \frac{1}{2}\varepsilon\omega_0^2 a^3 + \frac{D_2}{4a\omega_0^2} + \frac{D_4}{64a^3\omega_0^4}, \quad b_{11}(a) = \frac{D_2}{2\omega_0^2} - \frac{D_4}{32a^2\omega_0^4}$$

$$c_{111}(a) = \frac{3D_4}{16a\omega_0^4}, \quad d_{1111}(a) = \frac{3D_4}{8\omega_0^4} \quad (4.8.35)$$

例 4.8.1 中的摄动步骤可用于求解本问题的简化 FPK 方程.

例 4.8.6　考虑下列受泊松白噪声 $W_p(t)$ 激励的幂律阻尼系统

$$\ddot{X} + \varepsilon|\dot{X}|^{\alpha-1}\dot{X} + \omega_0^2 X = W_p(t) \quad (4.8.36)$$

随着参数 α 取值的变化，系统中幂律阻尼分别描述了从小幅度运动($\alpha=1.3$)到大幅度运动($\alpha=7$)的材料内摩擦.

令 $X_1 = X, X_2 = \dot{X}$，由复合泊松过程，系统可写成

$$dX_1 = X_2 dt$$
$$dX_2 = -(\varepsilon|X_2|^{\alpha-1}X_2 + \omega_0^2 X_1)dt + dC(t) \quad (4.8.37)$$

由式(4.8.6)和式(4.8.7)有

$$dA = -\varepsilon|A\omega_0\sin\Phi|^{\alpha-1}A\sin^2\Phi dt - \frac{\sin\Phi}{\omega_0}dC(t) + \frac{\cos^2\Phi}{2A\omega_0^2}[dC(t)]^2$$

$$+ \frac{\cos^2\Phi\sin\Phi}{2A^2\omega_0^3}[dC(t)]^3 - \frac{\cos^2\Phi(1-5\sin^2\Phi)}{8A^3\omega_0^4}[dC(t)]^4 + \cdots \quad (4.8.38)$$

完成时间平均，假设 k=奇数时，$E[C^k(t)]=0$，且当 $n>4$ 时，略去 D_n，前四阶导数矩为

$$a_1(a) = \frac{-\varepsilon\alpha\omega_0^{\alpha-1}\Gamma(\alpha/2)}{2\sqrt{\pi}\Gamma(3/2+\alpha/2)}a^\alpha + \frac{D_2}{4a\omega_0^2} + \frac{D_4}{64a^3\omega_0^4}, \quad b_{11}(a) = \frac{D_2}{2\omega_0^2} - \frac{D_4}{32a^2\omega_0^4}$$

$$c_{111}(a) = \frac{3D_4}{16a\omega_0^4}, \quad d_{1111}(a) = \frac{3D_4}{8\omega_0^4} \quad (4.8.39)$$

例 4.8.1 中的摄动步骤可用于求解本问题的简化 FPK 方程.

4.8.2　能量包线

对于一个具有非线性恢复力，受泊松白噪声激励的系统

$$\ddot{X} + f(X, \dot{X}) + u(X) = h(X, \dot{X})W_p(t) \tag{4.8.40}$$

假设阻尼和激励是弱的. 令 $X_1 = X$, $X_2 = \dot{X}$，借助于复合泊松过程,式(4.8.40)等价于

$$\mathrm{d}X_1 = X_2\mathrm{d}t$$

$$\mathrm{d}X_2 = (-f - u)\mathrm{d}t + h\mathrm{d}C(t) + \frac{1}{2}h\frac{\partial h}{\partial X_2}[\mathrm{d}C(t)]^2$$

$$+ \frac{1}{3!}h\left[h\frac{\partial^2 h}{\partial X_2^2} + \left(\frac{\partial h}{\partial X_2}\right)^2\right][\mathrm{d}C(t)]^3$$

$$+ \frac{1}{4!}h\left[h^2\frac{\partial^3 h}{\partial X_2^3} + 4h\frac{\partial h}{\partial X_2}\frac{\partial^2 h}{\partial X_2^2} + \left(\frac{\partial h}{\partial X_2}\right)^3\right][\mathrm{d}C(t)]^4 + \cdots \tag{4.8.41}$$

能量过程为

$$\Lambda = \frac{1}{2}X_2^2 + U(X_1) \tag{4.8.42}$$

式中 $U(X_1)$ 为势能. 由式(4.8.42)可得下列偏导数

$$\frac{\partial \Lambda}{\partial X_1} = u(X_1), \quad \frac{\partial \Lambda}{\partial X_2} = X_2, \quad \frac{\partial^2 \Lambda}{\partial X_2^2} = 1, \quad \frac{\partial^{(i)} \Lambda}{\partial X_2^{(i)}} = 0, \quad i > 2 \tag{4.8.43}$$

将式(4.8.3)应用于能量过程 $\Lambda(t)$，得

$$\mathrm{d}\Lambda = -X_2 f\mathrm{d}t + X_2 h\mathrm{d}C(t) + \frac{1}{2}\left[X_2 h\frac{\partial h}{\partial X_2} + h^2\right][\mathrm{d}C(t)]^2$$

$$+ \left\{\frac{1}{2}h^2\frac{\partial h}{\partial X_2} + \frac{1}{6}X_2 h\left[h\frac{\partial^2 h}{\partial X_2^2} + \left(\frac{\partial h}{\partial X_2}\right)^2\right]\right\}[\mathrm{d}C(t)]^3$$

$$+ \left\{\frac{7}{24}h^2\left(\frac{\partial h}{\partial X_2}h\right)^2 + \frac{1}{6}h^3\frac{\partial^2 h}{\partial X_2^2}\right.$$

$$\left. + \frac{1}{4!}X_2 h\left[h^2\frac{\partial^3 h}{\partial X_2^3} + 4h\frac{\partial h}{\partial X_2}\frac{\partial^2 h}{\partial X_2^2} + \left(\frac{\partial h}{\partial X_2}\right)^3\right]\right\}[\mathrm{d}C(t)]^4 + \cdots \tag{4.8.44}$$

式中 X_2 当作如下 Λ 和 X_1 的函数

$$X_2 = \pm\sqrt{2\varLambda - 2U(X_1)} \qquad (4.8.45)$$

假设 k =奇数时，$E[C^k(t)] = 0$，忽略 $n > 4$ 时的 D_n，可从式(4.8.44)得到前四阶导数矩

$$a_1 = \left\langle -x_2 f \right\rangle_t + \frac{1}{2} D_2 \left\langle x_2 h \frac{\partial h}{\partial x_2} + h^2 \right\rangle_t + D_4 \left\langle \frac{7}{24} h^2 \left(\frac{\partial h}{\partial x_2} \right)^2 + \frac{1}{6} h^3 \frac{\partial^2 h}{\partial x_2^2} \right\rangle_t$$

$$+ \frac{1}{4!} D_4 \left\langle x_2 \left[h^3 \frac{\partial^3 h}{\partial x_2^3} + 4h^2 \frac{\partial h}{\partial x_2} \frac{\partial^2 h}{\partial x_2^2} + h \left(\frac{\partial h}{\partial x_2} \right)^3 \right] \right\rangle_t \qquad (4.8.46)$$

$$b_{11} = D_2 \left\langle x_2^2 h^2 \right\rangle_t + \frac{1}{4} D_4 \left\langle h^2 \left(x_2 \frac{\partial h}{\partial x_2} + h \right)^2 \right\rangle_t$$

$$+ D_4 \left\langle x_2 h^3 \frac{\partial h}{\partial X_2} + \frac{1}{3} x_2^2 h^2 \left[h \frac{\partial^2 h}{\partial x_2^2} + \left(\frac{\partial h}{\partial x_2} \right)^2 \right] \right\rangle_t \qquad (4.8.47)$$

$$c_{111} = \frac{3}{2} D_4 \left\langle x_2^2 h^3 \left(x_2 \frac{\partial h}{\partial x_2} + h \right) \right\rangle_t \qquad (4.8.48)$$

$$d_{1111} = D_4 \left\langle x_2^4 h^4 \right\rangle_t \qquad (4.8.49)$$

按式(4.2.41)，即

$$\left\langle [\cdot] \right\rangle_t = \frac{1}{T_{1/4}} \int_0^A \frac{[\cdot]_{x_2 = \sqrt{2\lambda - 2U(x_1)}}}{\sqrt{2\lambda - 2U(x_1)}} \, \mathrm{d}x_1 \qquad (4.8.50)$$

完成时间平均. 其中 $T_{1/4}$ 按式(4.2.29)算出，A 按 $U(\lambda) = A$ 得到. 简化的 FPK 方程为

$$-\frac{\mathrm{d}}{\mathrm{d}\lambda}(a_1 p) + \frac{1}{2!} \frac{\mathrm{d}^2}{\mathrm{d}\lambda^2}(b_{11} p) - \frac{1}{3!} \frac{\mathrm{d}^3}{\mathrm{d}\lambda^3}(c_{111} p) + \frac{1}{4!} \frac{\mathrm{d}^4}{\mathrm{d}\lambda^4}(d_{1111} p) - \cdots = 0 \quad (4.8.51)$$

运用例 4.8.1 中的摄动步骤，可得近似解.

例 4.8.7　考虑非线性系统

$$\ddot{X} + \alpha \dot{X} + \beta \dot{X}^3 + \delta X^3 = W_p(t), \quad \beta, \delta > 0 \qquad (4.8.52)$$

式中 $W_p(t)$ 是一个泊松白噪声. 按式(4.3.46)可导出 $\varLambda(t)$ 的方程，按式(4.8.46)~式(4.8.49)可得下列导数矩

$$a_1 = \left\langle -\alpha x_2^2 - \beta x_2^4 \right\rangle_t + \frac{1}{2} D_2 = -\frac{4}{3} \alpha \lambda - \frac{32}{7} \beta \lambda^2 + \frac{1}{2} D_2$$

$$b_{11} = D_2 \left\langle x_2^2 \right\rangle_t + \frac{1}{4} D_4 = \frac{4}{3} D_2 \lambda + \frac{1}{4} D_4 \qquad (4.8.53)$$

$$c_{111} = 2 D_4 \lambda, \quad d_{1111} = \frac{32}{7} D_4 \lambda^2$$

运用例 4.8.1 所述或式(4.8.14)~式(4.8.15)的类似步骤，导数矩可写成

$$a_1(\lambda) = -\frac{4}{3} \alpha \lambda - \frac{32}{7} \beta \lambda^2 + \frac{I_0}{2}, \quad b_{11}(\lambda) = \frac{4 I_0}{3} \lambda + \varepsilon^2 \frac{I_2}{4}$$

$$c_{111}(a) = \varepsilon^2 2 I_2 \lambda, \quad d_{1111}(a) = \varepsilon^2 \frac{32 I_2}{7} \lambda^2 \qquad (4.8.54)$$

将概率密度按下式展开

$$p(\lambda) = p_0(\lambda) + \varepsilon p_1(\lambda) + \varepsilon^2 p_2(\lambda) + \cdots \qquad (4.8.55)$$

将式(4.8.54)和式(4.8.55)代入 FPK 方程(4.8.51)，按ε的阶数对方程分组，得到

$$-\frac{\mathrm{d}}{\mathrm{d}\lambda} \left[\left(-\frac{3}{4} \alpha \lambda - \frac{32}{7} \beta \lambda^2 + \frac{I_0}{2} \right) p_0 \right] + \frac{\mathrm{d}^2}{\mathrm{d}\lambda^2} \left(\frac{4 I_0}{3} \lambda p_0 \right) = 0 \qquad (4.8.56)$$

$$-\frac{\mathrm{d}}{\mathrm{d}\lambda} \left[\left(-\frac{3}{4} \alpha \lambda - \frac{32}{7} \beta \lambda^2 + \frac{I_0}{2} \right) p_2 \right] + \frac{1}{2} \frac{\mathrm{d}^2}{\mathrm{d}\lambda^2} \left(\frac{4 I_0}{3} \lambda p_2 \right)$$

$$= \frac{\mathrm{d}}{\mathrm{d}\lambda} \left[\left(-\frac{3}{4} \alpha \lambda - \frac{32}{7} \beta \lambda^2 + \frac{I_0}{2} \right) p_0 \right] - \frac{1}{2} \frac{\mathrm{d}^2}{\mathrm{d}\lambda^2} \left(\frac{I_2}{4} p_0 \right)$$

$$+ \frac{1}{3!} \frac{\mathrm{d}^3}{\mathrm{d}\lambda^3} (2 I_2 \lambda p_0) - \frac{1}{4!} \frac{\mathrm{d}^4}{\mathrm{d}\lambda^4} \left(\frac{32 I_2}{7} \lambda^2 p_0 \right) \qquad (4.8.57)$$

式(4.8.56)是高斯白噪声激励下的 FPK 方程，相应的解已在例 4.3.2 中给出，即式 (4.3.47)

$$p_0(\lambda) = C \lambda^{-1/4} \exp \left[-\frac{1}{\pi K} \left(\alpha \lambda + \frac{12}{7} \beta \lambda^2 \right) \right] \qquad (4.8.58)$$

将 $p_0(\lambda)$ 代入式(4.8.57)的右边，$p_2(\lambda)$ 可解析地或数值求解出来. $p(x, \dot{x})$ 的平稳概率密度可按式(4.2.46)求得.

4.9　分数高斯噪声激励的系统

分数高斯噪声激励下的单自由度非线性系统，可以按线性恢复力或非线性恢复力分别运用幅值包线随机平均法或能量包线随机平均法，本节阐述能量包线随

机平均法.

考虑分数高斯噪声激励单自由度强非线性系统，其运动方程为

$$\ddot{X} + \varepsilon^{2\mathcal{H}} h(X, \dot{X}) + u(X) = \varepsilon^{\mathcal{H}} \sum_{l=1}^{m} g_l(X, \dot{X}) W_{Hl}(t) \tag{4.9.1}$$

式中 $u(X)$ 表示强非线性恢复力，且有 $u(0) = 0$；ε 为正的小参数；$\varepsilon^{2\mathcal{H}} h(X, \dot{X})$ 表示弱的线性或非线性阻尼；$W_{Hl}(t), (l = 1, 2, \cdots, m)$ 是 m 个均值为零的、赫斯特系数 $\mathcal{H}$ 在 $1/2 < \mathcal{H} < 1$ 内的分数高斯噪声，其自相关函数 $R_l(\tau)$ 和功率谱密度 $S_l(\omega)$ 分别由式(2.5.21)和式(2.5.23)确定；$\varepsilon^{\mathcal{H}} g_l(X, \dot{X})$ 是噪声的幅值. 系统(4.9.1)的能量函数可表示为

$$\Lambda(X, \dot{X}) = \dot{X}^2 / 2 + U(X), \quad U(X) = \int_0^X g(x) \mathrm{d}x \tag{4.9.2}$$

类似于式(4.2.29)的推导，可得系统(4.9.1)在无阻尼无激励情形下的确定性周期为

$$T(\Lambda) = 2 \int_{x'}^{x''} \frac{1}{\sqrt{2\Lambda - 2U(x)}} \mathrm{d}x \tag{4.9.3}$$

式中 x', x'' 是方程 $\Lambda = U(x)$ 的负根和正根.

令 $X_1 = X$，$X_2 = \dot{X}$，式(4.9.1)可模型化为对称积分定义的分数随机微分方程，再转化为以下前向积分定义的分数随机微分方程

$$\mathrm{d}X_1 = X_2 \mathrm{d}t$$
$$\mathrm{d}X_2 = [-u(X_1) - \varepsilon^{2\mathcal{H}} h(X_1, X_2)] \mathrm{d}t + \varepsilon^{\mathcal{H}} \sum_{l=1}^{m} g_l(X, \dot{X}) \mathrm{d}B_{Hl}(t) \tag{4.9.4}$$

如式(2.5.26)~式(2.5.28)所述，当赫斯特指数 $\mathcal{H} > 1/2$ 时，式(4.9.4)中没有 Wong-Zakai 修正项. 根据 2.5 节所述对分数布朗运动的随机微分规则，可得支配能量过程 $\Lambda(t)$ 的分数随机微分方程，将其代替式(4.9.4)中第二个方程，得

$$\mathrm{d}X_1 = \pm\sqrt{2\Lambda - 2U(X_1)} \mathrm{d}t$$
$$\mathrm{d}\Lambda = [\mp \varepsilon^{2\mathcal{H}} \sqrt{2\Lambda - 2U(X_1)} h(X_1, \pm\sqrt{2\Lambda - 2U(X_1)})] \mathrm{d}t \tag{4.9.5}$$
$$+ \varepsilon^{\mathcal{H}} \sqrt{2\Lambda - 2U(X_1)} \sum_{l=1}^{m} g_l(X, \pm\sqrt{2\Lambda - 2U(X_1)}) \mathrm{d}B_{Hl}(t)$$

在弱激励和弱阻尼情形，方程(4.9.5)中的能量过程 $\Lambda(t)$ 是慢变过程，而位移 $X_1(t)$ 是快变过程. 根据关于分数随机微分方程的平均原理(Xu et al.，2014a，2014b)，可以得出以下支配 $\Lambda(t)$ 的平均分数随机微分方程

$$\mathrm{d}\Lambda = m(\Lambda) \mathrm{d}t + \sigma(\Lambda) \mathrm{d}B_H(t) \tag{4.9.6}$$

式中的 $m(\Lambda)$ 和 $\sigma(\Lambda)$ 可由如下时间平均来确定

$$\lim_{T \to \infty} \frac{1}{T} \int_0^T | \mp \varepsilon^{2\mathcal{H}} \sqrt{2\Lambda - 2U(X_1)} h(X_1, \pm\sqrt{2\Lambda - 2U(X_1)}) - m(\Lambda)| \, \mathrm{d}t = 0$$

$$\lim_{T \to \infty} \frac{1}{T} \int_0^T | [(2\Lambda - 2U(X_1))\varepsilon^{2\mathcal{H}} \sum_{l,k=1}^m g_l g_k]^{1/2} - \sigma(\Lambda)|^2 \, \mathrm{d}t = 0$$

$$(4.9.7)$$

利用式(4.9.5)第一式,式(4.9.7)中的时间平均可代之以对 X_1 的空间平均,于是

$$m(\Lambda) = \frac{2\varepsilon^{2\mathcal{H}}}{T(\Lambda)} \int_{X_1'}^{X_1''} g(X_1, \pm\sqrt{2\Lambda - 2U(X_1)}) \mathrm{d}X_1$$

$$\sigma^2(\Lambda) = \frac{2\varepsilon^{2\mathcal{H}}}{T(\Lambda)} \int_{X_1'}^{X_1''} \sqrt{2\Lambda - 2U(X_1)} \sum_{l,k=1}^m g_l g_k \mathrm{d}X_1$$

$$(4.9.8)$$

式中 $T(\Lambda)$ 是式(4.9.3)给定的周期.

受分数高斯噪声激励的系统响应不是马尔可夫过程,为了得到系统响应,迄今只能通过对平均方程(4.9.6)作数值模拟得到.

例 4.9.1 考虑分数高斯噪声激励下的杜芬振子(Deng and Zhu,2016),其运动方程为

$$\ddot{X} + \gamma \dot{X} + \omega^2 X + kX^3 = \sqrt{2D} W_{\mathrm{H}}(t) \tag{4.9.9}$$

式中 $W_{\mathrm{H}}(t)$ 表示赫斯特指数 $\mathcal{H}$ 在 $(1/2, 1)$ 内的单位分数高斯噪声; $2D$ 为激励强度; γ 是线性阻尼系数; D 与 γ 为 $\varepsilon^{2\mathcal{H}}$ 阶小量; ω 是线性化角频率;参数 k 表示非线性强度.

系统(4.9.9)的能量函数和势函数为

$$\Lambda = \frac{1}{2}\dot{X}^2 + U(X), \quad U(X) = \frac{1}{2}\omega^2 X^2 + \frac{1}{4}kX^4 \tag{4.9.10}$$

图 4.9.1(a)示出了在 $t = 80$ 时刻的一万个样本在相平面 $(X(t), \dot{X}(t))$ 上的分布. 图 4.9.1(b)示出了对应的概率密度云图和三条等能量曲线. 从图 4.9.1(b)可以观察到,等能量曲线与等概率密度曲线几乎重合,从而可以用等能量面上的空间平均代替时间平均.

令 $X_1 = X$, $X_2 = \dot{X}$,如前所述,系统(4.9.9)可以转换为对称积分定义的分数随机微分方程,然后再转化为以下前向积分定义的分数随机微分方程

$$\mathrm{d}X_1 = X_2 \mathrm{d}t$$

$$\mathrm{d}X_2 = (-\omega^2 X_1 - kX_1^3 - \gamma X_2)\mathrm{d}t + \sqrt{2D}\mathrm{d}B_{\mathrm{H}}(t)$$

$$(4.9.11)$$

应用分数布朗运动的随机微分规则,可得到如下支配能量过程 $\Lambda(t)$ 的分数随机微分方程

$$\mathrm{d}\Lambda = -\gamma X_2^2 \mathrm{d}t + \sqrt{2D} X_2 \mathrm{d}B_{\mathrm{H}l}(t) \tag{4.9.12}$$

对它作时间平均后,得形如式(4.9.6)的平均分数随机微分方程,该方程的两系数可按式(4.9.8)由式(4.9.12)中相应系数作空间平均得到如下

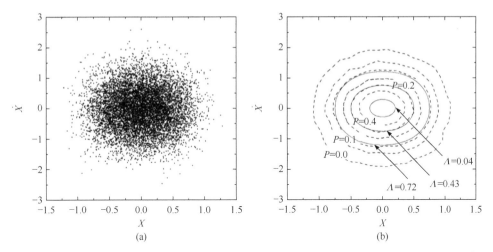

图 4.9.1　(a)系统能量(4.9.10)在 $t = 80$ 时刻一万个样本点在相平面上的分布；(b)样本点的概率密度云图和三条等能量曲线, 图中 P 表示概率密度值. 参数为 $\omega = 1.414$, $k = 2$, $\gamma = 0.01$, $D = 0.01$, $\mathcal{H} = 0.75$ (Deng and Zhu, 2016)

$$m(\Lambda) = -\gamma\rho, \quad \sigma^2(\Lambda) = 2D\rho$$

$$\rho = 2\Lambda\left(\frac{1+\mu}{3\mu}\frac{E(\mu)}{K(\mu)} + \frac{\mu-1}{3\mu}\right), \quad \mu = \eta(\sqrt{\eta^2+2}-\eta)-1, \quad \eta = \frac{\omega^2}{\sqrt{2k\Lambda}} \quad (4.9.13)$$

式中 $E(x) = \int_0^{\pi/2}(1-x\sin^2\theta)^{1/2}\mathrm{d}\theta$ 和 $K(x) = \int_0^{\pi/2}(1-x\sin^2\theta)^{-1/2}\mathrm{d}\theta$ 是完全椭圆积分.

图 4.9.2 和图 4.9.3 分别显示对以(4.9.13)为系数的平均方程(4.9.6)和原系统 (4.9.9)作数值模拟得到的平稳概率密度 $p(\lambda)$ 和两个统计量 $E[\Lambda]$、$E[\Lambda^2]$. 可以看出两者给出几乎相同的能量过程 $\Lambda(t)$ 的概率与统计量.

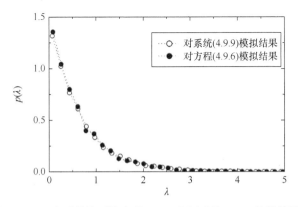

图 4.9.2　分别对以(4.9.13)为系数的平均方程(4.9.6)和原系统(4.9.9)作数值模拟得到的平稳概率密度 $p(\lambda)$. 参数与图 4.9.1 相同(Deng and Zhu, 2016)

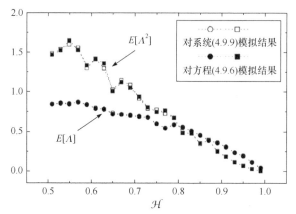

图 4.9.3　分别对以(4.9.13)为系数的平均方程(4.9.6)和原系统(4.9.9)作数值模拟得到的 $E[\Lambda]$ 和 $E[\Lambda^2]$. 参数与图 4.9.1 相同(Deng and Zhu, 2016b)

按式(4.2.46), 原系统(4.9.9)位移 x 和速度 $\dot{x}$ 的近似联合平稳概率密度 $p(x,\dot{x})$、边缘概率密度 $p(x)$、$p(\dot{x})$ 及均方值 $E[X^2]$、$E[\dot{X}^2]$ 可得如下

$$p(x,\dot{x}) = \left.\frac{p(\lambda)}{T(\lambda)}\right|_{\lambda=\dot{x}^2/2+U(x)}$$

$$p(x) = \int_{-\infty}^{\infty} p(x,\dot{x})\mathrm{d}\dot{x}, \quad p(\dot{x}) = \int_{-\infty}^{\infty} p(x,\dot{x})\mathrm{d}x \qquad (4.9.14)$$

$$E[X^2] = \int_{-\infty}^{\infty} x^2 p(x)\mathrm{d}x, \quad E[\dot{X}^2] = \int_{-\infty}^{\infty} \dot{x}^2 p(\dot{x})\mathrm{d}\dot{x}$$

图 4.9.4 和图 4.9.5 分别给出了对原系统(4.9.9)和对以(4.9.13)为系数的平均分数随机微分方程(4.9.6)作模拟得到的位移与速度的平稳概率密度与均方值. 由图

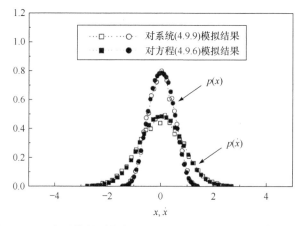

图 4.9.4　分别对以(4.9.13)为系数的平均方程(4.9.6)和原系统(4.9.9)作数值模拟得到的 $p(x)$ 和 $p(\dot{x})$. 参数与图 4.9.1 相同(Deng and Zhu, 2016)

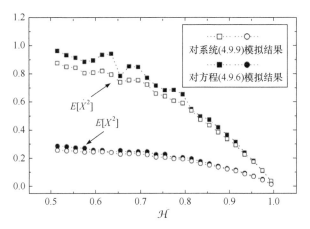

图 4.9.5　分别对以(4.9.13)为系数的平均方程(4.9.6)和原系统(4.9.9)作数值模拟得到的 $E[X^2]$
和 $E[\dot{X}^2]$ 随赫斯特指数的变化，参数与图 4.9.1 相同(Deng and Zhu，2016)

可见，概率密度和均方位移的两种结果都甚为吻合，只在 $0.5<\mathcal{H}<0.8$ 之间均方速
度的两种结果相差稍大. 由图 4.9.5 可见，随着赫斯特指数 $\mathcal{H}$ 增加，系统的均方
位移和均方速度将减小，与图 4.9.3 的结果一致. 这是因为随着 $\mathcal{H}$ 的增大，分数
高斯噪声的总功率在减小，见图 2.5.2 功率谱密度曲线以下面积就知. 图 4.9.6 示
出了非线性强度 k 变化时，位移概率密度 $p(x)$ 的模拟结果与高斯分布的对比. 可
以看到，在非线性情形($k>0$)，位移概率密度偏离了高斯概率密度；而在线性情
形($k=0$)，位移概率密度符合高斯概率密度. 事实上，当 $k=0$ 时，本例退化为例
2.5.2，图 4.9.6 中高斯分布的方差 σ_L^2 即是式(2.5.47)中的解析解 $E[X^2]$.

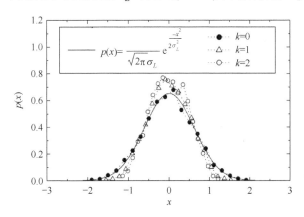

图 4.9.6　不同非线性强度下从系统(4.9.9)模拟得到的 $p(x)$ 与高斯概率密度的对比，参数
$\omega=1.414$ ，$\gamma=0.5\omega$ ，$D=0.5$ ，$\mathcal{H}=0.75$ (Deng and Zhu，2016)

参 考 文 献

朱位秋, 蔡国强. 2017. 随机动力学引论. 北京: 科学出版社.

Andrnov A, Pontryagin L, Witt A. 1933. On the statistical investigation of dynamical systems. Zh. Eksp. Teor. Fiz., 3: 165-180 (in Russian).

Ariaratnam S T. 1993. Stochastic stability of linear viscoelastic systems. Probabilistic Engineering Mechanics, 8: 153-155.

Ariaratnam S T, Tam D S F. 1976. Parametric random excitation of a damped Mathieu oscillator. Zeitschrift Fur Angewandte Mathematik Und Mechanik, 56: 449-452.

Ariaratnam S T, Tam D S F. 1977. Moment stability of coupled linear systems under combined harmonic and stochastic excitation. In Stochastic Problems in Dynamics, ed. B. L. Clarkson, Pitman, London: 90-103.

Brin M, Freidlin M I. 2000. On stochastic behavior of perturbed hamiltonian systems. Ergodic Theory and Dynamical Systems, 20: 55-76.

Cai G Q. 1995. Random vibration of nonlinear system under nonwhite excitations. ASCE Journal of Engineering Mechanics, 121(5): 633-639.

Cai G Q, Lin Y K. 2001a. Effect of secondary systems on response of nonlinear primary system to random excitation. in Structural Safety and Reliability, Proceedings of ICOSSAR'01, the 8th International Conference on Structural Safety and Reliability, New Port Beach, CA, June 17-21, 2001, CD-ROM.

Cai G Q, Lin Y K. 2001b. Random vibration of strongly nonlinear systems. Nonlinear Dynamics, 24: 3-15.

Cai G Q, Lin Y K, Xu W. 1998. Visco-elastic systems under both additive and multiplicative random excitations, in Computational Stochastic Mechanics. Proceedings of the Third International Conference on Computational Stochastic Mechanics, Balkema, Rotterdam, Netherlands, 411-416.

Choi S, Sri Namachchivaya N. 2006. Stochastic dynamics of a nonlinear aeroelastic system. AIAA Journal, 44(9): 1921-1931.

Christensen R M. 1982. Theory of Viscoelasticity, An Introduction. New York: Academic Press.

Deng M L, Zhu W Q. 2016. Stochastic averaging of quasi-non-integrable Hamiltonian systems under fractional Gaussian noise excitation. Nonlinear Dynamics, 83(1-2); 1015-1027.

Dimentberg M F, Cai G Q, Lin Y K. 1995. Application of quasi-conservative averaging to a non-linear system under non-white excitations. International Journal of Non-Linear Mechanics, 30(5): 677-685.

Dimentberg M F. 1988. Statistical Dynamics of Nonlinear and Time-Varying Systems. Taunton: Research Studies Press.

Drozdov A D. 1998. Viscoelastic Structures: Mechanics of Growth and Aging. San Diego: Academic Press.

Freidlin M I. 2001. On stable oscillations and equilibriums induced by small noise. Journal of Statistical Physics, 103(1-2): 283-300.

Freidlin M I, Sheu S J. 2000. Diffusion processes on graphs: stochastic differential equations, large deviation principle. Probability Theory and Related Fields, 116(2): 181-220.

Freidlin M I, Weber M. 1998. Random perturbations of nonlinear oscillators. Annals of Probability, 26(3): 925-967.

Freidlin M I, Weber M. 1999. A remark on random perturbations of the nonlinear pendulum. Annals of Applied Probability, 9(3): 611-628.

Freidlin M I, Wentzell A D. 1994. Random perturbations of Hamiltonian systems. In Memoirs of American Mathematical Society, 109: 523.

Freidlin M I, Wentzell A D. 2012. Random Perturbations of Dynamical Systems. 3rd ed. Berlin, Heidelberg: Springer.

Gradshteyn I S, Ryzhik I M. 1980. Table of Integrals, Series, and Products. New York: Academic Press.

Huang Q, Xie W C. 2008. Stability of SDOF linear viscoelastic system under the excitation of wideband noise. ASME Journal of Applied Mechanics, 75: 12-21.

Khasminskii R Z. 1964. On the behavior of a conservative system with small friction and small random noise. Prikladnaya Mathematika (Applied Mathematics and Mechanics), 28(5): 1126-1130. (in Russian)

Khasminskii R Z. 1966. A limit theorem for the solution of differential equations with random right hand sides. Theory of Probability and Application, 11(3): 390-405.

Khasminskii R Z. 1968. On the averaging principle for Itô stochastic differential equations. Kibernetika, 3(4): 260-279. (in Russian)

Landa P S, Stratonovich R L. 1962. Theory of stochastic transition in various systems between different states. Vestnik MGU (Proceedings of Moscow University), Series Ⅲ(1), 33-45. (in Russian)

Lin Q, Jin X L, Huang Z L. 2011. Response and stability of SDOF viscoelastic system under wideband noise excitations. Journal of the Franklin Institute-Engineering and Applied Mathematics, 348: 2026-2043.

Lin Y K, Cai G Q. 1995. Probabilistic Structural Dynamics: Advanced Theory and Applications. New York: McGraw-Hill.

Macki J W, Nistri P, Zecca P. 1993. Mathematical models for hysteresis. SIAM Reviews, 35: 94-123.

Skorokhod A V, Hoppensteadt F C, Salehi H. 2002. Random Perturbation Methods with Applications in Science and Engineering. New York: Springer.

Sowers R B. 2003. Stochastic averaging near a homoclinic orbit with multiplicative noise. Stochastics and Dynamics, 3: 299-391.

Sowers R B. 2005. A boundary-layer theory for diffusively perturbed transport around a heteroclinic cycle. Communications on Pure and Applied Mathematics, 58: 30-84.

Sowers R B. 2007. Stochastic averaging near long heteroclinic orbits. Stochastics and Dynamics, 7: 187-228.

Sowers R B, Sri Namachchivaya N. 2002. Rigorous stochastic averaging at a center with additive noise. Meccanica, 6: 85-114.

Sowers R B, Sri Namachchivaya N, Vedula L. 2001. Nonstandard reduction of noisy Duffing-van der Pol equation. Dynamical Systems: an International Journal, 16: 223-245.

Stratonovich R L. 1963. Topics in the Theory of Random Noise, Vol. 1. New York: Gordon and Breach.

Xu Y, Guo R, Liu D, et al. 2014a. Stochastic averaging principle for dynamical systems with fractional Brownian motion. AIMS Discrete and Continuous Dynamical Systems-Series B, 19: 1197-1212.

Xu Y, Guo R, Xu W. 2014. A limit theorem for the solutions of slow-fast systems with fractional Brownian motion. Theoretical and Applied Mechanics Letters, 4: 013003.

Zhu W Q, Cai G Q. 2011. Random vibration of viscoelastic system under broad-band excitations. International Journal of Non-Linear Mechanics, 46(5): 720-726.

Zhu W Q, Cai G Q, Hu R C. 2013. Stochastic analysis of dynamical systems with double-well potential. International Journal of Dynamics and Control, 1(1): 12-19.

Zhu W Q, Huang T C. 1984. Dynamic stability of a liquid-free surface in a container with an elastic bottom under combined harmonic and stochastic longitudinal excitation. In Random Vibrations, ASME Winter Annual Meeting, AMD Vol. 65, eds. Huang, T.C., and Spanos, P.D., ASME New York.

Zhu W Q, Huang Z L, Suzuki Y. 2001. Response and stability of strongly non-linear oscillators under wide-band random excitation. International Journal of Nonlinear Mechanics, 36(8): 1235-1250.

第5章 高斯白噪声激励下拟哈密顿系统随机平均法

第4章中论述了随机平均法的数学原理和物理意义，以及在多种随机激励下单自由度非线性系统随机平均方程的推导与求解. 从本章开始论述多自由度非线性特别是强非线性系统在多种随机激励下随机平均方程的推导与求解. 众所周知，随机系统的响应预测要得到的是响应在整个相空间的概率分布，是一种全局解. 在对多自由度非线性随机系统进行随机平均时，需要知道各自由度之间的全局关系. 对多自由度拟线性随机系统，退化系统是线性的，通过线性变换，各自由度可分离，但对多自由度强非线性随机系统，退化系统仍是强非线性系统，只有用 3.1 节中第三种数学表示才能搞清各自由度之间的全局关系，即用可积性与共振性将系统分成不可积、可积非共振、可积共振、部分可积非共振、部分可积共振五种情形. 因此，从本章开始，论述拟哈密顿系统在多种随机激励下的随机平均法. 本章则分五种情形依次论述最基本也是最常用的高斯白噪声激励下拟哈密顿系统随机平均法，并通过二自由度碰撞振动系统的例子，阐述如何根据不同参数选取不同情形的随机平均法. 最后，将拟不可积哈密顿系统随机平均法推广于含马尔可夫跳变参数的系统.

5.1 拟不可积哈密顿系统

考虑由下列 n 自由度随机激励的耗散的哈密顿系统(Zhu and Yang，1997)

$$\dot{Q}_i = \frac{\partial H'}{\partial P_i}$$

$$\dot{P}_i = -\frac{\partial H'}{\partial Q_i} - \varepsilon \sum_{j=1}^{n} c_{ij}(\boldsymbol{Q},\boldsymbol{P})\frac{\partial H'}{\partial P_j} + \varepsilon^{1/2} \sum_{l=1}^{m} g_{il}(\boldsymbol{Q},\boldsymbol{P})W_{gl}(t) \tag{5.1.1}$$

$$i = 1,2,\cdots,n$$

式中ε 是小参数，$W_{gl}(t)$是具有下列相关函数的高斯白噪声

$$E[W_{gl}(t)W_{gs}(t+\tau)] = 2\pi K_{ls}\delta(\tau), \quad l,s = 1, 2,\cdots,m \tag{5.1.2}$$

如式(5.1.1)所示，阻尼力与激励皆小，因此称式(5.1.1)为拟哈密顿系统.

运动方程(5.1.1)可以模型化为斯特拉托诺维奇随机微分方程，加上 Wong-Zakai 修正项后，转化为如下伊藤随机微分方程

$$\mathrm{d}Q_i = \frac{\partial H'}{\partial P_i}\mathrm{d}t$$

$$\mathrm{d}P_i = \left[-\frac{\partial H'}{\partial Q_i} - \varepsilon\sum_{j=1}^{n}c_{ij}\frac{\partial H'}{\partial P_j} + \varepsilon\pi\sum_{j=1}^{n}\sum_{l,s=1}^{m}K_{ls}g_{js}\frac{\partial g_{il}}{\partial P_j} \right]\mathrm{d}t + \varepsilon^{1/2}\sum_{l=1}^{m}g_{il}\mathrm{d}B'_l(t) \quad (5.1.3)$$

$$i = 1,2,\cdots,n$$

式中 $B'_l(t)$ 为维纳过程，或称布朗运动. 其增量的相关函数为

$$E[\mathrm{d}B'_l(t)\mathrm{d}B'_s(t+\tau)] = 2\pi K_{ls}\delta(\tau)\mathrm{d}t, \quad l,s = 1,\ 2,\cdots,m \quad (5.1.4)$$

式(5.1.3)右边的三重求和项是 Wong-Zakai 修正项，这些项可能影响恢复力与阻尼力. 将它们分别和原恢复力与阻尼力合并，原哈密顿函数 H' 变成 H，阻尼系数从 c_{jk} 变成 m_{jk}，从而式(5.1.3)变成

$$\mathrm{d}Q_i = \frac{\partial H}{\partial P_i}\mathrm{d}t$$

$$\mathrm{d}P_i = -\left(\frac{\partial H}{\partial Q_i} + \varepsilon\sum_{j=1}^{n}m_{ij}\frac{\partial H}{\partial P_j} \right)\mathrm{d}t + \varepsilon^{1/2}\sum_{l=1}^{m}g_{il}\mathrm{d}B'_l(t) \quad (5.1.5)$$

$$i = 1,2,\cdots,n$$

假定以 H 为哈密顿函数的哈密顿系统为不可积，则称式(5.1.5)为拟不可积哈密顿系统. 此时，哈密顿系统中只有哈密顿函数 H 一个守恒量，于是拟哈密顿系统(5.1.5)中只有一个慢变过程 $H(t)$，它是 $\boldsymbol{Q}(t)$ 与 $\boldsymbol{P}(t)$ 的函数，应用伊藤微分规则，可从式(5.1.5)导出如下 $H(t)$ 的伊藤随机微分方程

$$\mathrm{d}H = \sum_{j=1}^{n}\frac{\partial H}{\partial Q_j}\mathrm{d}Q_j + \sum_{j=1}^{n}\frac{\partial H}{\partial P_j}\mathrm{d}P_j + \frac{1}{2}\sum_{j,k=1}^{n}\frac{\partial^2 H}{\partial P_j\partial P_k}(\mathrm{d}P_j)(\mathrm{d}P_k)$$

$$= \varepsilon\left(-\sum_{j,k=1}^{n}m_{jk}\frac{\partial H}{\partial P_j}\frac{\partial H}{\partial P_k} + \sum_{j,k=1}^{n}\sum_{l,s=1}^{m}\pi K_{ls}g_{jl}g_{ks}\frac{\partial^2 H}{\partial P_j\partial P_k} \right)\mathrm{d}t + \varepsilon^{1/2}\sum_{j=1}^{n}\sum_{l=1}^{m}g_{jl}\frac{\partial H}{\partial P_j}\mathrm{d}B'_l(t)$$

$$(5.1.6)$$

注意，上式右边为小量，因此 $H(t)$ 确实是一个慢变过程. 作变量变换，以 H 代替 P_1，其他 Q_i, P_i 不变，系统方程由除 $\mathrm{d}Q_1$ 外的式(5.1.5)与式(5.1.6)组成. $H(t)$ 为慢变过程，$Q_1(t)$，$\cdots$，$Q_n(t)$，$P_2(t)$，$\cdots$，$P_n(t)$ 为快变过程，按照哈斯敏斯基随机平均定理 (Khasminskii, 1968)，当 $\varepsilon \to 0$ 时，$H(t)$ 弱收敛于马尔可夫扩散过程，可用下列一维伊藤随机微分方程描述

$$\mathrm{d}H = m(H)\mathrm{d}t + \sigma(H)\mathrm{d}B(t) \quad (5.1.7)$$

式中 $B(t)$ 为单位维纳过程，按式(4.1.29)和式(4.1.30)，漂移系数 $m(H)$ 与扩散系数 $\sigma(H)$ 可从式(5.1.6)中相应系数通过时间平均得到，即

$$m(H) = \varepsilon \left\langle -\sum_{j,k=1}^{n} m_{jk} \frac{\partial H}{\partial P_j} \frac{\partial H}{\partial P_k} + \sum_{j,k=1}^{n} \sum_{l,s=1}^{m} \pi K_{ls} g_{jl} g_{ks} \frac{\partial^2 H}{\partial P_j \partial P_k} \right\rangle_t \qquad (5.1.8)$$

$$\sigma^2(H) = \varepsilon \left\langle \sum_{j,k=1}^{n} \sum_{l,s=1}^{m} 2\pi K_{ls} g_{jl} g_{ks} \frac{\partial H}{\partial P_j} \frac{\partial H}{\partial P_k} \right\rangle_t \qquad (5.1.9)$$

由于式(5.1.8)和式(5.1.9)右边所有量都是随机过程, 很难完成上述时间平均. 考虑到拟不可积哈密顿系统的退化系统为不可积哈密顿系统, 3.2.8 节指出, 当系统能量较大时, 不可积哈密顿系统在等能量面上遍历, 式(5.1.8)与式(5.1.9)中的时间平均可近似代之以等能量面上的空间平均. 按式(5.1.5)的第一式, $\mathrm{d}t$ 代之以 $(\partial H/\partial p_1)^{-1} \mathrm{d}q_1$, 于是式(5.1.8)与式(5.1.9)可代之以

$$m(H) = \frac{\varepsilon}{T(H)} \int_{\Omega} \left[\left(\frac{\partial H}{\partial p_1}\right)^{-1} \left(-\sum_{j,k=1}^{n} m_{jk} \frac{\partial H}{\partial p_j} \frac{\partial H}{\partial p_k} + \sum_{j,k=1}^{n} \sum_{l,s=1}^{m} \pi K_{ls} g_{jl} g_{ks} \frac{\partial^2 H}{\partial p_j \partial p_k} \right) \right]$$
$$\times \mathrm{d}q_1 \cdots \mathrm{d}q_n \mathrm{d}p_2 \cdots \mathrm{d}p_n \qquad (5.1.10)$$

$$\sigma^2(H) = \frac{\varepsilon}{T(H)} \int_{\Omega} \left[\left(\frac{\partial H}{\partial p_1}\right)^{-1} \sum_{j,k=1}^{n} \sum_{l,s=1}^{m} 2\pi K_{ls} g_{jl} g_{ks} \frac{\partial H}{\partial p_j} \frac{\partial H}{\partial p_k} \right] \mathrm{d}q_1 \cdots \mathrm{d}q_n \mathrm{d}p_2 \cdots \mathrm{d}p_n \qquad (5.1.11)$$

式中

$$T(H) = \int_{\Omega} \left(\frac{\partial H}{\partial p_1}\right)^{-1} \mathrm{d}q_1 \cdots \mathrm{d}q_n \mathrm{d}p_2 \cdots \mathrm{d}p_n \qquad (5.1.12)$$

$$\Omega = \{(q_1, \cdots, q_n, p_2, \cdots, p_n) \mid H(q_1, \cdots, q_n, 0, p_2, \cdots, p_n) \leqslant H\} \qquad (5.1.13)$$

将式(5.1.10)与式(5.1.11)代入式(5.1.7), 求解与式(5.1.7)相应的简化 FPK 方程, 考虑 $h=0$, p 有限, 和 $h \to \infty$, $p=0$ 的边界条件, 得到形如式(4.2.42)的哈密顿函数的平稳概率密度

$$p(h) = \frac{C}{\sigma^2(h)} \exp\left[\int \frac{2m(h)}{\sigma^2(h)} \mathrm{d}h \right] \qquad (5.1.14)$$

式(5.1.5)中广义位移 $\boldsymbol{Q}$ 与广义动量 $\boldsymbol{P}$ 的近似平稳概率密度可以从式(5.1.14)计算如下

$$p(\boldsymbol{q}, \boldsymbol{p}) = p(\boldsymbol{q}, p_2, \cdots, p_n, h) \left| \frac{\partial h}{\partial p_1} \right| = p(\boldsymbol{q}, p_2, \cdots, p_n \mid h) p(h) \left| \frac{\partial h}{\partial p_1} \right| \qquad (5.1.15)$$

对固定哈密顿函数 $H(\boldsymbol{q}, \boldsymbol{p}) = h$, 条件概率密度 $p(\boldsymbol{q}, p_2, \cdots, p_n \mid H(\boldsymbol{q}, \boldsymbol{p}) = h)$ 反比于 $\dot{q}_1 = |\partial h/\partial p_1|$, 因此

$$p(\boldsymbol{q}, p_2, \cdots, p_n \mid H(\boldsymbol{q}, \boldsymbol{p}) = h) = C_1 \left| \frac{\partial h}{\partial p_1} \right|^{-1} \tag{5.1.16}$$

在 Ω 域上积分上式两边, 并应用式(5.1.12), 得

$$C_1 = [T(h)]^{-1} \tag{5.1.17}$$

将式(5.1.17)代入式(5.1.16), 并将所得结果代入式(5.1.15), 得

$$p(\boldsymbol{q}, \boldsymbol{p}) = \left[\frac{p(h)}{T(h)} \right]_{h=H(\boldsymbol{q},\boldsymbol{p})} \tag{5.1.18}$$

由 3.2.6 节知, 不可积哈密顿系统在哈密顿量较大时运动是混沌的, 加上高斯白噪声激励, 运动更为复杂, 然而对任何有限 n, n 自由度拟不可积哈密顿系统的哈密顿函数的平稳概率密度皆由式(5.1.14)给出, 广义位移与广义动量的联合平稳概率密度皆由式(5.1.18)给出, 对不同系统, 只是 $m(H)$ 和 $\sigma^2(H)$ 不同, 这是一个十分有用的重要结果.

例 5.1.1 考虑下列方程支配的二自由度非线性随机系统

$$\begin{aligned}
\ddot{X} - \alpha_1 \dot{X} + \beta_1 X^2 \dot{X} + \omega_1^2 X + aY + b(X-Y)^3 &= c_1 X W_{g1}(t) \\
\ddot{Y} - (\alpha_1 - \alpha_2)\dot{Y} + \beta_2 Y^2 \dot{Y} + \omega_2^2 Y + aX + b(Y-X)^3 &= c_2 Y W_{g2}(t)
\end{aligned} \tag{5.1.19}$$

式中 $W_{g1}(t)$ 与 $W_{g2}(t)$ 是谱密度分别为 K_1 与 K_2 的独立高斯白噪声. 令 $\boldsymbol{Q} = [X, \ Y]^{\mathrm{T}}$, $\boldsymbol{P} = [\dot{X}, \dot{Y}]^{\mathrm{T}}$, 注意 Wong-Zakai 修正项为零, 式(5.1.19)可改写成(5.1.5)的形式, 系统的哈密顿函数, 即系统总能量为

$$H = \frac{1}{2}\dot{X}^2 + \frac{1}{2}\dot{Y}^2 + U(X,Y) \tag{5.1.20}$$

式中 $U(X, Y)$ 是由下式给出的系统势能

$$U(X,Y) = \frac{1}{2}\omega_1^2 X^2 + \frac{1}{2}\omega_2^2 Y^2 + aXY + \frac{1}{4}b(X-Y)^4 \tag{5.1.21}$$

注意, 以式(5.1.20)为哈密顿函数的哈密顿系统一般不可积, 假设 $\alpha_i, \beta_i, c_i^2 K_i$ $(i=1,2)$ 是同阶小量, 则式(5.1.19)是一个拟不可积哈密顿系统, 可应用上述随机平均法.

按式(5.1.10)～式(5.1.13)可得如下平均伊藤方程的漂移系数与扩散系数

$$m(H) = \frac{1}{T(H)} \int_{\Omega} \left[(\alpha_1 - \beta_1 x^2)\dot{x} + (\alpha_1 - \alpha_2 - \beta_2 y^2)\frac{\dot{y}^2}{\dot{x}} + \pi K_1 c_1^2 \frac{x^2}{\dot{x}} + \pi K_2 c_2^2 \frac{y^2}{\dot{x}} \right] \mathrm{d}x\mathrm{d}y\mathrm{d}\dot{y}$$

$$\tag{5.1.22}$$

$$\sigma^2(H) = \frac{2\pi}{T(H)} \int_{\Omega} \left(K_1 c_1^2 x^2 \dot{x} + K_2 c_2^2 \frac{y^2 \dot{y}^2}{\dot{x}} \right) \mathrm{d}x\mathrm{d}y\mathrm{d}\dot{y} \tag{5.1.23}$$

式中

$$T(H) = \int_{\Omega} \frac{1}{\dot{x}} \mathrm{d}x\mathrm{d}y\mathrm{d}\dot{y} \tag{5.1.24}$$

积分域 Ω 由 $H(x,y,0,\dot{y}) = \frac{1}{2}\dot{y}^2 + U(x,y) \leqslant H$ 确定.

式(5.1.22)～式(5.1.24)中的多重积分可通过变换 $x = r\cos\theta$ 与 $y = r\sin\theta$ 简化为对 θ 的单重积分. 对参数为 $\alpha_1 = \alpha_2 = 0.01$，$\beta_1 = 0.01$，$\beta_2 = 0.02$，$\omega_1 = 1$，$\omega_2 = 2$，$a = 0.01$，$b = 1$，$c_1 = c_2 = 0.2$ 及 $K_1 = K_2 = 0.3$ 的系统(5.1.19)，计算了 $H(t)$ 的平稳概率密度、位移与速度的联合平稳概率密度及各自均方值. 图 5.1.1 中用实线表示 $H(t)$ 平稳概率密度的计算结果，黑点表示系统(5.1.19)的蒙特卡罗数值模拟结果. 图 5.1.2 中用实线给出了 $X(t)$ 平稳均方值的计算结果. 系统参数为 $\alpha_1 = \alpha_2 = 0.03$，$\beta_1 = 0.03$，$\beta_2 = 0.04$，$\omega_1 = 1$，$\omega_2 = 2$，$a = 0.01$，$b = 1$，$c_1 = c_2 = 0.2$. 黑点表示蒙特卡罗数值模拟的结果，虚线表示等效非线性系统法的结果. 由图可知，随机平均法给出颇为精确的结果.

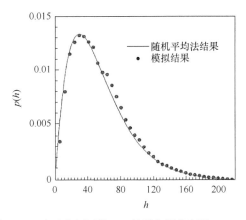

图 5.1.1　系统(5.1.19)中哈密顿函数 $H(t)$ 的平稳概率密度(Zhu and Yang，1997)

上述随机平均法已应用于多个二自由度强非线性随机动力学系统(Gan and Zhu，2001；Zhu and Deng，2004；Zhu and Huang，2004). 当应用于三个及以上自由度强非线性随机动力学系统时，遇到了完成平均漂移与扩散系数(5.1.10)～(5.1.12)中多重积分的困难. 为此，最近 Sun 等(2021)提出用两步广义椭圆坐标变换将 $(2n-1)$ 维域积分转换成较易完成的 n 重积分. 下面介绍此方法.

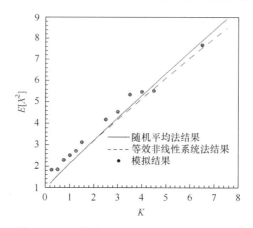

图 5.1.2   系统(5.1.19)中位移 $X(t)$ 的平稳均方值(Zhu and Yang，1997)

设式(5.1.10)～式(5.1.12)中的哈密顿函数具有如下形式

$$H(\boldsymbol{q}, \boldsymbol{p}) = \frac{1}{2}\sum_{i=1}^{n} p_i^2 + U(\boldsymbol{q}) \tag{5.1.25}$$

式中 $U(\boldsymbol{q})$ 为系统势能. 将式(5.1.10)～式(5.1.12)中的积分域 Ω 表示成两个子域 Ω_1 与 Ω_2 的笛卡儿积，即

$$\Omega = \Omega_1 \times \Omega_2$$
$$= \{(q_1,\cdots,q_n,p_2,\cdots,p_n)\,|\,(q_1,\cdots,q_n) \in \Omega_1,(p_2,\cdots,p_n) \in \Omega_2\} \tag{5.1.26}$$

式中 $\times$ 表示笛卡儿积

$$\Omega_1 = \{(q_1,\cdots,q_n)\,|\,U(\boldsymbol{q}) \leqslant H\} \tag{5.1.27}$$

$$\Omega_2 = \{(p_2,\cdots,p_n)\,|\,\sum_{i=2}^{n} p_i^2 \leqslant 2[H - U(\boldsymbol{q})]\} \tag{5.1.28}$$

于是，漂移系数与扩散系数(5.1.10)～(5.1.12)变成

$$m(H) = \frac{\varepsilon}{T(H)} \int_{\Omega_1} \left\{ \int_{\Omega_2} \left[\left(\frac{\partial H}{\partial p_1}\right)^{-1} \left(-\sum_{j,k=1}^{n} m_{jk} \frac{\partial H}{\partial p_j}\frac{\partial H}{\partial p_k} + \sum_{j,k=1}^{n}\sum_{l,s=1}^{m} \pi K_{ls} g_{jl} g_{ks} \frac{\partial^2 H}{\partial p_j \partial p_k} \right) \right] \right.$$

$$\left. \times \mathrm{d}p_2 \cdots \mathrm{d}p_n \right\} \mathrm{d}q_1 \cdots \mathrm{d}q_n \tag{5.1.29}$$

$$\sigma^2(H) = \frac{\varepsilon}{T(H)} \int_{\Omega_1} \left\{ \int_{\Omega_2} \left[\left(\frac{\partial H}{\partial p_1}\right)^{-1} \sum_{j,k=1}^{n}\sum_{l,s=1}^{m} 2\pi K_{ls} g_{jl} g_{ks} \frac{\partial H}{\partial p_j}\frac{\partial H}{\partial p_k} \right] \mathrm{d}p_2 \cdots \mathrm{d}p_n \right\} \mathrm{d}q_1 \cdots \mathrm{d}q_n$$

$$\tag{5.1.30}$$

$$T(H) = \int_{\Omega_1} \left\{ \int_{\Omega_2} \left(\frac{\partial H}{\partial p_1} \right)^{-1} \mathrm{d}p_2 \cdots \mathrm{d}p_n \right\} \mathrm{d}q_1 \cdots \mathrm{d}q_n \qquad (5.1.31)$$

第一步，将 q_i 与 H 当作常数，对 p_i 积分. 为此，作如下广义椭圆坐标变换 (Blumenson，1960)

$$
\begin{aligned}
p_1 &= \sqrt{2H - 2U} \cos\theta_1 \\
p_2 &= \sqrt{2H - 2U} \sin\theta_1 \cos\theta_2 \\
p_3 &= \sqrt{2H - 2U} \sin\theta_1 \sin\theta_2 \cos\theta_3 \\
&\quad\vdots \\
p_{n-1} &= \sqrt{2H - 2U} \sin\theta_1 \cdots \sin\theta_{n-2} \cos\theta_{n-1} \\
p_n &= \sqrt{2H - 2U} \sin\theta_1 \cdots \sin\theta_{n-1} \\
& 0 \leqslant \theta_i \leqslant \pi, \quad i = 1, 2, \cdots, n-2 \\
& 0 \leqslant \theta_{n-1} \leqslant 2\pi
\end{aligned}
\qquad (5.1.32)
$$

上述变换的雅可比行列式为

$$Jp_n = \frac{\partial(p_2, p_3, \cdots, p_{n-1}, p_n)}{\partial(\theta_1, \theta_2, \cdots, \theta_{n-2}, \theta_{n-1})} = \begin{vmatrix} \dfrac{\partial p_2}{\partial\theta_1} & \dfrac{\partial p_2}{\partial\theta_2} & \cdots & \dfrac{\partial p_2}{\partial\theta_{n-2}} & \dfrac{\partial p_2}{\partial\theta_{n-1}} \\[2mm] \dfrac{\partial p_3}{\partial\theta_1} & \dfrac{\partial p_3}{\partial\theta_2} & \cdots & \dfrac{\partial p_3}{\partial\theta_{n-2}} & \dfrac{\partial p_3}{\partial\theta_{n-1}} \\[2mm] \vdots & \vdots & & \vdots & \vdots \\[2mm] \dfrac{\partial p_{n-1}}{\partial\theta_1} & \dfrac{\partial p_{n-1}}{\partial\theta_2} & \cdots & \dfrac{\partial p_{n-1}}{\partial\theta_{n-2}} & \dfrac{\partial p_{n-1}}{\partial\theta_{n-1}} \\[2mm] \dfrac{\partial p_n}{\partial\theta_1} & \dfrac{\partial p_n}{\partial\theta_2} & \cdots & \dfrac{\partial p_n}{\partial\theta_{n-2}} & \dfrac{\partial p_n}{\partial\theta_{n-1}} \end{vmatrix} \qquad (5.1.33)$$

将式 (5.1.33) 中最后一式按最后一列展开，得

$$Jp_n = \frac{-\partial p_{n-1}}{\partial\theta_{n-1}} \begin{vmatrix} \dfrac{\partial p_2}{\partial\theta_1} & \dfrac{\partial p_2}{\partial\theta_2} & \cdots & 0 & 0 \\[2mm] \dfrac{\partial p_3}{\partial\theta_1} & \dfrac{\partial p_3}{\partial\theta_2} & \cdots & 0 & 0 \\[2mm] \vdots & \vdots & & \vdots & \vdots \\[2mm] \dfrac{\partial p_{n-2}}{\partial\theta_1} & \dfrac{\partial p_{n-2}}{\partial\theta_2} & \cdots & \dfrac{\partial p_{n-2}}{\partial\theta_{n-3}} & \dfrac{\partial p_{n-2}}{\partial\theta_{n-2}} \\[2mm] \dfrac{\partial p_n}{\partial\theta_1} & \dfrac{\partial p_n}{\partial\theta_2} & \cdots & \dfrac{\partial p_n}{\partial\theta_{n-3}} & \dfrac{\partial p_n}{\partial\theta_{n-2}} \end{vmatrix}$$

$$+\frac{\partial p_n}{\partial \theta_{n-1}}\begin{vmatrix} \dfrac{\partial p_2}{\partial \theta_1} & \dfrac{\partial p_2}{\partial \theta_2} & \cdots & 0 & 0 \\[2mm] \dfrac{\partial p_3}{\partial \theta_1} & \dfrac{\partial p_3}{\partial \theta_2} & \cdots & 0 & 0 \\[2mm] \vdots & \vdots & & \vdots & \vdots \\[2mm] \dfrac{\partial p_{n-2}}{\partial \theta_1} & \dfrac{\partial p_{n-2}}{\partial \theta_2} & \cdots & \dfrac{\partial p_{n-2}}{\partial \theta_{n-3}} & \dfrac{\partial p_{n-2}}{\partial \theta_{n-2}} \\[2mm] \dfrac{\partial p_{n-1}}{\partial \theta_1} & \dfrac{\partial p_{n-1}}{\partial \theta_2} & \cdots & \dfrac{\partial p_{n-1}}{\partial \theta_{n-3}} & \dfrac{\partial p_{n-1}}{\partial \theta_{n-2}} \end{vmatrix} \tag{5.1.34}$$

令 $p_i'\,(i=1,2,\cdots,n-1)$ 为 i 个自由度系统的最后一个广义动量，作类似于式 (5.1.32)的变换，有

$$p_i' = \sqrt{2H-2U}\,\sin\theta_1\cdots\sin\theta_{i-2}\sin\theta_{i-1} \tag{5.1.35}$$

于是有

$$p_{n-1} = p_{n-1}'\cos\theta_{n-1}, \quad p_n = p_{n-1}'\sin\theta_{n-1} \tag{5.1.36}$$

将式(5.1.35)和式(5.1.36)代入式(5.1.34)，经推导可得如下结果

$$\begin{aligned} Jp_n &= p_{n-1}'Jp_{n-1} = p_{n-1}'p_{n-2}'\cdots p_2'Jp_2 \\ &= (2H-2U)^{(n-1)/2}\cos\theta_1\sin^{n-2}\theta_1\cdots\sin\theta_{n-2} \end{aligned} \tag{5.1.37}$$

式中

$$Jp_{n-1} = \begin{vmatrix} \dfrac{\partial p_2}{\partial \theta_1} & \dfrac{\partial p_2}{\partial \theta_2} & \cdots & \dfrac{\partial p_2}{\partial \theta_{n-3}} & \dfrac{\partial p_2}{\partial \theta_{n-2}} \\[2mm] \dfrac{\partial p_3}{\partial \theta_1} & \dfrac{\partial p_3}{\partial \theta_2} & \cdots & \dfrac{\partial p_3}{\partial \theta_{n-3}} & \dfrac{\partial p_3}{\partial \theta_{n-2}} \\[2mm] \vdots & \vdots & & \vdots & \vdots \\[2mm] \dfrac{\partial p_{n-2}}{\partial \theta_1} & \dfrac{\partial p_{n-2}}{\partial \theta_2} & \cdots & \dfrac{\partial p_{n-2}}{\partial \theta_{n-3}} & \dfrac{\partial p_{n-2}}{\partial \theta_{n-2}} \\[2mm] \dfrac{\partial p_{n-1}'}{\partial \theta_1} & \dfrac{\partial p_{n-1}'}{\partial \theta_2} & \cdots & \dfrac{\partial p_{n-1}'}{\partial \theta_{n-3}} & \dfrac{\partial p_{n-1}'}{\partial \theta_{n-2}} \end{vmatrix} \tag{5.1.38}$$

$$Jp_2 = \sqrt{2H-2U}\,\cos\theta_1 \tag{5.1.39}$$

为了方便，式(5.1.29)和式(5.1.30)中的被积函数分别记以 $f_1(\boldsymbol{q},\boldsymbol{p})$ 和 $f_2(\boldsymbol{q},\boldsymbol{p})$，即

$$f_1(\boldsymbol{q},\boldsymbol{p}) = \left(\frac{\partial H}{\partial p_1}\right)^{-1}\left(-\sum_{j,k=1}^{n}m_{jk}\frac{\partial H}{\partial p_j}\frac{\partial H}{\partial p_k} + \sum_{j,k=1}^{n}\sum_{l,s=1}^{m}\pi K_{ls}g_{jl}g_{ks}\frac{\partial^2 H}{\partial p_j\partial p_k}\right) \tag{5.1.40}$$

$$f_2(\boldsymbol{q},\boldsymbol{p}) = \left(\frac{\partial H}{\partial p_1}\right)^{-1}\sum_{j,k=1}^{n}\sum_{l,s=1}^{m}2\pi K_{ls}g_{jl}g_{ks}\frac{\partial H}{\partial p_j}\frac{\partial H}{\partial p_k} \tag{5.1.41}$$

经变换式(5.1.34)，式(5.1.29)～式(5.1.32)中对 p_i 在子域 Ω_2 上的积分变成

$$\tilde{m}(\boldsymbol{q},H) = \int_0^{2\pi}\int_0^{\pi}\cdots\int_0^{\pi} f_1(\boldsymbol{q},\theta_1,\cdots,\theta_{n-1})Jp_n\mathrm{d}\theta_1\mathrm{d}\theta_2\cdots\mathrm{d}\theta_{n-1} \tag{5.1.42}$$

$$\tilde{\sigma}^2(\boldsymbol{q},H) = \int_0^{2\pi}\int_0^{\pi}\cdots\int_0^{\pi} f_2(\boldsymbol{q},\theta_1,\cdots,\theta_{n-1})Jp_n\mathrm{d}\theta_1\mathrm{d}\theta_2\cdots\mathrm{d}\theta_{n-1} \tag{5.1.43}$$

$$\tilde{T}(\boldsymbol{q},H) = \int_0^{2\pi}\int_0^{\pi}\cdots\int_0^{\pi} \frac{1}{\sqrt{2H-2U}\cos\theta_1}Jp_n\mathrm{d}\theta_1\mathrm{d}\theta_2\cdots\mathrm{d}\theta_{n-1}$$

$$= \begin{cases} \dfrac{\Gamma[(n-1)/2]}{\Gamma(n-1)}(4\pi)^{\frac{n-1}{2}}(2H-2U)^{\frac{n-2}{2}}, & \text{若}n\text{为奇数} \\[3mm] \dfrac{1}{\Gamma[(n-1)/2]}(2\pi)^{\frac{n}{2}}(H-U)^{\frac{n-2}{2}}, & \text{若}n\text{为偶数} \end{cases} \tag{5.1.44}$$

式中 $f_1(\boldsymbol{q},\theta_1,\cdots,\theta_{n-1})$ 和 $f_2(\boldsymbol{q},\theta_1,\cdots,\theta_{n-1})$ 是式(5.1.40)和式(5.1.41)按变换(5.1.32)以 θ_i 代替 p_i 所得的函数. 若式(5.1.10)～式(5.1.12)中的 m_{jk} 和 g_{jk} 是广义动量 p_j 的多项式，式(5.1.42)和式(5.1.43)中的积分就像式(5.1.44)一样可完成积分. 于是，式(5.1.29)～式(5.1.31)变成

$$m(H) = \frac{\varepsilon}{T(H)}\int_{\Omega_1}\tilde{m}(\boldsymbol{q},H)\mathrm{d}q_1\mathrm{d}q_2\cdots\mathrm{d}q_n \tag{5.1.45}$$

$$\sigma^2(H) = \frac{2\pi\varepsilon}{T(H)}\int_{\Omega_1}\tilde{\sigma}^2(\boldsymbol{q},H)\mathrm{d}q_1\mathrm{d}q_2\cdots\mathrm{d}q_n \tag{5.1.46}$$

$$T(H) = \int_{\Omega_1}\tilde{T}(\boldsymbol{q},H)\mathrm{d}q_1\mathrm{d}q_2\cdots\mathrm{d}q_n \tag{5.1.47}$$

第二步，再引入如下广义椭圆坐标变换

$$q_1 = \frac{r}{\omega_1}\cos\varphi_1$$

$$q_2 = \frac{r}{\omega_2}\sin\varphi_1\cos\varphi_2$$

$$\vdots$$

$$q_{n-1} = \frac{r}{\omega_{n-1}}\sin\varphi_1\cdots\sin\varphi_{n-2}\cos\varphi_{n-1} \tag{5.1.48}$$

$$q_n = \frac{r}{\omega_n}\sin\varphi_1\cdots\sin\varphi_{n-2}\sin\varphi_{n-1}$$

$$0 \leqslant \varphi_i \leqslant \pi, \quad i=1,2,\cdots,n-2$$

$$0 \leqslant \varphi_{n-1} \leqslant 2\pi$$

$$0 \leqslant r \leqslant R$$

式中 ω_i 为第 i 个振子的线性化频率，R 是 r 的最大值，为下列代数方程的正根

$$U(R,\varphi_1,\varphi_2,\cdots,\varphi_{n-1}) - H = 0 \tag{5.1.49}$$

$U(R,\varphi_1,\varphi_2,\cdots,\varphi_{n-1})$ 是式(5.1.25)中的势能 $U(\boldsymbol{q})$ 作变换(5.1.48)后的表达式.

类似于式(5.1.33)~式(5.1.39)中的推导，可得变换(5.1.48)的雅可比行列式

$$Jq_n = \frac{r^{n-1}}{\omega_1\omega_2\cdots\omega_n}\sin^{n-2}\varphi_1\cdots\sin\varphi_{n-2} \tag{5.1.50}$$

于是，经变换(5.1.48)，式(5.1.45)~式(5.1.47)变成

$$m(H) = \frac{\varepsilon}{T(H)}\int_0^{2\pi}\int_0^{\pi}\cdots\int_0^{\pi}\int_0^{R}\tilde{m}(\boldsymbol{\Phi},H)Jq_n\mathrm{d}r\mathrm{d}\varphi_1\cdots\mathrm{d}\varphi_{n-1} \tag{5.1.51}$$

$$\sigma^2(H) = \frac{2\pi\varepsilon}{T(H)}\int_0^{2\pi}\int_0^{\pi}\cdots\int_0^{\pi}\int_0^{R}\tilde{\sigma}^2(\boldsymbol{\Phi},H)Jq_n\mathrm{d}r\mathrm{d}\varphi_1\cdots\mathrm{d}\varphi_{n-1} \tag{5.1.52}$$

$$T(H) = \int_0^{2\pi}\int_0^{\pi}\cdots\int_0^{\pi}\int_0^{R}\tilde{T}(\boldsymbol{\Phi},H)Jq_n\mathrm{d}r\mathrm{d}\varphi_1\cdots\mathrm{d}\varphi_{n-1} \tag{5.1.53}$$

式中

$$\boldsymbol{\Phi} = [\varphi_1,\varphi_2,\cdots,\varphi_{n-1}]^{\mathrm{T}} \tag{5.1.54}$$

于是，式(5.1.10)~式(5.1.12)中域 Ω 上的 $(2n-1)$ 重积分变成式(5.1.51)~式(5.1.53)中 n 重积分，后者要容易得多.

例 5.1.2 考虑下列五自由度强非线性随机系统

$$\ddot{X}_i + (\beta_i X_i^2 + c_i)\dot{X}_i + g_i(\boldsymbol{X}) = W_{gi}(t),\quad i = 1,2,\cdots,5 \tag{5.1.55}$$

式中

$$\begin{aligned}
g_1(\boldsymbol{X}) &= \omega_1^2 X_1 + a_{12}(X_1 - X_2) + b_{12}(X_1 - X_2)^3\\
g_2(\boldsymbol{X}) &= \omega_2^2 X_2 + a_{12}(X_2 - X_1) + b_{12}(X_2 - X_1)^3\\
&\quad + a_{23}(X_2 - X_3) + b_{23}(X_2 - X_3)^3\\
g_3(\boldsymbol{X}) &= \omega_3^2 X_3 + a_{23}(X_3 - X_2) + b_{23}(X_3 - X_2)^3\\
&\quad + a_{34}(X_3 - X_4) + b_{34}(X_3 - X_4)^3\\
g_4(\boldsymbol{X}) &= \omega_4^2 X_4 + a_{34}(X_4 - X_3) + b_{34}(X_4 - X_3)^3\\
&\quad + a_{45}(X_4 - X_5) + b_{45}(X_4 - X_5)^3\\
g_5(\boldsymbol{X}) &= \omega_5^2 X_5 + a_{45}(X_5 - X_4) + b_{45}(X_5 - X_4)^3
\end{aligned} \tag{5.1.56}$$

$W_{gi}(t)$ 是独立的高斯白噪声，其相关函数为

$$E[W_{gi}(t)W_{gi}(t+\tau)] = 2\pi K_i\delta(\tau),\quad i = 1,2,\cdots,5 \tag{5.1.57}$$

式(5.1.55)中只有随机外激，Wong-Zakai 修正项为零. 令 $Q_i = X_i$ ，$P_i = \dot{X}_i$ （$i=1,2,\cdots,5$ ），式(5.1.55)可改写成如下随机激励的耗散的哈密顿系统

$$
\begin{aligned}
\dot{Q}_i &= P_i \\
\dot{P}_i &= -(\beta_i Q_i^2 + c_i)P_i - g_i(\boldsymbol{Q}) + W_{gi}(t) \\
i &= 1,2,\cdots,5
\end{aligned}
\tag{5.1.58}
$$

式中 $g_i(\boldsymbol{Q}) = g_i(\boldsymbol{X})\big|_{X_i = Q_i}$ ，相应的哈密顿函数为

$$
H(\boldsymbol{Q}, \boldsymbol{P}) = \frac{1}{2}\sum_{i=1}^{5} P_i^2 + U(\boldsymbol{Q})
\tag{5.1.59}
$$

式中

$$
\begin{aligned}
U(\boldsymbol{Q}) = &\sum_{i=1}^{5}\frac{1}{2}\omega_i^2 Q_i^2 + \frac{1}{2}[a_{12}(Q_1 - Q_2)^2 + a_{23}(Q_2 - Q_3)^2 + a_{34}(Q_3 - Q_4)^2 \\
&+ a_{45}(Q_4 - Q_5)^2] + \frac{1}{4}[b_{12}(Q_1 - Q_2)^4 + b_{23}(Q_2 - Q_3)^4 \\
&+ b_{34}(Q_3 - Q_4)^4 + b_{45}(Q_4 - Q_5)^4]
\end{aligned}
\tag{5.1.60}
$$

系统(5.1.55)与(5.1.56)由五个线性弹簧非线性阻尼振子用非线性弹簧串联而成. 可以看作用非线性弹簧相邻联接的复杂振子网络. 由于各振子间的非线性耦合，与式(5.1.58)相应的哈密顿系统不可和. 假定 β_i、c_i、K_i 为同阶小量，则式(5.1.58)为一个拟不可积哈密顿系统，可应用本节描述的随机平均法，关键在于按式(5.1.10)～式(5.1.12)求得平均漂移系数与扩散系数. 对本例，它们是

$$
m(H) = \frac{1}{T(H)}\int_{\Omega}\sum_{i=1}^{5}[-(\beta_i q_i^2 + c_i)p_i^2 + \pi K_i]\frac{1}{p_1}\mathrm{d}q_1\cdots\mathrm{d}q_5\mathrm{d}p_2\cdots\mathrm{d}p_5
\tag{5.1.61}
$$

$$
\sigma^2(H) = \frac{1}{T(H)}\int_{\Omega}\sum_{i=1}^{5}(2\pi K_i p_i^2)\frac{1}{p_1}\mathrm{d}q_1\cdots\mathrm{d}q_5\mathrm{d}p_2\cdots\mathrm{d}p_5
\tag{5.1.62}
$$

式中

$$
T(H) = \int_{\Omega}\frac{1}{p_1}\mathrm{d}q_1\cdots\mathrm{d}q_5\mathrm{d}p_2\cdots\mathrm{d}p_5
\tag{5.1.63}
$$

$$
\Omega = \{(q_1,\cdots,q_5,p_2,\cdots,p_5)\big| H(q_1,\cdots,q_5,0,p_2,\cdots,p_5) \leqslant H\}
\tag{5.1.64}
$$

为完成上述积分，将积分域 Ω 表示为子域 Ω_1 与 Ω_2 的笛卡儿积，即

$$\Omega = \Omega_1 \times \Omega_2$$
$$= \{(q_1, \cdots, q_5, p_2, \cdots, p_5) \big| (q_1, \cdots, q_5) \in \Omega_1, (p_2, \cdots, p_5) \in \Omega_2 \} \qquad (5.1.65)$$

式中

$$\Omega_1 = \{(q_1, \cdots, q_5) \big| U(\boldsymbol{q}) \leqslant H \} \qquad (5.1.66)$$

$$\Omega_2 = \{(p_2, \cdots, p_5) \big| \sum_{i=2}^{5} p_i^2 \leqslant 2[H - U(\boldsymbol{q})] \} \qquad (5.1.67)$$

式(5.1.61)~式(5.1.63)变成

$$m(H) = \frac{1}{T(H)} \int_{\Omega_1} \left\{ \int_{\Omega_2} \sum_{i=1}^{5} [-(\beta_i q_i^2 + c_i) p_i^2 + \pi K_i] \frac{1}{p_1} \mathrm{d}p_2 \cdots \mathrm{d}p_5 \right\} \mathrm{d}q_1 \cdots \mathrm{d}q_5 \quad (5.1.68)$$

$$\sigma^2(H) = \frac{1}{T(H)} \int_{\Omega_1} \left\{ \int_{\Omega_2} \sum_{i=1}^{5} (2\pi K_i) \frac{1}{p_1} \mathrm{d}p_2 \cdots \mathrm{d}p_5 \right\} \mathrm{d}q_1 \cdots \mathrm{d}q_5 \qquad (5.1.69)$$

$$T(H) = \int_{\Omega_1} \left\{ \int_{\Omega_2} \frac{1}{p_1} \mathrm{d}p_2 \cdots \mathrm{d}p_5 \right\} \mathrm{d}q_1 \cdots \mathrm{d}q_5 \qquad (5.1.70)$$

先后按式(5.1.32)与式(5.1.48)分别对 p_i 与 q_i 作广义椭圆坐标变换，最后将 $m(H)$ 与 $\sigma^2(H)$ 变成容易完成的五重积分. Sun 等(2021)对系统(5.1.55)按式(5.1.14)数值计算哈密顿函数 H 平稳概率密度，H 的均值与均方值，并与蒙特卡罗模拟结果作了比较，得到 H 均值的相对误差，分别示于图 5.1.3~图 5.1.5，计算中系统参数为 $\omega_i = 1$，$\beta_i = 0.01$，$c_i = 0.02$ $(i=1,2,\cdots,5)$，$a_{12} = a_{23} = a_{34} = a_{45} = 4$，$b_{12} = b_{23} = b_{34} = b_{45} = 4$. $\pi K_i = \pi K$ $(i=1,2,\cdots,5)$ 与 β_i, c_i 为同阶小量时，由图可见，随机平均法结果与模拟结果相当一致.

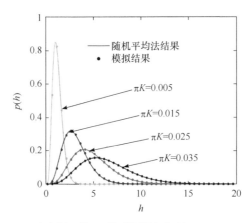

图 5.1.3　哈密顿函数 H 的平稳概率密度(Sun et al.，2021)

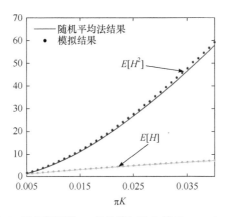

图 5.1.4　哈密顿函数 H 的均值与均方值(Sun et al.，2021)

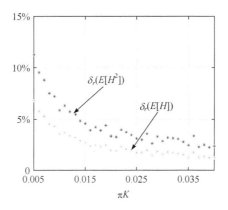

图 5.1.5　哈密顿函数均值与均方值的相对误差(Sun et al.，2021)

5.2　拟可积哈密顿系统

回到拟哈密顿系统(5.1.5)，现设以 H 为哈密顿函数的哈密顿系统可积，且已知其作用-角矢量 $\boldsymbol{I},\boldsymbol{\Theta}$. 作变换(Zhu et al.，1997)

$$I_r = I_r(\boldsymbol{Q},\boldsymbol{P}) \tag{5.2.1}$$

$$\Theta_r = \Theta_r(\boldsymbol{Q},\boldsymbol{P}), \quad r = 1,2,\cdots,n \tag{5.2.2}$$

应用伊藤微分公式可从式(5.1.5)导得支配 I_r、Θ_r 的随机微分方程

$$\mathrm{d}I_r = \varepsilon \sum_{j,k=1}^{n}\left[-m_{jk}\frac{\partial I_r}{\partial P_j}\frac{\partial H}{\partial P_k} + \sum_{l,s=1}^{m}\left(\pi K_{ls}g_{jl}g_{ks}\frac{\partial^2 I_r}{\partial P_j \partial P_k}\right)\right]\mathrm{d}t + \varepsilon^{1/2}\sum_{j=1}^{n}\sum_{l=1}^{m}\frac{\partial I_r}{\partial P_j}g_{jl}\mathrm{d}B_l'(t)$$

$$\tag{5.2.3}$$

$$d\Theta_r = \left\{ \omega_r - \varepsilon \sum_{j,k=1}^{n} \left[m_{jk} \frac{\partial \Theta_r}{\partial P_j} \frac{\partial H}{\partial P_k} - \sum_{l,s=1}^{m} \left(\pi K_{ls} g_{jl} g_{ks} \frac{\partial^2 \Theta_r}{\partial P_j \partial P_k} \right) \right] \right\} dt + \varepsilon^{1/2} \sum_{j=1}^{n} \sum_{l=1}^{m} \frac{\partial \Theta_r}{\partial P_j} g_{jl} dB_l'(t)$$

$$r = 1, 2, \cdots, n$$

$$(5.2.4)$$

随机平均方程的维数与形式取决于与式(5.1.5)相应的哈密顿系统的共振性. 下面分非共振与共振两种情形论述.

5.2.1 非内共振情形

设与式(5.1.5)相应的可积哈密顿系统非共振, 即不满足如下弱内共振关系

$$\sum_{r=1}^{n} k_r \omega_r = O(\varepsilon) \tag{5.2.5}$$

式中 k_r 为整数, $O(\varepsilon)$ 为 ε 阶小量. 则 $I_r(t)$ 为慢变过程, $\Theta_r(t)$ 为快变过程, 按哈斯敏斯基定理(Khasminskii, 1968), 当 $\varepsilon \to 0$ 时, $\boldsymbol{I} = [I_1, I_2, \cdots, I_n]^{\mathrm{T}}$ 弱收敛于 n 维马尔可夫扩散过程. 支配该过程的平均伊藤随机微分方程是

$$dI_r = m_r(\boldsymbol{I}) dt + \sum_{l=1}^{m} \sigma_{rl}(\boldsymbol{I}) dB_l(t), \quad r = 1, 2, \cdots, n. \tag{5.2.6}$$

式中 $B_l(t)$ $(l = 1, 2, \cdots, m)$ 为独立单位维纳过程, 漂移系数与扩散系数按式(4.1.29)和式(4.1.30)可用以下时间平均确定

$$m_r(\boldsymbol{I}) = \varepsilon \left\langle \sum_{j,k=1}^{n} \left[-m_{jk} \frac{\partial I_r}{\partial P_j} \frac{\partial H}{\partial P_k} + \sum_{l,s=1}^{m} \left(\pi K_{ls} g_{jl} g_{ks} \frac{\partial^2 I_r}{\partial P_j \partial P_k} \right) \right] \right\rangle_t \tag{5.2.7}$$

$$\sum_{l=1}^{m} \sigma_{rl} \sigma_{vl}(\boldsymbol{I}) = \varepsilon \left\langle \sum_{j,k=1}^{n} \sum_{l,s=1}^{m} \left(2\pi K_{ls} g_{jl} g_{ks} \frac{\partial I_r}{\partial P_j} \frac{\partial I_v}{\partial P_k} \right) \right\rangle_t \tag{5.2.8}$$

$$r, v = 1, 2, \cdots, n$$

式中 $\langle [\cdot] \rangle_t$ 表示时间平均, 所有 $\boldsymbol{Q}, \boldsymbol{P}$ 按式(5.2.1)和式(5.2.2)代之以 $\boldsymbol{I}, \boldsymbol{\Theta}$, 计算中 I_r 被看成常数, 在 I_r 为常数的条件下拟哈密顿系统(5.1.5)的运动可用哈密顿系统近似. 3.2.7 节指出, 可积非共振哈密顿系统在 $I_r(r = 1, 2, \cdots, n)$ 为常数的 n 维环面上遍历, 上述时间平均可近似代之以对相位角的空间平均, 于是

$$m_r(\boldsymbol{I}) = \frac{\varepsilon}{(2\pi)^n} \int_0^{2\pi} \cdots \int_0^{2\pi} \sum_{j,k=1}^{n} \left[-m_{jk} \frac{\partial I_r}{\partial p_j} \frac{\partial H}{\partial p_k} + \sum_{l,s=1}^{m} \left(\pi K_{ls} g_{jl} g_{ks} \frac{\partial^2 I_r}{\partial p_j \partial p_k} \right) \right] d\theta_1 \cdots d\theta_n$$

$$(5.2.9)$$

$$\sum_{l=1}^{m}\sigma_{rl}\sigma_{il}(\boldsymbol{I})=\frac{\varepsilon}{(2\pi)^n}\int_0^{2\pi}\cdots\int_0^{2\pi}\sum_{j,k=1}^{n}\sum_{l,s=1}^{m}\left(2\pi K_{ls}g_{jl}g_{ks}\frac{\partial I_r}{\partial p_j}\frac{\partial I_i}{\partial p_k}\right)\mathrm{d}\theta_1\cdots\mathrm{d}\theta_n$$

$$r,i=1,2,\cdots,n$$

$$(5.2.10)$$

与式(5.2.6)相应的平均 FPK 方程为

$$\frac{\partial p}{\partial t}=-\sum_{r=1}^{n}\frac{\partial}{\partial I_r}\left[a_r(\boldsymbol{I})p\right]+\frac{1}{2}\sum_{r,i=1}^{n}\frac{\partial^2}{\partial I_r\partial I_i}\left[b_{ri}(\boldsymbol{I})p\right] \qquad (5.2.11)$$

式中一、二阶导数矩为

$$a_r(\boldsymbol{I})=m_r(\boldsymbol{I}) \qquad (5.2.12)$$

$$b_{ri}(\boldsymbol{I})=\sum_{l=1}^{n}\sigma_{rl}\sigma_{il}(\boldsymbol{I}) \qquad (5.2.13)$$

式(5.2.11)中，$p=p(\boldsymbol{I},t\,|\,\boldsymbol{I}_0)$ 为 $\boldsymbol{I}(t)$ 的转移概率密度，初始条件为

$$p(\boldsymbol{I},0\,|\,\boldsymbol{I}_0)=\delta(\boldsymbol{I}-\boldsymbol{I}_0) \qquad (5.2.14)$$

p 也可为 $\boldsymbol{I}(t)$ 的概率密度 $p(\boldsymbol{I},t)$，初始条件为

$$p(\boldsymbol{I},0)=p(\boldsymbol{I}_0) \qquad (5.2.15)$$

FPK 方程(5.2.11)的边界条件取决于相应哈密顿系统的性态与给系统施加的约束. 若 $\boldsymbol{I}$ 可在 R^n 中第一象限内任意取值，则边界条件为

$$p \text{ 为有限值,}\quad I_r=0,\quad r=1,2,\cdots,n \qquad (5.2.16)$$

$$p,\partial p/\partial I_r\to 0,\quad |\boldsymbol{I}|\to\infty,\quad r=1,2,\cdots,n \qquad (5.2.17)$$

式(5.2.16)意味着 $I_r=0$ 为反射边界，它只是一个定性边界条件，其定量边界条件可由式(5.2.11)确定. 式(5.2.17)意味着无穷远处为吸收边界. 当然，p 还须满足归一化条件. 在初始条件、边界条件及归一化条件下求解式(5.2.11)可得 $\boldsymbol{I}(t)$ 的转移概率密度，或概率密度. 令式(5.2.11)中 $\partial p/\partial t=0$，在适当边界条件下可得式(5.2.11)的平稳解 $p(\boldsymbol{I})$.

若与式(5.1.5)相应的哈密顿系统为可积非共振，但得不到作用-角变量，只知其 n 个独立、对合的首次积分(守恒量)H_r($r=1, 2, \cdots, n$). 引入变换

$$H_r=H_r(\boldsymbol{Q},\boldsymbol{P}),\quad r=1,2,\cdots,n \qquad (5.2.18)$$

支配 $H_r(t)$ 的伊藤随机微分方程可用伊藤微分公式从式(5.1.5)得到

$$\mathrm{d}H_r=\varepsilon\sum_{j,k=1}^{n}\left[-m_{jk}\frac{\partial H_r}{\partial P_j}\frac{\partial H}{\partial P_k}+\sum_{l,s=1}^{m}\left(\pi K_{ls}g_{jl}g_{ks}\frac{\partial^2 H_r}{\partial P_j\partial P_k}\right)\right]\mathrm{d}t$$

$$+\varepsilon^{1/2}\sum_{j=1}^{n}\sum_{l=1}^{m}\frac{\partial H_r}{\partial P_j}g_{jl}\mathrm{d}B_l'(t),\quad r=1,2,\cdots,n \qquad (5.2.19)$$

以式(5.2.19)中 n 个方程代替式(5.1.5)中 n 个关于 P_j 的方程，新方程组中 $Q_j(t)$ 为快变过程，$H_r(t)$ 为慢变过程. 根据哈斯敏斯基平均原理(Khasminskii, 1968)，在 $\varepsilon \to 0$ 时，$\boldsymbol{H}(t) = [H_1(t), H_2(t), \cdots, H_n(t)]^{\mathrm{T}}$ 弱收敛于 n 维马尔可夫扩散过程，支配该过程的伊藤随机微分方程为

$$\mathrm{d}H_r = \bar{m}_r(\boldsymbol{H})\mathrm{d}t + \sum_{l=1}^{m} \bar{\sigma}_{rl}(\boldsymbol{H})\mathrm{d}B_l(t), \quad r = 1, 2, \cdots, n \tag{5.2.20}$$

式中 $B_l(t)$ $(l = 1, 2, \cdots, m)$ 为独立单位维纳过程，漂移系数与扩散系数按式(4.1.29)和式(4.1.30)可用下列时间平均得到

$$\bar{m}_r(\boldsymbol{H}) = \varepsilon \left\langle \sum_{j,k=1}^{n} \left[-m_{jk} \frac{\partial H_r}{\partial P_j} \frac{\partial H}{\partial P_k} + \sum_{l,s=1}^{m} \left(\pi K_{ls} g_{jl} g_{ks} \frac{\partial^2 H_r}{\partial P_j \partial P_k} \right) \right] \right\rangle_t \tag{5.2.21}$$

$$\sum_{l=1}^{m} \bar{\sigma}_{rl} \bar{\sigma}_{il}(\boldsymbol{H}) = \varepsilon \left\langle \sum_{j,k=1}^{n} \sum_{l,s=1}^{m} \left(2\pi K_{ls} g_{jl} g_{ks} \frac{\partial H_r}{\partial P_j} \frac{\partial H_i}{\partial P_k} \right) \right\rangle_t \tag{5.2.22}$$

式(5.2.20)~式(5.2.22)右边的 P_j 需按变换式(5.2.18)代之以 H_r，鉴于 H_r 为常数条件下，$Q_j(t)$ 为随机过程，式(5.2.21)和式(5.2.22)中时间平均难以完成.

假设哈密顿系统可分离，即

$$H = \sum_{r=1}^{n} H_r(Q_r, P_r), \quad r = 1, 2, \cdots, n \tag{5.2.23}$$

以 H_r 为哈密顿函数的哈密顿子系统具有周期 T_r 的周期解，则 T_r 的最小公倍数

$$T = T(\boldsymbol{H}) = \prod_{\mu=1}^{n} T_\mu(H_\mu) = \prod_{\mu=1}^{n} \oint \left(1 \middle/ \frac{\partial H_\mu}{\partial p_\mu} \right) \mathrm{d}q_\mu \tag{5.2.24}$$

可作为式(5.2.21)和式(5.2.22)中的平均时间，即

$$\bar{m}_r(\boldsymbol{H}) = \frac{\varepsilon}{T(\boldsymbol{H})} \oint \sum_{j,k=1}^{n} \left[-m_{jk} \frac{\partial H}{\partial p_j} \frac{\partial H_r}{\partial p_k} + \sum_{l,s=1}^{m} \left(\pi K_{ls} g_{jl} g_{ks} \frac{\partial^2 H_r}{\partial p_j \partial p_k} \right) \right] \prod_{\mu=1}^{n} \left(1 \middle/ \frac{\partial H_\mu}{\partial p_\mu} \right) \mathrm{d}q_\mu$$

$$\tag{5.2.25}$$

$$\sum_{l=1}^{m} \bar{\sigma}_{rl} \bar{\sigma}_{il}(\boldsymbol{H}) = \frac{\varepsilon}{T(\boldsymbol{H})} \oint \sum_{j,k=1}^{n} \left(\sum_{l,s=1}^{m} 2\pi K_{ls} g_{jl} g_{ks} \frac{\partial H_r}{\partial p_j} \frac{\partial H_i}{\partial p_k} \right) \prod_{\mu=1}^{n} \left(1 \middle/ \frac{\partial H_\mu}{\partial p_\mu} \right) \mathrm{d}q_\mu \tag{5.2.26}$$

完成式(5.2.25)和式(5.2.26)中对 q_i 的平均后，代入式(5.2.20)可得支配 $\boldsymbol{H}(t)$ 的平均伊藤随机微分方程，从而可建立与之相应的平均 FPK 方程

$$\frac{\partial p}{\partial t} = -\sum_{r=1}^{n} \frac{\partial}{\partial h_r} \left[\bar{a}_r(\boldsymbol{h})p \right] + \frac{1}{2} \sum_{r,i=1}^{n} \frac{\partial^2}{\partial h_r \partial h_i} \left[\bar{b}_{ri}(\boldsymbol{h})p \right] \tag{5.2.27}$$

式中

$$\overline{a}_r(\boldsymbol{h}) = \overline{m}_r(\boldsymbol{H})\big|_{H=h} \tag{5.2.28}$$

$$\overline{b}_{ri}(\boldsymbol{h}) = \sum_{l=1}^{m} \overline{\sigma}_{rl}\overline{\sigma}_{il}(\boldsymbol{H})\big|_{H=h} \tag{5.2.29}$$

$p = p(\boldsymbol{h}, t \,|\, \boldsymbol{h}_0)$ 为 $\boldsymbol{H}(t)$ 的转移概率密度，式(5.2.27)的初始条件为

$$p(\boldsymbol{h}, 0 \,|\, \boldsymbol{h}_0) = \delta(\boldsymbol{h} - \boldsymbol{h}_0) \tag{5.2.30}$$

p 也可以是 $\boldsymbol{H}(t)$ 的概率密度 $p(\boldsymbol{h}, t)$，初始条件为

$$p(\boldsymbol{h}, 0) = p(\boldsymbol{h}_0) \tag{5.2.31}$$

式(5.2.27)的边界条件取决于相应哈密顿系统的性态与给系统所施加的约束. 若 $\boldsymbol{h}$ 可在 R^n 中第一象限内任意变化，则边界条件形同式(5.2.16)与式(5.2.17)，即

$$p=\text{有限}, \qquad h_r = 0, \quad r = 1, 2, \cdots, n \tag{5.2.32}$$

$$p, \partial p/\partial h_r \to 0, \quad |\boldsymbol{h}| \to \infty, \quad r = 1, 2, \cdots, n \tag{5.2.33}$$

平均伊藤随机微分方程(5.2.6)与(5.2.20)的扩散矩阵一般是非退化的，而原来伊藤方程(5.1.5)的扩散矩阵是退化的，这是随机平均法的一大优点，在用随机动态规划方法研究随机最优控制中，这使得基于平均方程的动态规划方程，也即 HJB(Hamilton-Jacobi-Bellman)方程具有古典解.

　　平均 FPK 方程(5.2.11)与(5.2.27)的一个特点是，概率流只含概率势流而无概率环流，若它有精确平稳解，则属平稳势类. $p(\boldsymbol{I})$ 或 $p(\boldsymbol{h})$ 与原系统(5.1.5)的近似平稳概率密度 $p(\boldsymbol{q}, \boldsymbol{p})$ 之间的关系同精确平稳解情形不同，此处需按变换(5.2.1)和(5.2.2)或(5.2.18)，得

$$p(\boldsymbol{q}, \boldsymbol{p}) = p(\boldsymbol{I}, \boldsymbol{\theta})\left|\frac{\partial(\boldsymbol{I}, \boldsymbol{\theta})}{\partial(\boldsymbol{q}, \boldsymbol{p})}\right| = p(\boldsymbol{\theta} \,|\, \boldsymbol{I})p(\boldsymbol{I}) = \frac{1}{(2\pi)^n}\,p(\boldsymbol{I})\big|_{I=I(q,p)} \tag{5.2.34}$$

或

$$p(\boldsymbol{q}, \boldsymbol{p}) = p(\boldsymbol{q}, \boldsymbol{h})|\partial \boldsymbol{h}/\partial \boldsymbol{p}| = p(\boldsymbol{q} \,|\, \boldsymbol{h})p(\boldsymbol{h})|\partial \boldsymbol{h}/\partial \boldsymbol{p}| \tag{5.2.35}$$

因为可积非共振哈密顿系统在 $I_r(r=1,2,\cdots,n)$ 为常数的 n 维环面上遍历，$p(\boldsymbol{\theta} \,|\, \boldsymbol{I}) = 1/(2\pi)^n$. 因为从 $\boldsymbol{q}, \boldsymbol{p}$ 到 $\boldsymbol{I}, \boldsymbol{\theta}$ 的变换为正则变换，雅可比行列式的值 $|\partial(\boldsymbol{I}, \boldsymbol{\theta})/\partial(\boldsymbol{q}, \boldsymbol{p})| = 1$. $p(\boldsymbol{q} \,|\, \boldsymbol{h})$ 为在 $H_r=$常数条件下 $\boldsymbol{q}$ 的概率密度. $|\partial \boldsymbol{h}/\partial \boldsymbol{p}|$ 为从 $\boldsymbol{p}$ 到 $\boldsymbol{h}$ 变换的雅可比行列式的绝对值. 当哈密顿函数形为式(5.2.23)，且各哈密顿子系统具有周期解时，

$p(\boldsymbol{q} \,|\, \boldsymbol{h}) = \prod_{r=1}^{n} p(q_r \,|\, h_r)$，$p(q_r \,|\, h_r) = C_r\Big/\left|\dfrac{\partial h_r}{\partial p_r}\right|$，$|\partial \boldsymbol{h}/\partial \boldsymbol{p}| = \prod_{r=1}^{n} |\partial h_r/\partial p_r|$，类似于式(5.1.18)可证

$$p(\boldsymbol{q}, \boldsymbol{p}) = \frac{p(\boldsymbol{h})}{T(\boldsymbol{h})}\bigg|_{\boldsymbol{h}=H(q,p)} \tag{5.2.36}$$

式中$T(\boldsymbol{h})$由式(5.2.24)确定. 对单自由度系统, 本节所述随机平均法化为能量包络随机平均法.

例 5.2.1　考虑在高斯白噪声激励下非线性阻尼耦合的范德堡振子与杜芬振子, 其运动方程为

$$\dot{Q}_1 = P_1$$
$$\dot{P}_1 = -\omega^2 Q_1 - (-\beta_1 + \alpha_1 Q_1^2 + \alpha_2 Q_2^4 + \alpha_3 P_2^2)P_1 + W_{g1}(t) + Q_1 W_{g3}(t)$$
$$\dot{Q}_2 = P_2 \tag{5.2.37}$$
$$\dot{P}_2 = -kQ_2^3 - (\beta_2 + \alpha_4 Q_1^2)P_2 + W_{g2}(t) + Q_2 W_{g4}(t)$$

式中ω、k、α_j、β_i为常数, $W_{gl}(t)$是强度为$2\pi K_l$的独立高斯白噪声. 设α_j、β_i、K_l同为ε阶小量. Wong-Zakai 修正项为零, 与式(5.2.37)相应哈密顿系统的哈密顿函数形同式(5.2.23), 即

$$H = H_1 + H_2 \tag{5.2.38}$$

其中

$$H_1 = (p_1^2 + \omega^2 q_1^2)/2, \quad H_2 = p_2^2/2 + kq_2^4/4 \tag{5.2.39}$$

将式(5.2.39)看成从p_1、p_2到H_1、H_2的变换, 按式(5.2.19)得

$$
\begin{aligned}
\mathrm{d}H_1 = &\left\{ -\left[-\beta_1 + \alpha_1 Q_1^2 + \alpha_2 Q_2^4 + \alpha_3 \left(2H_2 - kQ_2^4/2 \right) \right]\left(2H_1 - \omega^2 Q_1^2 \right) \right. \\
&\left. + \pi K_1 + \pi K_3 Q_1^2 \right\} \mathrm{d}t \pm \left[2\pi K_1 \left(2H_1 - \omega^2 Q_1^2 \right) \right]^{1/2} \mathrm{d}B_1(t) \\
&\pm \left[2\pi K_3 Q_1^2 \left(2H_1 - \omega^2 Q_1^2 \right) \right]^{1/2} \mathrm{d}B_3(t)
\end{aligned}
\tag{5.2.40}
$$

$$
\begin{aligned}
\mathrm{d}H_2 = &\left[-\left(\beta_2 + \alpha_4 Q_1^2 \right)\left(2H_2 - kQ_2^4/2 \right) + \pi K_2 + \pi K_4 Q_2^2 \right]\mathrm{d}t \pm \left[2\pi K_2 \left(2H_2 \right. \right. \\
&\left. \left. - kQ_2^4/2 \right) \right]^{1/2} \mathrm{d}B_2(t) \pm \left[2\pi K_4 Q_2^2 \left(2H_2 - kQ_2^4/2 \right) \right]^{1/2} \mathrm{d}B_4(t)
\end{aligned}
$$

两个哈密顿子系统分别在(q_1, p_1)与(q_2, p_2)平面上有周期解族, 因此, 可按式(5.2.25)~式(5.2.29)求平均 FPK 方程的一、二阶导数矩. 结果为

$$a_1(\boldsymbol{h}) = \beta_1 h_1 - \left(\alpha_1/2\omega^2 \right)h_1^2 - \left(4\alpha_2/3k \right)h_1 h_2 - \left(4\alpha_3/3 \right)h_1 h_2 + \pi K_1 + \left(\pi K_3/\omega^2 \right)h_1$$

$$a_2(\boldsymbol{h}) = -\left(4\beta_2/3 \right)h_2 - \left(4\alpha_4/3\omega^2 \right)h_1 h_2 + \pi K_2 + \left[8\Gamma^2(7/4)\pi K_4/\left(9\Gamma^2(5/4)k^{1/2} \right) \right]h_2^{1/2}$$

$$b_{11}(\boldsymbol{h}) = 2\pi K_1 h_1 + \left(\pi K_3/\omega^2 \right)h_1^2$$

$$b_{22}(\boldsymbol{h}) = \left(8\pi K_2/3 \right)h_2 + \left[64\Gamma^2(7/4)\pi K_4/\left(45\Gamma^2(5/4)k^{1/2} \right) \right]h_2^{3/2}$$

$$b_{12}(\boldsymbol{h}) = b_{21}(\boldsymbol{h}) = 0$$

$$\tag{5.2.41}$$

式中 $\Gamma(\cdot)$ 为 Gamma 函数. 将式(5.2.41)代入式(5.2.27)，得平均 FPK 方程.

无参激($K_3=K_4=0$)情形平均 FPK 方程的精确平稳解属下列平稳势类(朱位秋和蔡国强，2017)

$$p(h_1, h_2) = C \exp\left[-\lambda(h_1, h_2)\right] \tag{5.2.42}$$

式(5.2.41)和式(5.2.42)代入简化平均 FPK 方程(5.2.27) ($\partial p / \partial t = 0$)，得

$$
\begin{aligned}
\frac{\partial \lambda}{\partial h_1} &= \left[-\beta_1 + \left(\alpha_1 / \omega^2\right) h_1 + (4/3)\left(\alpha_2 / k + \alpha_3\right) h_2\right] / (\pi K_1) \\
\frac{\partial \lambda}{\partial h_2} &= \left[4\beta_2 / 3 + \left(4\alpha_4 / 3\omega^2\right) h_1\right] / (\pi K_2)
\end{aligned}
\tag{5.2.43}
$$

若 $(\alpha_2 / k + \alpha_3)\omega^2 K_2 = \alpha_4 \pi K_1$，则相容条件 $\partial^2 \lambda / \partial h_1 \partial h_2 = \partial^2 \lambda / \partial h_2 \partial h_1$ 满足，从而可从式(5.2.43)解得

$$\lambda(h_1, h_2) = \int_0^{h_1} \frac{\partial \lambda}{\partial h_1} \mathrm{d}h_1 + \int_0^{h_2} \frac{\partial \lambda}{\partial h_2} \mathrm{d}h_2 = -\frac{\beta_1}{\pi K_1} h_1 + \frac{4}{3} \frac{\beta_2}{\pi K_2} h_2 + \frac{\alpha_1}{2\omega^2 \pi K_1} h_1^2 + \frac{8\alpha_4}{3\omega^2 \pi K_2} h_1 h_2$$

$$\tag{5.2.44}$$

式(5.2.44)代入式(5.2.42)得 $p(h_1, h_2)$. 广义位移与动量的平稳概率密度则按式(5.2.36)得到

$$p(q_1, q_2, p_1, p_2) = \frac{C}{T} \exp\left[-\lambda(h_1, h_2)\right]\Big|_{h_i = H_i(q_i, p_i)} \tag{5.2.45}$$

其中 C 为归一化常数，

$$T = 16 \int_0^{A_1} \left(2h_1 - \omega^2 q_1^2\right)^{-1/2} \mathrm{d}q_1 \int_0^{A_2} \left(2h_2 - k q_2^4 / 2\right)^{-1/2} \mathrm{d}q_2 = 4\pi F\left(\frac{\pi}{2}, \frac{1}{\sqrt{2}}\right) \Big/ \left[\omega\left(\frac{h_2}{k}\right)^{1/4}\right]$$

$$\tag{5.2.46}$$

式中 $F(\cdot, \cdot)$ 为广义超几何函数. 广义位移的均方值

$$
\begin{aligned}
E\left[Q_1^2\right] &= \int_{-\infty}^{\infty} \int_{-\infty}^{\infty} \int_{-\infty}^{\infty} \int_{-\infty}^{\infty} q_1^2 p(q_1, q_2, p_1, p_2) \mathrm{d}q_1 \mathrm{d}q_2 \mathrm{d}p_1 \mathrm{d}p_2 \\
&= C \int_0^{\infty} \int_0^{\infty} \exp\left[-\lambda(h_1, h - h_1)\right] h_1 \mathrm{d}h_1 \mathrm{d}h
\end{aligned}
\tag{5.2.47}
$$

上述解析结果与数值模拟结果符合良好，见图 5.2.1.

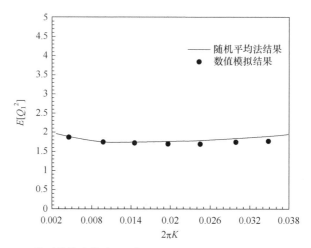

图 5.2.1　系统(5.2.37)的平稳均方位移 $E[Q_1^2]$. $\omega_1 = 1.0$，$k = 2.0$，$\alpha_1 = \alpha_3 = \alpha_4 = \beta_1 = 0.02$，

$\alpha_2 = \beta_2 = 0.01$，$2\pi K_i = 2\pi K$ ($i = 1,2,3,4$) (Zhu et al.，1997)

5.2.2　内共振情形

现假设与式(5.1.5)相应的哈密顿系统为完全可积，有 $\alpha(1 \leqslant \alpha \leqslant n-1)$ 个形如式 (5.2.5)的弱内共振关系. 引入角变量组合

$$\Psi_u = \sum_{r=1}^{n} k_r^u \Theta_r, \ u = 1, 2, \cdots, \alpha \tag{5.2.48}$$

由式(5.2.4)中关于 Θ_r 方程经线性组合可得支配 Ψ_u 的伊藤随机微分方程

$$\mathrm{d}\Psi_u = \left[O_u(\varepsilon) - \varepsilon \sum_{j,k=1}^{n} \left(m_{jk} \frac{\partial \Psi_u}{\partial P_j} \frac{\partial H}{\partial P_k} - \sum_{l,s=1}^{m} \pi K_{ls} g_{jl} g_{ks} \frac{\partial^2 \Psi_u}{\partial P_j \partial P_k} \right) \right] \mathrm{d}t$$

$$+ \varepsilon^{1/2} \sum_{j=1}^{n} \sum_{l=1}^{m} g_{jl} \frac{\partial \Psi_u}{\partial P_j} \mathrm{d}B_l(t), \quad u = 1, 2, \cdots, \alpha \tag{5.2.49}$$

式中 $O_u(\varepsilon)$ 为 ε 阶小量. 新的系统方程由式(5.2.3)中 n 个关于 I_r 的方程，式(5.2.4)中 $n - \alpha$ 个关于 Θ_r ($r = 1, 2, \cdots, n - \alpha$)的方程及式(5.2.49)组成，其中 $I_r(t)$ 和 $\Psi_u(t)$ 为慢变过程，而 $\Theta_1(t), \cdots, \Theta_{n-\alpha}(t)$ 为快变过程. 根据哈斯敏斯基定理(Khasminskii，1968)，当 $\varepsilon \to 0$ 时，$[\boldsymbol{I}^{\mathrm{T}}, \boldsymbol{\Psi}^{\mathrm{T}}]^{\mathrm{T}}$ 弱收敛于 $n + \alpha$ 维矢量马尔可夫扩散过程，其平均伊藤随机微分方程为

$$\mathrm{d}I_r = \overline{\overline{m}}_r(\boldsymbol{I}, \boldsymbol{\Psi})\mathrm{d}t + \sum_{l=1}^{m} \overline{\overline{\sigma}}_{rl}(\boldsymbol{I}, \boldsymbol{\Psi})\mathrm{d}B_l(t), \quad r = 1, 2, \cdots, n$$

$$\mathrm{d}\Psi_u = \overline{\overline{m}}_u(\boldsymbol{I}, \boldsymbol{\Psi})\mathrm{d}t + \sum_{l=1}^{m} \overline{\overline{\sigma}}_{ul}(\boldsymbol{I}, \boldsymbol{\Psi})\mathrm{d}B_l(t), \quad u = 1, 2, \cdots, \alpha \tag{5.2.50}$$

式中 $B_l(t)$ $(l=1,2,\cdots,m)$ 为独立单位维纳过程. 按式(4.1.29)和式(4.1.30), 对式(5.2.3)、式(5.2.4)、式(5.2.49)中相应系数作时间平均, 类似于导致式(5.2.9)和式(5.2.10)的推导, 可得如下平均漂移与扩散系数

$$\bar{\bar{m}}_r(\boldsymbol{I},\boldsymbol{\Psi}) = \frac{\varepsilon}{(2\pi)^{n-\alpha}}\int_0^{2\pi}\cdots\int_0^{2\pi}\sum_{j,k=1}^n\left(-m_{jk}\frac{\partial I_r}{\partial p_j}\frac{\partial H}{\partial p_k}+\sum_{l,s=1}^m\pi K_{ls}g_{jl}g_{ks}\frac{\partial^2 I_r}{\partial p_j\partial p_k}\right)\mathrm{d}\theta_1\cdots\mathrm{d}\theta_{n-\alpha}$$

$$\bar{\bar{m}}_u(\boldsymbol{I},\boldsymbol{\Psi}) = O_u(\varepsilon)+\frac{\varepsilon}{(2\pi)^{n-\alpha}}\int_0^{2\pi}\cdots\int_0^{2\pi}\sum_{j,k=1}^n\left(-m_{jk}\frac{\partial\Psi_u}{\partial p_j}\frac{\partial H}{\partial p_k}+\sum_{l,s=1}^m\pi K_{ls}g_{jl}g_{ks}\frac{\partial^2\Psi_u}{\partial p_j\partial p_k}\right)\mathrm{d}\theta_1\cdots\mathrm{d}\theta_{n-\alpha}$$

$$\sum_{l=1}^m\bar{\sigma}_{rl}\bar{\sigma}_{il}(\boldsymbol{I},\boldsymbol{\Psi}) = \frac{\varepsilon}{(2\pi)^{n-\alpha}}\int_0^{2\pi}\cdots\int_0^{2\pi}\sum_{j,k=1}^n\sum_{l,s=1}^m 2\pi K_{ls}g_{jl}g_{ks}\frac{\partial I_r}{\partial p_j}\frac{\partial I_i}{\partial p_k}\mathrm{d}\theta_1\cdots\mathrm{d}\theta_{n-\alpha} \qquad (5.2.51)$$

$$\sum_{l=1}^m\bar{\bar{\sigma}}_{rl}\bar{\bar{\sigma}}_{ul}(\boldsymbol{I},\boldsymbol{\Psi}) = \frac{\varepsilon}{(2\pi)^{n-\alpha}}\int_0^{2\pi}\cdots\int_0^{2\pi}\sum_{j,k=1}^n\sum_{l,s=1}^m 2\pi K_{ls}g_{jl}g_{ks}\frac{\partial I_r}{\partial p_j}\frac{\partial\Psi_u}{\partial p_k}\mathrm{d}\theta_1\cdots\mathrm{d}\theta_{n-\alpha}$$

$$\sum_{l=1}^m\bar{\bar{\sigma}}_{ul}\bar{\bar{\sigma}}_{vl}(\boldsymbol{I},\boldsymbol{\Psi}) = \frac{\varepsilon}{(2\pi)^{n-\alpha}}\int_0^{2\pi}\cdots\int_0^{2\pi}\sum_{j,k=1}^n\sum_{l,s=1}^m 2\pi K_{ls}g_{jl}g_{ks}\frac{\partial\Psi_u}{\partial p_j}\frac{\partial\Psi_v}{\partial p_k}\mathrm{d}\theta_1\cdots\mathrm{d}\theta_{n-\alpha}$$

与式(5.2.50)相应的平均 FPK 方程为

$$\frac{\partial p}{\partial t} = -\sum_{r=1}^n\frac{\partial}{\partial I_r}(\bar{\bar{a}}_r p)-\sum_{u=1}^\alpha\frac{\partial}{\partial\psi_u}(\bar{\bar{a}}_u p)+\frac{1}{2}\sum_{r,i=1}^n\frac{\partial^2}{\partial I_r\partial I_i}(\bar{\bar{b}}_{ri}p)$$

$$+\sum_{r=1}^n\sum_{u=1}^\alpha\frac{\partial^2}{\partial I_r\partial\psi_u}(\bar{\bar{b}}_{ru}p)+\frac{1}{2}\sum_{u,v=1}^\alpha\frac{\partial^2}{\partial\psi_u\partial\psi_v}(\bar{\bar{b}}_{uv}p) \qquad (5.2.52)$$

式中

$$\bar{\bar{a}}_r = \bar{\bar{a}}_r(\boldsymbol{I},\boldsymbol{\Psi}) = \bar{\bar{m}}_r(\boldsymbol{I},\boldsymbol{\Psi})\big|_{\boldsymbol{\Psi}=\boldsymbol{\psi}}$$

$$\bar{\bar{a}}_u = \bar{\bar{a}}_u(\boldsymbol{I},\boldsymbol{\Psi}) = \bar{\bar{m}}_u(\boldsymbol{I},\boldsymbol{\Psi})\big|_{\boldsymbol{\Psi}=\boldsymbol{\psi}}$$

$$\bar{\bar{b}}_{ri} = \bar{\bar{b}}_{ri}(\boldsymbol{I},\boldsymbol{\Psi}) = \sum_{l=1}^m\bar{\bar{\sigma}}_{rl}\bar{\sigma}_{il}(\boldsymbol{I},\boldsymbol{\Psi})\big|_{\boldsymbol{\Psi}=\boldsymbol{\psi}} \qquad (5.2.53)$$

$$\bar{\bar{b}}_{ru} = \bar{\bar{b}}_{ru}(\boldsymbol{I},\boldsymbol{\Psi}) = \sum_{l=1}^m\bar{\bar{\sigma}}_{rl}\bar{\bar{\sigma}}_{ul}(\boldsymbol{I},\boldsymbol{\Psi})\big|_{\boldsymbol{\Psi}=\boldsymbol{\psi}}$$

$$\bar{\bar{b}}_{uv} = \bar{\bar{b}}_{uv}(\boldsymbol{I},\boldsymbol{\Psi}) = \sum_{l=1}^m\bar{\bar{\sigma}}_{ul}\bar{\bar{\sigma}}_{vl}(\boldsymbol{I},\boldsymbol{\Psi})\big|_{\boldsymbol{\Psi}=\boldsymbol{\psi}}$$

$p = p(\boldsymbol{I},\boldsymbol{\psi},t\,|\,\boldsymbol{I}_0,\boldsymbol{\psi}_0)$ 为转移概率密度, 相应初始条件为

$$p(\boldsymbol{I},\boldsymbol{\psi},0\,|\,\boldsymbol{I}_0,\boldsymbol{\psi}_0) = \delta(\boldsymbol{I}-\boldsymbol{I}_0)\delta(\boldsymbol{\psi}-\boldsymbol{\psi}_0) \qquad (5.2.54)$$

或 $p = p(\boldsymbol{I},\boldsymbol{\psi},t)$ 为联合概率密度, 相应初始条件为

$$p(\boldsymbol{I},\boldsymbol{\psi},0) = p(\boldsymbol{I}_0,\boldsymbol{\psi}_0) \qquad (5.2.55)$$

边界条件取决于相应哈密顿系统性态与对系统所施加的约束. 一般情形下, 对 I_r 的边界条件形同式(5.2.16)、式(5.2.17), 对 ψ_u 则有周期性条件

$$p\big|_{\psi_n+2k\pi} = p\big|_{\psi_n}, \quad k \text{ 为整数} \tag{5.2.56}$$

同非共振情形, 平均伊藤方程(5.2.50)的扩散矩阵一般非退化. 平均 FPK 方程(5.2.52)概率流只含概率势流而不含概率环流, 可按平稳势类求其精确平稳解(朱位秋和蔡国强, 2017). 在求得平稳解 $p(I,\psi)$ 后, 可按下式求式(5.1.5)中广义位移与广义动量的近似平稳概率密度

$$p(\boldsymbol{q},\boldsymbol{p}) = p(\boldsymbol{I},\boldsymbol{\psi},\boldsymbol{\theta}_1)\left|\frac{\partial(\boldsymbol{I},\boldsymbol{\psi},\boldsymbol{\theta}_1)}{\partial(\boldsymbol{q},\boldsymbol{p})}\right| = p(\boldsymbol{\theta}_1\,|\,\boldsymbol{I},\boldsymbol{\psi})p(\boldsymbol{I},\boldsymbol{\psi})\left|\frac{\partial(\boldsymbol{I},\boldsymbol{\psi},\boldsymbol{\theta}_1)}{\partial(\boldsymbol{q},\boldsymbol{p})}\right|$$

$$= \frac{1}{(2\pi)^{n-\alpha}}\,p(\boldsymbol{I},\boldsymbol{\psi})\left|\frac{\partial(\boldsymbol{I},\boldsymbol{\psi},\boldsymbol{\theta}_1)}{\partial(\boldsymbol{q},\boldsymbol{p})}\right| \tag{5.2.57}$$

$|\partial(\boldsymbol{I},\boldsymbol{\psi},\boldsymbol{\theta}_1)/\partial(\boldsymbol{q},\boldsymbol{p})|$ 为从 $\boldsymbol{q}$, $\boldsymbol{p}$ 到 $\boldsymbol{I}$, $\boldsymbol{\psi}$, $\boldsymbol{\theta}_1$ 的变换雅可比行列式, 考虑到式(5.2.48), 该行列式为雅可比行列式 $|\partial(\boldsymbol{I},\boldsymbol{\theta})/\partial(\boldsymbol{q},\boldsymbol{p})|$ 的整数组合, 而 $|\partial(\boldsymbol{I},\boldsymbol{\theta})/\partial(\boldsymbol{q},\boldsymbol{p})|=1$, 因 $\boldsymbol{q}$, $\boldsymbol{p}$ 到 $\boldsymbol{I},\boldsymbol{\theta}$ 为正则变换.

最后指出, 按 $I=I(H)$, 式(5.2.1)~式(5.2.17)及式(5.2.50)~式(5.2.56)中的 $\boldsymbol{I}$ 代之以 H 仍成立, 但 $\boldsymbol{I},\boldsymbol{\theta}$ 为正则坐标, 而 $H,\boldsymbol{\theta}$ 一般不是, $\boldsymbol{q}$, $\boldsymbol{p}$ 到 $H,\boldsymbol{\theta}$ 不是正则变换, 因此, $|\partial(H,\boldsymbol{\theta})/\partial(\boldsymbol{q},\boldsymbol{p})|$ 一般不等于 1.

例 5.2.2 考虑高斯白噪声激励下非线性阻尼耦合的两个线性振子, 其运动方程为

$$\begin{aligned}
\dot{Q}_1 &= P_1 \\
\dot{P}_1 &= -\omega_1^2 Q_1 - \alpha_{11}P_1 - \alpha_{12}P_2 - \beta_1(Q_1^2+Q_2^2)P_1 + W_{g1}(t) \\
\dot{Q}_2 &= P_2 \\
\dot{P}_2 &= -\omega_2^2 Q_2 - \alpha_{21}P_1 - \alpha_{22}P_2 - \beta_2(Q_1^2+Q_2^2)P_2 + W_{g2}(t)
\end{aligned} \tag{5.2.58}$$

式中 ω_i、α_{ij}、β_i 为常数, $W_{gl}(t)$ 是强度为 $2\pi K_l$ 的独立高斯白噪声. 设 α_{ij}、β_i、K_l 同为 ε 阶小量. 与式(2.5.58)相应的哈密顿系统的哈密顿函数为

$$H(\boldsymbol{q},\boldsymbol{p}) = \sum_{i=1}^2 H_i(q_i,p_i) = \sum_{i=1}^2\left(p_i^2+\omega_i^2 q_i^2\right)\Big/2 = \sum_{i=1}^2 \omega_i I_i \tag{5.2.59}$$

显然, 式(5.2.58)为拟可积哈密顿系统. 作变换

$$I_i = \left(P_i^2+\omega_i^2 Q_i^2\right)\Big/(2\omega_i), \quad \Theta_i = -\arctan\left(P_i/\omega_i Q_i\right), \quad i=1,2 \tag{5.2.60}$$

应用伊藤微分公式, 可从与式(5.2.58)相应的伊藤随机微分方程导得如下关于 I_i、Θ_i

的伊藤随机微分方程

$$
\begin{aligned}
\mathrm{d}I_i &= \left\{ -\left[\alpha_{i1}P_1 + \alpha_{i2}P_2 + \beta_i(Q_1^2 + Q_2^2)P_i \right]P_i/\omega_i + \pi K_i/\omega_i \right\}\mathrm{d}t \\
&\quad + \left[(2\pi K_i)^{1/2}P_i/\omega_i \right]\mathrm{d}B_i(t) \\
\mathrm{d}\Theta_i &= \left\{ \omega_i + \left[\alpha_{i1}P_1 + \alpha_{i2}P_2 + \beta_i(Q_1^2 + Q_2^2)P_i \right]\omega_i P_i \big/ \left(\omega_i^2 Q_i^2 + P_i^2 \right) \right. \\
&\quad \left. + 2\omega_i \pi K_i Q_i P_i \big/ \left(\omega_i^2 Q_i^2 + P_i^2 \right)^2 \right\}\mathrm{d}t - \left[(2\pi K_i)^{1/2}\omega_i Q_i \big/ \left(\omega_i^2 Q_i^2 + P_i^2 \right) \right]\mathrm{d}B_i(t)
\end{aligned}
\quad ,i=1,2
$$

$$(5.2.61)$$

平均方程的维数与形式取决于与式(5.2.58)相应的哈密顿系统的共振性.

(1) 非共振情形. 此时平均伊藤方程形如式(5.2.6), 平均 FPK 方程形如式 (5.2.11), 其一、二阶导数矩可按(5.2.12)式(5.2.13)与式(5.2.7)和式(5.2.8)求得为

$$
\begin{aligned}
a_1 &= -\alpha_{11}I_1 - \beta_1 I_1^2/2\omega_1 - \beta_1 I_1 I_2/\omega_2 + \pi K_1/\omega_1 \\
a_2 &= -\alpha_{22}I_2 - \beta_2 I_2^2/2\omega_2 - \beta_2 I_1 I_2/\omega_1 + \pi K_2/\omega_2 \\
b_{11} &= 2\pi K_1 I_1/\omega_1, \quad b_{22} = 2\pi K_2 I_2/\omega_2, \quad b_{12} = b_{21} = 0
\end{aligned}
$$

$$(5.2.62)$$

令精确平稳解形为

$$
p(I_1, I_2) = C\exp\left[-\lambda(I_1, I_2) \right] \tag{5.2.63}
$$

代入式(5.2.11)并令 $\partial p/\partial t = 0$, 得 $\lambda(\boldsymbol{I})$ 满足的一阶偏微分方程

$$
\begin{aligned}
\frac{2\pi K_1 I_1}{\omega_1}\frac{\partial \lambda}{\partial I_1} &= \frac{2\pi K_1}{\omega_1} - 2\left(-\alpha_{11}I_1 - \frac{\beta_1}{2\omega_1}I_1^2 - \frac{\beta_1}{\omega_2}I_1 I_2 + \frac{\pi K_1}{\omega_1} \right) \\
\frac{2\pi K_2 I_2}{\omega_2}\frac{\partial \lambda}{\partial I_2} &= \frac{2\pi K_2}{\omega_2} - 2\left(-\alpha_{22}I_2 - \frac{\beta_2}{2\omega_2}I_2^2 - \frac{\beta_2}{\omega_2}I_1 I_2 + \frac{\pi K_2}{\omega_2} \right)
\end{aligned}
$$

$$(5.2.64)$$

在满足相容条件 $(\beta_1/\pi K_1)(\omega_1/\omega_2) = (\beta_2/\pi K_2)(\omega_2/\omega_1) = \gamma$ 时, 可解得

$$
\lambda(I_1, I_2) = \left(\alpha_{11}\omega_1 I_1 + \beta_1 I_1^2/4 \right)\big/(\pi K_1) + \left(\alpha_{22}\omega_2 I_2 + \beta_2 I_2^2/4 \right)\big/(\pi K_2) + \gamma I_1 I_2 \tag{5.2.65}
$$

将式(5.2.65)代入式(5.2.63)得 $p(I_1, I_2)$, 再按式(5.2.34), 可得系统(5.2.58)广义位移与广义速度的联合平稳概率密度

$$
p(q_1, q_2, p_1, p_2) = \frac{1}{4\pi^2}p(I_1, I_2)\Big|_{I_i = \left(p_i^2 + \omega_i^2 q_i^2 \right)/2\omega_i} \tag{5.2.66}
$$

(2) 主共振情形. $\omega_1 = \omega_2 = \omega$. 令 $\Psi = \Theta_1 - \Theta_2$. 平均 FPK 方程形如式(5.2.52), 一、二阶导数矩按式(5.2.51)和式(5.2.53)导得为

$$\overline{\overline{a}}_1 = -\alpha_{11}I_1 - \alpha_{12}\left(I_1 I_2\right)^{1/2}\cos\psi - \left(\beta_1/(2\omega)\right)I_1^2 - \left(\beta_1/\omega\right)I_1 I_2\left[1 - (1/2)\cos 2\psi\right] + \pi K_1/\omega$$

$$\overline{\overline{a}}_2 = -\alpha_{22}I_2 - \alpha_{21}\left(I_1 I_2\right)^{1/2}\cos\psi - \left(\beta_2/(2\omega)\right)I_2^2 - \left(\beta_2/\omega\right)I_1 I_2\left[1 - (1/2)\cos 2\psi\right] + \pi K_2/\omega$$

$$\overline{\overline{a}}_3 = \left\{\left[\alpha_{12}\left(I_2/I_1\right)^{1/2} + \alpha_{21}\left(I_1/I_2\right)^{1/2}\right]/2\right\}\sin\psi - \left[\left(\beta_1 I_2 + \beta_2 I_1\right)/(4\omega)\right]\sin 2\psi$$

$$\overline{\overline{b}}_{11} = 2\pi K_1 I_1/\omega, \quad \overline{\overline{b}}_{22} = 2\pi K_2 I_2/\omega, \quad \overline{\overline{b}}_{33} = \left(\pi K_1/I_1 + \pi K_2/I_2\right)/(2\omega)$$

$$\overline{\overline{b}}_{12} = \overline{\overline{b}}_{21} = \overline{\overline{b}}_{13} = \overline{\overline{b}}_{31} = \overline{\overline{b}}_{23} = \overline{\overline{b}}_{32} = 0$$

$$(5.2.67)$$

令平均 FPK 方程(5.2.52)的精确平稳解形为

$$p(I_1, I_2, \psi) = C\exp\left[-\lambda(I_1, I_2, \psi)\right] \tag{5.2.68}$$

将式(5.2.67)、式(5.2.68)代入式(5.2.52)，并令 $\partial p/\partial t = 0$，得如下 $\lambda(I_1, I_2, \psi)$ 所满足的一阶偏微分方程：

$$\frac{2\pi K_1 I_1}{\omega}\frac{\partial\lambda}{\partial I_1} = \frac{2\pi K_1}{\omega} - 2\left[-\alpha_{11}I_1 - \alpha_{12}\left(I_1 I_2\right)^{1/2}\cos\psi - \frac{\beta_1}{2\omega}I_1^2 - \frac{\beta_1}{\omega}I_1 I_2\left(1 - \frac{1}{2}\cos 2\psi\right) + \frac{\pi K_1}{\omega}\right]$$

$$\frac{2\pi K_2 I_2}{\omega}\frac{\partial\lambda}{\partial I_2} = \frac{2\pi K_2}{\omega} - 2\left[-\alpha_{22}I_2 - \alpha_{21}\left(I_1 I_2\right)^{1/2}\cos\psi - \frac{\beta_2}{2\omega}I_2^2 - \frac{\beta_2}{\omega}I_1 I_2\left(1 - \frac{1}{2}\cos 2\psi\right) + \frac{\pi K_2}{\omega}\right]$$

$$\left(\frac{\pi K_1}{2\omega I_1} + \frac{\pi K_2}{2\omega I_2}\right)\frac{\partial\lambda}{\partial\psi} = -\left[\alpha_{12}\left(\frac{I_2}{I_1}\right)^{1/2} + \alpha_{21}\left(\frac{I_1}{I_2}\right)^{1/2}\right]\sin\psi + \frac{1}{2\omega}\left(\beta_1 I_2 + \beta_2 I_1\right)\sin 2\psi$$

$$(5.2.69)$$

令

$$\lambda(I_1, I_2, \psi) = \lambda_0(I_1, I_2) + \lambda_1(I_1, I_2)\cos\psi + \lambda_2(I_1, I_2)\cos 2\psi \tag{5.2.70}$$

式(5.2.70)代入式(5.2.69)得 λ_0、λ_1、λ_2 所满足方程. 在满足相容条件 $\beta_1/(\pi K_1) = \beta_2/(\pi K_2) = \gamma_1$，$\alpha_{12}/(\pi K_1) = \alpha_{21}/(\pi K_2) = \gamma_2$ 时，解得

$$\lambda(I_1, I_2, \psi) = \left(\alpha_{11}\omega/(\pi K_1)\right)I_1 + \left(\alpha_{22}\omega/(\pi K_2)\right)I_2 + \left(\beta_1/(4\pi K_1)\right)I_1^2 + \left(\beta_2/(4\pi K_2)\right)I_2^2$$

$$+ \gamma_1 I_1 I_2 - \left(\gamma_1 I_1 I_2/2\right)\cos 2\psi + 2\gamma_2\omega\left(I_1 I_2\right)^{1/2}\cos\psi \tag{5.2.71}$$

按式(5.2.57)，得系统(5.2.58)的广义位移与广义速度的联合平稳概率密度

$$p(q_1, q_2, p_1, p_2) = \frac{1}{2\pi}p(I_1, I_2, \psi)\bigg|_{\substack{I_i = (p_i^2 + \omega_i^2 q_i^2)/2\omega_i \\ \psi = \arctan(p_2/\omega_2 q_2) - \arctan(p_1/\omega_1 q_1)}} \tag{5.2.72}$$

注意，$\left|\partial(I_1, I_2, \psi, \theta_1)/\partial(q_1, q_2, p_1, p_2)\right| = 1$. 比较式(5.2.66)与式(5.2.72)知，非共振与主共振情形平稳概率密度是不一样的.

以上解析结果与数值模拟结果颇为吻合(见图 5.2.2~图 5.2.4).

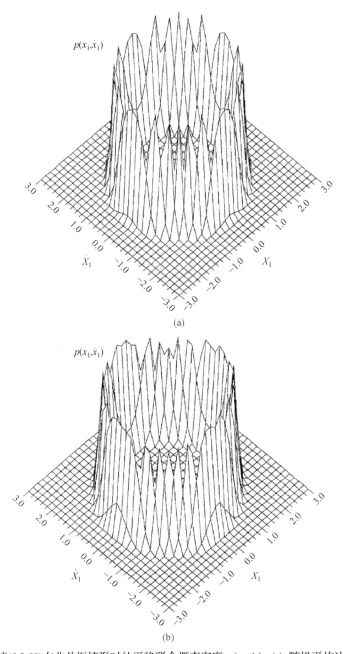

(a)

(b)

图 5.2.2　系统(5.2.58)在非共振情形时的平稳联合概率密度 $p(x_1, \dot{x}_1)$. (a) 随机平均法结果；(b) 数值模拟结果. 系统参数为　$\alpha_{11} = -0.05$，$\alpha_{22} = \alpha_{12} = \alpha_{21} = \beta_1 = \beta_2 = 0.05$，$\omega_1 = 1.0$，$\omega_2 = 1.414$，
$$\pi K_{11} = \pi K_{22} = 0.001 \text{ (Zhu et al., 1997)}$$

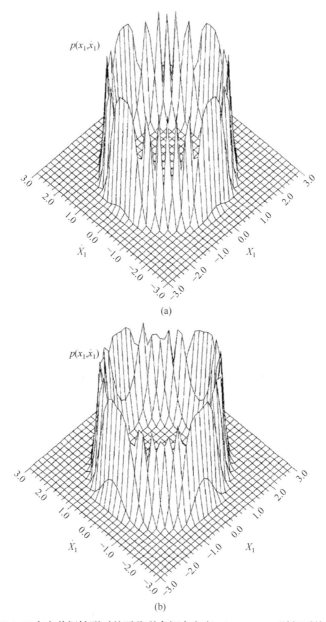

图 5.2.3　系统(5.2.58)在主共振情形时的平稳联合概率密度 $p(x_1, \dot{x}_1)$. (a) 随机平均法结果；(b) 数值模拟结果. 系统参数为 $\alpha_{11} = \alpha_{22} = -0.05$, $\alpha_{12} = \alpha_{21} = \beta_1 = \beta_2 = 0.05$, $\omega_1 = \omega_2 = 1.0$, $\pi K_{11} = \pi K_{22} = 0.001$ (Zhu et al., 1997)

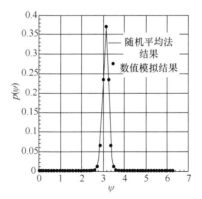

图 5.2.4　系统(5.2.58)在主共振情形时的平稳边缘概率密度 $p(\psi)$. $\pi K_{11} = \pi K_{22} = 0.01$ ，其他参数
与图 5.2.3 相同(Zhu et al.，1997)

5.3　拟部分可积哈密顿系统

回到式(5.1.5)，现设相应哈密顿系统部分可积，有 $r\,(1<r<n)$ 个独立、对合的首
次积分. 为确定起见，设哈密顿函数形为(Zhu et al.，2002)

$$H = H(\boldsymbol{q},\boldsymbol{p}) = \sum_{\eta=1}^{r-1} H_\eta(\boldsymbol{q_1},\boldsymbol{p_1}) + H_r(\boldsymbol{q_2},\boldsymbol{p_2}) \tag{5.3.1}$$

式中 $\boldsymbol{q_1} = [q_1,q_2,\cdots,q_{r-1}]^{\mathrm{T}}$ ，$\boldsymbol{p_1} = [p_1,p_2,\cdots,p_{r-1}]^{\mathrm{T}}$ ，$\boldsymbol{q_2} = [q_r,q_{r+1},\cdots,q_n]^{\mathrm{T}}$ ，$\boldsymbol{p_2} = [p_r,$
$p_{r+1},\cdots,p_n]^{\mathrm{T}}$. 可积部分引入作用-角变量 I_η ，θ_η ，式(5.3.1)可改写为

$$H = H(\boldsymbol{I'},\boldsymbol{q_2},\boldsymbol{p_2}) = \sum_{\eta=1}^{r-1} H_\eta(\boldsymbol{I'}) + H_r(\boldsymbol{q_2},\boldsymbol{p_2}) \tag{5.3.2}$$

式中 $\boldsymbol{I'} = [I_1,I_2,\cdots,I_{r-1}]^{\mathrm{T}}$. 作变换

$$I_\eta = I_\eta(\boldsymbol{q_1},\boldsymbol{p_1}), \quad \Theta_\eta = \Theta_\eta(\boldsymbol{q_1},\boldsymbol{p_1}), \quad H_r = H_r(\boldsymbol{q_2},\boldsymbol{p_2}) \tag{5.3.3}$$

运用伊藤微分公式可从式(5.3.3)导得 I_η 、 Θ_η 、 H_r 所满足的伊藤随机微分方程

$$\mathrm{d}I_\eta = \varepsilon\left(-\sum_{j=1}^{n}\sum_{\eta'=1}^{r-1} m_{\eta'j}\frac{\partial I_\eta}{\partial P_{\eta'}}\frac{\partial H}{\partial P_j} + \sum_{\eta',\eta''=1}^{r-1}\sum_{l,s=1}^{m}\pi K_{ls}g_{\eta'l}g_{\eta''s}\frac{\partial^2 I_\eta}{\partial P_{\eta'}\partial P_{\eta''}}\right)\mathrm{d}t + \varepsilon^{1/2}\sum_{\eta'=1}^{r-1}\sum_{l=1}^{m}\frac{\partial I_\eta}{\partial P_{\eta'}}g_{\eta'l}\mathrm{d}B_l'(t)$$

$$\mathrm{d}\Theta_\eta = \left[\omega_\eta - \varepsilon\left(\sum_{j=1}^{n}\sum_{\eta'=1}^{r-1} m_{\eta'j}\frac{\partial \Theta_\eta}{\partial P_{\eta'}}\frac{\partial H}{\partial P_j} - \sum_{\eta',\eta''=1}^{r-1}\sum_{l,s=1}^{m}\pi K_{ls}g_{\eta'l}g_{\eta''s}\frac{\partial^2 \Theta_\eta}{\partial P_\eta\partial P_{\eta'}}\right)\right]\mathrm{d}t + \varepsilon^{1/2}\sum_{\eta'=1}^{r-1}\sum_{l=1}^{m}\frac{\partial \Theta_\eta}{\partial P_{\eta'}}g_{\eta'l}\mathrm{d}B_l'(t)$$

$$\mathrm{d}H_r = \varepsilon\left(-\sum_{j=1}^{n}\sum_{\rho=r}^{n} m_{\rho j}\frac{\partial H_r}{\partial P_\rho}\frac{\partial H}{\partial P_j} + \sum_{\rho,\rho'=1}^{n}\sum_{l,s=1}^{m}\pi K_{ls}g_{\rho l}g_{\rho's}\frac{\partial^2 H_r}{\partial P_\rho\partial P_{\rho'}}\right)\mathrm{d}t + \varepsilon^{1/2}\sum_{\rho=r}^{n}\sum_{l=1}^{m}\frac{\partial H_r}{\partial P_\rho}g_{\rho l}\mathrm{d}B_l'(t)$$

$$\eta = 1,2,\cdots,r-1$$

$$\tag{5.3.4}$$

描述系统的新的伊藤随机微分方程组由式(5.3.4)与式(5.1.5)中($n-r+1$)个关于Q_i的方程及($n-r$)个关于P_i的方程组成. 平均方程的维数与形式取决于相应哈密顿系统可积部分是否存在内共振.

5.3.1 非内共振情形

此时, 式(5.3.4)中I_η、H_r为慢变过程, 而Θ_η及式(5.1.5)中Q_i、P_i为快变过程, 根据哈斯敏斯基定理(Khasminskii, 1968), $\varepsilon \to 0$时, I_η、H_r弱收敛于r维马尔可夫扩散过程. 仍以I_η、H_r表示该极限过程, 则平均伊藤随机微分方程形为

$$dI_\eta = m_\eta(\boldsymbol{I}', H_r)dt + \sum_{l=1}^{m}\sigma_{\eta l}(\boldsymbol{I}', H_r)dB_l(t)$$

$$dH_r = m_r(\boldsymbol{I}', H_r)dt + \sum_{l=1}^{m}\sigma_{rl}(\boldsymbol{I}', H_r)dB_l(t) \qquad (5.3.5)$$

$$\eta = 1, 2, \cdots, r-1$$

式中$B_l(t)$ ($l=1,2,\cdots,m$)为独立单位维纳过程, 漂移系数与扩散系数可按式(4.1.29)和式(4.1.30)从式(5.3.4)得到

$$m_\eta(\boldsymbol{I}', H_r) = \varepsilon\left\langle -\sum_{j=1}^{n}\sum_{\eta'=1}^{r-1}m_{\eta'j}\frac{\partial I_\eta}{\partial P_{\eta'}}\frac{\partial H}{\partial P_j} + \sum_{\eta',\eta''=1}^{r-1}\sum_{l,s=1}^{m}\pi K_{ls}g_{\eta'l}g_{\eta''s}\frac{\partial^2 I_\eta}{\partial P_{\eta'}\partial P_{\eta''}}\right\rangle_t$$

$$m_r(\boldsymbol{I}', H_r) = \varepsilon\left\langle -\sum_{j=1}^{n}\sum_{\rho=r}^{n}m_{\rho j}\frac{\partial H_r}{\partial P_\rho}\frac{\partial H}{\partial P_j} + \sum_{\rho,\rho'=r}^{}\sum_{l,s=1}^{m}\pi K_{ls}g_{\rho l}g_{\rho's}\frac{\partial^2 H_r}{\partial P_\rho\partial P_{\rho'}}\right\rangle_t$$

$$\sum_{l=1}^{m}\sigma_{\eta l}\sigma_{\bar{\eta}l}(\boldsymbol{I}', H_r) = \varepsilon\left\langle \sum_{\eta',\eta''=1}^{r-1}\sum_{l,s=1}^{m}2\pi K_{ls}g_{\eta'l}g_{\eta''s}\frac{\partial I_\eta}{\partial P_{\eta'}}\frac{\partial I_{\bar{\eta}}}{\partial P_{\eta''}}\right\rangle_t \qquad (5.3.6)$$

$$\sum_{l=1}^{m}\sigma_{\eta l}\sigma_{rl}(\boldsymbol{I}', H_r) = \varepsilon\left\langle \sum_{\eta'=1}^{r-1}\sum_{\rho=r}^{n}\sum_{l,s=1}^{m}2\pi K_{ls}g_{\eta'l}g_{\rho s}\frac{\partial I_\eta}{\partial P_{\eta'}}\frac{\partial H_r}{\partial P_\rho}\right\rangle_t$$

$$\sum_{l=1}^{m}\sigma_{rl}\sigma_{rl}(\boldsymbol{I}', H_r) = \varepsilon\left\langle \sum_{\rho,\rho'=r}^{}\sum_{l,s=1}^{m}2\pi K_{ls}g_{\rho l}g_{\rho's}\frac{\partial H_r}{\partial P_\rho}\frac{\partial H_r}{\partial P_{\rho'}}\right\rangle_t$$

注意到相应哈密顿系统可积部分在$r-1$维环面上遍历, 不可积部分在$2(n-r)+1$维等能量面上遍历, 式(5.3.6)中的时间平均可代之以如下空间平均

$$\langle[\cdot]\rangle_t = \frac{1}{(2\pi)^{r-1}T(H_r)}\int_{\Omega_1}\int_0^{2\pi}\cdots\int_0^{2\pi}\left([\cdot]\bigg/\frac{\partial H_r}{\partial p_r}\right)d\theta_1\cdots d\theta_{r-1}dq_n\cdots dq_ndp_{r+1}\cdots dp_n$$

$$T(H_r) = \int_{\Omega_1}\left(1\bigg/\frac{\partial H_r}{\partial p_r}\right)dq_r\cdots dq_ndp_{r+1}\cdots dp_n$$

$$\Omega_1 = \{(q_r,\cdots,q_n,p_{r+1},\cdots,p_n)\,|\,H_r(q_r,\cdots,q_n,0,p_{r+1},\cdots,p_n)\leqslant H_r\}$$

$$(5.3.7)$$

与式(5.3.5)相应的平均 FPK 方程为

$$\frac{\partial p}{\partial t} = -\sum_{\eta=1}^{r-1} \frac{\partial}{\partial I_\eta}(a_\eta p) - \frac{\partial}{\partial h_r}(a_r p) + \frac{1}{2}\sum_{\eta,\bar{\eta}=1}^{r-1} \frac{\partial^2}{\partial I_\eta \partial I_{\bar{\eta}}}(b_{\eta\bar{\eta}}p) + \sum_{\eta=1}^{r-1} \frac{\partial^2}{\partial I_\eta \partial h_r}(b_{\eta r}p) + \frac{1}{2}\frac{\partial^2}{\partial h_r^2}(b_{rr}p)$$

(5.3.8)

式中一、二阶导数矩为

$$a_\eta = a_\eta(\boldsymbol{I}',h_r) = m_\eta(\boldsymbol{I}',H_r)\Big|_{H_r=h_r}, \quad a_r = a_r(\boldsymbol{I}',h_r) = m_r(\boldsymbol{I}',H_r)\Big|_{H_r=h_r}$$

$$b_{\eta\bar{\eta}} = b_{\eta\bar{\eta}}(\boldsymbol{I}',h_r) = \sum_{l=1}^{m}\sigma_{\eta l}\sigma_{\bar{\eta}l}(\boldsymbol{I}',H_r)\Big|_{H_r=h_r}, \quad b_{\eta r} = b_{\eta r}(\boldsymbol{I}',h_r) = \sum_{l=1}^{m}\sigma_{\eta l}\sigma_{rl}(\boldsymbol{I}',H_r)\Big|_{H_r=h_r}$$

$$b_{rr} = b_{rr}(\boldsymbol{I}',h_r) = \sum_{l=1}^{m}\sigma_{rl}\sigma_{rl}(\boldsymbol{I}',H_r)\Big|_{H_r=h_r}$$

(5.3.9)

$p = p(\boldsymbol{I}',h_r,t\,|\,\boldsymbol{I}_0',h_{r0})$ 为转移概率密度，相应的初始条件为

$$p(\boldsymbol{I}',h_r,0\,|\,\boldsymbol{I}_0',h_{r0}) = \delta(\boldsymbol{I}'-\boldsymbol{I}_0')\delta(h_r-h_{r0})$$

(5.3.10)

或 $p = p(\boldsymbol{I}',h_r,t)$ 为联合概率密度，相应的初始条件为

$$p(\boldsymbol{I}',h_r,0) = p(\boldsymbol{I}_0',h_{r0})$$

(5.3.11)

式(5.3.8)的边界条件取决于相应哈密顿系统性态与给系统所施加的约束. 当 I_η、h_r 可在 $[0,\infty)$ 上变化时，边界条件为

$$p = \text{有限}, \quad I_\eta = 0 \quad \text{或} \quad h_r = 0$$

(5.3.12)

$$p, \partial p/\partial I_\eta, \partial p/\partial h_r \to 0, |\boldsymbol{I}'| \to \infty \quad \text{或} \quad h_r \to \infty$$

(5.3.13)

　　类似于拟可积哈密顿系统情形，平均 FPK 方程(5.3.8)的概率流只含概率势流不含概率环流，若有精确平稳解，则属平稳势类. 考虑到变换(5.3.3)，结合拟不可积与拟可积非共振情形概率密度变换公式(5.1.18)与(5.2.34)，可由式(5.3.8)的平稳解得原系统(5.1.5)的近似平稳概率密度

$$p(\boldsymbol{q},\boldsymbol{p}) = \frac{p(\boldsymbol{I}',h_r)}{(2\pi)^{r-1}T(h_r)}\Bigg|_{\boldsymbol{I}'=\boldsymbol{I}'(\boldsymbol{q}_1,\boldsymbol{p}_1),h_r=H_r(\boldsymbol{q}_2,\boldsymbol{p}_2)}$$

(5.3.14)

经常遇到的式(5.3.1)的一个特殊情形是

$$H_\eta = p_\eta^2/2 + U_\eta(q_\eta), \quad \eta = 1,2,\cdots,r-1$$

$$H_r = \sum_{\rho=r}^{n} p_\rho^2/2 + U_r(\boldsymbol{q}_2,\boldsymbol{p}_2)$$

(5.3.15)

引入作用-角变量

$$I_\eta = f_\eta(H_\eta), \quad \theta_\eta = \omega_\eta(I_\eta)t + \delta_\eta \tag{5.3.16}$$

其中

$$\omega_\eta(I_\eta) = \frac{\mathrm{d}H_\eta}{\mathrm{d}I_\eta} = \frac{\mathrm{d}f_\eta^{-1}(I_\eta)}{\mathrm{d}I_\eta} \tag{5.3.17}$$

由于 H_η 与 I_η 一一对应，与 θ_η 无关，可用 H_η 代替 I_η. 式(5.3.4)中关于 I_η、H_r 的方程变成

$$\mathrm{d}H_\eta = \varepsilon\left(-\sum_{j=1}^n m_{\eta j}P_\eta P_j + \sum_{l,s=1}^m \pi K_{ls}g_{\eta l}g_{\eta s}\right)\mathrm{d}t + \varepsilon^{1/2}\sum_{l=1}^m P_\eta g_{\eta l}\mathrm{d}B_l'(t)$$

$$\mathrm{d}H_r = \varepsilon\left(-\sum_{\rho=r}^n\sum_{j=1}^n m_{\rho j}P_\rho P_j + \sum_{\rho=r}^n\sum_{l,s=1}^m \pi K_{ls}g_{\rho l}g_{\rho s}\right)\mathrm{d}t + \varepsilon^{1/2}\sum_{\rho=r}^n\sum_{l=1}^m P_\rho g_{\rho l}\mathrm{d}B_l'(t) \tag{5.3.18}$$

$$\eta = 1, 2, \cdots, r-1$$

平均伊藤方程(5.3.5)变成

$$\mathrm{d}H_\eta = \bar{m}_\eta(\boldsymbol{H}_1)\mathrm{d}t + \sum_{l=1}^m \bar{\sigma}_{\eta l}(\boldsymbol{H}_1)\mathrm{d}B_l(t), \quad \eta = 1, 2, \cdots, r-1$$

$$\mathrm{d}H_r = \bar{m}_r(\boldsymbol{H}_1)\mathrm{d}t + \sum_{l=1}^m \bar{\sigma}_{rl}(\boldsymbol{H}_1)\mathrm{d}B_l(t) \tag{5.3.19}$$

式中 $\boldsymbol{H}_1 = [H_1, \cdots, H_{r-1}, H_r]^{\mathrm{T}}$，$B_l(t)$ 为单位独立维纳过程. 漂移系数与扩散系数按式(4.1.29)和式(4.1.30)得到如下

$$\bar{m}_\eta(\boldsymbol{H}_1) = \varepsilon\left\langle -\sum_{j=1}^n m_{\eta j}P_\eta P_j + \sum_{l,s=1}^m \pi K_{ls}g_{\eta l}g_{\eta s}\right\rangle_t$$

$$\bar{m}_r(\boldsymbol{H}_1) = \varepsilon\left\langle -\sum_{\rho=r}^n\sum_{j=1}^n m_{\rho j}P_\rho P_j + \sum_{\rho=r}^n\sum_{l,s=1}^m \pi K_{ls}g_{\rho l}g_{\rho s}\right\rangle_t$$

$$\sum_{l=1}^m \bar{\sigma}_{\eta l}\bar{\sigma}_{\bar{\eta} l}(\boldsymbol{H}_1) = \varepsilon\left\langle \sum_{l,s=1}^m 2\pi K_{ls}g_{\eta l}g_{\bar{\eta}s}P_\eta P_{\bar{\eta}}\right\rangle_t \tag{5.3.20}$$

$$\sum_{l=1}^m \bar{\sigma}_{rl}\bar{\sigma}_{rl}(\boldsymbol{H}_1) = \varepsilon\left\langle \sum_{\rho,\rho'=r}^n\sum_{l,s=1}^m 2\pi K_{ls}g_{\rho l}g_{\rho's}P_\rho P_{\rho'}\right\rangle_t$$

$$\sum_{l=1}^m \bar{\sigma}_{\eta l}\bar{\sigma}_{rl}(\boldsymbol{H}_1) = \varepsilon\left\langle \sum_{\rho=r}^n\sum_{l,s=1}^m 2\pi K_{ls}g_{\eta l}g_{\rho s}P_\eta P_\rho\right\rangle_t$$

设以 H_η 为哈密顿函数的哈密顿子系统在全平面 (q_η, p_η) 上有周期为 $T(H_\eta) = 2\pi/\omega_\eta =$

$\oint \mathrm{d}q_\eta / p_\eta$ 的周期解族，则可用下列平均算子

$$\frac{1}{T(H_1)\cdots T(H_{r-1})} \oint [\cdot] \frac{\mathrm{d}q_1 \cdots \mathrm{d}q_{r-1}}{p_1 \cdots p_{r-1}} \tag{5.3.21}$$

于是，式(5.3.20)中时间平均算子为

$$\langle [\cdot] \rangle_t = \frac{1}{T(H_1)\cdots T(H_r)} \int_{\Omega_1} \oint \left([\cdot] \bigg/ \frac{\partial H_r}{\partial p_r} \right) \frac{\mathrm{d}q_1 \cdots \mathrm{d}q_n \mathrm{d}p_{r+1} \cdots \mathrm{d}p_n}{p_1 \cdots p_{r-1}} \tag{5.3.22}$$

与式(5.3.19)相应的平均 FPK 方程为

$$\frac{\partial p}{\partial t} = -\sum_{\eta=1}^{r-1} \frac{\partial}{\partial h_\eta}(\bar{a}_\eta p) - \frac{\partial}{\partial h_r}(\bar{a}_r p) + \frac{1}{2}\sum_{\eta,\bar{\eta}=1}^{r-1} \frac{\partial^2}{\partial h_\eta \partial h_{\bar{\eta}}}(\bar{b}_{\eta\bar{\eta}} p) + \frac{1}{2}\frac{\partial^2}{\partial h_r^2}(\bar{b}_{rr} p) + \sum_{\eta=1}^{r-1} \frac{\partial^2}{\partial h_\eta \partial h_r}(\bar{b}_{\eta r} p) \tag{5.3.23}$$

式中一、二阶导数矩为

$$\bar{a}_\eta = \bar{a}_\eta(\boldsymbol{h}_1) = \bar{m}_\eta(\boldsymbol{H}_1)\big|_{\boldsymbol{H}_1 = \boldsymbol{h}_1}, \quad \bar{a}_r = \bar{a}_r(\boldsymbol{h}_1) = \bar{m}_r(\boldsymbol{H}_1)\big|_{\boldsymbol{H}_1 = \boldsymbol{h}_1}$$

$$\bar{b}_{\eta\bar{\eta}} = \bar{b}_{\eta\bar{\eta}}(\boldsymbol{h}_1) = \sum_{l=1}^{m} \bar{\sigma}_{\eta l}\bar{\sigma}_{\bar{\eta}l}(\boldsymbol{H}_1)\big|_{\boldsymbol{H}_1 = \boldsymbol{h}_1}, \quad \bar{b}_{rr} = \bar{b}_{rr}(\boldsymbol{h}_1) = \sum_{l=1}^{m} \bar{\sigma}_{rl}\bar{\sigma}_{rl}(\boldsymbol{H}_1)\big|_{\boldsymbol{H}_1 = \boldsymbol{h}_1} \tag{5.3.24}$$

$$\bar{b}_{\eta r} = \bar{b}_{\eta r}(\boldsymbol{h}_1) = \sum_{l=1}^{m} \bar{\sigma}_{\eta l}\bar{\sigma}_{rl}(\boldsymbol{H}_1)\big|_{\boldsymbol{H}_1 = \boldsymbol{h}_1}$$

其初始条件与边界条件形如式(5.3.10)～式(5.3.13).

类似于式(5.2.36)，由式(5.3.23)的平稳解得原系统近似平稳概率密度的变换式为

$$p(\boldsymbol{q}, \boldsymbol{p}) = \frac{p(\boldsymbol{h}_1)}{T(h_1)\cdots T(h_r)} \bigg|_{h_\eta = H_\eta(q_\eta, p_\eta), h_r = H_r(\boldsymbol{q}_2, \boldsymbol{p}_2)} \tag{5.3.25}$$

5.3.2　内共振情形

设哈密顿系统的可积部分的 $r-1$ 个频率 ω_η 间存在 $\beta(1 \leqslant \beta \leqslant r-2)$ 个形如式(5.2.5)的弱内共振关系，即

$$\sum_{\eta=1}^{r-1} k_\eta^u \omega_\eta = O_u(\varepsilon), \quad u = 1, 2, \cdots, \beta \tag{5.3.26}$$

引入 β 个角变量组合

$$\Psi_u = \sum_{\eta=1}^{r-1} k_\eta^u \Theta_\eta \tag{5.3.27}$$

由式(5.3.4)中关于 Θ_η 方程的线性组合得关于 Ψ_u 的伊藤随机微分方程

$$\mathrm{d}\,\varPsi_u = \left[O_u(\varepsilon) - \varepsilon\left(\sum_{j=1}^{n}\sum_{\eta'=1}^{r-1} m_{\eta'j}\frac{\partial \varPsi_u}{\partial P_{\eta'}}\frac{\partial H}{\partial P_j} - \sum_{\eta',\eta''=1}^{r-1}\sum_{l,s=1}^{m}\pi K_{ls}g_{\eta'l}g_{\eta''s}\frac{\partial^2 \varPsi_u}{\partial P_{\eta'}\partial P_{\eta''}} \right) \right]\mathrm{d}t$$

$$+\varepsilon^{1/2}\sum_{\eta'=1}^{r-1}\sum_{l=1}^{m}\frac{\partial \varPsi_u}{\partial P_{\eta'}}g_{\eta'l}\mathrm{d}B_l'(t), \quad u=1,2,\cdots,\beta \tag{5.3.28}$$

此时，新的伊藤随机微分方程组由式(5.3.28)、式(5.3.4)中关于 I_η 和 H_r 的方程、$r-1-\beta$ 个关于 Θ_η 的方程及式(5.1.5)中 $n-r+1$ 个关于 Q_i 的方程和 $n-r$ 个关于 P_i 的方程组成，其中 $I_\eta(t)$、$H_r(t)$ 及 $\varPsi_u(t)$ 为慢变过程，而 $Q_i(t)$、$P_i(t)$ 及 $\Theta_\eta(t)$ 为快变过程，根据定哈斯敏斯基定理(Khasminskii, 1968)，在 $\varepsilon\to 0$ 时，$I_\eta(t)$、$H_r(t)$、$\varPsi_u(t)$ 弱收敛于 $r+\beta$ 维矢量马尔可夫扩散过程，若仍用 $I_\eta(t)$、$H_r(t)$ 及 $\varPsi_\eta(t)$ 表示该极限过程，则支配该过程的平均伊藤随机微分方程为

$$\mathrm{d}I_\eta = \bar{\bar{m}}_\eta(\boldsymbol{I'},\boldsymbol{\varPsi'},H_r)\mathrm{d}t + \sum_{l=1}^{m}\bar{\bar{\sigma}}_{\eta l}(\boldsymbol{I'},\boldsymbol{\varPsi'},H_r)\mathrm{d}B_l(t)$$

$$\mathrm{d}\,\varPsi_u = \bar{\bar{m}}_u(\boldsymbol{I'},\boldsymbol{\varPsi'},H_r)\mathrm{d}t + \sum_{l=1}^{m}\bar{\bar{\sigma}}_{ul}(\boldsymbol{I'},\boldsymbol{\varPsi'},H_r)\mathrm{d}B_l(t) \tag{5.3.29}$$

$$\mathrm{d}H_r = \bar{\bar{m}}_r(\boldsymbol{I'},\boldsymbol{\varPsi'},H_r)\mathrm{d}t + \sum_{l=1}^{m}\bar{\bar{\sigma}}_{rl}(\boldsymbol{I'},\boldsymbol{\varPsi'},H_r)\mathrm{d}B_l(t)$$

$$\eta=1,2,\cdots,r-1;\quad u=1,2,\cdots,\beta$$

式中 $B_l(t)$ 为单位维纳过程，$\boldsymbol{\varPsi'}=[\varPsi_1,\varPsi_2,\cdots,\varPsi_\beta]^{\mathrm{T}}$. 按式(4.1.29)与式(4.1.30)，式(5.3.29)的漂移系数与扩散系数由式(5.3.4)中关于 I_η、H_r 的方程及式(5.3.28)相应系数作时间平均得到

$$\bar{\bar{m}}_\eta(\boldsymbol{I'},\boldsymbol{\varPsi'},H_r) = \varepsilon\left\langle -\sum_{j=1}^{n}\sum_{\eta'=1}^{r-1}m_{\eta'j}\frac{\partial I_\eta}{\partial P_{\eta'}}\frac{\partial H}{\partial P_j} + \sum_{\eta',\eta''=1}^{r-1}\sum_{l,s=1}^{m}\pi K_{ls}g_{\eta'l}g_{\eta''s}\frac{\partial^2 I_\eta}{\partial P_{\eta'}\partial P_{\eta''}} \right\rangle_t$$

$$\bar{\bar{m}}_u(\boldsymbol{I'},\boldsymbol{\varPsi'},H_r) = O_u(\varepsilon) + \varepsilon\left\langle -\sum_{j=1}^{n}\sum_{\eta'=1}^{r-1}m_{\eta'j}\frac{\partial \varPsi_u}{\partial P_{\eta'}}\frac{\partial H}{\partial P_j} + \sum_{\eta',\eta''=1}^{r-1}\sum_{l,s=1}^{m}\pi K_{ls}g_{\eta'l}g_{\eta''s}\frac{\partial^2 \varPsi_u}{\partial P_{\eta'}\partial P_{\eta''}} \right\rangle_t$$

$$\bar{\bar{m}}_r(\boldsymbol{I'},\boldsymbol{\varPsi'},H_r) = \varepsilon\left\langle -\sum_{j=1}^{n}\sum_{\rho=r}^{n}m_{\rho j}\frac{\partial H_r}{\partial P_\rho}\frac{\partial H}{\partial P_j} + \sum_{\rho,\rho'=r}^{n}\sum_{l,s=1}^{m}\pi K_{ls}g_{\rho l}g_{\rho's}\frac{\partial^2 H_r}{\partial P_\rho\partial P_{\rho'}} \right\rangle_t$$

$$\sum_{l=1}^{m}\bar{\bar{\sigma}}_{\eta l}\bar{\bar{\sigma}}_{\bar{\eta}l}(\boldsymbol{I'},\boldsymbol{\varPsi'},H_r) = \varepsilon\left\langle \sum_{\eta',\eta''=1}^{r-1}\sum_{l,s=1}^{m}2\pi K_{ls}g_{\eta'l}g_{\eta''s}\frac{\partial I_\eta}{\partial P_{\eta'}}\frac{\partial I_{\bar{\eta}}}{\partial P_{\eta''}} \right\rangle_t$$

$$\sum_{l=1}^{m}\bar{\bar{\sigma}}_{ul}\bar{\bar{\sigma}}_{vl}(\boldsymbol{I'},\boldsymbol{\varPsi'},H_r) = \varepsilon\left\langle \sum_{\eta',\eta''=1}^{r-1}\sum_{l,s=1}^{m}2\pi K_{ls}g_{\eta'l}g_{\eta''s}\frac{\partial \varPsi_u}{\partial P_{\eta'}}\frac{\partial \varPsi_v}{\partial P_{\eta''}} \right\rangle$$

$$\sum_{l=1}^{m} \bar{\bar{\sigma}}_{rl} \bar{\bar{\sigma}}_{rl}(\boldsymbol{I'},\boldsymbol{\Psi'},H_r) = \varepsilon \left\langle \sum_{\rho,\rho'=r}^{n} \sum_{l,s=1}^{m} 2\pi K_{ls} g_{\rho l} g_{\rho's} \frac{\partial H_r}{\partial P_\rho} \frac{\partial H_r}{\partial P_{\rho'}} \right\rangle_t$$

$$\sum_{l=1}^{m} \bar{\bar{\sigma}}_{\eta l} \bar{\bar{\sigma}}_{rl}(\boldsymbol{I'},\boldsymbol{\Psi'},H_r) = \varepsilon \left\langle \sum_{\rho=r}^{n} \sum_{\eta'=1}^{r-1} \sum_{l,s=1}^{m} 2\pi K_{ls} g_{\eta'l} g_{\rho s} \frac{\partial I_\eta}{\partial P_{\eta'}} \frac{\partial H_r}{\partial P_\rho} \right\rangle_t$$

$$\sum_{l=1}^{m} \bar{\bar{\sigma}}_{rl} \bar{\bar{\sigma}}_{ul}(\boldsymbol{I'},\boldsymbol{\Psi'},H_r) = \varepsilon \left\langle \sum_{\eta'=1}^{r-1} \sum_{\rho=r}^{n} \sum_{l,s=1}^{m} 2\pi K_{ls} g_{\eta'l} g_{\rho s} \frac{\partial \Psi_u}{\partial P_{\eta'}} \frac{\partial H_r}{\partial P_\rho} \right\rangle_t$$

$$\sum_{l=1}^{m} \bar{\bar{\sigma}}_{\eta l} \bar{\bar{\sigma}}_{ul}(\boldsymbol{I'},\boldsymbol{\Psi'},H_r) = \varepsilon \left\langle \sum_{\eta',\eta''=1}^{r-1} \sum_{l,s=1}^{m} 2\pi K_{ls} g_{\eta'l} g_{\eta''s} \frac{\partial I_\eta}{\partial P_{\eta'}} \frac{\partial \Psi_u}{\partial P_{\eta''}} \right\rangle_t$$

$$(5.3.30)$$

式中时间平均算子

$$\langle [\cdot] \rangle_t = \frac{1}{(2\pi)^{r-\beta-1} T(H_r)} \int_{\Omega_1} \int_0^{2\pi} \cdots \int_0^{2\pi} \left([\cdot] \middle/ \frac{\partial H_r}{\partial p_r} \right) \mathrm{d}\theta_1 \cdots \mathrm{d}\theta_{r-\beta-1} \mathrm{d}q_r \cdots \mathrm{d}q_n \mathrm{d}p_{r+1} \cdots \mathrm{d}p_n$$

$$(5.3.31)$$

$T(H_r)$和Ω_1由式(5.3.7)确定.

与式(5.3.29)相应的平均 FPK 方程为

$$\begin{aligned}
\frac{\partial p}{\partial t} = &-\sum_{\eta=1}^{r-1} \frac{\partial}{\partial I_\eta} (\bar{\bar{a}}_\eta p) - \sum_{u=1}^{\beta} \frac{\partial}{\partial \psi_u} (\bar{\bar{a}}_u p) - \frac{\partial}{\partial h_r} (\bar{\bar{a}}_r p) \\
&+ \frac{1}{2} \sum_{\eta,\bar{\eta}=1}^{r-1} \frac{\partial^2}{\partial I_\eta \partial I_{\bar{\eta}}} (\bar{\bar{b}}_{\eta\bar{\eta}} p) + \frac{1}{2} \sum_{u,v=1}^{\beta} \frac{\partial^2}{\partial \psi_u \partial \psi_v} (\bar{\bar{b}}_{uv} p) + \frac{1}{2} \frac{\partial^2}{\partial h_r^2} (\bar{\bar{b}}_{rr} p) \\
&+ \sum_{\eta=1}^{r-1} \sum_{u=1}^{\beta} \frac{\partial^2}{\partial I_\eta \partial \psi_u} (\bar{\bar{b}}_{\eta u} p) + \sum_{\eta=1}^{r-1} \frac{\partial^2}{\partial I_\eta \partial h_r} (\bar{\bar{b}}_{\eta r} p) + \sum_{u=1}^{\beta} \frac{\partial^2}{\partial h_r \partial \psi_u} (\bar{\bar{b}}_{ru} p)
\end{aligned} \quad (5.3.32)$$

式中一、二阶导数矩为

$$\bar{\bar{a}}_\eta = \bar{\bar{a}}_\eta(\boldsymbol{I'},\boldsymbol{\psi},h_r) = \bar{\bar{m}}_\eta(\boldsymbol{I'},\boldsymbol{\Psi},H_r)\big|_{H_r=h_r,\ \boldsymbol{\Psi'}=\boldsymbol{\psi'}}$$

$$\bar{\bar{a}}_u = \bar{\bar{a}}_u(\boldsymbol{I'},\boldsymbol{\psi},h_r) = \bar{\bar{m}}_u(\boldsymbol{I'},\boldsymbol{\Psi},H_r)\big|_{H_r=h_r,\ \boldsymbol{\Psi'}=\boldsymbol{\psi'}}$$

$$\bar{\bar{a}}_r = \bar{\bar{a}}_r(\boldsymbol{I'},\boldsymbol{\psi},h_r) = \bar{\bar{m}}_r(\boldsymbol{I'},\boldsymbol{\Psi},H_r)\big|_{H_r=h_r,\ \boldsymbol{\Psi'}=\boldsymbol{\psi'}}$$

$$\bar{\bar{b}}_{\eta\bar{\eta}} = \bar{\bar{b}}_{\eta\bar{\eta}}(\boldsymbol{I'},\boldsymbol{\psi},h_r) = \sum_{l=1}^{m} \bar{\bar{\sigma}}_{\eta l} \bar{\bar{\sigma}}_{\bar{\eta} l}(\boldsymbol{I'},\boldsymbol{\Psi},H_r)\big|_{H_r=h_r,\ \boldsymbol{\Psi'}=\boldsymbol{\psi'}}$$

$$\bar{\bar{b}}_{uv} = \bar{\bar{b}}_{uv}(\boldsymbol{I'},\boldsymbol{\psi},h_r) = \sum_{l=1}^{m} \bar{\bar{\sigma}}_{ul} \bar{\bar{\sigma}}_{vl}(\boldsymbol{I'},\boldsymbol{\Psi},H_r)\big|_{H_r=h_r,\ \boldsymbol{\Psi'}=\boldsymbol{\psi'}}$$

$$\bar{\bar{b}}_{rr} = \bar{\bar{b}}_{rr}(\boldsymbol{I}', \boldsymbol{\psi}', h_r) = \sum_{l=1}^{m} \bar{\bar{\sigma}}_{rl} \bar{\bar{\sigma}}_{rl}(\boldsymbol{I}', \boldsymbol{\Psi}', H_r)\Big|_{H_r=h_r, \, \boldsymbol{\Psi}'=\boldsymbol{\psi}'}$$

$$\bar{\bar{b}}_{\eta u} = \bar{\bar{b}}_{\eta u}(\boldsymbol{I}', \boldsymbol{\psi}', h_r) = \sum_{l=1}^{m} \bar{\bar{\sigma}}_{\eta l} \bar{\bar{\sigma}}_{ul}(\boldsymbol{I}', \boldsymbol{\Psi}', H_r)\Big|_{H_r=h_r, \, \boldsymbol{\Psi}'=\boldsymbol{\psi}'}$$

$$\bar{\bar{b}}_{\eta r} = \bar{\bar{b}}_{\eta r}(\boldsymbol{I}', \boldsymbol{\psi}', h_r) = \sum_{l=1}^{m} \bar{\bar{\sigma}}_{\eta l} \bar{\bar{\sigma}}_{rl}(\boldsymbol{I}', \boldsymbol{\Psi}', H_r)\Big|_{H_r=h_r, \, \boldsymbol{\Psi}'=\boldsymbol{\psi}'}$$

$$\bar{\bar{b}}_{ru} = \bar{\bar{b}}_{ru}(\boldsymbol{I}', \boldsymbol{\psi}', h_r) = \sum_{l=1}^{m} \bar{\bar{\sigma}}_{rl} \bar{\bar{\sigma}}_{ul}(\boldsymbol{I}', \boldsymbol{\Psi}', H_r)\Big|_{H_r=h_r, \, \boldsymbol{\Psi}'=\boldsymbol{\psi}'}$$

$$(5.3.33)$$

$p = p(\boldsymbol{I}', h_r, \boldsymbol{\psi}', t \mid \boldsymbol{I}'_0, h_{r0}, \boldsymbol{\psi}'_0)$ 为转移概率密度，相应的初始条件为

$$p(\boldsymbol{I}', \boldsymbol{\psi}', h_r, 0 \mid \boldsymbol{I}'_0, \boldsymbol{\psi}'_0, h_{r0}) = \delta(\boldsymbol{I}' - \boldsymbol{I}'_0)\delta(\boldsymbol{\psi}' - \boldsymbol{\psi}'_0)\delta(h_r - h_{r0}) \qquad (5.3.34)$$

或 $p = p(\boldsymbol{I}', h_r, \boldsymbol{\psi}', t)$ 为联合概率密度，相应的初始条件为

$$p(\boldsymbol{I}', \boldsymbol{\psi}', h_r, 0) = p(\boldsymbol{I}'_0, \boldsymbol{\psi}'_0, h_{r0}) \qquad (5.3.35)$$

关于 I_η、H_r 的边界条件形同式(5.3.12)、式(5.3.13)，关于 ψ_u 的周期边界条件形同式(5.2.56).

考虑到变换(5.3.3)与(5.3.27)，式(5.3.32)的平稳解与原系统广义位移和广义动量的近似平稳概率密度之间的关系为

$$p(\boldsymbol{q}, \boldsymbol{p}) = \frac{p(\boldsymbol{I}', \boldsymbol{\psi}', h_r)}{(2\pi)^{r-\beta-1}T(h_r)} \left| \frac{\partial(\boldsymbol{I}', \boldsymbol{\psi}', \boldsymbol{\theta}'')}{\partial(\boldsymbol{q}_1, \boldsymbol{p}_1)} \right| \qquad (5.3.36)$$

式中 $\boldsymbol{\theta}'' = [\theta_1, \theta_2, \cdots, \theta_{r-\beta-1}]^{\mathrm{T}}$，$\partial(\boldsymbol{I}', \boldsymbol{\psi}', \boldsymbol{\theta}'')/\partial(\boldsymbol{q}_1, \boldsymbol{p}_1)$ 为 $\partial(\boldsymbol{I}', \boldsymbol{\theta}')/\partial(\boldsymbol{q}_1, \boldsymbol{p}_1)$ 的整数组合，后者为 1，式(5.3.36)中行列式只影响归一化常数.

若部分可积哈密顿系统的哈密顿函数具有形如式(5.3.15)的结构，且 H_η $(\eta=1,2,\cdots,r-1)$，可分别求得作用角变量 I_η, θ_η $(\eta=1,2,\cdots,r-1)$，则平均伊藤随机微分方程仍形为式(5.3.29)，只是它的漂移与扩散系数改为

$$\bar{\bar{m}}_\eta(\boldsymbol{I}', \boldsymbol{\Psi}', H_r) = \varepsilon\left\langle -\sum_{j=1}^{n} m_{\eta j}\frac{\partial I_\eta}{\partial P_\eta}P_j + \sum_{l,s=1}^{m}\pi K_{ls}g_{\eta l}g_{\eta s}\frac{\partial^2 I_\eta}{\partial P_\eta^2} \right\rangle_t$$

$$\bar{\bar{m}}_u(\boldsymbol{I}', \boldsymbol{\Psi}', H_r) = O_u(\varepsilon) + \varepsilon\left\langle -\sum_{j=1}^{n}\sum_{\eta'=1}^{r-1} m_{\eta' j}\frac{\partial \Psi_u}{\partial P_{\eta'}}P_j + \sum_{\eta',\eta''=1}^{r-1}\sum_{l,s=1}^{m}\pi K_{ls}g_{\eta' l}g_{\eta'' s}\frac{\partial^2 \Psi_u}{\partial P_{\eta'}\partial P_{\eta''}} \right\rangle_t$$

$$\bar{\bar{m}}_r(\boldsymbol{I}', \boldsymbol{\Psi}', H_r) = \varepsilon\left\langle -\sum_{j=1}^{n}\sum_{\rho=r}^{n} m_{\rho j}P_\rho P_j + \sum_{\rho=r}^{n}\sum_{l,s=1}^{m}\pi K_{ls}g_{\rho l}g_{\rho s} \right\rangle_t$$

$$\sum_{l=1}^{m}\bar{\bar{\bar{\sigma}}}_{\eta l}\bar{\bar{\bar{\sigma}}}_{\bar{\eta}l}(\boldsymbol{I}',\boldsymbol{\Psi}',H_r)=\varepsilon\left\langle\sum_{l,s=1}^{m}2\pi K_{ls}g_{\eta l}g_{\bar{\eta}s}\frac{\partial I_\eta}{\partial P_\eta}\frac{\partial I_{\bar{\eta}}}{\partial P_{\bar{\eta}}}\right\rangle_t$$

$$\sum_{l=1}^{m}\bar{\bar{\bar{\sigma}}}_{ul}\bar{\bar{\bar{\sigma}}}_{vl}(\boldsymbol{I}',\boldsymbol{\Psi}',H_r)=\varepsilon\left\langle\sum_{\eta,\eta'=1}^{r-1}\sum_{l,s=1}^{m}2\pi K_{ls}g_{\eta l}g_{\eta's}\frac{\partial \Psi_u}{\partial P_\eta}\frac{\partial \Psi_v}{\partial P_{\eta'}}\right\rangle_t$$

$$\sum_{l=1}^{m}\bar{\bar{\bar{\sigma}}}_{rl}\bar{\bar{\bar{\sigma}}}_{rl}(\boldsymbol{I}',\boldsymbol{\Psi}',H_r)=\varepsilon\left\langle\sum_{\rho,\rho'=r}^{n}\sum_{l,s=1}^{m}2\pi K_{ls}g_{\rho l}g_{\rho's}P_\rho P_{\rho'}\right\rangle_t$$

$$\sum_{l=1}^{m}\bar{\bar{\bar{\sigma}}}_{\eta l}\bar{\bar{\bar{\sigma}}}_{ul}(\boldsymbol{I}',\boldsymbol{\Psi}',H_r)=\varepsilon\left\langle\sum_{\eta'=1}^{r-1}\sum_{l,s=1}^{m}2\pi K_{ls}g_{\eta l}g_{\eta's}\frac{\partial I_\eta}{\partial P_\eta}\frac{\partial \Psi_u}{\partial P_{\eta'}}\right\rangle_t$$

$$\sum_{l=1}^{m}\bar{\bar{\bar{\sigma}}}_{\eta l}\bar{\bar{\bar{\sigma}}}_{rl}(\boldsymbol{I}',\boldsymbol{\Psi}',H_r)=\varepsilon\left\langle\sum_{\rho=r}^{n}\sum_{l,s=1}^{m}2\pi K_{ls}g_{\eta l}g_{\rho s}\frac{\partial I_\eta}{\partial P_\eta}P_\rho\right\rangle_t$$

$$\sum_{l=1}^{m}\bar{\bar{\bar{\sigma}}}_{rl}\bar{\bar{\bar{\sigma}}}_{ul}(\boldsymbol{I}',\boldsymbol{\Psi}',H_r)=\varepsilon\left\langle\sum_{\eta=1}^{r-1}\sum_{\rho=r}^{n}\sum_{l,s=1}^{m}2\pi K_{ls}g_{\eta l}g_{\rho s}\frac{\partial \Psi_u}{\partial P_\eta}P_\rho\right\rangle_t$$

$$(5.3.37)$$

而时间平均算子(5.3.31)代之以

$$\langle[\cdot]\rangle_t=\frac{1}{(2\pi)^{r-\beta-1}T'(H_r)}\int_{\Omega_1}\int_0^{2\pi}\cdots\int_0^{2\pi}([\cdot]/p_r)\mathrm{d}\theta_1\cdots\mathrm{d}\theta_{r-\beta-1}\mathrm{d}q_r\cdots\mathrm{d}q_n\mathrm{d}p_{r+1}\cdots\mathrm{d}p_n$$

$$(5.3.38)$$

式中

$$T(H_r)=\int_{\Omega_1}\left(1/p_r\right)\mathrm{d}q_r\cdots\mathrm{d}q_n\mathrm{d}p_{r+1}\cdots\mathrm{d}p_n \qquad (5.3.39)$$

Ω_1 仍由式(5.3.7)给出.

平均 FPK 方程仍形如式(5.3.32), 只是其一、二阶导数矩改为

$$\bar{\bar{\bar{a}}}_\eta=\bar{\bar{\bar{a}}}_\eta(\boldsymbol{I}',\boldsymbol{\psi}',h_r)=\bar{\bar{\bar{m}}}_\eta(\boldsymbol{I}',\boldsymbol{\Psi}',H_r)\Big|_{H_r=h_r,\ \boldsymbol{\Psi}'=\boldsymbol{\psi}'}$$

$$\bar{\bar{\bar{a}}}_u=\bar{\bar{\bar{a}}}_u(\boldsymbol{I}',\boldsymbol{\psi}',h_r)=\bar{\bar{\bar{m}}}_u(\boldsymbol{I}',\boldsymbol{\Psi}',H_r)\Big|_{H_r=h_r,\ \boldsymbol{\Psi}'=\boldsymbol{\psi}'}$$

$$\bar{\bar{\bar{a}}}_r=\bar{\bar{\bar{a}}}_r(\boldsymbol{I}',\boldsymbol{\psi}',h_r)=\bar{\bar{\bar{m}}}_r(\boldsymbol{I}',\boldsymbol{\Psi}',H_r)\Big|_{H_r=h_r,\ \boldsymbol{\Psi}'=\boldsymbol{\psi}'}$$

$$\bar{\bar{\bar{b}}}_{\eta\bar{\eta}}=\bar{\bar{\bar{b}}}_{\eta\bar{\eta}}(\boldsymbol{I}',\boldsymbol{\psi}',h_r)=\sum_{l=1}^{m}\bar{\bar{\bar{\sigma}}}_{\eta l}\bar{\bar{\bar{\sigma}}}_{\bar{\eta}l}(\boldsymbol{I}',\boldsymbol{\Psi}',H_r)\Big|_{H_r=h_r,\ \boldsymbol{\Psi}'=\boldsymbol{\psi}'}$$

$$\bar{\bar{\bar{b}}}_{uv}=\bar{\bar{\bar{b}}}_{uv}(\boldsymbol{I}',\boldsymbol{\psi}',h_r)=\sum_{l=1}^{m}\bar{\bar{\bar{\sigma}}}_{ul}\bar{\bar{\bar{\sigma}}}_{vl}(\boldsymbol{I}',\boldsymbol{\Psi}',H_r)\Big|_{H_r=h_r,\ \boldsymbol{\Psi}'=\boldsymbol{\psi}'}$$

$$\bar{\bar{\bar{b}}}_{rr}=\bar{\bar{\bar{b}}}_{rr}(\boldsymbol{I}',\boldsymbol{\psi}',h_r)=\sum_{l=1}^{m}\bar{\bar{\bar{\sigma}}}_{rl}\bar{\bar{\bar{\sigma}}}_{rl}(\boldsymbol{I}',\boldsymbol{\Psi}',H_r)\Big|_{H_r=h_r,\ \boldsymbol{\Psi}'=\boldsymbol{\psi}'}$$

$$\overline{\overline{\overline{b}}}_{\eta u} = \overline{\overline{\overline{b}}}_{\eta u}(\boldsymbol{I}', \boldsymbol{\psi}', h_r) = \sum_{l=1}^{m} \overline{\overline{\overline{\sigma}}}_{\eta l} \overline{\overline{\overline{\sigma}}}_{ul}(\boldsymbol{I}', \boldsymbol{\Psi}', H_r)\Big|_{H_r = h_r, \, \boldsymbol{\Psi}' = \boldsymbol{\psi}'}$$

$$\overline{\overline{\overline{b}}}_{\eta r} = \overline{\overline{\overline{b}}}_{\eta r}(\boldsymbol{I}', \boldsymbol{\psi}', h_r) = \sum_{l=1}^{m} \overline{\overline{\overline{\sigma}}}_{\eta l} \overline{\overline{\overline{\sigma}}}_{rl}(\boldsymbol{I}', \boldsymbol{\Psi}', H_r)\Big|_{H_r = h_r, \, \boldsymbol{\Psi}' = \boldsymbol{\psi}'}$$

$$\overline{\overline{\overline{b}}}_{ru} = \overline{\overline{\overline{b}}}_{ru}(\boldsymbol{I}', \boldsymbol{\psi}', h_r) = \sum_{l=1}^{m} \overline{\overline{\overline{\sigma}}}_{rl} \overline{\overline{\overline{\sigma}}}_{ul}(\boldsymbol{I}', \boldsymbol{\Psi}', H_r)\Big|_{H_r = h_r, \, \boldsymbol{\Psi}' = \boldsymbol{\psi}'}$$

$$(5.3.40)$$

例5.3.1 考虑在高斯白噪声激励下四自由度非线性系统

$$\dot{Q}_1 = P_1$$
$$\dot{P}_1 = -\omega_1^2 Q_1 - \Big[\alpha_{10} + \alpha_{11} P_1^2 + \alpha_{12} P_2^2 + \alpha_{13} P_3^2 + \alpha_{14} P_4^2$$
$$+ (\alpha_{13} + \alpha_{14}) U(Q_3, Q_4)\Big] P_1 + W_{\mathrm{g}1}(t)$$
$$\dot{Q}_2 = P_2$$
$$\dot{P}_2 = -\omega_2^2 Q_2 - \Big[\alpha_{20} + \alpha_{21} P_1^2 + \alpha_{22} P_2^2 + \alpha_{23} P_3^2 + \alpha_{24} P_4^2$$
$$+ (\alpha_{23} + \alpha_{24}) U(Q_3, Q_4)\Big] P_2 + W_{\mathrm{g}2}(t)$$
$$\dot{Q}_3 = P_3$$
$$\dot{P}_3 = -\partial U(Q_3, Q_4)/\partial Q_3 - \Big[\alpha_{30} + \alpha_{31} P_1^2 + \alpha_{32} P_2^2 + \alpha_{33} P_3^2 + \alpha_{34} P_4^2 \qquad (5.3.41)$$
$$+ (1/2)(\alpha_{34} + 3\alpha_{33}) U(Q_3, Q_4)\Big] P_3 + W_{\mathrm{g}3}(t)$$
$$\dot{Q}_4 = P_4$$
$$\dot{P}_4 = -\partial U(Q_3, Q_4)/\partial Q_4 - \Big[\alpha_{40} + \alpha_{41} P_1^2 + \alpha_{42} P_2^2 + \alpha_{43} P_3^2 + \alpha_{44} P_4^2$$
$$+ (1/2)(\alpha_{43} + 3\alpha_{44}) U(Q_3, Q_4)\Big] P_4 + W_{\mathrm{g}4}(t)$$

式中

$$U(Q_3, Q_4) = \left(\omega_3^2 Q_3^2 + \omega_4^2 Q_4^2\right)/2 + b\left(\omega_3^2 Q_3^2 + \omega_4^2 Q_4^2\right)^2 / 4 \qquad (5.3.42)$$

ω_i, α_{ij}, b 为正常数; $W_{\mathrm{g}l}(t)$ 是强度为 $2\pi K_l$ 的独立高斯白噪声. 相应的哈密顿系统的哈密顿函数为

$$H = \sum_{\eta=1}^{2} H_\eta + H_3 = \sum_{\eta=1}^{2} \omega_\eta I_\eta + H_3 \qquad (5.3.43)$$

式中

$$H_\eta = \left(p_\eta^2 + \omega_\eta^2 q_\eta^2\right)/2, \quad H_3 = \left(p_3^2 + p_4^2\right)/2 + U(q_3, q_4) \qquad (5.3.44)$$

$U(q_3, q_4)$ 不可分离. 式(5.3.43)为式(5.3.2)之一例. 设 α_{ij}、K_l 同为 ε 阶小量,则式(5.3.41)为拟部分可积哈密顿系统. 平均方程的维数与形式取决于前两个自由度是否

存在内共振.

(1) 非共振情形. 关于 I_η、H_3 的伊藤随机微分方程形如式(5.3.4). 以 I_η 为作用量的哈密顿子系统在相平面上有周期解族, 按式(5.3.7)作平均, 得形如式(5.3.5)平均伊藤随机微分方程

$$dI_\eta = \bar{m}_\eta(I_1, I_2, H_3)dt + \sum_{l=1}^{4} \bar{\sigma}_{\eta l}(I_1, I_2, H_3)dB_l$$

$$dH_3 = \bar{m}_3(I_1, I_2, H_3)dt + \sum_{l=1}^{4} \bar{\sigma}_{3l}(I_1, I_2, H_3)dB_l \tag{5.3.45}$$

$$\eta = 1, 2$$

式中漂移和扩散系数为

$$\bar{m}_1(I_1, I_2, H_3) = -\left[\alpha_{10}I_1 + 3\alpha_{11}\omega_1 I_1^2/2 + \alpha_{12}\omega_2 I_1 I_2 + (\alpha_{13} + \alpha_{14})I_1 H_3\right] + \pi K_1/\omega_1$$

$$\bar{m}_2(I_1, I_2, H_3) = -\left[\alpha_{20}I_2 + 3\alpha_{22}\omega_2 I_2^2/2 + \alpha_{21}\omega_1 I_1 I_2 + (\alpha_{23} + \alpha_{24})I_2 H_3\right] + \pi K_2/\omega_2$$

$$\bar{m}_3(I_1, I_2, H_3) = -[(\alpha_{30} + \alpha_{40}) + (\alpha_{31} + \alpha_{41})\omega_1 I_1 + (\alpha_{32} + \alpha_{42})\omega_2 I_2$$
$$+ (3\alpha_{33} + 3\alpha_{44} + \alpha_{34} + \alpha_{43})H_3/2]S(H_3) + \pi K_3 + \pi K_4$$

$$\bar{\sigma}_{11}^2(I_1, I_2, H_3) = 2\pi K_1 I_1/\omega_1, \quad \bar{\sigma}_{22}^2(I_1, I_2, H_3) = 2\pi K_2 I_2/\omega_2$$

$$\bar{\sigma}_{33}^2(I_1, I_2, H_3) = 2\pi(K_3 + K_4)S(H_3)$$

$$\bar{\sigma}_{12} = \bar{\sigma}_{13} = \bar{\sigma}_{21} = \bar{\sigma}_{23} = \bar{\sigma}_{31} = \bar{\sigma}_{32} = 0 \tag{5.3.46}$$

式中 $S(H_3) = [1 + 8bH_3 - (1 + 4bH_3)^{1/2}]/12b$.

相应平均 FPK 方程形如式(5.3.8), 设其精确平稳解形为

$$p(I_1, I_2, h_3) = C\exp\left[-\lambda(I_1, I_2, h_3)\right] \tag{5.3.47}$$

代入简化平均 FPK 方程得 λ 满足之一阶偏微分方程

$$\frac{2\pi K_1 I_1}{\omega_1}\frac{\partial\lambda}{\partial I_1} = \frac{2\pi K_1}{\omega_1} - 2a_1, \quad \frac{2\pi K_2 I_2}{\omega_2}\frac{\partial\lambda}{\partial I_2} = \frac{2\pi K_2}{\omega_2} - 2a_2$$

$$2\pi(K_3 + K_4)S(h_3)\frac{\partial\lambda}{\partial h_3} = 2\pi(K_3 + K_4)\frac{dS(h_3)}{dh_3} - 2a_3 \tag{5.3.48}$$

式中 $a_i = \bar{m}_i$. 若阻尼系数与随机激励强度满足如下相容条件

$$\alpha_{12}/K_1 = \alpha_{21}/K_2, \quad (\alpha_{13} + \alpha_{14})/K_1 = (\alpha_{31} + \alpha_{41})/(K_3 + K_4)$$

$$(\alpha_{23} + \alpha_{24})/K_2 = (\alpha_{32} + \alpha_{42})/(K_3 + K_4) \tag{5.3.49}$$

则有精确平稳解

$$p(I_1,I_2,h_3)=C\Big[(1+4bh_3)^{1/2}-1\Big]\exp\Big\{-\big[\alpha_{10}\omega_1 I_1/(\pi K_1)+\alpha_{20}\omega_2 I_2/(\pi K_2)$$

$$+(\alpha_{30}+\alpha_{40})h_3/(\pi K_3+\pi K_4)+3\alpha_{11}\omega_1^2 I_1^2/(4\pi K_1)+3\alpha_{22}\omega_2^2 I_2^2/(4\pi K_2)$$

$$+(3\alpha_{33}+3\alpha_{44}+\alpha_{34}+\alpha_{43})h_3^3/(4\pi K_1+4\pi K_4)+\alpha_{12}\omega_1\omega_2 I_1 I_2/(\pi K_1)$$

$$+(\alpha_{13}+\alpha_{14})\omega_1 I_1 h_3/(\pi K_1)+(\alpha_{23}+\alpha_{24})\omega_2 I_2 h_3/(\pi K_2)\big]\Big\}$$

$$(5.3.50)$$

按式(5.3.14)得系统(5.3.41)的近似平稳概率密度

$$p(\boldsymbol{p},\boldsymbol{q})=\frac{p(I_1,I_2,h_3)}{(1-4bh_3)^{1/2}-1}\Bigg|_{I_{1,2}=I_{1,2}(q_{1,2},p_{1,2}),h_3=H_3(q_3,q_4,p_3,p_4)} \tag{5.3.51}$$

(2) 主共振情形. $\omega_1=\omega_2$. 令 $\Psi=\Theta_1-\Theta_2$，平均伊藤方程形如式(5.3.29)，即

$$\mathrm{d}I_\eta=\overline{m}_\eta(I_1,I_2,H_3,\Psi)\mathrm{d}t+\sum_{l=1}^4\overline{\sigma}_{\eta l}(I_1,I_2,H_3,\Psi)\mathrm{d}B_l(t)$$

$$\mathrm{d}H_3=\overline{m}_3(I_1,I_2,H_3,\Psi)\mathrm{d}t+\sum_{l=1}^4\overline{\sigma}_{3l}(I_1,I_2,H_3,\Psi)\mathrm{d}B_l(t) \tag{5.3.52}$$

$$\mathrm{d}\Psi=\overline{m}_4(I_1,I_2,H_3,\Psi)\mathrm{d}t+\sum_{l=1}^4\overline{\sigma}_{4l}(I_1,I_2,H_3,\Psi)\mathrm{d}B_l(t)$$

$$\eta=1,2$$

式中漂移与扩散系数按式(5.3.37)得

$$\overline{m}_1(I_1,I_2,H_3,\psi)=-\Big[\alpha_{10}I_1+3\alpha_{11}\omega_1 I_1^2/2+\alpha_{12}\omega_2 I_1 I_2\big(1+(1/2)\cos2\psi\big)$$

$$+(\alpha_{13}+\alpha_{14})I_1 H_3\Big]+\pi K_1/\omega_1$$

$$\overline{m}_2(I_1,I_2,H_3,\psi)=-\Big[\alpha_{20}I_2+3\alpha_{22}\omega_2 I_2^2/2+\alpha_{21}\omega_1 I_1 I_2$$

$$\times\big(1+(1/2)\cos2\psi\big)+(\alpha_{23}+\alpha_{24})I_2 H_3\Big]+\pi K_2/\omega_2$$

$$\overline{m}_3(I_1,I_2,H_3,\psi)=-\Big[(\alpha_{30}+\alpha_{40})+(\alpha_{31}+\alpha_{41})\omega_1 I_1+(\alpha_{32}+\alpha_{42})\omega_2 I_2$$

$$+(3\alpha_{33}+3\alpha_{44}+\alpha_{34}+\alpha_{43})H_3/2\Big]S(H_3)+\pi K_3+\pi K_4$$

$$\overline{m}_4(I_1,I_2,H_3,\psi)=\big[(\alpha_{12}\omega_2 I_2+\alpha_{21}\omega_1 I_1)/4\big]\sin2\psi$$

$$\overline{\sigma}_{11}^2(I_1,I_2,H_3,\psi)=2\pi K_1 I_1/\omega_1,\quad \overline{\sigma}_{22}^2(I_1,I_2,H_3,\psi)=2\pi K_2 I_2/\omega_2 \tag{5.3.53}$$

$$\overline{\sigma}_{33}^2(I_1,I_2,H_3,\psi)=2\pi(K_3+K_4)S(H_3)$$

$$\overline{\sigma}_{44}^2(I_1,I_2,H_3,\psi)=\pi K_1/(2\omega_1 I_1)+\pi K_2/(2\omega_2 I_2)$$

$$\overline{\sigma}_{12}=\overline{\sigma}_{13}=\overline{\sigma}_{14}=\overline{\sigma}_{21}=\overline{\sigma}_{23}=\overline{\sigma}_{24}=\overline{\sigma}_{31}=\overline{\sigma}_{32}=\overline{\sigma}_{34}=\overline{\sigma}_{41}=\overline{\sigma}_{42}=\overline{\sigma}_{43}=0$$

与式(5.3.52)相应的平均 FPK 方程形如式(5.3.32). 其一、二阶导数矩按式(5.3.40)由式(5.3.53)导得. 在系统参数满足相容条件(5.3.49)时，可得精确平稳解

$$
\begin{aligned}
p(I_1, I_2, h_3, \psi) = C\Big[&(1 + 4bh_3)^{1/2} - 1\Big]\exp\Big\{-\big[\alpha_{10}\omega_1 I_1/(\pi K_1)\\
&+ \alpha_{20}\omega_2 I_2/(\pi K_2) + (\alpha_{30} + \alpha_{40})h_3/(\pi K_3 + \pi K_4) + 3\alpha_{11}\omega_1^2 I_1^2/(4\pi K_1)\\
&+ 3\alpha_{22}\omega_2^2 I_2^2/(4\pi K_2) + (3\alpha_{33} + 3\alpha_{44} + \alpha_{34} + \alpha_{43})h_3^2/(4\pi K_3 + 4\pi K_4)\\
&+ (\alpha_{12}\omega_1\omega_2 I_1 I_2/(\pi K_1))(1 + (1/2)\cos 2\psi) + (\alpha_{13} + \alpha_{14})\omega_1 I_1 h_3/(\pi K_1)\\
&+ (\alpha_{23} + \alpha_{24})\omega_2 I_2 h_3/(\pi K_2)\big]\Big\}
\end{aligned}
\tag{5.3.54}
$$

按式(5.3.36)，并注意到 $\left|\partial(I_1, I_2, \psi, \theta_1)/\partial(q_1, q_2, p_1, p_2)\right| = 1$，原系统(5.3.41)的近似平稳概率密度为

$$
p(\boldsymbol{q}, \boldsymbol{p}) = \frac{2\pi p(I_1, I_2, h_3, \psi)}{(1 - 4bh_3)^{1/2} - 1}\Bigg|_{I_\eta = I_\eta(q_\eta, p_\eta), h_3 = H_3(q_3, q_4, p_3, p_4), \psi = \psi(q_1, q_2, p_1, p_2)}
\tag{5.3.55}
$$

以上非内共振与内共振情形解析结果与数值模拟结果颇为吻合(见图 5.3.1).

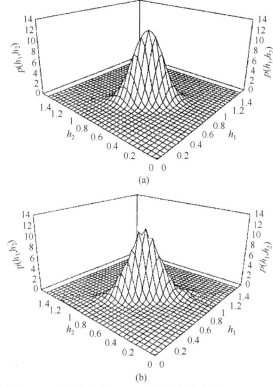

图 5.3.1　共振情形系统(5.3.41)的首次积分 H_1, H_2 的平稳概率密度 $p(h_1, h_2)$. (a) 随机平均法结果；(b) 数值模拟结果. 系统参数 $\omega_1 = \omega_2 = 1.0$，$\omega_3 = 1.11$，$\omega_4 = 1.732$，$\alpha_{10} = \alpha_{20} = \alpha_{30} = \alpha_{40} = -0.08$，$\alpha_{11} = \alpha_{22} = \alpha_{33} = \alpha_{44} = \alpha_{34} = \alpha_{43} = 0.04$，$\alpha_{12} = \alpha_{21} = 0.08$，$\alpha_{31} = \alpha_{41} = \alpha_{23} = \alpha_{42} = 0.02$，$\alpha_{13} = \alpha_{14} = \alpha_{23} = \alpha_{24} = 0.01$，$\pi K_1 = \pi K_2 = \pi K_3 = \pi K_4 = 0.05$ (Zhu et al.，2002)

5.4 二自由度碰撞振动系统的平稳响应

由 3.2.6 节知，哈密顿系统的不可积性乃随系统能量的增大而增大，因此，给定一个拟哈密顿系统，究竟该选用拟可积哈密顿随机平均法还是拟不可积哈密顿系统随机平均法，要看系统的参数，主要是非线性与激励强度的大小. 本节通过一个例子说明如何针对不同参数和不同系统性态，应用不同方法预测同一系统的平稳响应(刘中华，2002). 考虑如图 5.4.1 所示的高斯白噪声激励的二自由度碰撞振动系统，m_1、m_2 为两个物体的质量，k_1、k_2 为线性弹簧刚度，c_1、c_2 为线性阻尼系数. 设第二个质量两侧存在限制壁，静平衡位置离左右壁距离分别为 δ_l、δ_r，假定壁为弹性体，且质量与壁之间的相互作用由 Hertz 接触定律支配，$W_{g1}(t)$ 与 $W_{g2}(t)$ 为独立的高斯白噪声，其强度分别为 $2\pi K_1$ 和 $2\pi K_2$. 假定 c_1、c_2、K_1、K_2 为同阶小量.

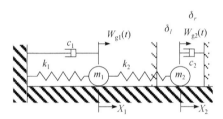

图 5.4.1 二自由度碰撞振动系统示图

由牛顿第二定律导得该系统的运动微分方程为

$$
\begin{aligned}
m_1\ddot{X}_1 + c_1\dot{X}_1 + k_1 X_1 + k_2(X_1 - X_2) &= W_{g1}(t) \\
m_2\ddot{X}_2 + c_2\dot{X}_2 + k_2(X_2 - X_1) + F(X_2) &= W_{g2}(t)
\end{aligned}
\tag{5.4.1}
$$

其中 $F(X_2)$ 为质量 m_2 受到的碰撞力，按 Hertz 接触定律确定为

$$
F(X_2) = \begin{cases}
B_r(X_2 - \delta_r)^{3/2}, & X_2 \geqslant \delta_r \\
0, & -\delta_l < X_2 < \delta_r \\
-B_l(-X_2 - \delta_l)^{3/2}, & X_2 \leqslant -\delta_l
\end{cases}
\tag{5.4.2}
$$

B_r、B_l 为常数，它与质量和弹性壁的材料及几何尺寸有关. 令

$$
Q_i = X_i, \quad P_i = m_i\dot{X}_i, \quad i = 1, 2
\tag{5.4.3}
$$

式(5.4.1)可表为拟哈密顿系统

$$
\dot{Q}_i = \frac{\partial H}{\partial P_i}, \quad \dot{P}_i = -\frac{\partial H}{\partial Q_i} - \frac{c_i}{m_i}\frac{\partial H}{\partial P_i} + W_{gi}(t), \quad i = 1, 2
\tag{5.4.4}
$$

式中哈密顿函数

$$H = H(Q_1, Q_2, P_1, P_2)$$

$$= \frac{P_1^2}{2m_1} + \frac{P_2^2}{2m_2} + \frac{1}{2}k_1 Q_1^2 + \frac{1}{2}k_2(Q_2 - Q_1)^2 + G(Q_2)$$

$$= \frac{P_1^2}{2m_1} + \frac{P_2^2}{2m_2} + U(Q_1, Q_2) \tag{5.4.5}$$

$$G(Q_2) = \begin{cases} \dfrac{2}{5} B_r (Q_2 - \delta_r)^{5/2}, & Q_2 > \delta_r \\ 0, & -\delta_l \leqslant Q_2 \leqslant \delta_r \\ \dfrac{2}{5} B_l (-Q_2 - \delta_l)^{5/2}, & Q_2 < -\delta_l \end{cases} \tag{5.4.6}$$

与此相应的伊藤随机微分方程为

$$\mathrm{d}Q_1 = \frac{\partial H}{\partial P_1}\mathrm{d}t$$

$$\mathrm{d}P_1 = -\left(\frac{\partial H}{\partial Q_1} + \frac{c_1}{m_1}\frac{\partial H}{\partial P_1}\right)\mathrm{d}t + \sqrt{2\pi K_1}\,\mathrm{d}B_1(t)$$

$$\mathrm{d}Q_2 = \frac{\partial H}{\partial P_2}\mathrm{d}t \tag{5.4.7}$$

$$\mathrm{d}P_2 = -\left(\frac{\partial H}{\partial Q_2} + \frac{c_2}{m_2}\frac{\partial H}{\partial P_2}\right)\mathrm{d}t + \sqrt{2\pi K_2}\,\mathrm{d}B_2(t)$$

式中 $B_1(t)$ 与 $B_2(t)$ 是独立的单位维纳过程. 下面给出不同参数条件下此拟哈密顿系统的精确平稳解及用拟哈密顿系统随机平均法所得的近似平稳解.

5.4.1　精确平稳解

利用拟不可积哈密顿系统的精确平稳解(朱位秋和蔡国强，2017)，当系统参数满足条件 $\dfrac{c_1}{\pi K_1} = \dfrac{c_2}{\pi K_2} = \beta$，$\beta$ 为常数时，可得到关于状态变量 q_1, q_2, p_1, p_2 的平稳联合概率密度、q_2, p_2 的平稳联合概率密度及 q_2 的边缘概率密度

$$p(q_1, q_2, p_1, p_2) = C \exp[-\beta h]|_{h = H(q_1, q_2, p_1, p_2)} \tag{5.4.8}$$

$$p(q_2, p_2) = \int_{-\infty}^{\infty}\int_{-\infty}^{\infty} p(q_1, q_2, p_1, p_2)\mathrm{d}q_1 \mathrm{d}p_1 = C_1 \exp\left\{-\beta\left[\frac{1}{2m_2}p_2^2 + \frac{k_1 k_2}{2(k_1 + k_2)}q_2^2 + G\right]\right\} \tag{5.4.9}$$

$$p(q_2) = \int_{-\infty}^{\infty} p(q_2, p_2) \mathrm{d}p_2 = C_2 \exp\left\{-\beta\left[\frac{k_1 k_2}{2(k_1 + k_2)} q_2^2 + G\right]\right\} \qquad (5.4.10)$$

式中 C、C_1、C_2 为归一化常数，$H(q_1, q_2, p_1, p_2)$ 由式(5.4.5)确定，$G = G(q_2)$ 由式(5.4.6)确定.

图 5.4.2～图 5.4.7 示出了双壁与右壁两种情形下，质量 m_2 位移的平稳概率密度随参数 B、δ、β 变化的计算结果，计算中设 $m_1 = m_2 = k_1 = k_2 = 1$.

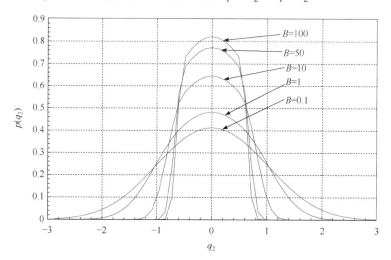

图 5.4.2　质量 m_2 位移的平稳概率密度. 双壁系统，参数为 $\beta = 2.0$，$\delta = \delta_l = \delta_r = 0.5$，
$B = B_l = B_r = 0.1, 1, 10, 50, 100$ (Huang et al.，2004)

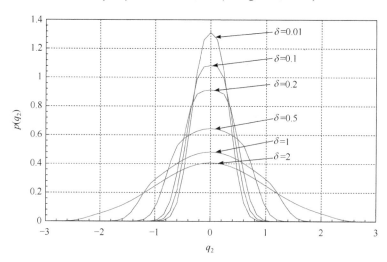

图 5.4.3　质量 m_2 位移的平稳概率密度. 双壁系统，参数为 $\beta = 2.0$，$B = B_l = B_r = 10$，
$\delta = \delta_l = \delta_r = 0.01, 0.1, 0.2, 0.5, 1, 2$ (Huang et al.，2004)

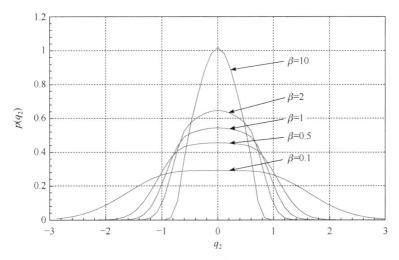

图 5.4.4　质量 m_2 位移的平稳概率密度. 双壁系统, 参数为 $B = B_l = B_r = 10$, $\delta = \delta_l = \delta_r = 0.5$,
$\beta = 0.1, 0.5, 1, 2, 10$ (Huang et al., 2004)

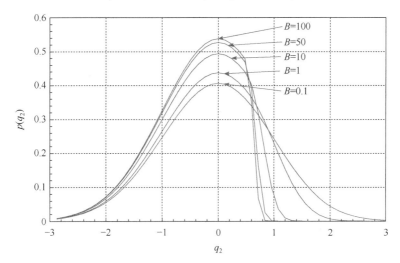

图 5.4.5　质量 m_2 位移的平稳概率密度. 右壁系统, 参数为 $\beta = 2.0$, $\delta = \delta_r = 0.5$,
$B = B_r = 0.1, 1, 10, 50, 100$ (Huang et al., 2004)

由图 5.4.2~图 5.4.7 可知, 随着弹性壁刚度 B_r 和 B_l (或 B_r)的增大、弹性壁
与质量 m_2 间距 δ_r 和 δ_l (或 δ_r)的减小及系统阻尼与激励强度比值 β 的减小, 质量
m_2 与弹性壁的碰撞对系统平稳响应的影响增大, 概率密度越偏离高斯分布; 反
之, 若碰撞对系统平稳响应的影响减弱, 概率密度越接近高斯分布, 碰撞效应越
可忽略不计.

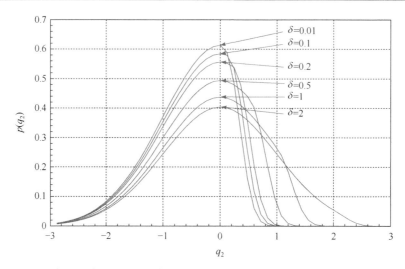

图 5.4.6　质量 m_2 位移的平稳概率密度. 右壁系统，参数为 $\beta = 2.0$ ， $B = B_r = 10$ ，
$\delta = \delta_r = 0.01, 0.1, 0.2, 0.5, 1, 2$ (Huang et al., 2004)

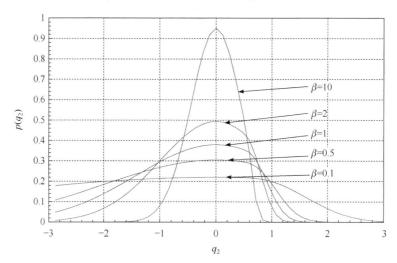

图 5.4.7　质量 m_2 的位移平稳概率密度. 右壁系统，参数为 $B = B_r = 10$ ， $\delta = \delta_r = 0.5$ ，
$h = 0.1, 0.5, 1, 2, 10$ (刘中华，2002)

5.4.2　应用拟不可积哈密顿系统随机平均法

当不满足条件 $\dfrac{c_1}{\pi K_1} = \dfrac{c_2}{\pi K_2}$ 时，只能求其近似平稳解. 先对系统(5.4.7)应用拟不可积哈密顿系统随机平均法研究该系统的平稳响应.

对式(5.4.7)运用 5.1 节中描述的拟不可积哈密顿系统随机平均法，可得如下哈密

顿函数 H 的平均伊藤随机微分方程

$$\mathrm{d}H = m(H)\mathrm{d}t + \sigma(H)\mathrm{d}B(t) \tag{5.4.11}$$

按式(5.1.10)～式(5.1.13)，完成对 p_2 的积分后，上式中的漂移与扩散系数为

$$m(H) = \frac{1}{T(H)}\int_{\Omega'}\left[-\left(\frac{c_1}{m_1}+\frac{c_2}{m_2}\right)(H-U)+\pi K_1+\pi K_2\right]\mathrm{d}q_1\mathrm{d}q_2$$

$$\sigma^2(H) = \frac{2(\pi K_1+\pi K_2)}{T(H)}\int_{\Omega'}(H-U)\mathrm{d}q_1\mathrm{d}q_2 \tag{5.4.12}$$

$$T(H) = \int_{\Omega'}\mathrm{d}q_1\mathrm{d}q_2, \quad \Omega' = \{(q_1,q_2)\,|\,H(q_1,q_2,0,0)\leqslant H\}$$

上式中的积分域 Ω' 如图 5.4.8 所示.

图 5.4.8 中参数为

$$Q_1^{\pm} = (k_2q_2\pm Z)/(k_1+k_2) \tag{5.4.13}$$

Q_2^+、Q_2^- 是方程 $\dfrac{k_1k_2}{2(k_1+k_2)}q_2^2+G(q_2)-H=0$ 的两个实根，式(5.4.12)可进一步简化为

$$m(H) = -\frac{\dfrac{c_1}{m_1}+\dfrac{c_2}{m_2}}{3(k_1+k_2)}\frac{I_2(H)}{I_1(H)}+\pi K_1+\pi K_2$$

$$\sigma^2(H) = \frac{2\pi(K_1+K_2)}{3(k_1+k_2)}\frac{I_2(H)}{I_1(H)}$$

$$I_1(H) = \int_{Q_2^-}^{Q_2^+}Z(q_2,H)\mathrm{d}q_2$$

$$I_2(H) = \int_{Q_2^-}^{Q_2^+}Z^3(q_2,H)\mathrm{d}q_2$$

$$Z = Z(q_2,H) = \sqrt{k_2^2q_2^2-2(k_1+k_2)\left[\frac{1}{2}k_2q_2^2+G(q_2)-H\right]}$$

$$\tag{5.4.14}$$

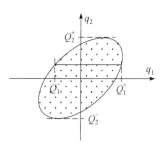

图 5.4.8　方程(5.4.12)中积分域 Ω' 示意图

与伊藤方程(5.4.11)相应的简化 FPK 方程的平稳解形为

$$p(h) = \frac{C}{\sigma^2(h)}\exp\left[\int\frac{2m(h)}{\sigma^2(h)}\mathrm{d}h\right] \tag{5.4.15}$$

式中 C 为归一化常数，按式(5.1.18)由式(5.4.15)可得 q_1,q_2,p_1,p_2 的平稳联合概率密度、q_2,p_2 的平稳联合概率密度及 q_2 的平稳概率密度

$$p(q_1,q_2,p_1,p_2) = \frac{(k_1+k_2)p(h)}{2\pi I_1(h)}\bigg|_{h=H(q_1,q_2,p_1,p_2)} \tag{5.4.16}$$

$$p(q_2, p_2) = \int_{-\infty}^{+\infty} \int_{-\infty}^{+\infty} p(q_1, q_2, p_1, p_2) \mathrm{d}q_1 \mathrm{d}p_1 \qquad (5.4.17)$$

$$p(q_2) = \int_{-\infty}^{+\infty} p(q_2, p_2) \mathrm{d}p_2 \qquad (5.4.18)$$

图 5.4.9～图 5.4.16 示出了双壁与右壁两种情形下系统总能量 H 与质量 m_2 位移的平稳概率密度,系统参数 $m_1 = m_2 = k_1 = k_2 = 1$, $c_1 = 0.08$, $c_2 = 0.04$,其他参数见各图说明.

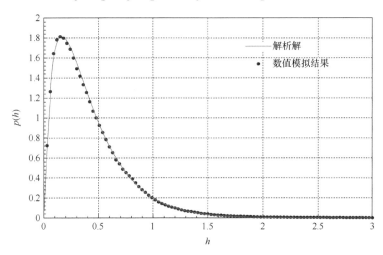

图 5.4.9   哈密顿量的平稳概率密度. 双壁系统,系统参数为 $\pi K_1 = 0.01$, $\pi K_2 = 0.02$, $\delta_l = \delta_r = 0.5$, $B_l = B_r = 100$ (刘中华等, 2002)

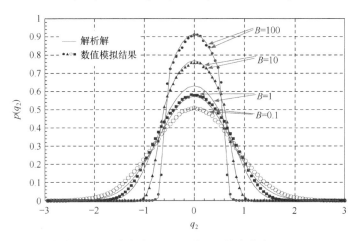

图 5.4.10   质量 m_2 位移的平稳概率密度. 双壁系统,系统参数为 $\pi K_1 = 0.01$, $\pi K_2 = 0.02$, $\delta_l = \delta_r = 0.5$, $B_l = B_r = 0.1, 1, 10, 100$ (Huang et al., 2004)

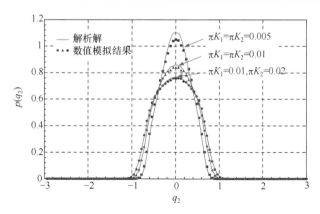

图 5.4.11　质量 m_2 位移的平稳率密度. 双壁系统，系统参数为 $B_l = B_r = 10$ ，$\delta_l = \delta_r = 0.5$ ，$\pi K_1 = 0.01$ ，$\pi K_2 = 0.02$ ；$\pi K_1 = \pi K_2 = 0.01$ ；$\pi K_1 = \pi K_2 = 0.005$ (Huang et al., 2004)

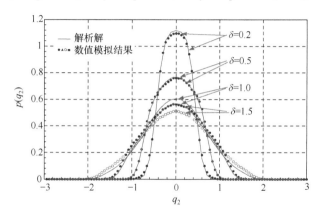

图 5.4.12　质量 m_2 位移的平稳概率密度. 双壁系统，系统参数为 $\pi K_1 = 0.01$ ，$\pi K_2 = 0.02$ ，$B_l = B_r = 10$ ，$\delta_l = \delta_r = 0.2, 0.5, 1.0, 1.5$ (Huang et al., 2004)

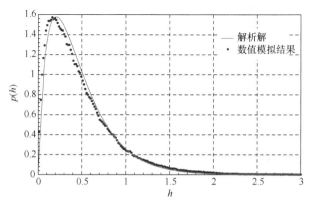

图 5.4.13　哈密顿量的平稳概率密度.右壁系统，系统参数为 $\pi K_1 = 0.01$ ，$\pi K_2 = 0.02$ ，$\delta_r = 0.5$ ，$B_r = 100$ (刘中华等，2002)

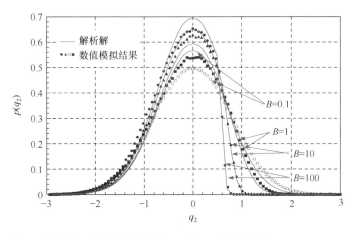

图 5.4.14   质量 m_2 位移的平稳概率密度. 右壁系统，系统参数为 $\pi K_1 = 0.01$ ， $\pi K_2 = 0.02$ ，
$\delta_r = 0.5$ ， $B_r = 0.1, 1, 10, 100$.(刘中华，2002)

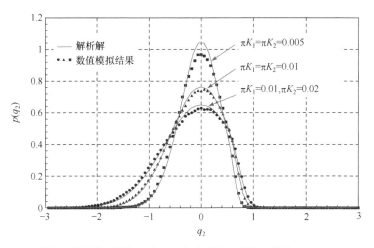

图 5.4.15   质量 m_2 位移的平稳概率密度. 右壁系统，系统参数为 $B_r = 10$ ， $\delta_r = 0.5$ ，
$\pi K_1 = 0.01$ ， $\pi K_2 = 0.02$ ； $\pi K_1 = \pi K_2 = 0.01$ ； $\pi K_1 = \pi K_2 = 0.005$ (刘中华等，2002)

从图 5.4.9～图 5.4.16 中拟不可积哈密顿系统随机平均法结果与蒙特卡罗模拟
结果的比较可见，当弹性壁刚度较大、激励强度较大、质量 m_2 与弹性壁的间距较小
时，系统的非线性效应较强，用拟不可积哈密顿系统随机平均法可得到很好的结果；
反之，非线性效应较弱，弹性壁对系统响应的影响较小，用拟不可积哈密顿系统随
机平均法得到的结果与数值模拟结果误差较大.

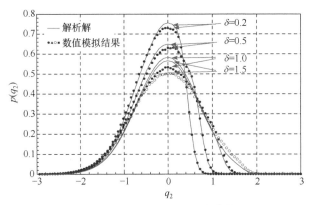

图 5.4.16　质量 m_2 位移的平稳概率密度. 右壁系统，系统参数为 $\pi K_1 = 0.01$，$\pi K_2 = 0.02$，
$B_r = 10$，$\delta_r = 0.2, 0.5, 1.0, 1.5$ (刘中华，2002)

5.4.3　应用拟可积哈密顿系统随机平均法

由 5.4.2 节知，当碰撞效应不明显时，用拟不可积哈密顿系统随机平均法得到的结果与数值模拟的结果误差较大. 实际上，此时可以认为弹性壁的影响很小，可略去不计，从而式(5.4.1)可简化为

$$m_1 \ddot{X}_1 + c_1 \dot{X}_1 + k_1 X_1 + k_2 (X_1 - X_2) = W_{g1}(t)$$
$$m_2 \ddot{X}_2 + c_2 \dot{X}_2 + k_2 (X_2 - X_1) = W_{g2}(t) \tag{5.4.19}$$

上述方程可以改写为

$$M\ddot{X} + C\dot{X} + KX = W_g(t) \tag{5.4.20}$$

其中

$$M = \begin{bmatrix} m_1 & 0 \\ 0 & m_2 \end{bmatrix}, \quad K = \begin{bmatrix} k_1 + k_2, & -k_2 \\ -k_2, & k_2 \end{bmatrix}$$

$$C = \begin{bmatrix} c_1, 0 \\ 0, c_2 \end{bmatrix}, \quad W_g = \begin{bmatrix} W_{g1}(t) \\ W_{g2}(t) \end{bmatrix}, \quad X = \begin{bmatrix} X_1 \\ X_2 \end{bmatrix} \tag{5.4.21}$$

作变换

$$X = TQ \tag{5.4.22}$$

式中

$$T = \begin{bmatrix} T_{11}, T_{12} \\ T_{21}, T_{22} \end{bmatrix}, \quad T_{11} = -\frac{-k_2 m_1 + k_1 m_2 + k_2 m_2 - \sqrt{-4k_1 k_2 m_1 m_2 + (-k_2 m_1 - k_1 m_2 - k_2 m_2)^2}}{2k_2 m_1}$$

$$T_{12} = -\frac{-k_2 m_1 + k_1 m_2 + k_2 m_2 + \sqrt{-4k_1 k_2 m_1 m_2 + (-k_2 m_1 - k_1 m_2 - k_2 m_2)^2}}{2k_2 m_1}, \quad T_{21} = T_{22} = 1$$

$$\tag{5.4.23}$$

将变换(5.4.22)代入式(5.4.20)并左乘 T^{T} 得

$$T^{\mathrm{T}}MT\ddot{Q} + T^{\mathrm{T}}KTQ = -T^{\mathrm{T}}CT\dot{Q} + T^{\mathrm{T}}W_{\mathrm{g}}(t) \qquad (5.4.24)$$

式中

$$M^* = T^{\mathrm{T}}MT = \begin{bmatrix} m_1^*, 0 \\ 0, m_2^* \end{bmatrix}, \quad K^* = T^{\mathrm{T}}KT = \begin{bmatrix} k_1^*, 0 \\ 0, k_2^* \end{bmatrix}$$

$$C^* = T^{\mathrm{T}}CT = \begin{bmatrix} c_{11}^*, c_{12}^* \\ c_{21}^*, c_{22}^* \end{bmatrix} \qquad (5.4.25)$$

式(5.4.24)的标量方程为

$$m_1^*\ddot{Q}_1 + k_1^*Q_1 = -[c_{11}^*\dot{Q}_1 + c_{12}^*\dot{Q}_2] + T_{11}W_{\mathrm{g}1}(t) + T_{21}W_{\mathrm{g}2}(t)$$
$$m_2^*\ddot{Q}_2 + k_2^*Q_2 = -[c_{21}^*\dot{Q}_1 + c_{22}^*\dot{Q}_2] + T_{12}W_{\mathrm{g}1}(t) + T_{22}W_{\mathrm{g}2}(t) \qquad (5.4.26)$$

令

$$P_i = m_i^*\dot{Q}_i, \quad i = 1,2 \qquad (5.4.27)$$

式(5.4.26)可改写为如下拟哈密顿系统

$$\dot{Q}_i = \frac{\partial H}{\partial P_i}, \quad \dot{P}_i = -\frac{\partial H}{\partial Q_i} - \sum_{j=1}^{2} c_{ij}^* \frac{\partial H}{\partial P_j} + \sum_{k=1}^{2} T_{ki}W_{\mathrm{g}k}(t), \quad i=1,2 \qquad (5.4.28)$$

式中

$$H = H_1 + H_2$$
$$H_1 = \frac{P_1^2}{2m_1^*} + \frac{1}{2}k_1^*Q_1^2, \quad H_2 = \frac{P_2^2}{2m_2^*} + \frac{1}{2}k_2^*Q_2^2 \qquad (5.4.29)$$

将式(5.4.28)改写为伊藤随机微分方程，再应用伊藤微分规则得到以 H_1、H_2 为变量的伊藤随机方程

$$\mathrm{d}H_1 = \left(-c_{11}^*\frac{P_1P_1}{m_1^*m_1^*} - c_{12}^*\frac{P_1P_2}{m_1^*m_2^*} + \frac{\pi K_1 T_{11}^2}{m_1^*} + \frac{\pi K_2 T_{21}^2}{m_1^*} \right)\mathrm{d}t + \frac{T_{11}P_1}{m_1^*}\mathrm{d}B_1(t) + \frac{T_{21}P_1}{m_1^*}\mathrm{d}B_2(t)$$

$$\mathrm{d}H_2 = \left(-c_{21}^*\frac{P_1P_2}{m_1^*m_2^*} - c_{22}^*\frac{P_2P_2}{m_2^*m_2^*} + \pi K_1 T_{12}^2\frac{1}{m_2^*} + \frac{\pi K_2 T_{22}^2}{m_2^*} \right)\mathrm{d}t + \frac{T_{12}P_2}{m_2^*}\mathrm{d}B_1(t) + \frac{T_{22}P_2}{m_2^*}\mathrm{d}B_2(t)$$

$$(5.4.30)$$

假设阻尼 c_{jk} ($j,k=1,2$) 与激励强度 $2\pi K_l$ ($l=1,2$) 为同阶小量，应用 5.2.1 节中的随机平均法，对方程(5.4.30)进行时间平均得平均伊藤随机微分方程

$$dH_1 = a_1 dt + \sigma_{11} dB_1(t) + \sigma_{12} dB_2(t)$$
$$dH_2 = a_2 dt + \sigma_{21} dB_1(t) + \sigma_{22} dB_2(t) \tag{5.4.31}$$

式中

$$a_1 = -\frac{c_{11}^*}{m_1^*} H_1 + (\pi K_1 T_{11}^2 + \pi K_2 T_{21}^2) \frac{1}{m_1^*}$$

$$a_2 = -\frac{c_{22}^*}{m_2^*} H_2 + (\pi K_1 T_{12}^2 + \pi K_2 T_{22}^2) \frac{1}{m_2^*}$$

$$b_{11} = 2\left[\sigma\sigma^{\mathrm{T}}\right]_{11} = 2(\pi K_1 T_{11}^2 + \pi K_2 T_{21}^2) \frac{1}{m_1^*} H_1$$

$$b_{12} = 2\left[\sigma\sigma^{\mathrm{T}}\right]_{12} = 0$$

$$b_{21} = 2\left[\sigma\sigma^{\mathrm{T}}\right]_{21} = 0 \tag{5.4.32}$$

$$b_{22} = 2\left[\sigma\sigma^{\mathrm{T}}\right]_{22} = 2(\pi K_1 T_{12}^2 + \pi K_2 T_{22}^2) \frac{1}{m_2^*} H_2$$

与式(5.4.31)相应的简化 FPK 方程为

$$-\sum_{r=1}^{2} \frac{\partial}{\partial h_r}(a_r p) + \frac{1}{2}\sum_{r,s=1}^{2} \frac{\partial^2}{\partial h_r \partial h_s}(b_{rs} p) = 0 \tag{5.4.33}$$

式中 a_r、b_{rs} 由式(5.4.32)中将 H_i 换成 h_i 得到. 设简化 FPK 方程(5.4.33)的平稳解形为

$$p(h_1, h_2) = C \exp[-\lambda(h_1, h_2)] \tag{5.4.34}$$

代入方程(5.4.33)可得平稳概率密度

$$p(h_1, h_2) = C \exp\left[-\left(\frac{c_{11}^*}{\pi K_{11} T_{11}^2 + \pi K_{22} T_{21}^2} h_1 + \frac{c_{22}^*}{\pi K_{11} T_{12}^2 + \pi K_{22} T_{22}^2} h_2\right)\right] \tag{5.4.35}$$

式中

$$C = \frac{c_{11}^*}{\pi K_{11} T_{11}^2 + \pi K_{22} T_{21}^2} \cdot \frac{c_{22}^*}{\pi K_{11} T_{12}^2 + \pi K_{22} T_{22}^2} \tag{5.4.36}$$

利用变换

$$Q = T^{-1} X, \quad P = M^* T^{-1} \dot{X} \tag{5.4.37}$$

与式(5.4.29)，由式(5.4.35)得到关于原系统位移与速度的平稳联合概率密度

$$p(x_1, x_2, \dot{x}_1, \dot{x}_2) = Z \exp[-(Z_1 h_1 + Z_2 h_2)] \tag{5.4.38}$$

式中

$$h_1 = \frac{1}{2}k_1^*(T_{11}^{-1}x_1 + T_{12}^{-1}x_2)^2 + \frac{1}{2}m_1^*(T_{11}^{-1}\dot{x}_1 + T_{12}^{-1}\dot{x}_2)^2$$

$$h_2 = \frac{1}{2}k_2^*(T_{21}^{-1}x_1 + T_{22}^{-1}x_2)^2 + \frac{1}{2}m_2^*(T_{21}^{-1}\dot{x}_1 + T_{22}^{-1}\dot{x}_2)^2$$

(5.4.39)

$$Z_1 = \frac{c_{11}^*}{\pi K_1 T_{11}^2 + \pi K_2 T_{21}^2}$$

$$Z_2 = \frac{c_{22}^*}{\pi K_1 T_{12}^2 + \pi K_2 T_{22}^2}$$

(5.4.40)

$$Z = \frac{1}{4\pi^2}Z_1Z_2\sqrt{k_1^*k_2^*m_1^*m_2^*}(T_{12}^{-1}T_{21}^{-1} - T_{11}^{-1}T_{22}^{-1})^2$$

$$= \frac{1}{4\pi^2}Z_1Z_2\sqrt{k_1^*k_2^*m_1^*m_2^*}\left|T^{-1}\right|^2$$

最后可求得质量 m_2 的位移与速度的平稳联合概率密度及质量 m_2 的位移平稳概率密度

$$p(x_2, \dot{x}_2) = \int_{-\infty}^{\infty}\int_{-\infty}^{\infty} p(x_1, x_2, \dot{x}_1, \dot{x}_2)\mathrm{d}x_1\mathrm{d}\dot{x}_1$$

(5.4.41)

$$p(x_2) = \int_{-\infty}^{\infty} p(x_2, \dot{x}_2)\mathrm{d}\dot{x}_2$$

(5.4.42)

为了与用拟不可积哈密顿系统理论得到的结果做比较，利用变换 $q_2 = X_2, p_2 = m_2\dot{X}_2$，可由式(5.4.41)和式(5.4.42)得 $p(q_2, p_2), p(q_2)$.

利用以上理论分析结果计算了双壁与右壁两种情形，质量 m_2 的平稳概率密度示于图 5.4.17~图 5.4.22，数值模拟结果及用拟不可积哈密顿随机平均法的结果也示于图中.

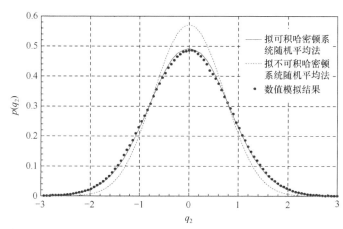

图 5.4.17   质量 m_2 位移的平稳概率密度. 双壁系统，系统参数为 $\pi K_1 = 0.01$，$\pi K_2 = 0.02$，$\delta_l = \delta_r = 0.5$，$B_l = B_r = 0.1$ (Huang et al.，2004)

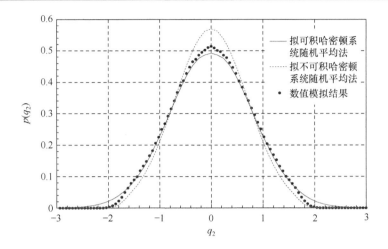

图 5.4.18　质量 m_2 位移的平稳概率密度. 双壁系统，系统参数为 $\pi K_1 = 0.01$，$\pi K_2 = 0.02$，
$B_l = B_r = 10$，$\delta_l = \delta_r = 1.5$ (Huang et al.，2004)

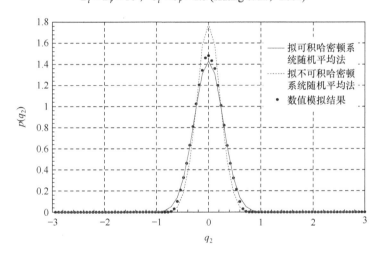

图 5.4.19　质量 m_2 位移的平稳概率密度. 双壁系统，系统参数为 $\delta_l = \delta_r = 0.5$，$B_l = B_r = 10$，
$\pi K_1 = \pi K_2 = 0.002$ (刘中华，2002)

　　图 5.4.17～图 5.4.22 中的随机平均法结果与数值模拟结果的比较表明，当弹性壁刚度较小、激励强度较小，弹性壁间距较大时，系统的非线性效应较弱，用拟可积哈密顿系统随机平均法所得结果比用拟不可积哈密顿系统随机平均法得到的结果好得多. 因此，在非线性效应很弱时，二自由度随机激励的碰撞振动系统的响应可以应用拟可积哈密顿系统随机平均法来预测.

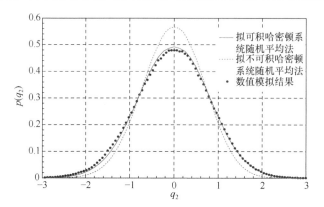

图 5.4.20　质量 m_2 位移的平稳概率密度. 右壁系统，系统参数为 $\pi K_1 = 0.01$ ，$\pi K_2 = 0.02$ ，
$\delta_r = 0.5$ ，$B_r = 0.1$ (刘中华，2002)

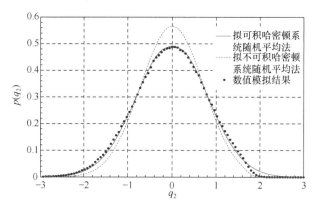

图 5.4.21　质量 m_2 位移的平稳概率密度. 右壁系统，系统参数为 $\pi K_1 = 0.01$ ，$\pi K_2 = 0.02$ ，
$B_r = 10$ ，$\delta_r = 1.5$ (刘中华，2002)

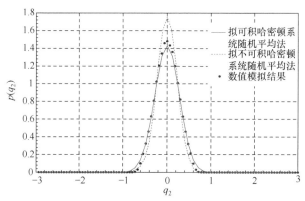

图 5.4.22　质量 m_2 位移的平稳概率密度. 右壁系统，系统参数为 $\delta_r = 0.5$ ，$B_r = 10$ ，
$\pi K_1 = \pi K_2 = 0.002$ (刘中华，2002)

5.4.4 拟不可积和拟可积哈密顿系统随机平均法的综合应用

由 5.4.2 节和 5.4.3 节可知, 当激励强度较大、弹性壁刚度较大, 且质量与弹性壁的间距较小时, 系统的非线性效应较强, 宜用拟不可积哈密顿系统随机平均法. 反之, 当系统的非线性效应较弱时, 宜用拟可积哈密顿系统随机平均法. 当系统非线性介于二者之间时, 无论应用拟可积哈密顿系统随机平均法还是应用拟不可积哈密顿系统随机平均法, 所得的结果都有较大的误差. 为此考虑综合应用拟可积及拟不可积哈密顿系统随机平均法. 对如图 5.4.1 所示无阻尼无随机激励的碰撞振动系统, 可设想一个总能量临界值 H_c, 当系统的总能量 H 小于 H_c 时, 可视为可积哈密顿系统, 而当系统的总能量 H 大于临界值 H_c 时, 该哈密顿系统应视为不可积哈密顿系统. 设当 $H \leqslant H_c$ 时, 应用拟可积哈密顿系统随机平均法所得的未归一化的平稳概率密度为 $C_{in} p_{in}(\boldsymbol{q}, \boldsymbol{p})$ $(H(\boldsymbol{q}, \boldsymbol{p}) \leqslant H_c)$. 而当 $H > H_c$ 时, 应用拟不可积哈密顿系统随机平均法所得的未归一化的平稳概率密度为 $C_{out} p_{out}(\boldsymbol{q}, \boldsymbol{p})$ $(H(\boldsymbol{q}, \boldsymbol{p}) > H_c)$. 这两个平稳概率密度在交界面 $H(\boldsymbol{q}, \boldsymbol{p}) = H_c$ 上不一样, 需要用一定的协调条件使这两个平稳概率密度在交界面上误差最小, 为此在交界面上取一些典型点, 然后用最小二乘法进行处理, 即设 $(\boldsymbol{q}_i, \boldsymbol{p}_i)$ $(i = 1, 2, \cdots, s)$ 为选取的交界面上的 s 个典型点, 两个平稳概率密度在这些点误差的平方和为

$$E = \sum_{i=1}^{s} k_i [C_{in} p_{in}(\boldsymbol{q}_i, \boldsymbol{p}_i) - C_{out} p_{out}(\boldsymbol{q}_i, \boldsymbol{p}_i)]^2$$

$$= C_{in} \sum_{i=1}^{s} k_i [p_{in}(\boldsymbol{q}_i, \boldsymbol{p}_i) - \varepsilon p_{out}(\boldsymbol{q}_i, \boldsymbol{p}_i)]^2 \tag{5.4.43}$$

其中 k_i 为表示所选取点重要程度的权系数. 为使误差 E 最小, 令 $\dfrac{\partial E}{\partial \varepsilon} = 0$, 得

$$\varepsilon = \frac{\displaystyle\sum_{i=1}^{s} k_i [p_{out}(\boldsymbol{q}_i, \boldsymbol{p}_i) p_{in}(\boldsymbol{q}_i, \boldsymbol{p}_i)]}{\displaystyle\sum_{i=1}^{s} [k_i p_{out}^2(\boldsymbol{q}_i, \boldsymbol{p}_i)]} \tag{5.4.44}$$

取系统综合平稳概率密度为

$$p(\boldsymbol{q}, \boldsymbol{p}) = \begin{cases} C p_{in}(\boldsymbol{q}, \boldsymbol{p}), & H(\boldsymbol{q}, \boldsymbol{p}) \leqslant H_c \\ C \varepsilon p_{out}(\boldsymbol{q}, \boldsymbol{p}), & H(\boldsymbol{q}, \boldsymbol{p}) > H_c \end{cases} \tag{5.4.45}$$

式中 C 为归一化常数. 由此可得 (q_2, p_2) 及 q_2 的平稳概率密度

$$p(q_2, p_2) = \int_{-\infty}^{\infty} \int_{-\infty}^{\infty} p(q_1, p_1, q_2, p_2) \mathrm{d}q_1 \mathrm{d}p_1 \tag{5.4.46}$$

$$p(q_2) = \int_{-\infty}^{\infty} p(q_2, p_2) \mathrm{d}p_2 \qquad (5.4.47)$$

对图 5.4.1 所示的二自由度碰撞振动系统，选取 $H_\mathrm{c}(q_1, p_1, q_2, p_2) = H_\mathrm{c}(0,0,\delta,0)$ 及 $H_\mathrm{c}(0,0,-\delta,0)$，其中 $\delta = \min(|\delta_l|, |\delta_r|)$。取 $q_2 = \pm\delta$ 作为关键点，其他交界面上的点作为次要点，即可得到满意的结果.

用以上方法计算了双壁与右壁两种情形下，不同系统参数值时方程(5.4.1)中质量 m_2 位移的平稳概率密度. 结果示于图 5.4.23～图 5.4.28，并与数值模拟结果进行比较.

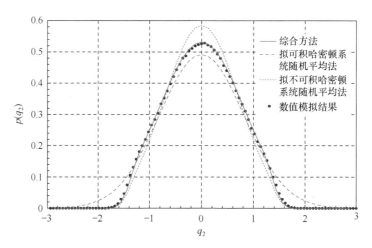

图 5.4.23　质量 m_2 的位移平稳概率密度. 双壁系统，系统参数为 $\pi K_1 = 0.01$，$\pi K_2 = 0.02$，
$B_l = B_r = 10$，$\delta_l = \delta_r = 1.2$ (刘中华，2002)

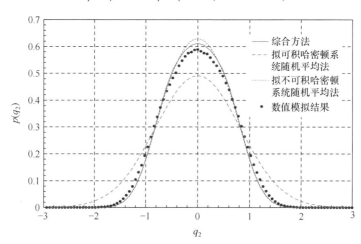

图 5.4.24　质量 m_2 的位移平稳概率密度. 双壁系统. 系统参数为 $\pi K_1 = 0.01$，$\pi K_2 = 0.02$，
$\delta_l = \delta_r = 0.5$，$B_l = B_r = 1.0$ (刘中华，2002)

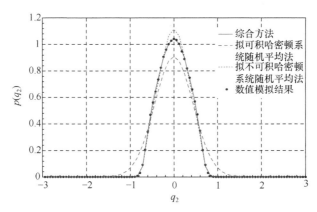

图 5.4.25　质量 m_2 的位移平稳概率密度. 双壁系统, 系统参数为 $\delta_l = \delta_r = 0.5$, $B_l = B_r = 10$,
$\pi K_1 = 0.005$, $\pi K_2 = 0.005$ (刘中华, 2002)

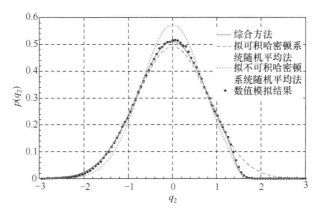

图 5.4.26　质量 m_2 的位移平稳概率密度. 右壁系统, 系统参数为 $\pi K_1 = 0.01$, $\pi K_2 = 0.02$,
$B_r = 10$, $\delta_r = 1.2$ (刘中华, 2002)

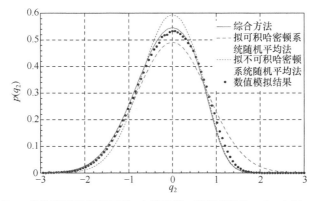

图 5.4.27　质量 m_2 的位移平稳概率密度. 右壁系统, 系统参数为 $\pi K_1 = 0.01$, $\pi K_2 = 0.02$,
$\delta_r = 0.5$, $B_r = 1.0$ (刘中华, 2002)

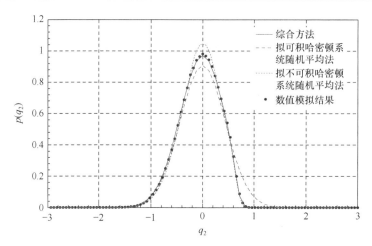

图 5.4.28　质量 m_2 的位移平稳概率密度. 右壁系统，系统参数为 $B_r = 10$，$\delta_r = 0.5$，$\pi K_1 = 0.005$，$\pi K_2 = 0.005$(刘中华，2002)

由图 5.4.23～图 5.4.28 可知，对中度碰撞产生的非线性效应，综合应用拟可积与拟不可积哈密顿系统随机平均法能给出较精确的结果.

5.5　含马尔可夫跳变参数的拟不可积哈密顿系统

含有跳变参数的动力学系统受时间与事件共同驱动，系统同时包含时间连续变量与跳变参数离散变量(方洋旺和潘进，2006). 设 $s(t)$ 表示跳变参数，它是一个状态在有限集合 $S = \{1,2,3,\cdots,l\}$ 内取离散值、时间连续的马尔可夫过程，其中 l 是所有可能的结构状态的数目. 马尔可夫过程 $s(t)$ 的转移概率为

$$\text{Prob}[s(t+\Delta t) = j \mid s(t) = i] = P(j, t+\Delta t \mid i, t) = \begin{cases} \lambda_{ij}\Delta t + o(\Delta t), & i \neq j \\ 1 + \lambda_{ii}\Delta t + o(\Delta t), & i = j \end{cases} \quad (5.5.1)$$

其中 $P(j, t+\Delta t \mid i, t)$ 表示系统在 t 时刻的结构状态为 i 的条件下，$t+\Delta t$ 时刻结构状态转移为 j 的概率. $\lambda_{ij} \geq 0$ $(i \neq j)$ 称为系统结构状态从 i 到 j 的跳变率，显然有

$$\lambda_{ii} = -\sum_{j=1, j\neq i}^{l} \lambda_{ij} \quad (5.5.2)$$

令 $\Lambda = [\lambda_{ij}]_{l \times l}$，称为跳变率矩阵，矩阵所有元素 λ_{ij} 取值都是已知的. 本节考虑的马尔可夫跳变过程 $s(t)$ 还有以下性质：① $s(t)$ 跟系统运动状态无关，即 $s(t)$ 为独立跳变过程；② $s(t)$ 的跳变非常缓慢，即 $\lambda_{ij}\Delta t \ll 1$.

5.5.1 单自由度系统

考虑一个含马尔可夫跳变参数的随机激励的单自由度非线性系统(郝琪, 2015; Pan et al., 2017), 其运动微分方程为

$$\ddot{X} + \varepsilon c(X, \dot{X}, s(t)) + g(X) = \varepsilon^{1/2} \sum_{k=1}^{m} f_k(X, s(t)) W_{gk}(t) \tag{5.5.3}$$

$$s \in \{1, 2, \cdots, l\}$$

式中的 $g(X)$ 为非线性恢复力; ε 为小参数; $\varepsilon c(X, \dot{X}, s(t))$ 表示含跳变参数的弱阻尼力, $\varepsilon^{1/2} f_k(X, s(t))$ 表示含跳变参数的激励幅值; 跳变参数 $s(t)$ 是由式(5.5.1)定义的马尔可夫跳变过程; $W_{gk}(t)$ 是 m 个零均值、强度为 $2D_k$ 的独立高斯白噪声.

首先考虑跳变参数取某一固定值时的系统(5.5.3), 令广义位移 $Q = X$, 广义动量 $P = \dot{X}$, 原系统(5.5.3)可转化为以下伊藤随机微分方程

$$dQ = Pdt$$

$$dP = \left[-g(Q) - \varepsilon c(Q, P, s)\right]dt + \varepsilon^{1/2} \sum_{k=1}^{m} \sigma_k(Q, s) dB_k(t) \tag{5.5.4}$$

方程中 $\sigma_k = \sqrt{2D_k} f_k$; $B_k(t)$ 是独立的单位维纳过程; 系统(5.5.3)和(5.5.4)的哈密顿函数或能量为

$$H(Q, P) = \frac{1}{2}P^2 + U(Q), \quad U(Q) = \int_0^Q g(u)du \tag{5.5.5}$$

运用伊藤微分规则, 可建立支配 $H(t)$ 的伊藤随机微分方程, 以此方程代替式(5.5.4)中的第 2 个方程, 构成以下新的随机微分方程

$$dQ = Pdt$$

$$dH = \varepsilon[-c(Q, P, s)P + \frac{1}{2}\sum_{k=1}^{m}\sigma_k(Q, s)\sigma_k(Q, s)]dt + \varepsilon^{1/2}P\sum_{k=1}^{m}\sigma_k(Q, s)dB_k(t) \tag{5.5.6}$$

在弱阻尼和弱激励的条件下, 系统(5.5.6)中的广义位移 $Q(t)$ 和广义动量 $P(t)$ 为快变过程, $H(t)$ 为慢变过程. 运用 5.1 节中所述的随机平均法, 可得如下支配慢变过程 $H(t)$ 的平均伊藤随机微分方程

$$dH = m(H, s)dt + \bar{\sigma}(H, s)dB(t) \tag{5.5.7}$$

式中漂移系数 $m(H, s)$ 与扩散系数 $\bar{\sigma}^2(H, s)$ 分别为

$$m(H, s) = \frac{\varepsilon}{T(H)} \int_\Omega \{[-c(q, p, s)p + \frac{1}{2}\sum_{k=1}^{m}\sigma_k(q, s)\sigma_k(q, s)]/p\}dq$$

$$\bar{\sigma}^2(H, s) = \frac{\varepsilon}{T(H)} \int_\Omega p\sum_{k=1}^{m}\sigma_k(q, s)\sigma_k(q, s)dq \tag{5.5.8}$$

$$T(H) = \int_\Omega 1/pdq, \quad \Omega = \{q|H(q, 0) \leqslant H\}$$

原系统(5.5.3)的跳变参数 $s(t)$ 共有 l 个结构状态，可得 l 个形如式(5.5.7)的平均方程. 于是原系统可用这 l 个跳变的平均方程来近似描述.

用 $p(h,s,t+\tau|h',s,t)$ 表示系统参数不发生跳变时 $H(t)$ 的条件转移概率密度，由式(5.5.7)可导得相应的 FPK 方程

$$\frac{\partial p(h,s,t+\tau|h',s,t)}{\partial \tau} = -\frac{\partial}{\partial h}[m(h,s)p(h,s,t+\tau|h',s,t)]$$
$$+\frac{1}{2}\frac{\partial^2}{\partial h^2}[\bar{\sigma}^2(h,s)p(h,s,t+\tau|h',s,t)] \qquad (5.5.9)$$

当 $\tau = \Delta t \to 0$ 时，

$$\frac{\partial p(h,s,t+\tau|h',s,t)}{\partial \tau} = \lim_{\Delta t \to 0}\frac{1}{\Delta t}[p(h,s,t+\Delta t|h',s,t)-p(h,s,t|h',s,t)] \quad (5.5.10)$$

将式(5.5.10)代入式(5.5.9)，得

$$p(h,s,t+\Delta t|h',s,t) = p(h,s,t|h',s,t)$$
$$-\Delta t \frac{\partial}{\partial h}[m(h,s)p(h,s,t+\Delta t|h',s,t)]$$
$$+\frac{1}{2}\Delta t \frac{\partial^2}{\partial h^2}[\bar{\sigma}^2(h,s)p(h,s,t+\Delta t|h',s,t)] \qquad (5.5.11)$$

将 $p(h,s,t+\Delta t|h',s,t)$ 在 t 处作泰勒展开

$$p(h,s,t+\Delta t|h',s,t) = p(h,s,t|h',s,t) + \Delta t \frac{\partial p(h,s,t|h',s,t)}{\partial t} + \cdots \qquad (5.5.12)$$

将式(5.5.12)代入式(5.5.11)的右侧各项，并略去 Δt 的高次项，得

$$p(h,s,t+\Delta t|h',s,t) = p(h,s,t|h',s,t)$$
$$-\Delta t \frac{\partial}{\partial h}[m(h,s)p(h,s,t|h',s,t)]+\frac{1}{2}\Delta t \frac{\partial^2}{\partial h^2}[\bar{\sigma}^2(h,s)p(h,s,t|h',s,t)]$$
$$(5.5.13)$$

根据转移概率密度 $p(h,s,t+\tau|h',s,t)$ 的物理意义，有

$$p(h,s,t|h',s,t) = \delta(h-h') \qquad (5.5.14)$$

将式(5.5.14)代入式(5.5.13)，得

$$p(h,s,t+\Delta t|h',s,t) = \delta(h-h')$$
$$-\Delta t \frac{\partial}{\partial h}[m(h,s)\delta(h-h')]+\frac{1}{2}\Delta t \frac{\partial^2}{\partial h^2}[\bar{\sigma}^2(h,s)\delta(h-h')]$$
$$(5.5.15)$$

式(5.5.15)是微小时段 Δt 内，系统不发生跳变时 $H(t)$ 的条件转移概率密度

$p(h,s,t+\Delta t|h',s,t)$ 的表达式.

考虑在 $t+\Delta t$ 时刻结构状态为 s、哈密顿函数 $H(t)$ 的系统状态, 形成该系统状态可由下列两个完备事件构成. 一个事件是在 t 时刻结构状态为 s、哈密顿函数 $H'(t)$ 的系统状态演化到 $t+\Delta t$ 时刻的系统状态. 该事件的转移概率密度为 $p(h,s,t+\Delta t|h',s,t)$; 另一个事件是在 t 时刻结构状态为 r ($r\neq s$)、哈密顿函数 $H'(t)$ 的系统状态演化到 $t+\Delta t$ 时刻的系统状态. 该事件的转移概率密度为 $p(h,s,t+\Delta t|h',r,t)$. 据此, $t+\Delta t$ 时刻系统状态的概率密度 $p(h,s,t+\Delta t)$ 可表达为

$$p(h,s,t+\Delta t) = P(s,t+\Delta t|s,t)\int_0^\infty p(h',s,t)p(h,s,t+\Delta t|h',s,t)\mathrm{d}h'$$
$$+ \sum_{r=1,r\neq s}^l P(s,t+\Delta t|r,t)\int_0^\infty p(h',r,t)p(h,s,t+\Delta t|h',r,t)\mathrm{d}h'$$

$$(5.5.16)$$

将式(5.5.1)和式(5.5.15)代入上式, 可得

$$p(h,s,t+\Delta t) = p(h,s,t) - \Delta t\frac{\partial}{\partial h}[m(h,s)p(h,s,t)] + \frac{1}{2}\Delta t\frac{\partial^2}{\partial h^2}[\bar{\sigma}^2(h,s)p(h,s,t)]$$
$$- \Delta t\sum_{r=1,r\neq s}^l [\lambda_{sr}p(h,s,t) - \lambda_{rs}\int_0^\infty p(h',r,t)p(h,s,t+\Delta t|h',r,t)\mathrm{d}h']$$

$$(5.5.17)$$

对上式中的 $p(h,s,t+\Delta t|h',r,t)$ 作泰勒展开, 有

$$p(h,s,t+\Delta t|h',r,t) = p(h,s,t|h',r,t) + \Delta t\frac{\partial p(h,s,t|h',r,t)}{\partial t} + \cdots \quad (5.5.18)$$

转移概率密度 $p(h,s,t|h',r,t)$ 的具体形式可根据实际系统的物理意义来定义. 在 t 时刻, 有

$$p(h,s,t|h',r,t) = \delta(h-h') \quad (5.5.19)$$

将式(5.5.18)和式(5.5.19)代入式(5.5.17), 略去 Δt 的高次项, 并取 $\Delta t\to 0$ 的极限, 得如下含马尔可夫跳变参数的随机动力学系统(5.5.4)的响应概率密度所满足的 FPK 方程

$$\frac{\partial p(h,s,t)}{\partial t} = -\frac{\partial}{\partial h}[m(h,s)p(h,s,t)] + \frac{1}{2}\frac{\partial^2}{\partial h^2}[\bar{\sigma}^2(h,s)p(h,s,t)]$$
$$- \sum_{r=1,r\neq s}^l [\lambda_{sr}p(h,s,t) - \lambda_{rs}p(h,r,t)], \quad s\in\{1,2,\cdots,l\} \quad (5.5.20)$$

式(5.5.20)是由 l 个 FPK 方程耦合组成的方程组, 其中一个方程与系统一个结构状态

对应. 与无跳变随机动力学系统的 FPK 方程相比, 式(5.5.20)多出两项, 分别是结构状态从 s 到 r 跳离的概率 $\sum\limits_{r=1, r \neq s}^{l} \lambda_{sr} p(h, s, t)$ (又称吸收项)和结构状态从 r 到 s 跳回的概率 $\sum\limits_{r=1, r \neq s}^{l} \lambda_{rs} p(h, r, t)$ (又称还原项).

式(5.5.20)的初始条件为

$$p(h, s, 0) = p(h_0, s), \quad s \in \{1, 2, \cdots, l\} \tag{5.5.21}$$

边界条件为

$$p(0, s, t) = \text{有限值}$$

$$p(h, s, t)\big|_{h \to \infty} \to 0, \quad \frac{\partial p(h, s, t)}{\partial h}\bigg|_{h \to \infty} \to 0 \tag{5.5.22}$$

FPK 方程组(5.5.20)一般难以获得精确解析解. 实际应用中经常关注系统的平稳响应. 可令式(5.5.20)中的 $\partial p / \partial t = 0$, 得到以下支配系统平稳响应的 FPK 方程组

$$0 = -\frac{\partial}{\partial h}[m(h, s) p(h, s, t)] + \frac{1}{2}\frac{\partial^2}{\partial h^2}[\bar{\sigma}^2(h, s) p(h, s, t)]$$

$$- \sum_{r=1, r \neq s}^{l} [\lambda_{sr} p(h, s, t) - \lambda_{rs} p(h, r, t)], \quad s \in \{1, 2, \cdots, l\} \tag{5.5.23}$$

常微分方程组(5.5.23)可用差分法或龙格-库塔法进行数值求解得到平稳概率密度 $p(h, s)$, 随后可得系统哈密顿函数或总能量的平稳概率密度 $p(h)$ 和广义位移与广义动量的平稳联合概率密度 $p(q, p)$

$$p(h) = C\sum_{s=1}^{l} p(h, s), \quad p(q, p) = \frac{p(h)}{T(h)}\bigg|_{h = H(q, p)} \tag{5.5.24}$$

式中 C 是归一化常数. 其他统计量, 例如广义位移的边缘概率密度 $p(q)$ 和均方值 $E[Q^2]$ 等, 可按下式获得

$$p(q) = \int_{-\infty}^{\infty} p(q, p)\mathrm{d}p, \quad E[Q^2] = \int_{-\infty}^{\infty} q^2 p(q)\mathrm{d}q \tag{5.5.25}$$

例 5.5.1 考虑随机激励的跳变杜芬振子, 其运动微分方程为

$$\ddot{X} + \beta(s(t))\dot{X} + \omega^2 X + \alpha X^3 = f(s(t))W_g(t), \quad s \in \{1, 2, \cdots, l\} \tag{5.5.26}$$

式中 $\beta(s(t))$ 和 $f(s(t))$ 分别表示跳变的阻尼系数和激励幅值, $s(t)$ 是式(5.5.1)中定义的连续时间离散状态的马尔可夫跳变过程; $W_g(t)$ 是强度为 $2D$ 的高斯白噪声.

令广义位移 $Q = X$, 广义动量 $P = \dot{X}$, 系统(5.5.26)的哈密顿函数或总能量为

$$H(Q,P) = \frac{1}{2}P^2 + \frac{1}{2}\omega^2 Q^2 + \frac{1}{4}\alpha Q^4 \qquad (5.5.27)$$

原系统(5.5.26)可转化为以下伊藤随机微分方程

$$dQ = Pdt$$
$$dP = \left[-\omega^2 Q - \alpha Q^3 - \beta(s)P\right]dt + \sqrt{2D}f(s)dB(t) \qquad (5.5.28)$$

按式(5.5.6)，可得 $Q(t)$ 与 $H(t)$ 的随机微分方程

$$dQ = Pdt$$
$$dH = [-\beta(s)P^2 + Df^2(s)]dt + \sqrt{2D}Pf(s)dB(t) \qquad (5.5.29)$$

运用随机平均法可得形如式(5.5.7)的支配哈密顿过程的平均伊藤方程，其漂移系数和扩散系数可按式(5.5.8)得到为

$$m(H,s) = f^2(s)D - \beta(s)G(H), \quad \bar{\sigma}^2(H,s) = 2f^2(s)DG(H)$$
$$G(H) = H + \frac{3H^2\alpha}{8\omega^4} - \frac{13H^3\alpha^2}{16\omega^8} + \frac{2211H^4\alpha^3}{1024\omega^{12}} + \cdots \qquad (5.5.30)$$

相应的平稳 FPK 方程组、平稳概率密度和统计量等可按(5.5.23)~式(5.5.25)确定.下面针对两种跳变参数，分别作数值计算.

1. 两结构状态跳变系统

取系统参数为 $\omega=1$，$\alpha=1$，$D=0.1$. $s=1,2$ 两种结构状态下的阻尼系数和激励幅值分别是 $\beta(s=1)=0.02$，$\beta(s=2)=0.04$，$f(s=1)=2$，$f(s=2)=1$. 可见，结构状态 $s=2$ 的系统具有较大的阻尼力和较小的激励幅值,这意味着系统在第 2 个结构状态下运行时，系统的能量耗散得更快.

考虑以下三种跳变规律

$$\Lambda_1 = \begin{bmatrix} -2 & 2 \\ 2 & -2 \end{bmatrix}, \quad \Lambda_2 = \begin{bmatrix} -1 & 1 \\ 2 & -2 \end{bmatrix}, \quad \Lambda_3 = \begin{bmatrix} -2 & 2 \\ 1 & -1 \end{bmatrix} \qquad (5.5.31)$$

可见，在 Λ_1 中，$\lambda_{21} = \lambda_{12}$，对应着对称跳变；在 Λ_2 中，$\lambda_{21} < \lambda_{12}$，系统从第 1 个结构状态跳到第 2 个结构状态的跳变率小于从第 2 个状态跳到第 1 个状态的跳变率，即系统停留在第 1 个状态的概率较大；在 Λ_3 中，正好与在 Λ_2 中相反.

图 5.5.1 中，分别给出了 $\Lambda = \Lambda_1$，$\Lambda = \Lambda_2$，$\Lambda = \Lambda_3$ 时系统(5.5.26)的位移响应平稳概率密度，以及在没有跳变的情况下，系统分别处于 $s=1$ 状态和 $s=2$ 状态时系统的位移响应平稳概率密度. 从图 5.5.1 可以看出，当 $s=2$ 时，系统位移的平稳响应概率密度具有最高的峰值，且概率密度最集中. 按 $s=2$，$\Lambda=\Lambda_3$，$\Lambda=\Lambda_1$，$\Lambda=\Lambda_2$，$s=1$，概率密度曲线逐渐变扁平，最大值也逐渐减小. 主要是因为在这个过程中，

系统停留在结构状态 $s=1$ 的概率越来越高. 从上面分析得知, 系统停留在 $s=1$ 的概率越高, 则系统能量耗散越慢, 从而造成概率密度图形越扁平. 图 5.5.1 中, 实线为求解 FPK 方程组(5.5.23)得到的理论结果, 点表示的是对系统(5.5.26)作数值模拟的结果. 显然, 理论结果与模拟结果符合较好. 图 5.5.2 给出了 $\Lambda=\Lambda_2$ 时, 跳变参数 $s(t)$ 的一般样本. 图 5.5.3(a)给出了 $\Lambda=\Lambda_2$ 时, 平稳联合概率密度 $p(q,p)$ 的理论结果; 图 5.5.3(b)给出了 $\Lambda=\Lambda_2$ 时, $p(q,p)$ 的数值模拟结果, 可见两者符合较好.

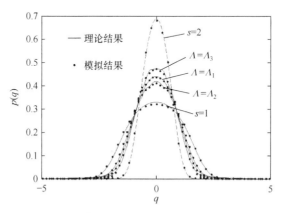

图 5.5.1 不同跳变规律下两结构状态系统(5.5.26)的广义位移的平稳概率密度(Pan et al., 2017)

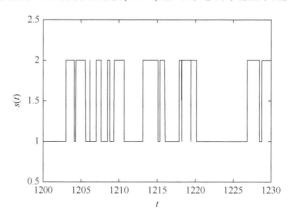

图 5.5.2 两结构状态跳变过程 $s(t)$ 的一段样本, $\Lambda=\Lambda_2$ (Pan et al., 2017)

2. 三结构状态跳变系统

此时, 系统(5.5.26)具有三个结构状态, 对应的阻尼系数和激励幅值分别是 $\beta(s=1)=0.004$, $\beta(s=2)=0.008$, $\beta(s=3)=0.01$, $f(s=1)=2$, $f(s=2)=1$, $f(s=3)=0.5$. 可见, 在此参数下, 结构状态 $s=3$ 的系统具有最大的阻尼力和最小的激励幅值, 这意味着系统在第 3 个结构状态下运行时, 系统的能量耗散最快.

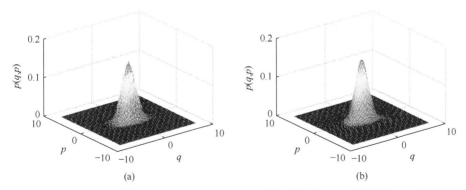

图 5.5.3　$\Lambda = \Lambda_2$ 时两结构状态系统(5.5.26)的平稳联合概率密度. (a) 理论结果; (b) 数值模拟
结果(Pan et al.，2017)

三种跳变规律为

$$
\Lambda_1 = \begin{bmatrix} -1.4 & 0.7 & 0.7 \\ 1.5 & -3.0 & 1.5 \\ 1.5 & 1.5 & -3.0 \end{bmatrix}, \quad \Lambda_2 = \begin{bmatrix} -3.0 & 1.5 & 1.5 \\ 0.7 & -1.4 & 0.7 \\ 1.5 & 1.5 & -3.0 \end{bmatrix}, \quad \Lambda_3 = \begin{bmatrix} -3.0 & 1.5 & 1.5 \\ 1.5 & -3.0 & 1.5 \\ 0.7 & 0.7 & -1.4 \end{bmatrix}
$$

$$\tag{5.5.32}$$

可见，在 Λ_1 中，系统停留在 $s = 1$ 结构状态的概率最高；在 Λ_2 和 Λ_3 中，系统分别停留在 $s = 2$ 和 $s = 3$ 的结构状态的概率最高.

图 5.5.4 中，分别给出了按 $\Lambda = \Lambda_1$，$\Lambda = \Lambda_2$，$\Lambda = \Lambda_3$ 跳变时，系统(5.5.26)的广义位移平稳概率密度，以及在没有跳变的情况下，分别处于 $s = 1$ 状态、$s = 2$ 状态和 $s = 3$ 状态时系统的平稳概率密度. 当 $s = 3$ 时，系统位移的平稳响应概率密度具有最高的峰值，且概率密度最集中. 按 $\Lambda = \Lambda_3$，$\Lambda = \Lambda_2$，$\Lambda = \Lambda_1$ 顺序，概率密度曲线逐渐变扁平，最大值也逐渐减小. 这是由于在这个过程中，系统停留在 $s = 1$ 结构状态

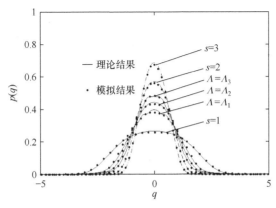

图 5.5.4　不同跳变规律下，三结构状态系统(5.5.26)的广义位移平稳概率密度(Pan et al.，2017)

下的概率逐渐增大. 数值模拟结果与理论计算结果符合较好. 图 5.5.5 给出了 $\varLambda = \varLambda_2$ 时跳变参数 $s(t)$ 的一段样本. 图 5.5.6(a)和(b)分别给出了 $\varLambda = \varLambda_2$ 时系统广义位移和广义动量的平稳联合概率密度 $p(q,p)$ 的理论结果与数值模拟结果，两者符合较好.

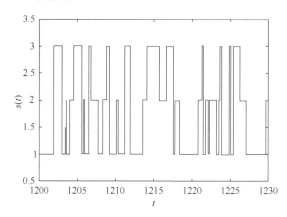

图 5.5.5　三结构状态跳变过程 $s(t)$ 的一段样本，$\varLambda = \varLambda_2$ (Pan et al., 2017)

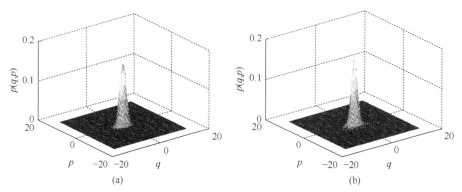

(a)　　　　　　　　　　　(b)

图 5.5.6　$\varLambda = \varLambda_2$ 时三结构状态系统(5.5.26)的平稳联合概率密度. (a) 理论结果；(b) 数值模拟
结果(Pan et al., 2017)

5.5.2　多自由度系统

考虑如下 n 自由度含马尔可夫跳变参数的随机激励的耗散的哈密顿系统(郝琪，2015；Huan et al., 2015)

$$\dot{Q}_i = \frac{\partial H}{\partial P_i}$$

$$\dot{P}_i = -\frac{\partial H}{\partial Q_i} - \varepsilon\sum_{j=1}^{n} c_{ij}(\boldsymbol{Q},\boldsymbol{P},s(t))\frac{\partial H}{\partial P_j} + \varepsilon^{1/2}\sum_{k=1}^{m} f_{ik}(\boldsymbol{Q},s(t))W_{gk}(t) \tag{5.5.33}$$

$$i = 1,2,\cdots,n; \quad s \in \{1,2,\cdots,l\}$$

式中 $\boldsymbol{Q}=[Q_1,Q_2,\cdots,Q_n]$ 表示广义位移矢量；$\boldsymbol{P}=[P_1,P_2,\cdots,P_n]$ 表示广义动量矢量；$H=H(\boldsymbol{Q},\boldsymbol{P})$ 表示哈密顿函数；ε 为小参数，$\varepsilon c_{ij}(\boldsymbol{Q},\boldsymbol{P},s(t))$ 表示含跳变参数的小阻尼系数；$\varepsilon^{1/2}f_{ik}(\boldsymbol{Q},s(t))$ 表示含跳变参数的弱外或(和)参数激励；$W_{gk}(t)$ $(k=1,2,\cdots,m)$ 为零均值的高斯白噪声，相关函数为 $E[W_{gk}(t)W_{gl}(t+\tau)]=2D_{kl}\delta(\tau)$. $s(t)$是一个跳变参数，按照式(5.5.1)和式(5.5.2)，它是一个有限集合 $S=\{1,2,3,\cdots,l\}$ 内取值的连续时间离散状态的马尔可夫过程，l 是结构状态的数目，这里假设 $s(t)$ 与系统运动状态无关，且为缓慢变化过程.

原系统(5.5.33)可以先转化为斯特拉托诺维奇随机微分方程，再转化为以下伊藤随机微分方程

$$dQ_i=\frac{\partial H}{\partial P_i}dt$$

$$dP_i=-\left[\frac{\partial H}{\partial Q_i}+\varepsilon\sum_{j=1}^{n}c_{ij}(\boldsymbol{Q},\boldsymbol{P},s(t))\frac{\partial H}{\partial P_j}\right]dt+\varepsilon^{1/2}\sum_{k=1}^{m}\sigma_{ik}(\boldsymbol{Q},s(t))dB_k(t)\quad(5.5.34)$$

$$i=1,2,\cdots,n;\quad s\in\{1,2,\cdots,l\}$$

方程中 $B_k(t)$ 是单位维纳过程；$\sigma_{ik}=(\boldsymbol{fL})_{ik}$，$\boldsymbol{LL}^{\mathrm{T}}=2\boldsymbol{D}$；设函数 $f_{ik}(\boldsymbol{Q},s(t))$ 不含 $\boldsymbol{P}$，使得 Wong-Zakai 修正项为零.

类似于 5.1 节～5.3 节，与拟哈密顿系统(5.5.33)相应的哈密顿系统可分成不可积、可积非共振、可积共振、部分可积非共振和部分可积共振五类. 因此，受高斯白噪声激励的含马尔可夫跳变参数的拟哈密顿系统也有五种随机平均法，本节仅阐述拟不可积哈密顿系统随机平均法，其余情形可作类似推导.

考虑与式(5.5.33)相应的哈密顿系统不可积，且结构状态保持在 $s(t)=s$ 情形，类似于 5.1 节，应用伊藤微分规则，可从式(5.5.34)导得哈密顿过程 $H(t)$ 所满足的伊藤随机微分方程

$$dH=\varepsilon\left[-\sum_{i,j=1}^{n}c_{ij}(\boldsymbol{Q},\boldsymbol{P},s)\frac{\partial H}{\partial P_i}\frac{\partial H}{\partial P_j}+\frac{1}{2}\sum_{i,j=1}^{n}\sum_{k=1}^{m}\sigma_{ik}(\boldsymbol{Q},s)\sigma_{jk}(\boldsymbol{Q},s)\frac{\partial^2 H}{\partial P_i\partial P_j}\right]dt$$

$$+\varepsilon^{1/2}\sum_{i=1}^{n}\sum_{k=1}^{m}\frac{\partial H}{\partial P_i}\sigma_{ik}(\boldsymbol{Q},s)dB_k(t)\quad(5.5.35)$$

以式(5.5.35)代替式(5.5.34)中关于 dQ_1 的方程组成新的系统. 在新的系统中，$Q(t),P_2(t),P_3(t),\cdots,P_n(t)$ 为快变过程，而 $H(t)$ 为慢变过程. 经随机平均后可建立支配扩散过程 $H(t)$ 的平均伊藤随机微分方程

$$dH=m(H,s)dt+\bar{\sigma}(H,s)dB(t)\quad(5.5.36)$$

如 5.1 节所述，不可积哈密顿系统在等能量面上遍历，式(5.5.36)中漂移系数和扩散系数的时间平均可用空间平均代替，即

$$m(H,s) = \frac{1}{T(H)} \int_\Omega \left[\left(-\sum_{i,j=1}^n c_{ij} \frac{\partial H}{\partial p_i} \frac{\partial H}{\partial p_j} + \frac{1}{2} \sum_{i,j=1}^n \sum_{k=1}^m \sigma_{ik} \sigma_{jk} \frac{\partial^2 H}{\partial p_i \partial p_j} \right) \middle/ \frac{\partial H}{\partial p_1} \right] \mathrm{d}\boldsymbol{q} \mathrm{d}p_2 \cdots \mathrm{d}p_n,$$

$$\bar{\sigma}^2(H,s) = \frac{1}{T(H)} \int_\Omega \left[\sum_{i,j=1}^n \sum_{k=1}^m \sigma_{ik} \sigma_{jk} \frac{\partial H}{\partial p_i} \frac{\partial H}{\partial p_j} \middle/ \frac{\partial H}{\partial p_1} \right] \mathrm{d}\boldsymbol{q} \mathrm{d}p_2 \cdots \mathrm{d}p_n,$$

$$T(H) = \int_\Omega \left[1 \middle/ \frac{\partial H}{\partial p_1} \right] \mathrm{d}\boldsymbol{q} \mathrm{d}p_2 \cdots \mathrm{d}p_n$$

$$\Omega = \{ (\boldsymbol{q}, p_2, \cdots, p_n) \big| H(\boldsymbol{q}, 0, p_2, \cdots, p_n) \leqslant H \}$$

$$(5.5.37)$$

对于原系统(5.5.33)，跳变过程 $s(t)$ 共有 l 个结构状态，令式(5.5.36)中的 $s \in \{1, 2, \cdots, l\}$，就得到了近似描述原系统的平均伊藤随机微分方程组.

类似于式(5.5.9)~式(5.5.25)的推导，与式(5.5.36)相应的瞬态 FPK 方程及其初始和边界条件与式(5.5.20)~式(5.5.22)相同，平稳 FPK 方程与式(5.5.23)相同，其他概率密度和统计量的计算公式与式(5.5.24)和式(5.5.25)相同.

例 5.5.2 考虑一个含马尔可夫跳变参数的二自由度拟不可积哈密顿系统，其运动微分方程为

$$\ddot{X}_1 + c_1(s(t))\dot{X}_1 + \beta \omega_1^2 X_1 (\omega_1^2 X_1^2 + \omega_2^2 X_2^2)^2 = f_1(s(t))W_{g1}(t)$$

$$\ddot{X}_2 + c_2(s(t))\dot{X}_2 + \beta \omega_2^2 X_2 (\omega_1^2 X_1^2 + \omega_2^2 X_2^2)^2 = f_2(s(t))W_{g2}(t) \tag{5.5.38}$$

$$s \in \{1, 2, \cdots, l\}$$

式中 $c_1(s(t))$、$c_2(s(t))$ 是含有跳变参数 $s(t)$ 的阻尼系数；$f_1(s(t))$、$f_2(s(t))$ 是含有跳变参数 $s(t)$ 的激励幅值；$s(t)$ 是式(5.5.1)中定义的连续时间离散状态的马尔可夫过程；$W_{g1}(t)$、$W_{g2}(t)$ 是强度分别为 $2D_1$、$2D_2$ 的独立高斯白噪声.

令广义位移 $Q_1 = X_1$，$Q_2 = X_2$，广义动量 $P_1 = \dot{X}_1$，$P_2 = \dot{X}_2$，系统(5.5.38)的哈密顿函数或总能量为

$$H(\boldsymbol{Q}, \boldsymbol{P}) = \frac{1}{2}(P_1^2 + P_2^2) + U(\boldsymbol{Q}), \quad U(\boldsymbol{Q}) = \frac{1}{6} \beta (\omega_1^2 Q_1^2 + \omega_2^2 Q_2^2)^3 \tag{5.5.39}$$

系统(5.5.38)可转化为以下伊藤随机微分方程

$$\mathrm{d}Q_1 = P_1 \mathrm{d}t$$

$$\mathrm{d}Q_2 = P_2 \mathrm{d}t$$

$$\mathrm{d}P_1 = -\left(\frac{\partial U}{\partial Q_1} + c_1(s)P_1 \right)\mathrm{d}t + \sqrt{2D_1} f_1(s)\mathrm{d}B_1(t) \tag{5.5.40}$$

$$\mathrm{d}P_2 = -\left(\frac{\partial U}{\partial Q_2} + c_2(s)P_2 \right)\mathrm{d}t + \sqrt{2D_2} f_2(s)\mathrm{d}B_2(t)$$

$$s \in \{1, 2, \cdots, l\}$$

运用伊藤随机微分规则，可从式(5.5.39)与式(5.5.40)导得支配 $H(t)$ 的伊藤随机微分方程

$$\mathrm{d}H = (-c_1 P_1^2 - c_2 P_2^2 + f_1^2 D_1 + f_2^2 D_2)\mathrm{d}t + \sqrt{2D_1} P_1 \mathrm{d}B_1(t) + \sqrt{2D_2} P_2 \mathrm{d}B_2(t) \quad (5.5.41)$$

经随机平均，可得形如式(5.5.36)支配 $H(t)$ 的平均伊藤方程，含跳变参数 s 的漂移系数 $m(H,s)$ 和扩散系数 $\bar{\sigma}^2(H,s)$ 按式(5.5.37)导得为

$$m(H,s) = \frac{1}{T(H)} \int_{\Omega} (-c_1 p_1^2 - c_2 p_2^2 + f_1^2 D_1 + f_2^2 D_2) \frac{1}{P_1} \mathrm{d}q_1 \mathrm{d}q_2 \mathrm{d}p_2$$

$$\bar{\sigma}^2(H,s) = \frac{1}{T(H)} \int_{\Omega} (2f_1^2 D_1 p_1^2 + 2f_2^2 D_2 p_2^2) \frac{1}{p_1} \mathrm{d}q_1 \mathrm{d}q_2 \mathrm{d}p_2 \quad (5.5.42)$$

$$T(H) = \int_{\Omega} \frac{1}{p_1} \mathrm{d}q_1 \mathrm{d}q_2 \mathrm{d}p_2$$

$$\Omega = \{(q_1, q_2, p_2) \,|\, p_2^2/2 + \beta(\omega_1^2 q_1^2 + \omega_2^2 q_2^2)^3/6 \leqslant H\}$$

对上式作变换 $q_1 = r\cos\theta/\omega_1$，$q_2 = r\cos\theta/\omega_2$，积分可得如下系数表达式

$$m(h,s) = f_1^2(s)D_1 + f_2^2(s)D_2 - \frac{3}{4}(c_1(s) + c_2(s))h$$

$$\bar{\sigma}^2(h,s) = \frac{3}{2}(f_1^2(s)D_1 + f_2^2(s)D_2)h \quad (5.5.43)$$

$$T(h) = \frac{2\pi^2}{\omega_1 \omega_2}\left(\frac{6h}{\beta}\right)^{1/3}$$

数值求解平稳 FPK 方程(5.5.23)可得到平稳概率密度 $p(h,s), (s \in \{1,2,\cdots,l\})$，由式(5.5.24)可得系统总能量的平稳概率密度 $p(h)$ 和广义位移与广义动量的平稳联合概率密度 $p(q_1, q_2, p_1, p_2)$

$$p(q_1, q_2, p_1, p_2) = \frac{\omega_1 \omega_2}{2\pi^2}\left(\frac{\beta}{6h}\right)^{1/3} p(h)\Bigg|_{h = \frac{1}{2}(p_1^2 + p_2^2) + \frac{1}{6}\beta(\omega_1^2 q_1^2 + \omega_2^2 q_2^2)^3} \quad (5.5.44)$$

其他平稳概率密度和统计量可从式(5.5.44)按式(5.5.25)计算获得. 下面针对两组参数值分别作数值计算.

1. 两结构状态跳变系统

令系统参数 $\omega_1 = 1$，$\omega_2 = 2.2$，$\beta = 1$，$D_1 = 0.04$，$D_2 = 0.04$. 两种结构状态下的阻尼系数和激励幅值分别是 $c_1(s=1) = 0.01$，$c_2(s=1) = 0.03$，$c_1(s=2) = 0.03$，$c_2(s=2) = 0.05$，$f_1(s=1) = 2$，$f_2(s=1) = 2$，$f_1(s=2) = 1$，$f_2(s=2) = 1$. 可见，$s=2$ 结构状态的系统具有较大的阻尼和较小的激励幅值，这意味着系统在第 2 个结构状

态下运行时，系统的能量耗散更快. $s(t)$ 的跳变率矩阵为

$$\Lambda_1 = \begin{bmatrix} -2 & 2 \\ 2 & -2 \end{bmatrix}, \quad \Lambda_2 = \begin{bmatrix} -1 & 1 \\ 2 & -2 \end{bmatrix}, \quad \Lambda_3 = \begin{bmatrix} -2 & 2 \\ 1 & -1 \end{bmatrix} \tag{5.5.45}$$

图 5.5.7 给出了 $\Lambda = \Lambda_1$，$\Lambda = \Lambda_2$，$\Lambda = \Lambda_3$，以及 $s=1$ 和 $s=2$ 时，系统(5.5.38)总能量的平稳概率密度. 由图可见，由于系统在结构状态 $s=2$ 时具有较大的阻尼系数和较小的外激励幅值，使得系统处于低能量区的概率较大. 图 5.5.7 还显示，按顺序 $\Lambda_3, \Lambda_1, \Lambda_2$，$s=1$，高能量区的概率逐渐增大，表明系统能量的耗散速度也逐渐减慢. 图中实线表示理论计算结果，黑点表示原系统的数值模拟结果，可见两者吻合较好. 图 5.5.8 分别给出了不同跳变规律下，系统广义位移的平稳概率密度 $p(q_1)$ 和 $p(q_2)$. 由图可见，$p(q_1), p(q_2)$ 在 $s=2$ 时取得最高的峰值，表明系统以较大概率维持在平衡点附近. 按 $\Lambda_3, \Lambda_1, \Lambda_2$，$s=1$ 顺序，$p(q_1), p(q_2)$ 曲线逐渐变扁平，表明系统远离平衡点的概率逐渐增加，理论结果与模拟结果甚相符. 图 5.5.9 给出了 $\Lambda = \Lambda_2$ 时参数 $s(t)$ 的一段样本.

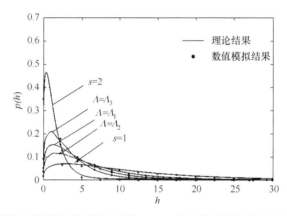

图 5.5.7　不同跳变规律下两结构状态系统(5.5.38)总能量的平稳概率密度(郝琪, 2015)

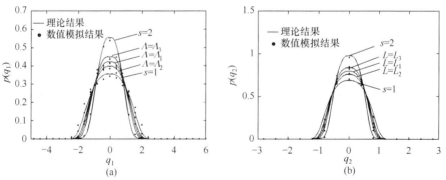

图 5.5.8　不同跳变规律下两结构状态系统(5.5.38)广义位移的平稳概率密度. (a) $p(q_1)$；

(b) $p(q_2)$ (郝琪, 2015)

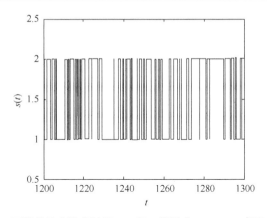

图 5.5.9　两结构状态跳变过程 $s(t)$ 的一段样本，$\Lambda = \Lambda_2$(郝琪，2015)

2. 三结构状态跳变系统

除 $c_1(s=3) = 0.05$，$c_2(s=3) = 0.07$，$f_1(s=3) = 1$，$f_2(s=3) = 1$外，其他系统参数与前述两结构状态跳变系统相同. $s=3$ 结构状态的系统具有最大的阻尼系统和最小的激励幅值，这意味着系统在第 3 个结构状态下运行时，系统的能量耗散最快.

考虑以下四种跳变规律

$$\Lambda_1 = \begin{bmatrix} -3 & 1.5 & 1.5 \\ 1.5 & -3 & 1.5 \\ 1.5 & 1.5 & -3 \end{bmatrix}, \quad \Lambda_2 = \begin{bmatrix} -2 & 1 & 1 \\ 1.5 & -3 & 1.5 \\ 1.5 & 1.5 & -3 \end{bmatrix}, \quad \Lambda_3 = \begin{bmatrix} -3 & 1.5 & 1.5 \\ 1 & -2 & 1 \\ 1.5 & 1.5 & -3 \end{bmatrix}, \quad \Lambda_4 = \begin{bmatrix} -3 & 1.5 & 1.5 \\ 1.5 & -3 & 1.5 \\ 1 & 1 & -2 \end{bmatrix}$$

(5.5.46)

可见，在 Λ_1 中，系统停留在三个结构状态的概率相等，而在 Λ_2、Λ_3、Λ_4 中，系统分别停留在第 1、2 和 3 个结构状态的概率较高.

图 5.5.10 中给出了不同跳变规律下系统能量的平稳概率密度. 图 5.5.11 给出了

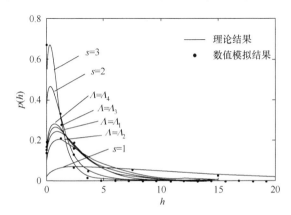

图 5.5.10　不同跳变规律下三结构状态系统(5.5.38)总能量的平稳概率密度(郝琪，2015)

不同跳变规律下系统广义位移的平稳概率密度 $p(q_1), p(q_2)$. 所得结果与前述两结构状态系统的结果类似, 图 5.5.10 表明, 当 $s=3$ 时, 由于系统能量耗散最快, 小能量的概率最大. 在图 5.5.11 中, $s=3$ 时系统处于平衡点附近的概率最大. 随着系统在状态 $s=1$ 中停留的时间增加, $p(q_1), p(q_2)$ 曲线逐渐变扁平, 意味着系统远离平衡点的概率增加, 系统位移幅值增大. 图 5.5.12 给出了跳变参数 $s(t)$ 的一段样本.

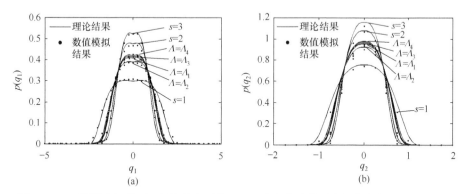

图 5.5.11　不同跳变规律下三结构状态系统(5.5.38)广义位移的平稳概率密度. (a) $p(q_1)$;
(b) $p(q_2)$ (郝琪, 2015)

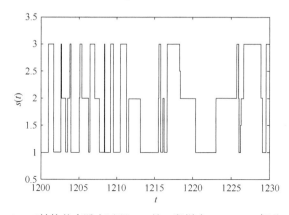

图 5.5.12　三结构状态跳变过程 $s(t)$ 的一段样本, $\Lambda = \Lambda_3$ (郝琪, 2015)

参 考 文 献

方洋旺, 潘进. 2006. 随机系统分析及应用. 西安: 西北工业大学出版社.

郝琪. 2015. 随机激励的非线性 Markov 跳变系统的稳态随机响应. 杭州: 浙江大学硕士学位论文.

刘中华. 2002. 二自由度碰撞振动系统的随机响应. 杭州: 浙江大学硕士学位论文.

刘中华, 黄志龙, 朱位秋. 2002. 二自由度碰撞振动系统的随机响应. 振动工程学报, 15(3): 257-261.

朱位秋, 蔡国强. 2017. 随机动力学引论. 北京: 科学出版社.

Blumenson L E. 1960. A derivation of n-dimensional spherical coordinates. American Mathematical
Monthly, 67(1): 63-66.

Gan C B, Zhu W Q. 2001. First-passage failure of quasi-non-integrable-Hamiltonian systems. International Journal of Non-Linear Mechanics, 36: 209-220.

Huan R H, Zhu W Q, Ma F, et al. 2015. Stationary response of a class of nonlinear stochastic systems undergoing Markovian jumps. ASME Journal of Applied Mechanics, 82: 051008.

Huang Z L, Liu Z H, Zhu W Q. 2004. Stationary response of multi-degree-of-freedom vibro-impact systems under white noise excitations. Journal of Sound and Vibration, 275: 223-240.

Khasminskii R Z. 1968. On the averaging principle for Itô stochastic differential equations. Kibernetika, 3(4): 260-279. (in Russian)

Pan S S, Zhu W Q, Hu R C, et al. 2017. Stationary response of stochastically excited nonlinear systems with continuous-time Markov jump. Journal of Zhejiang University-Science A, 18(2): 83-91.

Sun J J, Huan R H, Deng M L, et al. 2021. A novel method for evaluating the averaged drift and diffusion coefficients of high DOF quasi-non-integrable Hamiltonian systems. Nonlinear Dynamics. 106: 2975-2989.

Zhu W Q, Deng M L. 2004. Optimal bounded control for minimizing the response of quasi non-integrable Hamiltonian systems. Nonlinear Dynamics, 35: 81-100.

Zhu W Q, Huang Z L. 2004. Stochastic stabilization of quasi non-integrable Hamiltonian systems. International Journal of Non-Linear Mechanics, 39: 879-895.

Zhu W Q, Huang Z L, Suzuki Y. 2002. Stochastic averaging and Lyapunov exponent of quasi partially integrable Hamiltonian systems. International Journal of Non-Linear Mechanics, 37(3): 419-437.

Zhu W Q, Huang Z L, Yang Y Q. 1997. Stochastic averaging of quasi integrable-Hamiltonian systems. ASME Journal of Applied Mechanics, 64(4): 975-984.

Zhu W Q, Yang Y Q. 1997. Stochastic averaging of quasi-nonintegrable -Hamilton systems. ASME Journal of Applied Mechanics, 64: 157-164.

第6章 高斯与泊松白噪声共同激励下拟哈密顿系统随机平均法

随机动力学中，大多数激励是连续随机过程，少数激励是随机跳跃过程，而在自然界、工程以及社会中，有许多随机激励乃由连续随机过程与随机跳跃过程共同组成，如地面不平顺与风中湍流. 迄今为止，连续与跳跃随机过程共同激励的随机动力学研究较少. 为此，作为研究连续与跳跃随机共同激励下的多自由度非线性系统的动力学的一种有效近似方法，本章阐述高斯与泊松白噪声共同激励的拟哈密顿系统的随机平均法. 由平均方程可知，两种白噪声激励的效应可以分开. 因此，本章所述的随机平均法也可用于单纯泊松白噪声激励的拟哈密顿系统，只要略去高斯白噪声引起的项即可.

6.1 高斯与泊松白噪声共同激励的拟哈密顿系统

考虑一个高斯与泊松白噪声共同激励的 n 自由度拟哈密顿系统，其运动微分方程为

$$\dot{Q}_i = \frac{\partial H'}{\partial P_i}$$

$$\dot{P}_i = -\frac{\partial H'}{\partial Q_i} - \varepsilon^2 \sum_{j=1}^{n} c_{ij}(\boldsymbol{Q},\boldsymbol{P})\frac{\partial H'}{\partial P_j} + \varepsilon \sum_{k=1}^{n_g} g_{ik}(\boldsymbol{Q},\boldsymbol{P})W_{gk}(t)$$

$$+ \varepsilon \sum_{l=1}^{n_p} f_{il}(\boldsymbol{Q},\boldsymbol{P})W_{pl}(t) \tag{6.1.1}$$

$$i = 1,2,\cdots,n$$

式中 $\boldsymbol{Q} = [Q_1,Q_2,\cdots,Q_n]^{\mathrm{T}}$ 为广义位移矢量；$\boldsymbol{P} = [P_1,P_2,\cdots,P_n]^{\mathrm{T}}$ 为广义动量矢量；$H' = H'(\boldsymbol{Q},\boldsymbol{P})$ 为无限次可微的哈密顿函数；$c_{ij}(\boldsymbol{Q},\boldsymbol{P})$ 表示拟线性阻尼力系数，是广义位移与广义动量的可微函数；$g_{ik}(\boldsymbol{Q},\boldsymbol{P})$ 是二次可微的函数，表示高斯白噪声激励幅值；$f_{il}(\boldsymbol{Q},\boldsymbol{P})$ 是无限次可微的函数，表示泊松白噪声激励幅值；ε 是一个正的小参数；$W_{gk}(t)$，$k=1,2,\cdots,n_g$ 是具有形如式(2.3.72)相关函数的高斯白噪声；$W_{pl}(t)$，$l=1,2,\cdots,n_p$ 是由 2.4.2 节定义的平均到达率为 λ_l 的相互独立的泊松白噪

声，其脉冲幅值是高斯分布的随机变量.

由于高斯白噪声 $W_{gk}(t)$ 与泊松白噪声 $W_{pl}(t)$ 可以分别看作是维纳过程(布朗运动过程) $B_k(t)$ 与复合泊松过程 $C_l(t)$ 的导数过程，可将方程(6.1.1)改写成如下斯特拉托诺维奇随机微分方程

$$
\mathrm{d}Q_i = \frac{\partial H'}{\partial P_i}\mathrm{d}t
$$

$$
\mathrm{d}P_i = \left[-\frac{\partial H'}{\partial Q_i} - \varepsilon^2 \sum_{j=1}^{n} c_{ij}(\boldsymbol{Q},\boldsymbol{P})\frac{\partial H'}{\partial P_j} \right]\mathrm{d}t + \varepsilon \sum_{k=1}^{n_g} g_{ik}(\boldsymbol{Q},\boldsymbol{P})\mathrm{d}^\circ B_k(t)
$$

$$
+ \varepsilon \sum_{l=1}^{n_p} f_{il}(\boldsymbol{Q},\boldsymbol{P})\mathrm{d}^\circ C_l(t) \tag{6.1.2}
$$

$$
i = 1,2,\cdots,n
$$

并可转换成如下伊藤随机微分方程(Di Paola and Falsone，1993a；Di Paola and Falsone，1993b)

$$
\mathrm{d}Q_i = \frac{\partial H'}{\partial P_i}\mathrm{d}t
$$

$$
\mathrm{d}P_i = \left[-\frac{\partial H'}{\partial Q_i} - \varepsilon^2 \sum_{j=1}^{n} c_{ij}(\boldsymbol{Q},\boldsymbol{P})\frac{\partial H'}{\partial P_j} + \varepsilon^2 \sum_{k,k'=1}^{n_g}\sum_{j=1}^{n} \pi K_{kk'} g_{jk'}(\boldsymbol{Q},\boldsymbol{P})\frac{\partial g_{ik}}{\partial P_j} \right]\mathrm{d}t
$$

$$
+ \varepsilon \sum_{k=1}^{n_g} \sigma_{ik}(\boldsymbol{Q},\boldsymbol{P})\mathrm{d}B_k(t) + \sum_{l=1}^{n_p}\left(\sum_{k'=1}^{\infty} \frac{\varepsilon^{k'}}{k'!} f_{il}^{(k')}(\boldsymbol{Q},\boldsymbol{P})\big(\mathrm{d}C_l(t)\big)^{k'} \right) \tag{6.1.3}
$$

$$
i = 1,2,\cdots,n
$$

式中 $B_k(t)$ 为独立单位维纳过程

$$
f_{il}^{(r)}(\boldsymbol{Q},\boldsymbol{P}) = \sum_{j=1}^{n} \frac{\partial f_{il}^{(r-1)}(\boldsymbol{Q},\boldsymbol{P})}{\partial P_j} f_{jl}, \quad f_{il}^{(1)}(\boldsymbol{Q},\boldsymbol{P}) = f_{il}(\boldsymbol{Q},\boldsymbol{P})
$$

$\sigma_{ik} = (\boldsymbol{gL})_{ik}$，$\boldsymbol{g} = \left[g_{ik} \right]_{n \times n_g}$，$\boldsymbol{LL}^{\mathrm{T}} = 2\pi\boldsymbol{K}$ 是高斯白噪声的强度矩阵；$\varepsilon^2 \sum\limits_{k,k'=1}^{n_g}\sum\limits_{j=1}^{n} \pi K_{kk'} g_{jk'}\dfrac{\partial g_{ik}}{\partial P_j}$

是高斯白噪声的 Wong-Zakai 修正项，$\sum\limits_{l=1}^{n_p}\sum\limits_{r=2}^{\infty} \dfrac{\varepsilon^r}{r!} f_{il}^{(r)}(\boldsymbol{Q},\boldsymbol{P})\big(\mathrm{d}C_l(t)\big)^r$ 是泊松白噪声的

修正项. Wong-Zakai 修正项是广义位移 $\boldsymbol{Q}$ 与广义动量 $\boldsymbol{P}$ 的函数. 通常可以分为保守部分与耗散部分，其中保守部分可与 $-\partial H'/\partial Q_i$ 合并成为 $-\partial H/\partial Q_i$，且 $-\partial H/\partial Q_i = -\partial H'/\partial Q_i$，$H = H(\boldsymbol{Q},\boldsymbol{P})$ 为修正后的哈密顿函数. 而耗散部分可与 $-\varepsilon^2 c_{ij}\partial H'/\partial P_j$ 合并成为修正后的阻尼力 $-\varepsilon^2 m_{ij}(\boldsymbol{Q},\boldsymbol{P})\partial H/\partial P_j$. 于是，式(6.1.3)可以改写成

$$dQ_i = \frac{\partial H}{\partial P_i} dt$$

$$dP_i = -\left[\frac{\partial H}{\partial Q_i} + \varepsilon^2 \sum_{j=1}^{n} m_{ij}(\boldsymbol{Q},\boldsymbol{P}) \frac{\partial H}{\partial P_j} \right] dt + \varepsilon \sum_{k=1}^{n_g} \sigma_{ik}(\boldsymbol{Q},\boldsymbol{P}) dB_k(t) \qquad (6.1.4)$$

$$+ \sum_{l=1}^{n_p} \left(\sum_{r=1}^{\infty} \frac{\varepsilon^r}{r!} f_{il}^{(r)}(\boldsymbol{Q},\boldsymbol{P}) \big(dC_l(t)\big)^r \right)$$

$$i = 1, 2, \cdots, n$$

根据 2.4.2 节复合泊松过程的积分形式，还可将方程(6.1.4)改写成如下等价的随机微分积分方程

$$dQ_i = \frac{\partial H}{\partial P_i} dt$$

$$dP_i = -\left[\frac{\partial H}{\partial Q_i} + \varepsilon^2 \sum_{j=1}^{n} m_{ij}(\boldsymbol{Q},\boldsymbol{P}) \frac{\partial H}{\partial P_j} \right] dt + \varepsilon \sum_{k=1}^{n_g} \sigma_{ik}(\boldsymbol{Q},\boldsymbol{P}) dB_k(t) \qquad (6.1.5)$$

$$+ \sum_{l=1}^{n_p} \int_{\mathcal{Y}_l} \gamma_{il}(\boldsymbol{Q},\boldsymbol{P},Y_l) \mathcal{P}_l(dt, dY_l)$$

式中 $\mathcal{Y}_l$ 是泊松符号空间，$\mathcal{P}_l(dt, dY_l)$ 是泊松随机测度

$$\gamma_{il}(\boldsymbol{Q},\boldsymbol{P},Y_l) = \sum_{r=1}^{\infty} \frac{\varepsilon^r}{r!} f_{il}^{(r)}(\boldsymbol{Q},\boldsymbol{P}) Y_l^r, \quad i = 1,2,\cdots,n; \quad l = 1,2,\cdots,n_p \qquad (6.1.6)$$

按与式(6.1.5)相应的哈密顿系统的可积性与共振性，可以将高斯与泊松白噪声共同激励下的拟哈密顿系统分成五类：拟不可积哈密顿系统、拟可积非共振哈密顿系统、拟可积共振哈密顿系统、拟部分可积非共振哈密顿系统及拟部分可积共振哈密顿系统. 下面依次阐述这五类拟哈密顿系统的随机平均法，推导平均随机微分积分方程与平均 FPK 方程，用摄动法求平均 FPK 方程的近似平稳解.

6.2　拟不可积哈密顿系统

6.2.1　高斯与泊松白噪声共同激励

设与拟哈密顿系统(6.1.5)相应的哈密顿系统不可积，哈密顿函数 H 是与式(6.1.5)相应的哈密顿系统的唯一首次积分. 引入变换

$$H(t) = H(\boldsymbol{Q},\boldsymbol{P}) \qquad (6.2.1)$$

按跳跃-扩散过程的链式法则(Hanson，2007)，由式(6.1.5)可以求得哈密顿过

程 $H(t)$ 满足的伊藤随机微分积分方程为

$$\mathrm{d}H = \varepsilon^2\left(-\sum_{i,j=1}^{n} m_{ij}\frac{\partial H}{\partial P_i}\frac{\partial H}{\partial P_j} + \frac{1}{2}\sum_{i,j=1}^{n}\sum_{k=1}^{n_g}\sigma_{ik}\sigma_{jk}\frac{\partial^2 H}{\partial P_i\partial P_j}\right)\mathrm{d}t + \varepsilon\sum_{j=1}^{n}\sum_{k=1}^{n_g}\sigma_{jk}\frac{\partial H}{\partial P_j}\mathrm{d}B_k(t)$$

$$+\sum_{l=1}^{n_p}\int_{\mathcal{Y}_l}\Big[H\big(\boldsymbol{Q},\boldsymbol{P}+\hat{\boldsymbol{\gamma}}_l\big)-H\big(\boldsymbol{Q},\boldsymbol{P}\big)\Big]\mathcal{P}_l(\mathrm{d}t,\mathrm{d}Y_l) \tag{6.2.2}$$

式中 $\hat{\boldsymbol{\gamma}}_l$ 是矩阵 $[\gamma_{il}]_{n\times n_p}$ 的第 l 列.

将 $H\big(\boldsymbol{Q},\boldsymbol{P}+\hat{\boldsymbol{\gamma}}_l\big)-H\big(\boldsymbol{Q},\boldsymbol{P}\big)$ $(l=1,\cdots,n_p)$ 作泰勒展开

$$H\big(\boldsymbol{Q},\boldsymbol{P}+\hat{\boldsymbol{\gamma}}_l\big)-H\big(\boldsymbol{Q},\boldsymbol{P}\big)$$

$$=\sum_{r=1}^{\infty}\frac{1}{r!}\sum_{i_1=1}^{n}\cdots\sum_{i_r=1}^{n}\frac{\partial^r H}{\partial P_{i_1}\cdots\partial P_{i_r}}\sum_{j_1=1}^{\infty}\frac{\varepsilon^{j_1}}{j_1!}f_{i_1l}^{(j_1)}Y_l^{j_1}\cdots\sum_{j_r=1}^{\infty}\frac{\varepsilon^{j_r}}{j_r!}f_{i_rl}^{(j_r)}Y_l^{j_r}$$

$$=\sum_{r=1}^{\infty}\frac{1}{r!}\sum_{i_1=1}^{n}\cdots\sum_{i_r=1}^{n}\frac{\partial^r H}{\partial P_{i_1}\cdots\partial P_{i_r}}\sum_{j_1=1}^{\infty}\cdots\sum_{j_r=1}^{\infty}\frac{\varepsilon^{j_1+\cdots+j_r}}{j_1!\cdots j_r!}f_{i_1l}^{(j_1)}\cdots f_{i_rl}^{(j_r)}Y_l^{j_1+\cdots+j_r}$$

$$=\sum_{k=1}^{\infty}\varepsilon^k Y_l^k K_{1,k,l}\big(\boldsymbol{Q},\boldsymbol{P}\big) \tag{6.2.3}$$

于是

$$\Big[H\big(\boldsymbol{Q},\boldsymbol{P}+\hat{\boldsymbol{\gamma}}_l\big)-H\big(\boldsymbol{Q},\boldsymbol{P}\big)\Big]^j = \left[\sum_{k=1}^{\infty}\varepsilon^k K_{1,k,l}Y_l^k\right]^j$$

$$=\sum_{k_1=1}^{\infty}\cdots\sum_{k_j=1}^{\infty}\varepsilon^{k_1+\cdots+k_j}Y_l^{k_1+\cdots+k_j}\left(\prod_{i=1}^{j}K_{1,k_i,l}\right)$$

$$=\sum_{k=j}^{\infty}\varepsilon^k Y_l^k\left(\sum_{\substack{k_1+\cdots+k_j=k\\k_s\geqslant 1,s=1,\cdots,j}}\left(\prod_{i=1}^{j}K_{1,k_i,l}\right)\right)$$

$$=\sum_{k=j}^{\infty}\varepsilon^k Y_l^k K_{j,k,l}\big(\boldsymbol{Q},\boldsymbol{P}\big) \tag{6.2.4}$$

式中 $K_{j,k,l}=K_{j,k,l}\big(\boldsymbol{Q},\boldsymbol{P}\big)$. 这样方程(6.2.2)可以写成

$$\mathrm{d}H = \varepsilon^2\left(-\sum_{i,j=1}^{n} m_{ij}\frac{\partial H}{\partial P_i}\frac{\partial H}{\partial P_j} + \frac{1}{2}\sum_{i,j=1}^{n}\sum_{k=1}^{n_g}\sigma_{ik}\sigma_{jk}\frac{\partial^2 H}{\partial P_i\partial P_j}\right)\mathrm{d}t + \varepsilon\sum_{j=1}^{n}\sum_{k=1}^{n_g}\sigma_{jk}\frac{\partial H}{\partial P_j}\mathrm{d}B_k(t)$$

$$+\sum_{l=1}^{n_p}\int_{\mathcal{Y}_l}\left[\sum_{k=1}^{\infty}\varepsilon^k K_{1,k,l}\big(\boldsymbol{Q},\boldsymbol{P}\big)Y_l^k\right]\mathcal{P}_l(\mathrm{d}t,\mathrm{d}Y_l) \tag{6.2.5}$$

以式(6.2.5)代替式(6.1.5)中关于 P_1 的方程，并在式(6.1.5)中的其余方程以及式(6.2.5)中，按式(6.2.1)以 H 代替 P_1，于是系统方程由式(6.2.5)与除去 P_1 方程之外的式(6.1.5)组成，其中 $\boldsymbol{Q}(t)$，$P_2(t),\cdots,P_n(t)$ 为快变过程，而 $H(t)$ 为慢变过程. 按随机平均原理(Khasminskii, 1968; Xu et al., 2011)，在 $\varepsilon \to 0$ 时，$H(t)$ 弱收敛于一个一维马尔可夫过程. 仍以 $H(t)$ 表示这一新的马尔可夫过程，支配该过程的随机微分积分方程可由对方程(6.2.5)进行时间平均得到. 由式(6.1.5)的第一式，$\mathrm{d}t$ 可代之以 $(\partial H/\partial P_1)^{-1}\mathrm{d}Q_1$，再由于不可积哈密顿系统在等能量面上具有遍历性(Binney et al., 1992)，即 $H(\boldsymbol{q},\boldsymbol{p})=H$ 为常数约束下，系统状态以相同概率通过等能量面上每一点. 从而可用对 $Q_2,\cdots,Q_n,P_2,\cdots,P_n$ 的空间平均代替时间平均.

从式(6.2.5)可以看出，哈密顿函数的随机微分积分方程包含无穷多项，为了得到封闭形式的平均微分积分方程，需要将方程(6.2.5)按照 ε 的幂次进行重新排列，再进行截断，此处略去 ε^{u+1} 及以上高阶项，然后按照上面所述进行空间平均，可得如下关于 H 的平均随机微分积分方程：

$$
\begin{aligned}
\mathrm{d}H = & \left(\varepsilon^2 \bar{m}(H) + \sum_{i=0}^{u-2} \varepsilon^{i+2} U_i(H) \right)\mathrm{d}t + \varepsilon \bar{\sigma}(H)\mathrm{d}B(t) \\
& + \sum_{l=1}^{n_p} \sum_{k=1}^{u-1} \int_{\mathcal{Y}_l} \left(\sum_{s=1}^{k} \varepsilon^s V_{k,s,l}(H) Y_{k,l} \right) \mathcal{P}_{k,l}\left(\mathrm{d}t, \mathrm{d}Y_{k,l}\right)
\end{aligned} \tag{6.2.6}
$$

式中 $B(t)$ 是单位维纳过程，

$$
\begin{aligned}
\bar{m}(H) = \frac{1}{T(H)} \int_{\Omega} & \left\{ \left[-\sum_{i,j=1}^{n} m_{ij} \frac{\partial H}{\partial p_i} \frac{\partial H}{\partial p_j} \right.\right. \\
& \left.\left. + \frac{1}{2} \sum_{i,j=1}^{n} \sum_{k=1}^{n_g} \sigma_{ik} \sigma_{jk} \frac{\partial^2 H}{\partial p_i \partial p_j} \right] \middle/ \frac{\partial H}{\partial p_1} \right\} \mathrm{d}q_1 \cdots \mathrm{d}q_n \mathrm{d}p_2 \cdots \mathrm{d}p_n
\end{aligned} \tag{6.2.7}
$$

$$
U_0(H) = \sum_{l=1}^{n_p} \frac{\lambda_l E\left[Y_l^2\right]}{T(H)} \int_{\Omega} \left(K_{1,2,l} \middle/ \frac{\partial H}{\partial p_1} \right) \mathrm{d}q_1 \cdots \mathrm{d}q_n \mathrm{d}p_2 \cdots \mathrm{d}p_n \tag{6.2.8}
$$

$$
U_k(H) = \sum_{l=1}^{n_p} \frac{\lambda_l E\left[Y_l^{k+2}\right]}{T(H)} \int_{\Omega} \left(K_{1,k+2,l} \middle/ \frac{\partial H}{\partial p_1} \right) \mathrm{d}q_1 \cdots \mathrm{d}q_n \mathrm{d}p_2 \cdots \mathrm{d}p_n \tag{6.2.9}
$$

$$
k = 1, \cdots, u-2
$$

$$
\bar{\sigma}^2(H) = \frac{1}{T(H)} \int_{\Omega} \left[\sum_{i,j=1}^{n} \sum_{k=1}^{n_g} \sigma_{jk} \sigma_{ik} \frac{\partial H}{\partial p_i} \frac{\partial H}{\partial p_j} \middle/ \frac{\partial H}{\partial p_1} \right] \mathrm{d}q_1 \cdots \mathrm{d}q_n \mathrm{d}p_2 \cdots \mathrm{d}p_n \tag{6.2.10}
$$

而 $V_{k,s,l}(h)$（$k=1,\cdots,u-1;s=1,\cdots,k,l=1,\cdots,n_{\mathrm{p}}$）的表达式需要从下面的关系式中令 ε 各幂次系数相等来得到

$$
\sum_{k=1}^{u-1}\left(\sum_{s=1}^{k}\varepsilon^s V_{k,s,l}(H)\right)^j \lambda_{kl} E\left[Y_{kl}^j\right]
$$

$$
=\sum_{m=j}^{u}\frac{\varepsilon^m \lambda_l E\left[Y_l^m\right]}{T(H)}\int_\Omega\left(K_{j,m,l}\bigg/\frac{\partial H}{\partial p_1}\right)\mathrm{d}q_1\cdots\mathrm{d}q_n\mathrm{d}p_2\cdots\mathrm{d}p_n\ ,l=1,\cdots,n_{\mathrm{p}} \tag{6.2.11}
$$

式中

$$
T(H)=\int_\Omega\left(1\bigg/\frac{\partial H}{\partial p_1}\right)\mathrm{d}q_1\cdots\mathrm{d}q_n\mathrm{d}p_2\cdots\mathrm{d}p_n \tag{6.2.12}
$$

$$
\Omega=\left\{(q_1,\cdots,q_n,p_2,\cdots,p_n)\big|H(q_1,\cdots,q_n,0,p_2,\cdots,p_n)\leqslant H\right\}
$$

此外，$\mathcal{P}_{k,l}\left(\mathrm{d}t,\mathrm{d}Y_{k,l}\right)$ 表示有如下性质的独立的泊松随机测度

$$
\lambda_{k,l}E\left[Y_{k,l}^j\right]=\begin{cases}0, & r=1\\ \bar{M}_{k,r,l}, & r=2,\cdots,u-k+1\\ \bar{m}_{k,r,l}, & r=u-k+2,u-k+3,\cdots\end{cases} \tag{6.2.13}
$$

式中 $\bar{M}_{k,r,l}\gg\varepsilon$ 且 $\bar{m}_{k,l,r}<\varepsilon^u$.

与平均随机微分积分方程(6.2.6)相应的 FPK 方程为

$$
\frac{\partial}{\partial t}p=\sum_{k=1}^{u}(-1)^k\frac{1}{k!}\frac{\partial^k}{\partial h^k}\left(\bar{a}_k(h)p\right)+O\left(\varepsilon^{u+1}\right) \tag{6.2.14}
$$

式中

$$
\bar{a}_1(h)=\varepsilon^2\bar{m}(h)+\sum_{i=0}^{u-2}\varepsilon^{i+2}U_i(h)
$$

$$
=\frac{1}{T(h)}\int_\Omega\left\{\left[-\sum_{i=1}^{n}\sum_{j=1}^{n}m_{ij}\frac{\partial h}{\partial p_i}\frac{\partial h}{\partial p_j}\right.\right.
$$

$$
\left.+\frac{1}{2}\sum_{i,j=1}^{n}\sum_{k=1}^{n_{\mathrm{g}}}\sigma_{ik}\sigma_{jk}\frac{\partial^2 h}{\partial p_i\partial p_j}\right]\bigg/\frac{\partial h}{\partial p_1}\right\}\mathrm{d}q_1\cdots\mathrm{d}q_n\mathrm{d}p_2\cdots\mathrm{d}p_n
$$

$$
+\sum_{k=2}^{u}\varepsilon^k\left\{\sum_{l=1}^{n_{\mathrm{p}}}\frac{\lambda_l E\left[Y_l^k\right]}{T(h)}\int_\Omega\left(K_{1,k,l}\bigg/\frac{\partial h}{\partial p_1}\right)\mathrm{d}q_1\cdots\mathrm{d}q_n\cdots\mathrm{d}p_2\cdots\mathrm{d}p_n\right\} \tag{6.2.15}
$$

$$\bar{a}_2(h) = \varepsilon^2 \bar{\sigma}^2(h) + \frac{1}{\mathrm{d}t} E\left[\left\{ \sum_{l=1}^{n_p} \sum_{k=1}^{u-1} \sum_{s=1}^{k} \varepsilon^s \int_{\mathcal{Y}_l} V_{k,s,l}(H) Y_{kl} \mathcal{P}_{kl}(\mathrm{d}t, \mathrm{d}Y_{kl}) \right\}^2 \middle| H = h \right]$$

$$= \frac{\varepsilon^2}{T(h)} \int_{\Omega} \left[\sum_{i,j=1}^{n} \sum_{k=1}^{n_g} \sigma_{jk} \sigma_{ik} \frac{\partial h}{\partial p_i} \frac{\partial h}{\partial p_j} \middle/ \frac{\partial h}{\partial p_1} \right] \mathrm{d}q_1 \cdots \mathrm{d}q_n \mathrm{d}p_2 \cdots \mathrm{d}p_n$$

$$+ \sum_{m=2}^{u} \varepsilon^m \left\{ \sum_{l=1}^{n_p} \frac{\lambda_l E\left[Y_l^m \right]}{T(h)} \int_{\Omega} \left(K_{2,m,l} \middle/ \frac{\partial h}{\partial p_1} \right) \mathrm{d}q_1 \cdots \mathrm{d}q_n \mathrm{d}p_2 \cdots \mathrm{d}p_n \right\} \tag{6.2.16}$$

$$\bar{a}_j(h) = \frac{1}{\mathrm{d}t} E\left[\left\{ \sum_{l=1}^{n_p} \sum_{k=1}^{u-1} \sum_{s=1}^{k} \varepsilon^s \int_{\mathcal{Y}_l} V_{k,s,l}(H) Y_{kl} \mathcal{P}_{kl}(\mathrm{d}t, \mathrm{d}Y_{kl}) \right\}^j \middle| H = h \right]$$

$$= \sum_{m=j}^{u} \varepsilon^m \left\{ \sum_{l=1}^{n_p} \frac{\lambda_l E\left[Y_l^m \right]}{T(h)} \int_{\Omega} \left(K_{j,m,l} \middle/ \frac{\partial h}{\partial p_1} \right) \mathrm{d}q_1 \cdots \mathrm{d}q_n \mathrm{d}p_2 \cdots \mathrm{d}p_n \right\} \tag{6.2.17}$$

$$j = 3, \cdots, u$$

式(6.2.14)中 $p = p(h, t \mid h_0)$ 表示哈密顿函数的转移概率密度，初始条件为

$$p(h, 0 \mid h_0) = \delta(h - h_0) \tag{6.2.18}$$

或者 $p = p(h, t)$ 表示哈密顿函数的概率密度，初始条件为

$$p(h, 0) = p(h_0) \tag{6.2.19}$$

若哈密顿函数 $H(t)$ 在 $[0, \infty)$ 内变化，则式(6.2.14)需满足如下边界条件

$$p(h)\big|_{h=0} = \text{有限值}, \quad \frac{\partial^n p(h)}{\partial h^n}\bigg|_{h=0} = \text{有限值}$$

$$\tag{6.2.20}$$

$$\lim_{h \to \infty} p(h) = 0, \quad \lim_{h \to \infty} \frac{\partial^n p}{\partial h^n} = 0, \quad n = 1, 2, \cdots$$

此外，p 还要满足归一化条件

$$\int_0^{\infty} p(h)\mathrm{d}h = 1 \tag{6.2.21}$$

可用摄动法求 FPK 方程(6.2.14)的平稳解，即 $\partial p / \partial t = 0$ 时的解. 设式(6.2.14)有如下 ε 幂级数形式的平稳解：

$$p(h) = p_0(h) + \varepsilon p_1(h) + \varepsilon^2 p_2(h) + \cdots \tag{6.2.22}$$

将式(6.2.22)代入式(6.2.14)，令同一 ε 幂次项之和为零，可建立一系列有关 $p_0(h)$，$p_1(h)$，$p_2(h)$，$\cdots$ 的常微分方程，依次求解这系列常微分方程，将所得的解代入

式(6.2.22)，可得 FPK 方程(6.2.14)的平稳解. 由此按式(5.1.18)，可得广义位移与广义动量的联合平稳概率密度

$$p(\boldsymbol{p},\boldsymbol{q}) = p(h)\big/T(h)\big|_{h=h(\boldsymbol{q},\boldsymbol{p})} \qquad (6.2.23)$$

实际应用中，鉴于式(6.2.6)的系数随 k 增大而迅速减小，常取 $u=4$，于是得到如下封闭形式的平均随机微分积分方程：

$$\begin{aligned}
\mathrm{d}H = {}& \left(\varepsilon^2 \overline{m}(H) + \sum_{i=0}^{2}\varepsilon^{i+2}U_i(H)\right)\mathrm{d}t + \varepsilon^2 \overline{\sigma}^2(H)\mathrm{d}B(t) \\
& + \sum_{l=1}^{n_p}\sum_{k=1}^{3}\int_{\mathcal{Y}_l}\left(\sum_{s=1}^{k}\varepsilon^s V_{k,s,l}(H)Y_{k,l}\right)\mathcal{P}_{k,l}\big(\mathrm{d}t,\mathrm{d}Y_{k,l}\big)
\end{aligned} \qquad (6.2.24)$$

式中

$$\begin{aligned}
\overline{m}(H) = {}& \frac{1}{T(H)}\int_{\Omega}\Bigg\{\Bigg[-\sum_{i,j=1}^{n}m_{ij}\frac{\partial H}{\partial p_i}\frac{\partial H}{\partial p_j} \\
& + \frac{1}{2}\sum_{i,j=1}^{n}\sum_{k=1}^{n_g}\sigma_{ik}\sigma_{jk}\frac{\partial^2 H}{\partial p_i \partial p_j}\Bigg]\Bigg/\frac{\partial H}{\partial p_1}\Bigg\}\mathrm{d}q_1\cdots\mathrm{d}q_n\mathrm{d}p_2\cdots\mathrm{d}p_n
\end{aligned} \qquad (6.2.25)$$

$$U_0(H) = \sum_{l=1}^{n_p}\frac{\lambda_l E\big[Y_l^2\big]}{T(H)}\int_{\Omega}\left(K_{1,2,l}\bigg/\frac{\partial H}{\partial p_1}\right)\mathrm{d}q_1\cdots\mathrm{d}q_n\mathrm{d}p_2\cdots\mathrm{d}p_n \qquad (6.2.26)$$

$$U_1(H) = \sum_{l=1}^{n_p}\frac{\lambda_l E\big[Y_l^3\big]}{T(H)}\int_{\Omega}\left(K_{1,3,l}\bigg/\frac{\partial H}{\partial p_1}\right)\mathrm{d}q_1\cdots\mathrm{d}q_n\mathrm{d}p_2\cdots\mathrm{d}p_n \qquad (6.2.27)$$

$$U_2(H) = \sum_{l=1}^{n_p}\frac{\lambda_l E\big[Y_l^4\big]}{T(H)}\int_{\Omega}\left(K_{1,4,l}\bigg/\frac{\partial H}{\partial p_1}\right)\mathrm{d}q_1\cdots\mathrm{d}q_n\mathrm{d}p_2\cdots\mathrm{d}p_n \qquad (6.2.28)$$

$$\overline{\sigma}^2(h) = \frac{1}{T(h)}\int_{\Omega}\left[\sum_{i,j=1}^{n}\sum_{k=1}^{n_g}\sigma_{jk}\sigma_{ik}\frac{\partial H}{\partial p_i}\frac{\partial H}{\partial p_j}\bigg/\frac{\partial H}{\partial p_1}\right]\mathrm{d}q_1\cdots\mathrm{d}q_n\mathrm{d}p_2\cdots\mathrm{d}p_n \qquad (6.2.29)$$

$$l = 1,\cdots,n_p$$

$$\lambda_{1,l}E\big[Y_{1,l}^4\big]V_{1,1,l}^4 = \frac{\lambda_l E\big[Y_l^4\big]}{T(H)}\int_{\Omega}\left(K_{4,4,l}\bigg/\frac{\partial H}{\partial p_1}\right)\mathrm{d}q_1\cdots\mathrm{d}q_n\mathrm{d}p_2\cdots\mathrm{d}p_n \qquad (6.2.30)$$

$$\lambda_{1,l}E\big[Y_{1,l}^3\big]V_{1,1,l}^3 + \lambda_{2,l}E\big[Y_{2,l}^3\big]V_{2,1,l}^3 = \frac{\lambda_l E\big[Y_l^3\big]}{T(H)}\int_{\Omega}\left(K_{3,3,l}\bigg/\frac{\partial H}{\partial p_1}\right)\mathrm{d}q_1\cdots\mathrm{d}q_n\mathrm{d}p_2\cdots\mathrm{d}p_n$$

$$(6.2.31)$$

$$3\lambda_{2,l}E\left[Y_{2,l}{}^3\right]V_{2,1,l}^2V_{2,2,l}=\frac{\lambda_l E\left[Y_l^4\right]}{T(H)}\int_{\Omega}\left(K_{3,4,l}\Big/\frac{\partial H}{\partial p_1}\right)\mathrm{d}q_1\cdots\mathrm{d}q_n\mathrm{d}p_2\cdots\mathrm{d}p_n \tag{6.2.32}$$

$$\lambda_{1,l}E\left[Y_{1,l}{}^2\right]V_{1,1,l}^2+\lambda_{2,l}E\left[Y_{2,l}{}^2\right]V_{2,1,l}^2+\lambda_{3,l}E\left[Y_{3,l}{}^2\right]V_{3,1,l}^2$$

$$=\frac{\lambda_l E\left[Y_l^2\right]}{T(H)}\int_{\Omega}\left(K_{2,2,l}\Big/\frac{\partial H}{\partial p_1}\right)\mathrm{d}q_1\cdots\mathrm{d}q_n\mathrm{d}p_2\cdots\mathrm{d}p_n \tag{6.2.33}$$

$$2\lambda_{2,l}E\left[Y_{2,l}{}^2\right]V_{2,1,l}V_{2,2,l}+2\lambda_{3,l}E\left[Y_{3,l}{}^2\right]V_{3,1,l}V_{3,2,l}$$

$$=\frac{\lambda_l E\left[Y_l^3\right]}{T(H)}\int_{\Omega}\left(K_{2,3,l}\Big/\frac{\partial H}{\partial p_1}\right)\mathrm{d}q_1\cdots\mathrm{d}q_n\mathrm{d}p_2\cdots\mathrm{d}p_n \tag{6.2.34}$$

$$\lambda_{2,l}E\left[Y_{2,l}{}^2\right]V_{2,2,l}^2+\lambda_{3,l}E\left[Y_{3,l}{}^2\right]\left(V_{3,2,l}^2+2V_{3,1,l}V_{3,3,l}\right)$$

$$=\frac{\lambda_l E\left[Y_l^4\right]}{T(H)}\int_{\Omega}\left(K_{2,4,l}\Big/\frac{\partial H}{\partial p_1}\right)\mathrm{d}q_1\cdots\mathrm{d}q_n\mathrm{d}p_2\cdots\mathrm{d}p_n \tag{6.2.35}$$

其中式(6.2.30)~式(6.2.35)为按照式(6.2.11)所得的跳跃项系数.

相应的平均 FPK 方程为

$$\frac{\partial p}{\partial t}=\sum_{j=1}^{4}\frac{(-1)^j}{j!}\frac{\partial^j}{\partial h^j}\left(\bar{a}_j(h)p\right)+O\left(\varepsilon^5\right) \tag{6.2.36}$$

式中

$$\bar{a}_1=\varepsilon^2\bar{m}(h)+\varepsilon^2 U_0(h)+\varepsilon^3 U_1(h)+\varepsilon^4 U_2(h) \tag{6.2.37}$$

$$\bar{a}_2=\varepsilon^2\bar{\sigma}^2(h)+\sum_{l=1}^{n_p}\Big[\varepsilon^2\left(\lambda_{1,l}E\left[Y_{1,l}{}^2\right]V_{1,1,l}^2+\lambda_{2,l}E\left[Y_{2,l}{}^2\right]V_{2,1,l}^2+\lambda_{3,l}E\left[Y_{3,l}{}^2\right]V_{3,1,l}^2\right)$$

$$+2\varepsilon^3\left(\lambda_{2,l}E\left[Y_{2,l}{}^2\right]V_{2,1,l}V_{2,2,l}+\lambda_{3,l}E\left[Y_{3,l}{}^2\right]V_{3,1,l}V_{3,2,l}\right)+\varepsilon^4\left(\lambda_{2,l}E\left[Y_{2,l}{}^2\right]V_{2,2,l}^2\right.$$

$$\left.+2\lambda_{3,l}E\left[Y_{3,l}{}^2\right]\left(V_{3,2,l}^2+2V_{3,1,l}V_{3,3,l}\right)\right)\Big] \tag{6.2.38}$$

$$\bar{a}_3=\sum_{l=1}^{n_p}\Big[\varepsilon^3\left(\lambda_{1,l}E\left[Y_{1,l}{}^3\right]V_{1,1,l}^3+\lambda_{2,l}E\left[Y_{2,l}{}^3\right]V_{2,1,l}^3\right)+3\varepsilon^4\lambda_{2,l}E\left[Y_{2,l}{}^3\right]V_{2,1,l}^3V_{2,2,l}\Big] \tag{6.2.39}$$

$$\bar{a}_4=\varepsilon^4\sum_{l=1}^{n_p}\lambda_{1,l}E\left[Y_{1,l}{}^4\right]V_{1,1,l}^4 \tag{6.2.40}$$

例 6.2.1 考虑高斯与泊松白噪声共同参激下线性与非线性耦合的两个范德堡振子(Jia et al., 2013), 其运动方程为

$$\ddot{X}_1 - \beta_1 \dot{X}_1 + \alpha_1 X_1^2 \dot{X}_1 + \omega_1^2 X_1 + a X_2 + b(X_1 - X_2)^3 = f_1 X_1 (W_{g1}(t) + W_{p1}(t))$$

$$\ddot{X}_2 - (\beta_1 - \beta_2) \dot{X}_2 + \alpha_2 X_2^2 \dot{X}_2 + \omega_2^2 X_2 + a X_1 + b(X_2 - X_1)^3 = f_2 X_2 (W_{g2}(t) + W_{p2}(t))$$

$$(6.2.41)$$

式中 a、b、ω_1、ω_2 为常数；α_i、β_i，$i = 1,2$ 是与 ε^2 同阶的常数；f_i，$i = 1,2$ 是与 ε 同阶的常数；$W_{gi}(t)\,(i = 1,2)$ 是两个功率谱密度为 K_i 的独立高斯白噪声；$W_{pi}(t)\,(i = 1,2)$ 是零均值、脉冲强度服从高斯分布的两个独立的泊松白噪声.

引入变换 $Q_1 = X_1$，$Q_2 = X_2$，$P_1 = \dot{X}_1$，$P_2 = \dot{X}_2$，式(6.2.41)可以改写成如下拟哈密顿系统形式

$$\dot{Q}_1 = P_1$$

$$\dot{P}_1 = \beta_1 P_1 - \alpha_1 Q_1^2 P_1 - \omega_1^2 Q_1 - a Q_2 - b(Q_1 - Q_2)^3 + f_1 Q_1 W_{g1}(t) + f_1 Q_1 W_{p1}(t)$$

$$\dot{Q}_2 = P_2$$

$$\dot{P}_2 = (\beta_1 - \beta_2) P_2 - \alpha_2 Q_2^2 P_2 - \omega_2^2 Q_2 - a Q_1 - b(Q_2 - Q_1)^3 + f_2 Q_2 W_{g2}(t) + f_2 Q_2 W_{p2}(t)$$

$$(6.2.42)$$

式(6.2.42)是一个高斯与泊松白噪声共同激励的拟不可积哈密顿系统. 与式(6.2.42)相应的哈密顿系统只有一个首次积分，即哈密顿函数

$$H(\boldsymbol{Q}, \boldsymbol{P}) = P_1^2/2 + P_2^2/2 + U(Q_1, Q_2) \tag{6.2.43}$$

式中

$$U(Q_1, Q_2) = \omega_1^2 Q_1^2/2 + \omega_2^2 Q_2^2/2 + a Q_1 Q_2 + b(Q_1 - Q_2)^4/4 \tag{6.2.44}$$

方程(6.2.42)可以进一步写成如下的随机微分积分方程：

$$dQ_1 = \frac{\partial H}{\partial P_1} dt$$

$$dP_1 = -\left(\frac{\partial H}{\partial Q_1} + m_{11} \frac{\partial H}{\partial P_1}\right) dt + \sigma_{11} dB_1(t) + \int_{\mathcal{Y}_1} f_1 Q_1 Y_1 P_1(dt, dY_1)$$

$$dQ_2 = \frac{\partial H}{\partial P_2} dt \tag{6.2.45}$$

$$dP_2 = -\left(\frac{\partial H}{\partial Q_2} + m_{22} \frac{\partial H}{\partial P_2}\right) dt + \sigma_{22} dB_2(t) + \int_{\mathcal{Y}_2} f_2 Q_2 Y_2 P_2(dt, dY_2)$$

式中

$$m_{11} = -\beta_1 + \alpha_1 Q_1^2, \quad m_{22} = -(\beta_1 - \beta_2) + \alpha_2 Q_2^2$$

$$\sigma_{11}^2 = 2\pi K_1 f_1^2 Q_1^2, \quad \sigma_{22}^2 = 2\pi K_2 f_2^2 Q_2^2 \tag{6.2.46}$$

按照上述拟不可积哈密顿系统的随机平均步骤,忽略 ε 的 4 次及以上高阶项,可得如下平均 FPK 方程

$$\frac{\partial}{\partial t} p = -\frac{\partial}{\partial h}\left(\bar{a}_1(h) p\right) + \frac{1}{2}\frac{\partial^2}{\partial h^2}\left(\bar{a}_2(h) p\right) - \frac{1}{3!}\frac{\partial^3}{\partial h^3}\left(\bar{a}_3(h) p\right) + \frac{1}{4!}\frac{\partial^4}{\partial h^4}\left(\bar{a}_4(h) p\right) \tag{6.2.47}$$

式中

$$\begin{aligned}
\bar{a}_1(h) = & \frac{1}{T(h)}\int_\Omega \left\{\left[\left(\beta_1 - \alpha_1 q_1^2\right) p_1^2 + \left(\beta_1 - \beta_2 - \alpha_2 q_2^2\right) p_2^2\right.\right. \\
& \left.\left. + \pi K_1 f_1^2 q_1^2 + \pi K_2 f_2^2 q_2^2\right]\big/ p_1\right\} \mathrm{d}q_1 \mathrm{d}q_2 \mathrm{d}p_2 \\
& + \frac{\lambda_1 E\left[Y_1^2\right]}{2T(h)}\int_\Omega \left(f_1^2 q_1^2 \big/ p_1\right)\mathrm{d}q_1 \mathrm{d}q_2 \mathrm{d}p_2 \\
& + \frac{\lambda_2 E\left[Y_2^2\right]}{2T(h)}\int_\Omega \left(f_2^2 q_2^2 \big/ p_1\right)\mathrm{d}q_1 \mathrm{d}q_2 \mathrm{d}p_2
\end{aligned} \tag{6.2.48}$$

$$\begin{aligned}
\bar{a}_2(h) = & \frac{2\pi}{T(h)}\int_\Omega \left[\left(K_1 f_1^2 q_1^2 + K_2 f_2^2 q_2^2\right)\big/ p_1\right]\mathrm{d}q_1 \mathrm{d}q_2 \mathrm{d}p_2 \\
& + \sum_{l=1}^2 \left[\frac{\lambda_l E\left[Y_l^2\right]}{T(h)}\int_\Omega \left(f_l^2 p_l^2 q_l^2 \big/ p_1\right)\mathrm{d}q_1 \mathrm{d}q_2 \mathrm{d}p_2\right. \\
& \left. + \frac{\lambda_l E\left[Y_l^4\right]}{4T(h)}\int_\Omega \left(f_l^4 q_l^4 \big/ p_1\right)\mathrm{d}q_1 \mathrm{d}q_2 \mathrm{d}p_2\right]
\end{aligned} \tag{6.2.49}$$

$$\begin{aligned}
\bar{a}_3(h) = & \frac{3\lambda_1 E\left[Y_1^4\right]}{2T(h)}\int_\Omega \left(f_1^4 p_1^4 q_1^4 \big/ p_1\right)\mathrm{d}q_1 \mathrm{d}q_2 \mathrm{d}p_2 \\
& + \frac{3\lambda_2 E\left[Y_2^4\right]}{2T(h)}\int_\Omega \left(f_2^4 p_2^4 q_2^4 \big/ p_1\right)\mathrm{d}q_1 \mathrm{d}q_2 \mathrm{d}p_2
\end{aligned} \tag{6.2.50}$$

$$\begin{aligned}
\bar{a}_4(h) = & \frac{\lambda_1 E\left[Y_1^4\right]}{T(h)}\int_\Omega \left(f_1^4 p_1^4 q_1^4 \big/ p_1\right)\mathrm{d}q_1 \mathrm{d}q_2 \mathrm{d}p_2 \\
& + \frac{\lambda_2 E\left[Y_2^4\right]}{T(h)}\int_\Omega \left(f_2^4 p_2^4 q_2^4 \big/ p_1\right)\mathrm{d}q_1 \mathrm{d}q_2 \mathrm{d}p_2
\end{aligned} \tag{6.2.51}$$

$$T(h) = \int_\Omega \left(1\big/ p_1\right)\mathrm{d}q_1 \mathrm{d}q_2 \mathrm{d}p_2 \tag{6.2.52}$$

$$\Omega = \left\{ (q_1, q_2, p_2) \middle| h(q_1, q_2, 0, p_2) \leqslant h \right\} \tag{6.2.53}$$

文献(贾万涛, 2014)的附录 B 中给出了式(6.2.48)~式(6.2.52)中各积分的运算过程. 用摄动法求解平均 FPK 方程(6.2.47)可得平稳解 $p(h)$, 再按式(6.2.23)可得广义位移与广义动量的联合平稳概率密度

$$p(q_1, q_2, p_1, p_2) = p(h)/T(h)\big|_{h=H(q_1,q_2,p_1,p_2)} \tag{6.2.54}$$

由此可得边缘概率密度与统计量. 例如, 广义位移 q_1 的边缘概率密度 $p(q_1)$ 与均方值 $E[Q_1^2]$ 可计算如下

$$p(q_1) = \int_{-\infty}^{\infty} \int_{-\infty}^{\infty} \int_{-\infty}^{\infty} p(q_1, q_2, p_1, p_2) \mathrm{d}p_1 \mathrm{d}p_2 \mathrm{d}q_2 \tag{6.2.55}$$

$$E\left[Q_1^2\right] = \int_{-\infty}^{\infty} q_1^2 p(q_1) \mathrm{d}q_1 \tag{6.2.56}$$

图 6.2.1 与图 6.2.2 上分别给出了不同非线性阻尼系数 $\alpha_1 = \alpha_2 = \alpha$ 下系统 (6.2.41)哈密顿量 H 与广义位移 q_1 的近似平稳概率密度 $p(h)$ 和 $p(q_1)$, 系统参数为 $\alpha = 0.009, 0.0075, 0.006, 0.0045$, $\varepsilon = 0.1$, $\lambda_1 = \lambda_2 = 1.0$, $E[Y_1^2] = E[Y_2^2] = 81.0$,

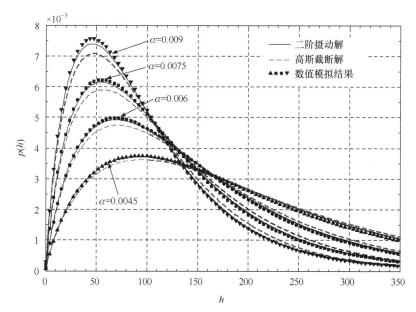

图 6.2.1　不同 $\alpha_1 = \alpha_2 = \alpha$ 值下系统(6.2.41)的 $p(h)$ (Jia et al., 2013)

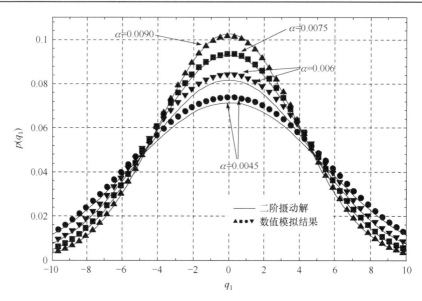

图 6.2.2　不同 $\alpha_1 = \alpha_2 = \alpha$ 值下系统(6.2.41)的 $p(q_1)$ (Jia et al., 2013)

$K_1 = K_2 = 3.0$，$\omega_1 = 1.0$，$\omega_2 = 2.0$，$a = 0.01$，$b = 1.0$，$f_1 = f_2 = 0.1$，$\beta_1 = \beta_2 = 0.008$. 从图 6.2.1 和图 6.2.2 可以看出，对于不同的 α_1 与 α_2 值，平稳概率密度的二阶摄动解与蒙特卡罗数值模拟结果很吻合，二阶摄动解比高斯近似解更准确.

　　图 6.2.3 给出了相同总激励强度条件下，高斯与泊松白噪声所占比例不同时系统哈密顿函数的平稳概率密度函数. 系统参数取值为 $\varepsilon = 0.1$，$\omega_1 = 1.0$，$\omega_2 = 2.0$，$a = 0.01$，$b = 1.0$，$f_1 = f_2 = 0.1$，$\beta_1 = \beta_2 = 0.008$，$\alpha_1 = \alpha_2 = 0.015$. 仅有泊松白噪声激励时，噪声参数取值为 $E[Y_1^2] = E[Y_2^2] = 81.0$ 与 $\lambda_1 = \lambda_2 = 1.0$；仅有高斯白噪声激励时，其强度为 $2\pi K_1 = 2\pi K_2 = 81.0$；在组合噪声激励时，泊松白噪声的参数取为 $E[Y_1^2] = E[Y_2^2] = 60.0$，$\lambda_1 = \lambda_2 = 1.0$，高斯白噪声的强度取为 $2\pi K_1 = 2\pi K_2 = 21.0$. 从图 6.2.3 中可以看出仅有泊松白噪声激励的系统哈密顿函数的平稳概率密度的峰值最高，仅高斯白噪声激励的系统的哈密顿函数的平稳概率密度峰值最低，而组合噪声激励的哈密顿函数的平稳概率密度峰值介于二者之间. 可见在相同噪声强度下，高斯白噪声激励比泊松白噪声激励效应偏大些.

　　图 6.2.4 给出了相同总激励强度下不同泊松白噪声到达率对系统哈密顿函数的平稳概率密度的影响，其中实线表示只有高斯白噪声激励时系统(6.2.41)的哈密顿函数的平稳概率密度，其他两条虚线分别表示高斯与泊松白噪声共同激励下系

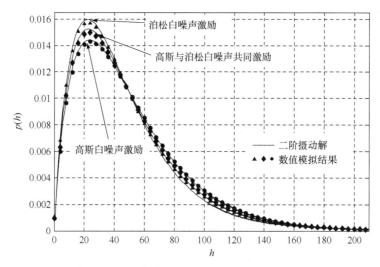

图 6.2.3　不同噪声强度比例激励下系统(6.2.41)的 $p(h)$ (Jia et al.，2013)

统的哈密顿函数的平稳概率密度，其中泊松白噪声噪声强度一样，但到达率不同．从图可以看出，在保持噪声强度不变的前提下，当平均到达率 λ_i 从 1.0 变化到 6.0 时，组合噪声激励下的系统的哈密顿函数的平稳概率密度值趋近于相同强度的高斯白噪声激励下哈密顿函数的平稳概率密度．这也验证了在 $\lambda E[Y^2]$ 保持不变的前提下，当平均到达率 λ 趋向于无穷时，泊松白噪声趋向于高斯白噪声．

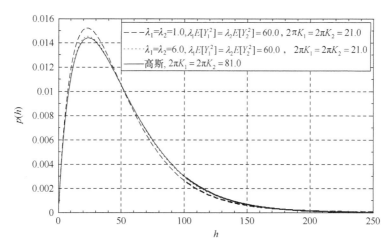

图 6.2.4　泊松白噪声的平均到达率对系统(6.2.41) $p(h)$ 的影响．
其他参数与图 6.2.3 相同(Jia et al.，2013)

6.2.2 泊松白噪声激励

由原始方程(6.1.4)、(6.1.5)与平均方程(6.2.6)、(6.2.14)知，高斯白噪声激励与泊松白噪声激励所产生的效应是可分离的. 因此，要得到泊松白噪声激励下的拟哈密顿系统，只需从这些方程中去掉高斯白噪声激励所产生的项即可. 如式(6.1.4)和式(6.1.5)所示，在泊松白噪声激励下的拟哈密顿系统可以有两种等价形式的方程，一是如同式(6.1.4)的伊藤随机微分方程，一是如式(6.1.5)的随机微分积分方程. 6.2.1 节中，对式(6.1.5)作随机平均得到平均随机微分积分方程(6.2.6). 在本节中，将从伊藤随机微分方程(6.1.4)出发推导平均方程.

考虑受泊松白噪声激励的 n 自由度拟不可积哈密顿系统，其运动方程为

$$\dot{Q}_i = \frac{\partial H}{\partial P_i}$$

$$\dot{P}_i = -\frac{\partial H}{\partial Q_i} - \varepsilon^2 \sum_{j=1}^{n} c_{ij} \frac{\partial H}{\partial P_j} + \varepsilon \sum_{k=1}^{m} f_{ik} W_{\mathrm{p}k}(t) \tag{6.2.57}$$

$$i = 1, 2, \cdots, n$$

式中符号同式(6.1.1)，类似于从式(6.1.1)~式(6.1.4)的推导，可得如下伊藤随机微分方程

$$\mathrm{d}Q_i = \frac{\partial H}{\partial P_i}\mathrm{d}t$$

$$\mathrm{d}P_i = -\left(\frac{\partial H}{\partial Q_i} + \varepsilon^2 \sum_{j=1}^{n} c_{ij} \frac{\partial H}{\partial P_j}\right)\mathrm{d}t + \sum_{s=1}^{\infty} \frac{\varepsilon^s}{s!} G_{is} \tag{6.2.58}$$

$$i = 1, 2, \cdots, n$$

式中

$$G_{is} = \sum_{k=1}^{m} f_{ik}^{(s)} \left(\mathrm{d}C_k\right)^s \tag{6.2.59}$$

$$f_{ik}^{(s)} = \sum_{l=1}^{n} \frac{\partial f_{ik}^{(s-1)}}{\partial P_l} f_{lk}, \quad f_{ik}^{(1)} = f_{ik} \tag{6.2.60}$$

根据 Di Paola 和 Falsone 给出的泊松白噪声的随机微分法则(Di Paola and Falsone，1993a；Di Paola and Falsone，1993b)，从式(6.2.58)可以导出如下哈密顿函数 H 的伊藤随机微分方程

$$\mathrm{d}H = -\varepsilon^2 \sum_{j=1}^{n}\sum_{k=1}^{n} c_{jk} \frac{\partial H}{\partial P_j} \frac{\partial H}{\partial P_k}\mathrm{d}t$$

$$+ \sum_{r=1}^{\infty}\frac{1}{r!}\sum_{j_1=1}^{n}\sum_{j_2=1}^{n}\cdots\sum_{j_r=1}^{n}\frac{\partial^r H}{\partial P_{j_1}\partial P_{j_2}\cdots\partial P_{j_r}}\sum_{s_1=1}^{\infty}\frac{\varepsilon^{s_1}}{s_1!}G_{j_1 s_1}\sum_{s_2=1}^{\infty}\frac{\varepsilon^{s_2}}{s_2!}G_{j_2 s_2}\cdots\sum_{s_r=1}^{\infty}\frac{\varepsilon^{s_r}}{s_r!}G_{j_r s_r} \tag{6.2.61}$$

以式(6.2.61)代替式(6.2.58)中的 $\mathrm{d}P_i$ 方程, 由于哈密顿函数 H 是一个慢变过程, 而广义位移 Q_i 和广义动量 P_i 都是快变过程. 按随机平均原理(Xu et al., 2011), 当 $\varepsilon \to 0$ 时, 哈密顿函数 H 弱收敛于一个一维马尔可夫过程. 为了方便, 仍用 H 来表示这个新的马尔可夫过程. 描述该过程的伊藤随机微分方程由对式(6.2.61)作时间的平均得到. 基于从式(6.2.5)推导式(6.2.6)同样的理由, 时间平均可代之以对广义位移与广义动量的平均.

哈密顿函数 H 的伊藤随机微分方程(6.2.61)中包含无穷多项, 为了获得封闭形式的平均伊藤随机微分方程, 先作如下简化.

首先, 构造如下形式的 ε 幂级数

$$\frac{1}{\mathrm{d}t}\left\langle \sum_{r=1}^{\infty}\frac{1}{r!}\sum_{j_1=1}^{n}\sum_{j_2=1}^{n}\cdots\sum_{j_r=1}^{n}\frac{\partial^r H}{\partial P_{j_1}\partial P_{j_2}\cdots\partial P_{j_r}}\sum_{s_1=1}^{\infty}\frac{\varepsilon^{s_1}}{s_1!}G_{j_1 s_1}\sum_{s_2=1}^{\infty}\frac{\varepsilon^{s_2}}{s_2!}G_{j_2 s_2}\cdots\sum_{s_r=1}^{\infty}\frac{\varepsilon^{s_r}}{s_r!}G_{j_r s_r}\right\rangle$$

$$=\sum_{k=2}^{u}\varepsilon^k A_{1,k}(q_1,q_2,\cdots,q_n,H,p_2,\cdots,p_n)+O(\varepsilon^{u+1}) \tag{6.2.62}$$

$$\frac{1}{\mathrm{d}t}\left\langle \left\{\sum_{r=1}^{\infty}\frac{1}{r!}\sum_{j_1=1}^{n}\sum_{j_2=1}^{n}\cdots\sum_{j_r=1}^{n}\frac{\partial^r H}{\partial P_{j_1}\partial P_{j_2}\cdots\partial P_{j_r}}\sum_{s_1=1}^{\infty}\frac{\varepsilon^{s_1}}{s_1!}G_{j_1 s_1}\sum_{s_2=1}^{\infty}\frac{\varepsilon^{s_2}}{s_2!}G_{j_2 s_2}\cdots\sum_{s_r=1}^{\infty}\frac{\varepsilon^{s_r}}{s_r!}G_{j_r s_r}\right\}^j\right\rangle$$

$$=\sum_{k=j}^{u}\varepsilon^k A_{j,k}(q_1,q_2,\cdots,q_n,H,p_2,\cdots,p_n)+O(\varepsilon^{u+1}),\quad j=2,\cdots,\infty \tag{6.2.63}$$

式中 $\langle [\cdot] \rangle$ 等同于 $E[\cdot]$, 表示期望运算. 然后, 按式(6.2.62)和式(6.2.63), 对式(6.2.61)中各系数项按照 ε 的幂次进行了重新排列, 并略去 ε^{u+1} 及更高阶项后, 再进行平均, 就得到如下关于 H 的封闭形式的平均伊藤随机微分方程:

$$\mathrm{d}H=\sum_{i=0}^{u-2}\varepsilon^{i+2}U_i(H)\mathrm{d}t+\sum_{k=1}^{u-1}\sum_{l=1}^{k}\varepsilon^l V_{kl}(H)\mathrm{d}\bar{C}_k \tag{6.2.64}$$

式中

$$U_0=\frac{1}{T(H)}\int_\Omega\left[-\sum_{j=1}^{n}\sum_{k=1}^{n}c_{jk}(q_1,q_2,\cdots,q_n,H,p_2,\cdots,p_n)\frac{\partial H}{\partial p_j}\frac{\partial H}{\partial p_k}\left/\frac{\partial H}{\partial p_1}\right.\right]\mathrm{d}q_1\cdots\mathrm{d}q_n\mathrm{d}p_2\cdots\mathrm{d}p_n$$

$$+\frac{1}{T(H)}\int_\Omega\left[A_{1,2}(q_1,q_2,\cdots,q_n,H,p_2,\cdots,p_n)\left/\frac{\partial H}{\partial p_1}\right.\right]\mathrm{d}q_1\cdots\mathrm{d}q_n\mathrm{d}p_2\cdots\mathrm{d}p_n \tag{6.2.65}$$

$$U_i=\frac{1}{T(H)}\int_\Omega\left[A_{1,i+2}(q_1,q_2,\cdots,q_n,H,p_2,\cdots,p_n)\left/\frac{\partial H}{\partial p_1}\right.\right]\mathrm{d}q_1\cdots\mathrm{d}q_n\mathrm{d}p_2\cdots\mathrm{d}p_n \tag{6.2.66}$$

$$i=1,\cdots,u-2$$

而 V_{kl} 的表达式则从下面的关系式出发令 ε 各幂次的系数相等来得到

$$\frac{1}{\mathrm{d}t}\left\langle\left\{\sum_{k=1}^{u-1}\sum_{l=1}^{k}\varepsilon^{l}V_{kl}(H)\mathrm{d}\bar{C}_{k}\right\}^{j}\right\rangle$$

$$=\sum_{m=j}^{u}\frac{\varepsilon^{m}}{T(H)}\int_{\Omega}\left[A_{j,m}(q_{1},\cdots,q_{n},H,p_{2},\cdots,p_{n})\middle/\frac{\partial H}{\partial p_{1}}\right]\mathrm{d}q_{1}\cdots\mathrm{d}q_{n}\mathrm{d}p_{2}\cdots\mathrm{d}p_{n}+O(\varepsilon^{u+1})$$

$$j=2,\cdots,u$$

(6.2.67)

$$T(H)=\int_{\Omega}\left(1\middle/\frac{\partial H}{\partial p_{1}}\right)\mathrm{d}q_{1}\cdots\mathrm{d}q_{n}\mathrm{d}p_{2}\cdots\mathrm{d}p_{n} \tag{6.2.68}$$

$$\Omega=\left\{(q_{1},\cdots,q_{n},p_{2},\cdots,p_{n})\middle|H(q_{1},\cdots,q_{n},0,p_{2},\cdots,p_{n})\leqslant H\right\} \tag{6.2.69}$$

此外，式(6.2.64)中的齐次复合泊松过程 $\bar{C}_{k}(t)$ 有如下性质:

$$E\left[(\mathrm{d}\bar{C}_{k})^{r}\right]=\lambda_{k}E\left[\bar{Y}_{k}^{r}\right]=\begin{cases}0, & r=1\\M_{k,r}, & r=2,3,\cdots,u-k+1\\m_{k,r}, & r=u-k+2,u-k+3,\cdots\end{cases} \tag{6.2.70}$$

式中 $M_{k,r}\gg\varepsilon$ 且 $m_{k,r}<\varepsilon^{u}$.

与平均伊藤随机微分方程(6.2.64)对应的平均 FPK 方程形为

$$\frac{\partial p}{\partial t}=\sum_{j=1}^{u}\frac{(-1)^{j}}{j!}\frac{\partial^{j}}{\partial h^{j}}(\bar{a}_{j}p)+O(\varepsilon^{u+1}) \tag{6.2.71}$$

式中

$$\bar{a}_{1}=\sum_{i=0}^{u-2}\varepsilon^{i+2}U_{i}(h)$$

$$=\frac{1}{T(h)}\int_{\Omega}\left[-\varepsilon^{2}\sum_{j=1}^{n}\sum_{k=1}^{n}c_{jk}(q_{1},q_{2},\cdots,q_{n},h,p_{2},\cdots,p_{n})\frac{\partial h}{\partial p_{j}}\frac{\partial h}{\partial p_{k}}\middle/\frac{\partial h}{\partial p_{1}}\right]\mathrm{d}q_{1}\cdots\mathrm{d}q_{n}\mathrm{d}p_{2}\cdots\mathrm{d}p_{n}$$

$$+\sum_{k=2}^{\infty}\varepsilon^{k}\frac{1}{T(h)}\int_{\Omega}\left[A_{1,k}(q_{1},q_{2},\cdots,q_{n},h,p_{2},\cdots,p_{n})\middle/\frac{\partial h}{\partial p_{1}}\right]\mathrm{d}q_{1}\cdots\mathrm{d}q_{n}\mathrm{d}p_{2}\cdots\mathrm{d}p_{n}$$

(6.2.72)

$$\bar{a}_{j}=\frac{1}{\mathrm{d}t}\left\langle\left\{\sum_{k=1}^{u-1}\sum_{l=1}^{k}\varepsilon^{l}V_{kl}(H)\mathrm{d}\bar{C}_{k}\right\}^{j}\middle|H=h\right\rangle$$

$$=\sum_{k=j}^{u}\frac{\varepsilon^{k}}{T(h)}\int_{\Omega}\left[A_{j,k}(q_{1},q_{2},\cdots,q_{n},h,p_{2},\cdots,p_{n})\middle/\frac{\partial h}{\partial p_{1}}\right]\mathrm{d}q_{1}\cdots\mathrm{d}q_{n}\mathrm{d}p_{2}\cdots\mathrm{d}p_{n} \quad (6.2.73)$$

$$j=2,\cdots,u$$

在式(6.2.71)中，$p = p(h,t\,|\,h_0)$ 为哈密顿函数的转移概率密度函数，初始条件为

$$p(h,0\,|\,h_0) = \delta(h - h_0) \tag{6.2.74}$$

或 $p = p(h,t)$ 为哈密顿函数的概率密度函数，初始条件为

$$p(h,0) = p(h_0) \tag{6.2.75}$$

此外，式(6.2.71)还需满足如下边界条件

$$p(0) = \text{有限}, \quad \left.\frac{\partial^s p}{\partial h^s}\right|_{h=0} = \text{有限}, \quad s = 1,2,\cdots$$

$$\lim_{h\to\infty} p(h) = 0, \quad \lim_{h\to\infty}\frac{\partial^s p}{\partial h^s} = 0, \quad s = 1,2,\cdots \tag{6.2.76}$$

及归一化条件.

为求平均 FPK 方程(6.2.71)的平稳解，设平稳解有如下 ε 幂级数形式

$$p(h) = p_0(h) + \varepsilon p_1(h) + \varepsilon^2 p_2(h) + \cdots \tag{6.2.77}$$

将式(6.2.77)代入到式(6.2.71)，令同一 ε 幂次项系数为零，建立一系列关于 $p_0(h),\ p_1(h),\ p_2(h),\cdots$ 的常微分方程，逐个求解后代回式(6.2.77)即得平稳解. 而后，再按式(5.1.18)，可得广义位移与广义动量的平稳联合概率密度

$$p(\boldsymbol{q},\boldsymbol{p}) = \left.\frac{p(h)}{T(h)}\right|_{h=h(\boldsymbol{q},\boldsymbol{p})} \tag{6.2.78}$$

在实际应用中，常在式(6.2.64)和式(6.2.71)中取 $u = 4$，这样就得到如下封闭形式的平均伊藤随机微分方程和相应的平均 FPK 方程

$$\begin{aligned}
\mathrm{d}H &= \left(\varepsilon^2 U_0 + \varepsilon^3 U_1 + \varepsilon^4 U_2\right)\mathrm{d}t + \varepsilon V_{11}\mathrm{d}C_1 + \left(\varepsilon V_{21} + \varepsilon^2 V_{22}\right)\mathrm{d}C_2 \\
&\quad + \left(\varepsilon V_{31} + \varepsilon^2 V_{32} + \varepsilon^3 V_{33}\right)\mathrm{d}C_3
\end{aligned} \tag{6.2.79}$$

$$\frac{\partial p}{\partial t} = \sum_{j=1}^{4}\frac{(-1)^j}{j!}\frac{\partial^j}{\partial h^j}\left(\overline{a}_j p\right) + O(\varepsilon^5) \tag{6.2.80}$$

式中

$$\begin{aligned}
U_0 &= \frac{1}{T(H)}\int_\Omega\left[-\sum_{j=1}^{n}\sum_{k=1}^{n}c_{jk}(q_1,q_2,\cdots,q_n,H,p_2,\cdots,p_n)\frac{\partial H}{\partial p_j}\frac{\partial H}{\partial p_k}\middle/\frac{\partial H}{\partial p_1}\right]\mathrm{d}q_1\cdots\mathrm{d}q_n\mathrm{d}p_2\cdots\mathrm{d}p_n \\
&\quad + \frac{1}{T(H)}\int_\Omega\left[A_{1,2}(q_1,q_2,\cdots,q_n,H,p_2,\cdots,p_n)\middle/\frac{\partial H}{\partial p_1}\right]\mathrm{d}q_1\cdots\mathrm{d}q_n\mathrm{d}p_2\cdots\mathrm{d}p_n
\end{aligned} \tag{6.2.81}$$

$$U_1 = \frac{1}{T(H)} \int_{\Omega} \left[A_{1,3}(q_1, q_2, \cdots, q_n, H, p_2, \cdots, p_n) \middle/ \frac{\partial H}{\partial p_1} \right] \mathrm{d}q_1 \cdots \mathrm{d}q_n \mathrm{d}p_2 \cdots \mathrm{d}p_n \quad (6.2.82)$$

$$U_2 = \frac{1}{T(H)} \int_{\Omega} \left[A_{1,4}(q_1, q_2, \cdots, q_n, H, p_2, \cdots, p_n) \middle/ \frac{\partial H}{\partial p_1} \right] \mathrm{d}q_1 \cdots \mathrm{d}q_n \mathrm{d}p_2 \cdots \mathrm{d}p_n \quad (6.2.83)$$

$$\lambda_1 E\left[\overline{Y}_1^4 \right] V_{11}^4$$
$$= \frac{1}{T(H)} \int_{\Omega} \left[A_{4,4}(q_1, q_2, \cdots, q_n, H, p_2, \cdots, p_n) \middle/ \frac{\partial H}{\partial p_1} \right] \mathrm{d}q_1 \cdots \mathrm{d}q_n \mathrm{d}p_2 \cdots \mathrm{d}p_n \quad (6.2.84)$$

$$\lambda_1 E\left[\overline{Y}_1^3 \right] V_{11}^3 + \lambda_2 E\left[\overline{Y}_2^3 \right] V_{21}^3$$
$$= \frac{1}{T(H)} \int_{\Omega} \left[A_{3,3}(q_1, q_2, \cdots, q_n, H, p_2, \cdots, p_n) \middle/ \frac{\partial H}{\partial p_1} \right] \mathrm{d}q_1 \cdots \mathrm{d}q_n \mathrm{d}p_2 \cdots \mathrm{d}p_n \quad (6.2.85)$$

$$3\lambda_2 E\left[\overline{Y}_2^3 \right] V_{21}^2 V_{22}$$
$$= \frac{1}{T(H)} \int_{\Omega} \left[A_{3,4}(q_1, q_2, \cdots, q_n, H, p_2, \cdots, p_n) \middle/ \frac{\partial H}{\partial p_1} \right] \mathrm{d}q_1 \cdots \mathrm{d}q_n \mathrm{d}p_2 \cdots \mathrm{d}p_n \quad (6.2.86)$$

$$\lambda_1 E\left[\overline{Y}_1^2 \right] V_{11}^2 + \lambda_2 E\left[\overline{Y}_2^2 \right] V_{21}^2 + \lambda_3 E\left[\overline{Y}_3^2 \right] V_{31}^2$$
$$= \frac{1}{T(H)} \int_{\Omega} \left[A_{2,2}(q_1, q_2, \cdots, q_n, H, p_2, \cdots, p_n) \middle/ \frac{\partial H}{\partial p_1} \right] \mathrm{d}q_1 \cdots \mathrm{d}q_n \mathrm{d}p_2 \cdots \mathrm{d}p_n \quad (6.2.87)$$

$$2\lambda_2 E\left[\overline{Y}_2^2 \right] V_{21} V_{22} + 2\lambda_3 E\left[\overline{Y}_3^2 \right] V_{31} V_{32}$$
$$= \frac{1}{T(H)} \int_{\Omega} \left[A_{2,3}(q_1, q_2, \cdots, q_n, H, p_2, \cdots, p_n) \middle/ \frac{\partial H}{\partial p_1} \right] \mathrm{d}q_1 \cdots \mathrm{d}q_n \mathrm{d}p_2 \cdots \mathrm{d}p_n \quad (6.2.88)$$

$$\lambda_2 E\left[\overline{Y}_2^2 \right] V_{22}^2 + \lambda_3 E\left[\overline{Y}_3^2 \right] (V_{32}^2 + 2V_{31} V_{33})$$
$$= \frac{1}{T(H)} \int_{\Omega} \left[A_{2,4}(q_1, q_2, \cdots, q_n, H, p_2, \cdots, p_n) \middle/ \frac{\partial H}{\partial p_1} \right] \mathrm{d}q_1 \cdots \mathrm{d}q_n \mathrm{d}p_2 \cdots \mathrm{d}p_n \quad (6.2.89)$$

$$\overline{a}_1 = \left(\varepsilon^2 U_0 + \varepsilon^3 U_1 + \varepsilon^4 U_2 \right)\Big|_{H=h} \quad (6.2.90)$$

$$\overline{a}_2 = \left\{ \varepsilon^2 \left(\lambda_1 E\left[\overline{Y}_1^2 \right] V_{11}^2 + \lambda_2 E\left[\overline{Y}_2^2 \right] V_{21}^2 + \lambda_3 E\left[\overline{Y}_3^2 \right] V_{31}^2 \right) \right.$$
$$+ 2\varepsilon^3 \left(\lambda_2 E\left[\overline{Y}_2^2 \right] V_{21} V_{22} + \lambda_3 E\left[\overline{Y}_3^2 \right] V_{31} V_{32} \right)$$
$$\left. + \varepsilon^4 \left[\lambda_2 E\left[\overline{Y}_2^2 \right] V_{22}^2 + \lambda_3 E\left[\overline{Y}_3^2 \right] (V_{32}^2 + 2V_{31} V_{33}) \right] \right\}\Big|_{H=h} \quad (6.2.91)$$

$$\bar{a}_3 = \left[\varepsilon^3 \left(\lambda_1 E\left[\bar{Y}_1^3 \right] V_{11}^3 + \lambda_2 E\left[\bar{Y}_2^3 \right] V_{21}^3 \right) + 3\varepsilon^4 \lambda_2 E\left[\bar{Y}_2^3 \right] V_{21}^2 V_{22} \right]\Big|_{H=h} \tag{6.2.92}$$

$$\bar{a}_4 = \varepsilon^4 \lambda_1 E\left[\bar{Y}_1^4 \right] V_{11}^4 \Big|_{H=h} \tag{6.2.93}$$

一般来说，一阶摄动解作为近似平稳解就可以满足精度要求了，这点可以由下面的算例得到证明. 此外，由于 Y_k 为高斯随机变量，原系统(6.2.57)中泊松白噪声 $W_{pk}(t)$ 的脉冲强度之间满足 $E[Y_k^4] = 3\left(E[Y_k^2] \right)^2$.

例 6.2.2　考虑泊松白噪声激励下线性与非线性弹性耦合的两个范德堡振子 (Zeng and Zhu，2011)，其运动方程为

$$\ddot{X}_1 - \beta_1 \dot{X}_1 + \alpha_1 X_1^2 \dot{X}_1 + \omega_1^2 X_1 + aX_2 + b(X_1 - X_2)^3 = c_1 X_1 W_{p1}(t)$$
$$\ddot{X}_2 - (\beta_1 - \beta_2)\dot{X}_2 + \alpha_2 X_2^2 \dot{X}_2 + \omega_2^2 X_2 + aX_1 + b(X_2 - X_1)^3 = c_2 X_2 W_{p2}(t) \tag{6.2.94}$$

式中 $\beta_1, \beta_2, \alpha_1, \alpha_2$ 都是 ε^2 量级的小参数；c_1, c_2 是 ε 量级的小参数；$W_{p1}(t)$ 和 $W_{p2}(t)$ 是脉冲幅值具有零均值、相同高斯分布且相互独立的泊松白噪声，其脉冲平均到达率分别为 λ_1 和 λ_2. 与式(6.2.94)对应的哈密顿系统仅有一个首次积分，即哈密顿函数. 令 $Q_1 = X_1, Q_2 = X_2, P_1 = \dot{X}_1, P_2 = \dot{X}_2$，哈密顿函数为

$$H = P_1^2/2 + P_2^2/2 + U(Q_1, Q_2) \tag{6.2.95}$$

式中

$$U(Q_1, Q_2) = \omega_1^2 Q_1^2/2 + \omega_2^2 Q_2^2/2 + aQ_1 Q_2 + b(Q_1 - Q_2)^4/4 \tag{6.2.96}$$

如前所述，式(6.2.94)可转换为如下伊藤随机微分方程

$$dQ_1 = \frac{\partial H}{\partial P_1}dt$$
$$dP_1 = -\left(\frac{\partial H}{\partial Q_1} - (\beta_1 - \alpha_1 Q_1^2)\frac{\partial H}{\partial P_1} \right)dt + c_1 Q_1 dC_1(t)$$
$$dQ_2 = \frac{\partial H}{\partial P_2}dt \tag{6.2.97}$$
$$dP_2 = -\left(\frac{\partial H}{\partial Q_2} - [(\beta_1 - \beta_2) - \alpha_2 Q_2^2]\frac{\partial H}{\partial P_2} \right)dt + c_2 Q_2 dC_2(t)$$

哈密顿函数的伊藤随机微分方程可按式(6.2.95)与 Di Paola 和 Falsone 微分从式(6.2.97)导出为

$$dH = \left\{ (\beta_1 - \alpha_1 Q_1^2) \left(\frac{\partial H}{\partial P_1} \right)^2 + (\beta_1 - \beta_2 - \alpha_2 Q_2^2) \left(\frac{\partial H}{\partial P_2} \right)^2 \right\} dt$$

$$+ \frac{\partial H}{\partial P_1} c_1 Q_1 dC_1(t) + \frac{\partial H}{\partial P_2} c_2 Q_2 dC_2(t) + \frac{1}{2} \left[c_1 Q_1 dC_1(t) \right]^2 + \frac{1}{2} \left[c_2 Q_2 dC_2(t) \right]^2 \quad (6.2.98)$$

对式(6.2.98)作平均，并取截断参数为 $u = 4$，可得形如式(6.2.79)和式(6.2.80)的平均伊藤随机微分方程和平均 FPK 方程，按式(6.2.81)～式(6.2.93)可得它们的系数为

$$\varepsilon^2 U_0 = \frac{1}{T(H)} \int_\Omega \left\{ \left[(\beta_1 - \alpha_1 q_1^2) p_1^2 + (\beta_1 - \beta_2 - \alpha_2 q_2^2) p_2^2 \right. \right.$$
$$\left. \left. + \frac{1}{2} \left(c_1^2 q_1^2 \lambda_1 E \left[Y_1^2 \right] + c_2^2 q_2^2 \lambda_2 E \left[Y_2^2 \right] \right) \right] \middle/ p_1 \right\} dq_1 dq_2 dp_2 \quad (6.2.99)$$

$$U_1 = U_2 = 0 \quad (6.2.100)$$

$$\varepsilon^4 \lambda_1 E \left[\overline{Y}_1^4 \right] V_{11}^4 = \frac{1}{T(H)} \int_\Omega \left\{ \left(c_1^4 p_1^4 q_1^4 \lambda_1 E \left[Y_1^4 \right] + c_2^4 p_2^4 q_2^4 \lambda_2 E \left[Y_2^4 \right] \right) \middle/ p_1 \right\} dq_1 dq_2 dp_2$$

$$\quad (6.2.101)$$

$$\varepsilon^3 \left(\lambda_1 E \left[\overline{Y}_1^3 \right] V_{11}^3 + \lambda_2 E \left[\overline{Y}_2^3 \right] V_{21}^3 \right) = 0 \quad (6.2.102)$$

$$3\varepsilon^4 \lambda_2 E \left[\overline{Y}_2^3 \right] V_{21}^2 V_{22}$$

$$= \frac{1}{T(H)} \int_\Omega \left\{ \left[\frac{3}{2} \left(c_1^4 p_1^2 q_1^4 \lambda_1 E \left[Y_1^4 \right] + c_2^4 p_2^2 q_2^4 \lambda_2 E \left[Y_2^4 \right] \right) \right] \middle/ p_1 \right\} dq_1 dq_2 dp_2 \quad (6.2.103)$$

$$\varepsilon^2 \left(\lambda_1 E \left[\overline{Y}_1^2 \right] V_{11}^2 + \lambda_2 E \left[\overline{Y}_2^2 \right] V_{21}^2 + \lambda_3 E \left[\overline{Y}_3^2 \right] V_{31}^2 \right)$$

$$= \frac{1}{T(H)} \int_\Omega \left\{ \left(c_1^2 p_1^2 q_1^2 \lambda_1 E \left[Y_1^2 \right] + c_2^2 p_2^2 q_2^2 \lambda_2 E \left[Y_2^2 \right] \right) \middle/ p_1 \right\} dq_1 dq_2 dp_2 \quad (6.2.104)$$

$$\varepsilon^3 \left(\lambda_2 E \left[\overline{Y}_2^2 \right] V_{21} V_{22} + \lambda_3 E \left[\overline{Y}_3^2 \right] V_{31} V_{32} \right) = 0 \quad (6.2.105)$$

$$\varepsilon^4 \left\{ \lambda_2 E \left[\overline{Y}_2^2 \right] V_{22}^2 + \lambda_3 E \left[\overline{Y}_3^2 \right] (V_{32}^2 + 2 V_{31} V_{33}) \right\}$$

$$= \frac{1}{T(H)} \int_\Omega \left\{ \left(\frac{1}{4} \left(c_1^4 q_1^4 \lambda_1 E \left[Y_1^4 \right] + c_2^4 q_2^4 \lambda_2 E \left[Y_2^4 \right] \right) \right) \middle/ p_1 \right\} dq_1 dq_2 dp_2 \quad (6.2.106)$$

$$\overline{a}_1 = \frac{1}{T(h)} \int_\Omega \left\{ \left[(\beta_1 - \alpha_1 q_1^2) p_1^2 + (\beta_1 - \beta_2 - \alpha_2 q_2^2) p_2^2 \right. \right.$$
$$\left. \left. + \frac{1}{2} \left(c_1^2 q_1^2 \lambda_1 E \left[Y_1^2 \right] + c_2^2 q_2^2 \lambda_2 E \left[Y_2^2 \right] \right) \right] \middle/ p_1 \right\} dq_1 dq_2 dp_2 \quad (6.2.107)$$

$$\bar{a}_2 = \frac{1}{T(h)} \int_{\Omega} \left\{ \left[c_1^2 p_1^2 q_1^2 \lambda_1 E\left[Y_1^2\right] + c_2^2 p_2^2 q_2^2 \lambda_2 E\left[Y_2^2\right] \right. \right.$$

$$\left. \left. + \frac{1}{4}\left(c_1^4 q_1^4 \lambda_1 E\left[Y_1^4\right] + c_2^4 q_2^4 \lambda_2 E\left[Y_2^4\right] \right) \right] \middle/ p_1 \right\} \mathrm{d}q_1 \mathrm{d}q_2 \mathrm{d}p_2 \tag{6.2.108}$$

$$\bar{a}_3 = \frac{1}{T(h)} \int_{\Omega} \left\{ \left[\frac{3}{2}\left(c_1^4 p_1^2 q_1^4 \lambda_1 E\left[Y_1^4\right] + c_2^4 p_2^2 q_2^4 \lambda_2 E\left[Y_2^4\right] \right) \right] \middle/ p_1 \right\} \mathrm{d}q_1 \mathrm{d}q_2 \mathrm{d}p_2 \tag{6.2.109}$$

$$\bar{a}_4 = \frac{1}{T(h)} \int_{\Omega} \left\{ \left(c_1^4 p_1^4 q_1^4 \lambda_1 E\left[Y_1^4\right] + c_2^4 p_2^4 q_2^4 \lambda_2 E\left[Y_2^4\right] \right) \middle/ p_1 \right\} \mathrm{d}q_1 \mathrm{d}q_2 \mathrm{d}p_2 \tag{6.2.110}$$

式中

$$T(h) = \int_{\Omega} (1/p_1) \mathrm{d}q_1 \mathrm{d}q_2 \mathrm{d}p_2 \tag{6.2.111}$$

$$\Omega = \left\{ (q_1, q_2, p_2) \mid H(q_1, q_2, 0, p_2) \leqslant h \right\} \tag{6.2.112}$$

注意，在式(6.2.99)～式(6.2.111)中，p_1 需按式(6.2.95)代之以 q_1, q_2, H, p_2，$T(H) = T(h)|_{h=H}$. 式(6.2.99) ～式(6.2.111)中的积分运算可参见(曾岩，2010). 将所得的平均 FPK 方程系数代入式(6.2.80)，然后用上述摄动解法求解式(6.2.80)即可得哈密顿函数 H 的概率密度的近似平稳解 $p(h)$. 最后按式(6.2.78)，得广义位移和广义动量的联合平稳概率密度

$$p(q_1, q_2, p_1, p_2) = \left. \frac{p(h)}{T(h)} \right|_{h=H(q_1, q_2, p_1, p_2)} \tag{6.2.113}$$

取系统(6.2.94)中的参数为 $\varepsilon = 0.1$，$\lambda_1 = \lambda_2 = \lambda = 1.0$，$E[Y_1^2] = E[Y_2^2] = E[Y^2] = 81.0$，$\omega_1 = 1.0$，$\omega_2 = 2.0$，$a = 0.01$，$b = 1.0$，$c_1 = c_2 = \varepsilon = 0.1$，$\beta_1 = \beta_2 = 0.8\varepsilon^2 = 0.008$，$\alpha_1 = \alpha_2 = \varepsilon^2 \alpha = 0.01\alpha$. 在图 6.2.5 和图 6.2.6 中分别给出了系统(6.2.94)的哈密顿函数 H 的平稳概率密度和广义位移 Q_1 的平稳概率密度，其中，实线为摄动方法得到的近似平稳解，虚线为高斯近似解，即原系统中的泊松白噪声用同方差的高斯白噪声替换后，通过假设哈密顿函数 H 为扩散过程而得到的平稳解，▲■●▼为系统(6.2.94)的蒙特卡罗数值模拟的结果. 由图可以看出，依本节中所述方法得到的近似平稳解与蒙特卡罗数值模拟结果颇为吻合，比高斯近似解要更精确地描述了系统哈密顿函数 H 的平稳概率密度，高斯近似解稍高估计响应.

例 6.2.3　考虑泊松白噪声激励的二自由度碰撞振动系统(Zeng and Zhu, 2011)

$$\ddot{X}_1 + c_1 \dot{X}_1 + k_1 X_1 + k_2 (X_1 - X_2) = f_1 W_{\mathrm{p}1}(t)$$
$$\ddot{X}_2 + c_2 \dot{X}_2 + k_2 (X_2 - X_1) + g(X_2) = f_2 W_{\mathrm{p}2}(t) \tag{6.2.114}$$

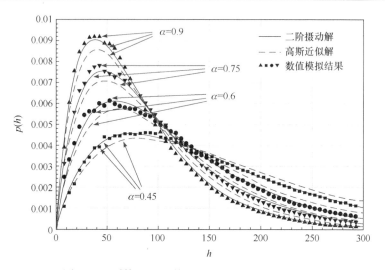

图 6.2.5　系统(6.2.94)的 $p(h)$ (Zeng and Zhu，2011)

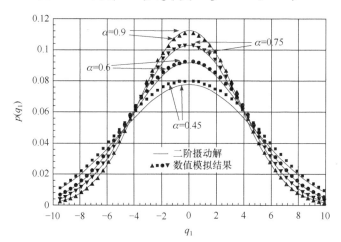

图 6.2.6　系统(6.2.94)的 $p(q_1)$ (Zeng and Zhu，2011)

式中，

$$g(X_2) = \begin{cases} -B_l(-X_2 - \delta_l)^{3/2}, & X_2 < -\delta_l \\ 0, & -\delta_l \leqslant X_2 \leqslant \delta_r \\ B_r(X_2 - \delta_r)^{3/2}, & X_2 > \delta_r \end{cases} \quad (6.2.115)$$

并且 $B_l, B_r, \delta_l, \delta_r > 0$；$c_1, c_2$ 都是 ε^2 量级的小参数；f_1, f_2 是 ε 量级的小参数；$W_{p1}(t)$ 和 $W_{p2}(t)$ 是泊松白噪声，其均值为零，脉冲幅值呈高斯分布且相互独立，脉冲平均到达率分别为 λ_1 和 λ_2。与该系统相应的哈密顿系统仅有一个独立的首次积分，即哈密顿函数. 令 $Q_1 = X_1, Q_2 = X_2, P_1 = \dot{X}_1, P_2 = \dot{X}_2$, 哈密顿函数为

$$H(Q_1, Q_2, P_1, P_2) = \frac{P_1^2}{2} + \frac{P_2^2}{2} + \frac{k_1 Q_1^2}{2} + \frac{k_2 (Q_1 - Q_2)^2}{2} + U'(Q_2) \qquad (6.2.116)$$

式中

$$U'(Q_2) = \int_0^{Q_2} g(x)\mathrm{d}x = \begin{cases} (2/5)B_l(-Q_2 - \delta_l)^{5/2}, & Q_2 < -\delta_l \\ 0, & -\delta_l \leqslant Q_2 \leqslant \delta_r \\ (2/5)B_r(Q_2 - \delta_r)^{5/2}, & Q_2 > \delta_r \end{cases} \qquad (6.2.117)$$

式(6.2.114)可转换为如下伊藤随机微分方程

$$\mathrm{d}Q_1 = \frac{\partial H}{\partial P_1}\mathrm{d}t, \quad \mathrm{d}P_1 = -\left(\frac{\partial H}{\partial Q_1} + c_1 \frac{\partial H}{\partial P_1}\right)\mathrm{d}t + f_1 \mathrm{d}C_1$$

$$\mathrm{d}Q_2 = \frac{\partial H}{\partial P_2}\mathrm{d}t, \quad \mathrm{d}P_2 = -\left(\frac{\partial H}{\partial Q_2} + c_2 \frac{\partial H}{\partial P_2}\right)\mathrm{d}t + f_2 \mathrm{d}C_2 \qquad (6.2.118)$$

按式(6.2.116)与 Di Paola 与 Falsone 法则, 可从式(6.2.118)导出如下哈密顿函数的伊藤随机微分方程

$$\mathrm{d}H = -\left[c_1 \left(\frac{\partial H}{\partial P_1}\right)^2 + c_2 \left(\frac{\partial H}{\partial P_2}\right)^2\right]\mathrm{d}t$$

$$+ \frac{\partial H}{\partial P_1} f_1 \mathrm{d}C_1 + \frac{\partial H}{\partial P_2} f_2 \mathrm{d}C_2 + \frac{1}{2} f_1^2 (\mathrm{d}C_1)^2 + \frac{1}{2} f_2^2 (\mathrm{d}C_2)^2 \qquad (6.2.119)$$

对式(6.2.119)作平均, 取截断参数 $u = 4$, 可得形如式(6.2.79)和式(6.2.80)的平均伊藤随机微分方程和平均 FPK 方程, 仿照式(6.2.81)～式(6.2.93)可得它们的系数为

$$\varepsilon^2 U_0 = \frac{1}{T(H)} \int_\Omega \left\{ \left[-c_1 p_1^2 - c_2 p_2^2 + \frac{1}{2} \left(f_1^2 \lambda_1 E\left[Y_1^2\right] + f_2^2 \lambda_2 E\left[Y_2^2\right] \right) \right] \middle/ p_1 \right\} \mathrm{d}q_1 \mathrm{d}q_2 \mathrm{d}p_2$$

$$(6.2.120)$$

$$U_1 = U_2 = 0 \qquad (6.2.121)$$

$$\varepsilon^4 \lambda_1 E\left[\overline{Y}_1^4\right] V_{11}^4 = \frac{1}{T(H)} \int_\Omega \left\{ \left(f_1^4 p_1^4 \lambda_1 E\left[Y_1^4\right] + f_2^4 p_2^4 \lambda_2 E\left[Y_2^4\right] \right) \middle/ p_1 \right\} \mathrm{d}q_1 \mathrm{d}q_2 \mathrm{d}p_2 \quad (6.2.122)$$

$$\varepsilon^3 \left(\lambda_1 E\left[\overline{Y}_1^3\right] V_{11}^3 + \lambda_2 E\left[\overline{Y}_2^3\right] V_{21}^3 \right) = 0 \qquad (6.2.123)$$

$$3\varepsilon^4 \lambda_2 E\left[\overline{Y}_2^3\right] V_{21}^2 V_{22} = \frac{1}{T(H)} \int_\Omega \left\{ \left[\frac{3}{2} \left(f_1^4 p_1^2 \lambda_1 E\left[Y_1^4\right] + f_2^4 p_2^2 \lambda_2 E\left[Y_2^4\right] \right) \right] \middle/ p_1 \right\} \mathrm{d}q_1 \mathrm{d}q_2 \mathrm{d}p_2$$

$$(6.2.124)$$

$$\varepsilon^2 \left(\lambda_1 E \left[\overline{Y}_1^2 \right] V_{11}^2 + \lambda_2 E \left[\overline{Y}_2^2 \right] V_{21}^2 + \lambda_3 E \left[\overline{Y}_3^2 \right] V_{31}^2 \right)$$

$$= \frac{1}{T(H)} \int_\Omega \left\{ \left[f_1^2 p_1^2 \lambda_1 E \left[Y_1^2 \right] + f_2^2 p_2^2 \lambda_2 E \left[Y_2^2 \right] \right] \middle/ p_1 \right\} \mathrm{d}q_1 \mathrm{d}q_2 \mathrm{d}p_2 \qquad (6.2.125)$$

$$\varepsilon^3 \left(\lambda_2 E \left[\overline{Y}_2^2 \right] V_{21} V_{22} + \lambda_3 E \left[\overline{Y}_3^2 \right] V_{31} V_{32} \right) = 0 \qquad (6.2.126)$$

$$\varepsilon^4 \left\{ \lambda_2 E \left[\overline{Y}_2^2 \right] V_{22}^2 + \lambda_3 E \left[\overline{Y}_3^2 \right] (V_{32}^2 + 2V_{31}V_{33}) \right\}$$

$$= \frac{1}{T(H)} \int_\Omega \left\{ \left[\frac{1}{4} \left(f_1^4 \lambda_1 E \left[Y_1^4 \right] + f_2^4 \lambda_2 E \left[Y_2^4 \right] \right) \right] \middle/ p_1 \right\} \mathrm{d}q_1 \mathrm{d}q_2 \mathrm{d}p_2 \qquad (6.2.127)$$

$$\overline{a}_1 = \frac{1}{T(h)} \int_\Omega \left\{ \left[-c_1 p_1^2 - c_2 p_2^2 + \frac{1}{2} \left(f_1^2 \lambda_1 E \left[Y_1^2 \right] + f_2^2 \lambda_2 E \left[Y_2^2 \right] \right) \right] \middle/ p_1 \right\} \mathrm{d}q_1 \mathrm{d}q_2 \mathrm{d}p_2 \qquad (6.2.128)$$

$$\overline{a}_2 = \frac{1}{T(h)} \int_\Omega \left\{ \left[p_1^2 f_1^2 \lambda_1 E \left[Y_1^2 \right] + p_2^2 f_2^2 \lambda_2 E \left[Y_2^2 \right] \right] \right.$$

$$\left. + \frac{1}{4} \left(f_1^4 \lambda_1 E \left[Y_1^4 \right] + f_2^4 \lambda_2 E \left[Y_2^4 \right] \right) \right] \middle/ p_1 \right\} \mathrm{d}q_1 \mathrm{d}q_2 \mathrm{d}p_2 \qquad (6.2.129)$$

$$\overline{a}_3 = \frac{1}{T(h)} \int_\Omega \left\{ \left[\frac{3}{2} \left(p_1^2 f_1^4 \lambda_1 E \left[Y_1^4 \right] + p_2^2 f_2^4 \lambda_2 E \left[Y_2^4 \right] \right) \right] \middle/ p_1 \right\} \mathrm{d}q_1 \mathrm{d}q_2 \mathrm{d}p_2 \qquad (6.2.130)$$

$$\overline{a}_4 = \frac{1}{T(h)} \int_\Omega \left\{ \left(p_1^4 f_1^4 \lambda_1 E \left[Y_1^4 \right] + p_2^4 f_2^4 \lambda_2 E \left[Y_2^4 \right] \right) \middle/ p_1 \right\} \mathrm{d}q_1 \mathrm{d}q_2 \mathrm{d}p_2 \qquad (6.2.131)$$

式中

$$T(h) = \int_\Omega (1/p_1) \mathrm{d}q_1 \mathrm{d}q_2 \mathrm{d}p_2 \qquad (6.2.132)$$

$$\Omega = \left\{ (q_1, q_2, p_2) \mid H(q_1, q_2, 0, p_2) \leqslant h \right\} \qquad (6.2.133)$$

注意, 在式(6.2.120)~式(6.2.132)中, p_1 需按式(6.2.116)代之以 q_1, q_2, H, p_2. 式(6.2.122)~式(6.2.132)中的积分运算可参见(曾岩, 2010), 将所得的平均 FPK 方程系数代入式(6.2.80), 然后用上述摄动法求解式(6.2.80), 可得哈密顿函数 H 的概率密度函数的近似平稳解 $p(h)$. 而广义位移与广义动量的联合平稳概率密度可按式(6.2.23), 即下式得到

$$p(q_1, q_2, p_1, p_2) = \frac{p(h)}{T(h)} \bigg|_{h=H(q_1, q_2, p_1, p_2)} \qquad (6.2.134)$$

取系统(6.2.114)中的参数为: $k_1 = 1.0$, $k_2 = 2.0$, $B_l = B_r = 10.0$, $\delta_l = \delta_r = 0.5$, $c_1 = c_2 = \varepsilon^2$, $f_1 = f_2 = \varepsilon$, $\lambda E[Y^2] = 4.0$, $\lambda_1 = \lambda_2 = \lambda$, $E[Y_1^2] = E[Y_2^2] = E[Y^2]$. 在图 6.2.7 和图 6.2.8 中分别给出了系统(6.2.114)的哈密顿函数 H 的平稳概率密度和广

义位移 Q_2 的平稳概率密度. 其中, 实线为摄动方法得到的近似平稳解, 虚线为高斯近似解, 即原系统中的泊松白噪声用同方差的高斯白噪声替换后, 通过假设哈密顿函数 H 为扩散过程而得到的平稳解, ● 为对原系统蒙特卡罗数值模拟结果. 由图 6.2.7 和图 6.2.8 可以看出, 依本节中所述方法得到的近似平稳解与蒙特卡罗数值模拟结果颇为吻合, 且比高斯近似解更精确地描述了系统哈密顿函数 H 与位移 q_2 的平稳概率密度, 高斯近似解偏保守, 稍高估计响应.

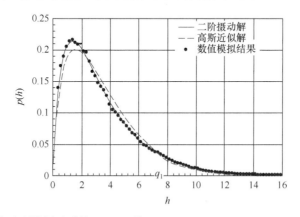

图 6.2.7　二自由度碰撞振动系统(6.2.114)的 $p(h)$, $\varepsilon = 0.1$, $\lambda = 0.1$ (Zeng and Zhu, 2011)

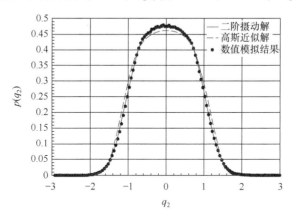

图 6.2.8　二自由度碰撞振动系统(6.2.114)的 $p(q_2)$, $\varepsilon = 0.1$, $\lambda = 0.1$ (Zeng and Zhu, 2011)

6.3　拟可积哈密顿系统

假设与式(6.1.5)相应的哈密顿系统完全可积, 且已求得它的作用-角变量. 引入变换

$$I_r = I_r(\boldsymbol{Q}, \boldsymbol{P}), \quad \Theta_r = \Theta_r(\boldsymbol{Q}, \boldsymbol{P}), \quad r = 1, 2, \cdots, n \tag{6.3.1}$$

按随机跳跃与扩散过程链式法则(Hanson，2007)，可从式(6.1.5)得支配 I_r、Θ_r 的随机微分积分方程

$$dI_r = \varepsilon^2\left(-\sum_{i,j=1}^{n} m_{ij}\frac{\partial H}{\partial P_j}\frac{\partial I_r}{\partial P_i} + \frac{1}{2}\sum_{i,j=1}^{n}\sum_{k=1}^{n_g}\sigma_{ik}\sigma_{jk}\frac{\partial^2 I_r}{\partial P_i \partial P_j}\right)dt$$

$$+ \varepsilon\sum_{i=1}^{n}\sum_{k=1}^{n_g}\frac{\partial I_r}{\partial P_i}\sigma_{ik}dB_k(t) + \sum_{l=1}^{n_p}\int_{\mathcal{Y}_l}\left[I_r(\boldsymbol{Q},\boldsymbol{P}+\hat{\boldsymbol{\gamma}}_l) - I_r(\boldsymbol{Q},\boldsymbol{P})\right]\mathcal{P}_l(dt,dY_l)$$

$$d\Theta_r = \left(\omega_r - \varepsilon^2\sum_{i,j}^{n} m_{ij}\frac{\partial H}{\partial P_j}\frac{\partial \Theta_r}{\partial P_i} + \frac{\varepsilon^2}{2}\sum_{i,j=1}^{n}\sum_{k=1}^{n_g}\sigma_{ik}\sigma_{jk}\frac{\partial^2 \Theta_r}{\partial P_i \partial P_j}\right)dt \qquad (6.3.2)$$

$$+ \varepsilon\sum_{i=1}^{n}\sum_{k=1}^{n_g}\frac{\partial \Theta_r}{\partial P_i}\sigma_{ik}dB_k(t) + \sum_{l=1}^{n_p}\int_{\mathcal{Y}_l}\left[\Theta_r(\boldsymbol{Q},\boldsymbol{P}+\hat{\boldsymbol{\gamma}}_l) - \Theta_r(\boldsymbol{Q},\boldsymbol{P})\right]\mathcal{P}_l(dt,dY_l)$$

$$r = 1,2,\cdots,n$$

其中 $\hat{\boldsymbol{\gamma}}_l$ 表示矩阵 $[\gamma_{il}]_{n\times n_p}$ 的第 l 列，γ_{il} 的表达式由式(6.1.6)给出. 为了得到封闭形式的平均随机微分积分方程与平均 FPK 方程，先将 $I_r(\boldsymbol{Q},\boldsymbol{P}+\hat{\boldsymbol{\gamma}}_l) - I_r(\boldsymbol{Q},\boldsymbol{P})$ 和 $\Theta_r(\boldsymbol{Q},\boldsymbol{P}+\hat{\boldsymbol{\gamma}}_l) - \Theta_r(\boldsymbol{Q},\boldsymbol{P})$ $(r=1,\cdots,n; l=1,\cdots,n_p)$ 作泰勒展开，从而将式(6.3.2)改写成如下方程

$$dI_r = \varepsilon^2\left(-\sum_{i,j=1}^{n} m_{ij}\frac{\partial H}{\partial P_j}\frac{\partial I_r}{\partial P_i} + \frac{1}{2}\sum_{i,j=1}^{n}\sum_{k=1}^{n_g}\sigma_{ik}\sigma_{jk}\frac{\partial^2 I_r}{\partial P_i \partial P_j}\right)dt$$

$$+ \varepsilon\sum_{i=1}^{n}\sum_{k=1}^{n_g}\frac{\partial I_r}{\partial P_i}\sigma_{ik}dB_k(t) + \sum_{l=1}^{n_p}\int_{\mathcal{Y}_l}\left[\sum_{s=1}^{\infty}\varepsilon^s Y_l^s A_{r;s;l}(\boldsymbol{Q},\boldsymbol{P})\right]\mathcal{P}_l(dt,dY_l)$$

$$d\Theta_r = \left(\omega_r - \varepsilon^2\sum_{i,j=1}^{n} m_{ij}\frac{\partial H}{\partial P_j}\frac{\partial \Theta_r}{\partial P_i} + \frac{\varepsilon^2}{2}\sum_{i,j=1}^{n}\sum_{k=1}^{n_g}\sigma_{ik}\sigma_{jk}\frac{\partial^2 \Theta_r}{\partial P_i \partial P_j}\right)dt \qquad (6.3.3)$$

$$+ \varepsilon\sum_{i=1}^{n}\sum_{k=1}^{n_g}\frac{\partial \Theta_r}{\partial P_i}\sigma_{ik}dB_k(t) + \sum_{l=1}^{n_p}\int_{\mathcal{Y}_l}\left[\sum_{s=1}^{\infty}\varepsilon^s Y_l^s D_{r;s;l}(\boldsymbol{Q},\boldsymbol{P})\right]\mathcal{P}_l(dt,dY_l)$$

$$r = 1,2,\cdots,n$$

详细推导参见(贾万涛，2014)的附录 C. 平均后的方程维数与形式取决于方程(6.1.5)相应的哈密顿系统的共振性.

6.3.1 非内共振情形

设该哈密顿系统的 n 个频率 $\omega_r(\boldsymbol{I})$ 不满足如下弱内共振关系：

$$\sum_{r=1}^{n} k_r^u \omega_r = O_u(\varepsilon^2) \qquad (6.3.4)$$

其中 $O_u(\varepsilon^2)$ 表示 ε^2 阶小量. 从方程(6.3.3)可以看出，I_r 为慢变过程，而 Θ_r 为快变

过程，基于随机平均定理(Khasminskii，1968；Xu et al.，2011)，当 $\varepsilon \to 0$ 时，作用变量 I_r $(r=1,2,\cdots,n)$ 弱收敛于一个 n 维矢量马尔可夫过程. 为方便起见，仍以 $I_r(t)$ 表示该极限过程.

支配此 n 维马尔可夫过程的随机微分积分方程可由式(6.3.3)中 $\mathrm{d}I_r$ 方程经时间平均得到，在平均过程中将 I_r 看作常数. 由于可积非共振哈密顿系统在 I_r 为常数的 n 维环面上遍历，时间平均可代之以对 Θ_r 的平均. 忽略 ε^{u+1} 以及更高阶项，可得支配该极限过程的封闭形式的平均随机微分积分方程

$$\mathrm{d}I_r = \left(\varepsilon^2 \bar{m}_r(\boldsymbol{I}) + \sum_{i=0}^{u-2} \varepsilon^{i+2} U_{r,i}(\boldsymbol{I}) \right) \mathrm{d}t + \varepsilon \sum_{k=1}^{n_g} \bar{\sigma}_{rk}(\boldsymbol{I}) \mathrm{d}B_k(t) + \sum_{l=1}^{u-1} G_{r,l}, r=1,2,\cdots,n$$

(6.3.5)

式中

$$G_{r,l} = \sum_{s_1=1}^{n} \sum_{s_2=1}^{s_1} \cdots \sum_{s_{u-l+1}=1}^{s_{u-l}} \left[\int_{y_{s_1,s_2,\cdots,s_{u-l+1};l}} \left(\sum_{k=1}^{l} \varepsilon^k V_{r;s_1,s_2,\cdots,s_{u-l+1};l,k}(\boldsymbol{I}) \right) \right.$$

$$\left. \times Y_{s_1,s_2,\cdots,s_{u-l+1};l} \mathcal{P}_{s_1,s_2,\cdots,s_{u-l+1};l}(\mathrm{d}t,\mathrm{d}Y_{s_1,s_2,\cdots,s_{u-l+1};l}) \right]$$

(6.3.6)

且

$$\bar{m}_r(\boldsymbol{I}) = \frac{1}{(2\pi)^n} \int_0^{2\pi} \left(-\sum_{i,j=1}^{n} m_{ij} \frac{\partial H}{\partial p_j} \frac{\partial I_r}{\partial p_i} + \frac{1}{2} \sum_{i,j=1}^{n} \sum_{k=1}^{n_g} \sigma_{ik} \sigma_{jk} \frac{\partial^2 I_r}{\partial p_i \partial p_j} \right) \mathrm{d}\theta$$

(6.3.7)

$$U_{r,0}(\boldsymbol{I}) = \sum_{l=1}^{n_p} \frac{\lambda_l E[Y_l^2]}{(2\pi)^n} \int_0^{2\pi} A_{r;2;l} \mathrm{d}\theta$$

(6.3.8)

$$U_{r,k}(\boldsymbol{I}) = \sum_{l=1}^{n_p} \frac{\lambda_l E[Y_l^{k+2}]}{(2\pi)^n} \int_0^{2\pi} A_{r;k+2;l} \mathrm{d}\theta$$

(6.3.9)

$$k = 1,\cdots,u-2$$

$$\sum_{k=1}^{n_g} \bar{\sigma}_{r_1 k}(\boldsymbol{I}) \bar{\sigma}_{r_2 k}(\boldsymbol{I}) = \frac{1}{(2\pi)^n} \int_0^{2\pi} \left(\sum_{i,j=1}^{n} \sum_{k=1}^{n_g} \frac{\partial I_{r_1}}{\partial p_i} \frac{\partial I_{r_2}}{\partial p_j} \sigma_{ik} \sigma_{jk} \right) \mathrm{d}\theta$$

(6.3.10)

$$\sum_{k=1}^{u-1} \left\{ \sum_{s_1=1}^{n} \sum_{s_2=1}^{s_1} \cdots \sum_{s_{u-k+1}=1}^{s_{u-k}} \left[\left(\sum_{k_1=1}^{k} \varepsilon^{k_1} V_{r_1;s_1,\cdots,s_{u-k+1};k;k_1}(\boldsymbol{I}) \right) \times \left(\sum_{k_2=1}^{k} \varepsilon^{k_2} V_{r_2;s_1,\cdots,s_{u-k+1};k;k_2}(\boldsymbol{I}) \right) \right. \right.$$

$$\left. \left. \cdots \times \left(\sum_{k_j=1}^{k} \varepsilon^{k_j} V_{r_j;s_1,\cdots,s_{u-k+1};k;k_j}(\boldsymbol{I}) \right) \lambda_{s_1,s_2,\cdots,s_{u-k+1};k} E[Y_{s_1,s_2,\cdots,s_{u-k+1};k}^j] \right] \right\}$$

$$= \sum_{k=j}^{u} \varepsilon^k \sum_{l=1}^{n_p} \frac{\lambda_l E[Y_l^k]}{(2\pi)^n} \int_0^{2\pi} \left(\sum_{k_1+k_2+\cdots+k_j=k} A_{r_1;k_1;l} A_{r_2;k_2;l} \cdots A_{r_j;k_j;l} \right) \mathrm{d}\theta$$

(6.3.11)

式中 $\boldsymbol{I} = [I_1, I_2, \cdots, I_n]^{\mathrm{T}}$，$\boldsymbol{\theta} = [\theta_1, \theta_2, \cdots, \theta_n]^{\mathrm{T}}$，$A_{r;k;l} = A_{r;k;l}(\boldsymbol{Q}, \boldsymbol{P})$，其中 $\boldsymbol{Q}, \boldsymbol{P}$ 需按式 (6.3.1)代之以 $\boldsymbol{I}, \boldsymbol{\Theta}$，函数 $V_{r_1;s_1, \cdots, s_{u-k+1};k;k_i}(\boldsymbol{I})$ 的具体形式，可以由方程(6.3.11)两端 ε 的同阶项相等求得. 式中 $\mathcal{P}_{s_1, s_2, \cdots, s_{u-l+1};l}(\mathrm{d}t, \mathrm{d}Y_{s_1, s_2, \cdots, s_{u-l+1};l})$ 表示相互独立的泊松随机测度，有如下性质

$$
\begin{aligned}
&\lambda_{r_1, r_2, \cdots, r_{u-s+1};s} E[Y^r_{r_1, r_2, \cdots, r_{u-s+1};s}] \\
&= \begin{cases}
0 & r = 1 \\
\bar{M}_{r_1, r_2, \cdots, r_{u-s+1};s,r} & r = 2, 3, \cdots, u-s+1 \\
\bar{m}_{r_1, r_2, \cdots, r_{u-s+1};s,r} & r = u-s+2, u-s+3, \cdots
\end{cases}
\end{aligned}
\tag{6.3.12}
$$

$$
\bar{M}_{r_1, r_2, \cdots, r_{u-s+1};s,r} \gg \varepsilon, \quad \bar{m}_{r_1, r_2, \cdots, r_{u-s+1};s,r} < \varepsilon^u
$$

与平均随机微分积分方程(6.3.5)相应的平均 FPK 方程为

$$
\begin{aligned}
\frac{\partial p}{\partial t} = & -\sum_{r_1=1}^n \frac{\partial}{\partial I_{r_1}}\big(\bar{a}_{r_1}(\boldsymbol{I})p\big) + \frac{1}{2!}\sum_{r_1, r_2=1}^n \frac{\partial^2}{\partial I_{r_1} \partial I_{r_2}}\big(\bar{a}_{r_1, r_2}(\boldsymbol{I})p\big) \\
& -\frac{1}{3!}\sum_{r_1, r_2, r_3=1}^n \frac{\partial^3}{\partial I_{r_1} \partial I_{r_2} \partial I_{r_3}}\big(\bar{a}_{r_1, r_2, r_3}(\boldsymbol{I})p\big) \\
& +\cdots + (-1)^u \frac{1}{u!}\sum_{r_1, r_2, \cdots, r_u=1}^n \frac{\partial^u}{\partial I_{r_1} \partial I_{r_2} \cdots \partial I_{r_u}}\big(\bar{a}_{r_1, \cdots, r_u}(\boldsymbol{I})p\big) + O\big(\varepsilon^{u+1}\big)
\end{aligned}
\tag{6.3.13}
$$

式中

$$
\begin{aligned}
\bar{a}_{r_1}(\boldsymbol{I}) = & \varepsilon^2 \bar{m}_{r_1}(\boldsymbol{I}) + \sum_{i=0}^{u-2} \varepsilon^{i+2} U_{r_1, i}(\boldsymbol{I}) \\
= & \frac{\varepsilon^2}{(2\pi)^n} \int_0^{2\pi}\left(-\sum_{i,j=1}^n \frac{\partial H}{\partial p_j}\frac{\partial I_{r_1}}{\partial p_i} + \frac{1}{2}\sum_{i,j=1}^n \sum_{k=1}^{n_g} \sigma_{ik}\sigma_{jk}\frac{\partial^2 I_{r_1}}{\partial p_i \partial p_j}\right)\mathrm{d}\boldsymbol{\theta} \\
& + \sum_{k=2}^u \varepsilon^k \sum_{l=1}^{n_p} \frac{\lambda_l E[Y_l^k]}{(2\pi)^n} \int_0^{2\pi} A_{r;k;l}\mathrm{d}\boldsymbol{\theta}
\end{aligned}
\tag{6.3.14}
$$

$$
\begin{aligned}
\bar{a}_{r_1, r_2}(\boldsymbol{I}) = & \frac{\varepsilon^2}{(2\pi)^n} \int_0^{2\pi}\left(\sum_{i,j=1}^n \sum_{k=1}^{n_g} \frac{\partial I_{r_1}}{\partial p_i}\frac{\partial I_{r_2}}{\partial p_j}\sigma_{ik}\sigma_{jk}\right)\mathrm{d}\boldsymbol{\theta} \\
& + \sum_{k=2}^u \varepsilon^k \sum_{l=1}^{n_p} \frac{\lambda_l E[Y_l^k]}{(2\pi)^n} \int_0^{2\pi}\left(\sum_{k_1+k_2=k} A_{r_1;k_1;l} A_{r_2;k_2;l}\right)\mathrm{d}\boldsymbol{\theta}
\end{aligned}
\tag{6.3.15}
$$

$$
\begin{aligned}
\bar{a}_{r_1, r_2, \cdots, r_j}(\boldsymbol{I}) = & \sum_{k=j}^u \varepsilon^k \sum_{l=1}^{n_p} \frac{\lambda_l E[Y_l^k]}{(2\pi)^n} \int_0^{2\pi}\left(\sum_{k_1+k_2+\cdots+k_j=k} A_{r_1;k_1;l} A_{r_2;k_2;l} \cdots A_{r_j;k_j;l}\right)\mathrm{d}\boldsymbol{\theta} \\
& j = 1, 2, \cdots, u,
\end{aligned}
\tag{6.3.16}
$$

$\int_0^{2\pi}[\bullet]\mathrm{d}\theta = \int_0^{2\pi}\int_0^{2\pi}\cdots\int_0^{2\pi}[\bullet]\mathrm{d}\theta_1\mathrm{d}\theta_2\cdots\mathrm{d}\theta_n$ 表示 n 重积分.

在式(6.3.13)中，$p = p(\boldsymbol{I},t\,|\,\boldsymbol{I}_0)$ 表示作用矢量 $\boldsymbol{I}$ 的转移概率密度，相应的初始条件为

$$p(\boldsymbol{I},0\,|\,\boldsymbol{I}_0) = \delta(\boldsymbol{I}-\boldsymbol{I}_0) \tag{6.3.17}$$

或 $p = p(\boldsymbol{I},t)$ 表示 $\boldsymbol{I}$ 的概率密度，相应的初始条件为

$$p(\boldsymbol{I},0) = p(\boldsymbol{I}_0) \tag{6.3.18}$$

平均 FPK 方程(6.3.13)的边界条件取决于相应哈密顿系统的性态与给系统施加的约束. 若 $\boldsymbol{I}$ 可在 R^n 中第一象限内任取，则平均 FPK 方程(6.3.13)需满足以下边界条件

$$p(\boldsymbol{I})\big|_{I_r=0} = \text{有限}, \qquad \frac{\partial^k p(\boldsymbol{I})}{\partial I_r^{\,k}}\bigg|_{I_r=0} = \text{有限}$$

$$\lim_{I_r\to\infty} p(\boldsymbol{I}) = 0, \qquad \lim_{I_r\to\infty}\frac{\partial^k}{\partial I_r^{\,k}} p(\boldsymbol{I}) = 0 \tag{6.3.19}$$

$$r = 1,2,\cdots,n;\; k=1,2,\cdots$$

及归一化条件

可用摄动法求简化平均 FPK 方程(6.1.13)的近似平稳解 $p(\boldsymbol{I})$，然后按式(5.2.34)，得系统广义位移与广义动量的近似联合平稳概率密度

$$p(\boldsymbol{q},\boldsymbol{p}) = \frac{1}{(2\pi)^n} p(\boldsymbol{I})\bigg|_{\boldsymbol{I}=\boldsymbol{I}(\boldsymbol{q},\boldsymbol{p})} \tag{6.3.20}$$

设与式(6.1.5)相应的哈密顿系统为可积非共振，但未求得(或得不到)作用角变量，只知其 n 个独立、对合的首次积分 $H_r\,(r=1,2,\cdots,n)$. 引入变换

$$H_r = H_r(\boldsymbol{Q},\boldsymbol{P}) \tag{6.3.21}$$

那么支配 H_r 的随机微分积分方程可由方程(6.1.5)导得为

$$\mathrm{d}H_r = \varepsilon^2\left(-\sum_{i,j=1}^{n} m_{ij}\frac{\partial H}{\partial P_j}\frac{\partial H_r}{\partial P_i} + \frac{1}{2}\sum_{i,j=1}^{n}\sum_{k=1}^{n_g}\sigma_{ik}\sigma_{jk}\frac{\partial^2 H_r}{\partial P_i\partial P_j}\right)\mathrm{d}t$$

$$+ \varepsilon\sum_{i=1}^{n}\sum_{k=1}^{n_g}\frac{\partial H_r}{\partial P_i}\sigma_{ik}\mathrm{d}B_k(t) + \sum_{l=1}^{n_p}\int_{\mathcal{Y}_l}\left[H_r(\boldsymbol{Q},\boldsymbol{P}+\hat{\boldsymbol{\gamma}}_l) - H_r(\boldsymbol{Q},\boldsymbol{P})\right]\mathcal{P}_l(\mathrm{d}t,\mathrm{d}Y_l) \tag{6.3.22}$$

$$r = 1,2,\cdots,n$$

以式 (6.3.22) 代替式 (6.1.5) 中关于 $P_i\,(i=1,2,\cdots,n)$ 的方程，这样组成以

$Q_1,\cdots,Q_n,H_1,\cdots,H_n$ 为变量的新的方程. 同样地，将 $H_r(\boldsymbol{Q},\boldsymbol{P}+\hat{\gamma}_l)-H_r(\boldsymbol{Q},\boldsymbol{P})$ 作泰勒展开，具体推导参见(贾万涛，2014)的附录 C，式(6.3.22)可改写成

$$\mathrm{d}H_r = \varepsilon^2\left(-\sum_{i,j=1}^{n}m_{ij}\frac{\partial H}{\partial P_j}\frac{\partial H_r}{\partial P_i}+\frac{1}{2}\sum_{i,j=1}^{n}\sum_{k,l=1}^{n_g}\sigma_{ik}\sigma_{jl}\frac{\partial^2 H_r}{\partial P_i \partial P_j}\right)\mathrm{d}t$$

$$+\varepsilon\sum_{i=1}^{n}\sum_{k=1}^{n_g}\frac{\partial H_r}{\partial P_i}\sigma_{ik}\mathrm{d}B_k(t)+\sum_{l=1}^{n_p}\int_{\mathcal{Y}_l}\left[\sum_{s=1}^{\infty}\varepsilon^s Y_l^s B_{r;s;l}(\boldsymbol{Q},\boldsymbol{P})\right]\mathcal{P}_l(\mathrm{d}t,\mathrm{d}Y_l) \qquad (6.3.23)$$

$$r=1,2,\cdots,n$$

在式(6.3.23)与式(6.1.5)中 $\mathrm{d}Q_i$ 方程组成的系统中，P_i 需按式(6.3.21)代之以 Q_i 与 H_r，H_r 是慢变过程，而 $Q_i\ (i=1,2,\cdots,n)$ 是快变过程. 依据随机平均原理 (Khasminskii，1968；Xu et al.，2011)，当 $\varepsilon\to 0$ 时，$H_r\ (r=1,2,\cdots,n)$ 弱收敛于一个 n 维的矢量马尔可夫过程. 仍用 H_r 表示这个新的马尔可夫过程的第 r 个分量.

描述此马尔可夫过程的随机微分积分方程可以通过对式(6.3.23)进行时间平均得到，忽略 ε^{u+1} 及更高阶项后，得到关于 H_r 的封闭形式的平均随机微分积分方程

$$\mathrm{d}H_r = \left(\varepsilon^2\bar{m}_r(\boldsymbol{H})+\sum_{i=0}^{u-2}\varepsilon^{i+2}U_{r,i}(\boldsymbol{H})\right)\mathrm{d}t+\varepsilon\sum_{k=1}^{n_g}\bar{\sigma}_{rk}(\boldsymbol{H})\mathrm{d}B_k(t)+\sum_{l=1}^{u-1}G_{r,l} \qquad (6.3.24)$$

$$r=1,2,\cdots,n$$

式中 $\boldsymbol{H}=[H_1,H_2,\cdots,H_n]^{\mathrm{T}}$，

$$\bar{m}_r(\boldsymbol{H}) = \left\langle -\sum_{i,j=1}^{n}m_{ij}\frac{\partial H}{\partial P_j}\frac{\partial H_r}{\partial P_i}+\frac{1}{2}\sum_{i,j=1}^{n}\sum_{k=1}^{n_g}\sigma_{ik}\sigma_{jk}\frac{\partial^2 H_r}{\partial P_i \partial P_j}\right\rangle_t \qquad (6.3.25)$$

$$U_{r,0}(\boldsymbol{H}) = \sum_{l=1}^{n_p}\left\langle C_{r;2;l}\lambda_l E[Y_l^2]\right\rangle_t \qquad (6.3.26)$$

$$U_{r,k}(\boldsymbol{H}) = \sum_{l=1}^{n_p}\left\langle C_{r;k+2;l}\lambda_l E[Y_l^{k+2}]\right\rangle_t \qquad (6.3.27)$$

$$k=1,\cdots,u-2$$

$$\sum_{k=1}^{n_g}\bar{\sigma}_{rk}(\boldsymbol{H})\bar{\sigma}_{sk}(\boldsymbol{H}) = \left\langle \sum_{i,j=1}^{n}\sum_{k=1}^{n_g}\sigma_{ik}\sigma_{jk}\frac{\partial H_r}{\partial P_i}\frac{\partial H_s}{\partial P_j}\right\rangle_t \qquad (6.3.28)$$

$$r,s=1,2,\cdots,n$$

$$G_{r,l} = \sum_{s_1=1}^{n}\sum_{s_2=1}^{s_1}\cdots\sum_{s_{u-l+1}=1}^{s_{u-l}}\int_{\mathcal{Y}_{s_1,s_2,\cdots,s_{u-l+1};l}}\left(\sum_{k=1}^{l}\varepsilon^k V_{r;s_1,s_2,\cdots,s_{u-l+1};l,k}(\boldsymbol{H})\right)$$

$$\times Y_{s_1,s_2,\cdots,s_{u-l+1};l}\mathcal{P}_{s_1,s_2,\cdots,s_{u-l+1};l}(\mathrm{d}t,\mathrm{d}Y_{s_1,s_2,\cdots,s_{u-l+1};l}) \qquad (6.3.29)$$

其中 $\mathcal{P}_{s_1,s_2,\cdots,s_{u-l+1};l}(\mathrm{d}t,\mathrm{d}Y_{s_1,s_2,\cdots,s_{u-l+1}};l)$ 为式(6.3.12)给出的独立的泊松随机测度.

$$
\sum_{k=1}^{u-1}\left\{\sum_{s_1=1}^{n}\sum_{s_2=1}^{s_1}\cdots\sum_{s_{u-k+1}=1}^{s_{u-k}}\left[\left(\sum_{k_1=1}^{k}\varepsilon^{k_1}V_{r_1;s_1,\cdots,s_{u-k+1};k;k_1}(\boldsymbol{H})\right)\times\left(\sum_{k_2=1}^{k}\varepsilon^{k_2}V_{r_2;s_1,\cdots,s_{u-k+1};k;k_2}(\boldsymbol{H})\right)\right.\right.
$$

$$
\left.\left.\times\cdots\times\left(\sum_{k_j=1}^{k}\varepsilon^{k_j}V_{r_j;s_1,\cdots,s_{u-k+1};k;k_j}(\boldsymbol{H})\right)\lambda_{s_1,s_2,\cdots,s_{u-k+1};k}E[Y_{s_1,s_2,\cdots,s_{u-k+1};k}^{j}]\right]\right\}
$$

$$
=\sum_{k=j}^{u}\varepsilon^{k}\sum_{l=1}^{n_p}\lambda_l E[Y_l^k]\left\langle\sum_{k_1+k_2+\cdots+k_j=k}B_{r_1;k_1;l}B_{r_2;k_2;l}\cdots B_{r_j;k_j;l}\right\rangle_t \tag{6.3.30}
$$

式(6.3.30)中的函数 $V_{r_1;s_1,\cdots,s_{u-k+1};k;k_i}(\boldsymbol{H})$ 的具体形式可以由令式(6.3.30)两端的 ε 的同阶项相等得到.

与式(6.3.24)相应的平均 FPK 方程为

$$
\frac{\partial p}{\partial t}=-\sum_{r_1=1}^{n}\frac{\partial}{\partial h_{r_1}}\big(\overline{a}_{r_1}(\boldsymbol{h})p\big)+\frac{1}{2!}\sum_{r_1,r_2=1}^{n}\frac{\partial^2}{\partial h_{r_1}\partial h_{r_2}}\big(\overline{a}_{r_1,r_2}(\boldsymbol{h})p\big)
$$

$$
-\frac{1}{3!}\sum_{r_1,r_2,r_3=1}^{n}\frac{\partial^3}{\partial h_{r_1}\partial h_{r_2}\partial h_{r_3}}\big(\overline{a}_{r_1,r_2,r_3}(\boldsymbol{h})p\big)
$$

$$
+\cdots+(-1)^u\frac{1}{u!}\sum_{r_1,r_2,\cdots,r_u=1}^{n}\frac{\partial^u}{\partial h_{r_1}\partial h_{r_2}\cdots\partial h_{r_u}}\big(\overline{a}_{r_1,r_2,r_3,\cdots,r_u}(\boldsymbol{h})p\big)+O\big(\varepsilon^{u+1}\big) \tag{6.3.31}
$$

式中 $\boldsymbol{h}=\big[h_1,h_2,\cdots,h_n\big]^{\mathrm{T}}$

$$
\overline{a}_{r_1}(\boldsymbol{h})=\varepsilon^2\left\langle-\sum_{i,j=1}^{n}\frac{\partial h}{\partial p_j}\frac{\partial h_{r_1}}{\partial p_i}+\frac{1}{2}\sum_{i,j=1}^{n}\sum_{k=1}^{n_g}\sigma_{ik}\sigma_{jk}\frac{\partial^2 h_{r_1}}{\partial p_i\partial p_j}\right\rangle_t+\sum_{k=2}^{u}\varepsilon^k\left\langle\sum_{l=1}^{n_p}\lambda_l E[Y_l^k]B_{r;k;l}\right\rangle_t
$$

$$
\tag{6.3.32}
$$

$$
\overline{a}_{r_1,r_2}(\boldsymbol{h})=\varepsilon^2\left\langle\sum_{i,j=1}^{n}\sum_{k=1}^{n_g}\sigma_{ik}\sigma_{jk}\frac{\partial h_{r_1}}{\partial p_i}\frac{\partial h_{r_2}}{\partial p_j}\right\rangle_t+\sum_{k=2}^{u}\varepsilon^k\left\langle\sum_{l=1}^{n_p}\lambda_l E[Y_l^k]\sum_{k_1+k_2=k}B_{r_1;k_1;l}B_{r_2;k_2;l}\right\rangle_t
$$

$$
\tag{6.3.33}
$$

$$
\overline{a}_{r_1,r_2,\cdots,r_j}(\boldsymbol{h})=\sum_{k=j}^{u}\varepsilon^k\left\langle\sum_{l=1}^{n_p}\lambda_l E[Y_l^k]\sum_{k_1+k_2+\cdots+k_j=k}B_{r_1;k_1;l}B_{r_2;k_2;l}\cdots B_{r_j;k_j;l}\right\rangle_t \tag{6.3.34}
$$

式中

$$
\langle[\bullet]\rangle_t=\lim_{T\to\infty}\int_{t_0}^{t_0+T}[\bullet]\mathrm{d}t \tag{6.3.35}
$$

表示时间平均. 设该哈密顿系统是可分离的, 即

$$H = \sum_{r=1}^{n} H_r\left(Q_r, P_r\right) \tag{6.3.36}$$

并且对于每个子哈密顿系统具有周期为 T_r 的周期解. 那么时间平均可以由 q_r 在首次积分为常数的面上的空间平均替代. 在这种情形下, 平均 FPK 方程(6.3.31)的系数(6.3.32)~(6.3.34)可以表示为

$$\bar{a}_{r_1}(\boldsymbol{h}) = \frac{\varepsilon^2}{T(\boldsymbol{h})} \oint \left(-\sum_{i,j=1}^{n} \frac{\partial h}{\partial p_j} \frac{\partial h_{r_1}}{\partial p_i} + \frac{1}{2} \sum_{i,j=1}^{n} \sum_{k=1}^{n_g} \sigma_{ik}\sigma_{jk} \frac{\partial^2 h_{r_1}}{\partial p_i \partial p_j} \right)$$
$$\times \prod_{\mu=1}^{n} \left(1 \middle/ \frac{\partial h_\mu}{\partial p_\mu} \right) \mathrm{d}q_\mu + \sum_{k=2}^{u} \frac{\varepsilon^k}{T(\boldsymbol{h})} \sum_{l=1}^{n_p} \oint \left(\lambda_l E[Y_l^k] B_{r;k;l} \right) \times \prod_{\mu=1}^{n} \left(1 \middle/ \frac{\partial h_\mu}{\partial p_\mu} \right) \mathrm{d}q_\mu \tag{6.3.37}$$

$$\bar{a}_{r_1,r_2}(\boldsymbol{h}) = \frac{\varepsilon^2}{T(\boldsymbol{h})} \oint \left(\sum_{i,j=1}^{n} \sum_{k=1}^{n_g} \sigma_{ik}\sigma_{jk} \frac{\partial h_{r_1}}{\partial p_i} \frac{\partial h_{r_2}}{\partial p_j} \right) \times \prod_{\mu=1}^{n} \left(1 \middle/ \frac{\partial h_\mu}{\partial p_\mu} \right) \mathrm{d}q_\mu$$
$$+ \sum_{k=2}^{u} \frac{\varepsilon^k}{T(\boldsymbol{h})} \oint \left(\sum_{l=1}^{n_p} \lambda_l E[Y_l^k] \sum_{k_1+k_2=k} B_{r_1;k_1;l} B_{r_2;k_2;l} \right) \times \prod_{\mu=1}^{n} \left(1 \middle/ \frac{\partial h_\mu}{\partial p_\mu} \right) \mathrm{d}q_\mu \tag{6.3.38}$$

$$\bar{a}_{r_1,r_2,\cdots,r_j}(\boldsymbol{h}) = \sum_{k=j}^{u} \frac{\varepsilon^k}{T(\boldsymbol{h})} \oint \left(\sum_{l=1}^{n_p} \lambda_l E[Y_l^k] \sum_{k_1+k_2+\cdots+k_j=k} B_{r_1;k_1;l} B_{r_2;k_2;l} \cdots B_{r_j;k_j;l} \right)$$
$$\times \prod_{\mu=1}^{n} \left(1 \middle/ \frac{\partial h_\mu}{\partial p_\mu} \right) \mathrm{d}q_\mu \tag{6.3.39}$$

式中 $\oint [\cdot] \prod_{\mu=1}^{n} \mathrm{d}q_\mu$ 表示 n 重积分, T_r 的最小公倍数为

$$T(\boldsymbol{h}) = \prod_{\mu=1}^{n} T_\mu = \oint \prod_{\mu=1}^{n} \left(1 \middle/ \frac{\partial h_\mu}{\partial p_\mu} \right) \mathrm{d}q_\mu \tag{6.3.40}$$

在平均 FPK 方程(6.3.31)中, $p = p(\boldsymbol{h}, t | \boldsymbol{h}_0)$, 相应的初始条件为
$$p(\boldsymbol{h}, 0 | \boldsymbol{h}_0) = \delta(\boldsymbol{h} - \boldsymbol{h}_0) \tag{6.3.41}$$
或 $p = p(\boldsymbol{h}, t)$, 相应的初始条件为
$$p(\boldsymbol{h}, 0 | \boldsymbol{h}_0) = p(\boldsymbol{h}_0) \tag{6.3.42}$$
若 $\boldsymbol{h}$ 可在 R^n 中第一象限内任意变化, 则平均 FPK 方程(6.3.31)需满足如下边界条件

$$p(\boldsymbol{h})\Big|_{h_r=0} = \text{有限}, \quad \frac{\partial^k p(\boldsymbol{h})}{\partial h_r^k}\Big|_{h_r=0} = \text{有限}$$

$$\lim_{|\boldsymbol{h}| \to \infty} p(\boldsymbol{h}) = 0, \quad \lim_{|\boldsymbol{h}| \to \infty} \frac{\partial^k}{\partial h_r^k} p(\boldsymbol{h}) = 0 \tag{6.3.43}$$
$$r = 1, 2, \cdots, n; \quad k = 1, 2, \cdots$$

及归一化条件.

可用摄动法求解简化平均 FPK 方程(6.3.31)得近似平稳概率密度 $p(\boldsymbol{h})$，然后按式(5.2.36)，可得系统广义位移与广义动量的近似联合平稳概率密度

$$p(\boldsymbol{q},\boldsymbol{p}) = \frac{p(\boldsymbol{h})}{T(\boldsymbol{h})}\bigg|_{\boldsymbol{h}=H(\boldsymbol{q},\boldsymbol{p})} \tag{6.3.44}$$

6.3.2　内共振情形

现设与式(6.1.5)相应的哈密顿系统为完全可积，已求得作用角变量(6.3.1)，且存在有如下 α $(1\leqslant\alpha\leqslant n-1)$ 个弱内共振关系

$$\sum_{r=1}^{n} k_r^{\nu}\omega_r = O(\varepsilon^2) , \quad \nu=1,2,\cdots,\alpha \tag{6.3.45}$$

引入如下角变量组合

$$\Psi_{\nu} = \sum_{r=1}^{n} k_r^{\nu}\Theta_r , \quad \nu=1,2,\cdots,\alpha \tag{6.3.46}$$

从式(6.3.2)中 Θ_r 的随机微分积分方程按线性组合(6.3.46)可得支配 Ψ_ν 的随机微分积分方程

$$\mathrm{d}\Psi_{\nu} = \left[O_{\nu}(\varepsilon^2) - \varepsilon^2 \sum_{i,j=1}^{n} m_{ij}\frac{\partial H}{\partial P_j}\frac{\partial \Psi_{\nu}}{\partial P_i} + \frac{\varepsilon^2}{2}\sum_{i,j=1}^{n}\sum_{k=1}^{n_g}\sigma_{ik}\sigma_{jk}\frac{\partial^2\Psi_{\nu}}{\partial P_i\partial P_j} \right]\mathrm{d}t$$
$$+ \varepsilon\sum_{i=1}^{n}\sum_{k=1}^{n_g}\frac{\partial \Psi_{\nu}}{\partial P_i}\sigma_{ik}\mathrm{d}B_k(t) + \sum_{l=1}^{n_p}\int_{Y_l}\left[\Psi_{\nu}(\boldsymbol{Q},\boldsymbol{P}+\hat{\boldsymbol{\gamma}}_l)-\Psi_{\nu}(\boldsymbol{Q},\boldsymbol{P})\right]\mathcal{P}_l(\mathrm{d}t,\mathrm{d}Y_l), \tag{6.3.47}$$
$$\nu=1,2,\cdots,\alpha$$

将 $\Psi_{\nu}(\boldsymbol{Q},\boldsymbol{P}+\hat{\boldsymbol{\gamma}}_l)-\Psi_{\nu}(\boldsymbol{Q},\boldsymbol{P})$ 作泰勒展开，式(6.3.47)可改写成

$$\mathrm{d}\Psi_{\nu} = \left[O_{\nu}(\varepsilon^2) - \varepsilon^2 \sum_{i,j=1}^{n} m_{ij}\frac{\partial H}{\partial P_j}\frac{\partial \Psi_{\nu}}{\partial P_i} + \frac{\varepsilon^2}{2}\sum_{i,j=1}^{n}\sum_{k=1}^{n_g}\sigma_{ik}\sigma_{jk}\frac{\partial^2\Psi_{\nu}}{\partial P_i\partial P_j} \right]\mathrm{d}t$$
$$+ \varepsilon\sum_{i=1}^{n}\sum_{k=1}^{n_g}\frac{\partial \Psi_{\nu}}{\partial P_i}\sigma_{ik}\mathrm{d}B_k(t) + \sum_{l=1}^{n_p}\int_{Y_l}\left[\Psi_{\nu}(\boldsymbol{Q},\boldsymbol{P}+\hat{\boldsymbol{\gamma}}_l)-\Psi_{\nu}(\boldsymbol{Q},\boldsymbol{P})\right]\mathcal{P}_l(\mathrm{d}t,\mathrm{d}Y_l),$$
$$\nu=1,2,\cdots,\alpha \tag{6.3.48}$$

此时，新的系统方程由式(6.3.3)中 n 个关于 I_r 的方程，$n-\alpha$ 个关于 Θ_r 的方程(设为 $\Theta_1,\cdots,\Theta_{n-\alpha}$)，及式(6.3.48)中 α 个关于 Ψ_ν 的方程组成. 在这些方程中，Q_i、P_i 按变换(6.3.1)与(6.3.46)代之以 I_r、Θ_r、Ψ_ν. 其中 $I_1,\cdots,I_n,\Psi_1,\cdots,\Psi_\alpha$ 为慢变过程，而 $\Theta_1,\cdots,\Theta_{n-\alpha}$ 为快变过程，基于随机平均定理(Khasminskii, 1968, Xu et al., 2011). 当 $\varepsilon\to 0$ 时，$I_r(t)$ 和 $\Psi_\nu(t)$ 弱收敛于 $n+\alpha$ 维矢量马尔可夫过程. 为了方便起见，

仍用 $I_r\ (r=1,\cdots,n)$ 和 $\varPsi_v\ (v=1,\cdots,\alpha)$ 表示这个 $n+\alpha$ 维矢量马尔可夫过程的分量.

此 $n+\alpha$ 维矢量马尔可夫过程所满足的随机微分积分方程可由式(6.3.3)的前 n 个方程与式(6.3.47)在 I_r 与 $\varPsi_v$ 为常数的条件下经时间平均得到. 由于可积哈密顿系统在非共振环面上的遍历性, 时间平均可代之以对 $\varTheta_1,\varTheta_2,\cdots,\varTheta_{n-\alpha}$ 的空间平均. 由于式(6.3.3)与式(6.3.47)中关于 I_r 与 $\varPsi_v$ 的随机微分积分方程有无穷多项, 在推导平均随机微分积分方程与平均 FPK 方程时需要进行截断. 忽略 ε^{u+1} 及更高阶项, 得到如下有关 I_r 和 $\varPsi_v$ 的封闭形式的平均随机微分积分方程

$$\mathrm{d}I_r=\left(\varepsilon^2\bar{m}_r\left(\boldsymbol{I},\boldsymbol{\varPsi}\right)+\sum_{i=1}^{u-2}\varepsilon^{i+2}U_{r,i}\left(\boldsymbol{I},\boldsymbol{\varPsi}\right)\right)\mathrm{d}t+\varepsilon\sum_{k=1}^{n_g}\bar{\sigma}_{rk}\left(\boldsymbol{I},\boldsymbol{\varPsi}\right)\mathrm{d}B_k\left(t\right)+\sum_{l=1}^{u-1}G_{r,l} \tag{6.3.49}$$

$$r=1,2,\cdots,n$$

$$\mathrm{d}\varPsi_v=\left(\varepsilon^2\bar{m}_v\left(\boldsymbol{I},\boldsymbol{\varPsi}\right)+\sum_{i=1}^{u-2}\varepsilon^{i+2}U_{v,i}\left(\boldsymbol{I},\boldsymbol{\varPsi}\right)\right)\mathrm{d}t+\varepsilon\sum_{k=1}^{n_g}\bar{\sigma}_{vk}\left(\boldsymbol{I},\boldsymbol{\varPsi}\right)\mathrm{d}B_k\left(t\right)+\sum_{l=1}^{u-1}G_{v,l} \tag{6.3.50}$$

$$v=1,2,\cdots,\alpha$$

式中 $\boldsymbol{I}=[I_1,I_2,\cdots,I_n]^{\mathrm{T}}$, $\boldsymbol{\varPsi}=[\varPsi_1,\varPsi_2,\cdots,\varPsi_\alpha]^{\mathrm{T}}$,

$$\bar{m}_r\left(\boldsymbol{I},\boldsymbol{\varPsi}\right)=\frac{1}{\left(2\pi\right)^{n-\alpha}}\int_0^{2\pi}\left(-\sum_{i,j=1}^{n}m_{ij}\frac{\partial H}{\partial p_j}\frac{\partial I_r}{\partial p_i}+\frac{1}{2}\sum_{i,j=1}^{n}\sum_{k=1}^{n_g}\sigma_{ik}\sigma_{jk}\frac{\partial^2 I_r}{\partial p_i\partial p_j}\right)\mathrm{d}\theta_1 \tag{6.3.51}$$

$$U_{r,0}\left(\boldsymbol{I},\boldsymbol{\varPsi}\right)=\sum_{l=1}^{n_p}\frac{\lambda_l E[Y_l^2]}{\left(2\pi\right)^{n-\alpha}}\int_0^{2\pi}A_{r;2;l}\mathrm{d}\theta_1 \tag{6.3.52}$$

$$U_{r,k}\left(\boldsymbol{I},\boldsymbol{\varPsi}\right)=\sum_{l=1}^{n_p}\frac{\lambda_l E[Y_l^{k+2}]}{\left(2\pi\right)^{n-\alpha}}\int_0^{2\pi}A_{r;k+2;l}\mathrm{d}\theta_1 \tag{6.3.53}$$

$$\bar{m}_v\left(\boldsymbol{I},\boldsymbol{\varPsi}\right)=\frac{1}{\left(2\pi\right)^{n-\alpha}}\int_0^{2\pi}\left(\frac{O\left(\varepsilon^2\right)}{\varepsilon^2}-\sum_{i,j=1}^{n}m_{ij}\frac{\partial H}{\partial p_j}\frac{\partial \varPsi_v}{\partial p_i}+\frac{1}{2}\sum_{i,j=1}^{n}\sum_{k=1}^{n_g}\sigma_{ik}\sigma_{jk}\frac{\partial^2 \varPsi_u}{\partial p_i\partial p_j}\right)\mathrm{d}\theta_1$$

$$\tag{6.3.54}$$

$$U_{v,0}\left(\boldsymbol{I},\boldsymbol{\varPsi}\right)=\sum_{l=1}^{n_p}\frac{\lambda_l E[Y_l^2]}{\left(2\pi\right)^{n-\alpha}}\int_0^{2\pi}C_{v;2;l}\mathrm{d}\theta_1 \tag{6.3.55}$$

$$U_{v,k}\left(\boldsymbol{I},\boldsymbol{\varPsi}\right)=\sum_{l=1}^{n_p}\frac{\lambda_l E[Y_l^{k+2}]}{\left(2\pi\right)^{n-\alpha}}\int_0^{2\pi}C_{v;k+2;l}\mathrm{d}\theta_1 \tag{6.3.56}$$

$$\sum_{k=1}^{n_g}\bar{\sigma}_{r_1k}\left(\boldsymbol{I},\boldsymbol{\varPsi}\right)\bar{\sigma}_{r_2k}\left(\boldsymbol{I},\boldsymbol{\varPsi}\right)=\frac{1}{\left(2\pi\right)^{n-\alpha}}\int_0^{2\pi}\left(\sum_{i,j=1}^{n}\sum_{k=1}^{n_g}\sigma_{ik}\sigma_{jk}\frac{\partial I_{r_1}}{\partial p_i}\frac{\partial I_{r_2}}{\partial p_j}\right)\mathrm{d}\theta_1 \tag{6.3.57}$$

$$\sum_{k=1}^{n_g}\bar{\sigma}_{r_1k}\left(\boldsymbol{I},\boldsymbol{\varPsi}\right)\bar{\sigma}_{v_1k}\left(\boldsymbol{I},\boldsymbol{\varPsi}\right)=\frac{1}{\left(2\pi\right)^{n-\alpha}}\int_0^{2\pi}\left(\sum_{i,j=1}^{n}\sum_{k=1}^{n_g}\sigma_{ik}\sigma_{jk}\frac{\partial I_{r_1}}{\partial p_i}\frac{\partial \varPsi_{v_1}}{\partial p_j}\right)\mathrm{d}\theta_1 \tag{6.3.58}$$

$$\sum_{k=1}^{n_g} \overline{\sigma}_{\nu_1 k}\left(\boldsymbol{I},\boldsymbol{\Psi}\right)\overline{\sigma}_{\nu_2 l}\left(\boldsymbol{I},\boldsymbol{\Psi}\right) = \frac{1}{(2\pi)^{n-\alpha}}\int_0^{2\pi}\left(\sum_{i,j=1}^{n}\sum_{k=1}^{n_g}\sigma_{ik}\sigma_{jk}\frac{\partial\Psi_{\nu_1}}{\partial p_i}\frac{\partial\Psi_{\nu_2}}{\partial p_j}\right)\mathrm{d}\theta_1 \quad (6.3.59)$$

$$G_{r,l} = \sum_{s_1=1}^{n+\alpha}\sum_{s_2=1}^{s_1}\cdots\sum_{s_{u-l+1}=1}^{s_{u-l}}\left[\int_{\mathcal{Y}_{s_1,\cdots,s_{u-l+1};l}}\left(\sum_{k=1}^{l}\varepsilon^k V_{r;s_1,\cdots,s_{u-l+1};l,k}\left(\boldsymbol{I},\boldsymbol{\Psi}\right)\right)Y_{s_1,\cdots,s_{u-l+1};l}\mathcal{P}_{s_1,\cdots,s_{u-l+1};l}(\mathrm{d}t,\mathrm{d}Y_{s_1,\cdots,s_{u-l+1};l})\right]$$

$$(6.3.60)$$

$$G_{v,l} = \sum_{s_1=1}^{n+\alpha}\sum_{s_2=1}^{s_1}\cdots\sum_{s_{u-l+1}=1}^{s_{u-l}}\left[\int_{\mathcal{Y}_{s_1,\cdots,s_{u-l+1};l}}\left(\sum_{k=1}^{l}\varepsilon^k V_{v;s_1,\cdots,s_{u-l+1};l,k}\left(\boldsymbol{I},\boldsymbol{\Psi}\right)\right)Y_{s_1,\cdots,s_{u-l+1};l}\mathcal{P}_{s_1,\cdots,s_{u-l+1};l}(\mathrm{d}t,\mathrm{d}Y_{s_1,\cdots,s_{u-l+1};l})\right]$$

$$(6.3.61)$$

其中函数 $V_{r;s_1,s_2,,s_{u-k+1};l;k}\left(\boldsymbol{I},\boldsymbol{\Psi}\right)$ 可由如下方程左右两端 ε 的同阶项相等得到

$$\sum_{k=1}^{u-1}\left\{\sum_{s_1=1}^{n}\sum_{s_2=1}^{s_1}\cdots\sum_{s_{u-k+1}=1}^{s_{u-k}}\left[\left(\sum_{k_1=1}^{k}\varepsilon^{k_1} V_{r_1;s_1,\cdots,s_{u-k+1};k;k_1}\left(\boldsymbol{I},\boldsymbol{\Psi}\right)\right)\times\left(\sum_{k_2=1}^{k}\varepsilon^{k_2} V_{r_2;s_1,\cdots,s_{u-k+1};k;k_2}\left(\boldsymbol{I},\boldsymbol{\Psi}\right)\right)\right.\right.$$

$$\left.\left.\times\cdots\times\left(\sum_{k_j=1}^{k}\varepsilon^{k_j} V_{r_j;s_1,\cdots,s_{u-k+1};k;k_j}\left(\boldsymbol{I},\boldsymbol{\Psi}\right)\right)\lambda_{s_1,s_2,\cdots,s_{u-k+1};k}E[Y^j_{s_1,s_2,\cdots,s_{u-k+1};k}]\right]\right\}$$

$$= \sum_{k=j}^{u}\varepsilon^k\sum_{l=1}^{n_p}\frac{\lambda_l E[Y_l^k]}{(2\pi)^{n-\alpha}}\int_0^{2\pi}\left(\sum_{k_1+k_2+\cdots+k_j=k}A_{r_1;k_1;l}A_{r_2;k_2;l}\cdots A_{r_j;k_j;l}\right)\mathrm{d}\theta_1$$

$$(6.3.62)$$

$$\sum_{k=1}^{u-1}\left\{\sum_{s_1=1}^{n}\sum_{s_2=1}^{s_1}\cdots\sum_{s_{u-k+1}=1}^{s_{u-k}}\left[\left(\sum_{k_1=1}^{k}\varepsilon^{k_1} V_{r_1;s_1,\cdots,s_{u-k+1};k;k_1}\left(\boldsymbol{I},\boldsymbol{\Psi}\right)\right)\times\left(\sum_{k_2=1}^{k}\varepsilon^{k_2} V_{r_2;s_1,\cdots,s_{u-k+1};k;k_2}\left(\boldsymbol{I},\boldsymbol{\Psi}\right)\right)\right.\right.$$

$$\times\cdots\times\left(\sum_{k_s=1}^{k}\varepsilon^{k_s} V_{r_s;s_1,\cdots,s_{u-k+1};k;k_s}\left(\boldsymbol{I},\boldsymbol{\Psi}\right)\right)\times\left(\sum_{k_{s+1}=1}^{k}\varepsilon^{k_{s+1}} V_{n+v_1;s_1,\cdots,s_{u-k+1};k;k_{s+1}}\left(\boldsymbol{I},\boldsymbol{\Psi}\right)\right)$$

$$\left.\left.\times\cdots\times\left(\sum_{k_j=1}^{k}\varepsilon^{k_j} V_{n+v_{j-s};s_1,\cdots,s_{u-k+1};k;k_j}\left(\boldsymbol{I},\boldsymbol{\Psi}\right)\right)\lambda_{s_1,s_2,\cdots,s_{u-k+1};k}E[Y^j_{s_1,s_2,\cdots,s_{u-k+1};k}]\right]\right\}$$

$$= \sum_{k=j}^{u}\varepsilon^k\sum_{l=1}^{n_p}\frac{\lambda_l E[Y_l^k]}{(2\pi)^{n-\alpha}}\int_0^{2\pi}\left(\sum_{k_1+k_2+\cdots+k_j=k}A_{r_1;k_1;l}A_{r_2;k_2;l}\cdots A_{r_t;k_t;l}C_{v_1;k_{t+1};l}\cdots C_{v_{j-t};k_j;l}\right)\mathrm{d}\theta_1$$

$$(6.3.63)$$

这里 $t=1,2,\cdots,j-1$,

$$\sum_{k=1}^{u-1}\left\{\sum_{s_1=1}^{n}\sum_{s_2=1}^{s_1}\cdots\sum_{s_{u-k+1}=1}^{s_{u-k}}\left[\left(\sum_{k_1=1}^{k}\varepsilon^{k_1}V_{n+v_1;s_1,\cdots,s_{u-k+1};k;k_1}\left(\boldsymbol{I},\boldsymbol{\Psi}\right)\right)\times\left(\sum_{k_2=1}^{k}\varepsilon^{k_2}V_{n+v_2;s_1,\cdots,s_{u-k+1};k;k_2}\left(\boldsymbol{I},\boldsymbol{\Psi}\right)\right)\right.\right.$$

$$\left.\left.\times\cdots\times\left(\sum_{k_j=1}^{k}\varepsilon^{k_j}V_{n+v_j;s_1,\cdots,s_{u-k+1};k;k_j}\left(\boldsymbol{I},\boldsymbol{\Psi}\right)\right)\lambda_{s_1,s_2,\cdots,s_{u-k+1};k}E[Y_{s_1,s_2,\cdots,s_{u-k+1};k}^{j}]\right]\right\}$$

$$=\sum_{k=j}^{u}\varepsilon^{k}\sum_{l=1}^{n_p}\frac{\lambda_l E[Y_l^k]}{(2\pi)^{n-\alpha}}\int_0^{2\pi}\left(\sum_{k_1+k_2+\cdots+k_j=k}C_{v_1;k_1;l}C_{v_2;k_2;l}\cdots C_{v_j;k_j;l}\right)\mathrm{d}\boldsymbol{\theta}_1$$

$$(6.3.64)$$

$$r,r_1,\cdots,r_j=1,2,\cdots,n,\quad v,v_1,\cdots,v_j=1,2,\cdots,\alpha,\quad j=2,\cdots,u$$

其中 $\boldsymbol{\theta}_1=\left[\theta_1,\theta_2,\cdots,\theta_{n-\alpha}\right]^{\mathrm{T}}$ ，$A_{r;k;l}=A_{r;k;l}\left(\boldsymbol{I},\boldsymbol{\Psi},\boldsymbol{\theta}_1\right)$ ，$C_{r;k;l}=C_{r;k;l}\left(\boldsymbol{I},\boldsymbol{\Psi},\boldsymbol{\theta}_1\right)$ ．
$\mathcal{P}_{s_1,s_2,\cdots,s_{u-l+1};l}(\mathrm{d}t,\mathrm{d}Y_{s_1,s_2,\cdots,s_{u-l+1};l})$ 是具有下面性质的独立的泊松随机测度：

$$E[(\mathrm{d}C_{r_1,r_2,\cdots,r_{u-s+1};s})^r]=\lambda_{r_1,r_2,\cdots,r_{u-s+1};s}E[Y_{r_1,r_2,\cdots,r_{u-s+1};s}^r]$$

$$=\begin{cases}0,&r=1\\\bar{M}_{r_1,r_2,\cdots,r_{u-s+1};s,r},&r=2,3,\cdots,u-s+1\\\bar{m}_{r_1,r_2,\cdots,r_{u-s+1};s,r},&r=u-s+2,u-s+3,\cdots\end{cases}\quad(6.3.65)$$

$$\bar{M}_{r_1,r_2,\cdots,r_{u-s+1};s,r}\gg\varepsilon,\quad\bar{m}_{r_1,r_2,\cdots,r_{u-s+1};s,r}<\varepsilon^u$$

与平均随机微分积分方程(6.3.49)和(6.3.50)相应的平均 FPK 方程为

$$\frac{\partial}{\partial t}p=-\sum_{r_1=1}^{n}\frac{\partial}{\partial I_{r_1}}\left(\bar{a}_{r_1}p\right)-\sum_{v_1=1}^{\alpha}\frac{\partial}{\partial\psi_{v_1}}\left(\bar{a}_{v_1}p\right)+\frac{1}{2}\sum_{r_1,r_2=1}^{n}\frac{\partial^2}{\partial I_{r_1}\partial I_{r_2}}\left(\bar{a}_{r_1,r_2}p\right)$$

$$+\frac{C_2^1}{2}\sum_{r_1=1}^{n}\sum_{v_1=1}^{\alpha}\frac{\partial^2}{\partial I_{r_1}\partial\psi_{v_1}}\left(\bar{a}_{r_1,v_1}p\right)+\frac{1}{2}\sum_{v_1,v_2=1}^{\alpha}\frac{\partial^2}{\partial\psi_{v_1}\partial\psi_{v_2}}\left(\bar{a}_{v_1,v_2}p\right)$$

$$-\frac{1}{3!}\sum_{r_1,r_2,r_3=1}^{n}\frac{\partial^3}{\partial I_{r_1}\partial I_{r_2}\partial I_{r_3}}\left(\bar{a}_{r_1,r_2,r_3}p\right)-\frac{C_3^1}{3!}\sum_{r_1,r_2=1}^{n}\sum_{v_1=1}^{\alpha}\frac{\partial^3}{\partial I_{r_1}\partial I_{r_2}\partial\psi_{v_1}}\left(\bar{a}_{r_1,r_2,v_1}p\right)$$

$$-\frac{C_3^2}{3!}\sum_{r_1=1}^{n}\sum_{v_1,v_2=1}^{\alpha}\frac{\partial^3}{\partial I_{r_1}\partial\psi_{v_1}\partial\psi_{v_2}}\left(\bar{a}_{r_1,v_1,v_2}p\right)-\frac{1}{3!}\sum_{v_1,v_2,v_3=1}^{\alpha}\frac{\partial^3}{\partial\psi_{v_1}\partial\psi_{v_2}\partial\psi_{v_3}}\left(\bar{a}_{v_1,v_2,v_3}p\right)$$

$$+\cdots+(-1)^j\sum_{s=0}^{j}\sum_{r_1,\cdots,r_s=1}^{n}\sum_{v_1,\cdots,v_{j-s}=1}^{\alpha}\frac{C_j^s}{j!}\frac{\partial^j}{\partial I_{r_1}\cdots\partial I_{r_s}\partial\psi_{v_1}\cdots\partial\psi_{v_{j-s}}}\left(\bar{a}_{r_1,\cdots,r_s,v_1,\cdots,v_{j-s}}p\right)$$

$$+\cdots+(-1)^u\sum_{s=0}^{u}\sum_{r_1,\cdots,r_s=1}^{n}\sum_{v_1,\cdots,v_{u-s}=1}^{\alpha}\frac{C_u^s}{u!}\frac{\partial^u}{\partial I_{r_1}\cdots\partial I_{r_s}\partial\psi_{v_1}\cdots\partial\psi_{v_{u-s}}}\left(\bar{a}_{r_1,\cdots,r_s,v_1,\cdots,v_{u-s}}p\right)$$

$$+O\left(\varepsilon^{u+1}\right)$$

$$(6.3.66)$$

式中 $C_j^s = \dfrac{j!}{s!(m-s)!}$　且

$$\bar{a}_{r_1} = \bar{a}_{r_1}(\boldsymbol{I},\boldsymbol{\psi})$$

$$= \frac{\varepsilon^2}{(2\pi)^{n-\alpha}} \int_0^{2\pi} \left(-\sum_{i,j=1}^n m_{ij}\frac{\partial H}{\partial p_j}\frac{\partial I_{r_1}}{\partial p_i} + \frac{1}{2}\sum_{i,j=1}^n\sum_{k=1}^{n_g} \sigma_{ik}\sigma_{jk}\frac{\partial^2 I_{r_1}}{\partial p_i \partial p_j} \right) \mathrm{d}\theta_1$$

$$+ \sum_{k=1}^u \varepsilon^k \sum_{l=1}^{n_p} \frac{\lambda_l E[Y_l^k]}{(2\pi)^{n-\alpha}} \int_0^{2\pi} A_{r_1;k;l}\,\mathrm{d}\theta_1 \tag{6.3.67}$$

$$\bar{a}_{v_1} = \bar{a}_{v_1}(\boldsymbol{I},\boldsymbol{\psi})$$

$$= \frac{1}{(2\pi)^{n-\alpha}} \int_0^{2\pi} \left[O(\varepsilon^2) + \varepsilon^2 \left(-\sum_{i,j=1}^n m_{ij}\frac{\partial H}{\partial p_j}\frac{\partial \psi_{v_1}}{\partial p_i} + \frac{1}{2}\sum_{i,j=1}^n\sum_{k=1}^{n_g} \sigma_{ik}\sigma_{jk}\frac{\partial^2 \psi_{v_1}}{\partial p_i \partial p_j} \right) \right] \mathrm{d}\theta_1$$

$$+ \sum_{k=1}^u \varepsilon^k \sum_{l=1}^{n_p} \frac{\lambda_l E[Y_l^k]}{(2\pi)^{n-\alpha}} \int_0^{2\pi} C_{v_1;k;l}\,\mathrm{d}\theta_1$$

$$\tag{6.3.68}$$

$$\bar{a}_{r_1,r_2} = \bar{a}_{r_1,r_2}(\boldsymbol{I},\boldsymbol{\psi}) = \frac{\varepsilon^2}{(2\pi)^{n-\alpha}} \int_0^{2\pi} \left(\sum_{i,j=1}^n\sum_{l=1}^{n_g} \sigma_{ik}\sigma_{jk}\frac{\partial I_{r_1}}{\partial p_i}\frac{\partial I_{r_2}}{\partial p_j} \right) \mathrm{d}\theta_1$$

$$+ \sum_{k=2}^u \varepsilon^k \frac{\lambda_l E[Y_l^k]}{(2\pi)^{n-\alpha}} \int_0^{2\pi} \left(\sum_{k_1+k_2=k} A_{r_1;k_1;l} A_{r_2;k_2;l} \right) \mathrm{d}\theta_1 \tag{6.3.69}$$

$$\bar{a}_{r_1,v_1} = \bar{a}_{r_1,v_1}(\boldsymbol{I},\boldsymbol{\psi}) = \frac{\varepsilon^2}{(2\pi)^{n-\alpha}} \int_0^{2\pi} \left(\sum_{i,j=1}^n\sum_{k=1}^{n_g} \sigma_{ik}\sigma_{jk}\frac{\partial I_{r_1}}{\partial p_i}\frac{\partial \psi_{v_1}}{\partial p_j} \right) \mathrm{d}\theta_1$$

$$+ \sum_{k=2}^u \varepsilon^k \frac{\lambda_l E[Y_l^k]}{(2\pi)^{n-\alpha}} \int_0^{2\pi} \left(\sum_{k_1+k_2=k} A_{r_1;k_1;l} C_{v_1;k_2;l} \right) \mathrm{d}\theta_1 \tag{6.3.70}$$

$$\bar{a}_{v_1,v_2} = \bar{a}_{v_1,v_2}(\boldsymbol{I},\boldsymbol{\psi}) = \frac{\varepsilon^2}{(2\pi)^{n-\alpha}} \int_0^{2\pi} \left(\sum_{i,j=1}^n\sum_{k=1}^{n_g} \sigma_{ik}\sigma_{jk}\frac{\partial \psi_{v_1}}{\partial p_i}\frac{\partial \psi_{v_2}}{\partial p_j} \right) \mathrm{d}\theta_1$$

$$+ \sum_{k=2}^u \varepsilon^k \frac{\lambda_l E[Y_l^k]}{(2\pi)^{n-\alpha}} \int_0^{2\pi} \left(\sum_{k_1+k_2=k} C_{v_1;k_1;l} C_{v_2;k_2;l} \right) \mathrm{d}\theta_1 \tag{6.3.71}$$

$$\bar{a}_{r_1,r_2,r_3} = \bar{a}_{r_1,r_2,r_3}(\boldsymbol{I},\boldsymbol{\psi}) = \sum_{k=3}^u \varepsilon^k \frac{\lambda_l E[Y_l^k]}{(2\pi)^{n-\alpha}} \int_0^{2\pi} \left(\sum_{k_1+k_2+k_3=k} A_{r_1;k_1;l} A_{r_2;k_2;l} A_{r_3;k_3;l} \right) \mathrm{d}\theta_1$$

$$\tag{6.3.72}$$

$$\bar{a}_{r_1,r_2,v_1} = \bar{a}_{r_1,r_2,v_1}\left(\boldsymbol{I},\boldsymbol{\psi}\right) = \sum_{k=3}^{u} \varepsilon^k \frac{\lambda_l E[Y_l^k]}{(2\pi)^{n-\alpha}} \int_0^{2\pi} \left(\sum_{k_1+k_2+k_3=k} A_{r_1;k_1;l} A_{r_2;k_2;l} C_{v_1;k_3;l} \right) \mathrm{d}\boldsymbol{\theta}_1$$

$$(6.3.73)$$

$$\bar{a}_{r_1,v_1,v_2} = \bar{a}_{r_1,v_1,v_2}\left(\boldsymbol{I},\boldsymbol{\psi}\right) = \sum_{k=3}^{u} \varepsilon^k \frac{\lambda_l E[Y_l^k]}{(2\pi)^{n-\alpha}} \int_0^{2\pi} \left(\sum_{k_1+k_2+k_3=k} A_{r_1;k_1;l} C_{v_1;k_2;l} C_{v_2;k_3;l} \right) \mathrm{d}\boldsymbol{\theta}_1$$

$$(6.3.74)$$

$$\bar{a}_{v_1,v_2,v_3} = \bar{a}_{v_1,v_2,v_3}\left(\boldsymbol{I},\boldsymbol{\psi}\right) = \sum_{k=3}^{u} \varepsilon^k \frac{\lambda_l E[Y_l^k]}{(2\pi)^{n-\alpha}} \int_0^{2\pi} \left(\sum_{k_1+k_2+k_3=k} C_{v_1;k_1;l} C_{v_2;k_2;l} C_{v_3;k_3;l} \right) \mathrm{d}\boldsymbol{\theta}_1$$

$$(6.3.75)$$

$$\bar{a}_{r_1,r_2,\cdots,r_s,v_1,v_2,\cdots,v_{j-s}} = \bar{a}_{r_1,r_2,\cdots,r_s,v_1,v_2,\cdots,v_{j-s}}\left(\boldsymbol{I},\boldsymbol{\psi}\right)$$

$$= \sum_{k=j}^{u} \frac{\varepsilon^k \lambda_l E[Y_l^k]}{(2\pi)^{n-\alpha}} \int_0^{2\pi} \left(\sum_{k_1+k_2+\cdots+k_j=k} A_{r_1;k_1;l}\cdots A_{r_s;k_s;l} C_{v_1;k_{s+1};l}\cdots C_{v_{j-s};k_j;l} \right) \mathrm{d}\boldsymbol{\theta}_1$$

$$(6.3.76)$$

$$j=1,\cdots,u-1 \ ; \quad s=0,\cdots,j \ ; \quad r_i=1,\cdots,n \ ; \quad v_i=1,\cdots,\alpha \ ; \quad j=4,\cdots,u$$

其中 $\boldsymbol{\psi}=[\psi_1,\psi_2,\cdots,\psi_\alpha]^{\mathrm{T}}$, $A_{r;k;l}=A_{r;k;l}\left(\boldsymbol{I},\boldsymbol{\psi},\theta_1\right)$, $C_{r;k;l}=C_{r;k;l}\left(\boldsymbol{I},\boldsymbol{\psi},\theta_1\right)$. 积分 $\int_0^{2\pi}[\cdot]\mathrm{d}\boldsymbol{\theta}_1 = \int_0^{2\pi}\int_0^{2\pi}\cdots\int_0^{2\pi}[\cdot]\mathrm{d}\theta_1\mathrm{d}\theta_2\cdots\mathrm{d}\theta_\alpha$ 表示 $n-\alpha$ 重积分.

在式(6.3.66)中, $p=p\left(\boldsymbol{I},\boldsymbol{\psi},t\big|\boldsymbol{I}_0,\boldsymbol{\psi}_0\right)$ 表示 $n+\alpha$ 维矢量 $\left[\boldsymbol{I}^{\mathrm{T}},\boldsymbol{\psi}^{\mathrm{T}}\right]^{\mathrm{T}}$ 过程的转移概率密度函数, 初始条件为

$$p\left(\boldsymbol{I},\boldsymbol{\psi},0\big|\boldsymbol{I}_0,\boldsymbol{\psi}_0\right) = \delta\left(\boldsymbol{I}-\boldsymbol{I}_0\right)\delta\left(\boldsymbol{\psi}-\boldsymbol{\psi}_0\right) \tag{6.3.77}$$

或 $p=p\left(\boldsymbol{I},\boldsymbol{\psi},0\right)$ 表示 $n+\alpha$ 维矢量 $\left[\boldsymbol{I}^{\mathrm{T}},\boldsymbol{\psi}^{\mathrm{T}}\right]^{\mathrm{T}}$ 过程的联合概率密度函数, 初始条件为

$$p\left(\boldsymbol{I},\boldsymbol{\psi},0\right) = p\left(\boldsymbol{I},\boldsymbol{\psi}_0\right) \tag{6.3.78}$$

平均 FPK 方程(6.3.66)所满足的边界条件取决于相应哈密顿系统性态与对系统所施加的约束. 一般情形下, $\boldsymbol{I}$ 可在 n 维空间第一象限任意取值时, 边界条件是

$$p=\text{有限}, \quad \frac{\partial^k}{\partial I_r^k}p=\text{有限}, \quad \text{当}\ I_r=0 \tag{6.3.79}$$

$$p \to 0 , \quad \frac{\partial^k}{\partial I_r^k} p \to 0 , \quad 当 I_r \to \infty \tag{6.3.80}$$

$$r = 1, \cdots, n ; \quad k = 1, 2, \cdots$$

说明 $I_r = 0$ 为反射边界，而在无穷远处为吸收边界. 由于 $p(\boldsymbol{I}, \boldsymbol{\psi})$ 是 $\boldsymbol{\psi}$ 的周期函数，对 ψ_v 有如下周期性条件

$$p \mid_{\psi_v + 2n\pi} = p \mid_{\psi_v}, \quad \frac{\partial^k}{\partial \psi_v^k} p \mid_{\psi_v + 2n\pi} = \frac{\partial^k}{\partial \psi_v^k} p \mid_{\psi_v}, \quad v = 1, \cdots, \alpha; k = 1, 2, \cdots \tag{6.3.81}$$

此外，还要满足归一化条件

$$\int_0^\infty \cdots \int_0^\infty \int_0^{2\pi} \cdots \int_0^{2\pi} p(\boldsymbol{I}, \boldsymbol{\psi}) \mathrm{d}\psi_1 \cdots \mathrm{d}\psi_\alpha \mathrm{d}I_1 \cdots \mathrm{d}I_n = 1 \tag{6.3.82}$$

简化平均 FPK 方程(6.3.66)可以用有限差分法与超松弛迭代求解. 广义位移与广义动量的联合平稳概率密度可按式(5.2.57)得到，即

$$\begin{aligned}
p(\boldsymbol{q}, \boldsymbol{p}) &= p(\boldsymbol{I}, \boldsymbol{\psi}, \boldsymbol{\theta}_1) \left| \frac{\partial(\boldsymbol{I}, \boldsymbol{\psi}, \boldsymbol{\theta}_1)}{\partial(\boldsymbol{q}, \boldsymbol{p})} \right| \\
&= p(\boldsymbol{\theta}_1 \mid \boldsymbol{I}, \boldsymbol{\psi}) p(\boldsymbol{I}, \boldsymbol{\psi}) \left| \frac{\partial(\boldsymbol{I}, \boldsymbol{\psi}, \boldsymbol{\theta}_1)}{\partial(\boldsymbol{q}, \boldsymbol{p})} \right| \\
&= \frac{1}{(2\pi)^{n-\alpha}} p(\boldsymbol{I}, \boldsymbol{\psi}) \left| \frac{\partial(\boldsymbol{I}, \boldsymbol{\psi}, \boldsymbol{\theta}_1)}{\partial(\boldsymbol{q}, \boldsymbol{p})} \right|_{\boldsymbol{I} = \boldsymbol{I}(\boldsymbol{q}, \boldsymbol{p}), \, \boldsymbol{\psi} = \boldsymbol{\psi}(\boldsymbol{q}, \boldsymbol{p})}
\end{aligned} \tag{6.3.83}$$

式中 $|\partial(\boldsymbol{I}, \boldsymbol{\psi}, \boldsymbol{\theta}_1)/\partial(\boldsymbol{q}, \boldsymbol{p})|$ 为从 $\boldsymbol{q}$，$\boldsymbol{p}$ 变换到 $\boldsymbol{I}$，$\boldsymbol{\psi}$，$\boldsymbol{\theta}_1$ 的雅可比矩阵行列式的绝对值.

例 6.3.1　考虑高斯与泊松白噪声共同参激和外激激励下两个非线性阻尼振子(Jia and Zhu，2014a)，运动方程如下：

$$\ddot{X}_1 + \omega_1^2 X_1 + (\alpha_{11} + \alpha_{12} \dot{X}_1^2) \dot{X}_1 + \beta_1 \dot{X}_2 = (c_{11} + c_{12} X_1)(W_{g1}(t) + W_{p1}(t))$$

$$\ddot{X}_2 + \omega_2^2 X_2 + (\alpha_{21} + \alpha_{22} \dot{X}_2^2) \dot{X}_2 + \beta_2 \dot{X}_1 = (c_{21} + c_{22} X_2)(W_{g2}(t) + W_{p2}(t)) \tag{6.3.84}$$

式中 $\omega_2, \alpha_{11}, \alpha_{12}, \alpha_{21}, \alpha_{22}, \beta_1, \beta_2, c_{11}, c_{12}, c_{21}, c_{22}$ 是常数，且 α_{ij}, β_i $(i, j = 1, 2)$ 是 ε^2 阶小量；$W_{gi}(t)$ $(i = 1, 2)$ 是两个独立的高斯白噪声，噪声强度 $2\pi K_{ii}$ $(i = 1, 2)$ 是与 ε^2 同阶的小量；$W_{pi}(t)$ $(i = 1, 2)$ 是由 2.4.2 节定义的脉冲平均到达率为 λ_i 的两个独立的泊松白噪声，脉冲幅值服从零均值高斯分布，且 $\lambda_i E[Y_i^2]$ 是 ε^2 阶小量.

令 $Q_1 = X_1, P_1 = \dot{X}_1, Q_2 = X_2, P_2 = \dot{X}_2$，方程(6.3.84)可以写成如下随机微分积分方程

$$dQ_1 = P_1 dt$$

$$dP_1 = -\left[\omega_1^2 Q_1 + (\alpha_{11} + \alpha_{12} P_1^2) P_1 + \beta_1 P_2\right] dt$$

$$+ (c_{11} + c_{12} Q_1)\left(\sqrt{2\pi K_{11}} dB_1(t) + \int_{\mathcal{Y}_1} Y_1\, \mathcal{P}_1(dt, dY_1)\right)$$

$$dQ_2 = P_2 dt$$

$$dP_2 = -\left[\omega_2^2 Q_2 + (\alpha_{21} + \alpha_{22} P_2^2) P_2 + \beta_2 P_1\right] dt$$

$$+ (c_{21} + c_{22} Q_2)\left(\sqrt{2\pi K_{22}} dB_2(t) + \int_{\mathcal{Y}_2} Y_2\, \mathcal{P}_2(dt, dY_2)\right) \tag{6.3.85}$$

式中 y_i, $i=1,2$ 是泊松符号空间.

与系统(6.3.85)相应的哈密顿系统的哈密顿函数为

$$H = \sum_{i=1}^{2} \omega_i I_i \tag{6.3.86}$$

式中

$$I_i = \frac{1}{2\omega_i}(P_i^2 + \omega_i^2 Q_i^2), \quad i=1,2 \tag{6.3.87}$$

为作用量

$$\Theta_i = -\arctan\left(\frac{P_i}{\omega_i Q_i}\right), \quad i=1,2 \tag{6.3.88}$$

为角变量.

在非共振情形, 即 $r\omega_1 + s\omega_2 \neq 0$, r、s 是整数, 忽略 4 阶以上的高阶项, 平均 FPK 方程为

$$\frac{\partial}{\partial t} p = -\frac{\partial}{\partial I_1}(\bar{a}_1(I_1, I_2) p) - \frac{\partial}{\partial I_2}(\bar{a}_2(I_1, I_2) p) + \frac{1}{2!}\frac{\partial^2}{\partial I_1^2}(\bar{a}_{1,1}(I_1, I_2) p)$$

$$+ \frac{1}{2!}\frac{\partial^2}{\partial I_2^2}(\bar{a}_{2,2}(I_1, I_2) p) - \frac{1}{3!}\frac{\partial^3}{\partial I_1^3}(\bar{a}_{1,1,1}(I_1, I_2) p) - \frac{1}{3!}\frac{\partial^3}{\partial I_2^3}(\bar{a}_{2,2,2}(I_1, I_2) p)$$

$$+ \frac{1}{4!}\frac{\partial^4}{\partial I_1^4}(\bar{a}_{1,1,1,1}(I_1, I_2) p) + \frac{1}{4!}\frac{\partial^4}{\partial I_2^4}(\bar{a}_{2,2,2,2}(I_1, I_2) p) \tag{6.3.89}$$

其中系数为

$$\bar{a}_1(I_1, I_2) = -\alpha_{11} I_1 - \frac{3}{2}\alpha_{12}\omega_1 I_1^2 + \left(\frac{c_{11}^2}{2\omega_1} + \frac{c_{12}^2}{2\omega_1^2} I_1\right)(2\pi K_{11} + \lambda_1 E[Y_1^2])$$

$$\bar{a}_2(I_1, I_2) = -\alpha_{21} I_2 - \frac{3}{2}\alpha_{22}\omega_2 I_2^2 + \left(\frac{c_{21}^2}{2\omega_2} + \frac{c_{22}^2}{2\omega_2^2} I_2\right)(2\pi K_{22} + \lambda_2 E[Y_2^2]) \tag{6.3.90}$$

$$\bar{a}_{1,1}(I_1,I_2) = \left(\frac{c_{11}^2}{\omega_1}I_1 + \frac{c_{12}^2}{2\omega_1^2}I_1^2\right)\left(2\pi K_{11} + \lambda_1 E[Y_1^2]\right) + \left(\frac{c_{11}^4}{4\omega_1^2} + \frac{3c_{12}^4}{8\omega_1^4}I_1^2 + \frac{3c_{11}^2 c_{12}^2}{2\omega_1^3}I_1\right)\lambda_1 E[Y_1^4]$$

$$\bar{a}_{2,2}(I_1,I_2) = \left(\frac{c_{21}^2}{\omega_2}I_2 + \frac{c_{22}^2}{2\omega_2^2}I_2^2\right)\left(2\pi K_{22} + \lambda_2 E[Y_2^2]\right) + \left(\frac{c_{21}^4}{4\omega_2^2} + \frac{3c_{22}^4}{8\omega_2^4}I_2^2 + \frac{3c_{21}^2 c_{22}^2}{2\omega_2^3}I_2\right)\lambda_2 E[Y_2^4]$$

$$(6.3.91)$$

$$\bar{a}_{1,1,1}(I_1,I_2) = \left(\frac{3c_{11}^4}{2\omega_1^2}I_1 + \frac{3c_{12}^4}{4\omega_1^4}I_1^3 + \frac{9c_{11}^2 c_{12}^2}{2\omega_1^3}I_1^2\right)\lambda_1 E[Y_1^4]$$

$$\bar{a}_{2,2,2}(I_1,I_2) = \left(\frac{3c_{21}^4}{2\omega_2^2}I_2 + \frac{3c_{22}^4}{4\omega_2^4}I_2^3 + \frac{9c_{21}^2 c_{22}^2}{2\omega_2^3}I_2^2\right)\lambda_2 E[Y_2^4]$$

$$(6.3.92)$$

$$\bar{a}_{1,1,1,1}(I_1,I_2) = \left(\frac{3c_{11}^4}{2\omega_1^2}I_1^2 + \frac{3c_{12}^4}{8\omega_1^4}I_1^4 + \frac{3c_{11}^4 c_{12}^2}{\omega_1^3}I_1^3\right)\lambda_1 E[Y_1^4]$$

$$\bar{a}_{2,2,2,2}(I_1,I_2) = \left(\frac{3c_{21}^4}{2\omega_2^2}I_2^2 + \frac{3c_{22}^4}{8\omega_2^4}I_2^4 + \frac{3c_{21}^2 c_{22}^2}{\omega_2^3}I_2^3\right)\lambda_2 E[Y_2^4]$$

$$(6.3.93)$$

其他系数 $\bar{a}_{r_1,r_2}(I_1,I_2)$、$\bar{a}_{r_1,r_2,r_3}(I_1,I_2)$ 与 $\bar{a}_{r_1,r_2,r_3,r_4}(I_1,I_2)$ 均为零.

简化平均 FPK 方程(6.3.89)的近似平稳解 $p(I_1,I_2)$ 可用摄动法求得. 按式 (6.3.20), 系统(6.3.84)的广义位移与广义动量的近似平稳联合概率密度则为

$$p(q_1,p_1,q_2,p_2) = \frac{1}{4\pi^2}p(I_1,I_2)\Big|_{I_i=(p_i^2+\omega_i^2 q_i^2)/(2\omega_i^2)} \quad (6.3.94)$$

其他统计量均可由 $p(q_1,p_1,q_2,p_2)$ 得到.

图 6.3.1～图 6.3.5 中给出了 $p(I_1)$、$p(I_2)$、$p(q_1,p_1)$、$p(q_2,p_2)$、$p(q_1)$、$p(p_1)$、$p(q_2)$、$p(p_2)$ 的近似解析解与蒙特卡罗数值模拟结果. 可以看出, 两者吻合得很好, 说明了本节所述随机平均法的有效性.

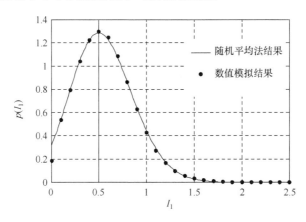

—— 随机平均法结果
● 数值模拟结果

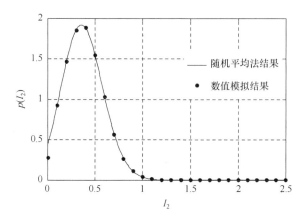

图 6.3.1　系统(6.3.84)的 $p(I_1)$ 和 $p(I_2)$. 系统参数为 $\alpha_{11} = \alpha_{21} = -0.06$ ，　 $\alpha_{12} = \alpha_{22} = 0.08$ ，

$\beta_1 = \beta_2 = 0.01$ ，　 $\omega_1 = 1.0$ ，　 $\omega_2 = \sqrt{2}$ ，　 $c_{11} = c_{12} = c_{21} = c_{22} = 1.0$ ，　 $2\pi K_{11} = 2\pi K_{22} = 0.01$ ，

$\lambda_1 = \lambda_2 = 0.1$ ，　 $E[Y_1^2] = E[Y_2^2] = 0.1$ (Jia and Zhu，2014a)

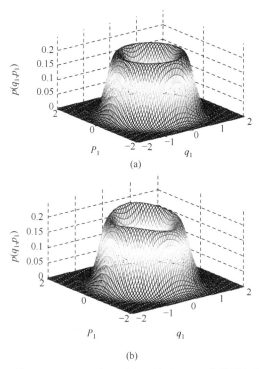

图 6.3.2　系统(6.3.84)的 $p(q_1, p_1)$. (a) 随机平均法结果；(b) 数值模拟结果. 系统参数与图

6.3.1 相同(Jia and Zhu，2014a)

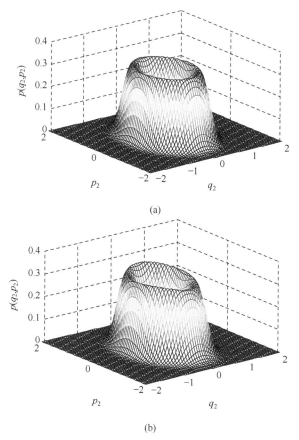

(a)

(b)

图 6.3.3　系统(6.3.84)的 $p(q_2, p_2)$. (a) 随机平均法结果；(b) 数值模拟结果. 系统参数与图 6.3.1 相同(Jia and Zhu，2014a)

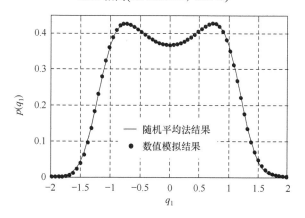

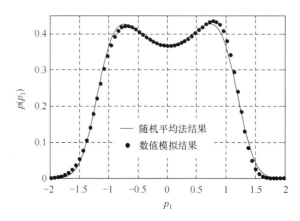

图 6.3.4 系统(6.3.84)的 $p(q_1)$ 和 $p(p_1)$. 系统参数与图 6.3.1 相同(Jia and Zhu, 2014a)

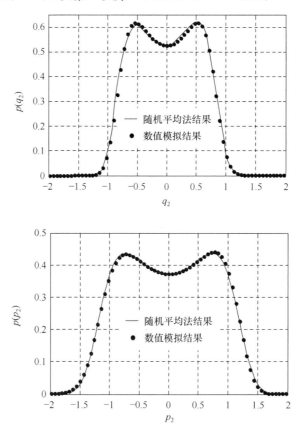

图 6.3.5 系统(6.3.84)的 $p(q_2)$ 和 $p(p_2)$. 系统参数与图 6.3.1 相同(Jia and Zhu, 2014a)

为了研究参数 α_{11} 对系统响应的影响. 在图 6.3.6 与图 6.3.7 分别给出了不同 α_{11} 值下的 $p(I_1)$ 与 $p(q_1)$. 从这两幅图可以看出,当 α_{11} 的值从正变负时,第一个振子的运动从围绕原点的随机振动过渡到扩散的极限环，也即发生了 p-分岔．同时，也可以看出，用随机平均法得到的近似平稳解与数值模拟的结果吻合得很好．

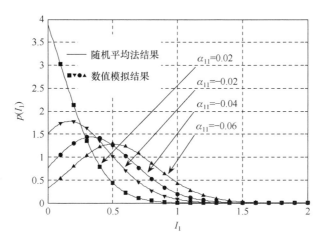

图 6.3.6　不同 α_{11} 值下的系统(6.3.84)的 $p(I_1)$．系统参数为：$\alpha_{12} = 0.08$，$\alpha_{21} = -0.06$，$\alpha_{22} = 0.08$，$\beta_1 = \beta_2 = 0.01$，$\omega_1 = 1.0$，$\omega_2 = \sqrt{2}$，$c_{11} = c_{12} = 1.0$，$c_{21} = c_{22} = 1.0$，$2\pi K_{11} = 2\pi K_{22} = 0.01$，$\lambda_1 = \lambda_2 = 1.0$，$E[Y_1^2] = E[Y_2^2] = 0.01$ (Jia and Zhu，2014a)

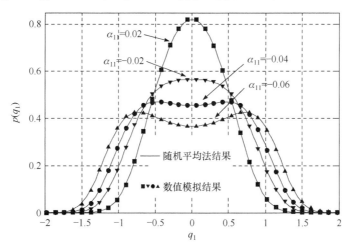

图 6.3.7　不同 α_{11} 值下的系统(6.3.84)的 $p(q_1)$．其他参数取值与图 6.3.6 相同(Jia and Zhu，2014a)

例 6.3.2　考虑高斯与泊松白噪声共同外激下线性阻尼耦合的两个非线性阻尼振子(Jia et al.，2014)，其运动方程为

$$\ddot{X}_1 + \omega_1^2 X_1 + (\alpha_{11} + \alpha_{12}\dot{X}_1^2)\dot{X}_1 + \beta_1\dot{X}_2 = W_{p1}(t) + W_{g1}(t)$$

$$\ddot{X}_2 + \omega_2^2 X_2 + (\alpha_{21} + \alpha_{22}\dot{X}_2^2)\dot{X}_2 + \beta_2\dot{X}_1 = W_{p2}(t) + W_{g2}(t) \tag{6.3.95}$$

式中 ω_i、α_{ij}、β_i 为常数，α_{ij}、β_i 为 ε^2 阶小量；$W_{gi}(t)$ 是两个独立的高斯白噪声，其强度 $2\pi K_{ii}$ 是 ε^2 阶小量；$W_{pi}(t)$ 是两个独立的、方差为 $\lambda_i E[Y_i^2]$ 的零均值泊松白噪声，其幅值服从高斯分布，$\lambda E[Y_i^2]$ 是 ε^2 阶小量，且 $W_{gi}(t)$ 与 $W_{pi}(t)$ 相互独立.

作变换 $Q_1 = X_1$，$P_1 = \dot{X}_1$，$Q_1 = X_2$，$P_2 = \dot{X}_2$，与式(6.3.95)相应的随机微分积分方程为

$$dQ_1 = P_1 dt$$

$$dP_1 = -\left[\omega_1^2 Q_1 + (\alpha_{11} + \alpha_{12}P_1^2)P_1 + \beta_1 P_2\right]dt + \sqrt{2\pi K_{11}}\,dB_1(t) + \int_{\mathcal{Y}_1} Y_1\,\mathcal{P}_1(dt, dY_1)$$

$$dQ_2 = P_2 dt$$

$$dP_2 = -\left[\omega_2^2 Q_2 + (\alpha_{21} + \alpha_{22}P_2^2)P_2 + \beta_2 P_1\right]dt + \sqrt{2\pi K_{22}}\,dB_2(t) + \int_{\mathcal{Y}_2} Y_2\,\mathcal{P}_2(dt, dY_2)$$

$$\tag{6.3.96}$$

与式(6.3.95)相应的哈密顿系统的哈密顿函数为

$$H = \sum_{i=1}^{2}\omega_i I_i, \quad I_i = \frac{1}{2\omega_i}\left(P_i^2 + \omega_i^2 Q_i^2\right) \tag{6.3.97}$$

引入角变量

$$\Theta_i = -\arctan\left(\frac{P_i}{\omega_i Q_i}\right), \quad i = 1, 2 \tag{6.3.98}$$

运用随机跳跃与扩散过程的链式法则(Hanson, 2007)，从式(6.3.96)可得 I_r 与 Θ_r 的随机微分积分方程

$$dI_1 = \left[-(\alpha_{11} + \alpha_{12}P_1^2)\frac{P_1^2}{\omega_1} - \frac{\beta_1}{\omega_1}P_1 P_2 + \frac{\pi K_{11}}{\omega_1}\right]dt + \frac{\sqrt{2\pi K_{11}}}{\omega_1}P_1 dB_1(t)$$

$$+ \frac{1}{2\omega_1}\int_{\mathcal{Y}_1}\left(Y_1^2 + 2P_1 Y_1\right)\mathcal{P}_1(dt, dY_1)$$

$$dI_2 = \left[-(\alpha_{21} + \alpha_{22}P_2^2)\frac{P_2^2}{\omega_2} - \frac{\beta_2}{\omega_2}P_1 P_2 + \frac{\pi K_{22}}{\omega_2}\right]dt + \frac{\sqrt{2\pi K_{22}}}{\omega_2}P_2 dB_2(t)$$

$$+ \frac{1}{2\omega_2}\int_{\mathcal{Y}_2}\left(Y_2^2 + 2P_2 Y_2\right)\mathcal{P}_2(dt, dY_2)$$

$$
\mathrm{d}\Theta_1 = \left\{\omega_1 + (\alpha_{11} + \alpha_{12}P_1^2)\frac{\omega_1 P_1 Q_1}{\omega_1^2 Q_1^2 + P_1^2} + \beta_1\frac{\omega_1 Q_1 P_2}{\omega_1^2 Q_1^2 + P_1^2} + \frac{2\omega_1 \pi K_{11} Q_1 P_1}{\left(\omega_1^2 Q_1^2 + P_1^2\right)^2}\right\}\mathrm{d}t
$$

$$
-\frac{\sqrt{2\pi K_{11}}\,\omega_1 Q_1}{\omega_1^2 Q_1^2 + P_1^2}\mathrm{d}B_1(t) - \int_{\mathcal{Y}_1}\left[\arctan\left(\frac{P_1 + Y_1}{\omega_1 Q_1}\right) - \arctan\left(\frac{P_1}{\omega_1 Q_1}\right)\right]\mathcal{P}_1(\mathrm{d}t, \mathrm{d}Y_1)
$$

$$
\mathrm{d}\Theta_2 = \left\{\omega_2 + (\alpha_{21} + \alpha_{22}P_2^2)\frac{\omega_2 P_2 Q_2}{\omega_2^2 Q_2^2 + P_2^2} + \beta_2\frac{\omega_2 Q_2 P_1}{\omega_2^2 Q_2^2 + P_2^2} + \frac{2\omega_2 \pi K_{22} Q_2 P_2}{\left(\omega_2^2 Q_2^2 + P_2^2\right)^2}\right\}\mathrm{d}t
$$

$$
-\frac{\sqrt{2\pi K_{22}}\,\omega_2 Q_2}{\omega_2^2 Q_2^2 + P_2^2}\mathrm{d}B_2(t) - \int_{\mathcal{Y}_2}\left[\arctan\left(\frac{P_2 + Y_2}{\omega_2 Q_2}\right) - \arctan\left(\frac{P_2}{\omega_2 Q_2}\right)\right]\mathcal{P}_2(\mathrm{d}t, \mathrm{d}Y_2)
$$

$$
(6.3.99)
$$

考虑主共振 $\omega_1 = \omega_2$ 情形，令 $\Psi = \Theta_1 - \Theta_2$，关于 Ψ 的随机微分积分方程可由关于 Θ_i 的微分积分方程线性组合得到，将 $\arctan\left(\dfrac{P_i}{\omega_i Q_i} + \dfrac{Y_i}{\omega_i Q_i}\right) - \arctan\left(\dfrac{P_i}{\omega_i Q_i}\right)$ 泰勒展开，忽略 ε 的 4 阶以上项，可得 Ψ 的随机微分积分方程

$$
\mathrm{d}\Psi = \left\{(\alpha_{11} + \alpha_{12}P_1^2)\frac{\omega_1 P_1 Q_1}{\omega_1^2 Q_1^2 + P_1^2} + \beta_1\frac{\omega_1 Q_1 P_2}{\omega_1^2 Q_1^2 + P_1^2} + \frac{2\omega_1 \pi K_{11} Q_1 P_1}{\left(\omega_1^2 Q_1^2 + P_1^2\right)^2} - (\alpha_{21} + \alpha_{22}P_2^2)\frac{\omega_2 P_2 Q_2}{\omega_2^2 Q_2^2 + P_2^2}\right.
$$

$$
\left.-\beta_2\frac{\omega_2 Q_2 P_1}{\omega_2^2 Q_2^2 + P_2^2} - \frac{2\omega_2 \pi K_{22} Q_2 P_2}{\left(\omega_2^2 Q_2^2 + P_2^2\right)^2}\right\}\mathrm{d}t - \frac{\sqrt{2\pi K_{11}}\,\omega_1 Q_1}{\omega_1^2 Q_1^2 + P_1^2}\mathrm{d}B_1(t) + \frac{\sqrt{2\pi K_{22}}\,\omega_2 Q_2}{\omega_2^2 Q_2^2 + P_2^2}\mathrm{d}B_2(t)
$$

$$
-\int_{\mathcal{Y}_1}\left[\frac{\omega_1 Q_1 Y_1}{P_1^2 + \omega_1^2 Q_1^2} - \frac{\omega_1 Q_1 P_1}{\left(P_1^2 + \omega_1^2 Q_1^2\right)^2}Y_1^2 + \frac{1}{3}\frac{\left(3P_1^2 - \omega_1^2 Q_1^2\right)\omega_1 Q_1}{\left(P_1^2 + \omega_1^2 Q_1^2\right)^3}Y_1^3\right.
$$

$$
\left.-\frac{P_1(P_1^2 - \omega_1^2 Q_1^2)\omega_1 Q_1}{\left(P_1^2 + \omega_1^2 Q_1^2\right)^4}Y_1^4\right]\mathcal{P}_1(\mathrm{d}t, \mathrm{d}Y_1) + \int_{\mathcal{Y}_2}\left[\frac{\omega_2 Q_2}{P_2^2 + \omega_2^2 Q_2^2}Y_2 - \frac{\omega_2 Q_2 P_2}{\left(P_2^2 + \omega_2^2 Q_2^2\right)^2}Y_2^2\right.
$$

$$
\left.+\frac{1}{3}\frac{\left(3P_2^2 - \omega_2^2 Q_2^2\right)\omega_2 Q_2}{\left(P_2^2 + \omega_2^2 Q_2^2\right)^3}Y_2^3 - \frac{P_2(P_2^2 - \omega_2^2 Q_2^2)\omega_2 Q_2}{\left(P_2^2 + \omega_2^2 Q_2^2\right)^4}Y_2^4\right]\mathcal{P}_2(\mathrm{d}t, \mathrm{d}Y_2) \qquad (6.3.100)
$$

系统由式(6.3.99)的前三个方程与方程(6.3.100)描述. I_1、I_2、Ψ 为慢变过程. 经随机平均可得类似于式(6.3.66)的简化平均 FPK 方程

$$0 = -\frac{\partial}{\partial I_1}\left(\bar{a}_1 p\right) - \frac{\partial}{\partial I_2}\left(\bar{a}_2 p\right) - \frac{\partial}{\partial \psi}\left(\bar{a}_3 p\right) + \frac{1}{2}\frac{\partial^2}{\partial I_1^2}\left(\bar{a}_{1,1} p\right) + \frac{1}{2}\frac{\partial^2}{\partial I_2^2}\left(\bar{a}_{2,2} p\right)$$

$$+ \frac{1}{2}\frac{\partial^2}{\partial \psi^2}\left(\bar{a}_{3,3} p\right) - \frac{1}{3!}\frac{\partial^3}{\partial I_1^3}\left(\bar{a}_{1,1,1} p\right) - \frac{1}{3!}\frac{\partial^3}{\partial I_2^3}\left(\bar{a}_{2,2,2} p\right) - \frac{1}{3!}\frac{\partial^3}{\partial \psi^3}\left(\bar{a}_{3,3,3} p\right)$$

$$+ \frac{1}{4!}\frac{\partial^4}{\partial I_1^4}\left(\bar{a}_{1,1,1,1} p\right) + \frac{1}{4!}\frac{\partial^4}{\partial I_2^4}\left(\bar{a}_{2,2,2,2} p\right) + \frac{1}{4!}\frac{\partial^4}{\partial \psi^4}\left(\bar{a}_{3,3,3,3} p\right) + \frac{6}{4!}\frac{\partial^4}{\partial I_1^2 \partial \psi^2}\left(\bar{a}_{1,1,3,3} p\right)$$

$$+ \frac{6}{4!}\frac{\partial^2}{\partial I_2^2 \partial \psi^2}\left(\bar{a}_{2,2,3,3} p\right) \tag{6.3.101}$$

式中

$$\bar{a}_1 = -\alpha_{11}I_1 - \frac{3}{2}\alpha_{12}\omega_1 I_1^2 - \beta_1\sqrt{I_1 I_2}\cos\psi + \frac{2\pi K_{11} + \lambda_1 E[Y_1^2]}{2\omega_1}$$

$$\bar{a}_2 = -\alpha_{21}I_2 - \frac{3}{2}\alpha_{22}\omega_2 I_2^2 - \beta_2\sqrt{I_1 I_2}\cos\psi + \frac{2\pi K_{22} + \lambda_2 E[Y_2^2]}{2\omega_2} \tag{6.3.102}$$

$$\bar{a}_3 = \left(\frac{\beta_1}{2}\sqrt{\frac{I_2}{I_1}} + \frac{\beta_2}{2}\sqrt{\frac{I_1}{I_2}}\right)\sin\psi$$

$$\bar{a}_{1,1} = \frac{2\pi K_{11} + \lambda_1 E[Y_1^2]}{\omega}I_1 + \frac{\lambda_1 E[Y_1^4]}{4\omega^2}$$

$$\bar{a}_{2,2} = \frac{2\pi K_{22} + \lambda_2 E[Y_2^2]}{\omega}I_2 + \frac{\lambda_2 E[Y_2^4]}{4\omega^2}$$

$$\bar{a}_{3,3} = \frac{1}{4\omega}\left(\frac{2\pi K_{11} + \lambda_1 E[Y_1^2]}{I_1} + \frac{2\pi K_{22} + \lambda_2 E[Y_2^2]}{I_2}\right)$$

$$+ \frac{1}{32\omega^2}\left(\frac{\lambda_1 E[Y_1^4]}{I_1^2} + \frac{\lambda_2 E[Y_2^4]}{I_2^2}\right) \tag{6.3.103}$$

$$\bar{a}_{1,1,1} = \frac{3}{2}\frac{\lambda_1 E[Y_1^4]}{\omega^2}I_1$$

$$\bar{a}_{2,2,2} = \frac{3}{2}\frac{\lambda_2 E[Y_2^4]}{\omega^2}I_2 \tag{6.3.104}$$

$$\bar{a}_{3,3,3} = 0$$

$$\bar{a}_{1,1,1,1} = \frac{3}{2\omega^2}I_1^2\lambda_1 E[Y_1^4]$$

$$\bar{a}_{2,2,2,2} = \frac{3}{2\omega^2}I_2^2\lambda_2 E[Y_2^4]$$

$$\bar{a}_{3,3,3,3} = \frac{3}{32}\frac{\lambda_1 E[Y_1^4]}{\omega^2 I_1^2} + \frac{3}{32}\frac{\lambda_2 E[Y_2^4]}{\omega^2 I_2^2}$$

(6.3.105)

$$\bar{a}_{1,1,3,3} = \frac{1}{8\omega^2}\lambda_1 E[Y_1^4],\quad \bar{A}_{2,2,3,3} = \frac{1}{8\omega^2}\lambda_2 E[Y_2^4]$$

其他系数 $\bar{a}_{r_1,r_2}$、$\bar{a}_{r_1,r_2,r_3}$ 与 $\bar{a}_{r_1,r_2,r_3,r_4}$ 均为零.

简化平均 FPK 方程(6.3.101)可以用有限差分和超松弛迭代法数值求解. 在求得近似平稳解 $p(I_1,I_2,\psi)$ 之后, 原系统的广义位移与广义动量的近似联合平稳概率密度可按式(6.3.83)由下式求得

$$p(q_1,p_1,q_2,p_2) = \frac{1}{2\pi}p(I_1,I_2,\psi)\Big|_{I_1=I_1(\boldsymbol{q},\boldsymbol{p}),I_2=I_2(\boldsymbol{q},\boldsymbol{p}),\psi=\psi(\boldsymbol{q},\boldsymbol{p})}$$

(6.3.106)

系统(6.3.95)的其他统计量可由 $p(I_1,I_2,\psi)$ 与 $p(q_1,p_1,q_2,p_2)$ 积分求得.

图 6.3.8～图 6.3.10 分别给出了系统(6.3.95)的作用量的平稳概率密度 $p(I_1)$ 与

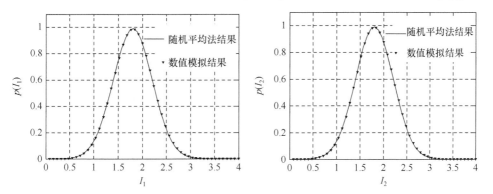

图 6.3.8　系统(6.3.95)的 $p(I_1)$ 与 $p(I_2)$. 系统参数为 $\alpha_{11}=\alpha_{21}=-0.1$, $\alpha_{12}=\alpha_{22}=0.04$, $\omega_1=\omega_2=1.0$, $\beta_1=\beta_2=0.01$, $2\pi K_1=2\pi K_2=0.015$, $\lambda_1=\lambda_2=2.5$, $E[Y_1^2]=E[Y_2^2]=0.002$ (Jia et al., 2014)

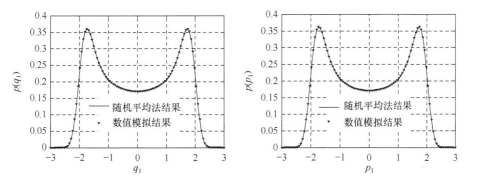

图 6.3.9　系统(6.3.95)的 $p(q_1)$ 和 $p(p_1)$. 系统参数与图 6.3.8 相同(Jia et al., 2014)

$p(I_2)$. 广义位移与广义动量的平稳概率密度 $p(q_1)$、$p(p_1)$ 及角变量组合的平稳概率密度 $p(\psi)$. 图中的理论结果乃是由有限差分法求解简化平均 FPK 方程 (6.3.101)得到的, 图中也给出了蒙特卡罗数值模拟的结果. 由图可见, 数值模拟结果与随机平均法结果吻合得很好. 为了研究参数 α_{11} 对系统响应的影响, 图 6.3.11 给出了不同 α_{11} 值下广义位移 q_1 的平稳概率密度函数. 由图可见, 随 α_{11} 减小, 扩散的极限环变大.

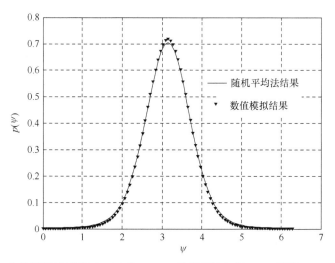

图 6.3.10　主共振情形系统(6.3.95)的 $p(\psi)$. 系统参数与图 6.3.8 相同(Jia et al., 2014)

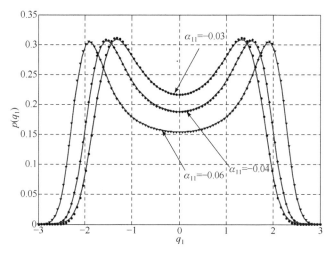

图 6.3.11　不同 α_{11} 值下系统(6.3.95)的 $p(q_1)$. 其他系统参数取值为 $\alpha_{12} = 0.02$，$\alpha_{12} = 0.02$，$\alpha_{21} = -0.1$，$\alpha_{22} = 0.04$，$\omega_1 = \omega_2 = 1.0$，$\beta_1 = \beta_2 = 0.01$，$2\pi K_{11} = 2\pi K_{22} = 0.015$，$\lambda_1 = \lambda_2 = 2.5$，$E[Y_1^2] = E[Y_2^2] = 0.002$ (Jia et al., 2014)

6.4　拟部分可积哈密顿系统

假设与式(6.1.5)相应的哈密顿系统部分可积，有 $r\,(1<r<n)$ 个独立、对合的首次积分. 一个部分可积的哈密顿函数可以通过正则变换转化为由可积哈密顿子系统与不可积哈密顿子系统组成. 为确定起见，设哈密顿函数形为

$$H(\boldsymbol{q},\boldsymbol{p})=\sum_{\eta=1}^{r-1}H_{\eta}(\boldsymbol{q}_1,\boldsymbol{p}_1)+H_r(\boldsymbol{q}_2,\boldsymbol{p}_2) \tag{6.4.1}$$

式中 $\boldsymbol{q}_1=\left[q_1,q_2,\cdots,q_{r-1}\right]^{\mathrm{T}}$，$\boldsymbol{p}_1=\left[p_1,p_2,\cdots,p_{r-1}\right]^{\mathrm{T}}$，$\boldsymbol{q}_2=\left[q_r,q_{r+1},\cdots,q_n\right]^{\mathrm{T}}$，$\boldsymbol{p}_2=\left[p_r,p_{r+1},\cdots,p_n\right]^{\mathrm{T}}$. 方程(6.4.1)表明在这个 n 自由度哈密顿系统中，前 $(r-1)$ 自由度哈密顿子系统是可积的，其余是不可积哈密顿子系统. 对于可积的哈密顿子系统，引入作用-角变量

$$I_{\eta}=I_{\eta}(\boldsymbol{q}_1,\boldsymbol{p}_1),\quad \theta_{\eta}=\theta_{\eta}(\boldsymbol{q}_1,\boldsymbol{p}_1),\quad \eta=1,2,\cdots,r-1 \tag{6.4.2}$$

式(6.4.1)可改写成

$$H(\boldsymbol{I}',\boldsymbol{q}_2,\boldsymbol{p}_2)=\sum_{\eta=1}^{r-1}H_{\eta}(I_{\eta})+H_r(\boldsymbol{q}_2,\boldsymbol{p}_2) \tag{6.4.3}$$

式中 $\boldsymbol{I}'=\left[I_1,I_2,\cdots,I_{r-1}\right]^{\mathrm{T}}$.

在式(6.1.5)中作变换

$$I_{\eta}=I_{\eta}(\boldsymbol{Q}_1,\boldsymbol{P}_1),\quad \Theta_{\eta}=\Theta_{\eta}(\boldsymbol{Q}_1,\boldsymbol{P}_1),\quad H_r=H_r(\boldsymbol{Q}_2,\boldsymbol{P}_2),\quad \eta=1,2,\cdots,r-1 \tag{6.4.4}$$

运用随机跳跃与扩散过程的链式法则(Hanson，2007)，可从式(6.1.5)导得关于 I_{η}、Θ_{η} 及 H_r 的随机微分积分方程

$$\begin{aligned}
\mathrm{d}I_{\eta}=\varepsilon^2\Bigg(&-\sum_{j=1}^{n}\sum_{\eta'=1}^{r-1}m_{\eta'j}\frac{\partial H}{\partial P_j}\frac{\partial I_{\eta}}{\partial P_{\eta'}}+\frac{1}{2}\sum_{\eta',\eta''=1}^{r-1}\sum_{k=1}^{n_{\mathrm{g}}}\sigma_{\eta'k}\sigma_{\eta''k}\frac{\partial^2 I_{\eta}}{\partial P_{\eta'}\partial P_{\eta''}}\Bigg)\mathrm{d}t \\
&+\varepsilon\sum_{\eta'=1}^{r-1}\sum_{k=1}^{n_{\mathrm{g}}}\frac{\partial I_{\eta}}{\partial P_{\eta'}}\sigma_{\eta'k}\mathrm{d}B_k(t) \\
&+\sum_{l=1}^{n_{\mathrm{p}}}\int_{\mathcal{Y}_l}\Big[I_{\eta}(\boldsymbol{Q},\boldsymbol{P}+\hat{\boldsymbol{\gamma}}_l)-I_{\eta}(\boldsymbol{I}',\boldsymbol{\Theta}',H_r,q_r,\cdots,q_n,p_{r+1},\cdots,p_n)\Big]\mathcal{P}_l(\mathrm{d}t,\mathrm{d}Y_l)
\end{aligned} \tag{6.4.5}$$

$$\mathrm{d}\Theta_\eta = \left(\omega_\eta - \varepsilon^2 \sum_{j=1}^{n}\sum_{\eta'=1}^{r-1} m_{\eta'j} \frac{\partial H}{\partial P_j}\frac{\partial \Theta_\eta}{\partial P_{\eta'}} + \frac{\varepsilon^2}{2}\sum_{\eta',\eta''=1}^{r-1}\sum_{k=1}^{n_g}\sigma_{\eta'k}\sigma_{\eta''k}\frac{\partial^2 \Theta_\eta}{\partial P_{\eta'}\partial P_{\eta''}} \right)\mathrm{d}t$$

$$+\varepsilon\sum_{\eta'=1}^{r-1}\sum_{k=1}^{n_g}\frac{\partial \Theta_\eta}{\partial P_{\eta'}}\sigma_{\eta'k}\mathrm{d}B_k(t)$$

$$+\sum_{l=1}^{n_p}\int_{\mathcal{Y}_l}\left[\Theta_\eta(\boldsymbol{Q},\boldsymbol{P}+\hat{\boldsymbol{\gamma}}_l) - \Theta_\eta(\boldsymbol{I}',\boldsymbol{\Theta}',H_r,q_r,\cdots,q_n,p_{r+1},\cdots,p_n) \right]\mathcal{P}_l(\mathrm{d}t,\mathrm{d}Y_l) \quad (6.4.6)$$

$$\mathrm{d}H_r = \varepsilon^2\left(-\sum_{j=1}^{n}\sum_{\rho=r}^{n} m_{\rho j}\frac{\partial H}{\partial P_j}\frac{\partial H_r}{\partial P_\rho} + \frac{1}{2}\sum_{\rho,\rho'=r}^{n}\sum_{k=1}^{n_g}\sigma_{\rho k}\sigma_{\rho' k}\frac{\partial^2 H_r}{\partial P_\rho \partial P_{\rho'}} \right)\mathrm{d}t$$

$$+\varepsilon\sum_{\rho=r}^{n}\sum_{k=1}^{n_g}\frac{\partial H_r}{\partial P_\rho}\sigma_{\rho k}\mathrm{d}B_k(t)$$

$$+\sum_{l=1}^{n_p}\int_{\mathcal{Y}_l}\left[H_r(\boldsymbol{Q},\boldsymbol{P}+\hat{\boldsymbol{\gamma}}_l) - H_r(\boldsymbol{I}',\boldsymbol{\Theta}',H_r,q_r,\cdots,q_n,p_{r+1},\cdots,p_n) \right]\mathcal{P}_l(\mathrm{d}t,\mathrm{d}Y_l), \quad (6.4.7)$$

$$\eta = 1,2,\cdots,r-1$$

式中 $\boldsymbol{\Theta}'=[\Theta_1,\Theta_2,\cdots,\Theta_{r-1}]^\mathrm{T}$，$\hat{\boldsymbol{\gamma}}_l$ 表示矩阵 $[\gamma_{il}]_{n\times n_p}$ 的第 l 列，γ_{il} 在方程(6.1.6)给出.

将方程(6.4.5)～(6.4.7)的最后一项作泰勒展开，参见(贾万涛，2014)的附录 C，有

$$\mathrm{d}I_\eta = \varepsilon^2\left(-\sum_{j=1}^{n}\sum_{\eta'=1}^{r-1} m_{\eta'j}\frac{\partial H}{\partial P_j}\frac{\partial I_\eta}{\partial P_{\eta'}} + \frac{1}{2}\sum_{\eta',\eta''=1}^{r-1}\sum_{k=1}^{n_g}\sigma_{\eta'k}\sigma_{\eta''k}\frac{\partial^2 I_\eta}{\partial P_{\eta'}\partial P_{\eta''}} \right)\mathrm{d}t$$

$$+\varepsilon\sum_{\eta'=1}^{r-1}\sum_{k=1}^{n_g}\frac{\partial I_\eta}{\partial P_{\eta'}}\sigma_{\eta'k}\mathrm{d}B_k(t)$$

$$+\sum_{l=1}^{n_p}\int_{\mathcal{Y}_l}\left[\sum_{k=1}^{\infty}\varepsilon^k Y_l^k A_{\eta;k;l}(\boldsymbol{I}',\boldsymbol{\Theta}',H_r,q_r,\cdots,q_n,p_{r+1},\cdots,p_n) \right]\mathcal{P}_l(\mathrm{d}t,\mathrm{d}Y_l) \quad (6.4.8)$$

$$\mathrm{d}\Theta_\eta = \left(\omega_\eta - \varepsilon^2 \sum_{j=1}^{n}\sum_{\eta'=1}^{r-1} m_{\eta'j} \frac{\partial H}{\partial P_j}\frac{\partial \Theta_\eta}{\partial P_{\eta'}} + \frac{\varepsilon^2}{2}\sum_{\eta',\eta''=1}^{r-1}\sum_{k=1}^{n_g}\sigma_{\eta'k}\sigma_{\eta''k}\frac{\partial^2 \Theta_\eta}{\partial P_{\eta'}\partial P_{\eta''}} \right)\mathrm{d}t$$

$$+\varepsilon\sum_{\eta'=1}^{r-1}\sum_{k=1}^{n_g}\frac{\partial \Theta_\eta}{\partial P_{\eta'}}\sigma_{\eta'k}\mathrm{d}B_k(t)$$

$$+\sum_{l=1}^{n_p}\int_{\mathcal{Y}_l}\left[\sum_{k=1}^{\infty}\varepsilon^k Y_l^k D_{\eta;k;l}(\boldsymbol{I}',\boldsymbol{\Theta}',H_r,q_r,\cdots,q_n,p_{r+1},\cdots,p_n) \right]\mathcal{P}_l(\mathrm{d}t,\mathrm{d}Y_l) \quad (6.4.9)$$

$$\mathrm{d}H_r = \varepsilon^2\left(-\sum_{j=1}^{n}\sum_{\rho=r}^{n}m_{\rho j}\frac{\partial H}{\partial P_j}\frac{\partial H_r}{\partial P_\rho} + \frac{1}{2}\sum_{\rho,\rho'=r}^{n}\sum_{k=1}^{n_g}\sigma_{\rho k}\sigma_{\rho' k}\frac{\partial^2 H_r}{\partial P_\rho \partial P_{\rho'}}\right)\mathrm{d}t$$

$$+\varepsilon\sum_{\rho=r}^{n}\sum_{k=1}^{n_g}\frac{\partial H_r}{\partial P_\rho}\sigma_{\rho k}\mathrm{d}B_k(t) \tag{6.4.10}$$

$$+\sum_{l=1}^{n_p}\int_{\mathcal{Y}_l}\left[\sum_{k=1}^{\infty}\varepsilon^k Y_l^k B_{r;k;l}(\boldsymbol{I}',\boldsymbol{\Theta}',H_r,q_r,\cdots,q_n,p_{r+1},\cdots,p_n)\right]\mathcal{P}_l(\mathrm{d}t,\mathrm{d}Y_l),$$

$$\eta = 1,2,\cdots,r-1$$

描述系统的新的随机微分积分方程组由 $r-1$ 个 I_η 的方程(6.4.8)、$r-1$ 个 Θ_η 的方程(6.4.9)、H_r 的方程(6.4.10)、式(6.1.5)中的 $n-r+1$ 个 Q_i 的方程和 $n-r$ 个 P_i 的方程组成. 平均随机微分积分方程以及平均 FPK 方程的维数与形式取决于相应的哈密顿系统的可积子系统的共振性.

6.4.1　非内共振情形

在非内共振情形，$I_1,\cdots,I_{r-1}$ 与 H_r 是慢变过程，而 $\Theta_1,\cdots,\Theta_{r-1}$，$Q_r,\cdots,Q_n$，$P_{r+1},\cdots,P_n$ 是快变过程. 根据随机平均原理(Khasminskii, 1968; Xu et al., 2011)，当 $\varepsilon \to 0$ 时，慢变过程 $I_1,\cdots,I_{r-1}$ 和 H_r 弱收敛于一个 r 维矢量马尔可夫过程. 为了方便起见，仍然用 $I_\eta\,(\eta=1,\cdots,r-1)$ 和 H_r 来表示此 r 维矢量马尔可夫过程的分量. 此新的 r 维矢量马尔可夫过程所满足的随机微分积分方程可以通过对式(6.4.8)和式(6.4.10)进行时间平均得到. 在计算过程中，将 $I_\eta\,(\eta=1,\cdots,r-1)$ 和 H_r 看成常数. 注意到部分可积哈密顿系统的可积哈密顿子系统在非共振的情形在 $r-1$ 维环面上遍历，不可积哈密顿子系统在 $2(n-r)+1$ 维 H_r 为常数的曲面上遍历，据此，时间平均可代之以空间平均(Zhu et al., 2002). 由于慢变量的随机微分积分方程(6.4.8)和(6.4.10)包含无穷项，要获得封闭形式的平均随机微分积分方程需要进行截断. 忽略 ε^u 及其以上高阶项，可得如下有关 $I_\eta\,(\eta=1,\cdots,r-1)$ 和 H_r 的近似平均随机微分积分方程

$$\mathrm{d}I_\eta = \left(\varepsilon^2\bar{m}_\eta(\boldsymbol{I}',H_r) + \sum_{i=0}^{u-2}\varepsilon^{i+2}U_{\eta,i}(\boldsymbol{I}',H_r)\right)\mathrm{d}t + \sum_{k=1}^{n_g}\bar{\sigma}_{\eta k}(\boldsymbol{I}',H_r)\mathrm{d}B_k(t) + \sum_{l=1}^{u-1}G_{\eta,l} \tag{6.4.11}$$

$$\mathrm{d}H_r = \left(\varepsilon^2\bar{m}_r(\boldsymbol{I}',H_r) + \sum_{i=0}^{u-2}\varepsilon^{i+2}U_{r,i}(\boldsymbol{I}',H_r)\right)\mathrm{d}t + \sum_{k=1}^{n_g}\bar{\sigma}_{rk}(\boldsymbol{I}',H_r)\mathrm{d}B_k(t) + \sum_{l=1}^{u-1}G_{r,l}$$

$$\tag{6.4.12}$$

式中

$$\bar{m}_\eta(\boldsymbol{I}',H_r) = \left\langle -\sum_{\eta'=1}^{r-1}\sum_{j=1}^{n}m_{\eta'j}\frac{\partial H}{\partial P_j}\frac{\partial I_\eta}{\partial P_{\eta'}} + \frac{1}{2}\sum_{\eta',\eta''=1}^{r-1}\sum_{k=1}^{n_g}\sigma_{\eta'k}\sigma_{\eta''k}\frac{\partial^2 I_\eta}{\partial P_{\eta'}\partial P_{\eta''}}\right\rangle_t \tag{6.4.13}$$

$$U_{\eta,0}(\boldsymbol{I}',H_r) = \sum_{l=1}^{n_p} \lambda_l E\left[Y_l^2\right]\left\langle A_{\eta;2;l}\right\rangle_t \tag{6.4.14}$$

$$U_{\eta,k}(\boldsymbol{I}',H_r) = \sum_{l=1}^{n_p} \lambda_l E\left[Y_l^{k+2}\right]\left\langle A_{\eta;k+2;l}\right\rangle_t \tag{6.4.15}$$

$$\overline{m}_r(\boldsymbol{I}',H_r) = \left\langle -\sum_{\rho'=r}^{n}\sum_{j=1}^{n} m_{\rho'j}\frac{\partial H}{\partial P_j}\frac{\partial H_r}{\partial P_{\rho'}} + \frac{1}{2}\sum_{\rho',\rho''=r}^{n}\sum_{k=1}^{n_g}\sigma_{\rho'k}\sigma_{\rho''k}\frac{\partial^2 H_r}{\partial P_{\rho'}\partial P_{\rho''}}\right\rangle_t \tag{6.4.16}$$

$$U_{r,0}(\boldsymbol{I}',H_r) = \sum_{l=1}^{n_p} \lambda_l E\left[Y_l^2\right]\left\langle B_{r;2;l}\right\rangle_t \tag{6.4.17}$$

$$U_{r,k}(\boldsymbol{I}',H_r) = \sum_{l=1}^{n_p} \lambda_l E\left[Y_l^{k+2}\right]\left\langle B_{r;k+2;l}\right\rangle_t \tag{6.4.18}$$

$$\sum_{k=1}^{n_g}\overline{\sigma}_{\eta_1 k}(\boldsymbol{I}',H_r)\overline{\sigma}_{\eta_2 k}(\boldsymbol{I}',H_r) = \left\langle \sum_{\eta',\eta''=1}^{r-1}\sum_{k=1}^{n_g}\sigma_{\eta'k}\sigma_{\eta''k}\frac{\partial I_{\eta_1}}{\partial P_{\eta'}}\frac{\partial I_{\eta_2}}{\partial P_{\eta''}}\right\rangle_t \tag{6.4.19}$$

$$\sum_{k=1}^{n_g}\overline{\sigma}_{\eta k}(\boldsymbol{I}',H_r)\overline{\sigma}_{rk}(\boldsymbol{I}',H_r) = \left\langle \sum_{\eta'=1}^{r-1}\sum_{\rho'=r}^{n}\sum_{k=1}^{n_g}\sigma_{\eta'k}\sigma_{\rho'k}\frac{\partial I_{\eta}}{\partial P_{\eta'}}\frac{\partial H_r}{\partial P_{\rho'}}\right\rangle_t \tag{6.4.20}$$

$$\sum_{k=1}^{n_g}\overline{\sigma}_{rk}(\boldsymbol{I}',H_r)\overline{\sigma}_{rk}(\boldsymbol{I}',H_r) = \left\langle \sum_{\rho,\rho'=r}^{n}\sum_{k=1}^{n_g}\frac{\partial H_r}{\partial P_{\rho}}\frac{\partial H_r}{\partial P_{\rho'}}\sigma_{\rho k}\sigma_{\rho'k}\right\rangle_t \tag{6.4.21}$$

$$G_{\eta,l} = \sum_{s_1=1}^{r}\sum_{s_2=1}^{s_1}\cdots\sum_{s_{u-l+1}=1}^{s_{u-l}}\left[\int_{\mathcal{Y}_{s_1,\cdots,s_{u-l+1};l}}\left(\sum_{k=1}^{l}\varepsilon^k V_{\eta;s_1,\cdots,s_{u-l+1};l,k}(\boldsymbol{I}',H_r)\right)Y_{s_1,\cdots,s_{u-l+1};l}\mathcal{P}_{s_1,\cdots,s_{u-l+1};l}(\mathrm{d}t,\mathrm{d}Y_{s_1,\cdots,s_{u-l+1};l}\right.$$

$$\tag{6.4.22}$$

$$G_{r,l} = \sum_{s_1=1}^{r}\sum_{s_2=1}^{s_1}\cdots\sum_{s_{u-l+1}=1}^{s_{u-l}}\left[\int_{\mathcal{Y}_{s_1,\cdots,s_{u-l+1};l}}\left(\sum_{k=1}^{l}\varepsilon^k V_{r;s_1,\cdots,s_{u-l+1};l,k}(\boldsymbol{I}',H_r)\right)Y_{s_1,\cdots,s_{u-l+1};l}\mathcal{P}_{s_1,\cdots,s_{u-l+1};l}(\mathrm{d}t,\mathrm{d}Y_{s_1,\cdots,s_{u-l+1};l}\right.$$

$$\tag{6.4.23}$$

函数 $V_{\eta;s_1,s_2,\cdots,s_{u-k+1};l;k} = V_{\eta;s_1,s_2,\cdots,s_{u-k+1};l;k}(\boldsymbol{I}',H_r)$ 的表达式可以通过令下面方程 ε 同阶项相等求得

$$\sum_{k=1}^{u-1}\sum_{\eta=j}^{j\times k}\varepsilon^\eta\left\{\sum_{s_1=1}^{r}\sum_{s_2=1}^{s_1}\cdots\sum_{s_{u-k+1}=1}^{s_{u-k}}\left(\sum_{k_1+\cdots+k_j=\eta}V_{\eta;s_1,s_2,\cdots,s_{u-k+1};k;k_1}V_{\eta_2;s_1,s_2,\cdots,s_{u-k+1};k;k_2}\cdots V_{\eta_s;s_1,s_2,\cdots,s_{u-k+1};k;k_s}\right.\right.$$

$$\left.\left.\times V_{r;s_1,s_2,\cdots,s_{u-k+1};k;k_{s+1}}\cdots V_{r;s_1,s_2,\cdots,s_{u-k+1};k;k_j}\right)\right]\lambda_{s_1,s_2,\cdots,s_{u-k+1};k}E\left[Y_{s_1,s_2,\cdots,s_{u-k+1};k}^j\right]\right\}$$

$$= \sum_{k=j}^{u}\varepsilon^k\sum_{l=1}^{n_p}\left\{\lambda_l E\left[Y_l^k\right]\left\langle \sum_{k_1+k_2+\cdots+k_j=k}A_{\eta_1;k_1;l}A_{\eta_2;k_2;l}\cdots A_{\eta_3;k_s;l}B_{r;k_{s+1};l}\cdots B_{r;k_j;l}\right\rangle_t\right\} + O\left(\varepsilon^{u+1}\right)$$

$$\tag{6.4.24}$$

$$s = 0, \cdots, u$$

$$\langle [\cdot] \rangle_t = \frac{1}{(2\pi)^{r-1} T(H_r)} \int_{\Omega'} \int_0^{2\pi} \left[[\cdot] \bigg/ \frac{\partial H_r}{\partial p_r} \right] \mathrm{d}\boldsymbol{\theta}' \mathrm{d}q_r \cdots \mathrm{d}q_n \mathrm{d}p_{r+1} \cdots \mathrm{d}p_n \tag{6.4.25}$$

$$T(H_r) = \int_{\Omega'} \left(1 \bigg/ \frac{\partial H_r}{\partial p_r} \right) \mathrm{d}q_r \cdots \mathrm{d}q_n \mathrm{d}p_{r+1} \cdots \mathrm{d}p_n \tag{6.4.26}$$

且 $\boldsymbol{\theta}' = [\theta_1, \theta_2, \cdots, \theta_{r-1}]^{\mathrm{T}}$，

$$\begin{aligned} A_{\eta;k;l} &= A_{\eta;k;l}(\boldsymbol{I}', \boldsymbol{\Theta}', H_r, q_r, \cdots, q_2, p_{r+1}, \cdots, p_n) \\ B_{r;k;l} &= B_{r;k;l}(\boldsymbol{I}', \boldsymbol{\Theta}', H_r, q_r, \cdots, q_2, p_{r+1}, \cdots, p_n) \end{aligned} \tag{6.4.27}$$

$$\Omega' = \{ (q_r, \cdots, q_n, p_{r+1}, \cdots, p_n) \mid H_r(q_r, \cdots, q_n, 0, p_{r+1}, \cdots, p_n) \leqslant H_r \} \tag{6.4.28}$$

和 $\int_0^{2\pi} [\cdot] \mathrm{d}\boldsymbol{\theta}' = \int_0^{2\pi} \int_0^{2\pi} \cdots \int_0^{2\pi} [\cdot] \mathrm{d}\theta_1 \mathrm{d}\theta_2 \cdots \mathrm{d}\theta_{r-1}$ 表示对 θ_i 的 $r-1$ 重积分.

在式(6.4.22)与式(6.4.23)中，$\mathcal{P}_{s_1,s_2,\cdots,s_{u-l+1};l}(\mathrm{d}t, \mathrm{d}Y_{s_1,s_2,\cdots,s_{u-l+1};l})$ 是独立泊松随机测度，有如下性质

$$\begin{aligned} &\lambda_{r_1,r_2,\cdots,r_{u-l+1};l} E[Y^r_{r_1,r_2,\cdots,r_{u-l+1};l}] \\ &= \begin{cases} 0, & r = 1 \\ \bar{M}_{r_1,r_2,\cdots,r_{u-l+1};s,r}, & r = 2, 3, \cdots, u-l+1 \\ \bar{m}_{r_1,r_2,\cdots,r_{u-l+1};s,r}, & r = u-l+2, u-l+3, \cdots \end{cases} \end{aligned} \tag{6.4.29}$$

$$\bar{M}_{r_1,r_2,\cdots,r_{u-l+1};l,r} \gg \varepsilon, \quad \bar{m}_{r_1,r_2,\cdots,r_{u-l+1};l,r} < \varepsilon^u$$

与平均随机微分积分方程(6.4.11)和(6.4.12)相应的平均 FPK 方程为

$$\begin{aligned} \frac{\partial p}{\partial t} &= -\sum_{\eta_1=1}^{r-1} \frac{\partial}{\partial I_{\eta_1}} (\bar{a}_{\eta_1} p) - \frac{\partial}{\partial h_r} (\bar{a}_r p) + \frac{1}{2!} \sum_{\eta_1,\eta_2=1}^{r-1} \frac{\partial^2}{\partial I_{\eta_1} \partial I_{\eta_2}} (\bar{a}_{\eta_1,\eta_2} p) \\ &\quad + \frac{C_2^1}{2!} \sum_{\eta_1=1}^{r-1} \frac{\partial^2}{\partial I_{\eta_1} \partial h_r} (\bar{a}_{\eta_1,r} p) + \frac{1}{2!} \frac{\partial^2}{\partial h_r^2} (\bar{a}_{r,r} p) \\ &\quad + \cdots + \sum_{j=3}^{u} \sum_{s=0}^{j} \sum_{\eta_1,\eta_2,\cdots,\eta_s=1}^{r-1} (-1)^j \frac{C_j^s}{j!} \frac{\partial^j}{\partial I_{\eta_1} \partial I_{\eta_2} \cdots \partial I_{\eta_s} \partial h_r^{j-s}} (\bar{a}_{\eta_1,\eta_2,\cdots,\eta_s,\underbrace{r,\cdots,r}_{j-s \text{ fold}}} p) + O(\varepsilon^{u+1}) \tag{6.4.30} \end{aligned}$$

式中

$$\begin{aligned} \bar{a}_{\eta_1} &= \bar{a}_{\eta_1}(\boldsymbol{I}', h_r) = \varepsilon^2 \left\langle -\sum_{j=1}^{n} \sum_{\eta'=1}^{r-1} \frac{\partial H}{\partial p_j} \frac{\partial I_{\eta_1}}{\partial p_{\eta'}} + \frac{1}{2} \sum_{\eta',\eta''=1}^{r-1} \sum_{k=1}^{n_g} \sigma_{\eta'k} \sigma_{\eta''k} \frac{\partial^2 I_{\eta_1}}{\partial p_{\eta'} \partial p_{\eta''}} \right\rangle_t \\ &\quad + \sum_{k=2}^{u} \varepsilon^k \sum_{l=1}^{n_p} \left\{ \lambda_l E[Y_l^k] \langle A_{\eta_1;k;l} \rangle_t \right\} \tag{6.4.31} \end{aligned}$$

$$\overline{a}_r = \overline{a}_r\left(\boldsymbol{I}', h_r\right) = \varepsilon^2 \left\langle \sum_{j=1}^{n} \sum_{\rho=r}^{n} \frac{\partial H}{\partial p_j} \frac{\partial H_r}{\partial p_\rho} + \frac{1}{2} \sum_{\rho,\rho'=r}^{n} \sum_{k=1}^{n_g} \sigma_{\rho k} \sigma_{\rho' k} \frac{\partial^2 H_r}{\partial p_\rho \partial p_{\rho'}} \right\rangle_t$$

$$+ \sum_{k=2}^{u} \varepsilon^k \sum_{l=1}^{n_p} \left\{ \lambda_l E\left[Y_l^k\right] \left\langle B_{r;k;l} \right\rangle_t \right\} \tag{6.4.32}$$

$$\overline{a}_{\eta_1,\eta_2} = \overline{a}_{\eta_1,\eta_2}\left(\boldsymbol{I}', h_r\right) = \varepsilon^2 \left\langle \sum_{\eta',\eta^*=1}^{r-1} \sum_{k=1}^{n_g} \sigma_{\eta' k} \sigma_{\eta^* k} \frac{\partial I_{\eta_1}}{\partial p_{\eta'}} \frac{\partial I_{\eta_2}}{\partial p_{\eta^*}} \right\rangle_t$$

$$+ \sum_{k=2}^{u} \varepsilon^k \sum_{l=1}^{n_p} \left\{ \lambda_l E\left[Y_l^k\right] \left\langle \sum_{k_1+k_2=k} A_{\eta_1;k_1;l} A_{\eta_2;k_2;l} \right\rangle_t \right\} \tag{6.4.33}$$

$$\overline{a}_{\eta_1,r} = \overline{a}_{\eta_1,r}\left(\boldsymbol{I}', h_r\right) = \varepsilon^2 \left\langle \sum_{\eta'=1}^{r-1} \sum_{\rho'=r}^{n} \sum_{k=1}^{n_g} \sigma_{\eta' k} \sigma_{\rho' k} \frac{\partial I_{\eta_1}}{\partial p_{\eta'}} \frac{\partial H_r}{\partial p_{\rho'}} \right\rangle_t$$

$$+ \sum_{k=2}^{u} \varepsilon^k \sum_{l=1}^{n_p} \left\{ \lambda_l E\left[Y_l^k\right] \left\langle \sum_{k_1+k_2=k} A_{\eta_1;k_1;l} B_{r;k_2;l} \right\rangle_t \right\} \tag{6.4.34}$$

$$\overline{a}_{r,r} = \overline{a}_{r,r}\left(\boldsymbol{I}', h_r\right) = \varepsilon^2 \left\langle \sum_{\rho,\rho'=r}^{n} \sum_{k=1}^{n_g} \sigma_{\rho k} \sigma_{\rho' k} \frac{\partial H_r}{\partial p_\rho} \frac{\partial H_r}{\partial p_{\rho'}} \right\rangle_t$$

$$+ \sum_{k=2}^{u} \varepsilon^k \sum_{l=1}^{n_p} \left\{ \lambda_l E\left[Y_l^k\right] \left\langle \sum_{k_1+k_2=k} B_{r;k_1;l} B_{r;k_2;l} \right\rangle_t \right\} \tag{6.4.35}$$

$$\overline{a}_{\eta_1,\eta_2,\cdots,\eta_j} = \overline{a}_{\eta_1,\eta_2,\cdots,\eta_j}\left(\boldsymbol{I}', h_r\right)$$

$$= \sum_{k=j}^{u} \varepsilon^k \sum_{l=1}^{n_p} \left\{ \lambda_l E\left[Y_l^k\right] \left\langle \sum_{k_1+\cdots+k_j=k} A_{\eta_1;k_1;l} \cdots A_{\eta_j;k_j;l} \right\rangle_t \right\} \tag{6.4.36}$$

$$\overline{a}_{\eta_1,\cdots,\eta_s,\underbrace{r,\cdots,r}_{(j-s)\text{-fold}}} = \overline{a}_{\eta_1,\cdots,\eta_s,\underbrace{r,\cdots,r}_{(j-s)\text{-fold}}}\left(\boldsymbol{I}', h_r\right)$$

$$= \sum_{k=j}^{u} \varepsilon^k \sum_{l=1}^{n_p} \left\{ \lambda_l E\left[Y_l^k\right] \left\langle \sum_{k_1+\cdots+k_j=k} A_{\eta_1;k_1;l} \cdots A_{\eta_s;k_s;l} B_{r;k_{s+1};l} \cdots B_{r;k_j;l} \right\rangle_t \right\} \tag{6.4.37}$$

$$\overline{a}_{\underbrace{r,\cdots,r}_{j\text{-fold}}} = \overline{a}_{\underbrace{r,\cdots,r}_{j\text{-fold}}}\left(\boldsymbol{I}', h_r\right) = \sum_{k=j}^{u} \varepsilon^k \sum_{l=1}^{n_p} \left\{ \lambda_l E\left[Y_l^k\right] \left\langle \sum_{k_1+\cdots+k_j=k} B_{r;k_1;l} \cdots B_{r;k_j;l} \right\rangle_t \right\} \tag{6.4.38}$$

$$j = 3, \cdots, u$$

式 (6.4.31) ～ 式 (6.4.38) 中，所有的 $A_{\eta;k;l} = A_{\eta;k;l}\left(\boldsymbol{I}', \boldsymbol{\theta}', h_r, q_r, \cdots, q_2, p_{r+1}, \cdots, p_n\right)$，$B_{r;k;l} = B_{r;k;l}\left(\boldsymbol{I}', \boldsymbol{\theta}', h_r, q_r, \cdots, q_2, p_{r+1}, \cdots, p_n\right)$．

在式(6.4.30)中，$p = p\left(\boldsymbol{I}', h_r, t \mid \boldsymbol{I}_0', h_{r0}\right)$ 表示转移概率密度，相应的初始条件为

$$p\left(\boldsymbol{I}', h_r, 0 \mid \boldsymbol{I}_0', h_{r0}\right) = \delta\left(\boldsymbol{I}' - \boldsymbol{I}_0'\right) \delta\left(h_r - h_{r0}\right) \tag{6.4.39}$$

或 $p = p(I', h_r, t)$ 表示联合概率密度，相应的初始条件为

$$p(I', h_r, 0) = p(I_0', h_{r0})$$ (6.4.40)

平均 FPK 方程(6.4.30)也要满足相应的边界条件. 当 I_η、h_r 在 $[0, \infty)$ 变化时，在 $I_\eta = 0$ 与 $h_r = 0$ 上的边界条件为

$$p = 有限，\quad \frac{\partial^k}{\partial I_\eta^k} p = 有限，\quad \frac{\partial^k}{\partial h_r^k} p = 有限$$ (6.4.41)

这表明边界 $I_\eta = 0$ 和 $h_r = 0$ 为反射边界. 无穷远处边界条件为

$$p \to 0，\quad \frac{\partial^k}{\partial I_\eta^k} p \to 0，\quad \frac{\partial^k}{\partial H_r^k} p \to 0，\quad 当 |I'| \to \infty 或 h_r \to \infty 时$$ (6.4.42)

表明无穷远处为吸收边界. 此外，式(6.4.30)也应满足归一化条件

$$\int_0^\infty \cdots \int_0^\infty \int_0^\infty p(I', h_r) \, dI_1 \cdots dI_{r-1} dh_r = 1$$ (6.4.43)

按式(5.3.14)，由式(6.4.30)的平稳解可得原系统广义位移与广义动量的近似平稳概率密度

$$p(\boldsymbol{q}, \boldsymbol{p}) = \frac{p(I', h_r)}{(2\pi)^{r-1} T(h_r)} \bigg|_{I'=I'(q_1, p_1), h_r = H_r(q_2, p_2)}$$ (6.4.44)

6.4.2　内共振情形

设哈密顿系统的可积哈密顿子系统的 $r-1$ 个频率 ω_η 间存在 $\beta\ (1 \leqslant \beta \leqslant r-2)$ 个弱内共振关系

$$\sum_{\eta=1}^{r-1} k_\eta^v \omega_\eta = O_v(\varepsilon^2), \quad v = 1, 2, \cdots, \beta$$ (6.4.45)

引入如下 β 个角变量组合 Ψ_v

$$\Psi_v = \sum_{\eta=1}^{r-1} k_\eta^v \Theta_\eta, \quad v = 1, 2, \cdots, \beta$$ (6.4.46)

由式(6.4.9)的 Θ_η 方程作线性组合可得 Ψ_v 的随机微分积分方程

$$\begin{aligned}
d\Psi_v = &\left(O_v(\varepsilon^2) - \varepsilon^2 \sum_{j=1}^{n} \sum_{\eta'=1}^{r-1} m_{\eta'j} \frac{\partial \Psi_v}{\partial P_{\eta'}} \frac{\partial H}{\partial P_j} + \frac{\varepsilon^2}{2} \sum_{\eta', \eta''=1}^{r-1} \sum_{k=1}^{n_g} \sigma_{\eta'k} \sigma_{\eta''k} \frac{\partial^2 \Psi_v}{\partial P_{\eta'} \partial P_{\eta''}} \right) dt \\
&+ \varepsilon \sum_{\eta'=1}^{r-1} \sum_{k=1}^{n_g} \frac{\partial \Psi_v}{\partial P_{\eta'}} \sigma_{\eta'k} dB_k(t) + \sum_{l=1}^{n_p} \int_{\mathcal{Y}_l} \big[\Psi_v(\boldsymbol{Q}, \boldsymbol{P} + \hat{\boldsymbol{\gamma}}_l) \\
&- \Psi_v(I', H_r, \boldsymbol{\Psi}, \theta_1, \cdots, \theta_{r-1-\beta}, Q_r, \cdots, Q_n, P_{r+1}, \cdots, P_n) \big] \mathcal{P}_l(dt, dY_l), v = 1, \cdots, \beta
\end{aligned}$$

(6.4.47)

将 $\Psi_\nu(\boldsymbol{Q},\boldsymbol{P}+\hat{\boldsymbol{\gamma}}_l)-\Psi_\nu(\boldsymbol{I}',H_r,\boldsymbol{\Psi},\Theta_1,\cdots,\Theta_{r-1-\beta},Q_r,\cdots,Q_n,P_{r+1},\cdots,P_n)$ 作泰勒展开，式 (6.4.47)变成

$$
\begin{aligned}
\mathrm{d}\Psi_\nu &= \left(O_\nu\!\left(\varepsilon^2\right)-\varepsilon^2\sum_{j=1}^{n}\sum_{\eta'=1}^{r-1}m_{\eta'j}\frac{\partial\Psi_\nu}{\partial P_{\eta'}}\frac{\partial H}{\partial P_j}+\frac{\varepsilon^2}{2}\sum_{\eta',\eta''=1}^{r-1}\sum_{k=1}^{n_g}\sigma_{\eta'k}\sigma_{\eta''k}\frac{\partial^2\Psi_\nu}{\partial P_{\eta'}\partial P_{\eta''}}\right)\mathrm{d}t+\varepsilon\sum_{\eta'=1}^{r-1}\sum_{k=1}^{n_g}\frac{\partial\Psi_\nu}{\partial p_{\eta'}}\sigma_{\eta'k}\mathrm{d}B_k(t)\\
&+\sum_{l=1}^{n_p}\int_{\mathcal{Y}_l}\left[\sum_{k=1}^{\infty}\varepsilon^k Y_l^k C_{\nu;k;l}(\boldsymbol{I}',H_r,\boldsymbol{\Psi},\Theta_1,\cdots,\Theta_{r-1-\beta},Q_r,\cdots,Q_n,P_{r+1},\cdots,P_n)\right]P_l(\mathrm{d}t,\mathrm{d}Y_l),\nu=1,2,\cdots,\beta
\end{aligned}
$$

$$(6.4.48)$$

变换后系统由 $r-1$ 个 I_η 的方程(6.4.8)、$r-1-\beta$ 个 Θ_η 的方程(6.4.9)、H_r 的方程 (6.4.10)、β 个 Ψ_ν 的方程(6.4.48)，以及式(6.1.5)中 $n-r+1$ 个 Q_i 的方程与 $n-r$ 个 P_i 的方程组成. 其中 I_η $(\eta=1,2,\cdots,r-1)$、H_r 与 Ψ_ν $(\nu=1,2,\cdots,\beta)$ 是慢变过程，而 Θ_η $(h=b+1,b+2,\cdots,r-1)$、Q_i $(i=r,\cdots,n)$ 与 P_i $(i=r+1,\cdots,n)$ 为快变过程. 按照随机 平均原理(Khasminskii, 1968; Xu et al., 2011)，当 $\varepsilon\to 0$ 时，I_η $(\eta=1,2,\cdots,r-1)$、 H_r、Ψ_ν $(\nu=1,2,\cdots,b)$ 弱收敛于一个 $(r+\beta)$ 维矢量马尔可夫过程，描述此 $(r+\beta)$ 维矢量马尔可夫过程的随机微分积分方程可以通过对式(6.4.8)、式(6.4.10)及式 (6.4.48)进行时间平均得到. 为了方便起见，仍用 I_η $(\eta=1,2,\cdots,r-1)$、H_r 与 Ψ_ν $(\nu=1,2,\cdots,b)$ 来表示此马尔可夫过程的分量. 鉴于可积哈密顿子系统在 $(r-\beta-1)$ 维子环面上遍历，不可积哈密顿子系统在 $2(n-r)+1$ 维 H_r 为常数的曲面上遍历， 时间平均可以用 I_η、H_r 与 Ψ_ν 为常数的子流形上空间平均来代替.

　　由于式(6.4.8)、式(6.4.10)及式(6.4.48)中有关慢变过程的随机微分积分方程包 含无穷多项，因此在推导有关慢变过程的平均微分积分方程时需要截断. 忽略 ε^u 及其以上的高阶项后，得关于 I_η、H_r、Ψ_ν 近似的平均随机微分积分方程

$$
\begin{aligned}
\mathrm{d}I_\eta &= \left[\varepsilon^2\bar{m}_\eta\left(\boldsymbol{I}',\boldsymbol{\Psi}',H_r\right)+\sum_{i=0}^{u-2}\varepsilon^{i+2}U_{\eta,i}\left(\boldsymbol{I}',\boldsymbol{\Psi}',H_r\right)\right]\mathrm{d}t\\
&+\sum_{k=1}^{n_g}\bar{\sigma}_{\eta k}\left(\boldsymbol{I}',\boldsymbol{\Psi}',H_r\right)\mathrm{d}B_k(t)+\sum_{l=1}^{u-1}G_{\eta,l}\left(\boldsymbol{I}',\boldsymbol{\Psi}',H_r\right)
\end{aligned}
$$

$$(6.4.49)$$

$$
\begin{aligned}
\mathrm{d}\Psi_\nu &= \left[\varepsilon^2\bar{m}_\nu\left(\boldsymbol{I}',\boldsymbol{\Psi}',H_r\right)+\sum_{i=0}^{u-2}\varepsilon^{i+2}U_{\nu,i}\left(\boldsymbol{I}',\boldsymbol{\Psi}',H_r\right)\right]\mathrm{d}t\\
&+\sum_{k=1}^{n_g}\bar{\sigma}_{\nu k}\left(\boldsymbol{I}',\boldsymbol{\Psi}',H_r\right)\mathrm{d}B_k(t)+\sum_{l=1}^{u-1}G_{\nu,l}\left(\boldsymbol{I}',\boldsymbol{\Psi}',H_r\right)
\end{aligned}
$$

$$(6.4.50)$$

$$\mathrm{d}H_r = [\varepsilon^2 \bar{m}_r(\boldsymbol{I}', \boldsymbol{\Psi}', H_r) + \sum_{i=0}^{u-2} \varepsilon^{i+2} U_{r,i}(\boldsymbol{I}', \boldsymbol{\Psi}', H_r)]\mathrm{d}t$$

$$+ \sum_{k=1}^{n_g} \bar{\sigma}_{rk}(\boldsymbol{I}', \boldsymbol{\Psi}', H_r)\,\mathrm{d}B_k(t) + \sum_{l=1}^{u-1} G_{r,l}(\boldsymbol{I}', \boldsymbol{\Psi}', H_r) \qquad (6.4.51)$$

$$\eta = 1, 2, \cdots, r-1; \quad \nu = 1, 2, \cdots, \beta$$

式中 $\boldsymbol{\Psi}' = [\Psi_1, \Psi_2, \cdots, \Psi_\beta]^{\mathrm{T}}$,

$$\bar{m}_\eta(\boldsymbol{I}', \boldsymbol{\Psi}', H_r) = \left\langle -\sum_{\eta'=1}^{r-1} \sum_{j=1}^{n} m_{\eta'j} \frac{\partial I_\eta}{\partial P_{\eta'}} \frac{\partial H}{\partial P_j} + \frac{1}{2} \sum_{\eta',\eta''=1}^{r-1} \sum_{k=1}^{n_g} \sigma_{\eta'k} \sigma_{\eta''k} \frac{\partial^2 I_\eta}{\partial P_{\eta'} \partial P_{\eta''}} \right\rangle_t \quad (6.4.52)$$

$$U_{\eta,i}(\boldsymbol{I}', \boldsymbol{\Psi}', H_r) = \sum_{l=1}^{n_p} \lambda_l E\left[Y_l^{i+2}\right] \left\langle A_{\eta;i+2;l} \right\rangle_t \qquad (6.4.53)$$

$$\bar{m}_\nu(\boldsymbol{I}', \boldsymbol{\Psi}', H_r) = \left\langle O_\nu(\varepsilon^2) - \sum_{\eta'=1}^{r-1} \sum_{j=1}^{n} m_{\eta'j} \frac{\partial \Psi_\nu}{\partial P_{\eta'}} \frac{\partial H}{\partial P_j} + \frac{1}{2} \sum_{\eta',\eta''=1}^{r-1} \sum_{k=1}^{n_g} \sigma_{\eta'k} \sigma_{\eta''k} \frac{\partial^2 \Psi_\nu}{\partial P_{\eta'} \partial P_{\eta''}} \right\rangle_t \quad (6.4.54)$$

$$U_{\nu,i}(\boldsymbol{I}', \boldsymbol{\Psi}', H_r) = \sum_{l=1}^{n_p} \lambda_l E\left[Y_l^{i+2}\right] \left\langle C_{\nu;i+2;l} \right\rangle_t \qquad (6.4.55)$$

$$\bar{m}_r(\boldsymbol{I}', \boldsymbol{\Psi}', H_r) = \left\langle -\sum_{\rho'=r}^{n} \sum_{j=1}^{n} m_{\rho'j} \frac{\partial H_r}{\partial P_{\rho'}} \frac{\partial H}{\partial P_j} + \frac{1}{2} \sum_{\rho',\rho''=r}^{n} \sum_{k=1}^{n_g} \sigma_{\rho'k} \sigma_{\rho''k} \frac{\partial^2 H_r}{\partial P_{\rho'} \partial P_{\rho''}} \right\rangle_t \quad (6.4.56)$$

$$U_{r,i}(\boldsymbol{I}', \boldsymbol{\Psi}', H_r) = \sum_{l=1}^{n_p} \lambda_l E\left[Y_l^{i+2}\right] \left\langle B_{r;i+2;l} \right\rangle_t \qquad (6.4.57)$$

$$\eta = 1, \cdots, r-1; \quad \nu = 1, \cdots, \beta; \quad i = 0, 1, \cdots, u-2$$

$$\sum_{k=1}^{n_g} \bar{\sigma}_{\eta_1 k}(\boldsymbol{I}', \boldsymbol{\Psi}', H_r) \bar{\sigma}_{\eta_2 k}(\boldsymbol{I}', \boldsymbol{\Psi}', H_r) = \left\langle \sum_{\eta',\eta''=1}^{r-1} \sum_{k=1}^{n_g} \sigma_{\eta'k} \sigma_{\eta''k} \frac{\partial I_{\eta_1}}{\partial P_{\eta'}} \frac{\partial I_{\eta_2}}{\partial P_{\eta''}} \right\rangle_t \quad (6.4.58)$$

$$\sum_{k=1}^{n_g} \bar{\sigma}_{\nu_1 k}(\boldsymbol{I}', \boldsymbol{\Psi}', H_r) \bar{\sigma}_{\nu_2 k}(\boldsymbol{I}', \boldsymbol{\Psi}', H_r) = \left\langle \sum_{\eta',\eta''=1}^{r-1} \sum_{k=1}^{n_g} \sigma_{\eta'k} \sigma_{\eta''k} \frac{\partial \Psi_{\nu_1}}{\partial P_{\eta'}} \frac{\partial \Psi_{\nu_2}}{\partial P_{\eta''}} \right\rangle_t \quad (6.4.59)$$

$$\sum_{k=1}^{n_g} \bar{\sigma}_{rk}(\boldsymbol{I}', \boldsymbol{\Psi}', H_r) \bar{\sigma}_{rk}(\boldsymbol{I}', \boldsymbol{\Psi}', H_r) = \left\langle \sum_{\rho,\rho'=r}^{n} \sum_{k=1}^{n_g} \sigma_{\rho k} \sigma_{\rho'k} \frac{\partial H_r}{\partial P_{\rho}} \frac{\partial H_r}{\partial P_{\rho'}} \right\rangle_t \quad (6.4.60)$$

$$\sum_{k=1}^{n_g} \bar{\sigma}_{\eta k}(\boldsymbol{I}', \boldsymbol{\Psi}', H_r) \bar{\sigma}_{\nu k}(\boldsymbol{I}', \boldsymbol{\Psi}', H_r) = \left\langle \sum_{\eta',\eta''=1}^{r-1} \sum_{k=1}^{n_g} \sigma_{\eta'k} \sigma_{\eta''k} \frac{\partial I_\eta}{\partial P_{\eta'}} \frac{\partial \Psi_\nu}{\partial P_{\eta''}} \right\rangle_t \quad (6.4.61)$$

$$\sum_{k=1}^{n_g} \bar{\sigma}_{\eta k}(\boldsymbol{I}', \boldsymbol{\Psi}', H_r) \bar{\sigma}_{rk}(\boldsymbol{I}', \boldsymbol{\Psi}', H_r) = \left\langle \sum_{\eta'=1}^{r-1} \sum_{\rho'=r}^{n} \sum_{k=1}^{n_g} \sigma_{\eta'k} \sigma_{\rho k} \frac{\partial I_\eta}{\partial P_{\eta'}} \frac{\partial H_r}{\partial P_{\rho'}} \right\rangle \quad (6.4.62)$$

$$\sum_{k=1}^{n_g} \overline{\sigma}_{rk}\left(\boldsymbol{I}', \boldsymbol{\Psi}', H_r\right) \overline{\sigma}_{\nu l}\left(\boldsymbol{I}', \boldsymbol{\Psi}', H_r\right) = \left\langle \sum_{\rho=r}^{n} \sum_{\eta'=1}^{r-1} \sum_{k=1}^{n_g} \sigma_{\rho k}\sigma_{\eta' k} \frac{\partial H_r}{\partial P_\rho} \frac{\partial \Psi_\nu}{\partial P_{\eta'}} \right\rangle_t \tag{6.4.63}$$

$$G_{\eta,l}\left(\boldsymbol{I}', \boldsymbol{\Psi}', H_r\right) = \sum_{s_1=1}^{r+\beta} \sum_{s_2=1}^{s_1} \cdots \sum_{s_{u-l+1}=1}^{s_{u-l}} \left[\int_{\mathcal{Y}_{s_1,\cdots,s_{u-l+1}}} \left(\sum_{k=1}^{l} \varepsilon^k V_{\eta;s_1,\cdots,s_{u-l+1};l;k}\left(\boldsymbol{I}', \boldsymbol{\Psi}', H_r\right) \right) \right.$$
$$\left. \times Y_{s_1,\cdots,s_{u-l+1};l;k} \mathcal{P}_{s_1,\cdots,s_{u-l+1};l}\left(\mathrm{d}t, \mathrm{d}Y_{s_1,\cdots,s_{u-l+1};l}\right) \right] \tag{6.4.64}$$

$$G_{\nu,l}\left(\boldsymbol{I}', \boldsymbol{\Psi}', H_r\right) = \sum_{s_1=1}^{r+\beta} \sum_{s_2=1}^{s_1} \cdots \sum_{s_{u-l+1}=1}^{s_{u-l}} \left[\int_{\mathcal{Y}_{s_1,\cdots,s_{u-l+1}}} \left(\sum_{k=1}^{l} \varepsilon^k V_{\nu;s_1,\cdots,s_{u-l+1};l;k}\left(\boldsymbol{I}', \boldsymbol{\Psi}', H_r\right) \right) \right.$$
$$\left. \times Y_{s_1,\cdots,s_{u-l+1};l;k} \mathcal{P}_{s_1,\cdots,s_{u-l+1};l}\left(\mathrm{d}t, \mathrm{d}Y_{s_1,\cdots,s_{u-l+1};l}\right) \right] \tag{6.4.65}$$

$$G_{r,l}\left(\boldsymbol{I}', \boldsymbol{\Psi}', H_r\right) = \sum_{s_1=1}^{r+\beta} \sum_{s_2=1}^{s_1} \cdots \sum_{s_{u-l+1}=1}^{s_{u-l}} \left[\int_{\mathcal{Y}_{s_1,\cdots,s_{u-l+1}}} \left(\sum_{k=1}^{l} \varepsilon^k V_{r;s_1,\cdots,s_{u-l+1};l;k}\left(\boldsymbol{I}', \boldsymbol{\Psi}', H_r\right) \right) \right.$$
$$\left. \times Y_{s_1,\cdots,s_{u-l+1};l;k} \mathcal{P}_{s_1,\cdots,s_{u-l+1};l}\left(\mathrm{d}t, \mathrm{d}Y_{s_1,\cdots,s_{u-l+1};l}\right) \right] \tag{6.4.66}$$

函数 $V_{\eta;s_1,\cdots,s_{u-l+1};l;k}\left(\boldsymbol{I}', \boldsymbol{\Psi}', H_r\right)$ 可由令下式左右两端 ε 的同阶项相等求得

$$\sum_{k=1}^{u-1} \sum_{\eta=j}^{j\times k} \varepsilon^\eta \left\{ \sum_{s_1=1}^{r+\beta} \sum_{s_2=1}^{s_1} \cdots \sum_{s_{u-k+1}=1}^{s_{u-k}} \left[\sum_{k_1+\cdots+k_j=\eta} V_{\eta_1;s_1,\cdots,s_{u-k+1};k;k_1}\left(\boldsymbol{I}', \boldsymbol{\Psi}', H_r\right) \times \cdots \right. \right.$$
$$\times V_{\eta_{\rho_1};s_1,\cdots,s_{u-k+1};k;k_{\rho_1}}\left(\boldsymbol{I}', \boldsymbol{\Psi}', H_r\right) \times V_{r;s_1,\cdots,s_{u-k+1};k;k_{\rho_1+1}}\left(\boldsymbol{I}', \boldsymbol{\Psi}', H_r\right) \times \cdots$$
$$\times V_{\eta_r;s_1,\cdots,s_{u-k+1};k;k_{\rho_1+\rho_2}}\left(\boldsymbol{I}', \boldsymbol{\Psi}', H_r\right) \times V_{r+\nu_1;s_1,\cdots,s_{u-k+1};k;k_{\rho_1+\rho_2+1}}\left(\boldsymbol{I}', \boldsymbol{\Psi}', H_r\right) \times \cdots$$
$$\left. \left. \times V_{r+\nu_{\rho_3};s_1,\cdots,s_{u-k+1};k;k_{\rho_1+\rho_2+\rho_3}}\left(\boldsymbol{I}', \boldsymbol{\Psi}', H_r\right) \times \lambda_{s_1,s_2,\cdots,s_{u-k+1};k} E[Y_{s_1,s_2,\cdots,s_{u-k+1};k}^j] \right] \right\}$$
$$= \sum_{k=j}^{u} \varepsilon^k \sum_{l=1}^{n_p} \left\{ \lambda_l E[Y_l^k] \left\langle \sum_{k_1+k_2+\cdots+k_j=k} A_{\eta_1;k_1;l} \cdots A_{\eta_{\rho_1};k_{\rho_1};l} B_{r;k_{\rho_1+1};l} \cdots B_{r;k_{\rho_1+\rho_2};l} C_{\nu_1;k_{\rho_1+\rho_2+1};l} \cdots C_{\nu_{\rho_3};k_{\rho_1+\rho_2+\rho_3};l} \right\rangle \right\} \tag{6.4.67}$$

$$\rho_1 + \rho_2 + \rho_3 = j; \quad \rho_i = 0,\cdots,j; \quad \nu_i = 1,\cdots,\beta; \quad \eta_i = 1,\cdots,r-1$$

式中

$$A_{r;k;l} = A_{r;k;l}\left(\boldsymbol{I}', \boldsymbol{\Psi}', H_r, \theta_1, \cdots, \theta_{r-1-\beta}, q_r, \cdots, q_n, p_{r+1}, \cdots, p_n\right)$$
$$B_{r;k;l} = B_{r;k;l}\left(\boldsymbol{I}', \boldsymbol{\Psi}', H_r, \theta_1, \cdots, \theta_{r-1-\beta}, q_r, \cdots, q_n, p_{r+1}, \cdots, p_n\right) \tag{6.4.68}$$
$$C_{r;k;l} = C_{r;k;l}\left(\boldsymbol{I}', \boldsymbol{\Psi}', H_r, \theta_1, \cdots, \theta_{r-1-\beta}, q_r, \cdots, q_n, p_{r+1}, \cdots, p_n\right)$$

$\mathcal{P}_{s_1,s_2,\cdots,s_{u-l+1};l}(\mathrm{d}t,\mathrm{d}Y_{s_1,s_2,\cdots,s_{u-l+1};l})$ 是独立的泊松随机测度，有如下性质

$$\lambda_{r_1,r_2,\cdots,r_{u-s+1};s}E[Y_{r_1,r_2,\cdots,r_{u-s+1};s}^r]$$
$$=\begin{cases}0, & r=1\\ \bar{M}_{r_1,r_2,\cdots,r_{u-s+1};s,r}, & r=2,3,\cdots,u-s+1\\ \bar{m}_{r_1,r_2,\cdots,r_{u-s+1};s,r}, & r=u-s+2,u-s+3,\cdots\end{cases}\tag{6.4.69}$$

且 $\bar{M}_{r_1,r_2,\cdots,r_{u-s+1};s,r}\gg\varepsilon$，$\bar{m}_{r_1,r_2,\cdots,r_{u-s+1};s,r}<\varepsilon^u$.

与式(6.4.49)~式(6.4.51)相应的平均 FPK 方程为

$$\begin{aligned}\frac{\partial p}{\partial t}=&-\sum_{\eta_1=1}^{r-1}\frac{\partial}{\partial I_{\eta_1}}\left(\bar{a}_{\eta_1}p\right)-\sum_{\nu_1=1}^{\beta}\frac{\partial}{\partial\psi_{\nu_1}}\left(\bar{a}_{\nu_1}p\right)-\frac{\partial}{\partial h_r}\left(\bar{a}_r p\right)+\frac{1}{2}\sum_{\eta_1,\eta_2=1}^{r-1}\frac{\partial^2}{\partial I_{\eta_1}\partial I_{\eta_2}}\left(\bar{a}_{\eta_1,\eta_2}p\right)\\ &+\frac{1}{2}\sum_{\nu_1,\nu_2=1}^{\beta}\frac{\partial^2}{\partial\psi_{\nu_1}\partial\psi_{\nu_2}}\left(\bar{a}_{\nu_1,\nu_2}p\right)+\frac{1}{2}\frac{\partial^2}{\partial h_r^2}\left(\bar{a}_{r,r}p\right)+\frac{C_2^1}{2}\sum_{\eta_1=1}^{r-1}\sum_{\nu_1=1}^{\beta}\frac{\partial^2}{\partial I_{\eta_1}\partial\psi_{\nu_1}}\left(\bar{a}_{\eta_1,\nu_1}p\right)\\ &+\frac{C_2^1}{2}\sum_{\eta_1=1}^{r-1}\frac{\partial^2}{\partial I_{\eta_1}\partial h_r}\left(\bar{a}_{\eta_1,r}p\right)+\frac{C_2^1}{2}\sum_{\nu_1=1}^{\beta}\frac{\partial^2}{\partial h_r\partial\psi_{\nu_1}}\left(\bar{a}_{r,\nu_1}p\right)\\ &+\cdots+\sum_{j=3}^{u}\sum_{\rho_1+\rho_2+\rho_3=j}\sum_{\eta_1,\cdots,\eta_{\rho_1}=1}^{r-1}\sum_{\nu_1,\cdots,\nu_{\rho_3}=1}^{\beta}\frac{(-1)^j C_j^{\rho_1}C_{j-\rho_1}^{\rho_2}}{j!}\\ &\times\frac{\partial^j}{\partial I_{\eta_1}\cdots\partial I_{\eta_{\rho_1}}\partial h_r^{\rho_2}\partial\psi_{\nu_1}\cdots\partial\psi_{\nu_{\rho_3}}}\left(\bar{a}_{\eta_1,\cdots,\eta_{\rho_1},r,\cdots,r,\nu_1,\cdots,\nu_{\rho_3}}p\right)+O\left(\varepsilon^{u+1}\right)\end{aligned}$$

$$\tag{6.4.70}$$

式中

$$\bar{a}_{\eta_1}=\varepsilon^2\left\langle-\sum_{\eta'=1}^{r-1}\sum_{j=1}^{n}\frac{\partial I_{\eta_1}}{\partial p_{\eta'}}\frac{\partial h}{\partial p_j}+\frac{1}{2}\sum_{\rho,\rho'=1}^{n}\sum_{k=1}^{n_g}\sigma_{\rho k}\sigma_{\rho'k}\frac{\partial^2 I_{\eta_1}}{\partial p_\rho\partial p_{\rho'}}\right\rangle_t+\sum_{i=2}^{u}\varepsilon^i\sum_{l=1}^{n_p}\left\{\lambda_l E[Y_l^i]\left\langle A_{\eta_1;i;l}\right\rangle_t\right\}$$

$$\tag{6.4.71}$$

$$\bar{a}_{\nu_1}=\varepsilon^2\left\langle-\sum_{\eta'=1}^{r-1}\sum_{j=1}^{n}\frac{\partial\psi_{\nu_1}}{\partial p_{\eta'}}\frac{\partial h}{\partial p_j}+\frac{1}{2}\sum_{\rho,\rho'=1}^{n}\sum_{k=1}^{n_g}\sigma_{\rho k}\sigma_{\rho'k}\frac{\partial^2\psi_{\nu_1}}{\partial p_\rho\partial p_{\rho'}}\right\rangle_t+\sum_{i=2}^{u}\varepsilon^i\sum_{l=1}^{n_p}\left\{\lambda_l E[Y_l^i]\left\langle C_{\nu_1;i;l}\right\rangle_t\right\}$$

$$\tag{6.4.72}$$

$$\bar{a}_r=\varepsilon^2\left\langle-\sum_{\rho=r}^{n}\sum_{j=1}^{n}\frac{\partial h_r}{\partial p_\rho}\frac{\partial h}{\partial p_j}+\frac{1}{2}\sum_{\rho,\rho'=1}^{n}\sum_{k=1}^{n_g}\sigma_{\rho k}\sigma_{\rho'k}\frac{\partial^2 h_r}{\partial p_\rho\partial p_{\rho'}}\right\rangle_t+\sum_{i=2}^{u}\varepsilon^i\sum_{l=1}^{n_p}\left\{\lambda_l E[Y_l^i]\left\langle B_{r;i;l}\right\rangle_t\right\}$$

$$\tag{6.4.73}$$

$$\bar{a}_{\eta_1,\eta_2} = \varepsilon^2 \left\langle \sum_{\eta',\eta''=1}^{r-1} \sum_{k=1}^{n_g} \sigma_{\eta'k}\sigma_{\eta''k} \frac{\partial I_{\eta_1}}{\partial p_{\eta'}} \frac{\partial I_{\eta_2}}{\partial p_{\eta''}} \right\rangle_t + \sum_{i=2}^{u} \varepsilon^i \sum_{l=1}^{n_p} \left\{ \lambda_l E[Y_l^i] \left\langle \sum_{i_1+i_2=i} A_{\eta_1;i_1;l} A_{\eta_2;i_2;l} \right\rangle_t \right\}$$

(6.4.74)

$$\bar{a}_{v_1,v_2} = \varepsilon^2 \left\langle \sum_{\eta',\eta''=1}^{r-1} \sum_{k=1}^{n_g} \sigma_{\eta'k}\sigma_{\eta''k} \frac{\partial \psi_{v_1}}{\partial p_{\eta'}} \frac{\partial \psi_{v_2}}{\partial p_{\eta''}} \right\rangle_t + \sum_{i=2}^{u} \varepsilon^i \sum_{l=1}^{n_p} \left\{ \lambda_l E[Y_l^i] \left\langle \sum_{i_1+i_2=i} C_{v_1;i_1;l} C_{v_2;i_2;l} \right\rangle_t \right\}$$

(6.4.75)

$$\bar{a}_{r,r} = \varepsilon^2 \left\langle \sum_{\rho,\rho'=r}^{n} \sum_{k=1}^{n_g} \sigma_{\rho k}\sigma_{\rho'k} \frac{\partial h_r}{\partial p_\rho} \frac{\partial h_r}{\partial p_{\rho'}} \right\rangle_t + \sum_{i=2}^{u} \varepsilon^i \sum_{l=1}^{n_p} \left\{ \lambda_l E[Y_l^i] \left\langle \sum_{i_1+i_2=i} B_{r;i_1;l} B_{r;i_2;l} \right\rangle_t \right\}$$

(6.4.76)

$$\bar{a}_{\eta r} = \varepsilon^2 \left\langle \sum_{\eta'=1}^{r-1} \sum_{\eta''=r}^{n} \sum_{k=1}^{n_g} \sigma_{\eta'k}\sigma_{\eta''k} \frac{\partial I_{\eta_1}}{\partial p_{\eta'}} \frac{\partial h_r}{\partial p_{\eta''}} \right\rangle_t + \sum_{i=2}^{u} \varepsilon^i \sum_{l=1}^{n_p} \left\{ \lambda_l E[Y_l^i] \left\langle \sum_{i_1+i_2=i} A_{\eta_1;i_1;l} B_{r;i_2;l} \right\rangle_t \right\}$$

(6.4.77)

$$\bar{a}_{\eta,v_1} = \varepsilon^2 \left\langle \sum_{\eta',\eta''=1}^{r-1} \sum_{k=1}^{n_g} \sigma_{\eta'k}\sigma_{\eta''k} \frac{\partial \psi_{v_1}}{\partial p_{\eta'}} \frac{\partial I_{\eta_1}}{\partial p_{\eta''}} \right\rangle_t + \sum_{i=2}^{u} \varepsilon^i \sum_{l=1}^{n_p} \left\{ \lambda_l E[Y_l^i] \left\langle \sum_{i_1+i_2=i} C_{v_1;i_1;l} A_{\eta_1;i_2;l} \right\rangle_t \right\}$$

(6.4.78)

$$\bar{a}_{r,v_1} = \varepsilon^2 \left\langle \sum_{\eta'=1}^{r-1} \sum_{\rho''=r}^{n} \sum_{k=1}^{n_g} \sigma_{\eta'k}\sigma_{\rho''k} \frac{\partial \psi_{v_1}}{\partial p_{\eta'}} \frac{\partial h_r}{\partial p_{\rho''}} \right\rangle_t + \sum_{i=2}^{u} \varepsilon^i \sum_{l=1}^{n_p} \left\{ \lambda_l E[Y_l^i] \left\langle \sum_{i_1+i_2=i} C_{v_1;i_1;l} B_{r;i_2;l} \right\rangle_t \right\}$$

(6.4.79)

$$\bar{a}_{\eta_1,\cdots,\eta_{\rho_1},\underbrace{r,\cdots,r}_{\rho_2-\text{old}},r+v_1,\cdots,r+v_{\rho_3}} = \sum_{i=j}^{u} \varepsilon^i \sum_{l=1}^{n_p} \left\{ \left\langle \sum_{i_1+\cdots+i_j=i} A_{\eta_1;i_1;l} \cdots A_{\eta_{\rho_1};i_{\rho_1};l} \right.\right.$$

$$\left.\left. \times B_{r;i_{\rho_1+1};l} \cdots B_{r;i_{\rho_1+\rho_2};l} C_{v_1;i_{\rho_1+\rho_2+1};l} \cdots C_{v_{\rho_3};i_j;l} \right\rangle_t \right\}$$

(6.4.80)

$$v_i = 1,\cdots,\beta ; \quad \eta_i = 1,\cdots,r-1 ; \quad \rho_1+\rho_2+\rho_3=j , \quad \rho_i=1,\cdots,j$$

且

$$\langle [\cdot] \rangle_t = \frac{1}{(2\pi)^{r-\beta-1} T(h_r)} \int_{\Omega'} \int_0^{2\pi} \left[[\cdot] \bigg/ \frac{\partial h_r}{\partial p_r} \right] d\theta'' dq_r \cdots dq_n dp_{r+1} \cdots dp_n$$

(6.4.81)

$$T(h_r) = \int_{\Omega'} \left(1 \bigg/ \frac{\partial h_r}{\partial p_r} \right) dq_r \cdots dq_n dp_{r+1} \cdots dp_n$$

(6.4.82)

$$\Omega' = \left\{ (q_r, \cdots, q_n, p_{r+1}, \cdots, p_n) \big| h_r (q_r, \cdots, q_n, 0, p_{r+1}, \cdots, p_n) \leqslant h_r \right\} \qquad (6.4.83)$$

其中

$$
\begin{aligned}
&\boldsymbol{\theta}'' = [\theta_1, \theta_2, \cdots, \theta_{r-\beta-1}]^{\mathrm{T}} \\
&A_{\eta;i;l} = A_{\eta;i;l} \left(\boldsymbol{I}', \boldsymbol{\psi}', h_r, \theta_1, \cdots, \theta_{r-1-\beta}, q_r, \cdots, q_n, p_{r+1}, \cdots, p_n \right) \\
&B_{r;i;l} = B_{r;i;l} \left(\boldsymbol{I}', \boldsymbol{\psi}', h_r, \theta_1, \cdots, \theta_{r-1-\beta}, q_r, \cdots, q_n, p_{r+1}, \cdots, p_n \right) \\
&C_{v;i;l} = C_{v;i;l} \left(\boldsymbol{I}', \boldsymbol{\psi}', h_r, \theta_1, \cdots, \theta_{r-1-\beta}, q_r, \cdots, q_n, p_{r+1}, \cdots, p_n \right)
\end{aligned}
\qquad (6.4.84)
$$

式(6.4.70)中，$p = p\left(\boldsymbol{I}', \boldsymbol{\psi}', h_r, t \big| \boldsymbol{I}_0', \boldsymbol{\psi}_0', h_{r_0} \right)$ 表示 $[\boldsymbol{I}'^{\mathrm{T}}, \boldsymbol{\psi}'^{\mathrm{T}}, h_r]^{\mathrm{T}}$ 的转移概率密度，相应的初始条件为

$$p\left(\boldsymbol{I}', \boldsymbol{\psi}', h_r, 0 \big| \boldsymbol{I}_0', \boldsymbol{\psi}_0' \right) = \delta\left(\boldsymbol{I}' - \boldsymbol{I}_0' \right) \delta\left(\boldsymbol{\psi}' - \boldsymbol{\psi}_0' \right) \delta\left(h_r - h_{r_0} \right) \qquad (6.4.85)$$

或 $p = p\left(\boldsymbol{I}', \boldsymbol{\psi}', h_r \right)$ 表示 $[\boldsymbol{I}'^{\mathrm{T}}, \boldsymbol{\psi}'^{\mathrm{T}}, h_r]^{\mathrm{T}}$ 的概率密度，相应的初始条件为

$$p\left(\boldsymbol{I}', \boldsymbol{\psi}', h_r, 0 \right) = p\left(\boldsymbol{I}', \boldsymbol{\psi}_0', h_{r_0} \right) \qquad (6.4.86)$$

式(6.4.70)的边界条件取决于相应哈密顿系统性态与对系统所施加的约束. 当 I_η $(\eta = 1, 2, \cdots, r-1)$，$h_r$ 在 $[0, \infty)$ 上变化时，边界条件为

$$p = \text{有限}, \quad \frac{\partial^k}{\partial I_\eta^k} p = \text{有限}, \quad \text{当} I_\eta = 0 \text{ 时}; \quad p = \text{有限}, \quad \frac{\partial^k}{\partial h_r^k} p = \text{有限}, \quad \text{当} h_r = 0 \text{ 时} \quad (6.4.87)$$

$$p \to 0, \quad \frac{\partial^k}{\partial I_\eta^k} p \to 0, \quad \text{当} I_\eta \to \infty \text{ 时}; \quad p \to \infty, \quad \frac{\partial^k}{\partial h_r^k} p \to 0, \quad \text{当} h_r \to \infty \text{ 时} \quad (6.4.88)$$

$$\eta = 1, \cdots, r-1; \quad k = 1, 2, \cdots$$

关于 $\boldsymbol{\psi}'$ 有如下周期性边界条件

$$p\big|_{\psi_v \pm 2n\pi} = p\big|_{\psi_v}, \quad \frac{\partial^k}{\partial \psi_v^k} p\big|_{\psi_v \pm 2n\pi} = \frac{\partial^k}{\partial \psi_v^k} p\big|_{\psi_v}, \quad v = 1, 2, \cdots, \beta \qquad (6.4.89)$$

平均 FPK 方程还要满足归一化条件

$$\int_0^\infty \cdots \int_0^\infty \int_0^{2\pi} \cdots \int_0^{2\pi} p\left(\boldsymbol{I}', \boldsymbol{\psi}', h_r \right) \mathrm{d}\psi_1 \cdots \mathrm{d}\psi_\beta \mathrm{d}I_1 \cdots \mathrm{d}I_{r-1} \mathrm{d}h_r = 1 \qquad (6.4.90)$$

类似于式(5.3.36)，平均 FPK 方程(6.4.70)的平稳解与原系统广义位移 $\boldsymbol{q}$ 与广义动量 $\boldsymbol{p}$ 的近似平稳概率密度函数之间的关系为

$$p(\boldsymbol{q},\boldsymbol{p})=\frac{1}{(2\pi)^{r-\beta-1}T(h_r)}p(\boldsymbol{I}',\boldsymbol{\psi}',h_r)\left|\frac{\partial(\boldsymbol{I}',\boldsymbol{\psi}',\boldsymbol{\theta}'')}{\partial(\boldsymbol{q}_1,\boldsymbol{p}_1)}\right| \tag{6.4.91}$$

式中 $\left|\partial(\boldsymbol{I}',\boldsymbol{\psi}',\boldsymbol{\theta}'')/\partial(\boldsymbol{q}_1,\boldsymbol{p}_1)\right|$ 为从 $\boldsymbol{q}_1,\boldsymbol{p}_1$ 变换为 $\boldsymbol{I}',\boldsymbol{\psi}',\boldsymbol{\theta}''$ 的雅可比矩阵行列式，为 $\left|\partial(\boldsymbol{I}',\boldsymbol{\psi}',\boldsymbol{\theta}'')/\partial(\boldsymbol{q}_1,\boldsymbol{p}_1)\right|$ 的线性组合，只影响式(6.4.91)的归一化常数.

例 6.4.1　考虑如下高斯与泊松白噪声共同激励下四自由度非线性系统(Jia and Zhu，2014b)

$$\ddot{X}_1+\dot{X}_1[\alpha_{10}+\alpha_{11}\dot{X}_1^2+\alpha_{12}\dot{X}_2^2+\alpha_{13}\dot{X}_3^2+\alpha_{14}\dot{X}_4^2+(\alpha_{13}+\alpha_{14})U(X_3,X_4)]$$
$$+\omega_1^2X_1=W_{g1}(t)+W_{p1}(t)$$

$$\ddot{X}_2+\dot{X}_2[\alpha_{20}+\alpha_{21}\dot{X}_2^2+\alpha_{22}\dot{X}_2^2+\alpha_{23}\dot{X}_3^2+\alpha_{24}\dot{X}_4^2+(\alpha_{23}+\alpha_{24})U(X_3,X_4)]$$
$$+\omega_2^2X_2=W_{g2}(t)+W_{p2}(t)$$

$$\ddot{X}_3+\dot{X}_3[\alpha_{30}+\alpha_{31}\dot{X}_1^2+\alpha_{32}\dot{X}_2^2+\alpha_{33}\dot{X}_3^2+\alpha_{34}\dot{X}_4^2+\frac{1}{2}(3\alpha_{33}+\alpha_{34})U(X_3,X_4)]$$
$$+\frac{\partial U}{\partial X_3}=W_{g3}(t)+W_{p3}(t)$$

$$\ddot{X}_4+\dot{X}_4[\alpha_{40}+\alpha_{41}\dot{X}_1^2+\alpha_{42}\dot{X}_2^2+\alpha_{43}\dot{X}_3^2+\alpha_{44}\dot{X}_4^2+\frac{1}{2}(\alpha_{43}+3\alpha_{44})U(X_3,X_4)]$$
$$+\frac{\partial U}{\partial X_4}=W_{g4}(t)+W_{p4}(t)$$

$$\tag{6.4.92}$$

式中

$$U=U(X_3,X_4)=\frac{1}{2}(\omega_3^2X_3^2+\omega_4^2X_4^2)+\frac{b}{4}(\omega_3^2X_3^2+\omega_4^2X_4^2)^2 \tag{6.4.93}$$

α_{ij}、b 为常数；$W_{gi}(t)$ 是独立的高斯白噪声，其强度为 $2\pi K_{ii}$；$W_{pi}(t)$ 是零均值的独立泊松白噪声，其幅值服从高斯分布，其强度 $\lambda_i E[Y_i^2]$ 与 $2\pi K_{ii}$ 及 α_{ij} 为同阶小量.

引入变换 $Q_1=X_1$，$P_1=\dot{X}_1$，$Q_2=X_2$，$P_2=\dot{X}_2$，$Q_3=X_3$，$P_3=\dot{X}_3$，$Q_4=X_4$，$P_4=\dot{X}_4$. 式(6.4.92)可以写成如下随机微分积分方程

$$dQ_1 = P_1 dt$$

$$dP_1 = \left\{-\omega_1^2 Q_1 - P_1[\alpha_{10} + \alpha_{11}P_1^2 + \alpha_{12}P_2^2 + \alpha_{13}P_3^2 + \alpha_{14}P_4^2 + (\alpha_{13} + \alpha_{14})U(Q_3,Q_4)]\right\}dt$$

$$+ \sqrt{2\pi K_{11}}dB_1(t) + \int_{\mathcal{Y}_1} Y_1 \, \mathcal{P}_1(dt, dY_1)$$

$$dQ_2 = P_2 dt$$

$$dP_2 = \left\{-\omega_2^2 Q_2 - P_2[\alpha_{20} + \alpha_{21}P_1^2 + \alpha_{22}P_2^2 + \alpha_{23}P_3^2 + \alpha_{24}P_4^2 + (\alpha_{23} + \alpha_{24})U(Q_3,Q_4)]\right\}dt$$

$$+ \sqrt{2\pi K_{22}}dB_2(t) + \int_{\mathcal{Y}_2} Y_2 \, \mathcal{P}_2(dt, dY_2)$$

$$dQ_3 = P_3 dt$$

$$dP_3 = \left\{-\frac{\partial U}{\partial Q_3} - P_3[\alpha_{30} + \alpha_{31}P_1^2 + \alpha_{32}P_2^2 + \alpha_{33}P_3^2 + \alpha_{34}P_4^2 + \frac{1}{2}(3\alpha_{33} + \alpha_{34})U(Q_3,Q_4)]\right\}dt$$

$$+ \sqrt{2\pi K_{33}}dB_3(t) + \int_{\mathcal{Y}_3} Y_3 \, \mathcal{P}_3(dt, dY_3)$$

$$dQ_4 = P_4 dt$$

$$dP_4 = \left\{-\frac{\partial U}{\partial Q_4} - P_4[\alpha_{40} + \alpha_{41}P_1^2 + \alpha_{42}P_2^2 + \alpha_{43}P_3^2 + \alpha_{44}P_4^2 + \frac{1}{2}(\alpha_{43} + 3\alpha_{44})U(Q_3,Q_4)]\right\}dt$$

$$+ \sqrt{2\pi K_{44}}dB_4(t) + \int_{\mathcal{Y}_4} Y_4 \, \mathcal{P}_4(dt, dY_4)$$

$$(6.4.94)$$

与系统(6.4.94)相应的哈密顿系统的哈密顿函数为

$$H = H_1 + H_2 + H_3 = \omega_1 I_1 + \omega_2 I_2 + H_3 \tag{6.4.95}$$

式中

$$I_1 = \frac{P_1^2 + \omega_1^2 Q_1^2}{2\omega_1}, \quad I_2 = \frac{P_2^2 + \omega_2^2 Q_2^2}{2\omega_2}, \quad H_3 = \frac{P_3^2 + P_4^2}{2} + U(Q_3, Q_4) \tag{6.4.96}$$

$$U(Q_3, Q_4) = \frac{\omega_3^2 Q_3^2 + \omega_4^2 Q_4^2}{2} + \frac{b}{4}(\omega_3^2 Q_3^2 + \omega_4^2 Q_4^2)^2 \tag{6.4.97}$$

且$U(Q_3, Q_4)$不可分离. 由式(6.4.95)~式(6.4.97)可以看出, 与系统(6.4.94)相应的哈密顿系统为部分可积. 关于I_η与H_r的随机微分积分方程可以通过随机跳跃与扩散的链式法则由式(6.4.94)推导得

$$dI_1 = \left\{-\left[\alpha_{10} + \alpha_{11}P_1^2 + \alpha_{12}P_2^2 + \alpha_{13}P_3^2 + \alpha_{14}P_4^2 + (\alpha_{13} + \alpha_{14})U(Q_3,Q_4)\right]\frac{P_1^2}{\omega_1} + \frac{\pi K_{11}}{\omega_1}\right\}dt$$

$$+ \frac{\sqrt{2\pi K_{11}}}{\omega_1} P_1 \, dB_1(t) + \frac{1}{2\omega_1}\int_{\mathcal{Y}_1}(Y_1^2 + 2P_1 Y_1)\mathcal{P}_1(dt, dY_1)$$

$$dI_2 = \left\{ -\left[\alpha_{20} + \alpha_{21}P_1^2 + \alpha_{22}P_2^2 + \alpha_{23}P_3^2 + \alpha_{24}P_4^2 + (\alpha_{23} + \alpha_{24})U(Q_3, Q_4) \right] \frac{P_2^2}{\omega_2} + \frac{\pi K_{22}}{\omega_2} \right\} dt$$

$$+ \frac{\sqrt{2\pi K_{22}}}{\omega_2} P_2 \, dB_2(t) + \frac{1}{2\omega_2} \int_{\mathcal{Y}_2} (Y_2^2 + 2P_2Y_2) \mathcal{P}_2(dt, dY_2)$$

$$dH_3 = \left\{ -\left[\alpha_{30} + \alpha_{31}P_1^2 + \alpha_{32}P_2^2 + \alpha_{33}P_3^2 + \alpha_{34}P_4^2 + \frac{1}{2}(\alpha_{34} + 3\alpha_{33})U(Q_3, Q_4) \right] P_3^2 + \pi K_{33} \right.$$

$$\left. - \left[\alpha_{40} + \alpha_{41}P_1^2 + \alpha_{42}P_2^2 + \alpha_{43}P_3^2 + \alpha_{44}P_4^2 + \frac{1}{2}(\alpha_{43} + 3\alpha_{44})U(Q_3, Q_4) \right] P_4^2 + \pi K_{44} \right\} dt$$

$$+ \sqrt{2\pi K_{33}} P_3 \, dB_3(t) + \sqrt{2\pi K_{44}} P_4 dB_4(t) + \frac{1}{2} \int_{\mathcal{Y}_3} (Y_3^2 + 2P_3Y_3) \mathcal{P}_3(dt, dY_3)$$

$$+ \frac{1}{2} \int_{\mathcal{Y}_4} (Y_4^2 + 2P_4Y_4) \mathcal{P}_4(dt, dY_4)$$

$$\tag{6.4.98}$$

1. 非内共振情形

对式(6.4.98)，运用 6.4.1 中随机平均法，可得如下简化平均 FPK 方程

$$0 = -\frac{\partial}{\partial I_1}(\bar{a}_1 p) - \frac{\partial}{\partial I_2}(\bar{a}_2 p) - \frac{\partial}{\partial h_3}(\bar{a}_3 p) + \frac{1}{2}\frac{\partial^2}{\partial I_1^2}(\bar{a}_{1,1} p) + \frac{1}{2}\frac{\partial^2}{\partial I_2^2}(\bar{a}_{2,2} p) + \frac{1}{2}\frac{\partial^2}{\partial h_3^2}(\bar{a}_{3,3} p)$$

$$- \frac{1}{3!}\frac{\partial^3}{\partial I_1^3}(\bar{a}_{1,1,1} p) - \frac{1}{3!}\frac{\partial^3}{\partial I_2^3}(\bar{a}_{2,2,2} p) - \frac{1}{3!}\frac{\partial^3}{\partial h_3^3}(\bar{a}_{3,3,3} p) + \frac{1}{4!}\frac{\partial^4}{\partial I_1^4}(\bar{a}_{1,1,1,1} p) + \frac{1}{4!}\frac{\partial^4}{\partial I_1^4}(\bar{a}_{2,2,2,2} p)$$

$$+ \frac{1}{4!}\frac{\partial^4}{\partial h_3^4}(\bar{a}_{3,3,3,3} p) \tag{6.4.99}$$

式中

$$\bar{a}_1 = \bar{a}_1(I_1, I_2, h_3)$$

$$= -[\alpha_{10}I_1 + \frac{3}{2}\omega_1\alpha_{11}I_1^2 + \omega_2\alpha_{12}I_1I_2 + (\alpha_{13} + \alpha_{14})I_1h_3] + \frac{2\pi K_{11} + \lambda_1 E[Y_1^2]}{2\omega_1} \tag{6.4.100}$$

$$\bar{a}_2 = \bar{a}_2(I_1, I_2, h_3)$$

$$= -[\alpha_{20}I_2 + \frac{3}{2}\omega_2\alpha_{22}I_2^2 + \omega_1\alpha_{21}I_1I_2 + (\alpha_{23} + \alpha_{24})I_2h_3] + \frac{2\pi K_{22} + \lambda_2 E[Y_2^2]}{2\omega_2} \tag{6.4.101}$$

$$\bar{a}_3 = \bar{a}_3(I_1, I_2, h_3)$$

$$= -[(\alpha_{30} + \alpha_{40}) + (\alpha_{31} + \alpha_{41})\omega_1 I_1 + (\alpha_{32} + \alpha_{42})\omega_2 I_2$$

$$+ \frac{1}{2}(3\alpha_{33} + 3\alpha_{44} + \alpha_{34} + \alpha_{43})I_1h_3] \times S_1(H_3) + \frac{2\pi K_{33} + \lambda_3 E[Y_3^2] + 2\pi K_{44} + \lambda_4 E[Y_4^2]}{2}$$

$$\tag{6.4.102}$$

$$\overline{a}_{1,1} = \overline{a}_{1,1}(I_1, I_2, h_3) = \frac{2\pi K_{11} + \lambda_1 E[Y_1^2]}{\omega_1} I_1 + \frac{\lambda_1 E[Y_1^4]}{4\omega_1^2} \qquad (6.4.103)$$

$$\overline{a}_{2,2} = \overline{a}_{2,2}(I_1, I_2, h_3) = \frac{2\pi K_{22} + \lambda_2 E[Y_2^2]}{\omega_2} I_2 + \frac{\lambda_2 E[Y_2^4]}{4\omega_2^2} \qquad (6.4.104)$$

$$\overline{a}_{3,3} = \overline{a}_{3,3}(I_1, I_2, h_3)$$
$$= (2\pi K_{33} + \lambda_3 E[Y_3^2] + 2\pi K_{44} + \lambda_4 E[Y_4^2]) S_1(h_3) + \frac{\lambda_3 E[Y_3^4] + \lambda_4 E[Y_4^4]}{4} \qquad (6.4.105)$$

$$\overline{a}_{1,1,1} = \overline{a}_{1,1,1}(I_1, I_2, h_3) = \frac{3}{2} \frac{\lambda_1 E[Y_1^4]}{\omega_1^2} I_1 \qquad (6.4.106)$$

$$\overline{a}_{2,2,2} = \overline{a}_{2,2,2}(I_1, I_2, h_3) = \frac{3}{2} \frac{\lambda_2 E[Y_2^4]}{\omega_2^2} I_2 \qquad (6.4.107)$$

$$\overline{a}_{3,3,3} = \overline{a}_{3,3,3}(I_1, I_2, h_3) = \frac{3}{2} (\lambda_3 E[Y_3^4] + \lambda_4 E[Y_4^4]) S_1(h_3) \qquad (6.4.108)$$

$$\overline{a}_{1,1,1,1} = \overline{a}_{1,1,1,1}(I_1, I_2, h_3) = \frac{3}{2} \frac{\lambda_1 E[Y_1^4]}{\omega_1^2} I_1^2 \qquad (6.4.109)$$

$$\overline{a}_{2,2,2,2} = \overline{a}_{2,2,2,2}(I_1, I_2, h_3) = \frac{3}{2} \frac{\lambda_2 E[Y_2^4]}{\omega_2^2} I_2^2 \qquad (6.4.110)$$

$$\overline{a}_{3,3,3,3} = \overline{a}_{3,3,3,3}(I_1, I_2, h_3)$$
$$= (\lambda_3 E[Y_3^4] + \lambda_4 E[Y_4^4]) \frac{32 b^2 h_3^2 + 9 b h_3 + 1 - (7 b h_3 + 1)\sqrt{1 + 4 b h_3}}{40 b^2} \qquad (6.4.111)$$

式中

$$S_1(h_3) = \frac{1 + 8 b h_3 - \sqrt{1 + 4 b h_3}}{12 b} \qquad (6.4.112)$$

简化平均 FPK 方程(6.4.99)的平稳解可以用有限差分与超松弛迭代求得. 而广义位移与广义动量的联合平稳概率密度可按式(6.4.44)得到如下

$$p(q_1, q_2, q_3, q_4, p_1, p_2, p_3, p_4) = \left. \frac{p(I_1, I_2, h_3)}{\sqrt{1 - 4 h_3 b} - 1} \right|_{I_i = I_i(q_i, p_i), h_3 = H_3(q_3, p_3, q_4, p_4)} \qquad (6.4.113)$$

系统响应的其他统计量可以通过对 $p(I_1, I_2, h_3)$ 或 $p(q_1, q_2, q_3, q_4, p_1, p_2, p_3, p_4)$ 积分求得.

图 6.4.1～图 6.4.3 分别给出了系统(6.4.92)在非共振情形下从求解简化 FPK 方程(6.4.99)与蒙特卡罗数值模拟得到的平稳概率密度函数 $p(I_1, I_2)$、$p(I_1, h_3)$ 和 $p(I_2, h_3)$. 图 6.4.4～图 6.4.6 分别给出了由式(6.4.113)与蒙特卡罗数值模拟得到的

非共振情形下系统(6.4.92)的 $p(q_1,p_1)$、 $p(p_1)$ 及 $p(q_1)$，可见，随机平均法结果与数值模拟结果皆相吻甚好.

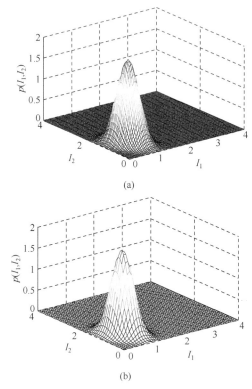

(a)

(b)

图 6.4.1　非共振情形系统(6.4.92)的 $p(I_1,I_2)$，(a) 数值模拟结果；(b) 随机平均法结果. 系统参数为 $\omega_1 = 1.0$, $\omega_2 = 1.414$, $\omega_3 = 1.1$, $\omega_4 = 1.732$；$\alpha_{10} = \alpha_{20} = \alpha_{30} = \alpha_{40} = -0.1$；$\alpha_{11} = \alpha_{22} = \alpha_{33} = 0.04$；$\alpha_{44} = \alpha_{34} = \alpha_{43} = 0.04$；$\alpha_{12} = \alpha_{21} = \alpha_{31} = 0.02$；$\alpha_{41} = \alpha_{32} = \alpha_{42} = 0.02$；$\alpha_{13} = \alpha_{14} = 0.01$；$\alpha_{23} = \alpha_{24} = 0.01$；$2\pi K_{11} = 2\pi K_{22} = 0.008$；$2\pi K_{33} = 2\pi K_{44} = 0.008$；$\lambda_1 = \lambda_2 = 2.0$；$\lambda_3 = \lambda_4 = 2.0$；$E[Y_1^2] = E[Y_2^2] = 0.002$；$E[Y_3^2] = E[Y_4^2] = 0.002$ (Jia and Zhu, 2014b)

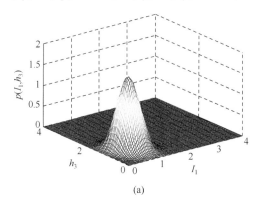

(a)

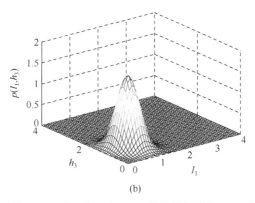

(b)

图 6.4.2　非共振情形系统(6.4.92)的 $p(I_1, h_3)$，(a) 数值模拟结果；(b) 随机平均法结果. 系统

参数和图 6.4.1 中相同(Jia and Zhu，2014b)

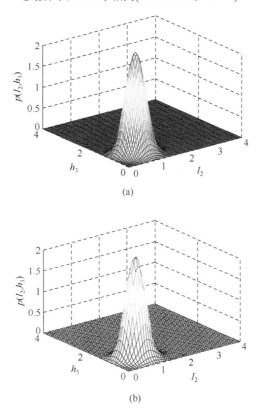

(a)

(b)

图 6.4.3　非共振情形系统(6.4.92)的 $p(I_2, h_3)$，(a) 数值模拟结果；(b) 随机平均法. 其他参数

与图 6.4.1 中相同(Jia and Zhu，2014b)

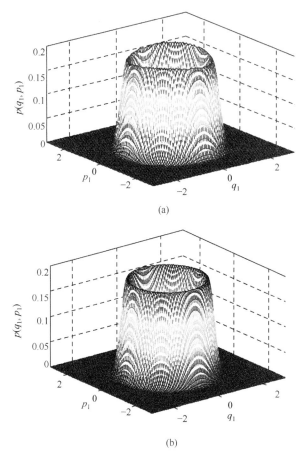

(a)

(b)

图 6.4.4   非共振情形系统(6.4.92)的 $p(q_1, p_1)$，(a) 数值模拟结果；(b) 随机平均法结果. 系统
参数与图 6.4.1 中相同(Jia and Zhu，2014b)

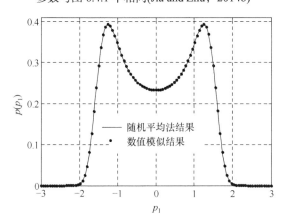

图 6.4.5   非共振情形系统(6.4.92)的 $p(p_1)$. 系统参数与图 6.4.1 中相同(Jia and Zhu，2014b)

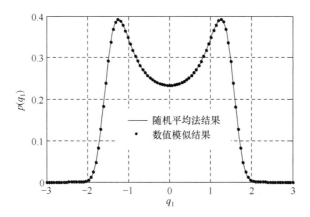

图 6.4.6　非共振情形系统(6.4.92)的 $p(q_1)$. 系统参数与图 6.4.1 中相同(Jia and Zhu，2014b)

2. 主共振情形

设 $\omega_1 \approx \omega_2$. 令

$$\Psi = \Theta_1 - \Theta_2 \tag{6.4.114}$$

式中

$$\Theta_i = -\arctan\left(\frac{P_i}{\omega_i Q_i}\right), \quad i = 1,2 \tag{6.4.115}$$

为前两个振子的角变量. 运用变换(6.4.114)、(6.4.115)与跳跃-扩散过程的链式法则，可从式(6.9.94)导出 Ψ 所满足的随机微分积分方程为

$$
\begin{aligned}
\mathrm{d}\Psi = &\left\{ O(\varepsilon^2) + \left[\alpha_{10} + \alpha_{11}P_1^2 + \alpha_{12}P_2^2 + \alpha_{13}P_3^2 + \alpha_{14}P_4^2 + (\alpha_{13}+\alpha_{14})U(Q_3,Q_4)\right]\frac{\omega_1 Q_1 P_1}{P_1^2 + \omega_1^2 Q_1^2} \right. \\
&\left. - \left[\alpha_{20} + \alpha_{21}P_1^2 + \alpha_{22}P_2^2 + \alpha_{23}P_3^2 + \alpha_{24}P_4^2 + (\alpha_{23}+\alpha_{24})U(Q_3,Q_4)\right]\frac{\omega_2 Q_2 P_2}{P_2^2 + \omega_2^2 Q_2^2} \right. \\
&\left. + 2\pi K_{11}\frac{\omega_1 Q_1 P_1}{(P_1^2 + \omega_1^2 Q_1^2)^2} - 2\pi K_{22}\frac{\omega_2 Q_2 P_2}{(P_2^2 + \omega_2^2 Q_2^2)^2} \right\}\mathrm{d}t - \sqrt{2\pi K_{11}}\frac{\omega_1 Q_1}{P_1^2 + \omega_1^2 Q_1^2}\mathrm{d}B_1(t) \\
&+ \sqrt{2\pi K_{22}}\frac{\omega_2 Q_2}{P_2^2 + \omega_2^2 Q_2^2}\mathrm{d}B_2(t) \\
&- \int_{\mathcal{Y}_1}\left[\frac{\omega_1 Q_1}{P_1^2 + \omega_1^2 Q_1^2}Y_1 - \frac{\omega_1 Q_1 P_1}{(P_1^2 + \omega_1^2 Q_1^2)^2}Y_1^2 + \frac{1}{3}\frac{\omega_1 Q_1(3P_1^2 - \omega_1^2 Q_1^2)}{(P_1^2 + \omega_1^2 Q_1^2)^3}Y_1^3 \right.
\end{aligned}
$$

$$-\frac{\omega_1 Q_1 P_1\left(P_1^2-\omega_1^2 Q_1^2\right)}{\left(P_1^2+\omega_1^2 Q_1^2\right)^4}Y_1^4\Bigg]\mathcal{P}_1\left(\mathrm{d}t,\mathrm{d}Y_1\right)$$

$$+\int_{\mathcal{Y}_2}\Bigg[\frac{\omega_2 Q_2}{P_2^2+\omega_2^2 Q_2^2}Y_2-\frac{\omega_2 Q_2 P_2}{\left(P_2^2+\omega_2^2 Q_2^2\right)^2}Y_2^2+\frac{1}{3}\frac{\omega_2 Q_2\left(3P_2^2-\omega_2^2 Q_2^2\right)}{\left(P_2^2+\omega_2^2 Q_2^2\right)^3}Y_2^3$$

$$-\frac{\omega_2 Q_2 P_2\left(P_2^2-\omega_2^2 Q_2^2\right)}{\left(P_2^2+\omega_2^2 Q_2^2\right)^4}Y_2^4\Bigg]\mathcal{P}_2\left(\mathrm{d}t,\mathrm{d}Y_2\right)\tag{6.4.116}$$

对式(6.4.98)与式(6.4.116)应用 6.4.2 节中的随机平均法，取截断参数 $u=4$，可得下列简化平均 FPK 方程

$$0=-\frac{\partial}{\partial I_1}(\bar{a}_1 p)-\frac{\partial}{\partial I_2}(\bar{a}_2 p)-\frac{\partial}{\partial\psi}(\bar{a}_4 p)-\frac{\partial}{\partial h_3}(\bar{a}_3 p)+\frac{1}{2}\frac{\partial^2}{\partial I_1^2}(\bar{a}_{1,1}p)$$

$$+\frac{1}{2}\frac{\partial^2}{\partial I_2^2}(\bar{a}_{2,2}p)+\frac{1}{2}\frac{\partial^2}{\partial\psi^2}(\bar{a}_{4,4}p)+\frac{1}{2}\frac{\partial^2}{\partial h_3^2}(\bar{a}_{3,3}p)-\frac{1}{3!}\frac{\partial^3}{\partial I_1^3}(\bar{a}_{1,1,1}p)$$

$$-\frac{1}{3!}\frac{\partial^3}{\partial I_2^3}(\bar{a}_{2,2,2}p)-\frac{1}{3!}\frac{\partial^3}{\partial\psi^3}(\bar{a}_{4,4,4}p)-\frac{1}{3!}\frac{\partial^3}{\partial h_3^3}(\bar{a}_{3,3,3}p)+\frac{1}{4!}\frac{\partial^4}{\partial I_1^4}(\bar{a}_{1,1,1,1}p)$$

$$+\frac{1}{4!}\frac{\partial^4}{\partial I_1^4}(\bar{a}_{2,2,2,2}p)+\frac{1}{4!}\frac{\partial^4}{\partial\psi^4}(\bar{a}_{4,4,4,4}p)+\frac{1}{4!}\frac{\partial^4}{\partial h_3^4}(\bar{a}_{3,3,3,3}p)$$

$$+\frac{C_4^2}{4!}\frac{\partial^4}{\partial I_1^2\partial\psi^2}(\bar{a}_{1,1,4,4}p)+\frac{C_4^2}{4!}\frac{\partial^4}{\partial I_2^2\partial\psi^2}(\bar{a}_{2,2,4,4}p)\tag{6.4.117}$$

式中

$$p=p(I_1,I_2,\psi,h_3)$$

$$\bar{a}_1(I_1,I_2,\psi,h_3)=-\Bigg[\alpha_{10}I_1+\frac{3}{2}\alpha_{11}\omega_1 I_1^2+\alpha_{12}\omega_2 I_1 I_2\left(\frac{1}{2}\cos 2\psi+1\right)$$

$$+(\alpha_{13}+\alpha_{14})I_1 h_3\Bigg]+\frac{2\pi K_{11}+\lambda_1 E[Y_1^2]}{2\omega_1}\tag{6.4.118}$$

$$\bar{a}_2(I_1,I_2,\psi,h_3)=-\Bigg[\alpha_{20}I_2+\frac{3}{2}\alpha_{22}\omega_2 I_2^2+\alpha_{21}\omega_1 I_1 I_2\left(\frac{1}{2}\cos 2\psi+1\right)$$

$$+(\alpha_{23}+\alpha_{24})I_2 h_3\Bigg]+\frac{2\pi K_{22}+\lambda_2 E[Y_2^2]}{2\omega_2}\tag{6.4.119}$$

$$\overline{a}_3(I_1,I_2,\psi,h_3) = -[(\alpha_{30}+\alpha_{40})+(\alpha_{31}+\alpha_{41})\omega_1 I_1+(\alpha_{32}+\alpha_{42})\omega_2 I_2$$

$$+\frac{1}{2}(3\alpha_{33}+3\alpha_{44}+\alpha_{34}+\alpha_{43})I_1 h_3]S_1(h_3)$$

$$+\frac{2\pi K_{33}+\lambda_3 E[Y_3^2]+2\pi K_{44}+\lambda_4 E[Y_4^2]}{2} \qquad (6.4.120)$$

$$\overline{a}_4(I_1,I_2,\psi,h_3) = \frac{1}{4}(\alpha_{12}\omega_2 I_2+\alpha_{21}\omega_1 I_1)\sin 2\psi \qquad (6.4.121)$$

$$\overline{a}_{1,1}(I_1,I_2,\psi,h_3) = \frac{2\pi K_{11}+\lambda_1 E[Y_1^2]}{\omega_1}I_1+\frac{1}{4}\frac{\lambda_1 E[Y_1^4]}{\omega_1^2} \qquad (6.4.122)$$

$$\overline{a}_{2,2}(I_1,I_2,\psi,h_3) = \frac{2\pi K_{22}+\lambda_2 E[Y_2^2]}{\omega_2}I_2+\frac{1}{4}\frac{\lambda_2 E[Y_2^4]}{\omega_2^2} \qquad (6.4.123)$$

$$\overline{a}_{3,3}(I_1,I_2,\psi,h_3) = \left(2\pi K_{33}+\lambda_3 E[Y_3^2]+2\pi K_{44}+\lambda_4 E[Y_4^2]\right)S_1(h_3)$$

$$+\frac{1}{4}\left(\lambda_3 E[Y_3^4]+\lambda_4 E[Y_4^4]\right) \qquad (6.4.124)$$

$$\overline{a}_{4,4}(I_1,I_2,\psi,h_3) = \frac{2\pi K_{11}+\lambda_1 E[Y_1^2]}{4\omega_1 I_1}+\frac{2\pi K_{22}+\lambda_2 E[Y_2^2]}{4\omega_2 I_2}+\frac{\lambda_1 E[Y_1^4]}{32\omega_1^2 I_1^2}+\frac{\lambda_2 E[Y_2^4]}{32\omega_2^2 I_2^2} \qquad (6.4.125)$$

$$\overline{a}_{1,1,1}(I_1,I_2,\psi,h_3) = \frac{3}{2}\frac{\lambda_1 E[Y_1^4]}{\omega_1^2}I_1 \qquad (6.4.126)$$

$$\overline{a}_{2,2,2}(I_1,I_2,\psi,h_3) = \frac{3}{2}\frac{\lambda_2 E[Y_2^4]}{\omega_2^2}I_2 \qquad (6.4.127)$$

$$\overline{a}_{3,3,3}(I_1,I_2,\psi,h_3) = \frac{3}{2}\left(\lambda_3 E[Y_3^4]+\lambda_4 E[Y_4^4]\right)S_1(h_3) \qquad (6.4.128)$$

$$\overline{a}_{4,4,4}(I_1,I_2,\psi,h_3) = 0 \qquad (6.4.129)$$

$$\overline{a}_{1,1,1,1}(I_1,I_2,\psi,h_3) = \frac{3}{2}\frac{\lambda_1 E[Y_1^4]}{\omega_1^2}I_1^2 \qquad (6.4.130)$$

$$\overline{a}_{2,2,2,2}(I_1,I_2,\psi,h_3) = \frac{3}{2}\frac{\lambda_2 E[Y_2^4]}{\omega_2^2}I_2^2 \qquad (6.4.131)$$

$$\overline{a}_{3,3,3,3}(I_1,I_2,\psi,h_3) = \frac{32b^2 h_3^2+9bh_3+1-(7bh_3+1)\sqrt{1+4bh_3}}{40b^2}$$

$$\times\left(\lambda_3 E[Y_3^4]+\lambda_4 E[Y_4^4]\right) \qquad (6.4.132)$$

$$\overline{a}_{4,4,4,4}(I_1,I_2,\psi,h_3) = \frac{3}{32}\frac{\lambda_1 E[Y_1^4]}{\omega_1^2 I_1^2}+\frac{3}{32}\frac{\lambda_2 E[Y_2^4]}{\omega_2^2 I_2^2} \qquad (6.4.133)$$

$$\overline{a}_{1,1,4,4}(I_1,I_2,\psi,h_3) = \frac{1}{8}\frac{\lambda_1 E[Y_1^4]}{\omega_1^2} \qquad (6.4.134)$$

$$\overline{a}_{2,2,4,4}(I_1,I_2,\psi,h_3) = \frac{1}{8}\frac{\lambda_2 E[Y_2^4]}{\omega_2^2} \tag{6.4.135}$$

且

$$S_1(h_3) = \frac{1+8bh_3 - \sqrt{1+4bh_3}}{12b} \tag{6.4.136}$$

用有限差分法求解简化平均 FPK 方程(6.4.117)，可得系统的平稳概率密度函数 $p(I_1,I_2,\psi,h_3)$. 系统的广义位移与广义动量的联合平稳概率密度可按式(6.4.91)得到

$$p(q_1,q_2,q_3,q_4,p_1,p_2,p_3,p_4) = \left.\frac{p(I_1,I_2,\psi,h_3)}{\sqrt{1-4h_3b}-1}\right|_{I_i=I_i(q_i,p_i),h_3=H_3(q_3,p_3,q_4,p_4),\psi=\psi(q_1,q_2,p_1,p_2)}$$

$$\tag{6.4.137}$$

图 6.4.7～图 6.4.13 中给出了从求解简化 FPK 方程(6.4.117)与蒙特卡罗数值

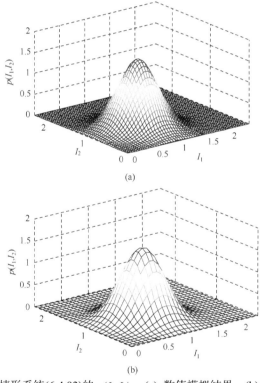

图 6.4.7　主共振情形系统(6.4.92)的 $p(I_1,I_2)$，(a) 数值模拟结果；(b) 随机平均法结果.

$\omega_1 = 1.0$，　$\omega_2 = 1.0$，　$\omega_3 = 1.11$，　$\omega_4 = 1.732$，　$\alpha_{10} = \alpha_{20} = \alpha_{30} = \alpha_{40} = -0.1$，

$\alpha_{11} = \alpha_{22} = \alpha_{33} = \alpha_{44} = \alpha_{34} = \alpha_{43} = 0.04$，　$\alpha_{12} = \alpha_{21} = \alpha_{31} = \alpha_{41} = \alpha_{32} = \alpha_{42} = 0.02$，

$\alpha_{13} = \alpha_{14} = \alpha_{23} = \alpha_{24} = 0.01$，　$2\pi K_{11} = 2\pi K_{22} = 2\pi K_{33} = 2\pi K_{44} = 0.008$，　$\lambda_1 = \lambda_2 = \lambda_3 = \lambda_4 = 2.0$，

$E[Y_1^2] = E[Y_2^2] = E[Y_3^2] = E[Y_4^2] = 0.002$ (Jia and Zhu，2014b)

模拟得到主共振情形下系统(6.4.92)的平稳概率密度 $p(I_1,I_2)$、$p(I_1,h_3)$、$p(I_2,h_3)$、$p(\psi)$、$p(I_1)$、$p(I_2)$、$p(h_3)$. 从图中可以看出，随机平均法所得结果与数值模拟的结果吻合得很好.

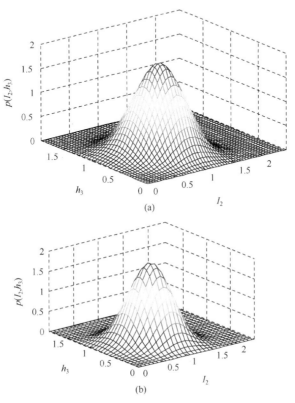

图 6.4.8　主共振情形系统(6.4.92)的 $p(I_2,h_3)$，(a) 数值模拟结果；(b) 随机平均法结果，参数与图 6.4.7 相同(Jia and Zhu，2014b)

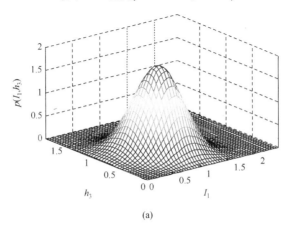

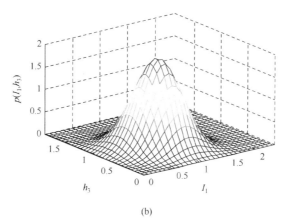

(b)

图 6.4.9　主共振情形系统(6.4.92)的 $p(I_1, h_3)$，(a) 数值模拟结果；(b) 随机平均法结果，参数
与图 6.4.7 相同(Jia and Zhu，2014b)

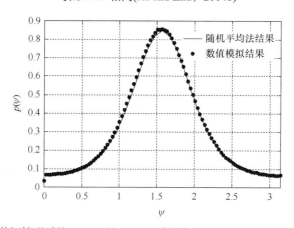

图 6.4.10　主共振情形系统(6.4.92)的 $p(\psi)$．参数与图 6.4.7 相同(Jia and Zhu，2014b)

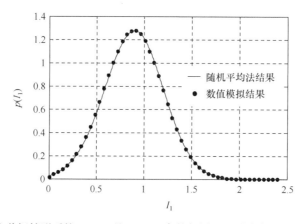

图 6.4.11　主共振情形系统(6.4.92)的 $p(I_1)$．参数与图 6.4.7 相同(Jia and Zhu，2014b)

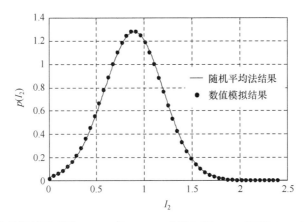

图 6.4.12　主共振情形系统(6.4.92)的 $p(I_2)$．参数与图 6.4.7 相同(Jia and Zhu，2014b)

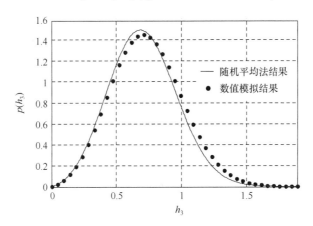

图 6.4.13　主共振情形系统(6.4.92)的 $p(h_3)$．参数与图 6.4.7 相同(Jia and Zhu，2014b)

参 考 文 献

贾万涛. 2014. 高斯与泊松白噪声共同激励下拟哈密顿系统随机平均法. 西安: 西北工业大学博士学位论文.

曾岩. 2010. 非高斯随机激励下非线性系统的随机平均法. 杭州: 浙江大学博士学位论文.

Binney J J, Dowrick N J, Fisher A J,et al. 1992. The Theory of Critical Phenomena: An Introduction to the Renormalization Group. New York: Oxford University Press, Inc.

Di Paola M, Falsone G. 1993a. Itô and Stratonovich integrals for delta-correlated processes. Probabilistic engineering mechanics, 8(3): 197-208.

Di Paola M, Falsone G. 1993b. Stochastic dynamics of nonlinear systems driven by non-normal delta-correlated processes. ASME Journal of Applied Mechanics, 60(1): 141-148.

Hanson F B. 2007. Applied Stochastic Processes and Control for Jump-Diffusions: Modeling, Analysis, and Computation. Philadelphia: Siam.

Jia W T, Zhu W Q, Xu Y. 2013. Stochastic Averaging of quasi-non-integrable Hamiltonian systems under combined Gaussian and Poisson white noise excitations. International Journal of Non-Linear Mechanics, 51: 45-53.

Jia W T, Zhu W Q. 2014a. Stochastic averaging of quasi-integrable and non-resonant Hamiltonian systems under combined Gaussian and Poisson white noise excitations. Nonlinear Dynamics, 76(2): 1271-1289.

Jia W T, Zhu W Q. 2014b. Stochastic averaging of quasi-partially integrable Hamiltonian systems under combined Gaussian and Poisson white noise excitations. Physica A: Statistical Mechanics and its Applications, 398: 125-144.

Jia W T, Zhu W Q, Xu Y, et al. 2014. Stochastic Averaging of quasi-integrable and resonant Hamiltonian systems under combined Gaussian and Poisson white noise excitations. ASME Journal of Applied Mechanics, 81(4): 041009.

Khasminskii R Z. 1968. On the averaging principle for Itô stochastic differential equations. Kibernetika, 3(4): 260-279. (in Russian)

Xu Y, Duan J Q, Xu W. 2011. An averaging principle for stochastic dynamical systems with Lévy noise. Physica D-Nonlinear Phenomena, 240(17): 1395-1401.

Zeng Y, Zhu W Q. 2011. Stochastic averaging of quasi-nonintegrable-Hamiltonian systems under Poisson white noise excitation. ASME Journal of Applied Mechanics, 78: 021002.

Zhu W Q, Huang Z L, Suzuki Y. 2002. Stochastic averaging and Lyapunov exponent of quasi partially integrable Hamiltonian systems. International Journal of Non-Linear Mechanics, 37(3): 419-437.

第 7 章　分数高斯噪声激励下拟哈密顿系统随机平均法

由 2.5.3 节知, 赫斯特指数 $\mathcal{H}$ 在 $(1/2, 1)$ 区间内的分数高斯噪声是具有一定相关函数与谱密度的噪声. 它的主要特性是长程依赖性或长记忆时间, 可作为经济、金融、科学及工程中多种随机现象的一种数学模型. 虽然非线性系统对分数高斯激励的响应为非马尔可夫过程, 随机平均仍可使系统简化与降维, 从而减少了求系统响应时作数值模拟的时间. 因此, 本章阐述分数高斯噪声激励的拟哈密顿系统随机平均法(Deng and Zhu, 2016a). 鉴于分数高斯噪声的功率谱密度在中、高频段变化平缓, 可把它看成一种宽带过程, 从而可应用宽带随机激励的拟可积哈密顿系统随机平均法, 这将在下册的 8.2 节中论述.

7.1　分数高斯噪声激励的拟哈密顿系统

考虑一个受到分数高斯噪声激励的拟哈密顿系统, 其运动方程为

$$
\dot{Q}_j = \frac{\partial H}{\partial P_j}
$$

$$
\dot{P}_j = -\frac{\partial H}{\partial Q_i} - \varepsilon^{2\mathcal{H}} \sum_{k=1}^{n} m_{jk}(\boldsymbol{Q},\boldsymbol{P}) \frac{\partial H}{\partial P_k} + \varepsilon^{\mathcal{H}} \sum_{l=1}^{m} g_{jl}(\boldsymbol{Q},\boldsymbol{P}) W_{\mathrm{H}l}(t) \qquad (7.1.1)
$$

$$
j = 1, 2, \cdots, n
$$

式中 $\boldsymbol{Q} = [Q_1, Q_2, \cdots, Q_n]^{\mathrm{T}}$ 和 $\boldsymbol{P} = [P_1, P_2, \cdots, P_n]^{\mathrm{T}}$ 分别为广义位移矢量和广义动量矢量; $H = H(\boldsymbol{Q}, \boldsymbol{P})$ 是二阶可微的哈密顿函数; $\varepsilon^{2\mathcal{H}} m_{jk}(\boldsymbol{Q}, \boldsymbol{P})$ 表示弱的阻尼系数; $\varepsilon^{\mathcal{H}} g_{jl}(\boldsymbol{Q}, \boldsymbol{P})$ 表示小噪声幅值, ε 上指数 $\mathcal{H}$ 说明, 随 $\mathcal{H}$ 的增大, 阻尼系数和噪声幅值减小; $W_{\mathrm{H}l}(t)$ $(l = 1, 2, \cdots, m)$ 是 m 个赫斯特指数 $\mathcal{H} \in (1/2, 1)$、相互独立的单位分数高斯噪声, 其自相关函数 $R_l(\tau)$ 和功率谱密度 $S_l(\omega)$ 分别由式(2.5.21)和式(2.5.23)确定.

根据 2.5 节介绍的分数布朗运动随机积分, 可将运动方程(7.1.1)转化为下列顺式对称积分定义的分数随机微分方程

$$\mathrm{d}Q_j = \frac{\partial H}{\partial P_j}\mathrm{d}t$$

$$\mathrm{d}P_j = \left(-\frac{\partial H}{\partial Q_j} - \varepsilon^{2\mathcal{H}}\sum_{k=1}^{n} m_{jk}\frac{\partial H}{\partial P_k}\right)\mathrm{d}t + \varepsilon^{\mathcal{H}}\sum_{l=1}^{m} g_{jl}\circ \mathrm{d}B_{\mathrm{H}l}(t) \quad (7.1.2)$$

$$j = 1, 2, \cdots, n$$

式中 $B_{\mathrm{H}l}(t)$ 是独立的单位分数布朗运动. 式(7.1.2)可以进一步转化为下列前向积分定义的分数随机微分方程

$$\mathrm{d}Q_j = \frac{\partial H}{\partial P_j}\mathrm{d}t$$

$$\mathrm{d}P_j = \left(-\frac{\partial H}{\partial Q_j} - \varepsilon^{2\mathcal{H}}\sum_{k=1}^{n} m_{jk}\frac{\partial H}{\partial P_k}\right)\mathrm{d}t + \varepsilon^{\mathcal{H}}\sum_{l=1}^{m} g_{jl}\mathrm{d}B_{\mathrm{H}l}(t) \quad (7.1.3)$$

$$j = 1, 2, \cdots, n$$

下面将从式(7.1.3)出发, 导出各种情形下分数高斯噪声激励的拟哈密顿系统的分数随机微分方程. 注意, 分数随机微分规则不同于伊藤微分规则, 从式(7.1.2)到式 (7.1.3)没有加 Wong-Zakai 修正项, 式(7.1.3)不同于高斯白噪声激励情形的式(5.1.5), 本章的结果一般不适用于 $\mathcal{H} = 0.5$ 的情形.

7.2　拟不可积哈密顿系统

设与式(7.1.3)相应的哈密顿系统不可积, 根据 2.5.4 节所述对分数布朗运动的随机微分规则, 可从式(7.1.3)导得如下支配哈密顿函数 $H(\boldsymbol{Q}, \boldsymbol{P})$ 的分数随机微分方程 (Deng and Zhu, 2016b)

$$\mathrm{d}H = -\varepsilon^{2\mathcal{H}}\sum_{j,k=1}^{n} m_{jk}\frac{\partial H}{\partial P_j}\frac{\partial H}{\partial P_k}\mathrm{d}t + \varepsilon^{\mathcal{H}}\sum_{j=1}^{n}\sum_{l=1}^{m}\frac{\partial H}{\partial P_j}g_{jl}\mathrm{d}B_{\mathrm{H}l}(t) \quad (7.2.1)$$

由于 m 个分数布朗运动 $B_{\mathrm{H}1}(t), B_{\mathrm{H}2}(t), \cdots, B_{\mathrm{H}m}(t)$ 相互独立, 在概率意义上, 式(7.2.1)等价于下列随机微分方程

$$\mathrm{d}H = -\varepsilon^{2\mathcal{H}}\sum_{j,k=1}^{n} m_{jk}\frac{\partial H}{\partial P_j}\frac{\partial H}{\partial P_k}\mathrm{d}t + \left(\varepsilon^{2\mathcal{H}}\sum_{j,k=1}^{n}\sum_{l=1}^{m} g_{jl}g_{kl}\frac{\partial H}{\partial P_j}\frac{\partial H}{\partial P_k}\right)^{1/2}\mathrm{d}B_{\mathrm{H}}(t) \quad (7.2.2)$$

现在, 新的系统由式(7.2.2)和式(7.1.3)中除 $\mathrm{d}P_1(t)$ 方程外的 $2n-1$ 个方程组成. 哈密顿函数 $H(t)$ 是一个慢变过程, 而位移 $Q_j(t)$ 和动量 $P_j(t)$ 是快变过程. 根据分数布朗运动的平均原理(Xu et al., 2014a, 2014b), 当 $\varepsilon \to 0$ 时, $H(t)$ 均方收敛于受以下分数

随机微分方程支配的 $H(t)$ 过程

$$\mathrm{d}H = m(H)\mathrm{d}t + \sigma(H)\mathrm{d}B_{\mathrm{H}}(t) \tag{7.2.3}$$

其系数由式(7.2.2)中相应系数作时间平均来确定，即

$$\lim_{T\to\infty}\frac{1}{T}\int_0^T\left|-\varepsilon^{2\mathcal{H}}\sum_{j,k=1}^n m_{jk}\frac{\partial H}{\partial P_j}\frac{\partial H}{\partial P_k}-m(H)\right|\mathrm{d}t = 0$$

$$\lim_{T\to\infty}\frac{1}{T}\int_0^T\left|\left(\varepsilon^{2\mathcal{H}}\sum_{j,k=1}^n\sum_{l=1}^m g_{jl}g_{kl}\frac{\partial H}{\partial P_j}\frac{\partial H}{\partial P_k}\right)^{1/2}-\sigma(H)\right|^2\mathrm{d}t = 0 \tag{7.2.4}$$

由于不可积哈密顿系统的状态在等能量面上等概率分布，如同式(5.1.10)～式(5.1.12)，上述时间平均可用下列空间平均来代替

$$m(H) = \frac{\varepsilon^{2\mathcal{H}}}{T(H)}\int_\Omega\left(-\sum_{j,k=1}^n m_{jk}\frac{\partial H}{\partial p_j}\frac{\partial H}{\partial p_k}\Big/\frac{\partial H}{\partial p_1}\right)\mathrm{d}q_1\cdots\mathrm{d}q_n\mathrm{d}p_2\cdots\mathrm{d}p_n$$

$$\sigma^2(H) = \frac{\varepsilon^{2\mathcal{H}}}{T(H)}\int_\Omega\left(\sum_{j,k=1}^n\sum_{l=1}^m g_{jl}g_{kl}\frac{\partial H}{\partial p_j}\frac{\partial H}{\partial p_k}\Big/\frac{\partial H}{\partial p_1}\right)\mathrm{d}q_1\cdots\mathrm{d}q_n\mathrm{d}p_2\cdots\mathrm{d}p_n \tag{7.2.5}$$

$$T(H) = \int_\Omega\left(1\Big/\frac{\partial H}{\partial p_1}\right)\mathrm{d}q_1\cdots\mathrm{d}q_n\mathrm{d}p_2\cdots\mathrm{d}p_n$$

其中的积分域 Ω 为

$$\Omega = \{(q_1,\cdots,q_n,p_2,\cdots,p_n)\,|\,H(q_1,\cdots,q_n,0,p_2,\cdots,p_n)\leqslant H\} \tag{7.2.6}$$

由于式(7.2.3)描述的 $H(t)$ 不是马尔可夫过程，不能通过求解 FPK 方程得到该过程的概率密度，只能用数值模拟计算它的概率密度. 如同式(5.1.18)，此处不可积拟哈密顿系统随机平均法的好处是：任何 $2n$ 维系统(7.1.3)的广义位移和广义动量的平稳概率密度可近似地通过计算一维平均系统(7.2.3)的平稳概率密度 $p(h)$ 而获得，即

$$p(\boldsymbol{q},\boldsymbol{p}) = \frac{p(h)}{T(h)}\Big|_{h=H(\boldsymbol{q},\boldsymbol{p})} \tag{7.2.7}$$

从而可节省大量的计算时间，见例 7.2.1.

例 7.2.1　考虑以下分数高斯噪声激励的二自由度拟不可积哈密顿系统(Deng and Zhu，2016b)

$$\ddot{X}_1 + \gamma\dot{X}_1 + \frac{\partial U(X_1,X_2)}{\partial X_1} = \sqrt{2D_1}W_{\mathrm{H1}}(t)$$

$$\ddot{X}_2 + \gamma\dot{X}_2 + \frac{\partial U(X_1,X_2)}{\partial X_2} = \sqrt{2D_2}W_{\mathrm{H2}}(t) \tag{7.2.8}$$

式中 $W_{H1}(t)$ 和 $W_{H2}(t)$ 是两个独立的单位分数高斯噪声, 赫斯特指数 $\mathcal{H} \in (1/2, 1)$, 激励强度分别是 $2D_1$ 和 $2D_2$; γ 是线性阻尼常数; γ, D_1, D_2 同为 $\varepsilon^{2\mathcal{H}}$ 阶小量. 令 $Q_1 = X_1, Q_2 = X_2$, $P_1 = \dot{X}_1, P_2 = \dot{X}_2$. 哈密顿函数为

$$H = p_1^2 \big/ 2 + p_2^2 \big/ 2 + U(q_1, q_2)$$

$$U(q_1, q_2) = \frac{1}{2}(\omega_1^2 q_1^2 + \omega_2^2 q_2^2) + \frac{1}{4}\lambda(\omega_1^2 q_1^2 + \omega_2^2 q_2^2)^2 \tag{7.2.9}$$

其中 ω_1 和 ω_2 是线性化系统的固有频率; λ 表示非线性强度. 支配哈密顿过程的前向积分定义的分数随机微分方程为

$$\mathrm{d}H = -\gamma(P_1^2 + P_2^2)\mathrm{d}t + \sqrt{2D_1}P_1\mathrm{d}B_{H1}(t) + \sqrt{2D_2}P_2\mathrm{d}B_{H2}(t) \tag{7.2.10}$$

上式与下式等价

$$\mathrm{d}H = -\gamma(P_1^2 + P_2^2)\mathrm{d}t + \sqrt{2D_1P_1^2 + 2D_2P_2^2}\mathrm{d}B_H(t) \tag{7.2.11}$$

应用分数高斯噪声激励下拟不可积哈密顿系统随机平均法, 得到以下一维平均分数随机微分方程

$$\mathrm{d}H = m(H)\mathrm{d}t + \sigma(H)\mathrm{d}B_H(t) \tag{7.2.12}$$

式中系数按式(7.2.5)导得如下

$$m(H) = -2\gamma\left(H - \frac{1}{4}R - \frac{\lambda}{12}R^2\right)$$

$$\sigma^2(H) = 2(D_1 + D_2)\left(H - \frac{1}{4}R - \frac{\lambda}{12}R^2\right) \tag{7.2.13}$$

$$R = \frac{1}{\lambda}(\sqrt{1 + 4\lambda H} - 1)$$

图 7.2.1 和图 7.2.2 示出了从平均分数随机微分方程(7.2.12)和原系统(7.2.8)模拟得到的平稳概率密度 $p(h)$ 和统计量 $E[H]$、$E[H^2]$, 可见两种模拟结果几乎相同. 原系统(7.2.8)的近似平稳概率密度 $p(q_1, q_2, p_1, p_2)$ 和边缘平稳概率密度 $p(q)$、$p(p)$ 及均方值 $E[Q^2]$、$E[P^2]$ 可按式(7.2.7)计算如下

$$p(q_1, q_2, p_1, p_2) = \frac{p(h)}{T(h)}\bigg|_{h = \left(p_1^2 + p_2^2\right)/2 + U(q_1, q_2)}$$

$$p(q_1, q_2) = \int_{-\infty}^{\infty}\int_{-\infty}^{\infty} p(q_1, q_2, p_1, p_2)\mathrm{d}p_1\mathrm{d}p_2$$

$$E[Q_1^2] = \int_{-\infty}^{\infty}\int_{-\infty}^{\infty} q_1^2 p(q_1, q_2)\mathrm{d}q_1\mathrm{d}q_2 \tag{7.2.14}$$

$$E[Q_2^2] = \int_{-\infty}^{\infty}\int_{-\infty}^{\infty} q_2^2 p(q_1, q_2)\mathrm{d}q_1\mathrm{d}q_2$$

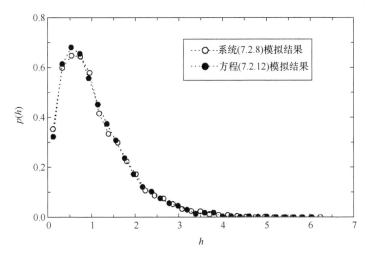

图 7.2.1　分别对平均分数随机微分方程(7.2.12)和原系统(7.2.8)作模拟得到的平稳概率密度函数 $p(h)$. 参数值为　$\omega_1 = 1.414$ ，$\omega_2 = 2$ ，$\lambda = 1$ ，$\gamma = 0.01$ ，$D_1 = D_2 = 0.01$ ，$\mathcal{H} = 0.75$ (Deng and Zhu，2016b)

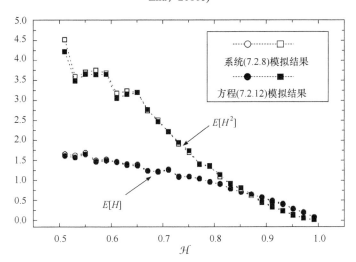

图 7.2.2　分别对平均分数随机微分方程方程(7.2.12)和原系统(7.2.8)作模拟得到的 $E[H]$ 和 $E[H^2]$. 参数值与图 7.2.1 相同(Deng and Zhu，2016b)

　　图 7.2.3 和图 7.2.4 示出了联合平稳概率密度 $p(q_1, q_2)$ 的云图和均方 $E[Q_1^2]$、$E[Q_2^2]$ ，可见，分别对平均随机微分方程(7.2.12)和原系统(7.2.8)作数值模拟得到的结果也是几乎相同的.

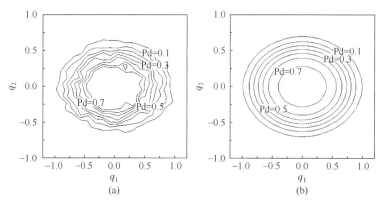

图 7.2.3　分别对(a)平均分数随机微分方程(7.2.12)和(b)原系统(7.2.8)作模拟得到的 $p(q_1, q_2)$ 云图，参数值与图 7.2.1 相同(Deng and Zhu，2016b)

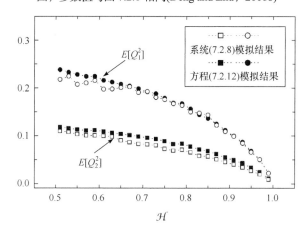

图 7.2.4　分别对平均分数随机微分方程(7.2.12)和原系统(7.2.8)作模拟得到的 $E[Q_1^2]$ 和 $E[Q_2^2]$ ．参数值与图 7.2.1 相同(Deng and Zhu，2016b)

7.3　拟可积哈密顿系统

7.3.1　非内共振情形

设与式(7.1.3)相应的哈密顿系统可积非共振，有 n 个独立对合的首次积分 $H_1(\boldsymbol{q}, \boldsymbol{p}), H_2(\boldsymbol{q}, \boldsymbol{p}), \cdots, H_n(\boldsymbol{q}, \boldsymbol{p})$ ，根据 2.5.4 节所述分数布朗运动的随机微分规则，可得到如下支配首次积分的分数随机微分方程(Deng and Zhu，2018)

$$dH_r = -\varepsilon^{2\mathcal{H}} \sum_{j,k=1}^{n} m_{jk} \frac{\partial H}{\partial P_j} \frac{\partial H_r}{\partial P_k} dt + \varepsilon^{\mathcal{H}} \sum_{j=1}^{n} \sum_{l=1}^{m} g_{jl} \frac{\partial H_r}{\partial P_j} dB_{\mathrm{H}l}(t) \tag{7.3.1}$$

$$r = 1, 2, \cdots, n$$

式中 $B_{Hl}(t)$ 是独立的单位分数布朗运动. 上式中的广义动量 P_i 须代之以 H_r 和 Q_i,此时系统由式(7.1.3)中 n 个关于 Q_i 的方程和式(7.3.1)中 n 个关于 H_r 的方程组成. $\boldsymbol{H}(t)=[H_1(t),H_2(t),\cdots,H_n(t)]^\mathrm{T}$ 是慢变过程,而 $\boldsymbol{Q}(t)=[Q_1(t),Q_2(t),\cdots,Q_n(t)]^\mathrm{T}$ 是快变过程. 根据随机平均原理(Xu et al., 2014a, 2014b),当 $\varepsilon\to0$ 时,$\boldsymbol{H}(t)$ 均方收敛于如下平均分数随机微分方程支配的 $\boldsymbol{H}(t)$

$$\mathrm{d}H_r=m_r(\boldsymbol{H})\mathrm{d}t+\sum_{l=1}^m\sigma_{rl}(\boldsymbol{H})\mathrm{d}B_{Hl}(t),\quad r=1,2,\cdots,n \tag{7.3.2}$$

式中两系数函数 $m_r(\boldsymbol{H})$ 和 $\sigma_{rl}(\boldsymbol{H})$ 可通过对式(7.3.1)中相应两系数作时间平均得到如下

$$m_r(\boldsymbol{H})=\varepsilon^{2\mathcal{H}}\left\langle-\sum_{j,k=1}^n m_{jk}\frac{\partial H}{\partial P_j}\frac{\partial H_r}{\partial P_k}\right\rangle_t$$

$$\sum_{l=1}^m\sigma_{rl}(\boldsymbol{H})\sigma_{il}(\boldsymbol{H})=\varepsilon^{2\mathcal{H}}\left\langle\sum_{j,k=1}^n\sum_{l=1}^m g_{jl}g_{kl}\frac{\partial H_r}{\partial P_j}\frac{\partial H_i}{\partial P_k}\right\rangle_t \tag{7.3.3}$$

$$r,i=1,2,\cdots,n$$

若与式(7.1.3)相应的哈密顿系统的 n 个首次积分是可分离的,即 $H=\sum_{\mu=1}^n H_\mu$,$H_\mu=H_\mu(q_\mu,p_\mu)$, $\mu=1,2,\cdots,n$,每个子系统的运动是周期的,那么类似于式(5.2.24)~式(5.2.26),式(7.3.3)的时间平均可以用对 $q_1,q_2,\cdots,q_n$ 的空间平均来代替,即

$$m_r(\boldsymbol{H})=\frac{\varepsilon^{2\mathcal{H}}}{T(\boldsymbol{H})}\oint\left(-\sum_{j,k=1}^n m_{jk}\frac{\partial H}{\partial p_j}\frac{\partial H_r}{\partial p_k}\right)\prod_{\mu=1}^n\left(1\bigg/\frac{\partial H_\mu}{\partial p_\mu}\right)\mathrm{d}q_\mu$$

$$\sum_{l=1}^m\sigma_{rl}(\boldsymbol{H})\sigma_{il}(\boldsymbol{H})=\frac{\varepsilon^{2\mathcal{H}}}{T(\boldsymbol{H})}\oint\left(\sum_{j,k=1}^n\sum_{l=1}^m g_{jl}g_{kl}\frac{\partial H_r}{\partial p_j}\frac{\partial H_i}{\partial p_k}\right)\prod_{\mu=1}^n\left(1\bigg/\frac{\partial H_\mu}{\partial p_\mu}\right)\mathrm{d}q_\mu \tag{7.3.4}$$

$$T(\boldsymbol{H})=\oint\prod_{\mu=1}^n\left(1\bigg/\frac{\partial H_\mu}{\partial p_\mu}\right)\mathrm{d}q_\mu,\quad r,i=1,2,\cdots,n$$

式(7.3.2)描述的 $H_r(t)$ 不是马尔可夫过程,只能用数值模拟才能得到它的概率统计量,一旦有了它的平稳概率密度 $p(\boldsymbol{h})$,那么按式(5.2.36),可由下式得原系统(7.1.1)的近似平稳概率密度

$$p(\boldsymbol{q},\boldsymbol{p})=\frac{p(\boldsymbol{h})}{T(\boldsymbol{h})}\bigg|_{\boldsymbol{h}=\boldsymbol{H}(\boldsymbol{q},\boldsymbol{p})} \tag{7.3.5}$$

若可以得到与式(7.1.3)相应的可积哈密顿系统的作用量 I_r 与角变量

Θ_r, $r = 1, 2, \cdots, n$ ，运用 2.5.4 节所述分数布朗运动的随机微分规则，可以从式(7.1.3)导出支配 I_r 与 Θ_r 的分数随机微分方程

$$\mathrm{d}I_r = -\varepsilon^{2\mathcal{H}} \sum_{j,k=1}^{n} m_{jk} \frac{\partial I_r}{\partial P_j} \frac{\partial H}{\partial P_k} \mathrm{d}t + \varepsilon^{\mathcal{H}} \sum_{j=1}^{n} \sum_{l=1}^{m} g_{jl} \frac{\partial I_r}{\partial P_j} \mathrm{d}B_{\mathrm{H}l}(t)$$

$$\mathrm{d}\Theta_r = \left(\omega_r - \varepsilon^{2\mathcal{H}} \sum_{j,k=1}^{n} m_{jk} \frac{\partial \Theta_r}{\partial P_j} \frac{\partial H}{\partial P_k} \right) \mathrm{d}t + \varepsilon^{\mathcal{H}} \sum_{j=1}^{n} \sum_{l=1}^{m} g_{jl} \frac{\partial \Theta_r}{\partial P_j} \mathrm{d}B_{\mathrm{H}l}(t) \quad (7.3.6)$$

$$r = 1, 2, \cdots, n$$

在非共振情形，$\boldsymbol{I}(t) = [I_1(t), I_2(t), \cdots, I_n(t)]^{\mathrm{T}}$ 为慢变过程，而 $\boldsymbol{\Theta}(t) = [\Theta_1(t), \Theta_2(t), \cdots, \Theta_n(t)]^{\mathrm{T}}$ 为快变过程. 按分数随机平均原理(Xu et al.，2014a，2014b)，当 $\varepsilon \to 0$ 时，$\boldsymbol{I}(t)$ 均方收敛于下列平均分数随机微分方程支配的过程

$$\mathrm{d}I_r = m_r(\boldsymbol{I})\mathrm{d}t + \sum_{l=1}^{m} \sigma_{rl}(\boldsymbol{I})\mathrm{d}B_{\mathrm{H}l}(t), \quad r = 1, 2, \cdots, n \quad (7.3.7)$$

式(7.3.7)的系数由式(7.3.6)中 $\mathrm{d}I_r$ 方程的系数作时间平均确定. 鉴于可积非共振哈密顿系统在 I_r 为常数的 n 维环面上遍历，类似于式(5.2.9)和式(5.2.10)，时间平均可代之以对角变量的空间平均，于是

$$m_r(\boldsymbol{I}) = \frac{\varepsilon^{2\mathcal{H}}}{(2\pi)^n} \int_0^{2\pi} \left(-\sum_{j,k=1}^{n} m_{jk} \frac{\partial I_r}{\partial p_j} \frac{\partial H}{\partial p_k} \right) \mathrm{d}\boldsymbol{\theta}$$

$$\sum_{l=1}^{m} \sigma_{rl}(\boldsymbol{I})\sigma_{il}(\boldsymbol{I}) = \frac{\varepsilon^{2\mathcal{H}}}{(2\pi)^n} \int_0^{2\pi} \left(\sum_{j,k=1}^{n} \sum_{l=1}^{m} g_{jl} g_{kl} \frac{\partial I_r}{\partial p_j} \frac{\partial I_i}{\partial p_k} \right) \mathrm{d}\boldsymbol{\theta} \quad (7.3.8)$$

$$r, i = 1, 2, \cdots, n$$

式中 $\int_0^{2\pi} (\cdot)\mathrm{d}\boldsymbol{\theta}$ 表示对 $\theta_1, \theta_2, \cdots, \theta_n$ 的 n 重积分.

对平均分数随机微分方程(7.3.7)作数值模拟，可以得到平稳概率密度 $p(\boldsymbol{I})$ ，类似于式(5.2.34)，由它可得原系统(7.1.1)的近似平稳概率密度

$$p(\boldsymbol{q}, \boldsymbol{p}) = \frac{p(\boldsymbol{I})}{(2\pi)^n} \bigg|_{\boldsymbol{I} = \boldsymbol{I}(\boldsymbol{q}, \boldsymbol{p})} \quad (7.3.9)$$

例 7.3.1 考虑受分数高斯噪声激励的线性和非线性阻尼耦合的两个线性振子组成的系统(Deng and Zhu，2018)，其运动方程为

$$\ddot{X}_1 + \alpha_{11}\dot{X}_1 + \alpha_{12}\dot{X}_2 + \beta_1(X_1^2 + X_2^2)\dot{X}_1 + \omega_1^2 X_1 = \sqrt{2D_1}W_{\mathrm{H}1}(t)$$

$$\ddot{X}_2 + \alpha_{21}\dot{X}_1 + \alpha_{22}\dot{X}_2 + \beta_2(X_1^2 + X_2^2)\dot{X}_2 + \omega_2^2 X_2 = \sqrt{2D_2}W_{\mathrm{H}2}(t) \quad (7.3.10)$$

方程中 α_{ij} 、β_i 、ω_i 和 $2D_i$ $(i, j = 1, 2)$ 是常数；α_{ij} 、β_i 、D_i 同为 $\varepsilon^{2\mathcal{H}}$ 阶小量；$W_{\mathrm{H}1}(t)$ ，

$W_{H2}(t)$ 是赫斯特指数 $\mathcal{H} \in (1/2,1)$ 的独立的单位分数高斯噪声.

令 $X_1 = Q_1$，$X_2 = Q_2$，$\dot{X}_1 = P_1$，$\dot{X}_2 = P_2$. 式(7.3.10)可转化为如下分数高斯噪声激励的拟哈密顿系统

$$
\begin{aligned}
&\dot{Q}_1 = P_1 \\
&\dot{P}_1 = -\omega_1^2 Q_1 - [\alpha_{11} + \beta_1(Q_1^2 + Q_2^2)]P_1 - \alpha_{12}P_2 + \sqrt{2D_1}W_{H1}(t) \\
&\dot{Q}_2 = P_2 \\
&\dot{P}_2 = -\omega_2^2 Q_2 - [\alpha_{22} + \beta_2(Q_1^2 + Q_2^2)]P_2 - \alpha_{21}P_1 + \sqrt{2D_2}W_{H2}(t)
\end{aligned}
\tag{7.3.11}
$$

与系统(7.3.11)相应的哈密顿函数为

$$
H = H_1 + H_2, \quad H_j = \frac{1}{2}(p_j^2 + \omega_j^2 q_j^2), \quad j = 1,2
\tag{7.3.12}
$$

H 可分离，与 H_1, H_2 相应的振子运动是周期的. 假定两振子固有频率之间不满足弱共振关系 $k_1\omega_1 + k_2\omega_2 = O(\varepsilon^{2\mathcal{H}})$，那么，系统(7.3.11)是非内共振的. 按本节描述的拟可积哈密顿系统随机平均法，可建立如下用前向积分定义的平均分数随机微分方程

$$
\mathrm{d}H_r = m_r(H_1, H_2)\mathrm{d}t + \sum_{l=1}^{2}\sigma_{rl}(H_1, H_2)\mathrm{d}B_{Hl}(t), \quad r = 1,2
\tag{7.3.13}
$$

式中系数按式(7.3.4)得到为

$$
\begin{aligned}
m_1 &= -\alpha_{11}H_1 - \frac{\beta_1}{2\omega_1^2}H_1^2 - \frac{\beta_1}{\omega_2^2}H_1 H_2 \\
m_2 &= -\alpha_{22}H_2 - \frac{\beta_2}{2\omega_2^2}H_2^2 - \frac{\beta_2}{\omega_1^2}H_1 H_2
\end{aligned}
\tag{7.3.14}
$$

$$
\sigma_{11}^2 = 2D_1 H_1, \quad \sigma_{22}^2 = 2D_2 H_2, \quad \sum_{l=1}^{2}\sigma_{1l}\sigma_{2l} = 0
$$

对方程(7.3.13)进行数值模拟可以得到平稳概率密度 $p(h_1, h_2)$，运用式(7.3.5)可近似得到式(7.3.10)的联合平稳概率密度 $p(q_1, q_2, p_1, p_2)$、边缘概率密度 $p(q_1, q_2)$ 及统计量 $E[Q_1^2]$、$E[Q_2^2]$ 如下

$$
p(q_1, q_2, p_1, p_2) = \left. \frac{\omega_1\omega_2 p(h_1, h_2)}{4\pi^2}\right|_{\substack{h_1=(1/2)(p_1^2+\omega_1^2 q_1^2) \\ h_2=(1/2)(p_2^2+\omega_2^2 q_2^2)}}
$$

$$
p(q_1, q_2) = \int_{-\infty}^{\infty}\int_{-\infty}^{\infty} p(q_1, q_2, p_1, p_2)\mathrm{d}p_1\mathrm{d}p_2
\tag{7.3.15}
$$

$$
E[Q_1^2] = \int_{-\infty}^{\infty}\int_{-\infty}^{\infty} q_1^2 p(q_1, q_2)\mathrm{d}q_1\mathrm{d}q_2, \quad E[Q_2^2] = \int_{-\infty}^{\infty}\int_{-\infty}^{\infty} q_2^2 p(q_1, q_2)\mathrm{d}q_1\mathrm{d}q_2
$$

图 7.3.1～图 7.3.3 示出了对平均分数随机微分方程(7.3.13)和原系统(7.3.10)作数

值模拟得到的平稳概率密度 $p(h_1)$、$p(h_2)$、$p(h_1,h_2)$ 及均值，可见两种模拟结果符合得较好. 图 7.3.4～图 7.3.6 示出了位移的联合平稳概率 $p(q_1,q_2)$ 和各自的均方值 $E[Q_1^2]$、$E[Q_2^2]$. 可见，当赫斯特指数 $\mathcal{H}$ 接近 1/2 时，来自平均方程和原系统的结果符合得较好，随着 $\mathcal{H}$ 逐渐增大，两种模拟结果之间的误差逐渐增大. 这是因为分数高斯噪声的相关时间随着赫斯特指数 $\mathcal{H}$ 的增大而增大，而系统的松弛时间并无变化，随机平均法的适用性随 $\mathcal{H}$ 的增大而逐渐变差.

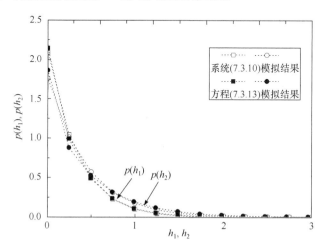

图 7.3.1   分别从平均随机微分方程(7.3.13)和原系统(7.3.10)模拟得到的 $p(h_1)$ 和 $p(h_2)$. 参数值为
$\alpha_{11}=0.1$，$\alpha_{12}=0.0$，$\alpha_{21}=0.0$，$\alpha_{22}=0.2$，$\beta_1=0.1$，$\beta_2=0.2$，$\omega_1=1.0$，$\omega_2=1.414$，
$D_1=0.05$，$D_2=0.15$，$\mathcal{H}=0.75$ (Deng and Zhu，2018)

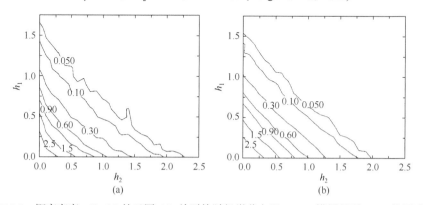

图 7.3.2   概率密度 $p(h_1,h_2)$ 的云图. (a) 从平均随机微分方程(7.3.13)模拟得到；(b) 从原系统
(7.3.10)模拟得到. 参数值与图 7.3.1 相同(Deng and Zhu，2018)

例 7.3.2   考虑受分数高斯噪声激励的范德堡振子和杜芬振子相耦合的系统
(Deng and Zhu，2018)，其运动方程为

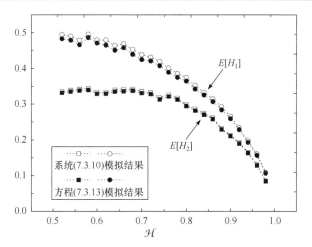

图 7.3.3　分别从平均随机微分方程(7.3.13)和原系统(7.3.10)模拟得到的 $E[H_1]$ 和 $E[H_2]$ 随赫斯特
指数 $\mathcal{H}$ 的变化，参数值与图 7.3.1 相同(Deng and Zhu，2018)

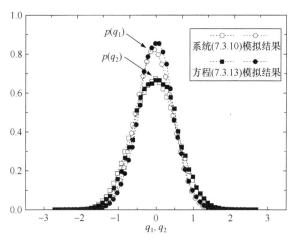

图 7.3.4　分别从平均随机微分方程(7.3.13)和原系统(7.3.10)模拟得到的 $p(q_1)$ 和 $p(q_2)$，参数值与
图 7.3.1 相同(Deng and Zhu，2018)

$$\ddot{X}_1 + (-\beta_1 + \alpha_1 X_1^2 + \alpha_2 X_2^4 + \alpha_3 \dot{X}_2^2)\dot{X}_1 + \omega^2 X_1 = \sqrt{2D_1}W_{\mathrm{H1}}(t)$$
$$\ddot{X}_2 + (\beta_2 + \alpha_4 X_1^2)\dot{X}_2 + kX_2^3 = \sqrt{2D_2}W_{\mathrm{H2}}(t) \tag{7.3.16}$$

式中 $\alpha_1, \alpha_2, \alpha_3, \alpha_4, \beta_1, \beta_2, \omega, k$ 是正常数；$W_{\mathrm{H1}}(t), W_{\mathrm{H2}}(t)$ 是 $\mathcal{H} \in (1/2,1)$、独立的单位
分数高斯噪声，激励强度分别为 $2D_1$ 和 $2D_2$；$\alpha_j\,(j=1,2,3,4)$，$\beta_i, D_i\,(i=1,2)$ 同为
$\varepsilon^{2\mathcal{H}}$ 阶小量.

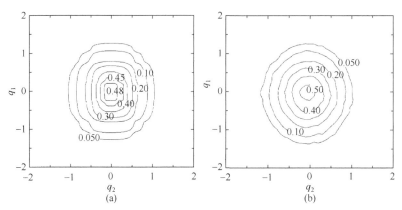

图 7.3.5 概率密度 $p(q_1,q_2)$ 的云图，(a) 从随机微分方程(7.3.13)模拟得到；(b) 从原系统(7.3.10) 模拟得到，参数值与图 7.3.1 相同 (Deng and Zhu，2018)

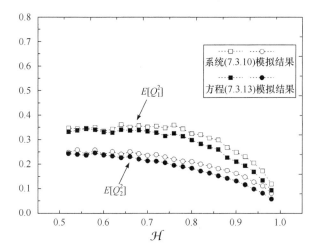

图 7.3.6 分别从平均随机微分方程(7.3.13)(计算耗时 503s)和原系统(7.3.10)(计算耗时 941s)模 拟得到的 $E[Q_1^2]$ 和 $E[Q_2^2]$ 随赫斯特指数 $\mathcal{H}$ 的变化，参数值与图 7.3.1 相同(Deng and Zhu，

2018)

令 $X_1 = Q_1$，$X_2 = Q_2$，$\dot{X}_1 = P_1$，$\dot{X}_2 = P$．系统(7.3.16)可转化为如下分数高斯噪声激励的拟哈密顿系统

$$
\begin{aligned}
\dot{Q}_1 &= P_1 \\
\dot{P}_1 &= -\omega^2 Q_1 - (-\beta_1 + \alpha_1 Q_1^2 + \alpha_2 Q_2^4 + \alpha_3 P_2^2)P_1 + \sqrt{2D_1}W_{H1}(t) \\
\dot{Q}_2 &= P_2 \\
\dot{P}_2 &= -kQ_2^3 - (\beta_2 + \alpha_4 Q_1^2)P_2 + \sqrt{2D_2}W_{H2}(t)
\end{aligned}
\tag{7.3.17}
$$

并可进一步转换为前向积分定义的分数随机微分方程

$$dQ_1 = P_1 dt$$
$$dP_1 = [-\omega^2 Q_1 - (-\beta_1 + \alpha_1 Q_1^2 + \alpha_2 Q_2^4 + \alpha_3 P_2^2) P_1] dt + \sqrt{2D_1} dB_{H1}(t)$$
$$dQ_2 = P_2 dt$$
$$dP_2 = [-kQ_2^3 - (\beta_2 + \alpha_4 Q_1^2) P_2] dt + \sqrt{2D_2} dB_{H2}(t)$$

(7.3.18)

与系统(7.3.18)相应的哈密顿函数为

$$H = H_1 + H_2$$
$$H_1 = \frac{1}{2}(p_1^2 + \omega^2 q_1^2), \quad H_2 = \frac{1}{2} p_2^2 + \frac{1}{4} k q_2^4$$

(7.3.19)

H 可分离, 与 H_1 和 H_2 相应的子系统运动是周期的. 与式(7.3.18)相应的哈密顿系统是可积非共振的, 类似于例 7.3.1, 可从式(7.3.18)导得支配 H_1、H_2 的平均分数随机微分方程(7.3.13), 其系数按式(7.3.4)可得为

$$m_1 = \beta_1 H_1 - \frac{\alpha_1}{2w^2} H_1^2 - \frac{4}{3}\left(\frac{\alpha_2}{k} + \alpha_3\right) H_1 H_2$$

$$m_2 = -\frac{4\beta_2}{3} H_2 - \frac{4\alpha_4}{3\omega^2} H_1 H_2$$

(7.3.20)

$$\sigma_{11}^2 = 2D_1 H_1, \quad \sigma_{22}^2 = \frac{8}{3} D_2 H_2, \quad \sum_{l=1}^{2} \sigma_{1l}\sigma_{2l} = 0$$

$$T(H_1, H_2) = \frac{4\pi B(1/4, 1/2)}{\sqrt{2}\omega} (4kH_2)^{-1/4}$$

式中 $B(\cdot,\cdot)$ 是 Beta 函数.

对以式(7.3.20)为系数的方程(7.3.13)进行数值模拟可以得到平稳概率密度 $p(h_1, h_2)$, 然后按式(7.3.5), 从 $p(h_1, h_2)$ 导得原系统(7.3.16)的近似联合平稳概率密度 $p(q_1, q_2, p_1, p_2)$ 如下

$$p(q_1, q_2, p_1, p_2) = \frac{p(h_1, h_2)}{T(h_1, h_2)} \Bigg|_{\substack{h_1 = (1/2)(p_1^2 + \omega^2 q_1^2), \\ h_2 = p_2^2/2 + k q_2^4/4}}$$

(7.3.21)

由此可得位移平稳概率密度 $p(q_1)$ 和 $p(q_2)$, 以及均方值 $E[Q_1^2]$ 和 $E[Q_2^2]$.

平稳概率密度 $p(h_1, h_2)$ 和均值 $E[H_1]$、$E[H_2]$ 的数值结果绘制在图 7.3.7~图 7.3.9 中, 可见, 来自平均方程(7.3.13)和来自原系统(7.3.16)的模拟结果颇为相符. 位移的联合平稳概率密度 $p(q_1, q_2)$ 和均方值 $E[Q_1^2]$、$E[Q_2^2]$ 显示在图 7.3.10~图 7.3.12 中, 平均方程模拟结果和原系统模拟结果的误差较小.

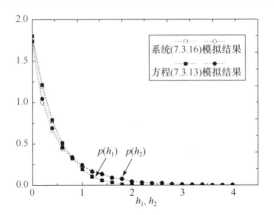

图 7.3.7　分别从平均随机微分方程(7.3.13)和原系统(7.3.16)模拟得到的 $p(h_1)$ 和 $p(h_2)$ ，参数值为 $\alpha_1 = 0.2$ ， $\alpha_2 = 0.1$ ， $\alpha_3 = 0.1$ ， $\alpha_4 = 0.4$ ， $\beta_1 = 0.05$ ， $\beta_2 = 0.1$ ， $\omega = 1.0$ ， $k = 1.0$ ， $D_1 = 0.05$ ， $D_2 = 0.15$ ， $\mathcal{H} = 0.75$ (Deng and Zhu，2018)

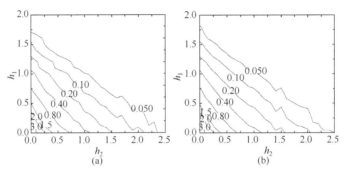

图 7.3.8　概率密度 $p(h_1, h_2)$ 的云图，(a) 从平均随机微分方程(7.3.13)模拟得到；(b) 从原系统 (7.3.16)模拟得到，参数值与图 7.3.7 相同(Deng and Zhu，2018)

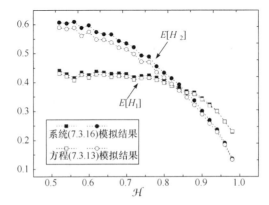

图 7.3.9　分别从平均随机微分方程(7.3.13)和原系统(7.3.16)模拟得到的 $E[H_1]$ 和 $E[H_2]$ 随赫斯特指数指数 $\mathcal{H}$ 的变化，参数值与图 7.3.7 相同(Deng and Zhu，2018)

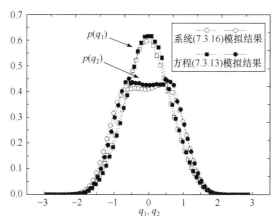

图 7.3.10　分别从平均随机微分方程(7.3.13)和原系统(7.3.16)模拟得到的 $p(q_1)$ 和 $p(q_2)$，参数与图 7.3.7 相同(Deng and Zhu，2018)

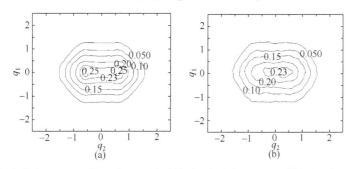

图 7.3.11　概率密度 $p(q_1,q_2)$ 的云图，(a) 从平均随机微分方程(7.3.13)模拟得到；(b) 从原系统(7.3.16)模拟得到，参数值与图 7.3.7 相同(Deng and Zhu，2018)

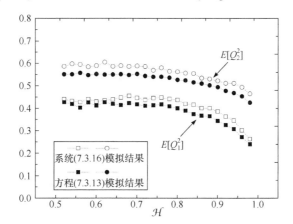

图 7.3.12　分别从平均随机微分方程(7.3.13)(计算耗时 247s)和原系统(7.3.16)(计算耗时 852s)模拟得到的 $E[Q_1^2]$ 和 $E[Q_2^2]$ 随赫斯特指数 $\mathcal{H}$ 的变化，参数值与图 7.3.7 相同(Deng and Zhu，2018)

7.3.2 内共振情形

设与式 (7.1.3) 相应的哈密顿系统可积内共振，共有 $1 \leqslant \alpha < n$ 个形为 $\sum_{i=1}^{n} k_i^u \omega_i = O(\varepsilon^{2\mathcal{H}})$ $(u=1,2,\cdots,\alpha)$ 的弱共振关系，此时引入以下 α 个角变量组合

$$\Psi_u = \sum_{i=1}^{n} k_i^u \Theta_i, \quad u = 1, 2, \cdots, \alpha \tag{7.3.22}$$

可从式(7.3.6)中 Θ_r 方程作线性组合得到下列支配 Ψ_u 的分数随机微分方程

$$\mathrm{d}\Psi_u = \left[O_u(\varepsilon^{2\mathcal{H}}) - \varepsilon^{2\mathcal{H}} \sum_{j,k=1}^{n} m_{jk} \frac{\partial \Psi_u}{\partial P_j} \frac{\partial H}{\partial P_k} \right] \mathrm{d}t + \varepsilon^{\mathcal{H}} \sum_{j=1}^{n} \sum_{l=1}^{m} g_{jl} \frac{\partial \Psi_u}{\partial P_j} \mathrm{d}B_{\mathrm{H}l}(t)$$

$$u = 1, 2, \cdots, \alpha$$

$$\tag{7.3.23}$$

此时系统由式(7.3.23)中 α 个 Ψ_u 的方程和式(7.3.6)中 n 个 I_r 的方程及 $(n-\alpha)$ 个 Θ_r 的方程组成，其中 $\boldsymbol{I}(t), \boldsymbol{\Psi}(t) = [\Psi_1(t), \Psi_2(t), \cdots, \Psi_\alpha(t)]^{\mathrm{T}}$ 为慢变过程，而 $\boldsymbol{\Theta}_1(t) = [\Theta_1(t), \Theta_2(t), \cdots, \Theta_{n-\alpha}(t)]^{\mathrm{T}}$ 为快变过程，按分数随机平均原理(Xu et al.，2014a，2014b)，当 $\varepsilon \to 0$ 时，$\boldsymbol{I}(t), \boldsymbol{\Psi}(t)$ 均方收敛于下列平均分数随机微分方程支配的过程

$$\mathrm{d}I_r = m_r(\boldsymbol{I}, \boldsymbol{\Psi})\mathrm{d}t + \sum_{l=1}^{m} \sigma_{rl}(\boldsymbol{I}, \boldsymbol{\Psi})\mathrm{d}B_{\mathrm{H}l}(t)$$

$$\mathrm{d}\Psi_u = m_u(\boldsymbol{I}, \boldsymbol{\Psi})\mathrm{d}t + \sum_{l=1}^{m} \sigma_{ul}(\boldsymbol{I}, \boldsymbol{\Psi})\mathrm{d}B_{\mathrm{H}l}(t) \tag{7.3.24}$$

$$r = 1, 2, \cdots, n; \quad u = 1, 2, \cdots, \alpha$$

方程中的系数由式(7.3.6)中 I_r 的方程与式(7.3.23)中 Ψ_u 的方程系数作时间平均得到. 鉴于可积内共振哈密顿系统在 $(n-\alpha)$ 维非共振子环面上遍历，时间平均可代之以 $(n-\alpha)$ 维相位角矢量 $\boldsymbol{\theta}_1$ 空间平均，于是

$$m_r(\boldsymbol{I}, \boldsymbol{\Psi}) = \frac{\varepsilon^{2\mathcal{H}}}{(2\pi)^{n-\alpha}} \int_0^{2\pi} \left(-\sum_{j,k=1}^{n} m_{jk} \frac{\partial I_r}{\partial p_k} \frac{\partial H}{\partial p_j} \right) \mathrm{d}\boldsymbol{\theta}_1$$

$$m_u(\boldsymbol{I}, \boldsymbol{\Psi}) = O_u(\varepsilon^{2\mathcal{H}}) + \frac{\varepsilon^{2\mathcal{H}}}{(2\pi)^{n-\alpha}} \int_0^{2\pi} \left(-\sum_{j,k=1}^{n} m_{jk} \frac{\partial \Psi_u}{\partial p_k} \frac{\partial H}{\partial p_j} \right) \mathrm{d}\boldsymbol{\theta}_1$$

$$\sum_{l=1}^{m} \sigma_{rl}\sigma_{il}(\boldsymbol{I}, \boldsymbol{\Psi}) = \frac{\varepsilon^{2\mathcal{H}}}{(2\pi)^{n-\alpha}} \int_0^{2\pi} \left(\sum_{j,k=1}^{n} \sum_{l=1}^{m} g_{jl}g_{kl} \frac{\partial I_r}{\partial p_j} \frac{\partial I_i}{\partial p_k} \right) \mathrm{d}\boldsymbol{\theta}_1 \tag{7.3.25}$$

$$\sum_{l=1}^{m}\sigma_{rl}\sigma_{ul}(\boldsymbol{I},\boldsymbol{\Psi})=\frac{\varepsilon^{2\mathcal{H}}}{(2\pi)^{n-\alpha}}\int_{0}^{2\pi}\sum_{j,k=1}^{n}\sum_{l=1}^{m}g_{jl}g_{kl}\frac{\partial I_{r}}{\partial p_{j}}\frac{\partial \Psi_{u}}{\partial p_{k}}\mathrm{d}\boldsymbol{\theta}_{1}$$

$$\sum_{l=1}^{m}\sigma_{ul}\sigma_{vl}(\boldsymbol{I},\boldsymbol{\Psi})=\frac{\varepsilon^{2\mathcal{H}}}{(2\pi)^{n-\alpha}}\int_{0}^{2\pi}\sum_{j,k=1}^{n}\sum_{l=1}^{m}g_{jl}g_{kl}\frac{\partial \Psi_{u}}{\partial p_{j}}\frac{\partial \Psi_{v}}{\partial p_{k}}\mathrm{d}\boldsymbol{\theta}_{1}$$

$$r,i=1,2,\cdots,n;\ \ u,v=1,2,\cdots,\alpha$$

式中 $\int_{0}^{2\pi}(\cdot)\mathrm{d}\boldsymbol{\theta}_{1}$ 表示对 $\boldsymbol{\theta}_{1}=[\theta_{1},\theta_{2},\cdots,\theta_{n-\alpha}]^{\mathrm{T}}$ 的 $(n-\alpha)$ 重积分. 可见平均方程 (7.3.24) 的维数等于作用变量数 n 加上共振关系数 α , 小于原系统的维数 $2n$. 对式 (7.3.24)作数值模拟可得平稳概率密度, 按式(5.2.57), 可得原系统(7.1.1)的近似概率密度

$$p(\boldsymbol{q},\boldsymbol{p})=\frac{1}{(2\pi)^{n-\alpha}}p(\boldsymbol{I},\boldsymbol{\psi})\left|\frac{\partial(\boldsymbol{I},\boldsymbol{\psi},\boldsymbol{\theta}_{1})}{\partial(\boldsymbol{q},\boldsymbol{p})}\right| \tag{7.3.26}$$

例 7.3.3 考虑如下受分数高斯噪声激励的拟可积内共振哈密顿系统(Lü et al., 2017a)

$$\dot{Q}_{1}=P_{1},\quad \dot{Q}_{2}=P_{2}$$
$$\dot{P}_{1}=-\omega_{1}^{2}Q_{1}-\alpha_{11}P_{1}-\alpha_{12}P_{2}+\sqrt{2D_{1}}W_{\mathrm{H1}}(t) \tag{7.3.27}$$
$$\dot{P}_{2}=-\omega_{2}^{2}Q_{2}-\alpha_{22}P_{2}-\alpha_{21}P_{1}+\sqrt{2D_{2}}W_{\mathrm{H2}}(t)$$

式(7.3.27)可转换为前向积分定义的分数随机微分方程

$$\mathrm{d}Q_{1}=P_{1}\mathrm{d}t,\quad \mathrm{d}Q_{2}=P_{2}\mathrm{d}t$$
$$\mathrm{d}P_{1}=\left(-\omega_{1}^{2}Q_{1}-\alpha_{11}P_{1}-\alpha_{12}P_{2}\right)\mathrm{d}t+\sqrt{2D_{1}}\mathrm{d}B_{\mathrm{H1}}(t) \tag{7.3.28}$$
$$\mathrm{d}P_{2}=\left(-\omega_{2}^{2}Q_{2}-\alpha_{22}P_{2}-\alpha_{21}P_{1}\right)\mathrm{d}t+\sqrt{2D_{2}}\mathrm{d}B_{\mathrm{H2}}(t)$$

式(7.3.27)具有如下哈密顿函数 H、作用量 I_{i} 和角变量 θ_{i}

$$H=\sum_{i=1}^{2}\omega_{i}I_{i},\quad I_{i}=\frac{1}{2\omega_{i}}(p_{i}^{2}+\omega_{i}^{2}q_{i}^{2}),\quad \theta_{i}=-\arctan(p_{i}/\omega_{i}q_{i}),\ \ i=1,2 \tag{7.3.29}$$

假定两个振子的频率是相等的, $\omega_{1}=\omega_{2}$, 令相位差为

$$\psi=\theta_{1}-\theta_{2} \tag{7.3.30}$$

运用本节描述的拟可积内共振哈密顿系统随机平均法, 可得如下平均分数随机微分方程

$$\mathrm{d}I_{1}=\bar{m}_{1}(I_{1},I_{2},\Psi)\mathrm{d}t+\bar{\sigma}_{11}(I_{1},I_{2},\Psi)\mathrm{d}B_{\mathrm{H1}}(t)$$
$$\mathrm{d}I_{2}=\bar{m}_{2}(I_{1},I_{2},\Psi)\mathrm{d}t+\bar{\sigma}_{22}(I_{1},I_{2},\Psi)\mathrm{d}B_{\mathrm{H2}}(t) \tag{7.3.31}$$
$$\mathrm{d}\Psi=\bar{m}_{3}(I_{1},I_{2},\Psi)\mathrm{d}t+\bar{\sigma}_{33}(I_{1},I_{2},\Psi)\mathrm{d}B_{\mathrm{H3}}(t)$$

式中系数可按式(7.3.25)导得如下

$$\bar{m}_1(I_1, I_2, \psi) = -\alpha_{11}I_1 - \alpha_{12}(\omega_2/\omega_1)^{1/2}(I_1 I_2)^{1/2}\cos\psi$$

$$\bar{m}_2(I_1, I_2, \psi) = -\alpha_{22}I_2 - \alpha_{21}(\omega_1/\omega_2)^{1/2}(I_1 I_2)^{1/2}\cos\psi$$

$$\bar{m}_3(I_1, I_2, \psi) = \left\{ \left[\alpha_{12}(I_2/I_1)^{1/2}\omega_2^2 + \alpha_{21}(I_1/I_2)^{1/2}\omega_1^2 \right] \Big/ 2(\omega_1\omega_2)^{1/2} \right\}\sin\psi$$

$$\bar{\sigma}_{11}^2 = 2D_1 I_1/\omega_1, \quad \bar{\sigma}_{22}^2 = 2D_2 I_2/\omega_2 \tag{7.3.32}$$

$$\bar{\sigma}_{33}^2 = \left(\omega_2^2 D_1/I_1\omega_1 + \omega_1^2 D_2/I_2\omega_2 \right) \Big/ 2$$

$$\bar{\sigma}_{12}^2 = \bar{\sigma}_{13}^2 = \bar{\sigma}_{23}^2 = 0$$

对以式(7.3.32)为系数的方程(7.3.31)进行数值模拟得到 $p(I_1, I_2, \psi)$,再对 ψ 进行积分可以得到平稳概率密度 $p(I_1, I_2)$. 按式(7.3.26)可以得到联合概率密度 $p(q_1, q_2, p_1, p_2)$,积分得边缘概率密度 $p(q_1, q_2)$ 以及其他统计量 $E[Q_1^2]$、$E[Q_2^2]$,即

$$p(q_1, q_2, p_1, p_2) = \frac{\omega_1\omega_2 p(I_1, I_2)}{4\pi^2}\bigg|_{\substack{I_1 = (p_1^2 + \omega_1^2 q_1^2)/(2\omega_1) \\ I_2 = (p_2^2 + \omega_2^2 q_2^2)/(2\omega_2)}}$$

$$p(q_1, q_2) = \int_{-\infty}^{\infty}\int_{-\infty}^{\infty} p(q_1, q_2, p_1, p_2)\mathrm{d}p_1\mathrm{d}p_2 \tag{7.3.33}$$

$$E[Q_1^2] = \int_{-\infty}^{\infty}\int_{-\infty}^{\infty} q_1^2 p(q_1, q_2)\mathrm{d}q_1\mathrm{d}q_2, \quad E[Q_2^2] = \int_{-\infty}^{\infty}\int_{-\infty}^{\infty} q_2^2 p(q_1, q_2)\mathrm{d}q_1\mathrm{d}q_2$$

图 7.3.13 显示系统(7.3.27)中 I_1、I_2、Ψ 是慢变过程而 Θ_1 是快变过程. 图 7.3.14~

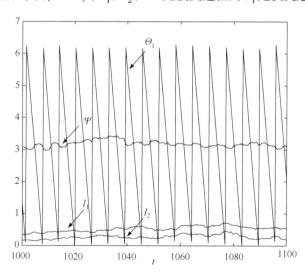

图 7.3.13　系统(7.3.27)中随机过程 I_1, I_2, Ψ, Θ_1 的样本. 参数值为 $\alpha_{11} = 0.05$, $\alpha_{12} = 0.07$, $\alpha_{21} = 0.07$, $\alpha_{22} = 0.1$, $\omega_1 = 1.0$, $\omega_2 = 1.0$, $D_1 = 0.0005$, $D_2 = 0.001$, $\mathcal{H} = 0.7$ (Lü et al., 2017a)

图 7.3.17 依次给出了分别从式(7.3.27)和式(7.3.31)数值模拟得到平稳概率密度 $p(I_1,I_2)$ 等高线, $p(I_1)$、$p(I_2)$ 及 I_1,I_2 的均方值, 从图中可看出, 两者结果吻合得很好. 图 7.3.18～图 7.3.21 给出了模拟所得之联合平稳概率密度 $p(q_1,p_1)$, 平稳概率密度 $p(q_1)$、$p(q_2)$、$p(\psi)$ 以及均方值 $E[Q_1^2]$、$E[Q_2^2]$. 从这些图中可以看出, 对于赫斯特指数 $\mathcal{H}$ 接近 1/2, 从平均分数随机微分方程(7.3.31)模拟的结果与从原始系统(7.3.27)模拟的结果相符合, 但是随着 $\mathcal{H}$ 值增大, 两个结果之间的误差稍大. 这是因为分数高斯噪声的相关时间随着指数的增加而增加, 随着指数接近 1 而接近无穷大, 而系统的松弛时间不变, 因此当指数接近 1 时, 该随机平均法的预测效果误差较大.

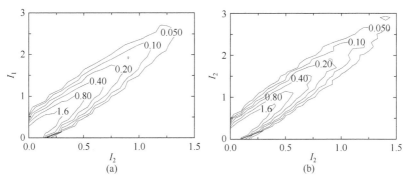

图 7.3.14　作用变量 I_1,I_2 的平稳联合概率密度 $p(I_1,I_2)$ 的等高线. (a) 从平均分数随机微分方程 (7.3.31)模拟得到; (b) 从原系统(7.3.27)模拟得到. 参数值与图 7.3.13 相同(Lü et al., 2017a)

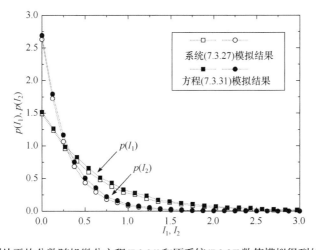

图 7.3.15　分别从平均分数随机微分方程(7.3.31)和原系统(7.3.27)数值模拟得到的作用变量 I_1,I_2 的平稳概率密度 $p(I_1),p(I_2)$. 参数值与图 7.3.13 中的参数相同. 对于 40000 个样本, 原始系统的模拟时间为 421s, 而平均分数随机微分方程的模拟时间为 289s(Lü et al., 2017a)

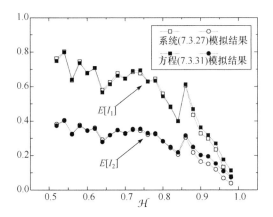

图 7.3.16　分别从平均分数随机微分方程(7.3.31)和原系统(7.3.27)模拟得到的作用变量的均值
$E[I_1]$、$E[I_2]$. 参数值与图 7.3.13 相同(Lü et al.，2017a)

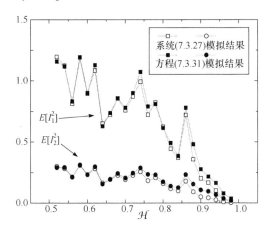

图 7.3.17　分别从平均分数随机微分方程(7.3.31)和原系统(7.3.27)模拟得到的作用变量的均方值
$E[I_1^2]$、$E[I_2^2]$. 参数值与图 7.3.13 相同(Lü et al.，2017a)

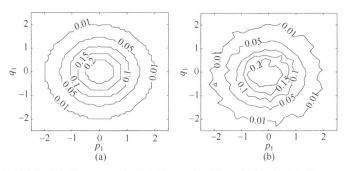

图 7.3.18　平稳联合概率密度 $p(q_1, p_1)$ 的等高线. (a) 从平均分数随机微分方程(7.3.31)模拟得到；
(b)从原系统(7.3.27)模拟得到. 参数值与图 7.3.13 相同(Lü et al.，2017a)

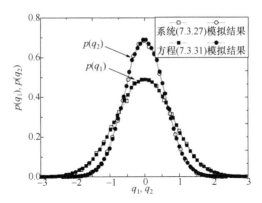

图 7.3.19　分别从平均分数随机微分方程(7.3.31)和原系统(7.3.27)模拟得到的平稳概率密度
$p(q_1)$、$p(q_2)$. 参数值与图 7.3.13 相同(Lü et al., 2017a)

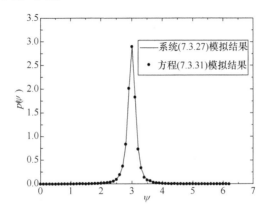

图 7.3.20　从平均分数微分方程(7.3.31)和原系统(7.3.27)模拟得到的相位差的平稳概率密度 $p(\psi)$.
参数值与图 7.3.13 相同(Lü et al., 2017a)

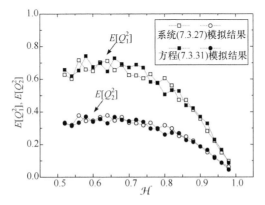

图 7.3.21　从平均分数微分方程(7.3.31)和原系统(7.3.27)模拟得到的均方值 $E[Q_1^2]$、$E[Q_2^2]$. 参数值
与图 7.3.13 相同(Lü et al., 2017a)

7.4　拟部分可积哈密顿系统

7.4.1　非内共振情形

设与式(7.1.3)相应的哈密顿系统部分可积非共振，共有 r 个独立对合的首次积分 $H_1, H_2, \cdots, H_r$，$r(1 < r < n)$ 并可分离，系统哈密顿函数可表示为

$$H(\boldsymbol{q}, \boldsymbol{p}) = \sum_{\eta=1}^{r-1} H_\eta(\boldsymbol{q}_1, \boldsymbol{p}_1) + H_r(\boldsymbol{q}_2, \boldsymbol{p}_2) \tag{7.4.1}$$

式中 $\boldsymbol{q}_1 = [q_1, q_2, \cdots, q_{r-1}]^{\mathrm{T}}$，$\boldsymbol{p}_1 = [p_1, p_2, \cdots, p_{r-1}]^{\mathrm{T}}$，$\boldsymbol{q}_2 = [q_r, q_{r+1}, \cdots, q_n]^{\mathrm{T}}$，$\boldsymbol{p}_2 = [p_r, p_{r+1}, \cdots, p_n]^{\mathrm{T}}$. 可积哈密顿子系统的哈密顿函数为 $H_1, H_2, \cdots, H_{r-1}$ 之和，不可积哈密顿子系统的哈密顿函数为 H_r.

对于可积哈密顿子系统，若能得到作用-角变量 I_η, θ_η，那么式(7.4.1)可表示为

$$H(\boldsymbol{I}', \boldsymbol{q}_2, \boldsymbol{p}_2) = \sum_{\eta=1}^{r-1} H_\eta(I_\eta) + H_r(\boldsymbol{q}_2, \boldsymbol{p}_2) \tag{7.4.2}$$

式中 $\boldsymbol{I}' = [I_1, I_2, \cdots, I_{r-1}]^{\mathrm{T}}$. 应用分数随机微分规则，由式(7.1.3)可导得如下 I_η, Θ_η, H_r 的分数随机微分方程

$$\mathrm{d}I_\eta = \varepsilon^{2\mathcal{H}} \sum_{j=1}^{n} \sum_{\eta'=1}^{r-1} \left(-m_{\eta'j} \frac{\partial I_\eta}{\partial P_{\eta'}} \frac{\partial H}{\partial P_j} \right) \mathrm{d}t + \varepsilon^{\mathcal{H}} \sum_{\eta'=1}^{r-1} \sum_{l=1}^{m} g_{\eta'l} \frac{\partial I_\eta}{\partial P_{\eta'}} \mathrm{d}B_{\mathrm{H}l}(t)$$

$$\mathrm{d}\Theta_\eta = \left[\omega_\eta - \varepsilon^{2\mathcal{H}} \sum_{j=1}^{n} \sum_{\eta'=1}^{r-1} \left(m_{\eta'j} \frac{\partial \Theta_\eta}{\partial P_{\eta'}} \frac{\partial H}{\partial P_j} \right) \right] \mathrm{d}t + \varepsilon^{\mathcal{H}} \sum_{\eta'=1}^{r-1} \sum_{l=1}^{m} g_{\eta'l} \frac{\partial \Theta_\eta}{\partial P_{\eta'}} \mathrm{d}B_{\mathrm{H}l}(t) \tag{7.4.3}$$

$$\mathrm{d}H_r = \varepsilon^{2\mathcal{H}} \sum_{j}^{n} \sum_{\rho=r}^{n} \left(-m_{\rho j} \frac{\partial H_r}{\partial P_\rho} \frac{\partial H}{\partial P_j} \right) \mathrm{d}t + \varepsilon^{\mathcal{H}} \sum_{\rho=r}^{n} \sum_{l=1}^{m} g_{\rho l} \frac{\partial H_r}{\partial P_\rho} \mathrm{d}B_{\mathrm{H}l}(t)$$

$$\eta = 1, 2, \cdots, r-1$$

式中 $B_{\mathrm{H}l}(t)$ 为独立单位分数布朗运动. 现在系统由式(7.4.3)与式(7.1.3)中 $n-r+1$ 个 Q_j 方程和 $n-r$ 个 P_j 方程描述. 在非共振情形，I_η 和 H_r 是慢变过程，而 $\Theta_1, \Theta_2, \cdots, \Theta_{r-1}, Q_r, \cdots, Q_n, P_{r+1}, \cdots, P_n$ 是快变过程. 根据分数随机平均原理(Xu et al., 2014a, 2014b)，当 $\varepsilon \to 0$ 时，$\boldsymbol{I}'(t), H_r(t)$ 均方收敛于下列平均分数随机微分方程描述的过程

$$\mathrm{d}I_\eta = m_\eta(\boldsymbol{I}', H_r) \mathrm{d}t + \sum_{l=1}^{m} \sigma_{\eta l}(\boldsymbol{I}', H_r) \mathrm{d}B_{\mathrm{H}l}(t)$$

$$\mathrm{d}H_r = m_r(\boldsymbol{I}', H_r) \mathrm{d}t + \sum_{l=1}^{m} \sigma_{rl}(\boldsymbol{I}', H_r) \mathrm{d}B_{\mathrm{H}l}(t) \tag{7.4.4}$$

$$\eta = 1, 2, \cdots, r-1$$

方程中系数函数可通过对方程(7.4.3)中相应系数作时间平均得到，即

$$m_\eta(\boldsymbol{I}', H_r) = \varepsilon^{2\mathcal{H}} \left\langle \sum_{j=1}^{n} \sum_{\eta'=1}^{r-1} \left(-m_{\eta'j} \frac{\partial I_\eta}{\partial P_{\eta'}} \frac{\partial H}{\partial P_j} \right) \right\rangle_t$$

$$m_r(\boldsymbol{I}', H_r) = \varepsilon^{2\mathcal{H}} \left\langle \sum_{j=1}^{n} \sum_{\rho=r}^{n} \left(-m_{\rho j} \frac{\partial H_r}{\partial P_\rho} \frac{\partial H}{\partial P_j} \right) \right\rangle_t$$

$$\sum_{l=1}^{m} \sigma_{\eta l} \sigma_{\bar{\eta} l}(\boldsymbol{I}', H_r) = \varepsilon^{2\mathcal{H}} \left\langle \sum_{\eta',\eta''=1}^{r-1} \sum_{l=1}^{m} g_{\eta'l} g_{\eta''l} \frac{\partial I_\eta}{\partial P_{\eta'}} \frac{\partial I_{\bar{\eta}}}{\partial P_{\eta''}} \right\rangle_t \qquad (7.4.5)$$

$$\sum_{l=1}^{m} \sigma_{\eta l} \sigma_{r l}(\boldsymbol{I}', H_r) = \varepsilon^{2\mathcal{H}} \left\langle \sum_{\eta'=1}^{r-1} \sum_{\rho=r}^{n} \sum_{l=1}^{m} g_{\eta'l} g_{\rho l} \frac{\partial I_\eta}{\partial P_{\eta'}} \frac{\partial H_r}{\partial P_\rho} \right\rangle_t$$

$$\sum_{l=1}^{m} \sigma_{r l} \sigma_{r l}(\boldsymbol{I}', H_r) = \varepsilon^{2\mathcal{H}} \left\langle \sum_{\rho,\rho'=r}^{n} \sum_{l=1}^{m} g_{\rho l} g_{\rho's} \frac{\partial H_r}{\partial P_\rho} \frac{\partial H_r}{\partial P_{\rho'}} \right\rangle_t$$

由于可积哈密顿子系统在$(r-1)$维环面上遍历,而不可积哈密顿子系统在$2(n-r)+1$维等能量面上遍历, 时间平均可代之以如下空间平均

$$\langle [\cdot] \rangle_t = \frac{1}{(2\pi)^{r-1} T(H_r)} \int_\Omega \int_0^{2\pi} \left(\cdot \Big/ \frac{\partial H_r}{\partial p_r} \right) \mathrm{d}\boldsymbol{\theta}' \mathrm{d}q_r \cdots \mathrm{d}q_n \mathrm{d}p_{r+1} \cdots \mathrm{d}p_n$$

$$T(H_r) = \int_\Omega \left(1 \Big/ \frac{\partial H_r}{\partial p_r} \right) \mathrm{d}q_r \cdots \mathrm{d}q_n \mathrm{d}p_{r+1} \cdots \mathrm{d}p_n \qquad (7.4.6)$$

$$\Omega = \{ (q_r, \cdots, q_n, p_{r+1}, \cdots, p_n) \mid H_r(q_r, \cdots q_n, 0, p_{r+1}, \cdots p_n) \leqslant H_r \}$$

$$\boldsymbol{\theta}' = [\theta_1, \theta_2, \cdots, \theta_{r-1}]^{\mathrm{T}}$$

对平均分数随机微分方程(7.4.4)作数值模拟，可以得到平均系统的平稳概率密度 $p(\boldsymbol{I}', h_r)$，按式(5.3.14)，原系统的近似平稳概率密度可按下式计算

$$p(\boldsymbol{q}, \boldsymbol{p}) = \frac{p(\boldsymbol{I}', h_r)}{(2\pi)^{r-1} T(h_r)} \bigg|_{\boldsymbol{I}' = \boldsymbol{I}'(\boldsymbol{q}_1, \boldsymbol{p}_1), h_r = H_r(\boldsymbol{q}_2, \boldsymbol{p}_2)} \qquad (7.4.7)$$

由此可得广义位移与广义动量的边缘平稳概率密度与统计量.

对于可积哈密顿子系统，若未找到作用-角变量 I_η, θ_η，则可用 H_η 代替式(7.4.3)中的 I_η，得

$$\mathrm{d}H_\eta = \varepsilon^{2\mathcal{H}} \sum_{j=1}^{n} \sum_{\eta'=1}^{r-1} \left(-m_{\eta'j} \frac{\partial H_\eta}{\partial P_{\eta'}} \frac{\partial H}{\partial P_j} \right) \mathrm{d}t + \varepsilon^{\mathcal{H}} \sum_{\eta'=1}^{r-1} \sum_{l=1}^{m} g_{\eta'l} \frac{\partial H_\eta}{\partial P_{\eta'}} \mathrm{d}B_{Hl}(t), \quad \eta = 1, 2, \cdots, r-1$$

$$(7.4.8)$$

而平均分数随机微分方程(7.4.4)变成

$$dH_\eta = m_\eta(\boldsymbol{H}_1)dt + \sum_{l=1}^m \sigma_{\eta l}(\boldsymbol{H}_1)dB_{Hl}(t)$$

$$dH_r = m_r(\boldsymbol{H}_1)dt + \sum_{l=1}^m \sigma_{rl}(\boldsymbol{H}_1)dB_{Hl}(t) \tag{7.4.9}$$

$$\eta = 1, 2, \cdots, r-1$$

式中 $\boldsymbol{H}_1 = [H_1, \cdots, H_{r-1}, H_r]^{\mathrm{T}}$，方程中各系数可通过对式(7.4.3)中 H_r 方程和式(7.4.8) 中相应系数作时间平均得到，即

$$m_\eta(\boldsymbol{H}_1) = \varepsilon^{2\mathcal{H}} \left\langle \sum_{j=1}^n \sum_{\eta'=1}^{r-1} \left(-m_{\eta'j} \frac{\partial H_\eta}{\partial P_{\eta'}} \frac{\partial H}{\partial P_j} \right) \right\rangle_t, \quad \eta = 1, 2, \cdots, r-1$$

$$m_r(\boldsymbol{H}_1) = \varepsilon^{2\mathcal{H}} \left\langle \sum_{j=1}^n \sum_{\rho=r}^n \left(-m_{\rho j} \frac{\partial H_r}{\partial P_\rho} \frac{\partial H}{\partial P_j} \right) \right\rangle_t$$

$$\sum_{l=1}^m \sigma_{\eta l}\sigma_{\bar\eta l}(\boldsymbol{H}_1) = \varepsilon^{2\mathcal{H}} \left\langle \sum_{\eta',\eta''=1}^{r-1} \sum_{l=1}^m g_{\eta'l}g_{\eta''l} \frac{\partial H_\eta}{\partial P_{\eta'}} \frac{\partial H_{\bar\eta}}{\partial P_{\eta''}} \right\rangle_t \tag{7.4.10}$$

$$\sum_{l=1}^m \sigma_{\eta l}\sigma_{rl}(\boldsymbol{H}_1) = \varepsilon^{2\mathcal{H}} \left\langle \sum_{\eta'=1}^{r-1} \sum_{\rho=r}^n \sum_{l=1}^m g_{\eta'l}g_{\rho l} \frac{\partial H_\eta}{\partial P_{\eta'}} \frac{\partial H_r}{\partial P_\rho} \right\rangle_t$$

$$\sum_{l=1}^m \sigma_{rl}\sigma_{rl}(\boldsymbol{H}_1) = \varepsilon^{2\mathcal{H}} \left\langle \sum_{\rho,\rho'=r}^n \sum_{l=1}^m g_{\rho l}g_{\rho's} \frac{\partial H_r}{\partial P_\rho} \frac{\partial H_r}{\partial P_{\rho'}} \right\rangle_t$$

假设以 H_η $(\eta = 1, 2, \cdots, r-1)$ 为哈密顿函数的系统在整个相平面上有周期解族，而不可积哈密顿子系统在 $2(n-r)+1$ 维等能量面上遍历，式(7.4.10)中的时间平均可代之以如下空间平均

$$\langle[\bullet]\rangle_t = \frac{1}{T(H_1)\cdots T(H_{r-1})T(H_r)} \oint \left(\bullet \bigg/ \prod_{\mu=1}^r \frac{\partial H_\mu}{\partial p_\mu} \right) dq_1 dq_2 \cdots dq_n dp_{r+1} \cdots dp_n$$

$$T(H_\eta) = \int_{\Omega_\eta} \left(1 \bigg/ \frac{\partial H_\eta}{\partial p_\eta} \right) dq_\eta, \quad \Omega_\eta = \{q_\eta \mid H_\eta(q_r, 0) \leqslant H_\eta\}, \quad \eta = 1, 2, \cdots, r-1 \tag{7.4.11}$$

$$T(H_r) = \int_{\Omega_r} \left(1 \bigg/ \frac{\partial H_r}{\partial p_r} \right) dq_r \cdots dq_n dp_{r+1} \cdots dp_n$$

$$\Omega_r = \{(q_r, \cdots, q_n, p_{r+1}, \cdots, p_n) \mid H_r(q_r, \cdots q_n, 0, p_{r+1}, \cdots p_n) \leqslant H_r\}$$

对平均分数随机微分方程(7.4.9)作数值模拟可以得到平均系统的平稳概率密度 $p(\boldsymbol{H}_1)$，仿照式(5.3.25)，原系统的近似平稳概率密度可按下式得到

$$p(\boldsymbol{q}, \boldsymbol{p}) = \left. \frac{p(h_1)}{T(h_1) \cdots T(h_r)} \right|_{h_\eta = H_\eta(q_\eta, p_\eta), h_r = H_r(\boldsymbol{q}_2, \boldsymbol{p}_2)} \tag{7.4.12}$$

广义位移与广义动量的边缘平稳概率密度与统计量可进一步由 $p(\boldsymbol{q}, \boldsymbol{p})$ 导得.

平均方程(7.4.4)和(7.4.9)比原系统(7.1.1)维数低, 计算量少, 同时能保留原系统的基本动力学特性, 因此, 更适合用来研究原系统的动力学. 下面用两个例子说明本节所述的随机平均法.

例 7.4.1　考虑受分数高斯噪声激励的 4 自由度拟哈密顿系统(Lü et al., 2017c), 系统运动方程为

$$\dot{Q}_1 = P_1$$
$$\begin{aligned} \dot{P}_1 = -\omega_1^2 Q_1 &- \Big[\alpha_{10} + \alpha_{11} P_1^2 + \alpha_{12} P_2^2 + \alpha_{13} P_3^2 + \alpha_{14} P_4^2 \\ &+ (\alpha_{13} + \alpha_{14}) U(Q_3, Q_4) \Big] P_1 + \sqrt{2D_1} W_{\mathrm{H1}}(t) \end{aligned}$$
$$\dot{Q}_2 = P_2$$
$$\begin{aligned} \dot{P}_2 = -\omega_2^2 Q_2 &- \Big[\alpha_{20} + \alpha_{21} P_1^2 + \alpha_{22} P_2^2 + \alpha_{23} P_3^2 + \alpha_{24} P_4^2 \\ &+ (\alpha_{23} + \alpha_{24}) U(Q_3, Q_4) \Big] P_2 + \sqrt{2D_2} W_{\mathrm{H2}}(t) \end{aligned}$$
$$\dot{Q}_3 = P_3 \tag{7.4.13}$$
$$\begin{aligned} \dot{P}_3 = -\partial U / \partial Q_3 &- \Big[\alpha_{30} + \alpha_{31} P_1^2 + \alpha_{32} P_2^2 + \alpha_{33} P_3^2 + \alpha_{34} P_4^2 \\ &+ (1/2)(\alpha_{34} + 3\alpha_{33}) U(Q_3, Q_4) \Big] P_3 + \sqrt{2D_3} W_{\mathrm{H3}}(t) \end{aligned}$$
$$\dot{Q}_4 = P_4$$
$$\begin{aligned} \dot{P}_4 = -\partial U / \partial Q_4 &- \Big[\alpha_{40} + \alpha_{41} P_1^2 + \alpha_{42} P_2^2 + \alpha_{43} P_3^2 + \alpha_{44} P_4^2 \\ &+ (1/2)(\alpha_{43} + 3\alpha_{44}) U(Q_3, Q_4) \Big] P_4 + \sqrt{2D_4} W_{\mathrm{H4}}(t) \end{aligned}$$

式中

$$U(Q_3, Q_4) = k \left(\omega_3^2 Q_3^2 + \omega_4^2 Q_4^2 \right)^3 \Big/ 6 \tag{7.4.14}$$

为势函数. 参数 ω_j, α_{ij}, k 是常数; $W_{\mathrm{H}l}(t), l = 1, 2, 3, 4$ 是独立的赫斯特指数 $\mathcal{H} \in (1/2, 1)$ 的单位分数高斯噪声; $2D_l$ 是激励强度; α_{ij} 与 D_l 同为 $\varepsilon^{2\mathcal{H}}$ 阶小量. 与系统(7.4.13)相应的哈密顿函数为

$$H = H_1 + H_2 + H_3 = \omega_1 I_1 + \omega_2 I_2 + H_3 \tag{7.4.15}$$

式中

$$I_1 = \left(p_1^2 + \omega_1^2 q_1^2 \right) \Big/ 2\omega_1, \quad I_2 = \left(p_2^2 + \omega_2^2 q_2^2 \right) \Big/ 2\omega_2$$
$$H_3 = \left(p_3^2 + p_4^2 \right) \Big/ 2 + U(q_3, q_4) \tag{7.4.16}$$

势函数 $U(q_3,q_4)$ 不可分离，因此系统(7.4.13)是拟部分可积哈密顿系统，当 ω_1 和 ω_2 不满足弱共振关系时，它是非内共振的，系统(7.4.13)中，$I_1(t)$、$I_2(t)$ 和 $H_3(t)$ 为慢变过程，它们收敛于下列分数随机微分方程描述的过程

$$\mathrm{d}I_1 = m_1(I_1,I_2,H_3)\mathrm{d}t + \sigma_{11}(I_1,I_2,H_3)\mathrm{d}B_{H1}(t)$$
$$\mathrm{d}I_2 = m_2(I_1,I_2,H_3)\mathrm{d}t + \sigma_{22}(I_1,I_2,H_3)\mathrm{d}B_{H2}(t) \qquad (7.4.17)$$
$$\mathrm{d}H_3 = m_3(I_1,I_2,H_3)\mathrm{d}t + \sigma_{33}(I_1,I_2,H_3)\mathrm{d}B_{H3}(t)$$

按式(7.4.5)和式(7.4.6)，式(7.4.17)的系数可得如下

$$m_1(I_1,I_2,H_3) = -\left[\alpha_{10}I_1 + 3\alpha_{11}\omega_1 I_1^2/2 + \alpha_{12}\omega_2 I_1 I_2 + (\alpha_{13}+\alpha_{14})I_1 H_3\right]$$

$$m_2(I_1,I_2,H_3) = -\left[\alpha_{20}I_2 + 3\alpha_{22}\omega_2 I_2^2/2 + \alpha_{21}\omega_1 I_1 I_2 + (\alpha_{23}+\alpha_{24})I_2 H_3\right]$$

$$m_3(I_1,I_2,H_3) = -\left[(\alpha_{30}+\alpha_{40}) + (\alpha_{31}+\alpha_{41})\omega_1 I_1\right.$$
$$\left. + (\alpha_{32}+\alpha_{42})\omega_2 I_2 + (3\alpha_{33}+3\alpha_{44}+\alpha_{34}+\alpha_{43})H_3/2\right]\frac{3H_3}{4} \quad (7.4.18)$$

$$\sigma_{11}^2(I_1,I_2,H_3) = 2D_1 I_1/\omega_1, \quad \sigma_{22}^2(I_1,I_2,H_3) = 2D_2 I_2/\omega_2$$

$$\sigma_{33}^2(I_1,I_2,H_3) = \frac{3}{2}(D_3+D_4)H_3, \quad \sum_{l=1}^{3}\sigma_{1l}\sigma_{2l} = \sum_{l=1}^{3}\sigma_{1l}\sigma_{3l} = \sum_{l=1}^{3}\sigma_{2l}\sigma_{3l} = 0$$

$$T(H_3) = \frac{2\pi^2}{\omega_3\omega_4}\sqrt[3]{\frac{6H_3}{k}}$$

对平均方程(7.4.17)作数值模拟可得到平稳概率密度 $p(I_1,I_2,h_3)$，按式(7.4.7)，原系统(7.4.13)的近似平稳概率密度 $p(\boldsymbol{q},\boldsymbol{p})$ 及其边缘概率密度和统计量可导得如下

$$p(\boldsymbol{q},\boldsymbol{p}) = \left.\frac{p(I_1,I_2,h_3)}{4\pi^2 T(h_3)}\right|_{\substack{I_1=(p_1^2+\omega_1^2 q_1^2)/(2\omega_1),\\ I_2=(p_2^2+\omega_2^2 q_2^2)/(2\omega_2),\\ H_3=(p_3^2+p_4^2)/2+U(q_3,q_4)}}$$

$$p(q_1,q_2) = \int_{-\infty}^{\infty}\cdots\int_{-\infty}^{\infty} p(\boldsymbol{q},\boldsymbol{p})\mathrm{d}q_3\mathrm{d}q_4\mathrm{d}p_1\cdots\mathrm{d}p_4$$

$$p(q_3,q_4) = \int_{-\infty}^{\infty}\cdots\int_{-\infty}^{\infty} p(\boldsymbol{q},\boldsymbol{p})\mathrm{d}q_1\mathrm{d}q_2\mathrm{d}p_1\cdots\mathrm{d}p_4$$

$$E[Q_1^2] = \int_{-\infty}^{\infty}\cdots\int_{-\infty}^{\infty} q_1^2 p(\boldsymbol{q},\boldsymbol{p})\mathrm{d}q_1\cdots\mathrm{d}q_4\mathrm{d}p_1\ldots\mathrm{d}p_4 \qquad (7.4.19)$$

$$E[Q_2^2] = \int_{-\infty}^{\infty}\cdots\int_{-\infty}^{\infty} q_2^2 p(\boldsymbol{q},\boldsymbol{p})\mathrm{d}q_1\cdots\mathrm{d}q_4\mathrm{d}p_1\ldots\mathrm{d}p_4$$

$$E[Q_3^2] = \int_{-\infty}^{\infty}\cdots\int_{-\infty}^{\infty} q_3^2 p(\boldsymbol{q},\boldsymbol{p})\mathrm{d}q_1\cdots\mathrm{d}q_4\mathrm{d}p_1\ldots\mathrm{d}p_4$$

$$E[Q_4^2] = \int_{-\infty}^{\infty}\cdots\int_{-\infty}^{\infty} q_4^2 p(\boldsymbol{q},\boldsymbol{p})\mathrm{d}q_1\cdots\mathrm{d}q_4\mathrm{d}p_1\ldots\mathrm{d}p_4$$

　　图 7.4.1～图 7.4.3 示出了分别对平均方程(7.4.17)和对原系统(7.4.13)作数值模拟得到的平稳概率密度 $p(I_1, I_2)$、$p(I_1, h_3)$ 和均值 $E[I_1]$、$E[I_2]$、$E[H_3]$. 图 7.4.4～图 7.4.6 示出了位移的平稳概率密度和均方值. 由图可见, 在概率和统计意义上, 平均方程描述的系统概率统计特性可以近似代替原系统的概率统计特性, 同时, 平均方程的计算耗时更短, 对平均方程(7.4.17)用一万个样本作模拟计算耗时约 34s, 而对原系统(7.4.13)作同样的计算耗时则需 81s.

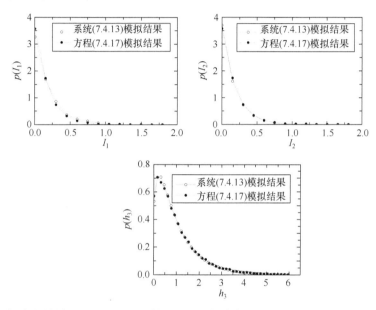

图 7.4.1　分别对平均方程(7.4.17)和原系统(7.4.13)作数值模拟得到的 $p(I_1)$、$p(I_2)$ 和 $p(h_3)$. 参数值为 $\alpha_{10} = \alpha_{20} = 0.05$；$\alpha_{30} = \alpha_{40} = 0.01$；$\alpha_{13} = \alpha_{14} = \alpha_{23} = \alpha_{24} = 0.01$；$\alpha_{31} = \alpha_{32} = \alpha_{41} = \alpha_{42} = 0.02$；$\alpha_{11} = \alpha_{22} = \alpha_{33} = \alpha_{44} = \alpha_{34} = \alpha_{43} = 0.0$；$\alpha_{12} = \alpha_{21} = 0.01$；$\omega_1^2 = 3$；$\omega_2^2 = 4$；$\omega_3^2 = 5$；$\omega_4^2 = 6$；$D_1 = D_2 = D_3 = D_4 = 0.04$；$k = 3$，$\mathcal{H} = 0.75$ (Lü et al., 2017c)

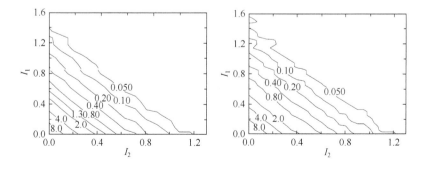

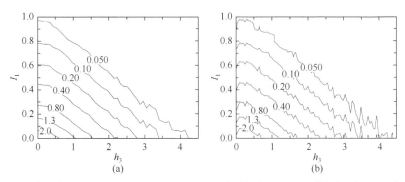

图 7.4.2　概率密度 $p(I_1, I_2)$ 和 $p(I_1, h_3)$ 的云图. (a) 对平均方程(7.4.17)模拟得到; (b) 对原系统
(7.4.13)模拟得到, 参数值与图 7.4.1 相同(Lü et al., 2017c)

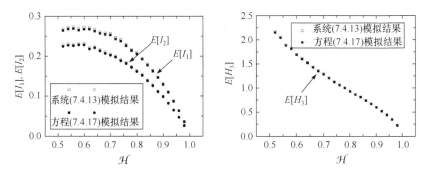

图 7.4.3　分别对平均方程(7.4.17)和原系统(7.4.13)作模拟得到 $E[I_1]$、$E[I_2]$ 和 $E[H_3]$ 随赫斯特指数
$\mathcal{H}$ 的变化, 参数值与图 7.4.1 相同(Lü et al., 2017c)

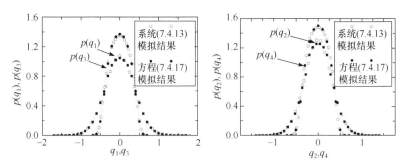

图 7.4.4　分别对平均方程(7.4.17)和原系统(7.4.13)作模拟得到的 $p(q_1)$、$p(q_2)$、$p(q_3)$ 和 $p(q_4)$, 参
数值与图 7.4.1 相同(Lü et al., 2017c)

例 7.4.2　考虑如下受分数高斯噪声激励的三自由度拟哈密顿系统(Lü et al.,
2017c)

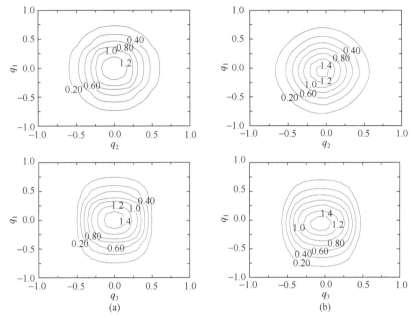

图 7.4.5 概率密度 $p(q_1, q_2)$ 和 $p(q_1, q_3)$ 的云图，(a) 从平均方程(7.4.17)模拟得到；(b) 从原系统 (7.4.13)模拟得到，参数值与图 7.4.1 相同(Lü et al.，2017c)

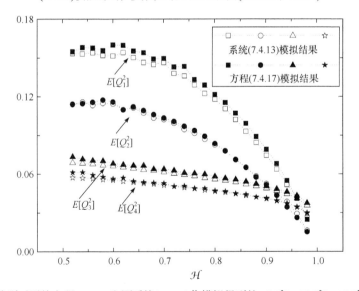

图 7.4.6 分别对平均方程(7.4.17)和原系统(7.4.13)作模拟得到的 $E[Q_1^2]$、$E[Q_2^2]$、$E[Q_3^2]$ 和 $E[Q_4^2]$ 随赫斯特指数 $\mathcal{H}$ 的变化，参数值与图 7.4.1 相同(Lü et al.，2017c)

$$\dot{Q}_1 = P_1$$
$$\dot{P}_1 = -\omega_1^2 Q_1 - P_1(\alpha_{10} + \alpha_{11}P_1^2 + \alpha_{12}P_2^2 + \alpha_{13}P_3^2) + \sqrt{2D_1}W_{H1}(t)$$
$$\dot{Q}_2 = P_2$$
$$\dot{P}_2 = -\frac{\partial U}{\partial Q_2} - P_2(\alpha_{20} + \alpha_{21}P_1^2 + \alpha_{22}P_2^2 + \alpha_{23}P_3^2) + \sqrt{2D_2}W_{H2}(t) \qquad (7.4.20)$$
$$\dot{Q}_3 = P_3$$
$$\dot{P}_3 = -\frac{\partial U}{\partial Q_3} - P_3(\alpha_{30} + \alpha_{31}P_1^2 + \alpha_{32}P_2^2 + \alpha_{33}P_3^2) + \sqrt{2D_3}W_{H3}(t)$$

式中势函数 $U(Q_3, Q_4)$ 为

$$U(Q_3, Q_4) = \left(\omega_3^2 Q_3^2 + \omega_4^2 Q_4^2\right)^3 \Big/ 2 + b\left(\omega_3^2 Q_3^2 + \omega_4^2 Q_4^2\right)^3 \Big/ 4 \qquad (7.4.21)$$

参数 α_{ij} 和 $b > 0$ 是常数；$W_{Hl}(t), l = 1,2,3$ 是赫斯特指数 $\mathcal{H} \in (1/2, 1)$ 的独立的单位分数高斯噪声；$2D_k$ 是激励强度；α_{ij} 与 D_k 同为 $\varepsilon^{2\mathcal{H}}$ 阶小量. 系统(7.4.20)相应的哈密顿函数为

$$H = H_1 + H_2 = \omega_1 I_1 + H_2 \qquad (7.4.22)$$

式中

$$I_1 = \left(p_1^2 + \omega_1^2 q_1^2\right) \Big/ 2\omega_1, \quad H_2 = \left(p_2^2 + p_3^2\right) \Big/ 2 + U(Q_2, Q_3) \qquad (7.4.23)$$

式(7.4.20)是拟部分可积哈密顿系统. 按式(7.4.4)，平均分数随机微分方程为

$$dI_1 = m_1(I_1, H_2)dt + \sigma_{11}(I_1, H_2)dB_{H1}(t)$$
$$dH_2 = m_2(I_1, H_2)dt + \sigma_{22}(I_1, H_2)dB_{H2}(t) \qquad (7.4.24)$$

式中系数按式(7.4.5)和式(7.4.6)得到如下

$$m_1(I_1, H_2) = -\left[\alpha_{10}I_1 + 3\alpha_{11}\omega_1 I_1^2 / 2 + (\alpha_{12} + \alpha_{13})\left(H_2 - \frac{1}{4}R^2 - \frac{b}{12}R^4\right)I_1\right]$$

$$m_2(I_1, H_2) = -(\alpha_{20} + \alpha_{21}\omega_1 I_1 + \alpha_{30} + \alpha_{31}\omega_1 I_1)\left(H_2 - \frac{1}{4}R^2 - \frac{b}{12}R^4\right)$$

$$\qquad -\frac{1}{8}(3\alpha_{22} + \alpha_{23} + \alpha_{32} + 3\alpha_{33})\left[4H_2^2 + 8H_2 R^2\left(\frac{1}{4} + \frac{b}{12}R^2\right) + R^4\left(\frac{1}{3} + \frac{b^2}{20}R^4 + \frac{b}{4}R^2\right)\right]$$

$$\sigma_{11}^2(I_1, H_2) = 2D_1 I_1 / \omega_1, \quad \sigma_{22}^2(I_1, H_2) = 2(D_2 + D_3)\left(H_2 - \frac{1}{4}R^2 - \frac{b}{12}R^4\right)$$

$$\sum_{l=1}^{3} \sigma_{1l}\sigma_{2l}(I_1, H_2) = 0$$

$$(7.4.25)$$

式中

$$R = \left(\frac{\sqrt{1+4bH_2}-1}{b} \right)^{\frac{1}{2}} \tag{7.4.26}$$

通过对平均方程(7.4.24)作数值模拟可得平稳概率密度 $p(I_1, h_2)$，原系统(7.4.20)近似平稳概率密度可按式(7.4.7)导得如下

$$p(\boldsymbol{q}, \boldsymbol{p}) = \frac{p(I_1, h_2)}{2\pi T(h_2)} \Bigg|_{\substack{I_1=(p_1^2+\omega_1^2 q_1^2)/(2\omega_1), \\ h_2=(p_2^2+p_3^2)/2+U(q_2,q_3)}} \tag{7.4.27}$$

对 $p(\boldsymbol{q}, \boldsymbol{p})$ 进一步积分可得平稳概率密度 $p(q_1, q_2)$、$p(q_1, q_3)$ 和统计量 $E[Q_1^2]$、$E[Q_2^2]$、$E[Q_3^2]$. 概率密度 $p(I_1, h_2)$、$p(I_1)$、$p(I_1, h_2)$ 和均值 $E[I_1]$、$E[H_2]$ 的一些数值结果绘制在图 7.4.7～图 7.4.9 中. 概率密度 $p(q_1, q_2)$、$p(q_1, q_3)$ 和均方值 $E[Q_1^2]$、$E[Q_2^2]$、$E[Q_3^2]$ 的数值结果绘制在图 7.4.10～图 7.4.12 中. 由图可见，平均方程(7.4.24)的模拟结果与原系统(7.4.20)的模拟结果颇为相符. 平均方程一万个样本模拟耗时约 23s，而原系统作同样模拟耗时约 62s.

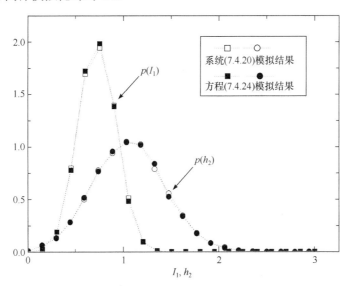

图 7.4.7 分别对平均方程(7.4.24)和原系统(7.4.20)作模拟得到的 $p(I_1)$ 和 $p(h_2)$. 参数值为 $\alpha_{10}=\alpha_{20}=\alpha_{30}=-0.08$；$\alpha_{12}=\alpha_{13}=0.01$；$\alpha_{21}=\alpha_{31}=0.02$；$\alpha_{11}=\alpha_{22}=\alpha_{33}=0.01$；$\alpha_{23}=\alpha_{32}=0.04$；$\omega_1=1.414$；$\omega_2=1$；$\omega_3=1.732$；$b=1$；$D_1=0.005$，$D_2=0.01$，$D_3=0.015$，$\mathcal{H}=0.75$ (Lü et al., 2017c)

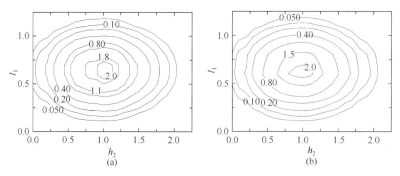

图 7.4.8 概率密度 $p(I_1, h_2)$ 的云图. (a) 从平均方程(7.4.24)模拟得到；(b) 从原系统(7.4.20)模拟得到, 参数值与图 7.4.7 相同(Lü et al., 2017c)

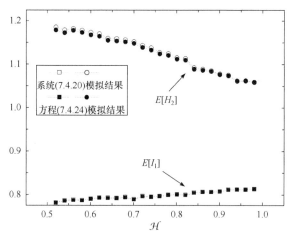

图 7.4.9 分别从平均方程(7.4.24)和原系统(7.4.20)模拟得到 I_1, H_2 的均值随赫斯特指数 $\mathcal{H}$ 的变化, 参数值与图 7.4.7 相同(Lü et al., 2017c)

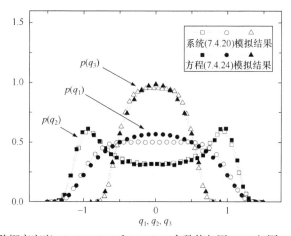

图 7.4.10 位移概率密度 $p(q_1)$、$p(q_2)$ 和 $p(q_3)$, 参数值与图 7.4.7 相同(Lü et al., 2017c)

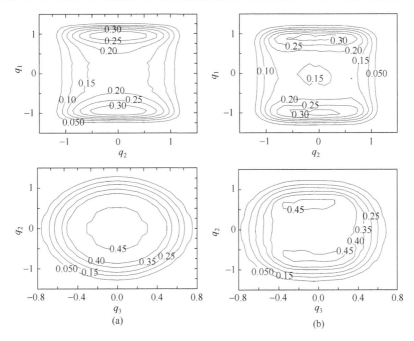

图 7.4.11　概率密度 $p(q_1,q_2)$ 和 $p(q_2,q_3)$ 的云图. (a) 从平均方程(7.4.24)模拟得到；(b) 从原系统
(7.4.20)模拟得到，参数值与图 7.4.7 相同(Lü et al.，2017c)

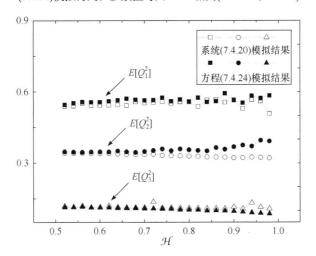

图 7.4.12　位移均方值 $E[Q_1^2]$、$E[Q_2^2]$ 和 $E[Q_3^2]$ 随赫斯特指数 $\mathcal{H}$ 的变化. 参数值与图 7.4.7 相同
(Lü et al.，2017c)

7.4.2　内共振情形

设与式(7.1.3)相应的哈密顿系统是部分可积内共振的，相应哈密顿函数具有式

(7.4.2)的形式, 且有 $\beta \in [1, r-1]$ 个形如

$$\sum_{\eta=1}^{r-1} k_\eta^u \omega_\eta = O_u(\varepsilon^{2\mathcal{H}}), \quad u = 1, 2, \cdots, \beta \tag{7.4.28}$$

的共振关系, 引入以下 β 个角变量组合

$$\Psi_u = \sum_{\eta=1}^{r-1} k_\eta^u \Theta_\eta, \quad u = 1, 2, \cdots, \beta \tag{7.4.29}$$

从式(7.4.3)可导得所满足的分数随机微分方程

$$\mathrm{d}\Psi_u = \left[O_u(\varepsilon^{2\mathcal{H}}) - \varepsilon^{2\mathcal{H}} \sum_{j=1}^{n} \sum_{\eta'=1}^{r-1} m_{\eta'j} \frac{\partial \Psi_u}{\partial P_{\eta'}} \frac{\partial H}{\partial P_j} \right] \mathrm{d}t + \varepsilon^{\mathcal{H}} \sum_{\eta'=1}^{r-1} \sum_{l=1}^{m} g_{\eta'l} \frac{\partial \Psi_u}{\partial P_{\eta'}} \mathrm{d}B_{Hl}(t)$$

$$u = 1, 2, \cdots, \beta$$

$$\tag{7.4.30}$$

此时系统由式(7.4.30)、除去 β 个 Θ_j 方程的式(7.4.3)及式(7.1.3)中 $n-r+1$ 个 Q_j 方程和 $n-r$ 个 P_j 方程组成, 其中 $\boldsymbol{I}(t), \boldsymbol{\Psi}'(t) = [\Psi_1(t), \Psi_2(t), \cdots, \Psi_\beta(t)]^{\mathrm{T}}, H_r(t)$ 为慢变过程, 其他为快变过程. 按分数随机平均原理(Xu et al., 2014a, 2014b), 当 $\varepsilon \to 0$ 时, $\boldsymbol{I}(t)$、$\boldsymbol{\Psi}'(t)$、$H_r(t)$ 均方收敛于以下平均分数随机微分方程支配的过程

$$\mathrm{d}I_\eta = m_\eta(\boldsymbol{I}, \boldsymbol{\Psi}', H_r)\mathrm{d}t + \sum_{l=1}^{m} \sigma_{\eta l}(\boldsymbol{I}, \boldsymbol{\Psi}', H_r)\mathrm{d}B_{Hl}(t)$$

$$\mathrm{d}\Psi_u = m_u(\boldsymbol{I}, \boldsymbol{\Psi}', H_r)\mathrm{d}t + \sum_{l=1}^{m} \sigma_{ul}(\boldsymbol{I}, \boldsymbol{\Psi}', H_r)\mathrm{d}B_{Hl}(t) \tag{7.4.31}$$

$$\mathrm{d}H_r = m_r(\boldsymbol{I}, \boldsymbol{\Psi}', H_r)\mathrm{d}t + \sum_{l=1}^{m} \sigma_{rl}(\boldsymbol{I}, \boldsymbol{\Psi}', H_r)\mathrm{d}B_{Hl}(t)$$

$$\eta = 1, 2, \cdots, r-1; \quad u = 1, 2, \cdots, \beta$$

式中各系数由式(7.4.3)和式(7.4.30)中相应系数作时间平均得到, 即

$$m_\eta(\boldsymbol{I}, \boldsymbol{\Psi}', H_r) = \varepsilon^{2\mathcal{H}} \left\langle \sum_{j=1}^{n} \sum_{\eta'=1}^{r-1} \left(-m_{\eta'j} \frac{\partial I_\eta}{\partial P_{\eta'}} \frac{\partial H}{\partial P_j} \right) \right\rangle_t$$

$$m_u(\boldsymbol{I}, \boldsymbol{\Psi}', H_r) = O(\varepsilon^{2\mathcal{H}}) + \varepsilon^{2\mathcal{H}} \left\langle \sum_{j=1}^{n} \sum_{\eta'=1}^{r-1} \left(-m_{\eta'j} \frac{\partial \Psi_u}{\partial P_{\eta'}} \frac{\partial H}{\partial P_j} \right) \right\rangle_t$$

$$m_r(\boldsymbol{I}, \boldsymbol{\Psi}', H_r) = \varepsilon^{2\mathcal{H}} \left\langle \sum_{j=1}^{n} \sum_{\rho=r}^{n} \left(-m_{\rho j} \frac{\partial H_r}{\partial P_\rho} \frac{\partial H}{\partial P_j} \right) \right\rangle_t$$

$$\sum_{l=1}^{m} \sigma_{\eta l} \sigma_{\bar{\eta} l}(\boldsymbol{I}, \boldsymbol{\Psi}', H_r) = \varepsilon^{2\mathcal{H}} \left\langle \sum_{\eta',\eta''=1}^{r-1} \sum_{l=1}^{m} g_{\eta'l} g_{\eta''l} \frac{\partial I_\eta}{\partial P_{\eta'}} \frac{\partial I_{\bar{\eta}}}{\partial P_{\eta''}} \right\rangle_t$$

$$\sum_{l=1}^{m}\sigma_{\eta l}\sigma_{rl}(\boldsymbol{I},\boldsymbol{\varPsi}',H_r)=\varepsilon^{2\mathcal{H}}\left\langle\sum_{\eta'=1}^{r-1}\sum_{\rho=r}^{n}\sum_{l=1}^{m}g_{\eta'l}g_{\rho l}\frac{\partial I_\eta}{\partial P_{\eta'}}\frac{\partial H_r}{\partial P_\rho}\right\rangle_t$$

$$\sum_{l=1}^{m}\sigma_{rl}\sigma_{rl}(\boldsymbol{I},\boldsymbol{\varPsi}',H_r)=\varepsilon^{2\mathcal{H}}\left\langle\sum_{\rho,\rho'=r}^{n}\sum_{l=1}^{m}g_{\rho l}g_{\rho'l}\frac{\partial H_r}{\partial P_\rho}\frac{\partial H_r}{\partial P_{\rho'}}\right\rangle_t$$

$$\sum_{l=1}^{m}\sigma_{ul}\sigma_{vl}(\boldsymbol{I},\boldsymbol{\varPsi}',H_r)=\varepsilon^{2\mathcal{H}}\left\langle\sum_{\eta',\eta''=1}^{r-1}\sum_{l=1}^{m}g_{\eta'l}g_{\eta''l}\frac{\partial\psi_u}{\partial P_{\eta'}}\frac{\partial\psi_v}{\partial P_{\eta''}}\right\rangle_t \qquad (7.4.32)$$

$$\sum_{l=1}^{m}\sigma_{\eta l}\sigma_{ul}(\boldsymbol{I},\boldsymbol{\varPsi}',H_r)=\varepsilon^{2\mathcal{H}}\left\langle\sum_{\eta',\eta''=1}^{r-1}\sum_{l=1}^{m}g_{\eta'l}g_{\eta''l}\frac{\partial I_\eta}{\partial P_{\eta'}}\frac{\partial\psi_u}{\partial P_{\eta''}}\right\rangle_t$$

$$\sum_{l=1}^{m}\sigma_{rl}\sigma_{ul}(\boldsymbol{I},\boldsymbol{\varPsi}',H_r)=\varepsilon^{2\mathcal{H}}\left\langle\sum_{\eta'=1}^{r-1}\sum_{\rho=r}^{n}\sum_{l=1}^{m}g_{\eta'l}g_{\rho l}\frac{\partial\psi_u}{\partial P_{\eta'}}\frac{\partial H_r}{\partial P_\rho}\right\rangle_t$$

$$\eta,\overline{\eta}=1,2,\cdots,r-1;\quad u,v=1,2,\cdots,\beta$$

鉴于可积哈密顿子系统在 $r-1-\beta$ 维环面上遍历, 不可积哈密顿系统在 $2(n-\beta)+1$ 维等能量面上遍历, 上述时间平均可代之以下列空间平均

$$\langle[\bullet]\rangle_t=\frac{1}{(2\pi)^{r-\beta-1}T(H_r)}\int_\Omega\int_0^{2\pi}\left([\bullet]\bigg/\frac{\partial H_r}{\partial p_r}\right)\mathrm{d}\boldsymbol{\theta}''\mathrm{d}q_r\cdots\mathrm{d}q_n\mathrm{d}p_{r+1}\cdots\mathrm{d}p_n \qquad (7.4.33)$$

式中 $\int_0^{2\pi}(\cdot)\mathrm{d}\boldsymbol{\theta}''$ 表示对 $\boldsymbol{\theta}''=[\theta_1,\theta_2,\cdots,\theta_{r-\beta-1}]^{\mathrm{T}}$ 的 $(n-\beta-1)$ 重积分.

对平均分数随机微分方程(7.4.31)作数值模拟可得平稳概率密度 $p(\boldsymbol{I},\boldsymbol{\psi}',h_r)$, 按式(5.3.36), 原系统(7.1.1)的近似平稳概率密度为

$$p(\boldsymbol{q},\boldsymbol{p})=\frac{p(\boldsymbol{I},\boldsymbol{\psi}',h_r)}{(2\pi)^{r-\beta-1}T(h_r)}\left|\frac{\partial(\boldsymbol{I},\boldsymbol{\psi}',\boldsymbol{\theta}'')}{\partial(\boldsymbol{q}_1,\boldsymbol{p}_1)}\right| \qquad (7.4.34)$$

平均方程(7.4.31)的维数是 $r+\beta$, 小于原系统(7.2.1)的 $2n$ 维数. 因此, 对平均方程的模拟计算时间都要小于对原系统的模拟计算时间.

例 7.4.3　考虑分数高斯噪声激励的二自由度线性振子和二自由度非线性振子非线性阻尼耦合的系统(Lü et al., 2017b), 其运动方程为

$$\ddot{X}_1+\dot{X}_1[\alpha_{10}+\alpha_{11}\dot{X}_1^2+\alpha_{12}\dot{X}_2^2+\alpha_{13}\dot{X}_3^2+\alpha_{14}\dot{X}_4^2+(\alpha_{13}+\alpha_{14})U(X_3,X_4)]$$
$$+\omega_1^2 X_1=\sqrt{2D_1}W_{\mathrm{H1}}(t)$$
$$\ddot{X}_2+\dot{X}_2[\alpha_{20}+\alpha_{21}\dot{X}_1^2+\alpha_{22}\dot{X}_2^2+\alpha_{23}\dot{X}_3^2+\alpha_{24}\dot{X}_4^2+(\alpha_{23}+\alpha_{34})U(X_3,X_4)]$$
$$+\omega_2^2 X_1=\sqrt{2D_2}W_{\mathrm{H2}}(t)$$

$$\ddot{X}_3 + \dot{X}_3[\alpha_{30} + \alpha_{31}\dot{X}_1^2 + \alpha_{32}\dot{X}_2^2 + \alpha_{33}\dot{X}_3^2 + \alpha_{34}\dot{X}_4^2 + \frac{1}{2}(\alpha_{34} + 3\alpha_{33})U(X_3, X_4)]$$

$$+\partial U/\partial X_3 = \sqrt{2D_3}W_{H3}(t)$$

(7.4.35)

$$\ddot{X}_4 + \dot{X}_4[\alpha_{40} + \alpha_{41}\dot{X}_1^2 + \alpha_{42}\dot{X}_2^2 + \alpha_{43}\dot{X}_3^2 + \alpha_{44}\dot{X}_4^2 + \frac{1}{2}(\alpha_{43} + 3\alpha_{44})U(X_3, X_4)]$$

$$+\partial U/\partial X_4 = \sqrt{2D_4}W_{H4}(t)$$

式中

$$U(X_3, X_4) = \frac{1}{2}\left(\omega_3^2 X_3^2 + \omega_4^2 X_4^2\right) + \frac{b}{4}\left(\omega_3^2 X_3^2 + \omega_4^2 X_4^2\right)^2 \tag{7.4.36}$$

ω_j, α_{ij}, b 是正常数；$U(X_3, X_4)$ 不可分离；$W_{Hk}(t)$ 是单位分数高斯噪声，其赫斯特指数 $\mathcal{H} \in (1/2, 1)$；$2D_k$ 是激励的强度；α_{ij}, D_k 同为 $\varepsilon^{2\mathcal{H}}$ 阶小量.

式(7.4.35)可转换为如下拟哈密顿系统

$$\dot{Q}_1 = P_1$$

$$\dot{P}_1 = -\omega_1^2 Q_1 - \Big[\alpha_{10} + \alpha_{11}P_1^2 + \alpha_{12}P_2^2 + \alpha_{13}P_3^2 + \alpha_{14}P_4^2$$

$$+ (\alpha_{13} + \alpha_{14})U(Q_3, Q_4)\Big]P_1 + \sqrt{2D_1}W_{H1}(t)$$

$$\dot{Q}_2 = P_2$$

$$\dot{P}_2 = -\omega_2^2 Q_2 - \Big[\alpha_{20} + \alpha_{21}P_1^2 + \alpha_{22}P_2^2 + \alpha_{23}P_3^2 + \alpha_{24}P_4^2$$

$$+ (\alpha_{23} + \alpha_{24})U(Q_3, Q_4)\Big]P_2 + \sqrt{2D_2}W_{H2}(t)$$

$$\dot{Q}_3 = P_3$$

(7.4.37)

$$\dot{P}_3 = -\partial U/\partial Q_3 - \Big[\alpha_{30} + \alpha_{31}P_1^2 + \alpha_{32}P_2^2 + \alpha_{33}P_3^2 + \alpha_{34}P_4^2$$

$$+ (1/2)(\alpha_{34} + 3\alpha_{33})U(Q_3, Q_4)\Big]P_3 + \sqrt{2D_3}W_{H3}(t)$$

$$\dot{Q}_4 = P_4$$

$$\dot{P}_4 = -\partial U/\partial Q_4 - \Big[\alpha_{40} + \alpha_{41}P_1^2 + \alpha_{42}P_2^2 + \alpha_{43}P_3^2 + \alpha_{44}P_4^2$$

$$+ (1/2)(\alpha_{43} + 3\alpha_{44})U(Q_3, Q_4)\Big]P_4 + \sqrt{2D_4}W_{H4}(t)$$

与系统(7.4.37)相应的哈密顿函数为

$$H = H_1 + H_2 + H_3$$

$$H_i = \left(p_i^2 + \omega_i^2 q_i^2\right)\big/2, \quad i = 1, 2 \tag{7.4.38}$$

$$H_3 = \left(p_3^2 + p_4^2\right)\big/2 + U(q_3, q_4)$$

H_1、H_2、H_3 是三个独立、对合的首次积分. 相应哈密顿系统部分可积，H_1、H_2 是

可积部分，H_3 是不可积的部分. 引入作用-角变量

$$I_i = H_i/\omega_i, \quad \theta_i = \arctan(p_i/\omega_i q_i), \qquad i = 1, 2 \tag{7.4.39}$$

假定 $\omega_1 = \omega_2$，即系统(7.4.35)前两个振子是主共振的. 令这两个振子的相位差为

$$\psi = \theta_1 - \theta_2 \tag{7.4.40}$$

运用本节描述的随机平均法，可得如下平均分数随机微分方程

$$\begin{aligned}
\mathrm{d}I_1 &= \bar{m}_1(I_1, I_2, H_3, \Psi)\mathrm{d}t + \bar{\sigma}_{11}(I_1, I_2, H_3, \Psi)\mathrm{d}B_{\mathrm{H}1}(t) \\
\mathrm{d}I_2 &= \bar{m}_2(I_1, I_2, H_3, \Psi)\mathrm{d}t + \bar{\sigma}_{22}(I_1, I_2, H_3, \Psi)\mathrm{d}B_{\mathrm{H}2}(t) \\
\mathrm{d}\Psi &= \bar{m}_3(I_1, I_2, H_3, \Psi)\mathrm{d}t + \bar{\sigma}_{33}(I_1, I_2, H_3, \Psi)\mathrm{d}B_{\mathrm{H}3}(t) \\
\mathrm{d}H_3 &= \bar{m}_4(I_1, I_2, H_3, \Psi)\mathrm{d}t + \bar{\sigma}_{44}(I_1, I_2, H_3, \Psi)\mathrm{d}B_{\mathrm{H}4}(t)
\end{aligned} \tag{7.4.41}$$

式中

$$\bar{m}_1(I_1, I_2, H_3, \psi) = -\left[\alpha_{10}I_1 + \frac{3\alpha_{11}\omega_1 I_1^2}{2} + \alpha_{12}\omega_2 I_1 I_2\left(1 + \frac{1}{2}\cos 2\psi\right) + (\alpha_{13} + \alpha_{14})I_1 H_3\right]$$

$$\bar{m}_2(I_1, I_2, H_3, \psi) = -\left[\alpha_{20}I_2 + \frac{3\alpha_{22}\omega_2 I_2^2}{2} + \alpha_{21}\omega_1 I_1 I_2\left(1 + \frac{1}{2}\cos 2\psi\right) + (\alpha_{23} + \alpha_{24})I_2 H_3\right]$$

$$\bar{m}_3(I_1, I_2, H_3, \psi) = \frac{1}{4}(\alpha_{12}\omega_2 I_2 + \alpha_{21}\omega_1 I_1)\sin 2\psi$$

$$\begin{aligned}
\bar{m}_4(I_1, I_2, H_3, \psi) = -\big[&(\alpha_{30} + \alpha_{40}) + (\alpha_{31} + \alpha_{41})\omega_1 I_1 \\
&+ (\alpha_{32} + \alpha_{42})\omega_2 I_2 + (3\alpha_{33} + 3\alpha_{44} + \alpha_{34} + \alpha_{43})H_3/2\big]R(H_3)
\end{aligned}$$

$$\bar{\sigma}_{11}^2(I_1, I_2, H_3, \psi) = 2D_1 I_1/\omega_1, \quad \bar{\sigma}_{22}^2(I_1, I_2, H_3, \psi) = 2D_2 I_2/\omega_2$$

$$\bar{\sigma}_{33}^2(I_1, I_2, H_3, \psi) = \frac{D_1}{2\omega_1 I_1} + \frac{D_2}{2\omega_2 I_2}, \quad \bar{\sigma}_{44}^2(I_1, I_2, H_3, \psi) = 2(D_3 + D_4)R(H_3)$$

$$R(H_3) = \left(1 + 8H_3 b - \sqrt{1 + 4H_3 b}\right)/(12b)$$

$$\tag{7.4.42}$$

平稳概率密度 $p(I_1, I_2, \psi, h_3)$ 可从式(7.4.41)的数值模拟得到. 平稳联合概率密度与统计量，可按式(7.4.34)计算得到

$$p(\boldsymbol{q}, \boldsymbol{p}) = \left.\frac{p(I_1, I_2, \psi, h_3)}{2\pi T(h_3)}\right|_{\substack{I_1 = (p_1^2 + \omega_1^2 q_1^2)/2\omega_1, \\ I_2 = (p_2^2 + \omega_2^2 q_2^2)/2\omega_2, \\ h_3 = (p_3^2 + p_4^2)/2 + U(q_3, q_4), \\ \psi = \arctan(p_1/\omega_1 q_1) - \arctan(p_2/\omega_2 q_2)}} \tag{7.4.43}$$

$$E[Q_i^2] = \int_{-\infty}^{\infty} \cdots \int_{-\infty}^{\infty} q_i^2 p(\boldsymbol{q}, \boldsymbol{p})\mathrm{d}q_1 \cdots \mathrm{d}q_4 \mathrm{d}p_1 \cdots \mathrm{d}p_4, \qquad i = 1, 2, 3, 4$$

数值计算中参数取值为 $\alpha_{10}=\alpha_{20}=\alpha_{30}=\alpha_{40}=-0.08$ ，$\alpha_{13}=\alpha_{14}=\alpha_{23}=\alpha_{24}=0.01$ ，$\alpha_{31}=\alpha_{32}=\alpha_{41}=\alpha_{42}=0.02$ ，$\alpha_{11}=\alpha_{22}=\alpha_{33}=\alpha_{44}=0.04$ ，$\alpha_{34}=\alpha_{43}=0.04$ ，$\alpha_{12}=\alpha_{21}=0.02$ ，$\omega_1=1$ ，$\omega_2=1$ ，$\omega_3=1.1$ ，$\omega_4=1.732$ ，$b=1$ ，$D_1=0.04$ ，$D_2=0.02$ ，$D_3=D_4=0.05$ ，$\mathcal{H}=0.7$. 系统(7.4.35)中过程 I_1,I_2,H_3,Ψ ，Q_3,Q_4,P_4 ，Θ_2 的样本如图 7.4.13 所示. 可看出前四个过程为慢变过程，而后四个过程为快变过程. 图 7.4.14 给出了平稳概率密度 $p(I_1)$ 、$p(h_3)$ ，并和高斯白噪声激励下的情形做了对比. 图中实线是高斯白噪声激励情形，虚线是不同赫斯特指数 $\mathcal{H}$ 下的分数高斯噪声激励情形. 可以看出，当 $\mathcal{H}$ 接近于 $1/2$ 时，分数高斯噪声激励下的结果趋近于高斯白噪声激励下的结果，也证实了当 $\mathcal{H}\rightarrow 1/2$ 时，分数高斯噪声退化为高斯白噪声. 图 7.4.15～图 7.4.18 给出了平稳概率密度 $p(I_1,I_2)$ 、$p(I_1,h_3)$ 、$p(I_1)$ 、$p(I_2)$ 、$p(h_3)$ ，均值 $E[I_1]$ 、$E[I_2]$ 、$E[H_3]$ 以及均方值 $E[I_1^2]$ 、$E[I_2^2]$ 、$E[H_3^2]$. 图 7.4.19～图 7.4.22 给出了平稳概率密度 $p(q_1,q_2)$ 、$p(q_1,q_3)$ 、$p(q_1)$ 、$p(q_2)$ 、$p(q_3)$ 、$p(q_4)$ 、$p(\psi)$ 和位移均方值 $E[Q_1^2]$ 、$E[Q_2^2]$ 、$E[Q_3^2]$ 、$E[Q_4^2]$. 从这些图中可看出，从平均分数随机微分方程(7.4.41)模拟的结果与原系统(7.4.35)模拟的结果吻合得很好.

对于 10000 个样本，在 i5-2400 CPU@3.10GHz 计算机上，原始系统(7.4.35)的模拟时间为 85.319s，而平均分数随机微分方程(7.4.41)的模拟时间为48.663s.

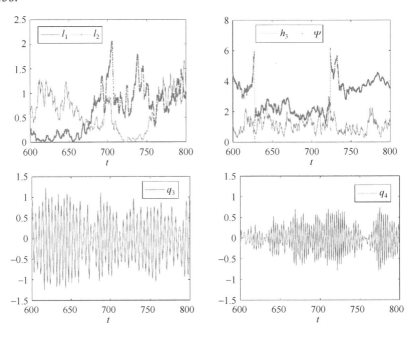

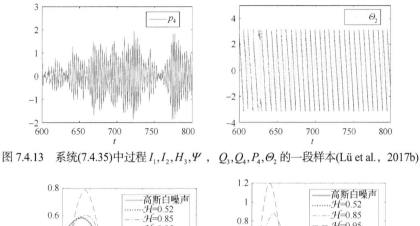

图 7.4.13　系统(7.4.35)中过程 I_1, I_2, H_3, Ψ，Q_3, Q_4, P_4, Θ_2 的一段样本(Lü et al.，2017b)

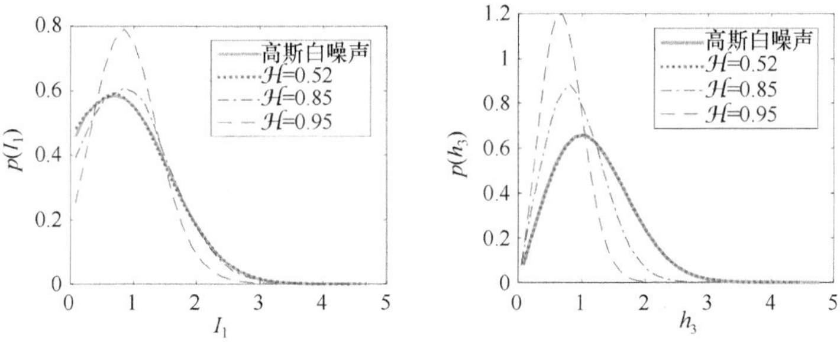

图 7.4.14　高斯白噪声(GWN，$\mathcal{H} = 0.5$)与分数高斯噪声激励下系统(7.4.35)的平稳概率密度 $p(I_1)$、$p(h_3)$ (Lü et al.，2017b)

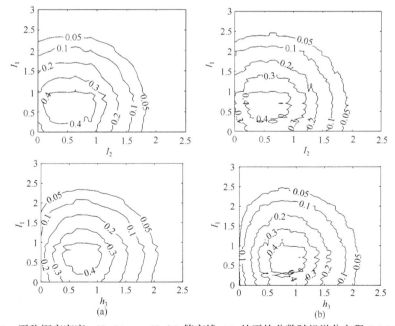

图 7.4.15　平稳概率密度 $p(I_1, I_2)$，$p(I_1, h_3)$ 等高线. (a) 从平均分数随机微分方程(7.4.41)模拟得到；(b) 从原始系统(7.4.35)模拟得到(Lü et al.，2017b)

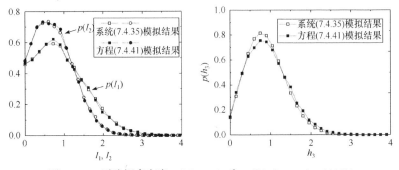

图 7.4.16 平稳概率密度 $p(I_1)$、$p(I_2)$和 $p(h_3)$ (Lü et al., 2017b)

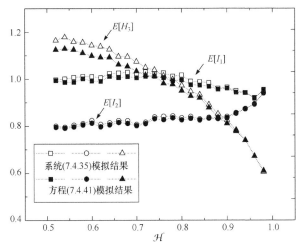

图 7.4.17 均值 $E[I_1]$、$E[I_2]$、$E[H_3]$ 随 $\mathcal{H}$ 的变化(Lü et al., 2017b)

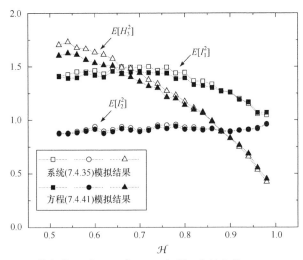

图 7.4.18 均方值 $E[I_1^2]$、$E[I_2^2]$、$E[H_3^2]$ 随 $\mathcal{H}$ 的变化(Lü et al., 2017b)

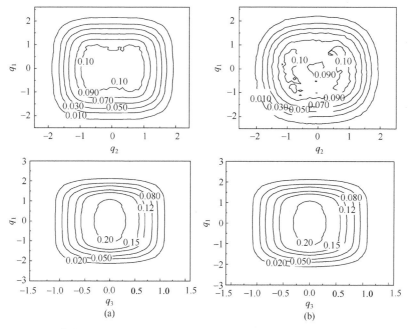

图 7.4.19　平稳概率密度 $p(q_1,q_2)$、$p(q_1,q_3)$ 等高线. (a) 从平均分数随机微分方程(7.4.41)模拟得到；(b) 从原始系统(7.4.35)模拟得到(Lü et al., 2017b)

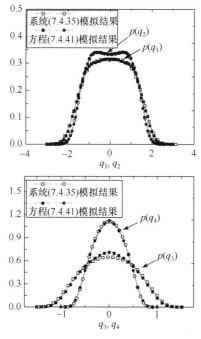

图 7.4.20　平稳概率密度 $p(q_1)$、$p(q_2)$、$p(q_3)$、$p(q_4)$ (Lü et al., 2017b)

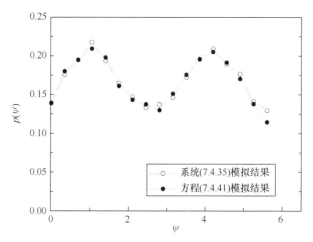

图 7.4.21　相位 ψ 的平稳概率密度 $p(\psi)$ (Lü et al.，2017b)

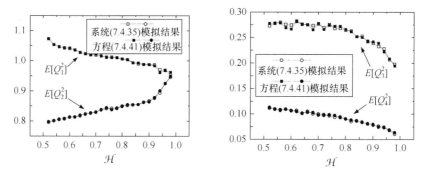

图 7.4.22　均方值 $E[Q_1^2]$、$E[Q_2^2]$、$E[Q_3^2]$、$E[Q_4^2]$ 随 $\mathcal{H}$ 的变化(Lü et al.，2017b)

参 考 文 献

Deng M L, Zhu W Q. 2016a. Response of MDOF strongly nonlinear systems to fractional Gaussian noises. Chaos, 26: 084313.

Deng M L, Zhu W Q. 2016b. Stochastic averaging of quasi-non-integrable Hamiltonian systems under fractional Gaussian noise excitation. Nonlinear Dynamics, 83(1-2): 1015-1027.

Deng M L, Zhu W Q. 2018. Stochastic averaging of quasi integrable and non-resonant Hamiltonian systems excited by fractional Gaussian noise with Hurst index $H \in (1/2, 1)$. International Journal of Non-linear Mechanics 98, 43-50.

Lü Q F, Deng M L, Zhu W Q. 2017a. Stochastic averaging of quasi integrable and resonant Hamiltonian systems excited by fractional Gaussian noise with Hurst index $1/2 < H < 1$. Acta Mechanica Solida Sinica, 30(1): 11-19.

Lü Q F, Deng M L, Zhu W Q. 2017b. Stationary response of multi-degree-of-freedom strongly nonlinear systems to fractional Gaussian noise. ASME Journal of Applied Mechanics, 84(10): 101001.

Lü Q F, Deng M L, Zhu W Q. 2017c. Stochastic averaging of quasi partially integrable Hamiltonian systems under fractional Gaussian noise. Journal of Zhejiang University-Science A, 18(9): 704-717.

Xu Y, Guo R, Xu W. 2014a. A limit theorem for the solutions of slow-fast systems with fractional Brownian motion. Theoretical and Applied Mechanics Letters, 4: 013003.

Xu Y, Guo R, Liu D, et al. 2014b. Stochastic averaging principle for dynamical systems with fractional Brownian motion. AIMS Discrete and Continuous Dynamical Systems-Series B, 19: 1197-1212.

索　引